烟草特有亚硝胺形成与抑制

史宏志 等 著

科 学 出 版 社
北 京

内 容 简 介

烟草特有亚硝胺是烟叶和烟气中重要的有害成分，主要在烟叶调制、贮藏及发酵等过程中形成和积累。降低烟叶特有亚硝胺含量对提高烟叶安全性、促进中式卷烟健康发展意义重大。本书汇集了作者团队自21世纪初开始至今20多年在烟草特有亚硝胺积累规律、形成机理、抑制技术等方面的研究成果。全书共5章，分别为绪论、烟草特有亚硝胺的形成与烟碱转化、烟草特有亚硝胺的形成与栽培调制、烟叶贮藏过程中烟草特有亚硝胺的形成与抑制、雪茄烟叶烟草特有亚硝胺的形成与抑制等。

本书主要适用于从事烟草科研、教学、推广和加工的专业人员、研究生，以及烟草和卷烟生产、经营部门的管理人员与技术人员，也可作为大专院校本科生的教学参考书。

图书在版编目（CIP）数据

烟草特有亚硝胺形成与抑制 / 史宏志等著. -- 北京 : 科学出版社, 2025. 8. -- ISBN 978-7-03-081166-0

Ⅰ. TS424

中国国家版本馆 CIP 数据核字第 2025D2L277 号

责任编辑：李秀伟　白　雪 / 责任校对：杨　赛
责任印制：赵　博 / 封面设计：无极书装

科学出版社 出版
北京东黄城根北街 16 号
邮政编码: 100717
http://www.sciencep.com
北京市金木堂数码科技有限公司印刷
科学出版社发行　各地新华书店经销
*
2025 年 8 月第　一　版　开本：720×1000　1/16
2025 年12月第二次印刷　印张：24 3/4
字数：500 000

定价：298.00 元

（如有印装质量问题，我社负责调换）

《烟草特有亚硝胺形成与抑制》著者名单

主 要 著 者

史宏志　赵园园　秦艳青　王　俊（河南）

张梦玥　李晶晶　任梦娟　冯雨晴　刘　威

其 他 著 者

（按姓氏笔画排序）

马雁军　王　俊（四川）　王　阁　王婷婷

史素娟　白若石　白雅凡　刘德水　孙雨琦

孙榅淑　阳苇丽　李　妍　李亚飞　李爱军

杨兴有　杨淳婷　张晶云　张蓝月　周　迪

周　炎　周　骏　郑　昕　赵志豪　荣仕宾

段俊雅　钱　宇　郭仕平　韩　璐　靳　彤

作者简介

史宏志，男，博士，教授，博士生导师，河南农业大学教学名师。曾任烟草行业烟草栽培重点实验室主任，国家烟草栽培生理生化研究基地副主任，河南农业大学烟草学院烟草栽培生理生态团队首席教授，《中国烟草学报》副主编；现任河南农业大学烟草农业减害研究中心主任。1990 年和 1997 年分别在河南农业大学和湖南农业大学获得硕士和博士学位。1998 年获国家留学基金管理委员会资助，赴美国肯塔基大学（University of Kentucky）做访问学者；先后在美国肯塔基大学和美国菲利普·莫里斯烟草公司（Philip Morris USA）做博士后研究。现于河南农业大学从事烟草栽培生理科研和教学工作。先后主持国家烟草专卖局中国烟草总公司，中国烟草总公司四川省公司、云南省公司、贵州省公司、河南省公司、陕西省公司，以及上海烟草集团有限责任公司、河南中烟工业有限责任公司、广西中烟工业有限责任公司等的 40 余项科技项目。目前作为第一作者著有《烟草香味学》《烟草烟碱向降烟碱转化》《浓香型特色优质烟叶形成的生态基础》《优质低害白肋烟生产理论与技术》《浓香型烤烟上部叶成熟度和可用性研究》《烟草生物碱与调控》等学术专著 12 部，并著有自传体书籍《烟坛鸿论：史宏志国际烟草学术会议录要》《烟域宏程：史宏志烟草科研之路》等，获得省部级科学技术进步奖 12 项，获得授权国家发明专利 18 件；主持起草烟草行业标准 1 项；在国际会议宣读论文 58 篇，在 *Journal of Agricultural and Food Chemistry* 等 SCI 期刊发表学术论文 50 余篇、在《中国农业科学》《作物学报》《中国烟草学报》等国内重要期刊发表学术论文 350 余篇。

前　言

烟草特有亚硝胺（TSNA）是烟叶和烟气中一类重要有害成分，特别是其中的 4-(甲基亚硝胺基)-1-(3-吡啶基)-1-丁酮（NNK）和亚硝基降烟碱（NNN）具有强烈的动物致癌性，被国际癌症研究机构（IARC）列为 1 类致癌物。TSNA 是烟草生物碱发生亚硝化作用的产物，为烟草及其制品所特有，因此备受国际社会的关注。降低烟叶及其制品中 TSNA 含量一直是烟草科学研究和产品研发的重要方向。

笔者 20 世纪末在美国肯塔基大学（University of Kentucky）留学期间，在国际著名烟草生理学家 Lowell Bush 先生的指导下开始从事降低白肋烟 TSNA 形成和积累方面的研究，之后在国际著名烟草公司菲利普·莫里斯烟草公司美国公司（Philip Morris USA）继续从事降低白肋烟 TSNA 含量的研究工作。回国后又在多项科技项目的支持下先后在白肋烟、烤烟、晒烟、雪茄烟上开展降低国产烟叶 TSNA 形成和积累的研究与探索。20 多年的不懈努力产生并积累了丰富的研究成果，在 TSNA 形成积累规律、TSNA 形成与前体物的关系、TSNA 形成机理、降低和抑制 TSNA 形成技术方面形成了系统的知识体系。本书正是在对本团队有关 TSNA 研究工作梳理、归纳和整理的基础上，对降低烟草 TSNA 形成和积累的理论与技术进行了系统总结及阐述，以期为降低烟草 TSNA 的生产实践和提高烟叶制品的安全性提供有效支撑。

本书在结构上以影响烟草 TSNA 形成的关键环节为主线，并兼顾内容的层次性和逻辑性。全书共 5 章，分别为绪论、烟草特有亚硝胺的形成与烟碱转化、烟草特有亚硝胺的形成与栽培调制、烟叶贮藏过程中烟草特有亚硝胺的形成与抑制、雪茄烟叶烟草特有亚硝胺的形成与抑制等。书中内容除绪论部分外，均为本团队的研究成果，其中大部分已在中文核心期刊或 SCI 收录期刊发表，并作为博士研究生、硕士研究生毕业论文的核心内容公开。

在本书出版之际，真诚感谢河南农业大学及其烟草学院各位领导、老师、同仁的关心、鼓励和帮助！感谢国家烟草专卖局科技司、中国烟叶公司、中国烟草总公司四川省公司、四川省烟草公司达州市公司、上海烟草集团有限责任公司、上海烟草集团北京卷烟厂有限公司、中国烟草总公司云南省公司、云南省烟草公司大理州公司、中国烟草总公司河南省公司、河南中烟工业有限责任公司、广西中烟工业有限责任公司等提供的项目支持和指导！更要特别感谢我的博士研究生导师韩锦峰教授、官春云院士的教诲和培养，感谢美国 Lowell Bush 教授、Harold Burton 教授、Anne Jack 博士、Walter Hempfling 博士、Ling Yuan 教授、Neil Fannin 博士、Huihua Ji 博士及历任国际烟草科学研究合作中心（CORESTA）秘书长和官员、CORESTA 科学技术委员会专家及同行的指导和帮助！感谢参与相关项目研究的博士和硕士研究生，他们直接参与了实验设计、数据处理、结果分析、资料整理和本书的撰写工作！在这里还要衷心感谢为我们从事烟草科研提供资助和试验条件，同时给予大力协助、支持和配合的各工业企业及各省商业企业的领导、专家和同仁！

由于 TSNA 形成机理复杂，影响因素较多，所涉及的学科领域较广，可资借鉴的文献较少，有些研究尚需进一步深化和完善；加之作者学术水平有限，书中疏漏和不当之处在所难免，敬请各位读者批评指正。愿与各位烟草界同仁共同为烟草科技事业发展作出贡献。

史宏志

2024 年 12 月于郑州

目　　录

第1章 绪 论

1.1 亚硝胺与烟草特有亚硝胺

1.1.1 *N*-亚硝胺

N-亚硝胺是一类广泛存在于环境、食品和药物中的致癌物质，其一般结构为$R_2(R_1)N—N═O$。当 R_1 等于 R_2 时，称为对称性亚硝胺，如 *N*-亚硝基二甲胺（*N*-nitrosodimethylamine，NDMA）和 *N*-亚硝基二乙胺（*N*-nitrosodiethylamine，NDEA）；当 R_1 不等于 R_2 时，称为非对称性亚硝胺，如 *N*-亚硝基甲乙胺（*N*-nitroso-methylethylamine，NMEA）和 *N*-亚硝基甲苄胺（*N*-nitroso-methylbenzylamine，NMBzA）等。亚硝胺由于分子量不同，可以表现为蒸气压大小的不同，能够被水蒸气蒸馏出来并不经衍生化直接由气相色谱测定的为挥发性亚硝胺，否则称为非挥发性亚硝胺。亚硝胺在紫外光照射下可发生光解反应，通常条件下不易水解、氧化和转为亚甲基等，化学性质相对稳定。

人类对 *N*-亚硝胺的认识已经有了近百年的历史。Freund 于 1937 年首次报道了 2 例由于职业需要接触 NDMA 而中毒的案例，患者表现为中毒性肝炎和腹水，其后对小鼠和狗以 NDMA 染毒也出现肝脏退化性坏死。Bames 和 Magee 分别于1954 年和 1956 年发现，在实验动物体内，NDMA 不仅是肝脏的剧毒物质，也是强致癌物，可以引起肝脏肿瘤。自此之后，人们鉴定了 200 多种 *N*-亚硝胺的致癌性。1960 年，Rodgman 指出卷烟烟气中很有可能含有 *N*-亚硝胺，这引起了各国研究人员的广泛关注。4 年后，Serfontein 和 Neurath 率先从卷烟烟气中鉴定出 *N*-亚硝胺。目前烟草中的 *N*-亚硝胺主要有 3 种类型：挥发性 *N*-亚硝胺（volatile *N*-nitrosamine，VNA）、非挥发性 *N*-亚硝胺（non-volatile *N*-nitrosamine，NVAN）和烟草特有 *N*-亚硝胺（tobacco specific *N*-nitrosamine，TSNA）。它们主要是在烟叶调制、发酵和陈化期间及烟草燃烧时形成，其含量与烟叶中硝酸盐、生物碱、蛋白质、氨基酸的含量及工艺技术条件有关。

1.1.2 挥发性 *N*-亚硝胺

挥发性 *N*-亚硝胺是由简单的二烷基和低分子量的含氮杂环化合物亚硝化形成的。1964 年，Serfontein 等首次在南非卷烟烟气中鉴定出 *N*-亚硝基哌啶

（*N*-nitrosopiperidine，NPIP）。随后，Neurath 等在卷烟烟气中鉴定出 *N*-亚硝基二甲胺（NDMA）和 *N*-亚硝基吡咯烷（*N*-nitrosopyrrolidine，NPYR）。截至目前，在烟草和烟气中已发现的挥发性 *N*-亚硝胺共有 15 种，如 NDMA、NPIP、NPYR、*N*-亚硝基甲基乙基胺（*N*-nitrosoethylmethylamine，NEMA）、NDEA、*N*-亚硝基二正丙胺（*N*-nitrosodipropylamine，NDPA）、*N*-亚硝基吗啉（*N*-nitrosomorpholine，NMOR）等。人们普遍认为，卷烟烟气中的挥发性 *N*-亚硝胺会对人体健康产生不利影响，易引起吸烟者呼吸道内肿瘤的产生。早期学者列出的 43 种烟草及烟气中致癌性化合物共包含其中 5 种挥发性 *N*-亚硝胺：NDMA、NDEA、NEMA、NPYR、NMOR。有充分的证据表明，挥发性 *N*-亚硝胺可以被醋酸纤维滤嘴有效滤除。

1.1.3 非挥发性 *N*-亚硝胺

非挥发性 *N*-亚硝胺是由氨基酸及其衍生物亚硝化产生的，主要包括 *N*-亚硝基脯氨酸（*N*-nitrosoproline，NPRO）和 *N*-亚硝基二乙醇胺（*N*-nitrosodiethanolamin，NDELA）。在实验动物的生物实验中，NPRO 是唯一一种生物活性实验结果为阴性的在烟草或烟气中存在的 *N*-亚硝胺化合物。1977 年 Schmeltz 等在烟草中分离并鉴定出 NDELA。有研究表明，NDELA 对动物的肝脏、肾脏和呼吸道都有致癌作用。烟草中的 NDELA 主要来源于烟草抑芽剂马来酰肼和二乙醇胺盐。从 20 世纪 80 年代初开始，马来酰肼和二乙醇胺盐在烟草中已经被禁用，因此 NDELA 已经不再是烟草和烟气中的重要致癌成分。

1.1.4 烟草特有 *N*-亚硝胺

烟草特有 *N*-亚硝胺（TSNA）是烟草特有的 *N*-亚硝基类化合物，相关研究最早始于 20 世纪 60 年代初。从分子水平上看，TSNA 是烟草生物碱和亚硝基反应生成的复合物。目前已鉴定出的 TSNA 主要有 8 种，分别为 4-(甲基亚硝胺基)-1-(3-吡啶基)-1-丁酮[4-(methylnitrosamino)-1-(3-pyridyl)-1-butanone，NNK]、*N*-亚硝基降烟碱（*N*-nitrosonornicotine，NNN）、*N*-亚硝基新烟草碱（*N*-nitrosoanatabine，NAT）、*N*-亚硝基假木贼碱（*N*-nitrosoanabasine，NAB）、4-(甲基亚硝胺基)-1-(3-吡啶基)-1-丁醇[4-(methylnitrosamino)-1-(3-pyridyl)-1-butanol，NNAL]、4-(甲基亚硝胺基)-4-(3-吡啶基)-1-丁醇[4-(methylnitrosamino)-4-(3-pyridyl)-1-butanol，*iso*-NNAL]、4-(甲基亚硝胺基)-4-(3-吡啶基)-1-丁酸[4-(methylnitrosamino)-4-(3-pyridyl)-1-butyric acid，*iso*-NNAC]、4-(甲基亚硝胺基)-4-(3-吡啶基)-1-丁醛[4-(methylnitrosamino)-4-(3-pyridyl)-1-butanal，NNA]。这些化合物结构如图 1-1 所示。其中，NNK、NNN、NAT 和 NAB 是烟草和烟气中的主

要烟草特有亚硝胺，相关研究最为深入。1973 年 Klus 等在由高降烟碱含量烟草制成的卷烟烟气中发现了 NNN。同年，Rathkamp 等在无滤嘴混合型卷烟中发现了 NAT。1977 年 Hecht 等在卷烟烟气中发现了 NNK 和 NNA；第二年他们通过试验证明 NNN 的含量与烟草中硝酸盐的含量呈正比，且烤烟烟叶中 TSNA 的含量最低。1987 年 Brunnemann 等在鼻烟和卷烟烟丝中鉴定出一种新的 TSNA，即 *iso*-NNAL，但卷烟烟气中未发现该物质的存在。两年后，Djordjevic 等在烟草和烟气中发现了 *iso*-NNAC。人们已经证实了胺类化合物和亚硝酸盐或氮氧化合物发生反应会形成 *N*-亚硝胺。烟草中含有大量的胺类化合物，包括氨基酸、蛋白质、生物碱等，其中烟碱是烟草中最重要的生物碱，其含量在 0.2%（某些雪茄烟）～4.5%（某些白肋烟）。其他比较重要的是降烟碱、新烟草碱和假木贼碱。烟草中还含有高达 0.5%的硝酸盐和低含量亚硝酸盐，因此在烟草中具有潜在的亚硝胺合成前体。目前人们普遍认为，NNK 来源于烟碱，NNN 来源于烟碱和降烟碱，NAT 来源于新烟草碱，NAB 来源于假木贼碱。TSNA 在鲜烟叶中的含量极低甚至没有，TSNA 主要是在采收后的调制、储存、发酵及加工过程中形成的。

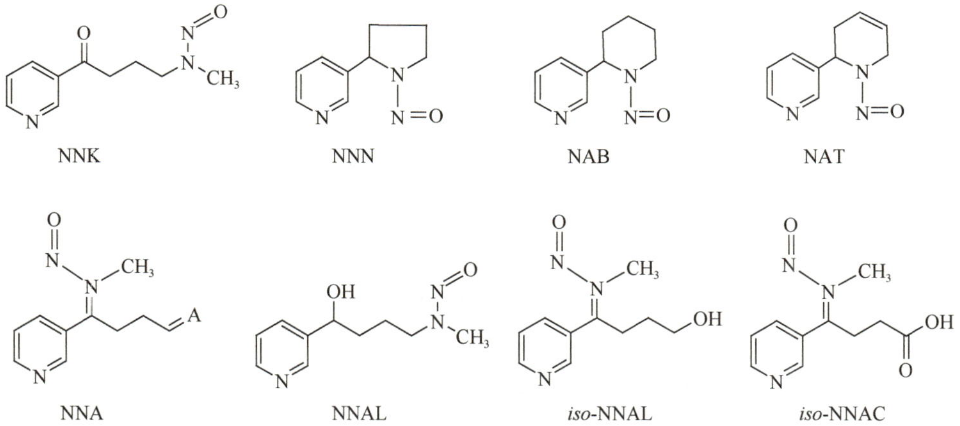

图 1-1　TSNA 的结构式

1.2　烟草特有亚硝胺生物合成与积累

1.2.1　烟草特有亚硝胺的前体物

TSNA 是由烟草生物碱发生亚硝化反应而形成的，所以生物碱和亚硝酸是 TSNA 的直接前体物，硝酸盐经过微生物和高温作用生成的亚硝酸盐或其他氮氧化物，是 TSNA 的间接前体物（图 1-2）。

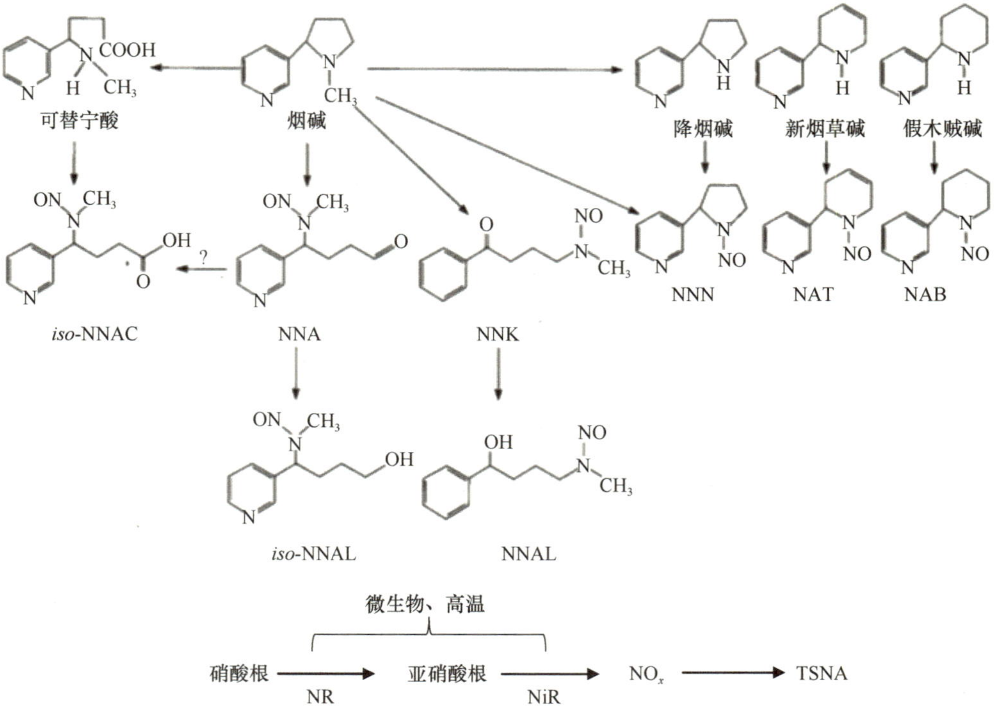

图 1-2 TSNA 生物合成与前体物的关系

NR 为硝酸还原酶；NiR 为亚硝酸还原酶；NO_x 为氮氧化物

NAT 和 NAB 分别由新烟草碱和假木贼碱发生亚硝化反应直接形成，NNN 主要由降烟碱亚硝化而形成。Hecht 等（1978）最初的试验表明，烟碱和降烟碱都是 NNN 的前体物，在烟叶调制过程中，可同样有效地作为 NNN 的前体物。但他们的试验没有考虑烟碱转化的事实，在试验中可能会有一部分烟碱在烟碱去甲基酶作用下发生烟碱向降烟碱的转化，所以烟碱也许只是 NNN 形成的间接前体。

另外一些试验表明，降烟碱是 NNN 的直接前体物，它比烟碱作为 NNN 的前体物更有效。Mirvish 等（1977）发现在 pH 3.4 时，降烟碱和亚硝酸钠反应生成 NNN 几乎是完全的，在 2h 内可达 90%～100%，而在 20℃由烟碱生成 NNN 的反应中，在 17h 后只有 0.5%。Caldwell 等（1991）根据烟碱和降烟碱生成 NNN 的动力学研究结果，提出降烟碱是 NNN 合成的主要前体物。

人们普遍认为，NNK 是由烟碱发生亚硝化反应形成的，因为 NNK 含有甲胺基。在稀盐酸（pH 5）条件下，烟碱和硝酸钠水溶液反应可积累一定量的 NNK，并生成可替宁（Hecht et al.，1978）。

烟草中的硝酸盐和亚硝酸盐及其他氮氧化物是 TSNA 形成的重要前体物，其中硝酸盐虽然不直接参与亚硝化反应，但可通过微生物介导的生物作用和高温介导的物理作用产生亚硝酸等氮氧化物，可直接作为亚硝化剂与生物碱发生亚硝化反应生成 TSNA。在烟叶晾晒、调制过程的中后期，由于细胞内含物外渗，微生物获得丰富的营养物质，活性得到极大的提高。部分微生物将硝酸还原为亚硝酸，进而诱导生物碱的亚硝化反应生成 TSNA。在烟叶晾制过程中，TSNA 和亚硝酸盐含量呈同步增加的趋势。在烟叶高温贮藏过程中，烟叶硝酸盐可直接产生气态氮氧化物，并与生物碱反应生成 TSNA。

多个研究表明，高施氮量会导致烟叶中硝酸盐含量的明显提高。品种也是影响硝酸盐含量的重要因素，氮高效基因型烟叶的硝酸盐含量显著低于氮低效基因型烟叶的硝酸盐含量。与烤烟相比，白肋烟氮素利用率低，易造成硝酸盐的大量积累（冯雨晴等，2019）。烤烟叶片和主脉的硝酸盐与 TSNA 含量存在显著差异，烤烟叶片 TSNA 和生物碱含量高于主脉，硝酸盐含量则低于主脉；晒烟和雪茄烟主脉硝酸盐、亚硝酸盐和 TSNA 含量均高于叶片，生物碱含量则低于叶片（史宏志等，2022）。

1.2.2 烟草特有亚硝胺的生物合成

烟草中仲胺类和叔胺类生物碱都可以发生亚硝化反应生成相应的 TSNA，其中仲胺类生物碱有降烟碱、新烟草碱和假木贼碱及可替宁酸（cotinine acid）；叔胺类生物碱主要为烟碱，在烟叶中含量最高。一般情况下，叔胺类生物碱的亚硝化反应比仲胺类生物碱的亚硝化反应缓慢，图 1-3 显示了这两类生物碱亚硝化反

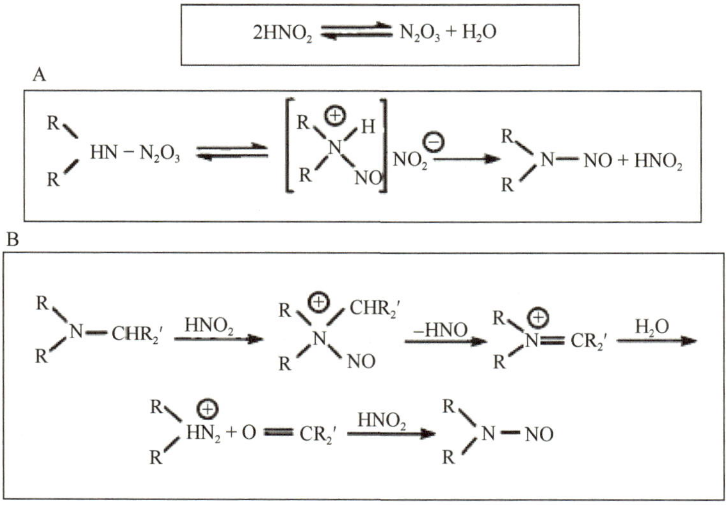

图 1-3 由仲胺类（A）和叔胺类（B）生物碱形成亚硝胺

应的步骤。图 1-3A 为仲胺类生物碱的反应，图 1-3B 为叔胺类生物碱的反应。叔胺类生物碱的反应包括胺盐水解形成仲胺，然后进一步与亚硝酸反应生成亚硝胺，反应的限速步骤为离子态中间体的形成。研究表明，在反应中加入硫氰酸酯（thiocyanate）可使烟碱亚硝化反应的速率加倍。

烟碱是烟叶中最主要的生物碱，烟碱的亚硝化反应可生成 3 种亚硝胺，即 NNN、NNK 和 NNA，其中 NNA 极不稳定，可进一步还原为 *iso*-NNAL。Caldwell 等（1991）报道在 pH 3.4 和 20℃条件下，NNA 是烟碱形成的最主要的亚硝胺，NNA 形成的速度常数远高于 NNN 和 NNK 的速度常数。研究表明，在比较剧烈的反应条件下（亚硝酸浓度高出 5 倍，90℃），NNN 和 NNK 生成量增加，但很难检测到 NNA。这主要是因为次级反应的发生，如 NNA 形成 1-甲基-5-(3-吡啶基)-吡唑和其他产物。Caldwell 等（1991）进一步提出了烟碱的亚硝化反应路线。首先是活化态亚硝化物质（N_2O_3）的形成，它们可迅速且不可逆地使烟碱亚硝化，形成亚硝基三烃铵（nitrosotrialkylammonium）离子（图 1-4）。

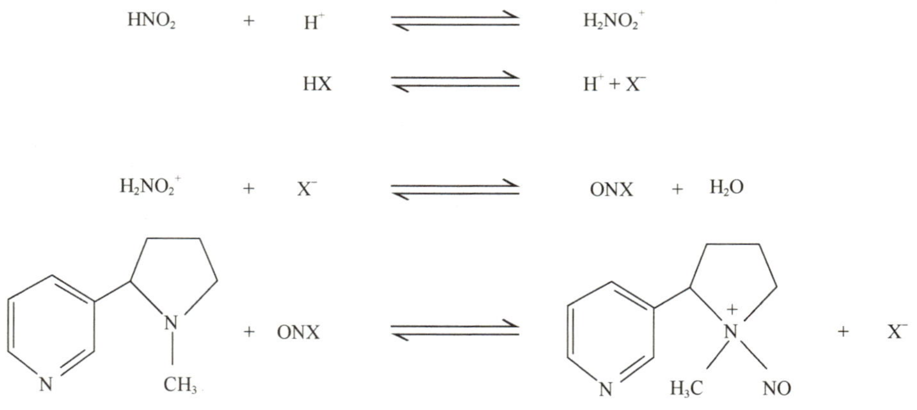

图 1-4　亚硝酸的活化及亚硝胺三烃铵离子的形成

其次，所形成的亚硝基三烃铵离子失去 HNO 基团部分，根据氧化部位的不同而形成三种不同亚胺离子，分别为 NNK、NNN 和 NNA（图 1-5）。亚胺离子的形成是主要的限速步骤，这与仲胺类生物碱的亚硝化反应不同。NNK 是烟碱吡咯环的 1′和 2′键断裂开环而形成的，假氧环烟碱（pseudo-oxynicotine，PON）被推测为 NNK 形成过程的中间体，并可在烟叶中检测到其存在（Caldwell et al., 1991）。图 1-6 进一步显示了 NNK 形成的生化过程。

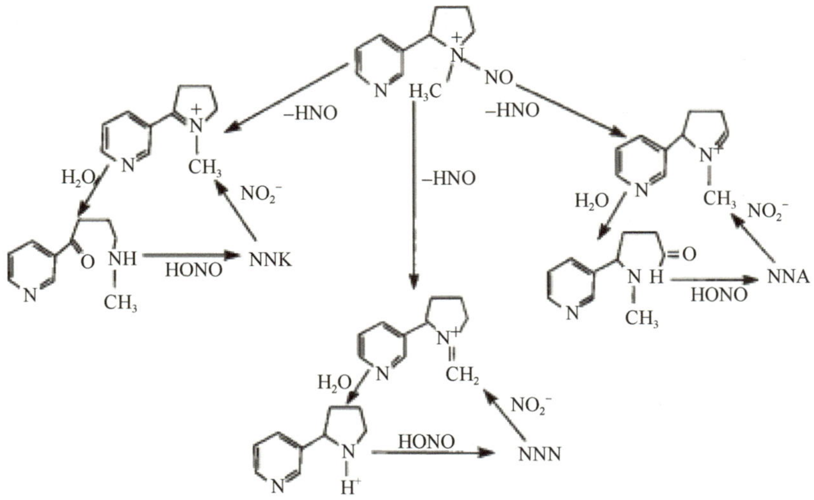

图 1-5　三种亚胺离子及相应亚硝胺的形成

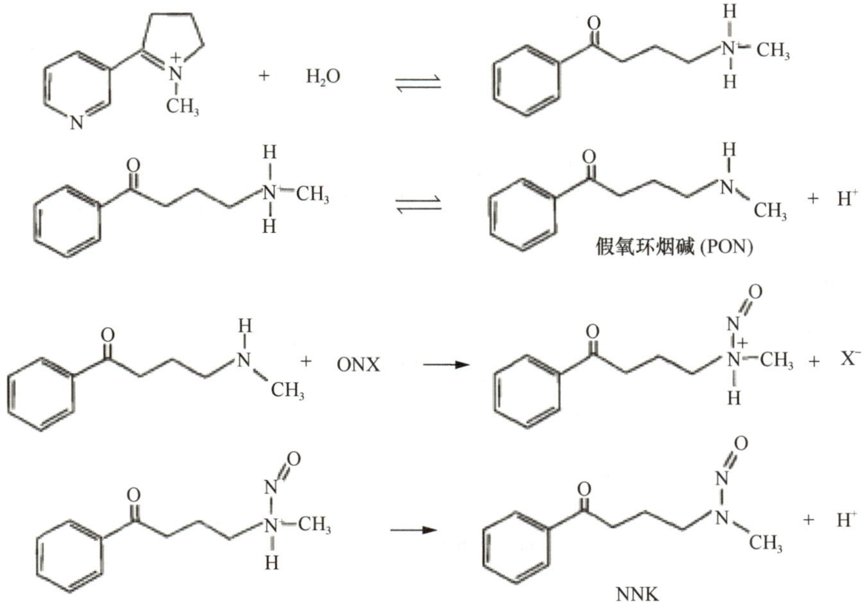

图 1-6　NNK 生物合成的反应步骤

1.2.3　烟草特有亚硝胺的形成和积累

一般而言，在鲜烟叶中检测不到 TSNA 或含量极低，TSNA 主要生成于烟草采后加工环节。烟叶采后需要经过调制、分级、复烤、醇化（或发酵）等一系列初加工，每个环节烟叶状态和加工条件不同，TSNA 生成量和形成机理也不尽相同（Fischer et al.，1990）。烟叶采收后生物碱不再有新的积累，但生物碱的组成可能因存在烟碱向降烟碱转化而发生改变，进而影响 TSNA 的形成。TSNA 的另一类直接前体物亚硝酸和其他气态氮氧化物主要在烟叶调制、发酵、贮藏过程中产生，因此对 TSNA 形成影响很大，而且由于不同环节的环境条件和烟叶物理状态不同，由硝酸盐生成亚硝酸等气态氮氧化物（NO_2^-、NO、NO_2、N_2O_5）的途径也不同，因而 TSNA 的形成机理和影响因素也有差异。

1.2.3.1 烟叶调制过程中 TSNA 的形成和积累

烟叶的调制可分为烘烤、晾制、晒制等方式，烤烟一般采用烘烤方式，而白肋烟、马里兰烟、雪茄烟和地方晾晒烟一般采用晾制或晒制方式。烟叶晾晒是在自然条件下烟叶逐渐失水干燥的过程，物质变化缓慢，持续时间较长。在调制过程中，随着烟叶水分散失，叶片细胞逐渐发生破裂，细胞和细胞器的膜结构被破坏，细胞内含物外泄，为微生物活动提供了丰富的营养，硝酸盐在微生物的作用下还原为亚硝酸，与生物碱发生亚硝化反应形成 TSNA。因此，调制过程中高湿、高温更有利于微生物活动进而促进 TSNA 的形成。

烘烤是在人工控制的环境中通过程序升温和通风排湿使烟叶在短时间内变黄变干的过程，由于高温和通风不利于微生物活动，因此由微生物还原作用产生亚硝酸的过程较弱，再加上烤烟烟叶的生物碱和硝酸盐含量都远低于晾晒烟，因此其 TSNA 含量较低，一般比晾晒烟低约两个数量级。本团队研究表明，高温等物理作用促进硝酸盐产生气态氮氧化物可能是烤烟 TSNA 形成的重要途径。特别是在定色期和干筋期，温度较高，湿度较低，极有利于气态氮氧化物的产生，定色期和干筋期是 TSNA 形成的重要阶段（张晶云等，2023）。另外，在明火烤制过程中，燃料燃烧产生的副产物 NO_x 也会促进 TSNA 的形成，将直接供热改为间接供热可显著抑制 TSNA 的形成（Nestor et al.，2003）。

1.2.3.2 烟叶发酵过程中 TSNA 的形成和积累

雪茄烟和部分晒烟需要在调制后进行发酵，以进一步促进大分子物质的降解转化和香气物质的形成。发酵过程也是 TSNA 产生和积累的重要时期之一，发酵后雪茄烟叶的 TSNA 含量大幅升高，此阶段 TSNA 积累量可占烟叶成熟期至发酵结束期总 TSNA 积累量的 50%。由于发酵过程持续时间长，温度和湿度变化大，TSNA 形成机理较为复杂。本团队研究表明，雪茄烟叶发酵过程中既存在微生物介导的生物作用，也存在高温介导的物理作用。在控温控湿发酵过程中，人工添加微生物硝酸还原酶抑制剂可显著抑制 TSNA 的形成；另外，随着温度的升高和湿度的降低，虽然微生物活动减弱，但由于气态氮氧化物产生量增加，TSNA 含量显著增高（李晶晶等，2019）。

1.2.3.3　烟叶贮藏和陈化过程中 TSNA 的形成和积累

调制后的烤烟、白肋烟等一般需要经过 2～3 年的贮藏和陈化才能被用于配方和加工，烟叶贮藏和陈化阶段也是 TSNA 形成的重要阶段。随着贮藏时间的延长，TSNA 含量持续增加，贮藏过程中 TSNA 含量可提高 50%至数倍，尤其在高温季节 TSNA 的积累更为迅速。贮藏烟叶一般含水量控制在 13%以下，这种环境下微生物活动较弱。本团队研究证明，烟叶贮藏过程中 TSNA 的形成主要是温度介导的物理作用。在贮藏温度较高时，烟叶所含硝酸盐可直接产生气态氮氧化物，其进一步与生物碱发生亚硝化反应生成 TSNA。因此烟叶硝酸盐含量、贮藏温度和湿度可对贮藏过程 TSNA 的形成产生重要影响，较高的温度和较低的烟叶含水量更有利于硝酸盐产生气态氮氧化物（Shi et al.，2013；王俊等，2017a）。

1.3　烟草特有亚硝胺的代谢及危害

1956 年，研究人员证实了 NDMA 会导致大鼠发生肝脏肿瘤后，人们逐渐发现多达 200 多种致癌性 *N*-亚硝胺化合物。在目前鉴定出的 8 种 TSNA 中，NNK、NNN 和 NNAL 对人类具有致癌性的证据充分，被国际癌症研究机构（International Agency for Research on Cancer，IARC）列为 1 类致癌物。另外两种化合物 NAT 和 NAB 由于致癌性较弱，被 IARC 列为 3 类致癌物，而 *iso*-NNAL 和 *iso*-NNAC 具有动物致癌性的证据尚不充分。对啮齿动物和灵长类动物的体内及体外的试验研究表明，NNK 和 NNN 在代谢过程中会产生亲电中间体，能与 DNA 和血红蛋白形成共价络合物，并滞留于啮齿动物的特定组织，如肺、肝、鼻黏膜和食管等，这些靶器官同时也是容易被 TSNA 诱导致癌的目标组织。NNK 和 NNN 在动物体内的代谢和致癌性受各种饮食成分的强烈影响。研究表明，饮食成分可有效抑制 NNK 和 NNN 的活性，但饮食中脂肪的增加能提高 NNK 的致癌性，烟草提取物、烟气、烟碱及其主要的代谢物（可替宁）会抑制 TSNA 在生物系统和啮齿动物模型中活性的发挥。TSNA 代谢过程中可产生活性较强的中间产物，这些产物会与 DNA 的碱基对进行加合反应，形成 DNA 加合物，导致基因突变，最终可能引起癌变。因此，TSNA 只有被代谢激活时，才会产生致癌作用。目前，虽然人体与动物体内代谢有所不同，但资料表明啮齿动物模型中观察到的大多数代谢途径也存在于人体中，关于 NNK、NNAL 和 NNN 在动物和人体内的代谢、加合物形成及脱毒效应已比较明确。

1.3.1　NNK 的代谢途径

NNK 的代谢途径如图 1-7 所示。NNK 的代谢主要包括 5 种反应：羰基还原

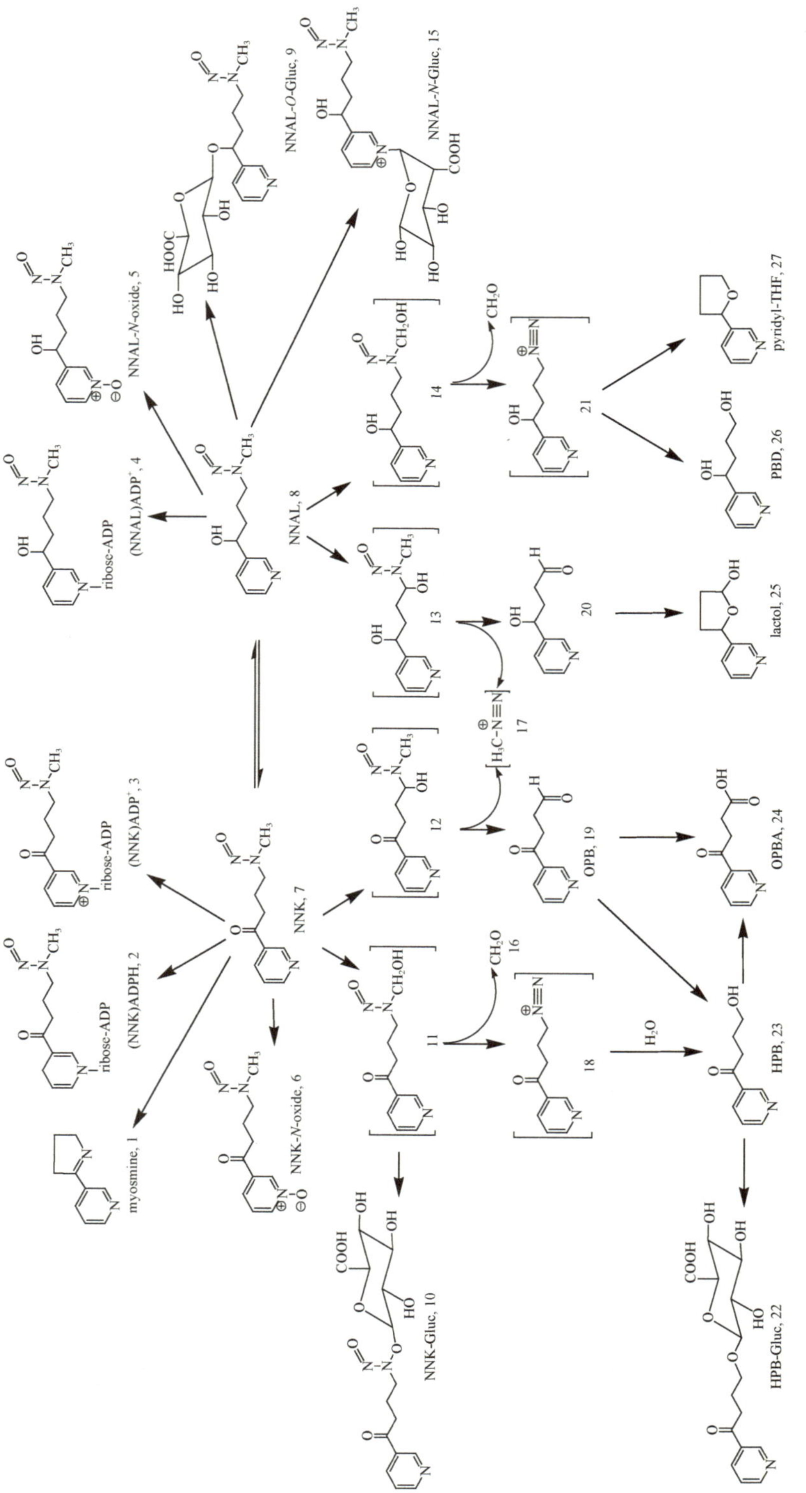

图 1-7 NNK 的代谢途径

反应、α-羟基化反应、吡啶氧化反应、脱胺反应和 ADP 加合反应。NNAL 的代谢途径与 NNK 相似，经过了 α-羟基化反应、吡啶氧化反应、葡萄糖苷酸化反应及 ADP 加合反应。本书以 NNK 为例介绍代谢反应途径。

1.3.1.1　羰基还原反应（化合物 7→化合物 8）

如图 1-7 所示，羰基还原反应是指 NNK（7）的羰基被还原为羟基生成 NNAL（8）的过程。此反应于 1980 年首次被提出，于 1997 年被确证。NNK 在不同的代谢模型，包括亚细胞组分、细胞培养、组织培养及大鼠、仓鼠、小鼠、兔、猴、猪和人离体灌注组织中呈现出较大的立体选择性。在啮齿动物和人的肝脏组织、人肺组织及大鼠肠组织中，NNK 主要代谢生成 NNAL。以大鼠血液为研究对象，动物体内的药代动力学实验证实 NNAL 是 NNK 在体内的主要代谢产物，体内 NNAL 的半衰期为 298min，NNK 的半衰期为 25min。通过在兔子体内进行 NNK 的一次性给药实验来检测血液中的代谢产物，结果发现生成 NNAL 最多，其中 NNAL 的半衰期为 86.6min，NNK 的半衰期为 16.7min。

NNK 的羰基还原反应更多是由 11β-羟基类固醇脱氢酶、醛酮还原酶和羰基还原酶等催化完成的。11β-羟基类固醇脱氢酶是一种微粒体酶，主要作用是将活泼的 11-羟基糖皮质激素转化为不活泼的 11-羰基糖皮质激素。NNAL 的代谢转化形式与 NNK 相似，NNAL 会进一步被代谢，进入 α-羟基化反应途径。在吸烟者体内，NNAL 是 NNK 的主要代谢产物之一。由于 NNAL 和 NNK 具有相似的致癌性，因此 NNK 生成 NNAL 并非减毒代谢。NNAL 有两种对映体，即(*S*)-NNAL 和(*R*)-NNAL，其中(*S*)-NNAL 的致癌性更强，生成量更高。目前，羰基还原反应被广泛研究并被认为是 NNK 代谢转化的一种重要形式。NNK 的羰基还原反应是可逆的，在一定条件下，羰基反应可以发生部分逆转，NNAL 可部分氧化为 NNK（NNK $\rightleftharpoons$ NNAL）。

1.3.1.2　α-羟基化反应（化合物 7→化合物 11/12）

在细胞色素 P450 的催化下，NNK 发生的 α-羟基化反应是 NNK 致癌的重要代谢途径之一。由于 NNK 是非对称性亚硝胺，所以 NNK 的 α-羟基化反应有两条途径，即 α-亚甲基羟基化反应途径和 α-甲基羟基化反应途径。研究人员对动物体内 NNK 的 α-羟基化反应进行了研究，结果发现 4-氧-4-(3-吡啶基)-丁酸[4-oxo-4-(3-pyridyl) butanoic acid，OPBA]（24）是啮齿动物和灵长类动物尿液中的主要代谢产物，而且在血液中也能检测到。研究人员对大鼠进行高剂量 NNK 静脉注射，通过高分辨质谱，定量检测到 NNK 和 NNAL 的 α-羟基化反应终产物 4-羟基-1-(3-吡啶基)-1-丁酮[4-hydroxy-1-(3-pyridyl)-1-butanone，HPB]（23）、OPBA（24）和

1-(3-吡啶基)-1,4-丁二醇[1-(3-pyridyl)-1,4-butanediol，PBD]（26）。与 NNK 相似，NNAL 在代谢反应中也存在上述两条途径（化合物 8→化合物 25、化合物 8→化合物 26/27）。

NNK 的 α-亚甲基羟基化反应通常发生在体外反应中。如图 1-7 所示，NNK（7）的亚甲基经过羟基化反应生成中间体 α-羟基化亚硝胺（12）。中间体 12 不稳定，又可自发分解成甲基重氮化合物 CH_3N_2（17）和 4-氧-4-(3-吡啶基)-丁醛[4-oxo-4-(3-pyridyl) butanal，OPB]（19），其中甲基重氮化合物是一种活性极强的烷基化试剂，能够与 DNA 碱基结合，生成 7-甲基鸟嘌呤（7-mG）、O^6-甲基鸟嘌呤（O^6-mG）和 O^4-甲基胸腺嘧啶（O^4-mT），从而可能进一步引起 DNA 突变。在 α-亚甲基羟基化反应途径中，醛酮可进一步代谢为 OPBA（24）。研究发现，受试动物鼻黏膜组织中发生了 NNK 的 α-亚甲基羟基化反应。另外，该反应易受细胞色素 P450 抑制剂的抑制，如在 NNK 给药过程中，发现 α-亚甲基羟基化途径受抑制，可能与该反应属于产物抑制反应有关。

α-甲基羟基化反应途径多见于体内实验，NNK 甲基羟基化后，产生中间产物 α-羟基化亚硝胺（11），其自发分解成 1-重氮基-4-氧代-4-(3-吡啶基)丁烷离子[4-oxo-4-(3-pyridyl)-1-butanediazonium ion]（18）和甲醛（CH_2O）（16），化合物 18 在有水存在的条件下可进一步生成 HPB（23）。1-重氮基-4-氧代-4-(3-吡啶基)丁烷离子（18）能够与 DNA 碱基结合，在鸟嘌呤的 7 位和 O^6 位形成吡啶-*O*-丁基加合物，与胸腺嘧啶和胞嘧啶的 O^2 结合，生成吡啶-*O*-丁基加合物，这些加合物的生成会导致基因突变，最终可能引起癌变。在此过程中 α-羟基化亚硝胺（11）和 HPB（23）还可发生葡萄糖苷酸化反应，生成糖苷化合物 α-甲基羟基化 NNK 葡萄糖苷（NNK-Gluc）（10）和 HPB-Gluc（22）。

在不同体外实验中，α-甲基羟基化反应程度不同。在鼻黏膜微粒体培养试验中，α-甲基羟基化反应是 NNK 的主要反应。甚至在啮齿动物的肺组织代谢实验中，NNK 的 α-甲基羟基化反应超过了 α-亚甲基羟基化反应。也正是肺组织中 NNK 的 α-羟基化反应活性较高，使大鼠肺部对 NNK 具有较强的致癌敏感性。研究发现，分别以 OPB、OPBA 和 HPB 为反应底物，施加重组酶 CYP2A13 的反应体系，仅发现产物 OPB 被重组酶降解，且伴随 HPB 的生成。随着时间的延长，OPB 浓度逐渐下降，HPB 浓度逐渐升高。10min 的反应时间，OPB 浓度下降了 69.5%，HPB 浓度由零值增加到了 3.09μmol/L（图 1-8）（周骏等，2017）。另外，由图 1-9 也可以看出，随着底物 NNK 浓度的增加，OPB/HPB 下降，HPB/OPBA 增加，表明 HPB 的生成不完全依赖于 OPB 的转化，还存在另外一个从 NNK 到 HPB 的生成途径，NNK 经 α-甲基羟基化反应途径生成 HPB。不施加重组酶的反应体系，三种产物纯品水溶液在 37℃加热条件下的实验结果可以证实产物 OPB 在温和条件下可以氧化成 OPBA（图 1-10）。该反应为非酶促氧化还原反应，反应 10min 时，

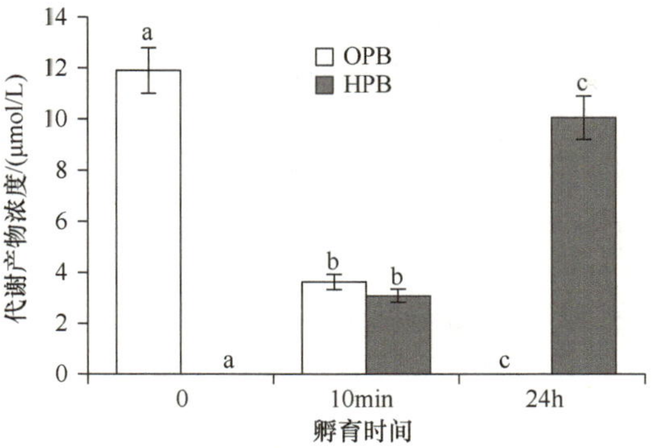

图 1-8　重组酶催化下 OPB 向 HPB 的转化（引自周骏等，2017）

不同字母代表不同处理间差异达显著水平（$P<0.05$）。下同

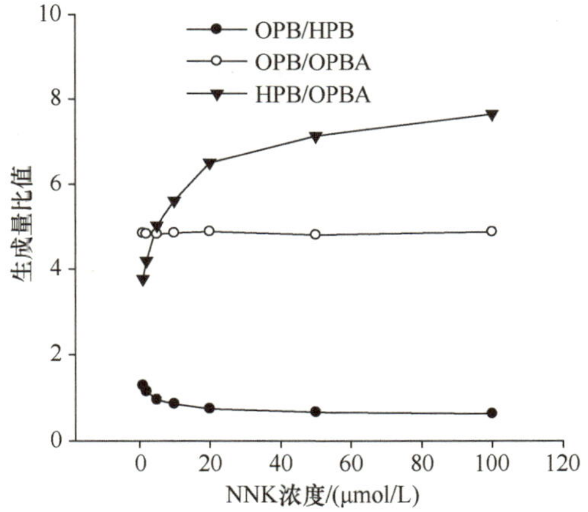

图 1-9　不同产物生成量的比值

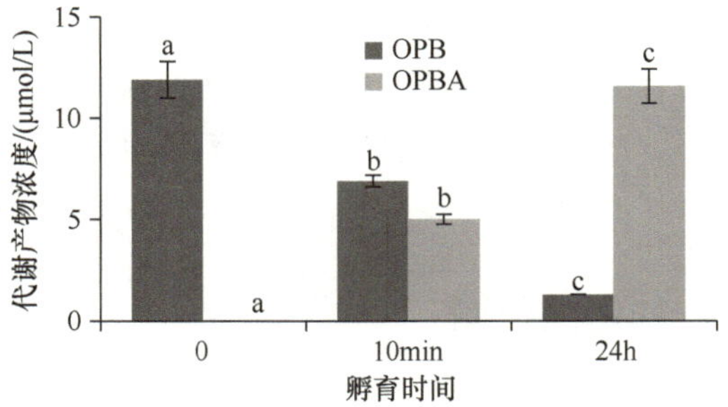

图 1-10　无酶体系下 OPB 向 OPBA 的转化

OPB 标准水溶液由初始浓度 11.9μmol/L 降低到了 6.9μmol/L，而 OPBA 浓度由零值增加到了 5.0μmol/L；24h 后，OPB 浓度下降到 1.28μmol/L，OPBA 浓度增加到了 11.6μmol/L。结合酶促反应和非酶促反应两种实验结果可以发现，在 OPB 酶促

反应中，既存在酶促作用将 OPB 转化为 HPB（OPB→HPB），也存在 OPB 的非酶促氧化反应（OPB→OPBA），而且非酶促氧化反应优先于酶促反应。但在 NNK 与重组酶反应时，HPB 的生成量高于 OPBA，说明重组酶与 NNK 及其代谢产物共存时，会优先选择 NNK 进行催化反应，同时生成 HPB 和 OPB，而生成的 OPB 可在重组酶和空气氧化作用下进一步生成 HPB 和 OPBA。

1.3.1.3 吡啶氧化反应（化合物 7→化合物 6）

吡啶-*N*-氧化反应只在体外实验中被发现，根据实验动物种类和组织的不同，NNK 产生的 *N*-氧化产物也不同。NNK 在大鼠和小鼠肺微粒体中，主要代谢生成 4-(甲基亚硝胺基)-1-(3-吡啶基-*N*-氧化物)-1-丁酮 [4-(methylnitrosamino)-1-(3-pyridyl-*N*-oxide)-1-butanone，NNK-*N*-oxide]（6），而在未经预处理的大鼠肝微粒体、小鼠肝微粒体和大鼠鼻黏膜微粒体中，该反应则仅为次要反应或不能被检测到。吡啶-*N*-氧化反应依赖细胞色素 P450 的催化。在动物组织体外实验中，CYP4502B1 主要催化 NNK 形成 NNK-*N*-oxide 的活性。在人肝组织微粒体中存在 NNK 的吡啶-*N*-氧化反应，但在人肺组织微粒体体外反应中未发现该代谢反应。

1.3.1.4 脱胺反应（化合物 7→化合物 1）

NNK 的反硝化反应首先生成一分子亚胺，然后亚胺被水解为酮醛或麦斯明（myosmine，1）。虽然此反应的反应机制尚未十分明确，但已有 NNK 在大鼠肝微粒体的作用下生成亚硝酸盐的研究报道。

1.3.1.5 生成 ADP 加合反应（化合物 7→化合物 2/3）

在体外试验中，NNK 代谢可生成 ADP 加合物，如在大鼠胰腺和肝微粒体作用下，NNK 代谢生成了（NNK）ADP^+（3）。此类加合物由烟酰胺腺嘌呤二核苷酸水解酶催化生成，此酶还可以催化其他化合物如烟碱、可替宁和 3-乙酰吡啶等发生反应。生理状态下，上述催化酶的作用机制不甚明了。另外，ADP 加合物的致癌性并不明确。

1.3.2 NNK/NNAL 的体内代谢

在啮齿动物、哺乳动物包括人身上，有关 NNK/NNAL 的体内代谢已经被研究了多年，科研人员所采用的动物模型、给药条件和研究结论见表 1-1。所有的证据都表明 NNK 可以迅速分布到活体动物和人体的大部分组织中，而且在各个靶组织中可以快速代谢。NNK 的三条主要代谢途径（羰基还原、α-羟基化、吡啶氧化）均能在体内被检测到，但脱胺和 ADP 加合反应未被发现存在于体内的科学证

表 1-1　体内 NNK 代谢研究概况

试验对象	NNK 给药剂量或方式	结论
雄性 F-344 大鼠	7.5～2200μmol/kg	在 48h 的尿液中检测到 NNAL、OPBA、羟基酸（hydroxy acid）、PBD 和 NNK-*N*-oxide，上述产物共占 NNK 摄入量的 69%。未检出 HPB、OPB 和麦斯明
雄性 F-344 大鼠	0.03～20μmol/kg	85%的 NNK 在 24h 内排至尿液中，在尿液中检测到了 hydroxy acid、OPBA 和 NNAL，利用放射自显影法发现 NNK 能够迅速分布在体内各组织中
雄性 F-344 大鼠	150μmol/kg	在 NNK 与 NNAL 的动态平衡中，更倾向于生成 NNAL；NNK 的半衰期为 25min；NNAL 的半衰期为 298min
雄性 F-344 大鼠	390μmol/kg	NNK 注射 4h 后，血液中 NNAL 水平超过 NNK，未检出 NDMA
雌性 SD 大鼠	150μmol/kg	在血液中检测到 NNAL
雄性 F-344 大鼠	400μmol/kg	烟碱对 NNK 和 NNAL 的消除无影响
雄性 F-344 大鼠、雌性 CD-1 小鼠、A/J 小鼠	0.005～500μmol/kg	检测到 NNAL-*N*-Gluc，在 F-344 大鼠和 A/J 小鼠尿液中发现 NNK 代谢产物与 NNK 呈剂量-反应关系，NNK 剂量低时，以 α-羟基化产物和 NNK-*N*-oxide 为主；NNK 剂量高时，以 NNAL 和 NNAL-*N*-Gluc 为主
雌性 SD 大鼠	0.7μmol/kg 或 240μmol/kg	以放射性 NNK 注射大鼠，低剂量时，发现 7%的摄入量排泄至胆汁中；高剂量时，12%的摄入量排泄至胆汁中。NNK 的半衰期为 37min；NNAL 的半衰期为 52min；NNAL-*N*-Gluc 的半衰期为 107min
雄性 F-344 大鼠、雌性 A/J 小鼠	10～500μmol/kg	在尿液中检测到占总 NNK 量 1%的 6-羟基-NNK，以 500μmol/kg 剂量注射大鼠时，代谢产物及占 NNK 摄入量的比例如下：hydroxy acid（28%）、OPBA（32%）、NNAL-*N*-oxide（4.3%）、NNAL-*N*-Gluc（6.1%）、NNAL（19%）和 NNK（0.4%）
雄性 Wistar 大鼠	80nmol/kg NNAL-*N*-Gluc	在 24h 的尿液中，发现 76%的 NNAL-*N*-Gluc 没有任何变化，同时检测到下述产物及其占总 NNAL-Gluc 的比例：hydroxy acid（10%）、OPBA（0.9%）、NNAL-*N*-oxide（3.3%）、NNAL（3.3%）和 NNK（0.2%）
雄性 Wistar 大鼠	80μmol/kg	烟碱抑制了 NNK 的代谢激活
雄性 F-344 大鼠	8.5μmol/kg	在所有器官组织中均能快速代谢，且在 20～60min 到达 NNK 的峰值，检测 NNK 及其代谢产物，其中肾脏中最高，其次是胃、鼻黏膜、肝脏和肺。鼻黏膜中 NNK 的 α-羟基化代谢产物含量最高，其次是肝脏和肺。异硫氰酸苯乙酯（PEITC）可以降低肺和肝脏中 α-羟基化代谢产物的水平
雄性 F-344 大鼠	0.5μmol/kg	对大鼠采用细胞色素 P450 酶诱导剂预处理后，在其尿液中检测到 HPB-Gluc
雄性 F-344 大鼠	0.2μmol/天，持续 2 年	在饲料中添加 PEITC，会明显提高 NNAL 和 NNAL-*N*-Gluc 的总量，但未能改变其比例
雄性 F-344 大鼠	480μmol/kg	饲料中脂肪含量未影响尿液中的代谢产物
雄性叙利亚地鼠	280μmol/kg	96%～98%的 NNK 被排泄至尿液中，在 48h 的尿液中检测到了 hydroxy acid、OPBA 和 NNAL
雄性/雌性叙利亚地鼠	20μmol/kg	放射自显影法观察结果显示 NNK 在体内大部分组织均有分布
雄性叙利亚地鼠	35μmol/kg	NNK 和(*S*)-烟碱同时给药，会降低肝脏对 NNK 的清除功能，同时会降低肝脏对 NNK 的 α-羟基化代谢

续表

试验对象	NNK 给药剂量或方式	结论
雄性叙利亚地鼠、雄性 CD-1 小鼠和雄性狒狒	150μmol/kg（地鼠和小鼠）、15μmol/kg（狒狒）	大量的 NNK 被代谢为 NNAL
雄性/雌性 C57BL 小鼠	34μmol/kg	全身放射自显影法结果显示在怀孕小鼠中，NNK 可分布在鼻黏膜、气管及支气管黏膜、肝脏、眼部黑色素、肾脏、膀胱、泪腺。相似的结果在大鼠和仓鼠中也有发现。在怀孕动物的羊水中检测到了 OPBA 和 hydroxy acid
雄性 A/J 小鼠	500μmol/kg	3-吲哚甲醇预处理小鼠会降低肺组织中的 NNK 和 NNAL，同时也会降低尿液中的 NNAL 和 NNAL-*N*-Gluc，但会增加尿液中 α-羟基化代谢产物
雄性狨猴	19～420μmol/kg	全身放射自显影法显示 NNK 分布于肝脏、鼻黏膜，但在肺中没有出现
雌性赤猴	20～500μmol/kg	(*R*)-NNAL-*N*-Gluc 是尿液中的主要代谢产物，(*R*)-NNAL-*N*-Gluc 水平较低（在啮齿动物中该化合物水平高）
人	嚼烟	在唾液中检测到 NNAL 和 *iso*-NNAL
人	卷烟	在尿液中检测到了大量的 NNAL 和 NNAL-*N*-Gluc
人	二手烟	在受二手烟影响的非吸烟人群中检测到尿液中存在 NNAL 和 NNAL-*N*-Gluc
人	嚼烟/卷烟	尿液中 NNAL 和 NNAL-Gluc 的水平，嚼烟吸食者是卷烟吸食者的 68 倍，其中(*R*)-NNAL-Gluc 是(*S*)- NNAL-*N*-Gluc 的 1.9 倍
人	卷烟	豆瓣菜对吸烟者尿液中的 NNAL 和 NNAL-*N*-Gluc 有提高作用
人	卷烟/无烟气烟草制品	在不同吸烟者中，NNAL-*N*-Gluc 与 NNAL 比值不同，在无烟气烟草制品使用人群中，两者比例差异不大；总 NNAL（NNAL+NNAL-*N*-Gluc）与上述人群的黏膜白斑病发病率密切相关
人	卷烟	在吸烟人群的尿液中检测到 NNAL-*N*-oxide，且含量是 NNAL 的 1/2
人	卷烟	NNAL-*N*-Gluc 和 NNAL 的比值因个体不同而差异较大，最高会相差 10 倍，但在两年多的测试中，在同一吸烟者的尿液中上述比值比较稳定

据。体内实验发现啮齿动物、猕猴和人类更倾向于发生 NNK→NNAL 反应。在大鼠体内，α-羟基化反应在目标组织中广泛发生，导致大鼠鼻黏膜、肺和肝脏等器官发生癌变。在所有实验动物中，NNK 代谢产物主要通过尿液排泄，在 24h 内，NNK 摄入量的 90%可通过尿液排出体外。当然，NNK 的剂量不同，体内代谢产物的种类及产物间的比例也不同。例如，在小鼠和大鼠实验中，高剂量的 NNK 导致尿液中 NNAL 含量高于 NNAL-*N*-Gluc，这种剂量相关性在动物体内的 α-羟基化反应途径中也有所体现。

1.3.2.1 羰基还原反应

药代动力学实验证实，NNK 被摄入体内后，会迅速生成 NNAL，而且 NNAL 在血液中的含量高于 NNK。在大鼠体内，NNAL 的半衰期为 298min，而 NNK 的半衰期为 25min，在其他种属的动物中同样发现 NNAL 的半衰期远高于 NNK。NNK→NNAL→NNAL-Gluc 途径的发现是 NNK 代谢研究的重要进展，NNAL-Gluc

作为 NNK 的解毒途经，经由尿液最终排至体外。在大鼠尿液中，(*S*)-NNAL-Gluc 是主要的葡萄糖醛酸加合物，而在赤猴血液和尿液中，(*R*)-NNAL-Gluc 是主要的葡萄糖醛酸加合物。以口含烟吸食人群为研究对象的研究发现，在人尿液中，(*R*)-NNAL-Gluc 与(*S*)-NNAL-Gluc 的比值为 1.9 左右。在小鼠和大鼠体内实验中，羰基还原反应的产物包括 NNAL、NNAL-*N*-oxide 和 NNAL-Gluc。在低剂量 NNK 摄入的前提下，NNAL 和 NNAL-Gluc 的水平低于 NNK 其他代谢途径的产物。在吸烟者尿液中，大部分都检测到 NNAL-Gluc 的水平高于 NNAL，而 NNAL-*N*-oxide 水平低于前面两个羰基还原反应的代谢产物。在吸烟者体内，NNAL-Gluc 与 NNAL 的比值被研究人员视为 NNK 的解毒指标，但因测试个体不同而不同，该比值受遗传及环境因素的影响。

研究表明，吸烟者尿液中 NNAL 和 NNAL-Gluc 的总量约为 3.8pmol/(mg 肌酸酐·24h)。在赤猴实验中，NNAL 和 NNAL-Gluc 总量约占 NNK 摄入量的 20%。研究已经证实人体尿液中可替宁水平与 NNAL+NNAL-Gluc 呈显著正相关，因此，如同可替宁可作为烟碱的生物标志物一样，NNAL+NNAL-Gluc 被视作 NNK 摄入人体的重要生物标志物。

1.3.2.2 吡啶氧化反应

啮齿动物尿液中 NNK-*N*-oxide 和 NNAL-*N*-oxide 占 NNK 摄入量的 0～10%，低剂量 NNK 的实验发现，啮齿动物和赤猴尿液中吡啶氧化物含量超过 NNK 和 NNAL。但在人类吸烟者的测试中，尿液中 NNAL-*N*-oxide 水平往往低于 NNAL。因此，NNK/NNAL 的吡啶氧化是啮齿动物的一条解毒途径，但对人类并不是主要的解毒途径。

6-羟基-NNK 在啮齿动物和赤猴尿液中被检测到，但含量较低，约占总 NNK 剂量的 1%。在微粒体、肝脏匀浆及组织培养的体外实验中，这种代谢产物也没有被检测到。在烟碱细菌代谢中发现吡啶环的羟基化。因此，6-羟基-NNK 仅是细菌转化 NNK 的产物。另外，在大鼠实验中，对大鼠进行肝细胞色素 P450 的诱导后再给药，并未发现 6-羟基-NNK 含量的升高，但其他吡啶氧化物（NNK-*N*-oxide 和 NNAL-*N*-oxide）含量增加较多。因此研究人员认为，6-羟基-NNK 与 NNK/NNAL 的吡啶氧化物并非同一生成途径。

1.3.2.3 α-羟基化反应

一般来说，OPBA 和羟基酸（hydroxy acid）是啮齿动物和哺乳动物尿液中的主要代谢产物之一，这两种产物在 NNN 进入体内后，在体内相关组织和血液中很快便能检测到。在体内环境，OPBA 来自 HPB，同时也是 OPB 的氧化产物。因此，NNK 的两种 α-羟基化代谢途径在体内难以通过 OPBA 来区分。同样，体内

hydroxy acid 是 NNAL 的代谢产物，同时也是 NNN 代谢产物之一，因此无法通过 hydroxy acid 区分 NNAL 的两条 α-羟基化代谢途径。立体异构实验证实，hydroxy acid 是 NNAL 的 α-羟基化产物，而不是由 OPBA 还原生成。因此，大鼠体内 NNK 代谢更易通过(*S*)-NNAL 生成(*S*)-hydroxy acid。在体外微粒体实验中，HPB 和 OPB 是 NNK 代谢的主要产物之一，但在动物尿液中却难以被检测到。在人类尿液的检测实验中，α-羟基化产物定量并不统一。OPBA 和 hydroxy acid 是烟碱的代谢产物之一，因此在人体尿液中检测到的 OPBA 和 hydroxy acid 是摄入 NNK 的 3000 倍，OPBA 和总 hydroxy acid 到底是 NNK 的代谢产物还是来自烟碱，体内实验无法区分。体内(*S*)-hydroxy acid 可来自 NNK 和 NNN，而体内(*R*)-hydroxy acid 却更多地来自烟碱的代谢（可替宁和 OPBA 通路）。因此，(*S*)-hydroxy acid 可作为吸烟者体内 NNK 的生物标志物，也可以作为体内 NNK 的 α-羟基化的重要标志。

1.3.3 NNN 的代谢途径

如图 1-11 所示，与 NNK 代谢不同，NNN 代谢反应包括吡啶氧化反应、吡咯环羟基化反应和去甲可替宁化反应。根据吡咯环上羟基位置的不同，吡咯环羟基

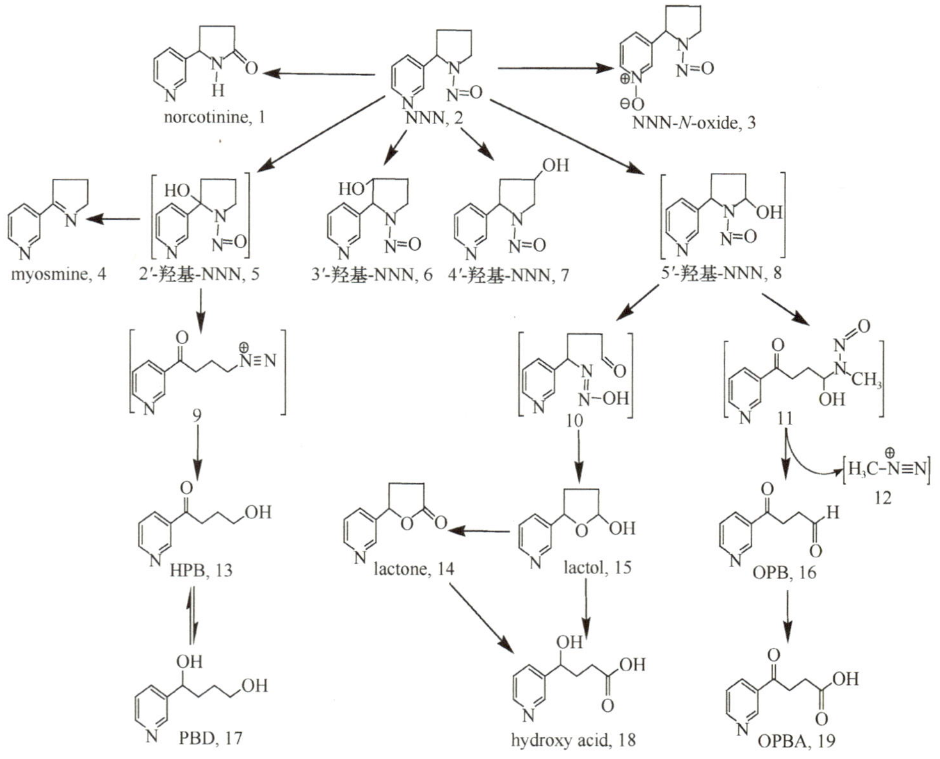

图 1-11 NNN 的代谢途径

化反应又被分为 2′-α-羟基化、5′-α-羟基化、3′-β-羟基化和 4′-β-羟基化，其中有关 β-羟基化反应的报道较少，且含量很低。Hecht（1998）总结了体外和体内的 NNN 代谢反应，其采用多种组织的体外培养实验，证实了鼻黏膜、食管、口腔、肺、肝和结肠等多种组织可以对 NNN 进行不同途径的代谢，体内动物实验证实，NNN 可以快速分布于体内，并在短时间内完成代谢，产物经尿液排泄至体外。

1.3.3.1 吡啶氧化反应（化合物 2→化合物 3）

吡啶氧化反应也称吡啶-*N*-氧化反应，发生在吡啶环的 N 原子上，该反应是 NNN 的解毒代谢途径。有研究在大鼠肝组织体外实验中发现吡啶氧化反应，而在其他器官组织的体外实验中几乎没有发现该反应的产物亚硝基降烟碱氧化物（*N*′-nitrosonornicotine-*N*-oxide，NNN-*N*-oxide）。还有研究在人肝组织体外培养实验中检测到产物 NNN-*N*-oxide，在人其他相关组织体外代谢实验中发现了 NNN 的吡啶-*N*-氧化反应。

有体内研究认为，尿液中 NNN-*N*-oxide 占大鼠 NNN 摄入总量的 7%～11%，占仓鼠 NNN 摄入总量的 2.5%。然而，也有研究对小鼠及兔子进行 NNN 注射，然后采集血液并检测到了 NNN-*N*-oxide 产物，但占 NNN 摄入总量的比例远低于尿液。

1.3.3.2 吡咯环羟基化反应（化合物 2→化合物 5/6/7/8）

NNN 在微粒体或细胞色素 P450 作用下，吡咯环上的 4 个 C 原子会发生羟基化反应，分别形成 2′-羟基-NNN（5）、3′-羟基-NNN（6）、4′-羟基-NNN（7）和 5′-羟基-NNN（8）。2′-羟基-NNN（5）是一种不稳定中间产物，会快速失去 HONO 基团，生成麦斯明（myosmine，4）或 1-重氮基-4-氧代-4-(3-吡啶基)丁烷离子 [4-oxo-4-(3-pyridyl)-1-butanediazonium ion]（9），化合物 9 同时也是 NNK 的 α-甲基羟基化反应的中间产物，因此在 NNN 代谢途径中同样存在 HPB 通路。如图 1-11 所示，中间产物 9 进一步分解，失去甲醛，生成 HPB（13）。在细胞色素 P450 纯化重组酶实验中，HPB 是终端产物，不再参与酶促反应，因此 HPB（13）→ PBD（17）可能并非由细胞色素 P450 介导。对小鼠和兔子进行 NNN 静脉注射，发现血液中同时存在 HPB 和 PBD，且 PBD 含量高于 HPB。体内环境不同于体外，在体内肝组织等微粒体中存在 11β-羟基类固醇脱氢酶、醛酮还原酶和羰基还原酶，会催化羰基化合物发生还原反应，因此，上述 HPB→PBD 的转变在体外 P450 酶促实验中未见报道，该转化反应可能更容易在体内发生。

5′-羟基-NNN（8）是不稳定中间产物，羟基化后的吡咯环进一步形成开环化合物 10 和 11。化合物 10 不稳定，脱重氮基团，闭环形成内半缩醛（lactol）（15），进而生成内酯（lactone）（14）和羟基酸（hydroxy acid）（18）。体内研究证实，羟基酸（18）和 OPBA（19）是尿液中 NNN 的主要代谢产物，羟基酸主要来自内酯（14）和内半缩醛（15），来自 OPBA 的部分较少，仅占大鼠摄入 OPBA 总量的 1%。因此可以断定，体内羟基酸主要来自 NNN 的 5′-羟基-NNN 代谢途径。而在体外实验中，羟基酸被证实是 NNN 的主要代谢产物，OPBA 浓度很低或未被检出。采用纯化重组蛋白酶进行体外实验发现，NNN 代谢产物中主要有 HPB、羟基酸、OPB 及少量的 OPBA。5′-羟基-NNN 吡咯环可以经开环形成中间产物（11），与 NNK 的 α-亚甲基羟基化途径相同，中间产物（11）同时生成 OPB（16），部分 OPB 可能进一步氧化为 OPBA（19），该途径可能是体外产生 OPBA 的途径之一。

以往研究认为 2′-羟基-NNN 途径是 NNN 代谢的主要反应，但最近有研究证实 5′-羟基-NNN 途径是体内和体外酶解实验的主要反应，这可能与不同动物及不同器官组织有关。在大鼠 NNN 的靶器官食管和鼻黏膜中，2′-羟基-NNN 途径的代谢产物量是 5′-羟基-NNN 的 2～4 倍；而在非靶器官肝组织中，前者是后者的 0.3～1.4 倍。在仓鼠靶器官气管中，2′-羟基-NNN 途径与 5′-羟基-NNN 途径的代谢产物量相差不大；而在非靶器官食管中，NNN 主要以 5′-羟基-NNN 代谢途径为主。

1.3.3.3 去甲可替宁化反应（化合物 2→化合物 1）

NNN 在体外培养的小鼠肺组织和大鼠口腔黏膜组织中会产生去甲可替宁（norcotinine）（1），但体外代谢模型中并未阐明去甲可替宁的反应途径。NNN 经脱胺后形成去甲基烟碱，然后在吡咯环 5′位发生氧化反应，生成去甲可替宁（1）。有研究在体内实验中，观察到尿液中去甲可替宁的存在，但关于 NNN→去甲可替宁的反应途径仍未明了，需要进一步研究。

1.3.4 NAT、NAB 的代谢途径

NAT 和 NAB 由于致癌等级较弱，被 IARC 列为 3 类致癌物。有体内研究报道，25%～30%的 NAB 以 NAB-*N*-oxide 的形式排至尿液中，约 10%的 NAB 以 α-羟基化途径进行代谢。因此，NAB 主要以非致癌性产物的形式进行代谢，这也是 NAB 致癌性弱的原因之一。另外，NAB 代谢时，2′-羟基-NAB 与 6′-羟基-NAB 的比例为 0.2～0.4，NAB 的 α-羟基化代谢也主要以 6′位为主。

1.3.5 TSNA 的致癌性

已有足够多的研究表明，NNK 和 NNN 对实验动物具有较强的致癌性，IARC 认为 NNK 和 NNN 在人体中也可能存在致癌性，故将 NNK 和 NNN 列为 1 类致癌物。NAB 和 NAT 对实验动物的致癌性证据较少，IARC 认为 NAB 和 NAT 对人

体的致癌性尚不能确定，故将 NAB 和 NAT 列为 3 类致癌物。

研究发现，对于大鼠，肺部是 NNK 发挥致癌作用的主要靶器官，不同的给药途径（饮水、静脉注射、灌注、皮肤接触、腹腔注射及面颊涂拭等）均能诱导 F-344 大鼠形成肺部肿瘤。在其他目标组织（鼻腔、肝脏、胰腺）中肿瘤的形成依赖于给药的途径、剂量及给药后观察治疗时间的长短。NNK 优先诱导形成肺部肿瘤而非局部肿瘤，如通过口腔涂拭或饮水给药很少诱发口腔肿瘤和食管肿瘤，皮下注射给药和血管内给药很少诱发皮下肿瘤和膀胱肿瘤。NNK 诱发的肺部肿瘤主要是腺瘤和恶性腺瘤，腺棘癌和鳞状细胞癌发生率较低。对大鼠进行 NNK 皮下注射给药时，鼻腔肿瘤是除肺部肿瘤外最易诱发的肿瘤，诱导鼻腔肿瘤的给药总量较高。通过饮水给药即使在总剂量为 0.68mmol/kg 的高剂量条件下，也很少诱发鼻腔肿瘤，这表明 NNK 饮水给药时，肝脏的解毒作用可降低 NNK 对鼻腔的影响。

对于大鼠，食管和鼻腔黏膜是 NNN 发挥致癌作用的主要靶器官，其他部位的肿瘤很少被重复观察到，而且这两个部位的肿瘤发生率与实验方案的设计有很大关系。对于仓鼠，气管和鼻腔则是主要靶器官。而对于小鼠，肺部是主要靶器官。研究发现，对于 F-344 大鼠，通过 NNN 饮水给药或流食给药，可诱发食管和鼻腔的肿瘤；通过皮下注射给药和填喂法给药，则主要诱发鼻腔肿瘤，少量诱发食管肿瘤。

NNK/NNAL 的致癌性和致突变性与其导致的 DNA 损伤密切相关。有研究对体内和体外 DNA 加合物的研究成果进行总结，结果发现，NNK 导致的 DNA 加合物一是甲基 DNA 加合物（Me-DNA 加合物，methyl-DNA adduct），由 NNK 的 α-亚甲基羟基化途径代谢生成；二是吡啶氧基丁基 DNA 加合物（POB-DNA 加合物，pyridyloxobutyl-DNA adduct），由 NNK 的 α-甲基羟基化途径代谢生成。NNN 需经过细胞色素 P450 代谢激活后产生中间产物，与 DNA 进行加合，造成 DNA 损伤。NNN 存在 2′和 5′两条代谢途径，分别产生 2′-羟基-NNN（化合物 5）和 5′-羟基-NNN（化合物 8），2′-羟基-NNN 不稳定，进一步生成 1-重氮基-4-氧代-4-(3-吡啶基)丁烷离子[4-oxo-4-(3-pyridyl)-1-butanediazonium ion]，它同时也是 NNK 的 α-甲基羟基化反应的中间产物，与 NNK 的 α-甲基羟基化途径相同，其攻击 DNA，形成 POB-DNA 加合物。

1.4 烟草特有亚硝胺的研究意义及本团队的研究历程

1.4.1 烟草特有亚硝胺的研究意义

烟草特有亚硝胺是烟叶和烟气中一组重要的有害成分。自被发现以来，其对动物和人体的危害及其致病机理不断被揭示，其中 NNK 和 NNN 因为毒性较强，被 IARC 列为 1 类致癌物。由于烟草特有亚硝胺是烟草生物碱发生亚硝化反应生成的有害成分，只存在于烟草及其制品中，因此更受人们的关注。降低烟叶和烟气中烟草特有亚硝胺的理论与技术也成为国际社会的持续研究热点。国际烟草科学研究合作中心（CORESTA）设有烟草特有亚硝胺研究亚学组，长期在全球范围内组织开展相关研究。我国也将 TSNA 列为 7 种主要有害成分之一，作为减害降焦的重点研究对象。

通过农业措施降低烟叶原料中烟草特有亚硝胺的研究至关重要。烟草特有亚硝胺主要在烟叶调制及其之后的加工、贮藏等环节形成和积累。烟叶中烟草特有亚硝胺可在烟草制品燃烧过程中直接传输到烟气中，烟叶中 TSNA 含量与烟气中释放的 TSNA 含量呈高度正相关。研究还表明，烟叶焦油含量与 TSNA 含量相关性较小，TSNA 主要与前体物生物碱组成和含量、氮氧化物的生成有关，而焦油含量主要与烟叶燃烧特性、卷烟加工工艺和吸附材料有关，因此降低烟叶 TSNA 含量研究有其独特的学术价值。

烟草特有亚硝胺的形成机理较为复杂，影响因素较多。在未成熟的鲜烟叶中 TSNA 几乎不存在，在烟叶成熟采收后的诸多加工环节均可形成 TSNA。不同类型烟叶 TSNA 含量差异极大，其形成机理、影响因素也不尽相同。晾制和晒制的烟叶 TSNA 含量显著高于烤烟。其中白肋烟由于生物碱和硝酸盐两类前体物含量均高，且需要经历缓慢而长期的晾制过程，TSNA 合成和积累较多；雪茄烟除晾制外还需经过特有的发酵环节，发酵过程中除微生物作用外，还会由于温度升高导致硝酸盐在高温作用下直接产生氮氧化物，进而使生物碱发生亚硝化生成 TSNA；烤烟生物碱和硝酸盐含量较低，且是在人工控制条件下进行调制，温度高，失水快，微生物活动较弱，TSNA 生成较少，含量较低。由于生物碱的亚硝化反应是一种氧化反应，其生物合成与烟叶的氧化还原环境、pH 等密切相关。深入揭示和阐明不同类型烟叶烟草特有亚硝胺形成的规律、机理和影响因素，对于研发和制订相应的抑制 TSNA 合成的技术措施十分重要。

1.4.2 本团队烟草特有亚硝胺的研究历程

“优质低害”是本研究团队长期稳定的研究方向。自从 20 世纪 90 年代史宏志博士踏进海外烟草学界，便深深感知到烟草减害的迫切性、必要性和趋势性，也就此坚定了致力于烟草农业减害方向研究的信念和信心。史宏志博士在美学习和科研期间，围绕烟草烟碱向降烟碱转化、烟草特有亚硝胺的形成开展了系统研究，为回国后继续开展烟草农业减害相关研究奠定了坚实基础。

美国肯塔基大学 Lowell Bush 先生的实验室是国际著名的烟草生理实验室，

特别是在烟草生物碱和烟草特有亚硝胺研究方面具有较高的权威性。史宏志博士1998～2001 年在该实验室访学和做博士后研究期间，主要承担了烟草生物碱合成和烟碱转化及通过生物碱组成优化降低烟叶中烟草特有亚硝胺的研究工作。在烟碱转化发生规律、烟碱转化影响因素、转化性状早期诱导、转化株早期鉴别、转化性状遗传改良、烟碱转化与烟草特有亚硝胺关系及降低烟草特有亚硝胺机理和技术等方面取得了大量原创性的研究成果。

2001 年，史宏志博士在菲利普·莫里斯烟草公司美国公司从事博士后研究期间，进一步对白肋烟烟碱转化和烟草特有亚硝胺抑制理论与技术进行了深入探索和应用，明确了白肋烟原料基地烟叶烟碱转化发生规律和部位差异；阐明了烟叶氮素和生物碱含量对烟碱性状表达的影响；揭示了白肋烟叶片和烟梗烟碱转化及亚硝胺形成和积累的差异性；发明了通过碳酸氢钠进行转化性状早期诱导的方法、参数和机理；明晰了生物碱组成和硝酸盐对烟草特有亚硝胺形成贡献率的复杂性及互作关系；形成了有效降低烟叶原料中烟草特有亚硝胺含量的技术规程。

2003 年，史宏志博士回国后，先后主持并承担了国家烟草专卖局重点科技项目“烟草烟碱向降烟碱转化及生物碱优化技术研究”、郑州烟草研究院院长科技发展基金项目“白肋烟烟碱向降烟碱转化研究”等。项目成果有：通过对不同白肋烟品种定株取样，采用乙烯利处理，进行转化株早期诱导鉴定，明确了鄂烟系列品种烟碱转化株比例和转化率的株间分布规律，发现主栽品种鄂烟 1 号存在严重的烟碱转化问题；通过对不同转化程度烟叶和卷烟进行分析鉴定，揭示了烟碱转化率及降烟碱含量与烟叶碱性成分、中性香气成分、烟草特有亚硝胺含量、单料烟感官评吸质量等的关系；明确了烟碱转化性状的遗传和分离规律；进一步验证了早期诱导鉴定转化株的有效性；特别是针对主栽品种鄂烟 1 号存在的烟碱转化问题进行了品种的系统改良。相关成果获得 2009 年度国家烟草专卖局科技进步奖。

2007 年，史宏志教授主持并承担了中国烟草总公司四川省公司科技项目“四川优质白肋烟生产理论与技术研究与应用”。其核心成果之一就是通过对四川达州主栽品种烟叶化学成分和香气成分的系统分析，发现生物碱组成和含量不合理、香气物质含量较低是达州白肋烟质量水平和安全性提高的关键限制因素，针对烟株烟碱向降烟碱的转化性状对达州推荐品种进行了系统的遗传改良，烟草亚硝胺含量显著降低，烟叶的质量水平和安全性显著提高。同时创新了烟草烟碱转化理论和技术，在烟碱转化株早期诱导鉴定和建立转化株鉴别标准方面取得突出进展，在国际上产生重要影响。该成果获得 2012 年度中国烟草总公司四川省公司科学技术进步奖一等奖，2013 年获得国家烟草专卖局科学技术进步奖三等奖。

2011 年，史宏志教授主持并承担了中国烟草总公司四川省公司科技项目“达州特色优质白肋烟开发”，依托该项目进一步研究和丰富了白肋烟优质低害理论与技术，并对低烟碱转化品种和降低烟草特有亚硝胺含量技术进行推广应用。

2010 年，河南农业大学与大理州烟草公司共同承担了中国烟草总公司云南省公司科技项目“云南宾川优质白肋烟技术开发与应用”，对云南宾川白肋烟质量、风格、化学成分及有害物质含量进行了系统分析和评价。针对国际上普遍关注的烟株烟碱向降烟碱转化性状对宾川白肋烟现有品种烟碱转化率的株间分布进行了分析测定，明确了不同品种间烟碱转化问题的差异性，采用转化株早期诱导鉴定技术对主栽品种进行了遗传改良，比较了采用不同转化株判别标准进行品种改良的效果。项目还创新性地开展了烟叶在气候条件迥异产区互换晾制的研究，明确了晾制环境对烟草特有亚硝胺形成和烟叶质量的影响。

2015 年，史宏志教授主持并承担了中国烟草总公司四川省公司科技计划项目“达州名晾晒烟生产关键技术研究与应用”，围绕影响烟叶质量改善和提升的关键技术开展研究。依托该项目，揭示了万源晒烟主要有害成分烟草特有亚硝胺及其前体物的含量特点和在烟叶调制与贮藏过程中的变化规律，为有效降低烟草特有亚硝胺含量提供了基础。

2013 年，史宏志教授主持并承担了上海烟草集团北京卷烟厂有限公司科技项目“烟草贮藏过程中 TSNA 形成机理及抑制技术研究”。同年，该项目作为国家烟草专卖局卷烟减害技术重大专项项目“降低国产白肋烟、马里兰烟烟草特有亚硝胺含量关键技术研究”子课题，正式在国家烟草专卖局重大专项层面全面实施。项目以问题为导向，以抑制烟叶贮藏过程中 TSNA 形成为目标，注重规律发现、理论探索和技术研发相结合，首先研究不同类型烟叶及叶片和烟梗 TSNA 的形成和积累规律，再从烟叶贮藏环境参数变化和 TSNA 生物合成的前体物变化入手，深入揭示烟叶贮藏过程中 TSNA 形成的机理，最后在明确 TSNA 形成机理的基础上研发可以有效抑制 TSNA 形成和积累的技术措施并应用于实际生产中。首次明确了烟叶贮藏期间烟草特有亚硝胺形成和积累的动态模型及规律，揭示了不同类型烟叶及叶片与烟梗的烟草特有亚硝胺含量差异性。阐明了烟叶贮藏期间温度和湿度与烟草特有亚硝胺形成的关系，证实了高温对贮藏过程中 TSNA 形成的正效应和烟叶含水量对 TSNA 形成的负效应及其机理。揭示了烟叶硝态氮含量与贮藏期间 TSNA 形成的关系，以及高温促使硝态氮产生气态氮氧化物并以气/固反应形成 TSNA 的机理。系统研发了抑制和降低烟叶贮藏期间 TSNA 形成和含量的技术体系。2017 年，该研究部分成果支撑了国家烟草专卖局科技成果“降低国产白肋烟、马里兰烟烟草特有亚硝胺含量关键技术研究与应用”的主要创新，并获得国家烟草专卖局科技进步奖。2021 年团队对多年关于烟叶贮藏过程中烟草特有亚硝胺形成机理和抑制技术研究进行全面系统总结，形成的科技成果荣获 2021 年度中国商业联合会科学技术奖一等奖。

烟草特有亚硝胺的形成受多因素的综合影响，降低烟草特有亚硝胺是一个系统工程。在明晰了烟叶贮藏过程 TSNA 形成机理之后，团队又瞄向了另一个关键位点和靶向，即烟草特有亚硝胺的前体物——硝酸盐。

自 2014 年起，史宏志教授组织团队在烟草行业烟草栽培重点实验室开始了烟草硝酸盐积累机理和分子调控研究。2019 年，“烟草硝酸盐积累机理及降低硝酸盐含量调节技术研究”在上海烟草集团正式立项实施，在硝酸盐积累规律、机理及降低烟叶硝酸盐和 TSNA 含量等技术方面取得多项突破与创新。

烟碱是烟叶和烟气中重要的生理活性成分，也是烟草特有亚硝胺的前体物。2015 年，世界卫生组织（WHO）提出大幅降低烟叶烟碱含量的建议，生产低烟碱烟叶的可行性和效应备受关注。2017 年，团队提出了采用烟茄嫁接进行烟根替换，进而生产超低烟碱烟叶的构想，并在河南襄城成功实施。2019 年团队与上海烟草集团联合立项了“应用嫁接技术生产超低烟碱烟叶的探索性研究”项目，进一步试验验证通过烟茄嫁接生产超低烟碱烟叶的可行性，并研发和完善相关技术。2021 年，双方联合主持的“超低烟碱品种培育及‘中南海’超低烟碱卷烟产品开发”作为中国烟草总公司“揭榜挂帅”项目正式启动和实施。

优质低害是上品雪茄的基本要求。雪茄烟叶主要采用晾制方式进行调制，烟叶 TSNA 含量普遍较高。由于雪茄加工制作主要依赖手工，烟叶 TSNA 含量对雪茄制品 TSNA 含量影响很大。此外，雪茄烟叶还需要经过特有的发酵过程，这也是 TSNA 形成的重要时期。明确雪茄烟叶 TSNA 形成规律和形成机理，研发有效抑制和降低烟叶 TSNA 形成和含量的技术措施对优质低害雪茄烟叶生产意义非凡。史宏志教授主持申报的“降低雪茄烟叶 TSNA 关键技术研究及应用”于 2019 年在中国烟草总公司四川省公司正式立项和实施。该项目在分析国内外不同产地、不同类型、不同品种雪茄烟叶 TSNA 及前体物含量状况的基础上，明确了雪茄烟叶 TSNA 及其前体物含量状况和存在的问题，揭示了雪茄烟叶 TSNA 积累规律，通过一系列控制试验，阐明了雪茄烟叶晾制和发酵过程中 TSNA 形成机理，形成了低烟碱转化品种改良、留叶数控制、调制方式选择、温湿度控制、化学抑制等抑制和降低雪茄烟叶 TSNA 形成和积累的技术措施，并在生产中推广应用。该成果以其突出的系统性、创新性和先进性荣获中国烟草总公司四川省公司 2023 年度科学技术进步奖一等奖，并获得中国烟草总公司 2024 年度科学技术进步奖三等奖。

目前，本团队依托所主持的中国烟草总公司四川省公司科技项目“雪茄烟叶发酵工艺优化及特色技术开发”、中国烟草总公司“揭榜挂帅”项目“提高茄衣颜色均匀性和产出率的关键技术优化研究与应用”、中国烟草总公司揭榜挂帅科技项目“超低烟碱品种培育及‘中南海’超低烟碱卷烟产品开发”、广西中烟工业有限责任公司科技项目“洱源基地烟叶绿色高效生产技术体系研究与应用”、中国烟草总公司河南省公司许昌市公司科技项目“许昌禹州晾晒烟开发”、中国烟草总公司四川省公司科技项目“茄衣炫彩增香技术与工艺研究”和“优质雪茄原料生产基地国际合作开发与应用”等项目继续开展 TSNA、生物碱、硝酸盐等相关研究工作，以进一步丰富烟草减害理论，研发有效降低烟叶有害成分含量的关键技术。

多年来，本团队始终把握国际烟草科学研究前沿，瞄准烟草减害关键问题、热点问题开展研究，取得显著的科研成效，获得丰富的学术成果。共发表烟草减害相关学术论文 150 余篇，包括 SCI 收录期刊论文 30 余篇。在国际烟草科学研究合作中心（CORESTA）学术会议、世界烟草科学研究会议（TSRC）宣读论文 50 余篇。著有《烟草生物碱》（中国农业出版社，2004 年）、《烟草烟碱向降烟碱转化》（科学出版社，2013 年）、《降低国产白肋烟、马里兰烟中烟草特有 *N*-亚硝胺的种植与贮藏技术》（科学技术文献出版社，2017 年）、《优质低害白肋烟生产理论与技术》（科学出版社，2020 年）、《烟草生物碱与调控》（中国农业出版社，2022 年）等专著。获得国家发明专利授权 10 余件。为促进烟草科学技术进步，提升烟叶及其制品安全性作出了应有的贡献。

第 2 章 烟草特有亚硝胺的形成与烟碱转化

烟草特有亚硝胺（TSNA）是烟草生物碱和亚硝酸发生亚硝化反应生成的化合物，其形成受生物碱组成和含量的直接影响。生物碱是烟草中最重要的一类化学成分，普通烟草属于烟碱积累型植物，但一些植株会因为基因突变而形成烟碱去甲基能力，导致烟碱含量显著降低，降烟碱含量相应增加。降烟碱失去甲基后稳定性下降，极易在调制及其后的加工环节与亚硝酸发生亚硝化反应形成重要的烟草特有 *N*-亚硝基降烟碱（NNN），并可氧化形成一系列酰化降烟碱，使烟气质量变劣，因此降烟碱含量和比例直接影响烟叶的感官评吸质量及其产品的安全性。20 世纪末，史宏志博士在美国肯塔基大学留学，开启了烟草烟碱向降烟碱转化课题的系统研究，发现了美国白肋烟品种普遍存在烟碱向降烟碱转化问题，明确了烟碱转化主要发生在烟叶调制阶段，并受栽培和调制因素的影响。2003 年回国后借助中国烟草总公司、四川省烟草公司、云南省烟草公司等项目平台，对我国不同类型烟草烟碱向降烟碱转化的问题进行了开创性研究，首次明确了我国不同类型烟草烟碱转化率现状和株间变异性及遗传规律，进一步明确了烟碱转化率和降烟碱含量与烟草特有亚硝胺形成和积累的关系，发明了利用乙烯利和碳酸氢钠处理进行早期诱导鉴别转化株的方法，建立了烟碱转化株的鉴别标准，并对我国白肋烟及其他类型烟草主栽品种进行了改良。本章汇集了作者团队自 21 世纪以来在烟草烟碱转化方面的部分研究成果，主要集中在烟碱向降烟碱转化与 TSNA 形成的关系及通过生物碱优化降低烟叶 TSNA 含量方面，其中多数已在国内外重要科技期刊发表。

2.1 我国烟草及其制品中 TSNA 含量及其与前体物的关系

摘要：我国主要烟叶类型 TSNA 水平排序为：白肋烟＞沙姆逊香料烟＞烤烟＞巴斯马香料烟，其平均含量分别为 10.252μg/g、0.893μg/g、0.254μg/g 和 0.033μg/g。在白肋烟和香料烟中，NNN 和 NAT 为主要的 TSNA，二者总量约占总 TSNA 的 96%，且在总 TSNA 含量较高的烟样中，NNN 占有较大比例。在烤烟中，NNN、NAT 和 NNK 含量水平相差较小，且以 NAT 含量相对较高。我国烤烟型、混合型、雪茄型卷烟和雪茄的总 TSNA 含量的平均值分别为 0.197μg/g、3.302μg/g、3.377μg/g 和 12.656μg/g。与国外样品相比，我国烤烟烟叶、烤烟型卷烟和混合型卷烟 TSNA 含量均显著低于国外水平。相关分析结果表明，烟叶和卷烟中的 TSNA 含量与降烟碱水平呈显著正相关，其中 NNN 与降烟碱相关性最大，相关系数达 0.8633。

有关烟草及其制品中烟草特有亚硝胺（TSNA）的研究近年来受到广泛的关注。烟草特有亚硝胺主要有 4 种：*N*-亚硝基降烟碱（NNN）、*N*-亚硝基新烟草碱（NAT）、*N*-亚硝基假木贼碱（NAB）和 4-(*N*-甲基亚硝胺基)-1-(3-吡啶基)-1-丁酮（NNK），其中 NNN 和 NNK 具有明显的致癌活性（Hoffmann et al.，1981）。因此普遍认为，烟草特有亚硝胺的含量和组成直接影响烟草制品的安全性。关于烟草和加工制品中 TSNA 的含量国外有不少报道，而我国烟叶及制品中烟草特有亚硝胺的研究和报道仍为空白。我国为烟草大国，烟草类型多，烟草生长环境和调制方法迥异，认识我国烟草及其制品中烟草特有亚硝胺的现状，对客观评价和进一步提高我国烟叶产品安全性具有重要意义。生物碱和亚硝胺是烟草特有亚硝胺生物合成的直接前体（Burton et al.，1989a; Bush et al.，1993）。为了进一步明确 TSNA 与生物碱含量的关系，本研究将我国不同类型烟叶和卷烟的 TSNA 与生物碱含量进行了相关分析，以进一步阐明 TSNA 的形成机理，为有效降低烟叶和制品中 TSNA 含量提供理论依据（史宏志等，2002）。

本研究所用烤烟、白肋烟和香料烟烟叶样品均为 1997 年和 1998 年烟样，黄花烟和地方晾晒烟为 20 世纪 80 年代陈烟。样品分别由河南省烟草公司、国家烟草栽培生理生化研究基地、安阳卷烟厂、驻马店卷烟厂、云南省烟草公司、湖南省烟草公司、新疆维吾尔自治区烟草公司提供。卷烟样品除雪茄型卷烟在市场上购置外，所有烤烟型、混合型和外香型卷烟由河南省烟草公司、河南农业大学烟草学院、安阳卷烟厂提供。烟叶和卷烟样品中烟草特有亚硝胺和生物碱含量测定在美国肯塔基大学农学院烟草生理实验室进行。

2.1.1 我国不同类型烟叶中 TSNA 含量分析

从表 2-1 的分析结果来看，在我国 3 种主要烟叶类型（烤烟、白肋烟和香料烟）中，白肋烟 TSNA 含量最高，平均为 10.252μg/g。不同产地及同一产地不同白肋烟烟叶样品 TSNA 含量相差较大，变化幅度在 2.605～26.819μg/g。这与国外白肋烟 TSNA 含量水平接近，如美国肯塔基州白肋烟 TSNA 含量一般在 3～20μg/g。在 4 种 TSNA 中，NNN 和 NAT 含量较高，二者的含量约占 TSNA 含量的 96%；NNK 含量占 TSNA 的 2%～7%，为 NNN 含量的 3%～17%；NAB 含量最低，只有微量存在。进一步比较可以看出，NNN 和 NAT 两种 TSNA 的相对含量与烟样的总 TSNA 水平有关，在总 TSNA 含量较高的烟样中，NNN 含量显著高于 NAT；而在总 TSNA 水平较低的烟样中，NAT 含量大于 NNN 或与其接近。因此烟叶中 TSNA 水平的增加主要是 NNN 含量增高所引起的。从不同 TSNA 含量的变异情况看，NNN 含量变化幅度最大，为 1.279～15.012μg/g。降低 NNN 含量是降低烟叶中 TSNA 含量的关键。

表 2-1　我国不同类型烟叶的烟草特有亚硝胺含量（μg/g）

类型	产地	等级	NNN	NAT	NAB	NNK	总 TSNA
白肋烟	湖北建始	上部二级	2.632	4.366	tr	0.384	7.382
	湖北建始	中部一级	2.773	4.553	tr	0.415	7.741
	湖北建始	中部二级	2.759	6.180	tr	0.692	9.631
	湖北建始	中部三级	2.306	3.028	tr	0.300	5.634
	湖北建始	上部一级	15.012	11.003	0.096	0.723	26.819
	四川	上部三级	5.166	4.391	tr	0.399	9.956
	四川	中部三级	7.025	2.873	tr	0.220	10.118
	河南西峡	中部二级	12.406	5.854	0.111	0.607	18.978
	四川达川	上部一级	1.279	1.111	0.077	0.138	2.605
	四川达川	中部一级	1.477	1.798	0.118	0.259	3.652
	平均		5.284	4.516	0.040	0.414	10.252
	标准差		4.799	2.800	0.053	0.201	7.371
烤烟	河南襄城	B2F（上桔二）	0.149	0.215	tr	0.056	0.420
	河南襄城	C3F（中桔三）	0.072	0.140	tr	0.038	0.250
	山东	B2F	0.055	0.125	0.043	0.107	0.330
	湖南	B2F	0.100	0.196	tr	0.082	0.378
	湖南	C3F	0.064	0.094	tr	0.056	0.214
	河南许昌	C3F	0.069	0.192	tr	0.047	0.308
	河南南阳	C3F	0.089	0.128	0.017	0.036	0.270
	河南洛阳	B2F	0.047	0.138	tr	0.065	0.250
	河南洛阳	C3F	0.088	0.148	tr	0.083	0.319
	河南泌阳	B2F	0.057	0.105	0.030	0.041	0.233
	河南泌阳	C3F	0.085	0.129	tr	0.095	0.309
	云南	B2F	0.045	0.098	tr	0.056	0.199
	云南	C3F	0.068	0.056	tr	0.051	0.185
	云南	B2F	0.055	0.081	tr	0.020	0.156
	云南	C3F	0.032	0.052	0.013	0.025	0.157
	平均		0.072	0.126	0.007	0.057	0.265
	标准差		0.032	0.052	0.013	0.025	0.094

续表

类型	产地	等级	NNN	NAT	NAB	NNK	总 TSNA
沙姆逊香料烟	新疆	A1（上一级）	0.326	0.176	tr	0.033	0.535
	新疆	A2（上二级）	0.057	0.106	tr	tr	0.163
	新疆	B1（中一级）	0.155	0.111	tr	tr	0.266
	新疆	B2（中二级）	0.137	0.224	tr	0.024	0.385
	湖北	B1	0.892	0.251	tr	0.061	1.204
	湖北	B2	2.363	0.852	0.043	0.262	3.520
	浙江	A1	0.187	0.293	tr	0.091	0.571
	浙江	B1	0.177	0.252	tr	0.072	0.501
	平均		0.537	0.283	0.005	0.068	0.893
	标准差		0.783	0.240	0.015	0.085	1.106
巴斯马香料烟	云南	B1	0.017	0.013	tr	tr	0.030
	云南	B2	0.019	0.016	tr	tr	0.035
	平均		0.018	0.015	tr	tr	0.033
四川白柳烟			2.790	3.203	0.246	6.288	12.527
新疆黄花烟			1.390	2.511	0.378	1.303	5.582
东北晒黄烟			0.093	0.216	tr	tr	0.309

注：tr 代表低于检出限或未检出

我国香料烟的 TSNA 水平与香料烟的类型有关。新疆、湖北和浙江香料烟的总 TSNA 含量一般为 0.163～3.520μg/g，个别烟样含量较高。与白肋烟相似，NNN 和 NAT 为主要的 TSNA，二者占总 TSNA 的比例与总 TSNA 水平有关，在高含量 TSNA 烟样中，NNN 含量远高于 NAT；而在总 TSNA 水平较低的烟样中，NAT 占有较大比例。由此可知，在香料烟中 TSNA 含量的升高也主要是 NNN 含量增高所引起的。云南巴斯马类型的香料烟 TSNA 含量较低，两个烟样平均仅有 0.033μg/g，这与该类型烟叶较低的生物碱水平是一致的。

烤烟是我国烟叶生产的主体。研究表明，我国主要烤烟产区不同品种烟叶的总 TSNA 含量一般为 0.156～0.420μg/g，远低于白肋烟和部分香料烟。与上述两种类型烟叶相比，烤烟的 TSNA 含量变化幅度较小。4 种 TSNA 以 NAT 含量最高，NNN 和 NNK 含量水平接近或前者略高。与国外烤烟相比，我国烤烟烟叶 TSNA 含量明显较低。试验中我们同时分析了津巴布韦和巴西烤烟烟叶的 TSNA 含量，津巴布韦烟叶的 NNN、NAT、NNK 和 TSNA 含量分别为 0.348μg/g、0.146μg/g、0.088μg/g 和 0.811μg/g，巴西烟叶分别为 0.183μg/g、0.482μg/g、0.146μg/g 和 0.811μg/g。由此可见，我国烤烟和国外烤烟相比，具有较高的安全性。我国烤烟 TSNA 含量低的原因可能与我国烟叶的烘烤方法和燃料有关，研究表明烟叶烘烤中所用的液化石油气等燃料是烤烟 TSNA 前体物亚硝酸的主要来源。

从所分析的几种地方晾晒烟来看，四川白柳烟、新疆黄花烟具有较高的 TSNA 含量，东北晒黄烟 TSNA 含量较低，与烤烟水平接近。

2.1.2　我国不同类型卷烟中 TSNA 含量分析

本研究对我国 9 个牌号的烤烟型卷烟烟样 TSNA 含量进行了分析测定（表 2-2），结果表明，其含量水平与烤烟烟叶相近，TSNA 含量一般为 0.078～0.321μg/g。NAT 含量相对较高，NNN 和 NNK 含量水平接近。同时测定了两种国外烤烟型卷烟的 TSNA 含量，一种的 NNN、NAT、NNK 和总 TSNA 含量分别为 0.37μg/g、0.62μg/g、0.41μg/g 和 1.40μg/g，另一种分别为 0.28μg/g、0.35μg/g、0.30μg/g 和 0.93μg/g。与国外名牌烤烟型卷烟相比，我国 TSNA 含量较低。

表 2-2　我国不同类型卷烟的烟草特有亚硝胺含量（μg/g）

类型	编号	烟厂	NNN	NAT	NAB	NNK	总 TSNA
烤烟型	1	上海	0.115	0.121	0.000	0.070	0.306
	2	青岛	0.016	0.034	0.000	0.028	0.078
	3	安阳	0.043	0.083	0.000	0.017	0.143
	4	许昌	0.019	0.114	0.000	0.060	0.193
	5	郑州	0.084	0.216	0.000	0.021	0.321
	6	长沙	0.050	0.196	0.000	0.046	0.292
	7	玉溪	0.010	0.078	0.000	0.085	0.173
	8	昆明	0.041	0.089	0.005	0.105	0.135
	9	昆明	0.021	0.055	0.005	0.071	0.131
	平均		0.044	0.110	0.001	0.056	0.197
	标准差		0.035	0.061	0.002	0.030	0.088
混合型	1	北京	1.735	1.211	0.035	0.015	3.131
	2	中美	1.453	1.698	0.000	0.102	3.252
	3	北京	1.379	1.421	0.000	0.099	2.899
	4	安阳	1.651	1.886	0.051	0.152	3.740
	5	安阳	1.545	1.777	0.045	0.119	3.486
	平均		1.553	1.599	0.026	0.097	3.302
	标准差		0.144	0.277	0.025	0.025	0.324
外香型	1	上海	0.356	0.289	0.000	0.045	0.690
	2	常德	0.527	0.523	0.000	0.031	1.081
	3	杭州	0.123	0.201	0.000	0.075	0.399
雪茄型	1	邓州	2.032	1.215	0.071	0.035	3.672
	2	新乡	2.149	0.813	0.027	0.141	3.130
	3	光山	1.394	1.599	0.059	0.278	3.330
雪茄	1	蒙城	5.010	6.000	0.080	1.576	12.656

我国 5 个牌号混合型卷烟的 TSNA 含量平均为 3.302μg/g，不同牌号之间差异较小。其中 NNN 和 NAT 为主要 TSNA，二者含量水平相当，二者之和约占总 TSNA 含量的 95%。从本试验结果来看，我国混合型卷烟的 TSNA 含量明显低于国外名牌混合型卷烟，如国外某混合型卷烟的两个型号中，总 TSNA 含量分别为 9.91μg/g 和 7.70μg/g，NNN 含量分别为 4.12μg/g 和 3.18μg/g，NAT 含量分别为 4.37μg/g 和 3.20μg/g，NNK 含量分别为 1.42μg/g 和 1.32μg/g；国外另一混合型卷烟的 NNN、NAT、NNK 和总 TSNA 含量分别为 2.19μg/g、2.50μg/g、1.11μg/g 和 5.80μg/g。国外混合型卷烟 TSNA 含量一般比我国同类型卷烟高 2～3 倍。

我国的外香型卷烟 TSNA 含量高于烤烟型卷烟，这可能与工艺配方有关。雪茄型卷烟的总 TSNA 含量水平与混合型卷烟接近。安徽蒙城雪茄 TSNA 含量较高，总 TSNA 含量达到 12.656μg/g。

2.1.3 TSNA 含量与生物碱含量的相关性

生物碱是 TSNA 的前体物之一，为了进一步阐明 TSNA 与 4 种主要生物碱之间的关系，本研究将 59 个不同类型的、具有不同生物碱水平的烟叶和卷烟样品的 TSNA 及生物碱含量进行了相关分析，其相关系数见表 2-3。结果表明，烟叶的降烟碱含量与 NNN 和总 TSNA 含量相关性最大，相关系数分别为 0.8633 和 0.7889，达到极显著水平。

表 2-3 我国烤烟和烟叶烟草特有亚硝胺含量与生物碱的相关系数

	NNN	NAT	NAB	NNK	总 TSNA
烟碱	0.4074	0.5753*	0.2274	0.0316	0.4091
降烟碱	0.8633**	0.7420**	0.1559	0.0640	0.7889**
假木贼碱	0.5102*	0.6973**	0.4909*	0.2287	0.4241
新烟草碱	0.6058*	0.7866**	0.0714	0.0671	0.7111**
总生物碱	0.6058*	0.6358*	0.2341	0.0424	0.5362*

注：同列数据后标有“*”代表相关性具有统计学意义（$P<0.05$）；同列数据后标有“**”代表相关性具有高度统计学意义（$P<0.01$）。下同

图 2-1 显示了所有烟叶和卷烟样品的降烟碱含量与 NNN 含量的关系。本研究进一步只选用烟叶样品对降烟碱与 NNN 含量进行相关分析，二者的相关系数增至 0.8633，而仅用 10 个降烟碱水平具有显著差异的白肋烟烟叶样品对 NNN 和降烟碱进行相关分析，其相关系数达到 0.9330，表明在采用相同的调制方法下，烟叶的降烟碱含量是决定 NNN 水平的关键因素。降烟碱是由烟碱去甲基形成的，正常烟叶的降烟碱含量占总生物碱含量的比例较低，但转化型烟叶的降烟碱含量和比例大幅增加。前期研究表明，我国烟叶，尤其是白肋烟和香料烟普遍存在烟

碱向降烟碱转化的问题。因此，最大限度地去除转化型烟叶，降低烟叶的总体降烟碱水平是降低烟叶 TSNA 水平的有效途径。

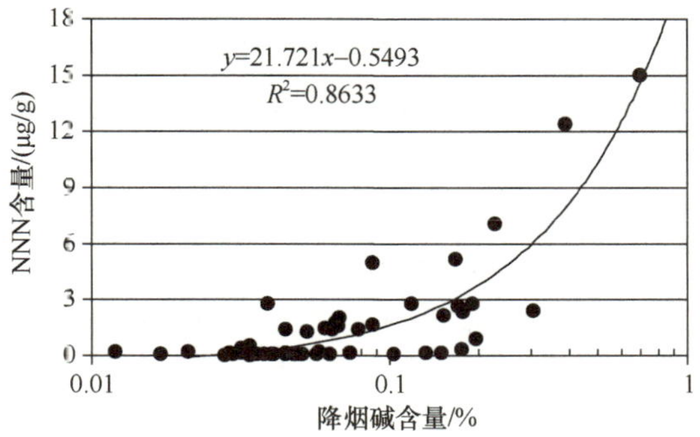

图 2-1　降烟碱与 NNN 含量的关系（所有样品）

此外，新烟草碱与 NAT 含量存在显著的正相关关系，表明新烟草碱是 NAT 的有效前体物，新烟草碱含量高时有利于 NAT 的生物合成，进而提高 TSNA 含量。NNK 与生物碱含量不存在明显的相关关系。NAB 除与假木贼碱含量相关性较大外，与其他生物碱和总生物碱含量无显著的相关性。

2.1.4　小结

综合以往的研究结果可以看出，烟叶 TSNA 的形成受生物碱有效性和亚硝酸有效性的双重影响。在亚硝酸水平相对稳定的条件下，TSNA 含量的差异主要是由生物碱尤其是降烟碱水平的不同造成的；而在生物碱水平相对稳定的条件下，亚硝酸的供应则是决定 TSNA 形成的关键。亚硝酸含量是环境影响的结果，而生物碱的组成和含量，特别是降烟碱水平则主要由基因决定。因此，降低 TSNA 水平必须从环境改善和遗传改良两方面入手。

2.2　我国不同类型烟叶烟碱向降烟碱转化的研究

摘要：分析我国不同类型烟叶生物碱含量和烟碱向降烟碱转化的株间变异，结果表明，白肋烟和沙姆逊香料烟降烟碱占总生物碱比例高，不同样品间变化幅度和变异性大，烟碱向降烟碱转化问题比较突出。单株分析表明，白肋烟 JB80 和 TN90 群体中转化株比例分别为 20.0%和 18.3%，且 50%以上的转化株为转化率在 20%以上的高转化株。烤烟转化株比例和转化程度较低。去除转化株后的纯化群体，其生物碱组成得到优化。

烟草（*Nicotiana tabacum*）栽培品种主要产生 4 种生物碱：烟碱、降烟碱、新烟草碱和假木贼碱。一般情况下，烟碱占总生物碱含量的 94%以上，降烟碱含量低于总生物碱含量的 3.5%（Burton et al.，1989a；Bush et al.，1993）。但在烟株群体中，偶尔可出现降烟碱含量异常增高、烟碱含量相应降低的植株，这些植株被认为是由于发生了烟碱向降烟碱转化的基因突变，烟碱在去甲基酶的作用下脱去甲基转化为降烟碱而形成的，一般将其称为转化株。降烟碱含量和比例的增高直接影响烟叶的感官评吸质量及其产品的安全性。降烟碱极易在调制和贮藏过程中发生生化转化，氧化形成一系列酰化降烟碱，使烟气质量变劣。降烟碱与亚硝酸发生亚硝化反应形成重要的烟草特有 NNN，因此在烟草群体中鉴别及去除转化株对稳定和提高烟叶及烟草制品的品质具有重要意义。国外有关白肋烟的烟碱向降烟碱转化问题的研究已较为深入，不同基因型间转化株比例和转化程度存在显著差异，烟碱向降烟碱的转化主要发生在调制过程的变黄末期之前，并受打顶、调制环境等因素的影响（Fannin et al.，2000）。我国在烟草烟碱向降烟碱转化方面尚无研究报道。本研究在与国外合作的条件下，对我国不同类型烟叶的烟碱和降烟碱水平及烤烟和白肋烟主要品种群体的转化频率与转化程度进行了测定（史宏志等，2001a）。

本研究中测试的样品包括混合烟叶样品和单株样品。混合烟叶样品包括烤烟、白肋烟、沙姆逊香料烟、巴斯马香料烟、晒黄烟和黄花烟的不同品种、不同产地的中上部烟叶样品，共 76 个，其中烤烟、白肋烟和香料烟均为 1997～1999 年的烟叶，黄花烟和晒黄烟为 20 世纪 80 年代末和 90 年代初的烟叶。烟叶样品分别产于相应烟叶类型的主产区。烤烟和白肋烟单株烟样分别取自国家烟草栽培生理生化研究基地优质烟项目开发区和安阳卷烟厂原料基地，烤烟每品种 40 株，白肋烟每品种 65 株，每株取中部调制叶 1～2 片。生物碱含量在美国肯塔基大学农学院烟草生理实验室进行。

2.2.1 不同类型烟叶烟碱和降烟碱含量及变异性

将每一类型的所有混合烟样生物碱测定结果取平均值，并计算烟碱和降烟碱占总生物碱的比例及不同样品间的变异（表 2-4）。烟碱含量以黄花烟最高，其他依次为白肋烟、晒烟、烤烟、沙姆逊香料烟和巴斯马香料烟。从烟碱占总生物碱的比例来看，以白肋烟和沙姆逊香料烟的平均值最低，分别为 92.8%和 92.5%，且不同样品间变化幅度和变异性大。其他各类型烟叶的烟碱比例平均都在 95%左右，且不同样品间变异性较小。降烟碱含量以白肋烟和沙姆逊香料烟较高，而且占总生物碱的比例、不同样品间的变化幅度和变异性都较大，个别烟样降烟碱占总生物碱的比例达 21%。说明我国白肋烟和沙姆逊香料烟样品中不同程度地存在着烟碱向降烟碱转化型烟叶。

表 2-4　不同类型烟叶烟碱和降烟碱的含量差异

类型	烟碱			降烟碱		
	平均含量/%	占总生物碱比例/%	标准差	平均含量/%	占总生物碱比例/%	标准差
白肋烟	3.74	92.8（79.1～96.3）	5.05	0.17	4.6（1.8～21.0）	5.22
烤烟	2.45	95.8（94.5～96.4）	0.64	0.06	2.2（1.5～2.9）	0.39
沙姆逊香料烟	1.45	92.5（85.8～98.0）	4.78	0.11	6.3（1.2～12.1）	4.63
巴斯马香料烟	0.33	94.8（95.4～97.7）	0.42	0.01	4.2（2.6～3.8）	0.30
晒黄烟	2.84	96.5（95.8～96.6）	0.75	0.04	1.4（1.8～2.5）	0.68
黄花烟	4.13	96.0（95.4～96.5）	0.82	0.08	1.8（1.7～2.9）	0.79

2.2.2　不同群体烟碱向降烟碱转化株的比例和转化程度

为了测定不同类型品种烟碱向降烟碱转化株的比例和转化程度，从白肋烟和烤烟常规品种群体分株取样，测定每个单株烟叶的生物碱含量。图 2-2 显示了每株总生物碱含量及相应的降烟碱占总生物碱的比例。将降烟碱占总生物碱比例低于 5%的植株定义为非转化株，分别将各品种非转化株的降烟碱比例与相应的总生

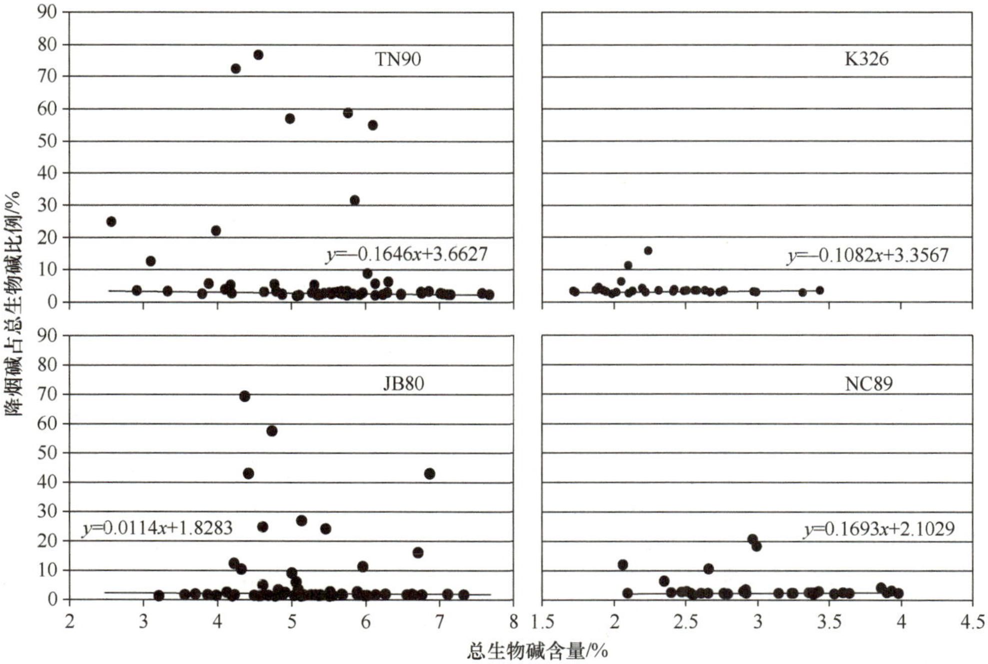

图 2-2　白肋烟和烤烟不同品种降烟碱比例的株间变异

物碱含量进行直线回归，所得回归方程的斜率接近于零，表明无论非转化株总生物碱含量是高是低，其降烟碱比例稳定在低水平。将降烟碱占总生物碱比例高于6%的植株定义为转化株，白肋烟具有较高的转化株比例，JB80 和 TN90 转化株比例分别为 20.0%和 18.3%，其中降烟碱占总生物碱比例大于 20%的高转化株分别为总测试株的 12.3%和 10.8%。烤烟的转化株比例和转化程度显著低于白肋烟，K326 和 NC89 转化株比例分别为 8.6%和 11.4%，且几乎所有转化株降烟碱占总生物碱的比例均低于 20%。

转化株的存在可造成群体烟叶降烟碱含量和比例增高，从而影响烟叶品质。由表 2-5 可知，包括转化株在内的白肋烟 TN90 和 JB80 自然群体的平均降烟碱含量分别为 0.47%和 0.37%，其占总生物碱的比例平均分别为 9.2%和 7.3%，去除转化株后的纯化群体烟叶生物碱组成得到优化，降烟碱含量和比例降至正常水平。烤烟品种也表现出相同的趋势。因此，在烟叶群体中正确鉴别和去除转化株是保证烟叶化学成分协调、实现优质烟叶生产的重要途径。

表 2-5　白肋烟和烤烟自然群体与纯化群体烟叶生物碱含量（%）

类型	品种	群体	生物碱含量		占生物碱比例	
			烟碱	降烟碱	烟碱	降烟碱
白肋烟	TN90	自然群体	4.88	0.47	88.4	9.2
		纯化群体	5.33	0.16	94.8	2.9
	JB80	自然群体	4.74	0.37	90.8	7.3
		纯化群体	5.01	0.10	96.3	2.0
烤烟	NC89	自然群体	2.80	0.11	93.0	3.8
		纯化群体	2.92	0.08	94.2	2.5
	K326	自然群体	2.19	0.09	93.2	3.6
		纯化群体	2.42	0.06	94.0	3.0

2.2.3 小结

不同类型烟叶烟碱向降烟碱转化存在明显差异，这可能是遗传因素所致，也可能与不同类型烟叶的不同调制方式有关。白肋烟是采用在自然环境条件下晾制的方式调制的，调制过程很长，转化株的烟碱可以充分转化。前期研究表明，美国白肋烟烟碱向降烟碱的转化主要发生在调制前 3 周的变黄末期之前。烤烟是在人工控温条件下调制的，温度高、失水快、调制过程短，这也许不能使转化株的烟碱转化充分进行。沙姆逊香料烟的烟碱向降烟碱转化问题也比较突出，但群体中转化株比例和转化程度的株间差异尚需进一步研究。

2.3　我国不同类型烟叶烟碱转化株的比例和转化程度分布

摘要：通过对我国 5 种烟草类型（烤烟、白肋烟、香料烟、马里兰烟和晒红烟）13 个主栽品种 2003～2004 年调制后烟叶的烟碱转化株比例和转化程度分布进行分析测定，发现我国白肋烟品种和杂交种存在严重的烟碱向降烟碱转化的问题，总转化株占烟株群体的比例除 B37 外，均在 30%及以上，特别是主栽杂交种鄂烟 1 号不仅总转化株多，而且高转化株占很大比例。对我国杂交种进行遗传改良和群体纯化是当务之急。我国烤烟品种烟碱转化问题相对较小，表现为转化株比例低，且多为低转化株，所测品种群体中总转化株的比例不超过 7%，中烟 101 群体中未发现转化株，以中烟 100 和 NC89 转化株比例相对较高，分别为 6.66%和 5.00%。我国香料烟和马里兰烟群体总转化株比例也偏高，分别为 10.00%和 9.84%，而且有一定比例的高转化株。我国晒红烟转化株比例较低。

普通烟草属于烟碱积累型植物，在 4 种主要生物碱中，烟碱占绝大多数，降烟碱含量一般不超过生物碱总量的 3.5%。转化株由于基因突变形成烟碱去甲基功能，具有烟碱向降烟碱转化的能力，使降烟碱含量增高，对烟叶品质和安全性都有重要影响。从群体中去除转化株是降低烟叶和产品中 TSNA 含量及提高和改善烟叶香味品质的有效途径。根据以往文献、资料可知，美国白肋烟品种一般在群体中含有 15%～20%的转化株，其中约一半转化株的烟碱转化率在 20%以上，而烤烟品种转化株比例较低。从历史来看，我国烟叶研究对烟碱含量比较重视，但由于种种原因，缺乏对其他生物碱的研究，尤其是在烟碱转化和降烟碱含量方面的研究基本上是空白。本节对我国主要烟草类型主栽品种的烟碱转化株比例和转化程度分布进行了系统研究，旨在明确我国烟叶烟碱转化问题的普遍性和严重性，为进一步通过育种和栽培途径去除转化株、纯化烟叶群体、提高和改善烟叶品质、提高烟叶安全性奠定基础（史宏志等，2007a）。

烟叶样品为 2003 年和 2004 年调制后的烟叶，分别取自各类型烟叶的代表性烟区。烤烟品种 5 个，分别为 K326、NC89、中烟 101、中烟 100、云烟 85；白肋烟主要取自湖北，杂交种和品种共 5 个，分别为鄂烟 1 号（建白 80）、鄂烟 3 号（9803）、恩白 4 号、B37、TN86；香料烟品种 1 个：杰尼克（沙姆逊型）；马里兰烟品种 1 个：MD603；晒红烟品种 1 个：漂河 1 号。烟叶均按当地规范化技术种植。每个品种取 50～60 株，调制后每株取中上部烟叶 1～2 片，按株编号。生物碱测定采用气相色谱法，烟碱转化能力用烟碱转化率表示，烟碱转化率（PNC）=[降烟碱含量/(烟碱含量+降烟碱含量)]×100%。根据烟碱转化率将烟株分为非转化株（烟碱转化率低于 5%）、低转化株（烟碱转化率在 5%～20%）和高转化株（烟碱转化率大于 20%）。

2.3.1 我国白肋烟杂交种和品种不同烟株调制后烟叶的烟碱转化率

我国白肋烟产区主要集中在湖北和四川等地，其中湖北恩施的白肋烟种植面积占全国白肋烟种植面积的 70%。鄂烟 1 号是白肋烟主栽杂交种，种植面积最大，约占湖北省白肋烟总种植面积的 90%；鄂烟 3 号是新培育的杂交种，近年来开始在生产上示范推广；其他品种和杂交种种植面积较小。本研究分别对 5 个白肋烟杂交种和品种调制后烟叶分株取样，测定其生物碱组成和含量，得到不同烟株烟叶烟碱转化率，见图 2-3 至图 2-9。正常的非转化型烟株烟叶降烟碱含量降低，烟碱转化率低于 5%。由图可以看出，所测定的不同基因型群体中烟碱转化株的比例

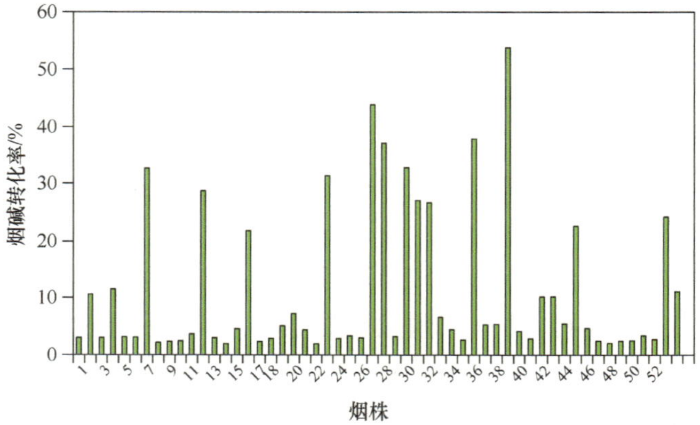

图 2-3　白肋烟鄂烟 1 号调制后烟叶烟碱转化率（2003 年，湖北）

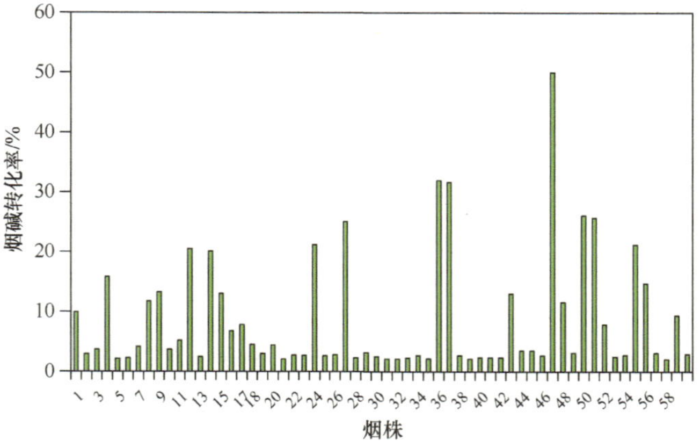

图 2-4　白肋烟鄂烟 1 号调制后烟叶烟碱转化率（2004 年，湖北）

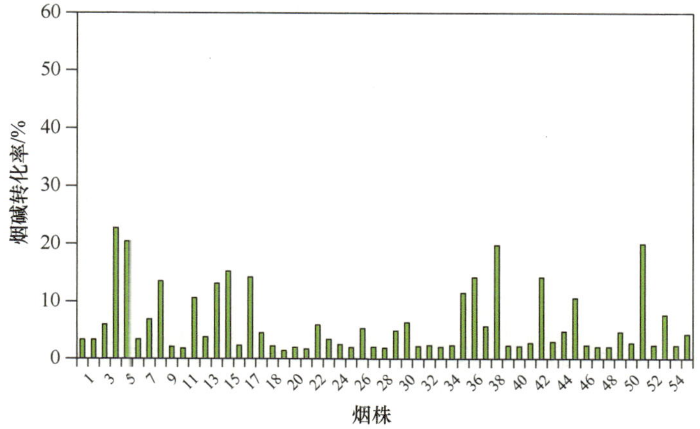

图 2-5　白肋烟鄂烟 3 号调制后烟叶烟碱转化率（2003 年，湖北）

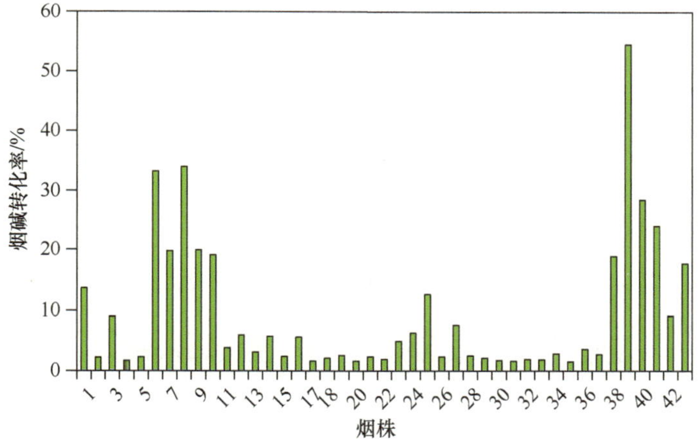

图 2-6　白肋烟鄂烟 3 号调制后烟叶烟碱转化率（2004 年，湖北）

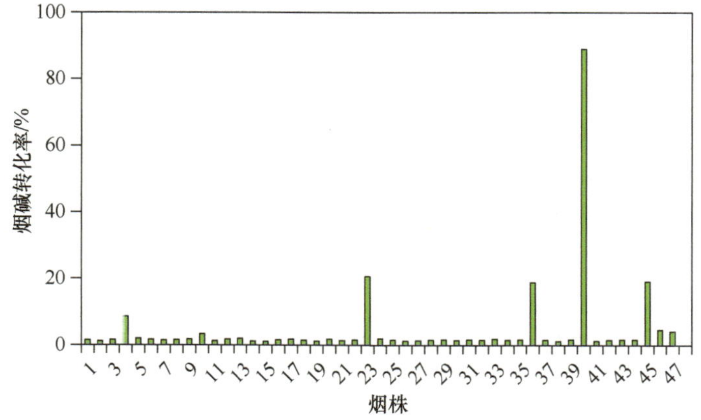

图 2-7　白肋烟 B37 调制后烟叶烟碱转化率（2004 年，湖北）

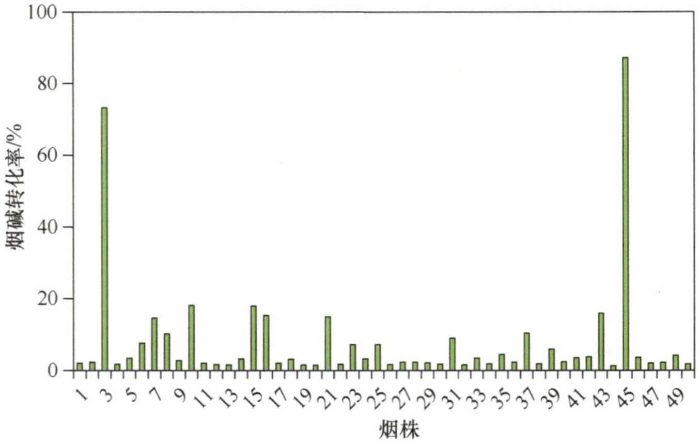

图 2-8　白肋烟恩白 4 号调制后烟叶烟碱转化率（2004 年，湖北）

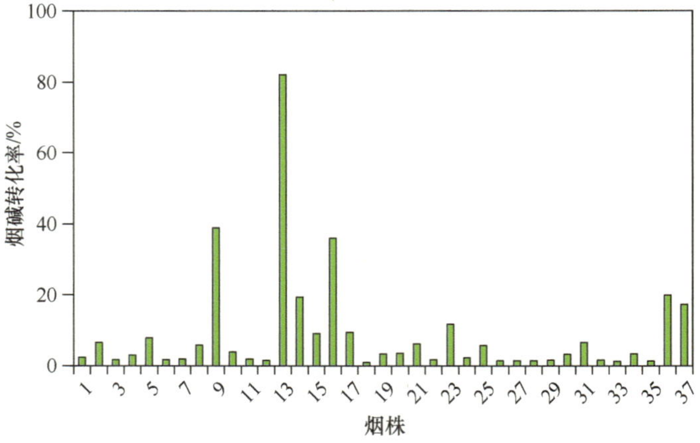

图 2-9　白肋烟 TN86 调制后烟叶烟碱转化率（2004 年，湖北）

存在较大的差异，鄂烟 1 号和鄂烟 3 号转化株的比例很高，TN86、恩白 4 号群体中也存在较多的转化株；相比之下，B37 群体中转化株较少，只有零星出现。

2.3.2　我国烤烟主栽品种不同烟株调制后烟叶的烟碱转化率

烤烟是我国烟叶最主要的类型，通过对我国主要烟区烤烟主栽品种烟叶的烟碱转化率分析测定可知（图 2-10 至图 2-14），我国烤烟烟碱转化株的比例普遍明显低于白肋烟，烟碱转化问题不十分突出，但不同品种有一定差异。中烟 101 群体中未发现有转化株存在，K326 转化株也极少，但中烟 100 和 NC89 转化株比例相对较高，值得进一步研究和品种改良。

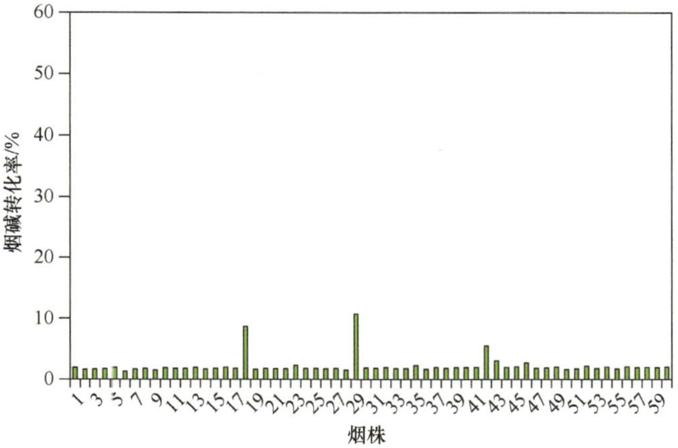

图 2-10　烤烟 NC89 调制后烟叶烟碱转化率（2004 年，河南许昌）

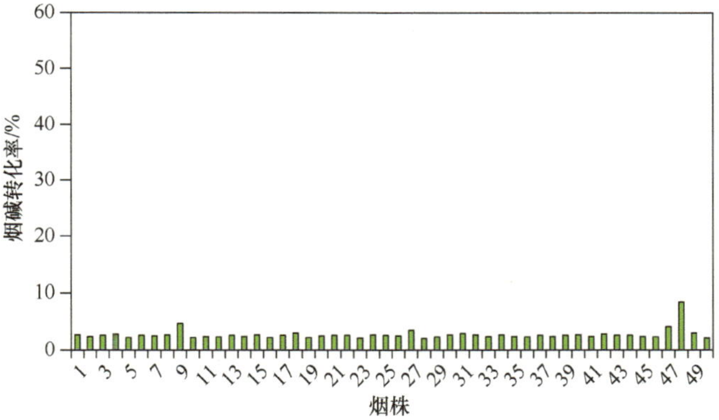

图 2-11　烤烟 K326 调制后烟叶烟碱转化率（2003 年，河南许昌）

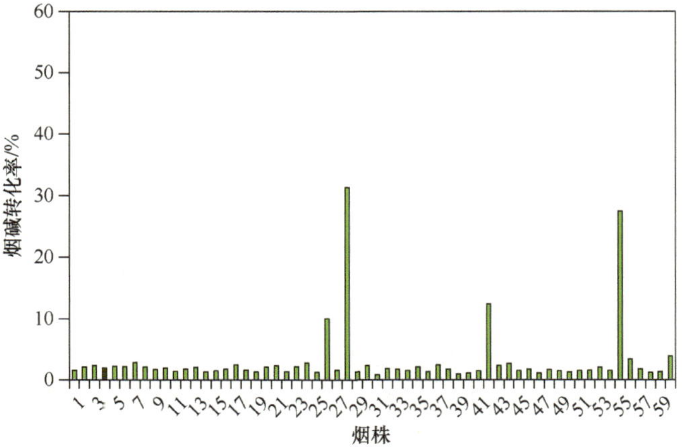

图 2-12　烤烟中烟 100 调制后烟叶烟碱转化率（2004 年，河南许昌）

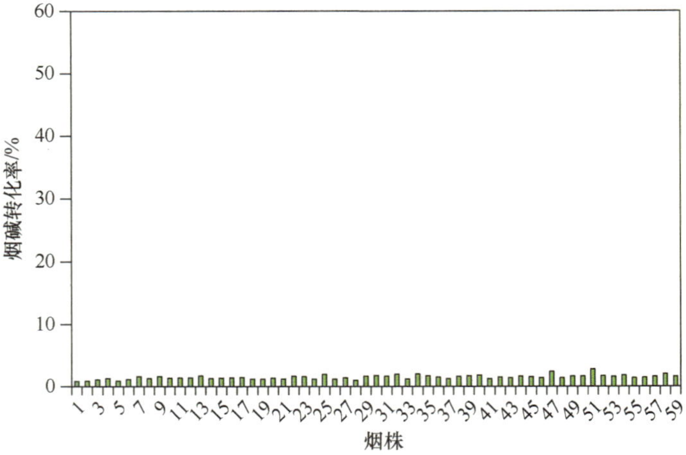

图 2-13 烤烟中烟 101 调制后烟叶烟碱转化率（2004 年，河南许昌）

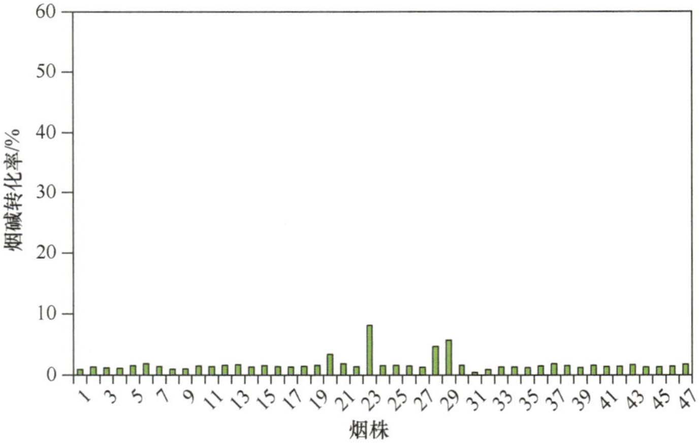

图 2-14 烤烟云烟 85 调制后烟叶烟碱转化率（2004 年，云南）

2.3.3 香料烟、马里兰烟和晒红烟不同烟株调制后烟叶的烟碱转化率

本研究对我国沙姆逊香料烟杰尼克不同烟株的烟碱转化率进行了测定，结果表明（图 2-15），香料烟烟叶群体中存在一定比例的烟碱转化型植株，而且发现了烟碱转化率在 90%以上的高转化株，值得进一步研究。我国马里兰烟也存在烟碱转化问题，但相对于白肋烟而言，转化株比例和转化株的烟碱转化率较低（图 2-16）。我国地方晒红烟漂河 1 号烟碱转化问题比较小，所测群体中烟碱转化株的比例较低（图 2-17）。

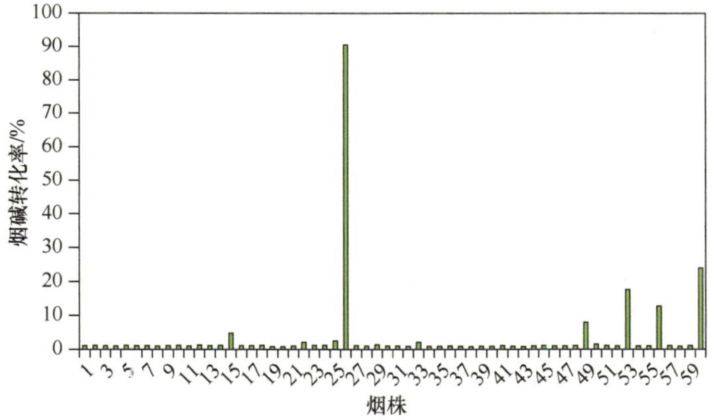

图 2-15 香料烟杰尼克调制后烟叶烟碱转化率（2004 年，湖北十堰）

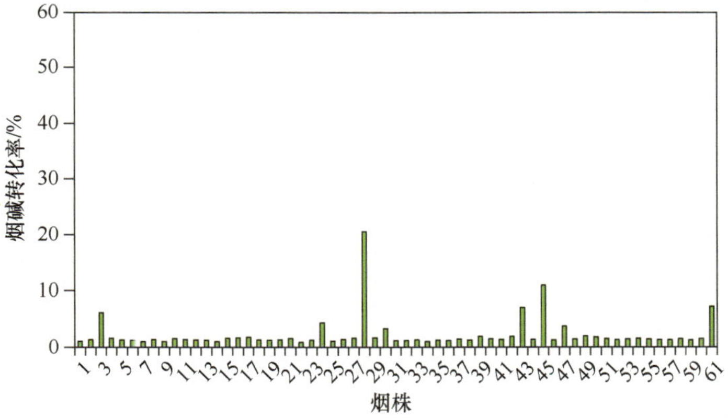

图 2-16 马里兰烟 MD603 调制后烟叶烟碱转化率（2004 年，湖北）

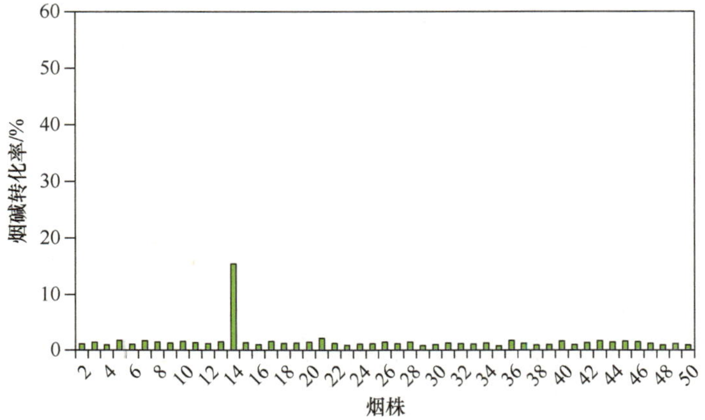

图 2-17 晒红烟漂河 1 号调制后烟叶烟碱转化率（2004 年，吉林）

2.3.4 不同类型烟叶烟碱转化株的分布情况

根据所测各烟株烟叶的烟碱转化率，将不同烟株分为非转化株（烟碱转化率低于 5%）、低转化株（烟碱转化率在 5%～20%）和高转化株（烟碱转化率高于20%）。不同类型和品种各类烟株的比例见表 2-6。结果表明，白肋烟不同品种和杂交种总转化株占烟株群体的比例除 B37 外，均在 30%及以上，其中 2003 年的鄂烟 1 号和 2004 年的鄂烟 3 号总转化株的比例分别高达 43.40%和 44.20%。不同品种和杂交种转化株的烟碱转化程度分布存在较大差异，鄂烟 1 号不仅总转化株比例高，而且高转化株的比例也较高，如 2003 年鄂烟 1 号的高转化株占总群体的比例为 24.50%，超过总转化株的一半；鄂烟 3 号和 TN86 虽然总转化株比例也高，但 29.10%～32.43%的转化株为低转化株。

表 2-6 我国不同类型烟叶和基因型烟碱转化株的比例和分布

类型	品种	年份	烟碱/%	降烟碱/%	烟碱+降烟碱/%	平均烟碱转化率/%	总转化株比例/%	低转化株比例/%	高转化株比例/%
白肋烟	鄂烟 1 号	2003	8.370	0.930	9.300	10.00	43.40	18.90	24.50
	鄂烟 1 号	2004	5.909	0.525	6.434	8.16	38.34	21.67	16.67
	鄂烟 3 号	2003	7.050	0.450	7.500	6.00	36.40	29.10	7.30
	鄂烟 3 号	2004	3.245	0.275	3.520	7.81	44.20	32.60	11.60
	恩白 4 号	2004	4.919	0.410	5.329	7.69	30.00	26.00	4.00
	TN86	2004	2.240	0.210	2.450	8.57	40.54	32.43	8.11
	B37	2004	4.580	0.228	4.808	4.74	10.64	6.38	4.26
烤烟	NC89	2004	2.775	0.059	2.834	2.08	5.00	5.00	0
	K326	2003	2.904	0.080	2.984	2.68	2.00	2.00	0
	中烟 100	2004	1.898	0.060	1.958	3.06	6.66	3.33	3.33
	中烟 101	2004	2.093	0.032	2.125	1.51	0	0	0
	云烟 85	2004	2.794	0.055	2.849	1.93	4.26	4.26	0
香料烟	杰尼克	2004	0.609	0.013	0.622	2.09	10.00	6.67	3.33
马里兰烟	MD603	2004	2.771	0.060	2.831	2.12	9.84	8.20	1.64
晒红烟	漂河 1 号	2004	3.952	0.059	4.011	1.47	4.00	4.00	0

我国烤烟群体中转化株的比例较低，所测品种群体中总转化株的比例不超过7%，中烟 101 群体中未发现转化株，以中烟 100 和 NC89 转化株比例相对较高，分别为 6.66%和 5.00%。除中烟 100 外，其他品种中发现的转化株均为低转化株。所测的香料烟和马里兰烟群体总转化株比例也偏高，分别为 10.00%和 9.84%，而且有一定比例的高转化株。我国晒红烟转化株比例较低。

将所测不同类型和品种烟株的烟碱含量、降烟碱含量和烟碱转化率按品种进行平均，得到群体的平均烟碱转化率（表 2-6）。白肋烟不同基因型群体的烟碱转化率幅度为 4.74%～10.00%，鄂烟 1 号最高，B37 最低。烤烟不同品种烟碱转化率的变化幅度为 1.51%～3.06%，中烟 101 最低，中烟 100 最高。香料烟、马里兰烟和晒红烟 3 个品种烟碱转化率分别为 2.09%、2.12%和 1.47%。

2.3.5 小结

我国白肋烟品种和杂交种存在严重的烟碱向降烟碱转化的问题，特别是主栽杂交种鄂烟 1 号和鄂烟 3 号的总转化株比例达 40%左右，而且高转化株占很大比例，尤其是种植面积最大、种植历史较长的鄂烟 1 号。烟叶的高转化株比例和高降烟碱含量直接影响烟叶的香味品质和安全性，对我国高档混合型卷烟的发展和烟叶出口十分不利，因此对我国杂交种进行遗传改良和群体纯化是当务之急。国外未经纯化的白肋烟品种群体烟碱转化株比例一般为 10%～20%，经过改良和纯化后转化株比例和烟碱转化率大幅下降，未经纯化的种子已限制在生产上应用。我国在品种选育和良种繁育中从未把降烟碱含量作为选择指标，致使转化株在群体中逐年积累，这是造成我国白肋烟烟碱转化问题突出的主要原因。

我国烤烟品种烟碱转化问题相对较小，表现为转化株比例低，且多为低转化株，但个别品种转化株比例偏高，值得关注。在品种选育中要注意鉴别和去除转化株，对推广品种要进行改良。我国香料烟和马里兰烟也存在一定的烟碱转化问题，群体转化株比例相对较高，不容忽视。

2.4 白肋烟叶片和主脉烟碱转化率的变化及其在不同叶位间的差异

摘要：在大田和温室栽培条件下，以白肋烟 TN90 不同程度转化株为材料研究烟叶主脉和叶片烟碱转化率的差异及在烟叶晾制过程中的变化，同时比较不同叶位烟叶烟碱转化率的差异。结果表明，转化株烟叶在晾制后主脉的烟碱转化率远高于叶片，叶片的烟碱转化主要发生在烟叶晾制前 2 周的变黄阶段，主脉的烟碱转化高峰发生在晾制的第 2～3 周。未充分发育的烟叶在晾制后的烟碱转化率低于同株充分发育的烟叶，因而打顶前的烟株中部以上烟叶随叶位的升高烟碱转化率降低，正常成熟的烟株在调制后各部位烟叶的烟碱转化率没有显著差异。非转化株主脉和叶片的烟碱转化率没有差异，且在烟叶调制过程中保持恒定。

具有烟碱转化能力的烟株在绿叶中即可开始烟碱转化，但在收获前转化程度较低，烟碱转化主要发生在烟叶的调制过程中。除叶片外，主脉也以薄片等形式广泛应用在卷烟生产中。主脉的总生物碱含量一般低于叶片，而亚硝酸含量则较叶片高，在调制过程中失水较慢、微生物活动时间较长被认为是主脉中亚硝酸和 TSNA 含量较高的原因。目前尚无关于叶片和主脉烟碱向降烟碱转化差异方面的报道，特别是不同转化程度烟叶叶片和主脉在生长及调制期间转化率的变化规律。关于转化株不同部位烟叶烟碱转化率的差异尚未见研究报道。因此，需要对白肋烟叶片和主脉及不同叶位烟叶烟碱转化进行研究，以期明确烟碱转化机理，为生产上进行转化株鉴定、去除转化株、提高烟叶品质、降低 TSNA 含量提供依据。

本研究先在 2001 年从白肋烟品种 TN90 调制后烟株群体中随机取 19 个混合烟叶样品，其中每个样品包含 15 个烟株，每株取中部叶 2 片；将烟叶分成叶片和主脉分别测定烟碱和降烟碱含量，计算烟碱转化率。2002 年根据对大田 TN90 品种早期鉴定的结果，把烟株分成非转化株、低转化株和高转化株，分别对调制后烟叶进行采样，测定其叶片和主脉的烟碱转化率。2002 年在温室以 TN90 高转化株为材料研究烟叶不同调制时期叶片和主脉烟碱转化率的变化，分别在调制后第 10 天、第 21 天、第 38 天取样，冷冻干燥后测定生物碱含量。2003 年在大田条件下，进一步研究不同转化程度烟叶叶片和主脉烟碱转化率的变化。在打顶前对烟株进行定株，采用乙烯利处理诱导，对各烟株进行转化程度早期鉴定。在上述 2002 年和 2003 年的温室及大田试验中均测定不同叶位烟碱转化率的差异。在温室对未成熟的高转化株材料各叶位烟叶同时取样，先测定鲜叶的烟碱转化率，正常晾制后再测定烟碱转化率。大田烟叶在调制后分 5 个部位取混合样，同时对高转化株单株进行逐叶测定。根据结果，把烟株分为非转化株（烟碱转化率低于 5%）、低转化株（烟碱转化率 5%～20%）、中转化株（烟碱转化率 20%～50%）和高转化株（烟碱转化率大于 50%）。采收后在不同调制时期分别取样，将叶片和主脉分开，烘干后测定烟碱、降烟碱含量，计算烟碱转化率。

2.4.1 白肋烟叶片和主脉烟碱转化率的差异

本研究通过对白肋烟 TN90 混合烟叶样品叶片和主脉生物碱含量进行测定，发现二者的烟碱、降烟碱含量及烟碱转化率都有显著差异。叶片的烟碱、降烟碱含量远高于主脉，但主脉的烟碱转化率显著高于叶片。19 个烟叶样品叶片和主脉的平均烟碱含量分别为 4.82%和 1.16%，平均降烟碱含量分别为 0.41%和 0.23%，平均烟碱转化率分别为 7.87%和 16.54%。图 2-18 为 19 个样品叶片和主脉烟碱转化率的分布，主脉的烟碱转化率比叶片高 40.5%～65.7%。不同烟叶样品烟碱转化程度有很大差异，这是由不同样品包含的转化型烟叶不同所造成的。

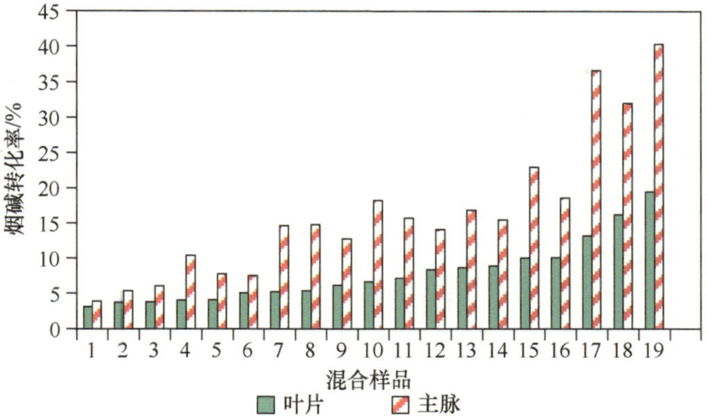

图 2-18　TN90 不同混合烟叶样品主脉和叶片烟碱转化率的差异

在另一个试验中，在对大田烟株转化株进行早期鉴定的基础上，把烟株分为非转化株、低转化株和高转化株，分别对调制后的烟叶进行烟碱转化率测定，结果发现非转化株烟叶的叶片和主脉烟碱转化率没有差异，而转化株主脉的烟碱转化率均远高于叶片（图 2-19）。

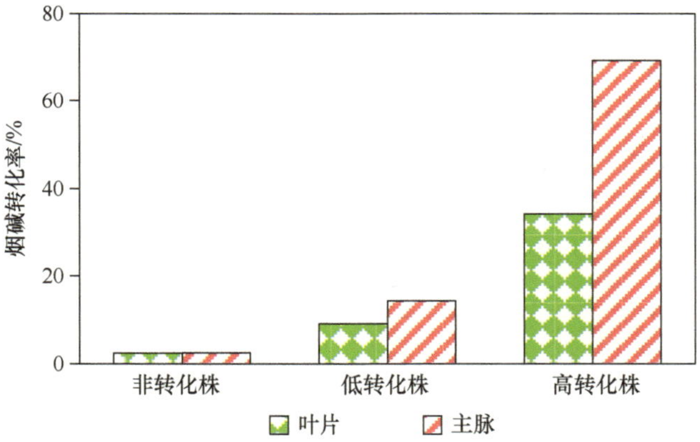

图 2-19　TN90 不同转化程度烟叶主脉和叶片烟碱转化率的差异

2.4.2　烟叶晾制过程中叶片和主脉烟碱转化率的变化

在转化株烟叶中，叶脉的烟碱转化程度高于叶片有两个可能的原因：一是烟碱转化具有较高的转化效率；二是叶脉中烟碱转化的持续时间比较长。为了探明原因，本研究在温室种植了高转化株材料，取成熟叶片进行晾制，分别在晾制的第 10 天、第 21 天、第 38 天测定主脉和叶片的烟碱转化率，结果发现，在晾制的第 10 天，主脉的烟碱转化率低于叶片，此时烟叶尚未完全变黄；在第 21 天，主脉和叶片的烟碱转化率没有明显差异，此时叶片已经变褐，而叶脉尚未完全失水；

在最后一次（第 38 天）的测定中，主脉的烟碱转化率显著高于叶片（图 2-20）。这说明在调制后的烟叶中，主脉的烟碱转化率高于叶片主要是在晾制过程中主脉失水干燥较慢，晾制时间较长，烟碱可以得到充分转化所造成的。因此，通过加快烟叶晾制过程，可以降低转化株烟叶的烟碱转化率。

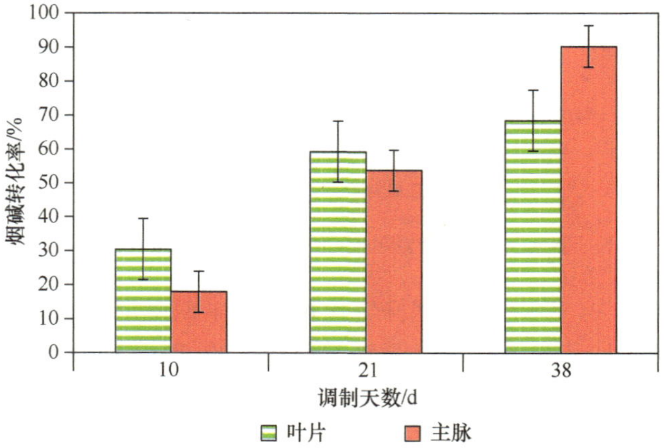

图 2-20　温室生长的 TN90 转化株在烟叶晾制过程中烟碱转化率的变化

为了进一步研究大田生长的烟叶在晾制过程中主脉和叶片烟碱转化率的变化，本研究先对烟株进行转化株的早期鉴定，根据鉴定结果，把烟株分为非转化株、低转化株、中转化株和高转化株 4 类，并进行定株。斩烟后分别进行晾制，在调制过程中分次取样测定生物碱含量，计算烟碱转化率。图 2-21 和图 2-22 为 4 类烟叶晾制过程中叶片和主脉烟碱转化率的动态变化。结果表明，对于转化株来

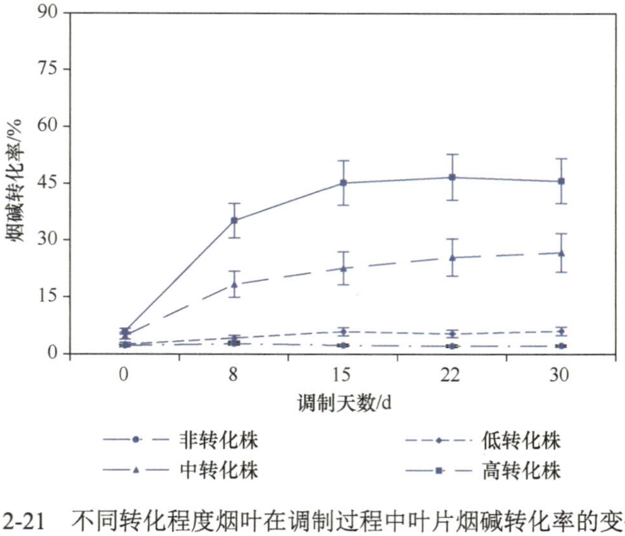

图 2-21　不同转化程度烟叶在调制过程中叶片烟碱转化率的变化

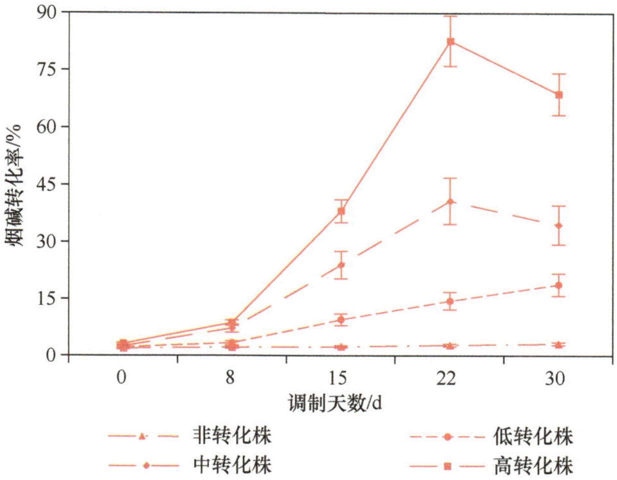

图 2-22　不同转化程度烟叶在调制过程中主脉烟碱转化率的变化

说，叶片的烟碱转化主要发生在晾制的前 15d，之后烟碱转化率变化很小，在外观上，晾制半个月后烟叶达到变黄末期，并开始变褐，因此可以认为，烟叶变黄末期，烟叶充分失水，细胞膜系统遭到破坏，烟碱去甲基酶的活性丧失。与叶片不同，主脉的烟碱转化在调制初期增长较慢，烟碱转化主要发生在晾制的第 2 和第 3 周，约在进入晾制第 3 周后，主脉的烟碱转化率超过叶片。这进一步说明，转化株烟叶在调制后主脉的烟碱转化率较高主要是由主脉失水较慢、生理活动持续时间较长造成的。另外，非转化株叶片和主脉的烟碱转化率在晾制过程中没有明显变化。

2.4.3　不同叶位烟叶烟碱转化率的差异

对于同一烟株而言，不同部位烟叶的烟碱转化率是否存在差异对烟叶取样、转化株鉴别有指导作用。以转化株为材料分别在温室和大田条件下进行栽培。温室生长的烟株在打顶前对各部位烟叶 1 次取样，每片叶取部分鲜叶立即进行烟碱转化率测定，其余部分正常晾制，在晾制结束后再次测定烟碱转化率，结果表明，鲜叶的烟碱转化率很低，特别是中部以上烟叶，从中部向下随着烟叶成熟度的增加烟碱转化率也增加。中部以下烟叶在调制后能够充分进行烟碱转化，烟碱转化率差异不大，中上部烟叶的烟碱转化率逐渐降低（图 2-23）。在采样时中上部烟叶尚未充分发育，甚至没有充分扩展，因此没有充分发育的叶片即使经过晾制仍不能充分进行烟碱转化，不适合作为取样的对象。

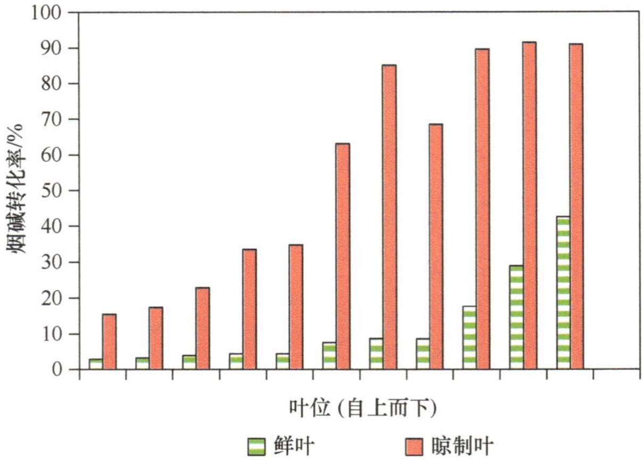

图 2-23　TN90 转化株打顶前不同叶位烟碱转化率的差异

2.4.4　小结

白肋烟烟碱转化株的烟碱转化主要是在烟叶调制的变黄阶段进行的。在调制后烟叶主脉的烟碱转化率一般高于叶片，这主要是由主脉失水干燥过程较慢、烟碱转化时间较长所造成的。因此，烟叶调制过程的快慢直接影响转化株烟叶的烟碱转化程度，在白肋烟叶片调制过程中缩短干燥期，特别是干筋期，将有利于降低转化株的烟碱转化。此外，由于转化株的烟碱转化主要是在调制过程中进行的，为了在田间有效去除转化株，必须在烟叶生长早期对转化株的烟碱转化进行诱导鉴定。

烟草非转化株烟叶降烟碱含量较低，烟碱转化率在 5%以下，主脉和叶片没有差异，而且在烟叶调制过程中比较稳定。随着转化程度的提高，叶片和主脉烟碱转化率的差异加大。白肋烟主脉的 TSNA 含量显著高于叶片，这一方面是由于主脉亚硝酸含量较高，另一方面也与主脉烟碱转化率较高有关。相关研究表明，随着烟碱转化程度的提高，NNN 含量在主脉和叶片中都呈直线增加，但主脉中 NNN 含量随烟碱转化率增加的斜率更大。不同转化株叶位的烟碱转化率主要与烟叶的发育程度有关，充分发育的烟叶之间烟碱转化率没有显著差异，未充分发育的烟叶，即使在晾制后烟碱转化也不能充分进行。因此在转化株早期鉴定中，应以下部叶作为取样对象；对调制后的烟叶，各部位烟叶均可用于取样。

2.5　烟碱转化率与卷烟感官评吸品质和烟气 TSNA 含量的关系

摘要：用具有不同烟碱向降烟碱转化能力的白肋烟鄂烟 1 号上部

叶（2003 年）和中部叶（2004 年）分别卷制试验卷烟，研究烟碱转化率与卷烟感官评吸品质和烟丝及烟气中 TSNA 含量的关系。结果表明，同一年份的卷烟样品间总生物碱含量无显著差异，烟碱含量和降烟碱含量呈相反的变化趋势，从而形成样品间烟碱转化率的梯度差异。随着烟碱转化率的增高，白肋烟风格程度直线下降，香气质逐渐下降，香气量减少，烟气浓度变淡，劲头下降，杂气有增加的趋势，余味变劣，口腔残余加重，但刺激性有减小的趋势。两年的卷烟样品基本表现相同的趋势，但 2003 年的样品由于生物碱水平高，不同样品间烟碱转化率的差异较大，所以各项评吸指标的变化更为明显。随着烟碱转化水平的提高，烟丝和烟气中 *N*-亚硝基降烟碱（NNN）含量和总的烟草特有亚硝胺（TSNA）含量大幅增加，而其他 3 种烟草特有亚硝胺含量无较大变化。

具有烟碱向降烟碱转化能力的烟株（转化株）香气品质较差，降烟碱含量增高对烟叶品质和安全性也有重要影响。关于烟碱向降烟碱转化与卷烟感官评吸品质的关系，目前只有感官上的认识，尚缺乏系统的、严密的定量研究。关于烟碱转化与 TSNA 的关系，国内外多以烟叶为研究对象（Shi et al.，2002b），但烟碱转化程度与卷烟烟气 TSNA 含量的关系尚未见报道。本研究采用不同年份、不同部位的具有不同烟碱转化程度的烟叶卷制出系列试验卷烟，探讨烟碱转化率与卷烟感官评吸品质的关系，并对代表性卷烟样品进行烟丝和烟气 TSNA 含量的测定，以明确烟碱转化与卷烟 TSNA 含量的关系。

在 2003 年和 2004 年均采用白肋烟杂交种鄂烟 1 号作为试验材料，分别测定其生物碱含量及烟碱转化率，根据烟碱转化率将烟株分为 4 组，即非转化株（烟碱转化率低于 5%）、低转化株（烟碱转化率 5%～20%）、中转化株（烟碱转化率 20%～50%）和高转化株（烟碱转化率大于 50%）。4 组烟叶分别混合后进行切丝。每组烟丝一部分用于直接卷制试验烟，另将非转化株烟丝和高转化株烟丝按不同比例混合得到 7 种混配试验卷烟，混配比例分别为：90%非转化+10%高转化、80%非转化+20%高转化、70%非转化+30%高转化、55%非转化+45%高转化、40%非转化+60%高转化、30%非转化+70%高转化、15%非转化+85%高转化。2003 年共制备 11 种试验卷烟供感官评吸评价，2004 年共制备 9 种试验卷烟供感官评吸评价，分别按风格程度、香气量、香气质（仅 2003 年烟叶）、浓度、劲头、杂气、刺激性、余味和口腔残余进行打分。

2.5.1 不同试验卷烟的生物碱含量和烟碱转化率

对不同年份卷烟进行生物碱含量和烟碱转化率的测定，以验证试验卷烟系列在烟碱转化率方面的差异性和可靠性，并为进一步研究烟碱转化率与感官评吸品质的关系奠定基础。用不同年份烟叶卷制的卷烟由于烟叶的部位不同及施肥等栽培管理措施的差异，总生物碱含量相差较大，其中2003年烟叶的总生物碱含量明显高于2004年烟叶。但同一年份的卷烟样品间总生物碱、假木贼碱和新烟草碱含量无显著差异；不同样品间烟碱和降烟碱含量呈相反的变化趋势，从而形成样品间烟碱转化率的梯度差异，用其研究烟碱转化率与感官评吸品质的关系是合理的（表2-7、表2-8）。

表2-7 鄂烟1号（2003年）试验卷烟烟丝的生物碱含量和烟碱转化率（%）

卷烟样品	烟碱	降烟碱	假木贼碱	新烟草碱	总生物碱	烟碱转化率
1（非转化叶）	8.10	0.326	0.062	0.584	9.072	3.9
2（低转化叶）	7.81	0.611	0.056	0.738	9.215	7.3
3（中转化叶）	5.70	2.620	0.060	0.686	9.066	31.5
4（高转化叶）	2.38	5.980	0.058	0.618	9.036	71.5
5（90%非转化+10%高转化）	7.16	1.104	0.062	0.492	8.818	13.4
6（80%非转化+20%高转化）	6.92	1.580	0.060	0.546	9.106	18.6
7（70%非转化+30%高转化）	6.48	1.650	0.058	0.580	8.768	20.3
8（55%非转化+45%高转化）	5.78	3.460	0.058	0.552	9.850	37.4
9（40%非转化+60%高转化）	5.40	3.594	0.058	0.564	9.616	40.0
10（30%非转化+70%高转化）	4.18	4.290	0.066	0.620	9.156	50.6
11（15%非转化+85%高转化）	3.84	5.100	0.050	0.538	9.528	57.0

表2-8 鄂烟1号（2004年）试验卷烟烟丝的生物碱含量和烟碱转化率（%）

卷烟样品	烟碱	降烟碱	假木贼碱	新烟草碱	总生物碱	烟碱转化率
1	4.55	0.158	0.028	0.273	5.009	3.36
2	4.07	0.353	0.030	0.345	4.798	7.98
3	3.68	0.542	0.029	0.236	4.487	12.84
4	3.26	0.78	0.030	0.282	4.352	19.31
5	2.95	1.33	0.028	0.346	4.654	31.07
6	2.69	1.70	0.029	0.278	4.697	38.72
7	2.29	2.48	0.031	0.292	5.093	51.99
8	1.98	2.45	0.026	0.277	4.733	55.30
9	1.56	3.02	0.028	0.299	4.907	65.94

2.5.2　烟碱转化率与卷烟感官评吸品质的关系

由郑州烟草研究院评吸专家组成的两个评吸小组先后对 2003 年和 2004 年的卷烟样品进行了感官评吸。2003 年样品的评吸共设 9 项指标：白肋烟风格程度、香气质、香气量、浓度、劲头、杂气、刺激性、余味和口腔残余；2004 年的样品评吸缺少香气质一项，其他各项相同。每项分别打分，最高 100 分，最低 0 分，其中风格程度从显著到少有、香气质从好到差、香气量从足到少、浓度从浓到淡、劲头从大到小、余味从舒适到苦辣，分值逐渐降低；杂气由重到轻、刺激性由大到小、口腔残余由多到少，分值逐渐增高。

图 2-24 到图 2-32 分别显示了烟叶烟碱转化率与各单项评吸分值的关系。由图 2-24 可知，随着烟碱转化率的增加，白肋烟风格程度呈线性下降，两年卷烟样品表现相同的变化趋势，因此烟碱含量的降低和降烟碱比例的增加会使白肋烟失去原有的香味特征，降低其可用性。

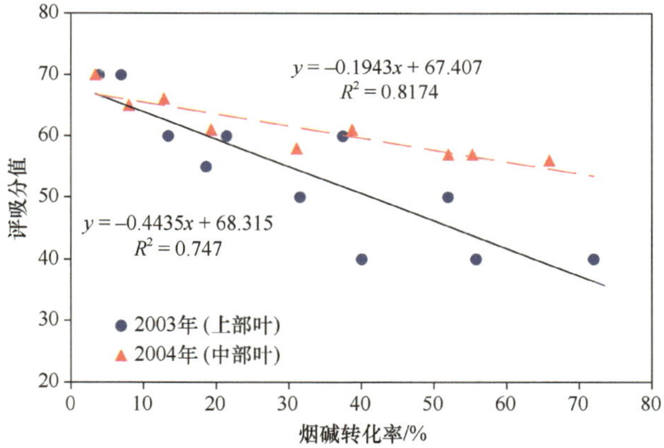

图 2-24　白肋烟烟碱转化率与卷烟烟气风格程度的关系

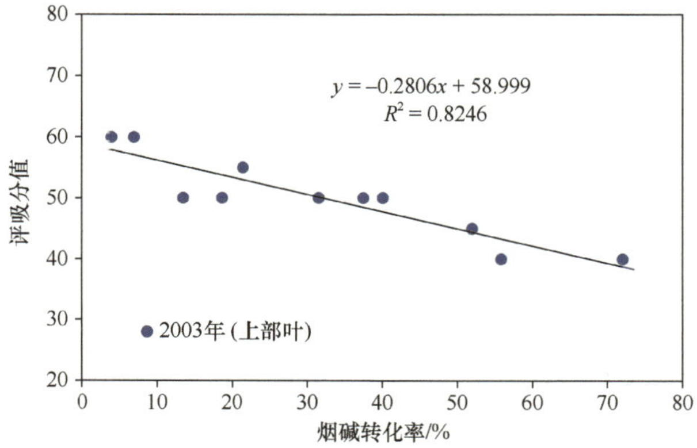

图 2-25　白肋烟烟碱转化率与卷烟烟气香气质的关系

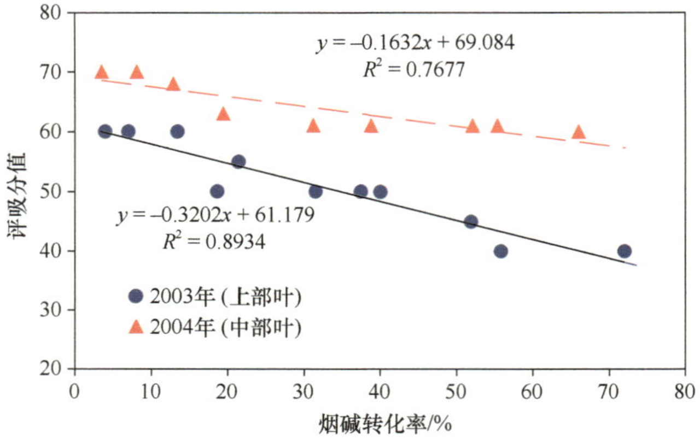

图 2-26　白肋烟烟碱转化率与卷烟香气量的关系

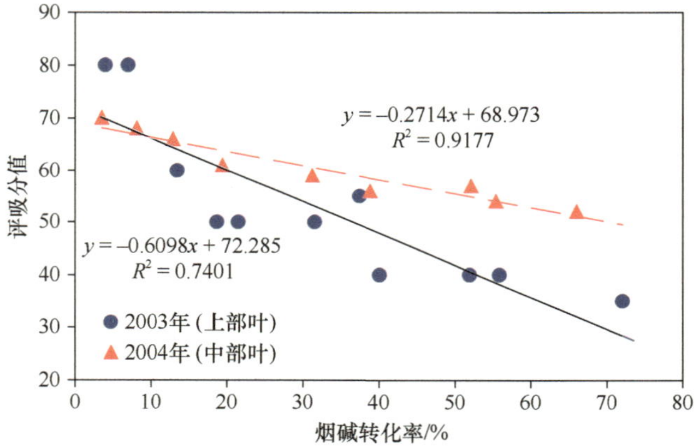

图 2-27　白肋烟烟碱转化率与卷烟劲头的关系

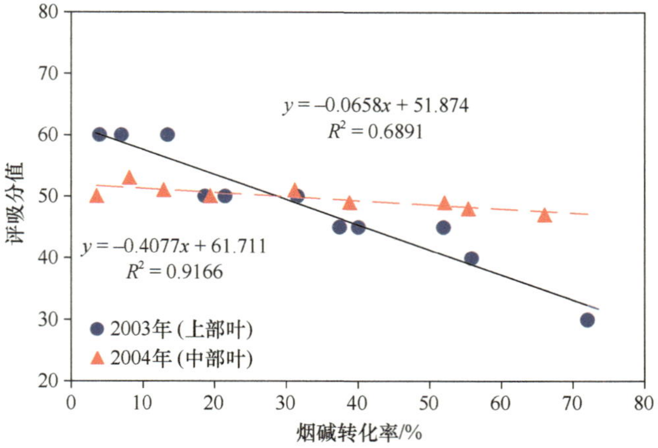

图 2-28　白肋烟烟碱转化率与卷烟烟气浓度的关系

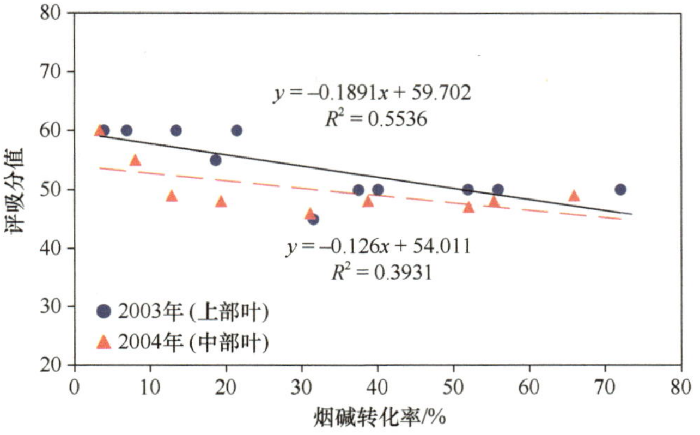

图 2-29　白肋烟烟碱转化率与卷烟烟气杂气的关系

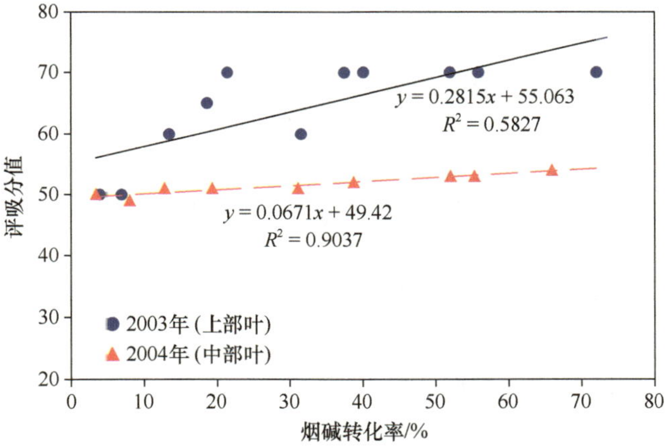

图 2-30　白肋烟烟碱转化率与卷烟烟气刺激性的关系

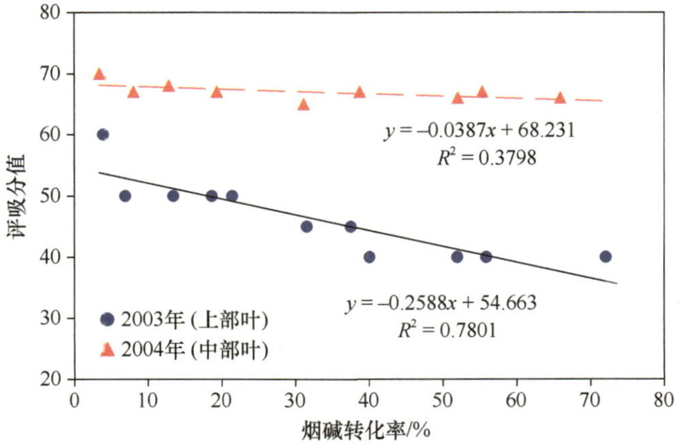

图 2-31　白肋烟烟碱转化率与卷烟烟气余味的关系

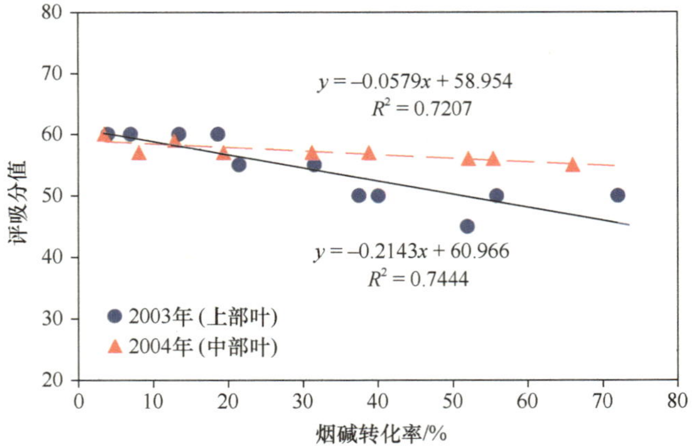

图 2-32　白肋烟烟碱转化率与卷烟烟气口腔残余的关系

香气质直接反映了烟叶香气的纯正程度。图 2-25 显示，随着烟碱转化率的增加，香气质得分直线降低，说明烟碱向降烟碱转化可直接导致烟叶香气质变劣，烟叶烟碱转化程度越高，香气质越差。

香气量反映了烟叶特有香气的丰富程度，充足的香气可使消费者得到更多的愉悦感受。图 2-26 显示，烟碱转化可导致烟叶香气量减少，随着烟碱转化率的增高，香气量分值直线下降，两年卷烟评吸结果一致。

劲头是人们吸食卷烟时所受到的生理刺激的程度，主要由烟碱含量高低所决定。如图 2-27 所示，随着烟碱转化程度的提高，劲头分值直线下降，这主要是由于烟碱转化直接导致了烟碱含量的降低，其中 2003 年下降幅度较 2004 年更大，这可能与 2003 年的样品生物碱整体水平较高，且不同卷烟样品间烟碱转化率差异较大有关。

烟气浓度反映了具有烟叶特有香味的烟气的饱满程度。如图 2-28 所示，随着烟碱转化率的增加，烟气浓度呈下降趋势，其中 2003 年的卷烟样品更为显著，与劲头表现出相似的趋势。烟气浓度的感觉一般会受劲头的影响。

杂气是烟气中除白肋烟特有香味以外其他不良气味的总和。本研究规定杂气越重，得分越低。如图 2-29 所示，转化型烟叶的杂气得分呈降低趋势，表明烟碱转化可导致烟气中杂气加重，这可能与转化型烟叶的降烟碱、降烟碱衍生物、麦斯明等含量增大有关。同时，我们注意到随着烟碱转化率的进一步增高，杂气得分趋于稳定。

刺激性反映了人们吸食卷烟时感官所受到的不良反应的程度。如图 2-30 所示，2003 年的卷烟样品随着烟碱转化率的增高，刺激性得分明显增加，表明刺激性减弱；而 2004 年的卷烟样品刺激性大小在不同样品间差异较小。这可能与 2003 年的卷烟样品生物碱含量水平较高有关，特别是非转化烟叶和低转化烟叶。

余味反映了吸食卷烟后口腔的舒适程度。如图 2-31 所示，随着烟碱转化率的增高，余味得分呈下降趋势，表明烟碱转化可导致余味变劣。

口腔残余是吸食卷烟后口腔内残留的不良气味。口腔残余越多，得分越低。图 2-32 显示，烟碱向降烟碱转化可使口腔残余加重，并且随烟碱转化率的增高，口腔残余有增加的趋势。

2.5.3　烟碱转化率对卷烟烟丝和烟气 TSNA 含量的影响

烟草特有亚硝胺主要有 4 种：*N*-亚硝基降烟碱（NNN）、4-(*N*-甲基亚硝胺基)-1-(3-吡啶基)-1-丁酮（NNK）、*N*-亚硝基新烟草碱（NAT）、*N*-亚硝基假木贼碱（NAB），它们分别由降烟碱、烟碱、新烟草碱和假木贼碱发生亚硝化反应所形成。降烟碱作为 NNN 的主要前体物，其含量高低直接关系到 NNN 的形成。本研究对 2003 年分别由非转化烟叶（烟碱转化率 3.9%）、低转化烟叶（烟碱转化率 7.3%）、中转化烟叶（烟碱转化率 31.5%）和高转化烟叶（烟碱转化率 71.5%）卷制的卷烟烟丝和烟气中 TSNA 含量进行了测定，结果见表 2-9 和表 2-10。

表 2-9　白肋烟不同转化程度烟叶卷烟烟丝的 TSNA 含量（μg/g）

卷烟样品	NNN	NAT	NAB	NNK	TSNA
非转化烟叶	5.89	10.87	BDL	0.90	17.66
低转化烟叶	11.75	10.65	BDL	0.88	23.28
中转化烟叶	26.08	8.77	BDL	0.59	35.44
高转化烟叶	33.56	6.24	0.075	0.55	40.42

注：BDL 表示低于检测限

表 2-10　白肋烟不同转化程度烟叶卷烟烟气的 TSNA 含量

卷烟样品	烟支重/mg	焦油/mg	NNK/（ng/g）	NNN/（ng/g）	NAT/NAB	TSNA/（ng/g）
非转化烟叶	889	14.5	35	67	76	178
低转化烟叶	901	13.8	40	128	84	252
中转化烟叶	898	14.8	32	267	71	370
高转化烟叶	917	14.2	31	423	67	521

随着烟碱转化程度的提高，烟丝的 NNN 含量呈线性增加，总 TSNA 含量也大幅增高，但 NNK、NAB 和 NAT 含量在不同样品间无较大变化，其中 NAT 和 NNK 含量有随烟碱转化程度提高而小幅降低的趋势，这可能是烟碱转化导致 NNN 形成增多，造成对亚硝酸竞争加剧的结果。与烟丝中 TSNA 含量的变化趋势相同，烟气的 NNN 含量和 TSNA 含量均随烟碱转化率的提高大幅增加，而其他烟草特有亚硝胺含量变化趋势不明显，在不同样品间差异较小。

2.5.4 小结

烟草群体中一些烟株由于基因突变形成烟碱去甲基能力，导致调制后烟叶烟碱含量降低，降烟碱含量异常增高，进而对烟叶感官评吸品质及卷烟烟丝和烟气TSNA含量造成重要影响。本研究结果表明，随着烟碱转化程度的提高和降烟碱含量的增加，白肋烟风格程度显著降低、香气质逐渐下降、香气量减少、烟气浓度变淡、劲头下降、杂气有增加的趋势、余味变劣、口腔残余加重，但刺激性有减小的趋势。随着烟碱转化水平的增高，烟丝和烟气NNN含量和总TSNA含量大幅增加。因此，烟碱转化可直接导致烟叶香味品质的下降和烟叶中有害成分含量的增加，在烟草群体中鉴别和去除转化株是提高及改善烟叶香味品质、提高烟叶安全性的有效途径。

2.6 烟碱向降烟碱转化对烟叶麦斯明和TSNA含量的影响

摘要：以白肋烟TN90为材料，研究非转化株、低转化株和高转化株烟叶样品的烟碱转化程度及降烟碱含量与烟叶麦斯明和烟草特有亚硝胺（TSNA）含量的关系。结果表明，随着烟株烟碱转化能力的提高和烟叶降烟碱含量的增加，叶片和主脉的麦斯明含量呈线性增加。当烟碱转化率超过20%时，麦斯明含量超过了假木贼碱的含量。在4种主要的TSNA中，具有不同烟碱转化能力的样品间NNK、NAT和NAB含量没有显著差异，NNN含量则随着烟碱转化能力的提高和降烟碱含量的增加而大幅升高，尤其在主脉中表现更为明显。NNN占总TSNA的比例随烟碱转化程度的提高而增加，在高转化烟株中可高达90%，其他3种TSNA占总TSNA的比例相应降低。叶片中NAT含量和比例一般高于NNK，而在主脉中NNK含量高于NAT。

在栽培品种的烟株群体中，一些植株因基因突变而具有烟碱去甲基能力，导致烟碱含量显著降低，降烟碱含量相应增加。白肋烟群体中一般含有15%～20%的转化株，其中约一半转化株的烟碱转化率在20%以上。烟碱转化由显性基因控制，并具有加性效应（Mann and Weybrew，1958）。转化基因编码形成烟碱去甲基酶，可催化烟碱向降烟碱的转化。具有烟碱转化能力的烟株在绿叶中即可开始烟碱转化，收获前转化程度较低，调制过程的前3周也可发生烟碱转化，变黄末期以后转化较少（Shi et al.，2000b）。

与烟碱相比，降烟碱具有较大的不稳定性，在烟叶调制和陈化过程中易于发生生化变化形成一系列降烟碱的衍生物，主要反应包括降烟碱氧化形成麦斯明（myosmine），酰化反应生成一系列含有 1～8 个碳原子酰基的酰化降烟碱，以及亚硝化反应形成 *N*-亚硝基降烟碱（NNN）。麦斯明和酰化降烟碱的产生可直接改变烟叶与烟气化学成分的组成和含量，对烟叶的香味品质产生不利影响。研究发现，在热解过程中降烟碱产生麦斯明及吡啶化合物，使烟气具有碱味、鼠臭味等异味（Roberts，1988）。在烤烟中，具有较高降烟碱含量的转化型烟株的烟叶在外观上表现出“樱红”特征（Jeffrey and Tso，1955）。这类烟叶由于香味较差，所以收购时单独列级，售价极低。NNN 是重要的烟草特有亚硝胺，动物试验表明 NNN 可诱发动物产生肿瘤。因此，由烟碱转化导致降烟碱含量提高对烟叶品质和安全性都有重要影响。从群体中去除转化株是降低烟叶和卷烟中 TSNA 含量及提高和改善烟叶香味品质的有效途径。在烟碱向降烟碱转化与烟叶 TSNA 形成关系的研究方面，前期我们选择 30 株具有不同降烟碱含量的烟株（降烟碱含量在 0.05%～3.00%），分别测定烟草叶片的 NNN 含量，发现降烟碱与 NNN 含量呈显著正相关，但烟碱转化与其他 TSNA 含量的关系尚不明确，而且缺乏叶片和主脉之间的比较。本研究在对同一品种不同植株的烟碱转化能力进行早期鉴定的基础上，系统研究了具有不同烟碱转化能力的烟株（混合样品和单株样品）降烟碱含量与麦斯明和 TSNA 含量的关系。

试验于 2002 年在美国 Virginia Tech 试验农场进行。供试品种为白肋烟 TN90，试验期间对其进行规范化育苗、移栽和田间管理。在烟苗移栽后 3 周，选取 600 株烟株挂牌定株，每株取 1 片中部叶进行化学诱导，使具有烟碱转化能力的植株在早期表达烟碱转化的性状，之后测定每株的烟碱和降烟碱含量及评价烟株的烟碱转化能力。早期对转化株烟碱转化的诱导方法为：摘取烟叶后，喷施乙烯利水溶液并保湿晾制，待烟叶变黄后，测定烟叶的烟碱和降烟碱含量。根据烟碱转化率将烟株分为非转化株（烟碱转化率小于 5%）、低转化株（烟碱转化率 5%～20%）和高转化株（烟碱转化率大于 20%）。烟株成熟后，将整株烟在普通晾房晾制，调制完毕后先分单株取样，然后按非转化株、低转化株和高转化株 3 类分别取样后混合，每份样品均分成叶片（含支脉）和主脉两部分。

2.6.1　烟碱向降烟碱转化对烟叶麦斯明含量的影响

降烟碱氧化脱氢可直接生成麦斯明。在正常情况下，烟叶麦斯明含量较低，一般不超过 100μg/g，远低于烟叶中的 4 种主要生物碱。图 2-33 显示，烟叶麦斯明含量受烟碱向降烟碱转化的影响，烟叶烟碱转化程度与麦斯明含量呈显著正相关，随着烟碱转化率的增加，烟叶叶片和主脉的麦斯明含量呈直线上升。叶片的麦斯明含量高于主脉，且随着烟碱转化程度的提高，叶片和主脉中麦斯明含量的差距逐渐加大。进一步分析表明，烟叶的降烟碱与麦斯明含量呈极显著的相关关系，相关系数的平方达 0.9739（图 2-34）。通过比较不同烟叶样品的各种生物碱绝对含量可以看出，在烟叶的烟碱转化率超过 20%或降烟碱含量达到 1.0%时，麦斯明含量可超过假木贼碱，成为位居烟碱、降烟碱和新烟草碱之后含量较高的生物碱，这对烟叶化学和感官品质可产生较大的影响。

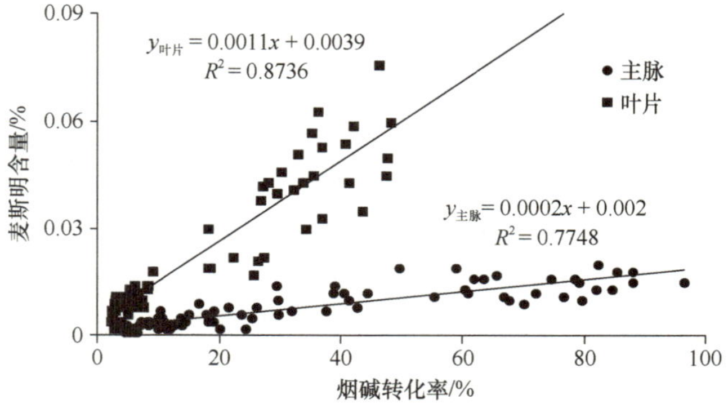

图 2-33　叶片和主脉烟碱转化率与麦斯明含量的关系

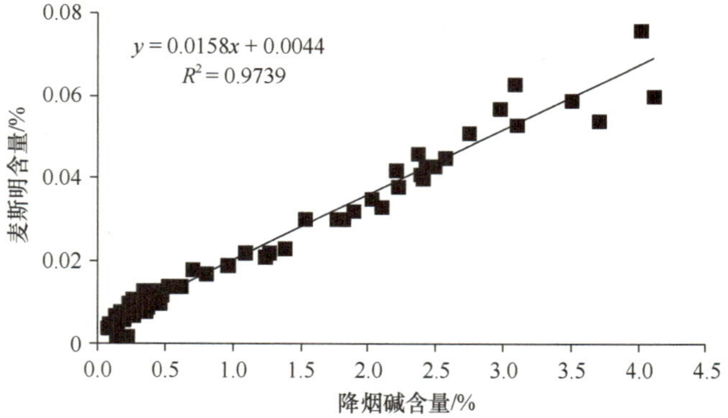

图 2-34　叶片降烟碱含量与麦斯明含量的关系

2.6.2　烟碱转化对叶片和主脉 TSNA 含量的影响

烟草特有亚硝胺主要有 4 种：NNN、NNK、NAT、NAB，它们分别可由降烟碱、烟碱、新烟草碱和假木贼碱发生亚硝化反应而形成。降烟碱作为 NNN 的主要前体物，其含量高低直接影响 NNN 的形成。通过烟草转化株的早期鉴定，将烟草植株分为非转化株、低转化株和高转化株 3 组，分别测定调制后烟样的 TSNA 含量。如图 2-35 所示，具有不同烟碱向降烟碱转化能力的烟叶之间，NNK、NAB 和 NAT 含量没有显著差异，而 NNN 含量则随着烟碱转化能力的提高而大幅增加，表明烟碱向降烟碱转化导致了降烟碱含量升高，同时促进了 NNN 的形成和总 TSNA 含量的提高。叶片和主脉中表现出相同的趋势，但主脉的 TSNA 含量远高于叶片（3～10 倍），这与主脉中亚硝酸含量较高有关。

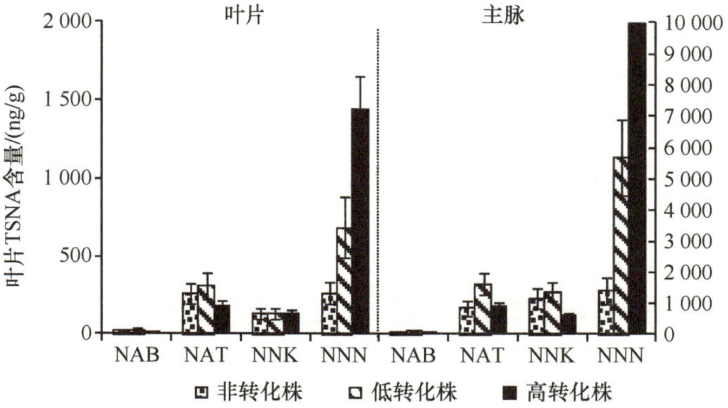

图 2-35　不同烟碱转化能力烟株的叶片和主脉的 TSNA 含量

试验材料为正常晾制条件下调制的烟株

试验对具有不同烟碱转化能力的个体烟株的降烟碱含量和 TSNA 含量进行了测定，以进一步研究烟叶的降烟碱含量与 NNN 形成的关系。图 2-36 显示，不同烟样的烟碱转化能力差异极大，因而降烟碱含量变幅较大，叶片的降烟碱含量从 0.10%到 3.60%，主脉的降烟碱含量从 0.02%到 0.91%。降烟碱含量与 NNN 含量存在显著的正相关关系，随着降烟碱含量的增加，NNN 含量直线增加。叶片和主脉表现出相同的变化趋势，但主脉中降烟碱含量与 NNN 含量回归直线的斜率较大，表明主脉的 NNN 形成对降烟碱含量更为敏感，降烟碱含量的增加有利于 NNN 的形成和积累。

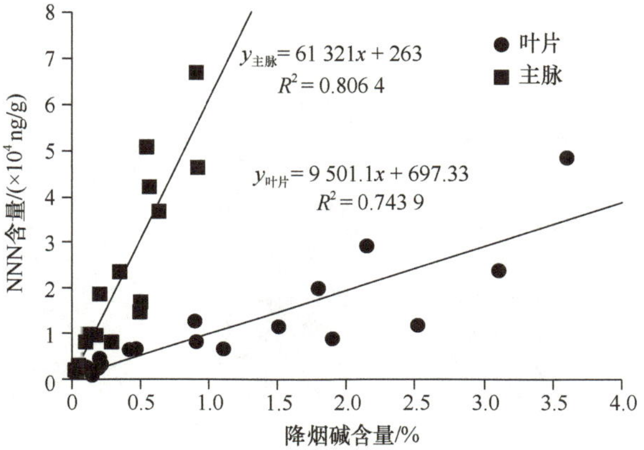

图 2-36　白肋烟叶片和主脉的降烟碱与 NNN 含量的关系

试验材料为保湿条件下调制的烟株（温度 28℃，相对湿度 70%）

2.6.3 烟碱向降烟碱转化对 TSNA 组成比例的影响

试验表明，具有不同烟碱转化能力的烟株之间及叶片和主脉之间，TSNA 的组成比例有一定差异。在非转化株中，叶片的 NNN 和 NAT 比例较接近，均约占总 TSNA 的 40%左右，NNK 占 10%～15%，NAB 含量和比例最低。随着烟叶烟碱转化能力的提高和降烟碱含量的增加，NNN 占总 TSNA 的比例持续增加，见图 2-37。在高转化株中，NNN 的比例可达总 TSNA 含量的 90%。在主脉中，NNN 所占的比例也随烟碱转化程度的提高而增加，但 TSNA 的组成特点与叶片有所不同，见图 2-38。主脉的 NNK 含量和比例高于 NAT，而叶片的 NNK 比例远低于 NAT。在非转化株中，主脉的 NNK 和 NNN 比例较为接近，均约占总 TSNA 的 40%左右。由于不同的 TSNA 具有不同的动物致癌性，如 NNK 和 NNN 为动物的强致癌剂，而 NAT 和 NAB 为非致癌剂或弱致癌剂，因此 TSNA 含量和组成对烟叶的有害性均有影响。

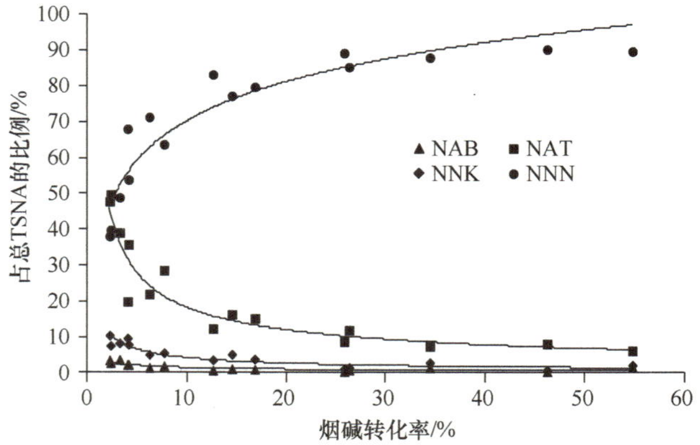

图 2-37 不同烟碱转化能力的烟叶中 4 种 TSNA 占总 TSNA 含量的比例

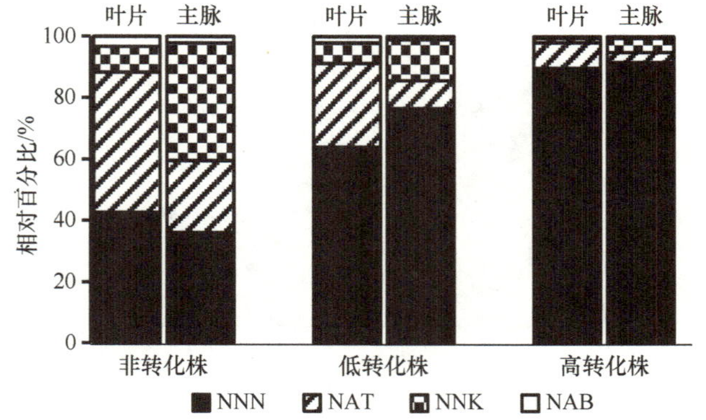

图 2-38 转化株和非转化株烟叶叶片和主脉 TSNA 的组成比例

2.6.4 小结

烟草群体中一些烟株由于基因突变具有烟碱去甲基能力，导致调制后烟叶烟碱含量降低、降烟碱含量异常增高，进而对烟叶化学成分的组成和含量造成重要影响。本试验结果表明，随着烟碱转化程度的提高和降烟碱含量的增加，叶片和主脉的麦斯明含量和 NNN 含量显著增加，由于二者分别对烟叶的香味品质和有害性有明显的负面影响，因此烟草群体中烟碱转化株的出现和积累对烟叶品质及可用性的提高极为不利，在烟草育种、良种繁育及烟草生产中有效地鉴别和去除转化株、净化烟草群体、优化生物碱等化学成分的组成是实现烟叶增质减害的重要途径。

2.7 不同产地和品种白肋烟 TSNA 含量与前体物的关系

摘要：收集我国 4 个白肋烟产区 33 份白肋烟晾制后上部叶样品，并以美国、马拉维样品为对照，测定烟草特有亚硝胺（TSNA）、生物碱和硝酸盐含量，以揭示 TSNA 含量与前体物之间的关系。结果表明，四川达州和云南宾川白肋烟 TSNA 含量水平较低，分别与美国和马拉维相当，不同产区间 NNN 和总 TSNA 含量差异较大，NNK、NAT 和 NAB 含量差异相对较小。烟碱转化导致降烟碱含量升高是造成国内一些产区 NNN 和总 TSNA 含量较高的主要原因，随着总 TSNA 含量的增加，NNN 所占比例增大。烟叶降烟碱含量、烟碱转化率与 NNN 和总 TSNA 含量呈极显著正相关。NNK、NAT、NAB 含量与硝酸含量呈显著正相关，同一产区不同烟叶样品 NNK 含量与硝酸含量呈极显著正相关。品种间比较可知，鄂烟 1 号和鄂烟 3 号较高的烟碱转化率是导致其 TSNA 含量升高的主要原因。

烟草特有亚硝胺是烟草生物碱和亚硝酸发生亚硝化反应生成的化合物。动物试验表明，NNK 和 NNN 具有一定的致癌性和致突变型，因此这些成分被认为是烟叶和烟气中存在的对人体有害的成分。降低烟叶及其制品中 TSNA 的形成和积累是国际烟草界普遍关心及潜心研究的重要课题，降低晾晒烟 TSNA 含量是国际烟草科学研究合作中心（CORESTA）农学组的长期课题。TSNA 含量与烟草中的硝酸盐、烟碱含量有很大的关系。研究表明，烟草仲胺类生物碱含量与 TSNA 含量密切相关，特别是烟碱转化导致降烟碱升高是导致 NNN 含量升高的主要因素，在相同的栽培和调制条件下，TSNA 含量主要与烟碱转化程度和降烟碱含量有关，而与硝酸盐含量不显著（Shi et al.，2000b，2000c；Miller and Bush，2002），因此通过遗传改良去除转化株，抑制烟碱去甲基，可以有效降低烟叶 NNN 和总 TSNA 含量。我国是白肋烟的重要产区，但针对我国不同产地和品种白肋烟 TSNA 形成规律的研究较少，不同产地由于生态条件、品种选用、栽培技术和调制方法有很大不同，对 TSNA 的形成和积累也会造成很大影响。系统研究不同产地、不同品种烟叶 TSNA 的含量及其与前体物的关系，对于明晰造成 TSNA 含量增高的深层原因，以便采取有针对性的措施降低烟叶 TSNA 含量、提高烟叶和制品的安全性具有重要意义。本研究通过收集全国 4 个主要白肋烟产区及美国、马拉维烟叶样品，测定 TSNA 及生物碱和硝酸盐含量，在不同层次分析了 TSNA 含量与前体物含量的关系，以期为采取农业措施降低 TSNA 含量提供理论依据（史宏志等，2008）。

国内白肋烟烟叶样品分 4 个产地，分别为四川达州、湖北恩施、云南宾川、重庆万州，烟叶样品均为 2010 年晾制后的上二棚烟叶，四川烟叶由四川省烟草公司达州市公司提供，湖北烟叶由中国烟草白肋烟试验站和湖北中烟工业有限责任公司提供，云南烟叶由云南省烟草公司大理州公司宾川白肋烟有限责任公司提供，重庆烟叶由重庆市烟草公司万州分公司提供。每个地区样品数 6～10 个。各地烟叶均为当地主栽品种，湖北烟叶为鄂烟 1 号和鄂烟 3 号，四川烟叶为达白 1 号和达白 2 号，云南烟叶为 TN96、TN90 和云白 1 号，重庆烟叶为鄂烟 1 号和鄂烟 3 号。美国烟叶和马拉维烟叶由湖北中烟工业有限责任公司和安徽中烟工业有限责任公司提供。

2.7.1 不同产地白肋烟 TSNA、生物碱及硝酸盐含量差异

2.7.1.1 TSNA 含量

从表 2-11 可知，TSNA 含量在产区间差异显著，重庆和湖北一些样品总 TSNA 含量较高，四川和云南烟叶含量水平普遍较低。分析表明，我国四川和云南白肋烟总 TSNA 含量与美国和马拉维烟叶没有显著性差异，但重庆和湖北烟叶总 TSNA 含量与国外烟叶差异显著。云南烟叶虽然 TSNA 含量较低，但样品间变异性较大，降低 TSNA 仍有较大潜力。四川烟叶样品间 TSNA 水平较一致。

表 2-11 不同产地白肋烟晾制后 TSNA 含量比较

产地	项目	TSNA 含量/（μg/g）					占总 TSNA 比例/%			
		NNN	NAT	NAB	NNK	总 TSNA	NNN	NAT	NAB	NNK
重庆	平均值	11.14	1.90	0.06	0.15	13.30	83.76	14.29	0.45	1.13
	最大值	17.84	2.57	0.10	0.17	19.50	91.49	13.18	0.51	0.87
	最小值	4.87	1.41	0.02	0.14	7.20	67.64	19.58	0.28	1.94
	变异系数/%	59.20	29.83	56.54	12.79	45.82	129.20	65.10	123.40	27.91

续表

产地	项目	TSNA 含量/（μg/g）					占总 TSNA 比例/%			
		NNN	NAT	NAB	NNK	总 TSNA	NNN	NAT	NAB	NNK
云南	平均值	1.48	1.03	0.04	0.08	2.63	56.27	39.16	1.52	3.04
	最大值	2.79	1.86	0.10	0.13	4.10	68.05	45.37	2.44	3.17
	最小值	0.30	0.57	0.00	0.04	0.90	33.33	63.33	0.00	4.44
	变异系数/%	67.46	41.02	94.03	37.69	115.88	58.22	35.40	81.14	32.53
湖北	平均值	10.77	2.08	0.13	0.22	13.20	81.59	15.76	0.98	1.67
	最大值	19.27	3.88	0.37	0.37	22.10	87.19	17.56	1.67	1.67
	最小值	3.09	1.80	0.05	0.16	4.30	71.86	41.86	1.16	3.72
	变异系数/%	71.12	47.31	117.49	46.43	58.60	121.37	80.73	200.49	79.23
四川	平均值	2.42	1.74	0.07	0.17	4.40	55.00	39.55	1.60	3.86
	最大值	3.80	2.51	0.13	0.32	6.60	57.58	38.03	1.97	4.85
	最小值	1.17	0.81	0.00	0.06	2.30	50.87	35.22	0.00	2.61
	变异系数/%	41.72	39.22	73.72	55.30	35.08	118.93	111.80	210.15	157.64
美国	平均值	1.52	1.32	0.04	0.18	3.06	49.67	43.14	1.31	5.88
	最大值	2.39	1.65	0.09	0.29	3.85	62.08	42.86	2.34	7.53
	最小值	0.93	0.87	0.02	0.11	1.93	48.19	45.08	1.04	5.70
	变异系数/%	33.17	26.18	46.31	54.39	31.23	106.21	83.83	148.29	174.16
马拉维	平均值	1.09	1.26	0.02	0.32	2.69	40.52	46.84	0.74	11.90

从单一亚硝胺成分来看，重庆和湖北烟叶的 NNN 含量显著高于其他产区，分别是美国烟叶的 7.33 倍和 7.09 倍、是云南烟叶的 7.53 倍和 7.28 倍，但其他 3 种烟草特有亚硝胺含量差异较小，说明这两个产区烟叶 NNN 含量的增高是造成总 TSNA 含量较高的主要原因。因此，对于这两个产区来说，降低烟叶 NNN 含量是降低 TSNA 含量的关键。NNK 含量除云南白肋烟相对较低外，其他产区较为接近，且与国外烟叶含量水平相当。

2.7.1.2　生物碱含量

测定结果表明，不同产区白肋烟生物碱和硝酸盐两类 TSNA 生物合成的前体物含量差异明显。重庆、湖北和四川的总生物碱含量较高，且差异不显著；云南白肋烟总生物碱含量较低，且与马拉维白肋烟较为接近；美国白肋烟总生物碱低于重庆、湖北和四川烟叶，但高于云南和马拉维烟叶。总生物碱变异性以云南最高，美国次之，四川最低（表 2-12）。

表 2-12　不同产地白肋烟晾制后烟叶生物碱和硝酸盐含量比较

产地	项目	生物碱/%						硝酸盐/（mg/kg）	
		烟碱	降烟碱	假木贼碱	新烟草碱	总生物碱	烟碱转化率	NO_3^--N	NO_2^--N
重庆	平均值	5.17	0.78	0.04	0.22	6.21	13.11	1837.3	1.91
	最大值	5.42	1.38	0.06	0.25	7.11	20.29	2294.0	2.10
	最小值	4.79	0.16	0.02	0.16	5.13	3.23	1405.9	1.70
	变异系数/%	5.43	87.03	41.64	17.64	13.45	80.54	22.17	9.62
云南	平均值	3.44	0.14	0.03	0.13	3.74	3.91	3418.9	2.14
	最大值	5.26	0.38	0.04	0.20	5.88	6.74	5179.0	2.30
	最小值	2.43	0.07	0.00	0.11	2.61	2.80	2223.2	1.90
	变异系数/%	31.39	71.92	36.02	23.11	29.43	74.21	29.89	8.28
湖北	平均值	5.26	0.61	0.05	0.20	6.12	10.39	3833.4	2.11
	最大值	5.94	1.70	0.06	0.30	8.00	22.25	7357.0	2.20
	最小值	4.49	0.16	0.04	0.14	4.83	3.44	2423.3	1.90
	变异系数/%	8.81	117.51	21.87	34.73	8.42	110.47	61.71	8.26
四川	平均值	5.55	0.12	0.04	0.16	5.87	2.12	2333.0	2.41
	最大值	5.87	0.18	0.06	0.23	6.34	2.98	4652.4	2.60
	最小值	4.68	0.08	0.03	0.09	4.88	1.68	521.2	2.00
	变异系数/%	8.13	17.33	24.95	28.36	8.17	14.27	68.03	9.02
美国	平均值	4.35	0.15	0.04	0.15	4.69	3.33	2169.1	2.19
	最大值	5.12	0.21	0.04	0.16	5.53	3.94	2323.2	2.30
	最小值	3.72	0.11	0.03	0.14	4.00	2.87	1974.3	2.00
	变异系数/%	16.36	35.07	14.37	7.16	16.57	17.65	8.21	6.13
马拉维	平均值	3.76	0.11	0.02	0.08	3.97	2.84	662.67	2.80

烟碱转化导致降烟碱含量增高是白肋烟生产中的重要问题。测定结果表明，烟叶降烟碱含量和烟碱转化率以重庆最高，其次为湖北烟叶，四川、云南、美国和马拉维烟叶降烟碱含量处于较低水平，且含量无显著差异。

2.7.1.3　硝酸盐含量

分析结果表明，不同产地白肋烟烟叶样品亚硝酸盐含量均处于较低水平，且变异性较小，硝酸盐含量远高于亚硝酸盐含量，且在不同产区间和同一产区内差异较大。其中以湖北烟叶硝酸盐含量最高，其次为云南烟叶，其他依次为四川烟叶、美国烟叶、重庆烟叶，马拉维烟叶硝酸盐含量最低（表 2-12）。

2.7.2　白肋烟样品 TSNA 含量与前体物含量的关系

对所有白肋烟晾制后样品的 TSNA 含量与生物碱和硝酸盐含量进行相关分析，得到 TSNA 与各前体物的相关系数（表 2-13）。结果表明，烟叶总 TSNA 含量与降烟碱含量和烟碱转化率呈极显著和显著正相关，总 TSNA 含量与新烟草碱和总生物碱含量也呈显著正相关，但与烟碱和硝酸盐含量相关不显著。NNN 含量与降烟碱含量相关系数高达 0.91，与烟碱转化率的相关性也达极显著水平，表明烟碱转化导致降烟碱含量增高是造成 NNN 含量提高的直接原因，NNN 含量与新烟草碱、总生物碱含量也呈显著正相关，与 NO_3^--N 相关系数较小。

表 2-13　白肋烟 TSNA 含量与生物碱、硝酸盐含量的相关系数

	相关系数							
	NO_3^--N	NO_2^--N	烟碱	降烟碱	假木贼碱	新烟草碱	总生物碱	烟碱转化率
NNN	0.16	–0.32	0.29	0.91**	0.27	0.67*	0.57*	0.88**
NAT	0.52*	0.01	0.37	0.15	0.31	0.26	0.38	0.13
NAB	0.69*	0.09	0.22	0.06	0.14	–0.05	0.21	0.05
NNK	0.48*	0.26	0.39	0.14	0.03	–0.05	0.38	0.10
TSNA	0.24	–0.28	0.33	0.85**	0.29	0.64*	0.58*	0.81*

NNK 含量与 NO_3^--N 含量呈显著正相关，与烟碱和总生物碱也呈正相关，但相关性不显著，表明 NNK 含量主要与烟株积累硝酸盐的能力有关。为了进一步明确 NNK 与硝酸盐含量的关系，选择四川和云南白肋烟样品分别研究 NNK 含量与硝酸盐含量的关系，结果表明，在同一产区采用遗传背景相同的品种进行栽培，调制后烟叶 NNK 含量与硝酸含量相关性大大增加（图 2-39）。此外，NAT、NAB 与硝酸含量也呈显著正相关。

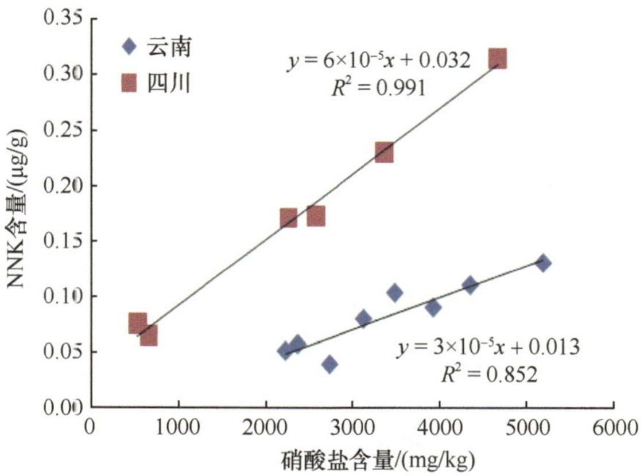

图 2-39　云南和四川两地白肋烟 NNK 含量与硝酸盐含量之间的关系

2.7.3 不同白肋烟品种 TSNA 含量与生物碱和硝酸盐的相关性

2.7.3.1 不同白肋烟品种 TSNA 含量及其与前体物含量的相关性

对所有样品按品种进行分类，得出各品种 TSNA 含量及对应的生物碱和硝酸盐含量（表 2-14）。结果表明，白肋烟各品种烟叶 TSNA 含量有较大差异，鄂烟 1 号、鄂烟 3 号的含量较高，TN90、TN86、云白 1 号含量最低。鄂烟 1 号和鄂烟 3 号的烟碱转化问题较为突出，降烟碱含量和烟碱转化率显著高于其他品种，这是造成其 NNN 含量和总 TSNA 含量较高的主要原因。各个品种的硝酸盐含量也有较大差异性，以云南种植的 TN90、TN86 和云白 1 号 3 个品种硝酸盐含量较高。

表 2-14 不同品种白肋烟生物碱、硝酸盐及 TSNA 含量的比较

品种		平均值						
		鄂烟 1 号	鄂烟 3 号	TN90	TN86	云白 1 号	达白 1 号	达白 2 号
生物碱/%	烟碱	5.00	5.23	5.15	2.94	2.72	5.41	5.86
	降烟碱	0.63	0.77	0.12	0.11	0.23	0.11	0.11
	假木贼碱	0.04	0.05	0.04	0.04	0.02	0.04	0.05
	新烟草碱	0.21	0.20	0.17	0.12	0.13	0.16	0.16
	总生物碱	5.88	6.25	5.48	3.21	3.10	5.72	6.18
硝酸盐/（mg/kg）	NO_3^--N	3172.31	1824.59	3323.45	3500.02	3352.43	2018.80	2961.53
	NO_2^--N	2.03	1.93	2.05	2.19	2.12	2.50	2.25
TSNA/（μg/g）	NNN	11.17	10.31	1.70	1.42	1.36	2.26	2.75
	NAT	2.79	1.80	0.85	1.24	0.79	1.43	2.36
	NAB	0.10	0.08	0.01	0.05	0.03	0.05	0.10
	NNK	0.20	0.15	0.07	0.09	0.08	0.16	0.20
	TSNA	14.26	12.34	2.63	2.80	2.26	3.90	5.41

2.7.3.2 不同品种 TSNA 含量与前体物的关系

对不同品种白肋烟样品的TSNA含量与生物碱和硝酸盐含量进行相关分析，得到 TSNA 与各前体物的相关系数（表 2-15）。结果表明，烟叶总 TSNA 含量与降烟碱含量、新烟草碱含量呈极显著正相关，与烟碱转化率相关系数较高，表明烟碱转化程度与 TSNA 含量增加显著相关，总 TSNA 含量与总生物碱含量也呈显著正相关，但与烟碱含量的相关性不显著。NNN 与降烟碱相关性最高，与烟碱转化率的相关系数也达到极显著水平，表明烟碱转化导致降烟碱含量增高是造成 NNN 含量提高的直接原因，NNN 与总生物碱、新烟草碱含量也呈极显著正相关，与硝酸盐含量呈负相关且不显著，说明硝酸含量不是造成不同品种 TSNA 差异的原因。

表 2-15　不同品种白肋烟 TSNA 含量与生物碱、硝酸盐含量的相关系数

	NNN	NAT	NAB	NNK	TSNA
烟碱	0.36	0.55*	0.45	0.67*	0.41
降烟碱	0.95**	0.50	0.51	0.38	0.92**
假木贼碱	0.40	0.57*	0.58*	0.57*	0.44
新烟草碱	0.88**	0.66*	0.52	0.60*	0.88**
总生物碱	0.86**	0.36	0.40	0.22	0.81*
烟碱转化率	0.86**	0.36	0.40	0.22	0.81*
NO_3^--N	–0.40	–0.19	–0.28	–0.42	–0.38
NO_2^--N	–0.57	–0.10	–0.08	0.17	–0.52

2.7.4　小结

我国白肋烟主要集中在湖北恩施、四川达州、重庆万州和云南宾川 4 个地区，不同产地由于气候、土壤等生态条件及品种、栽培条件及晾制设备和技术的不同，烟草特有亚硝胺含量有显著差异。本研究结果表明，重庆白肋烟和湖北白肋烟 TSNA 含量相对较高，这可能是主栽品种的遗传背景和独特的生态条件共同作用的结果，湖北和重庆生产上鄂烟 1 号和鄂烟 3 号面积较大，分析表明，这两个品种均不同程度地存在烟碱转化问题，烟株群体中转化株比例高，烟碱转化导致降烟碱含量和烟碱转化率升高。由于降烟碱是肿胺类生物碱，化学性质较不稳定，很容易在烟叶调制过程中发生亚硝化反应生成 NNN，进而使烟叶总 TSNA 含量增加，NNN 在总 TSNA 含量中的比例也大幅提高。相关分析结果表明，烟草降烟碱含量、烟碱转化率与 NNN 和总 TSNA 含量呈极显著正相关。其他生物碱虽然也与相应的 TSNA 和总 TSNA 含量呈正相关，但相关性较小。因此，对现有主栽品种进行烟碱转化性状的系统改良，选育和应用低转化白肋烟品种进行栽培，是降低烟叶 TSNA 含量的紧迫任务。

TSNA 含量的增加也与不同地区的生态条件有一定关系，白肋烟采用自然晾制方法调制，高温高湿的晾制环境会造成烟叶表面微生物繁殖加快，硝酸盐还原为亚硝酸的能力增强，进而促进生物碱亚硝化反应和 TSNA 的形成。湖北恩施和重庆万州 2 个地区白肋烟晾制期间湿度偏大，更有利于 NNN 和 TSNA 的形成。四川达州同样在白肋烟晾制阶段湿度较大，但由于所用品种全部更新为烟碱转化问题较轻的达白 1 号和达白 2 号，因此烟叶 NNN 和总 TSNA 含量处于较低水平，但仍高于云南，这与云南宾川白肋烟晾制期间湿度较低，烟叶晾制过程短有关。云南白肋烟主要采用美国品种，以 TN86 和 TN90 为主，这些品种虽也存在烟碱转化问题，但严重程度远低于国内未改良和纯化的品种，再加上烟叶晾制阶段空气湿度低，不利于微生物繁殖，因此 TSNA 合成和积累较少。云南白肋烟生物碱含量水平普遍较低，这可能也是造成其 TSAN 含量较低的另一个原因。

硝酸盐含量与 TSNA 含量之间也存在密切关系，特别是在同一产区采用同一品种和相似的调制条件生产的白肋烟样品，NNK 含量与硝酸盐含量呈负相关且不显著，因此在解决了品种的烟碱转化问题之后，硝酸盐含量是影响 TSNA 形成和积累的关键因素。硝酸盐含量主要受氮肥运用、土壤供肥特性、品种对氮素利用效率和利用模式等因素的综合影响，因此，采取积极措施降低烟叶硝酸盐积累、减少亚硝化反应底物，是降低烟叶 TSNA 含量的另一重要途径。

我国不同产区间 NNN 和总 TSNA 含量差异较大，NNK、NAT 和 NAB 含量差异相对较小，烟叶降烟碱含量与 NNN 和总 TSNA 含量呈极显著正相关，烟碱转化率与 NNN 含量呈极显著正相关、与总 TSNA 含量呈显著正相关，烟碱转化导致降烟碱含量升高是造成国内一些产区 NNN 和总 TSNA 含量较高的主要原因。NNK、NAT、NAB 含量与硝酸盐含量呈负相关但不显著，硝酸盐含量是影响烟草 TSNA 合成和积累的另一重要因素。

2.8 通过遗传改良降低白肋烟杂交种烟碱转化率和 TSNA 的研究

摘要：针对中国白肋烟主栽杂交种鄂烟 1 号烟碱转化株比例和烟碱转化率高的问题，采用转化株早期诱导鉴定和选择技术对其亲本进行改良，配置出改良杂交种 LC-1 和 LC-2，并探讨其增质减害效果。经过 3 代定向选择后亲本材料 B21 的转化株比例由 70.7%降低到 0～0.5%；B37 由 10.9%降低到 0～0.5%。两个改良鄂烟 1 号（2005 年）的总转化株比例分别为 5.0%和 11.6%，分别比对照常规鄂烟 1 号的 45.0%降低了 40 个和 33.4 个百分点；混合样品的烟碱转化率分别为 2.14%和 3.13%，比对照的 10.65%分别降低了 8.51 个和 7.52 个百分点；总 TSNA 含量分别比常规种降低 46.43%和 50.63%，其 NNN 含量分别降低 65.15%和 60.86%。改良杂交种香味品质明显改善，表现为烟叶风格程度增加，香气质、香气量提高，杂气减少。得到的结论是改良杂交种生物碱组成得到优化，增质减害效果明显，具有很大的推广利用价值。

生物碱是烟草中最重要的一类化学成分，主要有 4 种。其中降烟碱属于仲胺类生物碱，其稳定性较烟碱差，在烟叶调制和陈化阶段容易通过生化转化形成一系列降烟碱衍生物，如麦斯明、酰化降烟碱、NNN，对烟叶的香味品质和安全性产生不利影响。白肋烟是生产混合型卷烟的重要原料，但群体中含有一部分转化株，且约一半转化株的烟碱转化率＞20%。烟碱转化基因编码形成烟碱去甲基酶，促使烟碱转化为降烟碱。转化株的烟碱转化始于绿叶阶段，转化程度在收获前较低，调制的前 3 周是烟碱转化的主要时期，变黄末期后变化较小（Shi et al.，2000b）。已开展的烟碱转化株早期诱导和鉴定方法研究，可从烟草群体中有效鉴别和去除转化株，其中采用 2-氯乙基磷酸或碳酸氢钠处理可诱导转化株的烟碱转化性状在绿叶中早期表达（Shi et al.，2001，2002a，2003a）。从群体中去除转化株是降低烟叶和产品中 TSNA 含量及改善烟叶香味品质的有效途径，但施氮量和�叶总生物碱含量会在一定程度上影响早期转化株诱导和鉴定的效果（Shi and Bush，2004）。

中国白肋烟主要集中在鄂西、四川和重庆一带，主要是利用细胞质雄性不育系配置的杂交种，其中鄂烟 1 号面积最大。近年来，我们对中国白肋烟烟碱转化问题进行了系统研究，发现中国白肋烟普遍存在烟碱转化株比例、降烟碱含量和烟碱转化率过高的问题，这直接导致了烟叶烟草特有亚硝胺含量的增高和烟叶香味品质的下降。研究表明，白肋烟主栽品种鄂烟 1 号的总转化株比例和高转化株比例分别高达 43.4%和 24.5%，通过对亲本材料转化株的早期诱导和鉴定，发现作为母本的 B21 不育系和作为不育系保持系的正常可育的 B21 群体中都含有极高比例的转化株，而作为父本的 B37 转化株较少，因此认为鄂烟 1 号的高转化株比例主要由母本引起（史宏志等，2005a）。本研究以中国白肋烟主要杂交种鄂烟 1 号为对象，通过对亲本材料转化性状的鉴定、选择和组配，改良了亲本和杂交种。通过总结这一改良对降低烟叶烟碱转化率、降低烟草特有亚硝胺含量、提高烟叶品质的效果，为在生产上大面积推广提供依据。

2004 年在湖北恩施大田生长条件下，对鄂烟 1 号的母本 MSB21（胞质不育系）和父本 B37 及 B21 可育系进行烟碱转化株的早期诱导和鉴别。选择 B21 和 B37 非转化株套袋自交，对所获种子在海南中国烟草白肋烟试验站南繁基地进行种植，开花前进行转化株的早期鉴定，根据鉴定结果，继续选择非转化株套袋自交，对所获种子于 2005 年在湖北恩施进行种植，重复进行转化株的早期鉴定和选择。在不同世代除自交外，还选择 B21 不育系的非转化株和 B21 可育系的非转化株进行杂交，以测定后代转化株减少的效果。在对鄂烟 1 号父母本早期转化株早期鉴定的基础上，严格选取双亲的非转化株进行杂交制种，得到改良杂交种 LC-1 和 LC-2；同时还有目的地选择母本的高转化株和中转化株与父本的非转化株进行杂交制种，得到两份杂交种 LH 和 LM，以确定亲本转化株对后代杂交种中转化株产生的贡献。2005 年在湖北恩施白肋烟产区进行了系统的对比试验。按常规方法进行育苗、移栽和田间管理。土壤为黄棕壤，pH 为 6.6，基础养分含量：速效氮 120mg/kg、速效磷 21mg/kg、速效钾 165mg/kg、有机质 2.6g/kg。亩①施纯氮 12.5kg，N∶P_2O_5∶K_2O 为 1∶1∶2。烟叶成熟后半整株晾制，调制完成后每份材料选取 60 株分别采样，每株取中上部叶 3 片，分株测定生物碱含量和烟碱转化率；除分株取样外，还按杂交种取混合样，用于卷制单料烟进行感官评吸、TSNA 含量、常规化学成分含量测定等。

2.8.1 白肋烟鄂烟 1 号亲本的选择和改良

鄂烟 1 号原名建白 80，在生产上已推广应用多年，目前仍是白肋烟主栽品种，种植面积最大，约占湖北省白肋烟总种植面积的 90%。鄂烟 1 号是由 B21 细胞质雄性不育系与 B37 配制的杂交种。由于催化烟碱向降烟碱转化的烟碱去甲基酶由显性基因控制，所以亲本材料烟碱转化株的比例和转化能力的高低将直接影响所配制的杂交种转化株的多少和分布。因此本研究通过对转化株进行早期鉴定和选择对双亲材料进行了改良。

2.8.1.1 对 B21 的改良

白肋烟 B21 是母本 B21 不育系的保持系，对 B21 进行改良是降低 B21 不育系烟碱转化株比例的前提。2004 年采用乙烯利处理对 B21 进行转化株的早期诱导和鉴定，结果表明，群体中存在大量转化株，总转化株比例达 70.7%，烟碱转化率在 80%以上的转化株比例达 56.1%（图 2-40）。

根据早期鉴定结果，选择 B21-29 和 B21-30 这两个非转化株分别进行套袋自交，对所获种子在 2004 年冬到海南进行加代种植，在烟株开花前同样用乙烯利处理方法进行诱导和转化株鉴定。图 2-41 为 B21-30 自交后代 20 棵烟株烟碱转化率的分布。由图可以看出，虽然 B21-30 为非转化株，但后代中仍出现了一定比例（15%）的转化株，但与 B21 的自然群体相比，转化株的比例和转化株的转化程度都大幅降低，转化株的烟碱转化率均在 50%以下。试验中对 B21-29 的自交后代不同烟株的烟碱转化率也进行了测定，同样也出现了一定比例的转化株。

---

① 1 亩≈666.67m^2

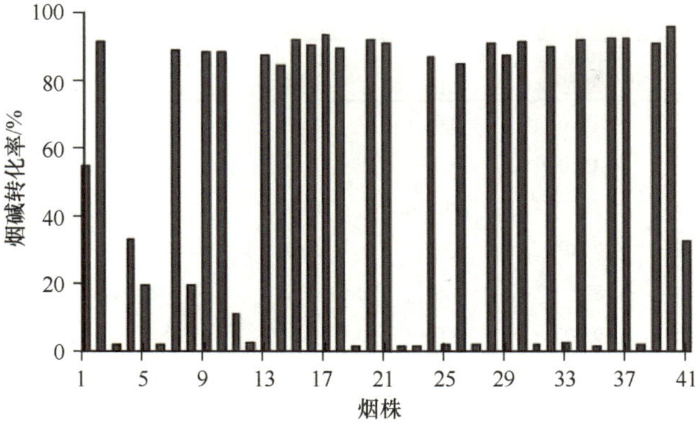

图 2-40　B21 不同烟株诱导后的烟碱转化率

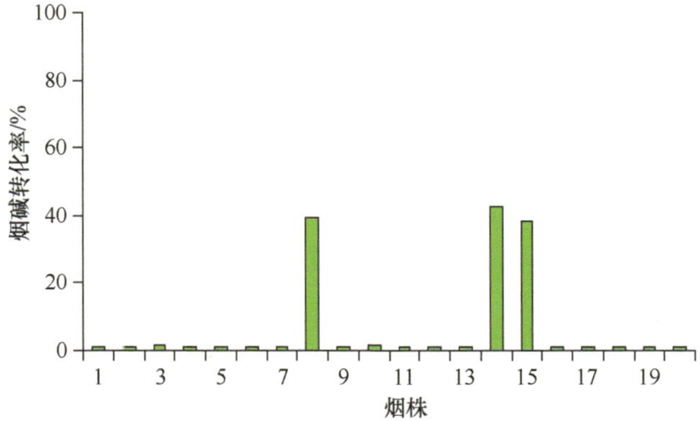

图 2-41　B21-30 自交后代不同烟株诱导后的烟碱转化率

在对 B21-30 和 B21-29 自交后代早期鉴定的基础上，分别选择 2 株非转化株进行套袋自交，对所获种子在 2005 年分别进行种植，并对后代不同烟株进行转化株的早期鉴定（表 2-16），结果表明，B21-29 的 2 个自交后代所测烟株全部为非转化株，即烟碱转化率均在 5%以下；B21-30 的 2 个自交后代有 1 个达到 100%为非转化株，另 1 个 95%植株为非转化株，这说明通过连续选择，可以有效降低后代群体中转化株的出现比例。

表 2-16　鄂烟 1 号亲本材料在不同选择世代的烟碱转化株比例（%）

群体	非转化株比例	低转化株比例	中转化株比例	高转化株比例	总转化株比例	平均烟碱转化率
B21	29.3	7.3	5.0	58.4	70.7	49.8
B21-29	76.0	8.0	12.0	6.0	24.0	18.7
B21-30	85.0	10.0	5.0	0.0	15.0	9.0
B21-30-13	95.0	5.0	0.0	0.0	5.0	1.5
B21-30-18	100.0	0.0	0.0	0.0	0.0	1.2

续表

群体	非转化株比例	低转化株比例	中转化株比例	高转化株比例	总转化株比例	平均烟碱转化率
B21-29-17	100.0	0.0	0.0	0.0	0.0	1.4
B21-29-06	100.0	0.0	0.0	0.0	0.0	1.4
MSB21-12×B21-30-18	80.0	10.0	10.0	0.0	20.0	6.4
MSB21-12×B21-30-13	75.0	15.0	10.0	0.0	25.0	8.3
B37	89.0	6.5	2.3	2.3	10.9	5.2
B37-4	95.0	5.0	0.0	0.0	5.0	1.5
B37-49	95.0	5.0	0.0	0.0	5.0	1.4
B37-4-07	100.0	0.0	0.0	0.0	0.0	1.1
B37-4-19	100.0	0.0	0.0	0.0	0.0	1.2
B37-49-15	95.0	5.0	0.0	0.0	5.0	1.2
B37-49-18	100.0	0.0	0.0	0.0	0.0	1.1

在早期鉴定的基础上，还在 MSB21（B21 不育系）中选择非转化株与 2 个 B21-30 的非转化株进行杂交，对所获种子在 2005 年进行种植，并分别对 2 个杂交后代进行烟碱转化率测定，结果表明，在所测群体中分别仅出现 10%和 15%的低转化株（表 2-16），而且其转化程度相对较低。

2.8.1.2 对 B37 的改良

在鄂烟 1 号的父本 B37 的自然群体中，烟碱转化株比例相对较低，约为 10.9%，而且大部分转化株的烟碱转化率低于 20%。选择非转化株 B37-4 和 B37-49 分别进行套袋自交，于 2004 年冬在海南种植，进行转化株早期诱导和鉴定，发现这些自交后代分别仅出现 5%的转化株。进一步选取非转化株进行套袋自交，对所获种子于 2005 年在湖北恩施进行种植，观察后代表现，发现在所测定的 4 个自交后代中，3 个未发现转化株，1 个仅有 5%的转化株，这进一步说明通过连续选择，非转化性状的稳定性得到了较大改进，这为生产上通过杂交种改良进行大面积制种提供了条件。表 2-16 综合了鄂烟 1 号各不同世代亲本材料或杂交组合的选择效果。

2.8.2 鄂烟 1 号改良对降低群体烟碱转化率的效果

生产上应用的常规鄂烟 1 号是随机选取 B21 细胞质雄性不育系与 B37 来配制杂交种。为了对杂交种的烟碱转化性状进行改良，本研究首先在 2004 年对父母本在开花前进行转化株的早期鉴定，根据鉴定结果，严格选取非转化株进行杂交制种，得到了 2 份改良鄂烟 1 号杂交种，代号分别为 LC-1（MSB21-12×B37-4）和

LC-2（MSB21-12×B37-49）。另外，为了更好地说明鉴定和选择亲本植株的重要性，本研究配制了非转化株×高转化株杂交组合（LH）和非转化株×中转化株杂交组合（LM）。

2005 年在鄂西白肋烟产区按照规范化的生产技术设置了不同杂交组合的对比试验，烟叶成熟收获后正常晾制，每个组合定株取调制后烟叶进行生物碱和烟碱转化率测定。图 2-42 至图 2-44 分别为对照及两个改良杂交种所测定植株烟碱转化率的分布。结果表明，两个改良鄂烟 1 号（LC-1 和 LC-2）的总转化株比例分别为 5.0%和 11.6%，分别比对照常规鄂烟 1 号的 45.0%降低了 40 个和 33.4 个百分点。而且在改良种中，所出现的转化株的转化率绝大多数也较低。两个改良杂交种混合样品的烟碱转化率分别为 2.14%和 3.13%，比对照的 10.65%分别降低了 8.51 个和 7.52 个百分点。这进一步证实了通过亲本选配改良杂交种烟碱转化性状的显著有效性。

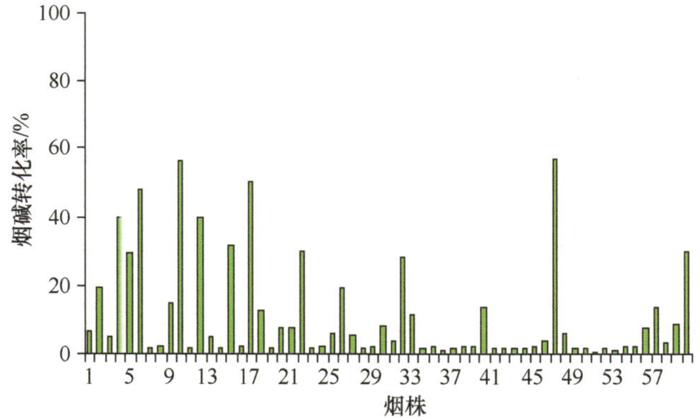

图 2-42　常规鄂烟 1 号不同烟株的烟碱转化率

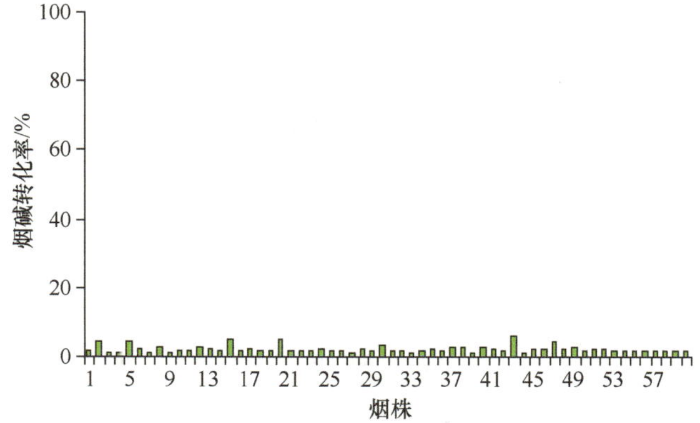

图 2-43　改良鄂烟 1 号 LC-1 不同烟株的烟碱转化率

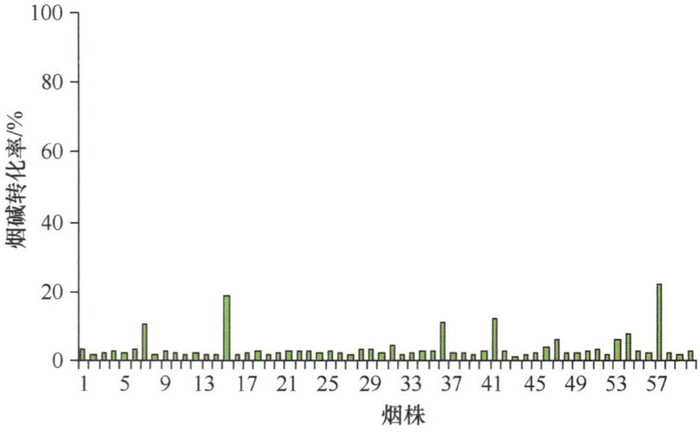

图 2-44　改良鄂烟 1 号 LC-2 不同烟株的烟碱转化率

试验结果还表明，在亲本中有转化株存在时，所配置的杂交种后代群体中转化株的比例大幅增加。如图 2-45 所示，当母本为高转化株而父本为非转化株时，群体中总转化株比例达 71.7%，且多为高转化株；当母本为中转化株而父本为非转化株时，后代群体中总转化株的比例为 55.6%。这进一步说明了严格进行亲本选择对于杂交种纯化和改良的重要性。

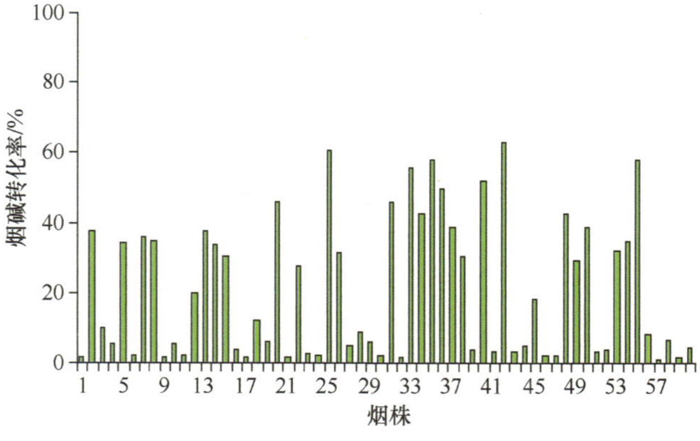

图 2-45　非转化株×高转化株杂交种（LH）不同烟株的烟碱转化率

试验中除了分株取样外，还对各群体的调制后烟叶进行了混合取样，表 2-17 为不同群体烟碱含量、降烟碱含量和烟碱转化率的比较。结果表明，鄂烟 1 号的改良使烟叶的降烟碱含量和烟碱转化率得到了大幅降低，烟叶的生物碱组成得到了充分的优化，这为烟叶品质的改善和有害成分的降低提供了条件。

表 2-17　改良鄂烟 1 号与常规种混合烟样烟碱转化率的差异（湖北恩施）

杂交种	烟碱/（μg/g）	降烟碱/（μg/g）	烟碱+降烟碱/（μg/g）	烟碱转化率/%
常规种 CK	4.58	0.55	5.13	10.72
LC-1	5.45	0.12	5.57	2.15
LC-2	4.89	0.16	5.05	3.17
LH	4.53	1.20	5.73	20.94
LM	4.46	0.95	5.41	17.56

2.8.3　鄂烟 1 号改良对烟叶品质和 TSNA 含量的影响

2.8.3.1　感官评吸品质

将所配置的不同鄂烟 1 号杂交种烟叶在正常晾制后取混合样卷制成单料烟进行感官评吸，按风格程度、香气质、香气量、劲头、浓度、余味、杂气 7 项分别打分。结果表明，改良鄂烟 1 号 LC-1 和 LC-2 的香味品质与对照相比得到明显改善，其中以风格程度、香气质、香气量和杂气较为突出，表现为白肋烟风格更为明显，香气纯净，香气量增加，杂气减少。LH 和 LM 两个杂交种由于烟碱转化率和降烟碱含量高，香味品质较差（表 2-18）。

表 2-18　不同鄂烟 1 号杂交种单料烟的感官评吸品质

杂交种	风格程度（10）	香气质（10）	香气量（10）	劲头（10）	浓度（10）	余味（10）	杂气（10）	总分（60）
常规种 CK	6.0	5.5	6.0	7.0	6.0	6.0	5.5	42.0
LC-1	7.3	6.8	7.0	7.5	6.0	6.5	6.6	47.7
LC-2	7.0	6.5	7.2	7.5	6.1	6.3	6.5	47.1
LH	5.5	5.0	6.0	6.8	6.0	6.0	6.5	41.8
LM	5.6	5.5	6.2	7.0	6.0	6.0	5.5	41.8

2.8.3.2　烟草特有亚硝胺含量

对鄂烟 1 号不同杂交种调制后烟叶进行烟草特有亚硝胺含量的测定。结果表明，鄂烟 1 号常规种的 TSNA 总量为 12.60μg/g，以 NNN 含量最高，NAT 含量其次（表 2-19）。两个改良杂交种 LC-1 和 LC-2 的总 TSNA 含量比对照常规杂交种降低 46.43%和 50.63%，总 TSNA 含量的降低主要是由 NNN 含量的降低引起的，LC-1 和 LC-2 的 NNN 含量比对照降低 65.15%和 60.86%，其他几种 TSNA 含量相差相对较小，且缺乏规律性。具有较高烟碱转化率的 LH 和 LM 两个杂交种 NNN 含量最高，虽然 NAT 含量比其他处理低，但总 TSNA 含量仍然比较高。

表 2-19　不同鄂烟 1 号杂交种烟叶的 TSNA 含量比较（μg/g）

杂交种	NNK	NNN	NAT	NAB	总 TSNA
常规种 CK	0.52	7.69	4.40	ND	12.60
LC-1	0.35	2.68	3.73	ND	6.75
LC-2	0.19	3.01	3.00	0.013	6.22
LH	0.34	10.79	2.20	ND	13.33
LM	0.48	9.52	2.18	0.083	12.27

本研究还对鄂烟 1 号不同杂交种烟叶的常规化学成分进行了分析，结果表明，改良杂交种与常规种相比，主要化学成分含量无显著差异，其中总糖含量变化范围为 0.31%～0.37%、钾含量范围为 3.10%～3.53%、氯含量范围为 0.44%～0.54%。

2.8.4　小结

鄂烟 1 号是中国白肋烟主栽杂交种，但存在严重的烟碱向降烟碱转化的问题，群体中存在大量烟碱转化株，烟碱转化率高，这是影响其香味品质和安全性提高的重要因素之一。本研究从亲本材料转化株的早期鉴定和选择入手，对亲本的烟碱转化性状进行了改良，并通过严格选用非转化株进行杂交制种，配置出改良鄂烟 1 号 LC-1 和 LC-2。两个改良鄂烟 1 号的总转化株比例分别为 5.0%和 11.6%，分别比对照常规鄂烟 1 号的 45.0%降低了 40 个和 33.4 个百分点，而且所出现的转化株绝大多数为低转化株。目前不同国家对烟叶中烟碱转化率制订了一些限制性标准，根据国家不同在 5%～10%范围内（相当于仲胺类生物碱含量占总生物碱含量的 10%～15%），由此可知，改良杂交种生产的烟叶可以充分满足这一质量要求。

研究表明，通过对亲本材料连续 3 代选择，B21 和 B37 的转化株比例降低到了 5%以下。但由于烟碱转化性状的突变率比较高，即使严格选择非转化株进行自交，后代群体不可避免地会有转化株出现，但这些新产生的突变株，一般烟碱转化率都比较低。由于烟碱转化性状由显性基因控制，很容易在群体中积累，因此连续选择是必要的，需要建立完整的、系统的杂交种制种规范。

改良杂交种降烟碱含量和烟碱转化率的降低，直接导致了烟叶香味品质的提高及有害物质烟草特有亚硝胺含量的降低。由于降烟碱是 NNN 的直接前体物，改良杂交种烟叶的 NNN 含量降低最为显著，两个改良种分别比常规种降低 65.15%和 60.86%。

通过采用烟碱转化株早期诱导鉴定技术连续定向选择可以有效减少群体烟碱转化株比例。严格选用非转化株亲本进行杂交所配制的改良杂交种，后代群体中转化株比例大幅降低，烟碱转化率显著下降，总烟草特有亚硝胺含量和 *N*-亚硝基降烟碱含量大幅下降，香味品质明显改善，基于改良杂交种显著的增质减害效果，在生产上大面积推广应用具有极大的必要性。

2.9　四川白肋烟亲本改良及低烟碱转化杂交种的增质减害效果

摘要：针对四川白肋烟杂交种达白 1 号、达白 2 号和达白 3 号烟碱转化株比例和烟碱转化率高的问题，采用转化株早期诱导鉴定和选择技术对其亲本进行改良，培育出改良杂交种达白 1 号 NN、达白 2 号 NN、达白 3 号 NN，并探讨了其增质减害效果。经过 2 代定向选择后，转化问题较为突出的父本材料达所 26 和达所 27 的转化株比例，分别由 53.2%和 96.0%降低到 5%以下和 12%以下；3 个改良杂交种晾制后混合烟叶样品的烟碱转化率分别为 3.00%、2.20%和 2.63%，分别比相应常规种的 10.89%、7.62%和 51.81%降低 72.5%、71.1%和 94.9%。总 TSNA 含量比相应常规杂交种分别降低 38.5%、29.2%和 50.8%，NNN 含量比相应常规杂交种分别降低 61.3%、49.6%和 71.0%。改良杂交种香味品质明显改善，表现为烟叶风格程度增加，香气质、香气量提高，杂气减少。改良杂交种生物碱组成得到优化，增质减害效果明显，具有较大的推广利用价值。

生物碱是烟草中最重要的一类化学成分，主要包括烟碱、降烟碱、新烟草碱和假木贼碱 4 种。由烟碱转化导致的降烟碱含量增高对烟叶品质和安全性都有重要影响。对烟碱转化性状进行系统改良是降低烟叶和产品中 TSNA 含量、提高和改善烟叶香味品质的有效途径。白肋烟是生产混合型卷烟的重要原料，近年来，有学者对中国白肋烟烟碱转化问题进行了系统研究，发现中国白肋烟普遍存在烟碱转化株比例、降烟碱含量和烟碱转化率过高的问题（史宏志等，2001a；史宏志等，2007a，2007b），这直接导致调制过程和调制后烟叶烟草特有亚硝胺含量的增高和烟叶香味品质的下降（史宏志等，2004，2005b）。白肋烟烟叶衰老过程中的烟碱转化是细胞色素 P450 类的 *CYP82E4* 基因显性表达的结果（Siminszky et al.，2005），转化基因编码形成烟碱去甲基酶，其催化烟碱向降烟碱的转化。具有烟碱转化能力的烟株在绿叶中即可开始烟碱转化，但在收获前转化程度较低，烟碱转化主要发生在调制过程的前 3 周，变黄末期后变化较小。为了从烟草群体中有效地鉴别和去除转化株，可采用乙烯利处理（Shi et al.，2001）或碳酸氢钠处理（Shi et al.，2002a，2003a）方法诱导转化株的烟碱转化性状在开花前表达。四川是我国白肋烟的主要产区之一，所用品种主要是利用细胞质雄性不育系配置的杂交种，包括达白 1 号、达白 2 号、达白 3 号等。研究表明，这些杂交种均不同程度地存在烟碱转化问题，其中以达白 3 号最为严重，所测群体中烟碱转化株比例接近

100%，进一步检查发现，达白 1 号和达白 2 的父本达所 26 及达白 3 号的父本达所 27 是杂交种烟碱转化基因的主要贡献者（史宏志等，2008）。本研究通过对四川白肋烟亲本材料转化性状的鉴定、选择和组配，改良了亲本和杂交种，并探讨了烟碱转化性状改良对降低烟叶烟碱转化率和烟草特有亚硝胺含量、提高烟叶香味品质的效果，为在生产上大面积推广提供依据。

本研究于2007年在四川省烟草公司达州烟草科研所亲本繁殖圃对达白1号的母本 MSKY14（胞质不育系）、达白 2 号和达白 3 号的母本 MSVA509、达白 1 号和达白 2 号的父本达所 26、达白 3 号的父本达所 27 进行烟碱转化株的早期诱导和鉴别。选择各亲本材料非转化株套袋自交，对所获种子在 2008 年进行种植，于移栽后 4 周烟叶团棵期进行转化株的早期鉴定。根据鉴定结果继续选择非转化株套袋自交，对所获种子于 2009 年继续种植，重复进行转化株的早期鉴定和选择。在对 3 个杂交种父、母本转化株早期鉴定的基础上，严格选取双亲的非转化株进行杂交制种，得到改良杂交种达白 1 号 NN、达白 2 号 NN 和达白 3 号 NN；同时还有目的地选择达白 1 号非转化母本分别与中转化株和低转化株的父本进行杂交制种，得到达白 1 号 NM 和达白 1 号 NL 两份杂交种，以确定亲本转化株对后代杂交种中转化株产生的贡献。本研究于 2008 年在四川达州白肋烟产区进行系统的对比试验，按常规方法进行育苗、移栽和田间管理。土壤为黄棕壤，pH 为 6.5，基础养分含量：速效氮 110mg/kg、速效磷 20mg/kg、速效钾 163mg/kg、有机质 2.2g/kg。施纯氮 202.5kg/hm^2，N∶P_2O_5∶K_2O 为 1∶1∶2。在烟叶团棵期对定株进行转化株诱导鉴定，测定单株烟碱转化率。成熟后半整株晾制，调制完成后按杂交种取上中部烟叶混合样，用于生物碱、TSNA、常规化学成分含量测定，并卷制单料烟进行感官评吸。

2.9.1 四川白肋烟达白系列杂交种亲本的选择和改良

2.9.1.1 对达所 26 的改良

本研究于 2007 年采用乙烯利处理对达所 26 进行转化株的早期诱导和鉴定。结果表明，群体中存在大量转化株，总转化株比例为 53.2%，其中低转化株占群体总数的 19.6%，高转化株占 15.6%。根据早期鉴定结果，选择达所 26-12、达所 26-30 和达所 26-39 这 3 个非转化株分别进行套袋自交，对所获种子在 2008 年按株系进行种植，在烟株移栽后 4 周同样用乙烯利处理方法进行诱导和转化株鉴定。结果表明，3 个非转化株的后代出现了 9%～15%的转化株，但与达所 26 的自然群体相比，转化株的比例和转化株的转化程度都大幅降低。

在对 3 个株系早期鉴定的基础上，进一步分别选择 2 株非转化株进行套袋自交，对所获种子在 2009 年进行种植，并对后代不同烟株进行转化株的早期鉴定（表 2-20）。结果表明，达所 26-12 的 2 个非转化株自交后代 1 个全部为非转化株，另一个 96.5%为非转化株；达所 26-30 的 2 个自交后代有 1 个 100%植株为非转化株，另 1 个 95%植株为非转化株；达所 26-39 的 2 个自交后代 1 个 97%植株为非转化株，另一个 95%植株为非转化株。非转化株后代出现的转化株一般为低转化株，说明连续选择可以有效降低后代群体中转化株的出现比例。

表 2-20　达白杂交种亲本材料在不同选择世代的烟碱转化株比例（%）

群体	非转化株比例	低转化株比例	中转化株比例	高转化株比例	总转化株比例	平均烟碱转化率
达所 26	46.8	19.6	18.0	15.6	53.2	20.6
达所 26-12	91.0	5.0	4.0	0.0	9.0	2.8
达所 26-30	85.0	8.0	5.0	2.0	15.0	3.1
达所 26-39	88.0	6.0	4.0	2.0	12.0	3.2
达所 26-12-24	100.0	0.0	0.0	0.0	0.0	1.9
达所 26-12-33	96.5	3.5	0.0	0.0	3.5	2.2
达所 26-30-6	100.0	0.0	0.0	0.0	0.0	1.8
达所 26-30-29	95.0	5.0	0.0	0.0	5.0	1.9
达所 26-39-10	95.0	5.0	0.0	0.0	5.0	2.2
达所 26-39-23	97.0	3.0	0.0	0.0	3.0	2.0
达所 27	4.0	22.0	35.6	38.4	96.0	60.5
达所 27-9	81.0	10.6	7.0	1.4	19.0	3.5
达所 27-52	75.0	11.5	8.5	5.0	25.0	4.3
达所 27-9-16	90.0	6.0	4.0	0.0	10.0	2.2
达所 27-9-30	92.0	4.0	4.0	0.0	8.0	2.3
达所 27-52-3	95.0	5.0	0.0	0.0	5.0	2.0
达所 27-52-25	88.0	8.0	4.0	0.0	12.0	2.4
KY14	88.0	10.0	2.0	0.0	12.0	2.4
KY14-9	100.0	0.0	0.0	0.0	0.0	1.7
KY14-16	100.0	0.0	0.0	0.0	0.0	1.8
MSKY14-6 X KY14-9-13	98.0	2.0	0.0	0.0	2.0	1.9
VA509	92.0	8.0	0.0	0.0	8.0	2.0
VA509-17	100.0	0.0	0.0	0.0	0.0	1.8
VA509-28	98.0	2.0	0.0	0.0	2.0	1.9
MSVA509 X VA509-17-15	100.0	0.0	0.0	0.0	0.0	2.0

2.9.1.2　对达所 27 的改良

本研究于 2007 年对达所 27 自然群体进行转化株的早期诱导和鉴定，发现群体中转化株比例高达 96%，且主要为烟碱转化率在 20%以上的中转化株和高转化株。根据早期鉴定结果，选择达所 27-9、达所 27-52 两个非转化株分别进行套袋自交，对所获种子在 2008 年按株系进行种植，在烟株开花前同样用乙烯利处理方法进行诱导和转化株鉴定。结果表明，2 个非转化株的后代分别出现 19%和 25%的转化株，但转化株的转化程度较低。

在对 2 个株系早期鉴定的基础上，进一步分别选择 2 株非转化株进行套袋自交，对所获种子在 2009 年进行种植，并对后代不同烟株进行转化株的早期鉴定（表 2-20）。结果表明，达所 27-9 的 2 个自交后代所测烟株非转化株比例分别为 90%和 92%；达所 27-52 的 2 个自交后代有 1 个达到 95%的非转化株，另 1 个 88%植株为非转化株。这进一步说明通过连续选择，非转化性状的稳定性得到了较大改进，为生产上通过杂交种改良进行大面积制种提供了条件。

2.9.1.3 对 KY14 和 VA509 的改良

白肋烟 KY14 和 VA509 是达白 1 号/2 号、达白 3 号杂交种母本胞质不育系的保持系，对其进行改良是降低母本不育系烟碱转化株比例的前提。由两个品种原始群体烟碱转化株的早期鉴别结果可知，其烟碱转化株比例和转化程度均较低。本研究分别选择 2 株非转化株进行自交，后代株系或全部为非转化株，或仅出现个别低转化株。2009 年选择母本不育系的非转化株和父本非转化株杂交，所得后代均为 98%以上的非转化株。

2.9.2 达白改良杂交种烟碱转化株比例和烟碱转化率的降低效果

为了对杂交种的烟碱转化性状进行改良，本研究于 2008 年在四川白肋烟产区按照规范化的生产技术设置不同杂交组合的对比试验。首先在 2007 年对父母本进行转化株的早期鉴定，根据鉴定结果严格选取非转化株进行杂交制种，得到改良杂交种达白 1 号 NN、达白 2 号 NN、达白 3 号 NN。2008 年在四川白肋烟产区按照规范化的生产技术设置不同杂交组合的对比试验。表 2-21 为改良杂交种与常规杂交种晾制后混合样品的生物碱含量和烟碱转化率比较，结果表明，3 个改良杂

表 2-21 改良杂交种与常规杂交种晾制后混合烟样烟碱转化率的差异（%）

品种	烟碱	降烟碱	烟碱+降烟碱	烟碱转化率
达白 1 号	6.30	0.77	7.07	10.89
达白 1 号 NN	5.50	0.17	5.67	3.00
达白 2 号	5.82	0.48	6.30	7.62
达白 2 号 NN	5.34	0.12	5.46	2.20
达白 3 号	4.40	4.73	9.13	51.81
达白 3 号 NN	8.14	0.22	8.36	2.63

交种混合样品的烟碱转化率分别为 3.00%、2.20%和 2.63%，分别比相应常规种的 10.89%、7.62%和 51.81%降低 72.5%、71.1%和 94.9%。因此，杂交种改良使烟叶的降烟碱含量和烟碱转化率大幅降低，烟叶生物碱组成得到优化。

2.9.3 改良杂交种与常规杂交种烟叶感官评吸品质和 TSNA 含量的差异

2.9.3.1 感官评吸品质

本研究将所配置的改良杂交种和常规杂交种烟叶在正常晾制后取混合样卷制成单料烟进行感官评吸评价，所得结果见表 2-22。结果表明，改良杂交种达白 1 号 NN、达白 2 号 NN、达白 3 号 NN 的香味品质与相应的常规种相比得到明显改善，其中以风格程度、香气质、香气量和杂气较为突出，表现为白肋烟风格更为明显，香气纯净，香气量增加，杂气减少。

表 2-22　不同达白系列杂交种单料烟的感官评吸质量

杂交种	风格程度（10）	香气质（10）	香气量（10）	浓度（10）	杂气（10）	劲头（10）	余味（10）	燃烧性（10）	灰色（10）	总分（90）
达白 1 号	6.5	5.0	6.5	5.5	5.5	6.0	5.0	5.5	6.0	51.5
达白 1 号 NN	7.5	6.2	7.0	6.0	6.0	6.5	6.5	6.0	5.5	57.2
达白 2 号	6.6	5.5	6.3	6.0	5.5	5.5	5.0	5.5	6.0	51.9
达白 2 号 NN	7.0	6.6	6.8	6.0	6.0	6.2	6.0	5.5	6.0	56.1
达白 3 号	5.5	4.0	5.3	5.6	4.3	5.5	4.5	5.5	6.2	46.4
达白 3 号 NN	7.0	6.5	6.5	6.0	6.0	6.5	5.9	5.5	6.0	55.9

2.9.3.2 烟草特有亚硝胺含量

本研究对改良杂交种调制后烟叶进行烟草特有亚硝胺含量的测定，结果表明，常规种达白 1 号、达白 2 号和达白 3 号的 TSNA 总量分别为 12.53μg/g、8.07μg/g 和 13.85μg/g，以 NNN 含量最高，NAT 含量次之（表 2-23）。改良杂交种达白 1 号 NN、达白 2 号 NN、达白 3 号 NN 的总 TSNA 含量比相应常规杂交种分别降低

表 2-23　不同达白杂交种晾制后烟叶的 TSNA 含量比较（μg/g）

杂交种	NNK	NNN	NAT	NAB	总 TSNA
达白 1 号	0.58	7.71	4.21	0.026	12.53
达白 1 号 NN	0.46	2.98	4.23	0.041	7.71
达白 2 号	0.39	4.54	3.11	0.025	8.07
达白 2 号 NN	0.41	2.29	2.98	0.032	5.71
达白 3 号	0.49	10.72	2.59	0.050	13.85
达白 3 号 NN	0.43	3.11	3.24	0.035	6.82

38.5%、29.2%和 50.8%，总 TSNA 含量的降低主要是由 NNN 含量的降低引起的，达白 1 号 NN、达白 2 号 NN、达白 3 号 NN 的 NNN 含量比相应常规杂交种分别降低 61.3%、49.6%和 71.0%，其他几种 TSNA 含量相差相对较小，且缺乏规律性。

2.9.4 小结

白肋烟达白系列杂交种是四川白肋烟主栽品种，但存在严重的烟碱向降烟碱转化的问题，群体中不同程度地存在烟碱转化株，烟碱转化率高，这是影响其香味品质和安全性提高的重要因素之一。本研究从亲本材料转化株的早期鉴定和选择入手，对亲本的烟碱转化性状进行了改良，并严格选用非转化株进行杂交制种，配置出改良杂交种达白 1 号 NN、达白 2 号 NN、达白 3 号 NN，总转化株比例分别为4.65%、4.76%和6.52%，分别比相应的常规杂交种降低 80.1%、61.9%和 91.7%，而且所出现的转化株绝大多数为低转化株。晾制后混合烟叶样品的烟碱转化率分别为 3.00%、2.20%和 2.63%，分别比相应常规种的 10.89%、7.62%和 51.81%降低 72.5%、71.1%和 94.9%。目前不同国家针对烟叶中烟碱转化率制订了一些限制性标准，一般为 5%（相当于仲胺类生物碱含量占总生物碱含量的 10%），由此可知，由改良杂交种生产的烟叶可以充分满足这一质量要求。美国最近几年开始在白肋烟原种繁育中进行转化株鉴别和清除。目前，美国育种机构培育的白肋烟品种都必须经过品种纯化，并注明“LC”标记才能在生产上应用。

研究表明，通过对亲本材料连续 2 代的选择，烟碱转化问题较为严重的达所 26、达所 27 的转化株比例降低到了 5%以下。但由于烟碱转化性状的突变率比较高，即使严格选择非转化株进行自交，后代群体不可避免地会有转化株出现，但这些新产生的突变株，一般烟碱转化率都比较低。由于烟碱转化性状由显性基因控制，很容易在群体中积累，因此连续选择是必要的，需要建立完整的、系统的杂交种制种规范。

改良杂交种降烟碱含量和烟碱转化率的降低使烟叶香味品质得到改善、有害物质烟草特有亚硝胺含量降低、潜在安全性提高。本研究表明改良种的感官评吸品质表现为白肋烟风格更为明显，香气纯净，香气量增加，杂气减少。由于降烟碱是 NNN 的直接前体物，改良杂交种烟叶的 NNN 含量降低最为显著，达白 1 号 NN、达白 2 号 NN、达白 3 号 NN 的 NNN 含量比相应常规杂交种分别降低 61.3%、49.6%和 71.0%。基于改良杂交种显著的增质减害效果，在生产上大面积推广十分必要。

第3章 烟草特有亚硝胺的形成与栽培调制

烟草特有亚硝胺（TSNA）由烟草生物碱与亚硝酸发生亚硝化反应而生成。对于烟草生物碱来说，不仅烟碱转化对 TSNA 形成影响显著，总生物碱含量水平也与 TSNA 形成密切相关，低烟碱品种的栽培模式下烟叶 TSNA 形成显著减少。硝酸盐是亚硝酸等氮氧化物的前体物，烟叶中硝酸盐含量可直接影响烟叶采收后调制和加工过程中亚硝酸及气态氮氧化物的产生。生物碱和硝酸盐都是含氮化合物，且均在烟叶生长发育过程中不断积累，因此与栽培条件密切相关，施氮量、氮素形态、留叶数、成熟度等栽培因素可直接影响烟叶碳氮代谢和次生代谢，进而影响烟叶生物碱和硝态氮含量。烟叶采收后的调制阶段是 TSNA 形成的主要时期，调制环境和条件可显著影响烟叶表面微生物活动进而影响硝酸向亚硝酸还原；调制温湿度还可直接通过物理作用影响硝酸盐直接产生气态氮氧化物，因此烟叶采收调制方式、调制过程的环境控制可显著影响烟叶 TSNA 的形成和积累。采用适宜的栽培技术和调制技术调控生物碱含量，降低烟叶硝态氮积累，减少亚硝化反应底物，是降低烟叶 TSNA 含量的重要途径。近年来，本研究团队围绕氮素形态、施氮量、留叶数、烟茄嫁接、采收方式、晾制环境及调制方式等关键措施对 TSNA 形成和积累的影响开展了大量试验研究，明确了关键栽培和调制技术与 TSNA 前体物含量及 TSNA 形成和积累的关系。本章主要汇集了本研究团队在该领域的研究成果，这些成果均已在国内核心以上学术期刊正式发表。

3.1 不同氮素形态对烟草硝态氮含量和 TSNA 形成的影响

摘要：通过盆栽试验探索不同硝态氮与铵态氮比例对白肋烟和烤烟硝态氮含量、常规化学成分及高温贮藏过程 TSNA 形成的影响。白肋烟施用硝态氮肥比例越高，烟叶的硝态氮含量越高，高温贮藏后 4 种 TSNA 含量和总 TSNA 含量也越高，晾制过程中硝态氮含量显著增加。在 45℃条件下贮藏 15d 后的白肋烟 4 种 TSNA 含量及其总量大幅高于低温贮藏烟叶，且 TSNA 的增加量均随硝态氮比例的增加而增加。在烤烟成熟和调制过程中硝态氮含量则呈降低趋势，调制后各处理烟叶硝态氮含量较低，烤烟烟叶硝态氮含量及高温贮藏前后 TSNA 含量与施用硝态氮比例无明显相关性，其中中部叶施硝态氮肥和铵态氮肥各 50%处理总 TSNA

含量最低，上部叶施 100%硝态氮肥处理总 TSNA 含量最低。随着铵态氮比例的增加，白肋烟烟碱、总氮和蛋白质含量显著增加，烤烟化学成分变化缺乏规律性，但以施硝态氮肥和铵态氮肥各 50%处理烟叶的糖分含量较高，整体化学成分协调性较好。

氮素是烟草生长发育的必需营养元素，对烟株的生长发育起重要作用，也是烟叶中生物碱、蛋白质、硝酸盐等含氮化合物形成和积累的重要来源。土壤中烟草可直接吸收利用的氮素主要是硝态氮和铵态氮，二者具有完全不同的离子性质，且在烟株根际的迁移、吸收及在烟株体内的代谢机理也不相同。国内外关于不同氮素形态对烟草产量、品质的影响研究有许多，关于不同氮源对白肋烟和烤烟硝态氮含量，特别是 TSNA 等有害物质形成的影响则鲜有报道。前期研究表明，白肋烟调制后烟叶中的硝酸盐和 TSNA 含量明显高于烤烟，这与白肋烟积累了较高含量的硝酸盐有关。因此，施用不同氮源氮肥可能影响烟叶中硝酸盐积累水平，进而影响调制和贮藏过程中亚硝酸的形成。为了验证这一假设，本研究在盆栽试验条件下，通过施用不同硝态氮、铵态氮比例的氮肥来研究不同氮素形态对白肋烟和烤烟烟叶硝态氮含量变化及高温贮藏前后 TSNA 含量的影响，旨在进一步阐明烟草特有亚硝胺的形成机理，为通过农艺措施控制烟叶硝态氮含量、有效降低烟叶 TSNA 形成和积累提供理论依据（孙榅淑等，2015c）。

试验于 2013 年在河南省平顶山市宝丰县进行，供试品种为烤烟品种豫烟 10 号（Y10）和白肋烟品种 TN90。盆栽试验采用套盆栽培，盆高 30cm、盆口和盆底直径 41cm，填充固持材料为烤烟育苗基质。烟株生长营养全由霍格兰营养液提供，其组成为 KNO_3、$(NH_4)_2SO_4$、$CaCl_2$、KH_2PO_4、$MgSO_4 \cdot 7H_2O$、H_3BO_3、$MnSO_4 \cdot H_2O$、$CuSO_4 \cdot 5H_2O$、$ZnSO_4 \cdot 7H_2O$、$(NH_4)_6Mo_7O_{24} \cdot 4H_2O$、Fe-EDTA，均采用分析纯试剂配制。每个品种设 3 个处理，分别为：T1：100% NO_3^--N、T2：50% NO_3^--N + 50% NH_4^+-N、T3：100% NH_4^+-N。两品种各处理分别栽烟 10 株，整个生育期的施氮量为烤烟 5.6g/株、白肋烟 10.6g/株。硝态氮和铵态氮的来源分别为 KNO_3 和 $(NH_4)_2SO_4$。烤烟与白肋烟均于 5 月 4 日移栽，初花期打顶，每株留叶 18 片。成熟采收期将烤烟逐片采收后进行三段式烘烤，将白肋烟整株砍收后在晾房晾制。各处理于打顶后 10d、成熟采收前取中部叶和上二棚烟叶杀青样，重复 3 次；调制后取有代表性的中部叶和上二棚烟叶各 150g，重复 3 次；测定杀青样和调制后烟叶的硝态氮含量。将调制后各处理样品去梗后切成 $0.5cm^2$ 大小碎片，充分混匀，称取两份等量的 20g。一份置于 45℃、相对湿度 60%的恒温恒湿箱内处理 15d，一份置于恒定的 10℃、相对湿度 60%环境下贮藏 15d 作为对照。之后将所有样品冷冻干燥，磨碎后过 60 目筛，测定贮藏后烟叶的 TSNA 含量。贮藏中的烟叶温度可高达 45℃，故本研究选取高温 45℃并以低温 10℃作对照以更好地说明温度对烟叶中 TSNA 形成的影响。

3.1.1　不同氮素形态对烟叶中硝态氮含量的影响

打顶后 10d、成熟采收前、调制后的白肋烟和烤烟中硝态氮含量的测定结果如图 3-1 所示。白肋烟的硝态氮含量是烤烟的数十到数百倍，白肋烟和烤烟各个时期的硝态氮含量均随着施硝态氮肥比例的增加而增加。白肋烟的硝态氮含量在调制过程中仍有大幅增加，而烤烟的硝态氮含量在调制过程中则显著降低。

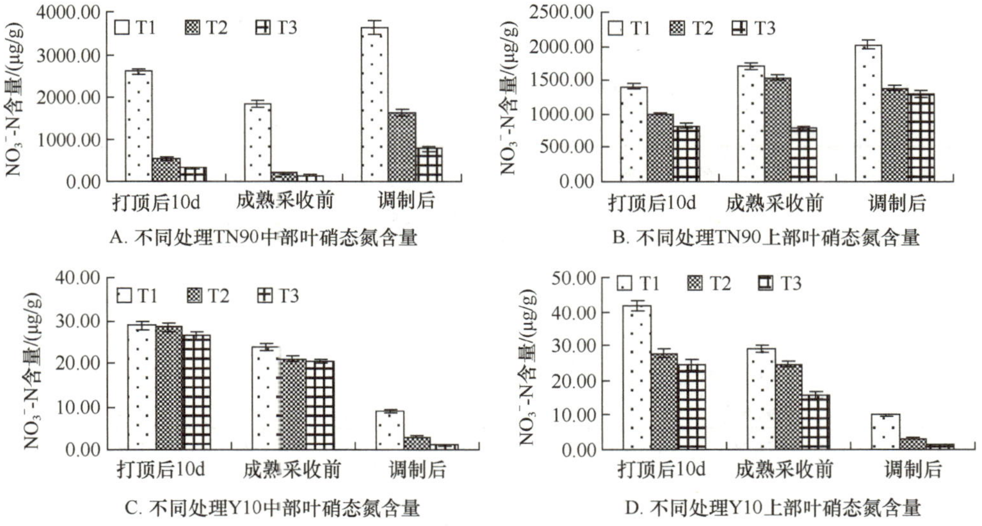

图 3-1　不同氮素形态对烟叶中硝态氮含量的影响

3.1.2　不同氮素形态对烟叶高温贮藏过程中 TSNA 形成的影响

调制后烟叶分别在低温（10℃）和高温（45℃）条件下贮藏 15d 后的 TSNA 含量见表 3-1 和表 3-2。在 10℃条件下贮藏 15d 后，白肋烟的 4 种 TSNA 含量和

表 3-1　不同氮素形态对中部叶 TSNA 含量的影响

TSNA（μg/g）	处理	白肋烟（TN90）			烤烟（Y10）		
		10℃贮藏	45℃贮藏	增加量	10℃贮藏	45℃贮藏	增加量
NNN	100% NO_3^--N	2.7670a	3.9426	1.1756	0.0397b	0.0559	0.0162
	50% NO_3^--N + 50% NH_4^+-N	0.4779b	1.3724	0.8945	0.0379b	0.0617	0.0238
	100% NH_4^+-N	0.3723c	1.0096	0.6373	0.1388a	0.1525	0.0137
NAT	100% NO_3^--N	2.5882a	3.7595	1.1713	0.1735b	0.1818	0.0083

续表

TSNA（μg/g）	处理	白肋烟（TN90）			烤烟（Y10）		
		10℃贮藏	45℃贮藏	增加量	10℃贮藏	45℃贮藏	增加量
NAT	50% NO_3^--N + 50% NH_4^+-N	0.5452b	1.4966	0.9514	0.1354c	0.1983	0.0629
	100% NH_4^+-N	0.2708c	0.6857	0.4149	0.2280a	0.2307	0.0027
NAB	100% NO_3^--N	0.0917a	0.1310	0.0393	0.0031b	0.0044	0.0013
	50% NO_3^--N + 50% NH_4^+-N	0.0160b	0.0458	0.0298	0.0034b	0.0052	0.0018
	100% NH_4^+-N	0.0080c	0.0231	0.0151	0.0051a	0.0057	0.0006
NNK	100% NO_3^--N	0.2124a	0.4232	0.2108	0.0136a	0.0155	0.0019
	50% NO_3^--N + 50% NH_4^+-N	0.0494b	0.1182	0.0688	0.0147a	0.0158	0.0011
	100% NH_4^+-N	0.0301c	0.0480	0.0179	0.0139a	0.0143	0.0004
总 TSNA	100% NO_3^--N	5.6593a	8.2563	2.5970	0.2299b	0.2576	0.0277
	50% NO_3^--N + 50% NH_4^+-N	1.0885b	3.0330	1.9445	0.1914c	0.2810	0.0896
	100% NH_4^+-N	0.6812c	1.7664	1.0852	0.3858a	0.4082	0.0224

注：同列不同小写字母代表不同处理间差异达显著水平（$P<0.05$）。下同

表 3-2 不同氮素形态对上部叶 TSNA 含量的影响

TSNA（μg/g）	处理	白肋烟（TN90）			烤烟（Y10）		
		10℃贮藏	45℃贮藏	增加量	10℃贮藏	45℃贮藏	增加量
NNN	100% NO_3^--N	0.8720a	2.4762	1.6042	0.0371c	0.1329	0.0958
	50% NO_3^--N + 50% NH_4^+-N	0.6524b	1.6651	1.0127	0.0676a	0.1020	0.0344
	100% NH_4^+-N	0.3838c	0.8957	0.5119	0.0645b	0.1079	0.0434
NAT	100% NO_3^--N	0.8082a	1.8087	1.0005	0.1432b	0.4140	0.2708
	50% NO_3^--N + 50% NH_4^+-N	0.6182b	1.5783	0.9601	0.1879a	0.2307	0.0428
	100% NH_4^+-N	0.2618c	0.6611	0.3993	0.1375b	0.2053	0.0678
NAB	100% NO_3^--N	0.0289a	0.0708	0.0419	0.0033b	0.0112	0.0079
	50% NO_3^--N + 50% NH_4^+-N	0.0182b	0.0525	0.0343	0.0038a	0.0070	0.0032
	100% NH_4^+-N	0.0086c	0.0212	0.0126	0.0040a	0.0062	0.0022
NNK	100% NO_3^--N	0.1223a	0.3122	0.1899	0.0140a	0.0144	0.0004
	50% NO_3^--N + 50% NH_4^+-N	0.0593b	0.1386	0.0793	0.0133b	0.0149	0.0016
	100% NH_4^+-N	0.0423c	0.0661	0.0238	0.0132b	0.0136	0.0004
总 TSNA	100% NO_3^--N	1.8314a	4.6679	2.8365	0.1976c	0.5725	0.3749
	50% NO_3^--N + 50% NH_4^+-N	1.3481b	3.4345	2.0864	0.2726a	0.3546	0.0820
	100% NH_4^+-N	0.6965c	1.6441	0.9476	0.2192b	0.3330	0.1138

总 TSNA 含量均随着施硝态氮肥比例的增加而增加，且处理间差异达到显著水平。在 45℃条件下贮藏 15d 后，4 种 TSNA 含量及其总量与低温对照相比均显著增加，且增加量均随着施硝态氮肥比例的增加而增加。

在 10℃条件下贮藏 15d 后，烤烟中部叶的 NNN、NAT 和总 TSNA 含量以施 100%铵态氮的处理含量最高，施硝态氮和铵态氮各 50%的处理总 TSNA 含量最低。烤烟上部叶 NNN 和总 TSNA 含量以施硝态氮和铵态氮各 50%的处理含量最高，施 100%硝态氮的烤烟上部叶总 TSNA 含量最低。烤烟中上部叶的 NAB 含量均以施 100%铵态氮的处理含量最高，以施 100%硝态氮的处理含量最低。各处理间 NNK 含量差异大多不显著。在 45℃条件下贮藏 15d 后，烤烟 TSNA 含量与低温对照相比也均有所增加，但增加量无明显规律。

3.1.3　不同氮素形态烟叶的常规化学成分

白肋烟和烤烟的总糖及还原糖含量均表现为施硝态氮和铵态氮各 50%的处理含量最高，施 100%铵态氮的处理含量最低。白肋烟的烟碱、总氮和蛋白质含量均随着施硝态氮肥比例的增加而减少，且处理间多有显著性差异。烤烟中部叶烟碱含量和中上部叶的总氮、蛋白质含量以施 100%铵态氮的处理最高，施硝态氮和铵态氮各 50%的处理最低；上部叶烟碱含量以施 100%硝态氮的处理最高，施硝态氮和铵态氮各 50%的处理最低。白肋烟中上部叶的钾氯比均随着施硝态氮比例的增加而增加；烤烟中上部叶的钾氯比均以施硝态氮和铵态氮各 50%的处理最大，施 100%铵态氮的处理最小。烟叶的整体化学成分协调性以施硝态氮和铵态氮各 50%的处理较优，以施 100%铵态氮的处理较差（表 3-3）。

表 3-3　不同处理下烟叶化学成分含量（%）

品种	部位	处理	总糖	还原糖	烟碱	总氮	蛋白质	钾	氯
TN90	中部	100% NO_3^--N	1.18a	0.87a	3.29c	3.57b	19.15c	1.72b	0.10b
		50% NO_3^--N + 50% NH_4^--N	1.29a	0.89a	4.81b	4.05a	20.03b	2.17a	0.24a
		100% NH_4^+-N	1.07ab	0.83a	6.56a	4.10a	23.11a	1.51c	0.23a
	上部	100% NO_3^--N	1.10b	0.83a	1.60c	3.65c	20.33b	2.41b	0.23a
		50% NO_3^--N + 50% NH_4^--N	1.35a	0.90a	3.21b	3.84b	21.08b	2.28a	0.23a
		100% NH_4^+-N	0.98b	0.78ab	4.92a	4.50a	24.84a	1.59c	0.18b
Y10	中部	100% NO_3^--N	22.81a	18.52a	3.23a	2.04b	9.11b	1.84b	0.12b
		50% NO_3^--N + 50% NH_4^+-N	23.49a	19.37a	2.51b	1.67c	7.52c	2.04a	0.12b
		100% NH_4^+-N	19.09b	16.41ab	3.43a	2.21a	9.90a	0.84c	0.22a
	上部	100% NO_3^--N	18.41b	16.05b	3.80a	2.23b	9.74b	1.77b	0.19b
		50% NO_3^--N + 50% NH_4^+-N	22.18a	19.50a	3.17c	1.93c	8.47c	2.38a	0.16c
		100% NH_4^+-N	16.31c	14.02b	3.45b	2.68a	10.91a	0.83c	0.25a

3.1.4 小结

白肋烟 TSNA 含量显著高于烤烟，这可能与其硝态氮含量是烤烟的数十至数百倍有关。白肋烟调制过程中硝态氮含量显著增加，而烤烟调制过程中硝态氮含量显著降低，说明调制方式对于硝态氮的形成和积累有很大影响。硝态氮与烟叶 TSNA 形成密切相关，在烟叶调制期间，人们普遍认为 TSNA 的形成主要是由于微生物的作用，调制期间的温度、湿度都会影响微生物的生长，从而进一步影响 TSNA 的形成。白肋烟高温贮藏后烟叶 TSNA 含量及高温贮藏过程中 TSNA 增加量随着施硝态氮肥比例的增加而增加，这应该与白肋烟较高的硝态氮含量密切相关。

TSNA 主要是在烟叶调制和贮藏过程中形成的，通过农业措施降低烟叶中的 TSNA 含量有很大的可行性。硝态氮含量主要受氮肥种类及用量、土壤供肥特性、品种对氮素利用效率和利用模式等因素的综合影响，因此采取积极措施，通过调整氮肥种类和氮肥用量等方法降低烟叶硝态氮积累、减少亚硝化反应底物，是降低烟叶 TSNA 含量的一种重要途径。根据本研究结果，白肋烟调制后烟叶总 TSNA 含量随着硝态氮肥比例的增加而显著增加，因此在白肋烟施肥过程中适当减少肥料中的硝态氮比例可有效降低烟叶硝态氮积累，以及调制后，特别是贮藏后烟叶 TSNA 含量。烤烟调制后各处理烟叶硝态氮含量处于较低水平，且高温贮藏过程中 TSNA 形成量与施用硝态氮和铵态氮比例相关性较小，这可能与烤烟硝态氮含量远低于白肋烟，因而对烤烟 TSNA 形成贡献较小有关。

3.2 施氮量与留叶数对万源晒红烟化学成分和 TSNA 含量的影响

摘要：以晒红烟万毛 3 号为材料，研究不同施氮量与留叶数下烟叶化学成分、TSNA 及其前体物含量的变化。结果表明，万源晒红烟总糖、烟碱和钾含量分别在 21.3～47.7mg/g、25.5～56.5mg/g 和 24.3～36.1mg/g 范围内，TSNA、生物碱和硝酸盐含量分别在 178.56～904.69ng/g、28.45～62.20mg/g 和 453.99～840.08μg/g 范围内。随着施氮量的增加，烟碱、总氮、钾含量显著升高，氮碱比、总糖含量显著降低；在同一施氮水平下，随着留叶数的增多，氮碱比、总糖、还原糖含量显著升高，烟碱、总氮含量显著降低。施氮量增加，TSNA 及其前体物含量显著升高，降低了烟叶安全性；留叶数增多，TSNA 及其前体物含量显著降低。TSNA 含量与总生物碱、硝酸盐含量呈极显著正相关。不同施氮量、留叶数处理之间总糖、烟碱、TSNA 及其前体物含量差异均达到显著水平，施氮量和留叶数互作对总糖影响显著，对烟碱、TSNA 及其前体物含量影响均达到极显著水平。

随着减害降焦压力不断加大，卷烟工业对晾晒烟资源的利用不断拓展，对烟叶原料的质量和安全性提出了更高的要求。烟草特有亚硝胺是一组烟草特有的有害成分，在晾晒烟中的含量显著高于烤烟，降低烟叶特有亚硝胺含量一直是国际烟草科学研究的热点。为提高万源晾晒烟烟叶质量和安全性，满足卷烟工业对烟叶品质的要求，以栽培过程中施氮量、留叶数两因素为切入点，研究二者对万源晒红烟烟叶化学成分和 TSNA 含量的影响。氮肥是影响烟草生长发育及内在品质最重要营养元素之一。前期研究发现，随施氮量的增加，白肋烟烟叶烟碱、钾含量呈上升趋势，总糖、还原糖含量显著降低。研究表明，施氮量对晒烟生物碱的平均水平造成的影响极显著，生物碱含量表现为随着施氮量的增加而增加。孙榅淑等（2015c）研究表明，白肋烟中硝态氮含量随施氮量的增加而增加，硝态氮可造成烟叶贮藏期间 TSNA 大量增加，烟叶 TSNA 的形成和积累与施氮量密切相关。单株留叶数对叶片的生长发育及化学成分有直接影响。大量研究表明，随着留叶数的增加，总氮、烟碱、钾含量递减，总糖含量增加。史宏志等（2008）对白肋烟的研究表明，随着留叶数的增加，烟碱等主要生物碱含量降低。前人对于施氮量和留叶数对烟草的影响研究，大多数是针对施氮量或留叶数的单因素研究，对于施氮量和留叶数互作对烟草影响的研究较少；对烤烟和白肋烟的研究较多，对晒红烟的研究较少；对烟草经济效益和内在品质的研究较多，对烟草 TSNA 研究较少。本试验以万毛 3 号为研究对象，研究不同施氮量、留叶数对万毛 3 号化学成分、TSNA 及其前体物含量的影响，旨在为晒红烟生产合理施肥留叶，从而提高烟叶质量、安全性提供科学依据（郑昕等，2018b）。

试验于 2016 年在四川省万源市西南地区草坝镇黑池坪村进行，海拔 1091.1m 左右，供试土壤类型为黄棕壤，土壤肥力中等，有机质含量适中，前茬作物为玉米。供试晒红烟品种为万毛 3 号。试验为双因素试验，采用裂区试验设置。主区为施氮量（N），N 的 3 个水平分别设置为 N1：13kg/667m^2、N2：15kg/667m^2、N3：17kg/667m^2；副区为留叶数（L），L 的 4 个水平分别设置为 14 片/株、16 片/株、18 片/株、20 片/株。共计 12 个处理，每个处理重复 3 次，共计 36 个小区。采用随机区组排列，每个小区栽烟 60 株，小区四周设置保护行，行距固定为 1.20m，株距固定为 0.50m。肥料氮磷钾比为 N∶P_2O_5∶K_2O=10∶10∶28，移栽前 15d 进行起垄施基肥，5 月 12 号进行移栽，分别于移栽后 30d、45d 在烟株根部两侧条施追肥，现蕾打顶。烟叶生产各环节严格按照当地优质烟叶生产技术标准进行管理。各处理调制后，取样上部叶三级和中部叶三级，经烘干后磨碎过筛（孔径 0.25mm），分别测定总氮、总糖、还原糖、烟碱、钾和氯的含量。

3.2.1 施氮量与留叶数对烟叶化学成分的影响

不同施氮量、留叶数对烟叶化学成分的影响见表 3-4、表 3-5。随着施氮量的增加，烟叶的烟碱、总氮和钾含量上升，总糖、还原糖含量和糖碱比、氮碱比降低。施氮 17kg/667m^2 时，烟碱、总氮含量显著高于其他处理，氮碱比显著低于其他处理。随着留叶数的增多，总糖、还原糖含量和糖碱比、氮碱比升高；烟碱、总氮含量下降。双因素方差分析表明，施氮量、留叶数及其互作对万毛 3 号烟叶化学成分含量的影响均达到极显著水平。留叶数对烟叶糖含量的增加、总氮含量的减少及糖碱比的协调意义更大，而施氮量对烟碱、钾、氯含量及相应比例的影响较大。

表 3-4 不同施氮量和留叶数对上部烟叶化学成分的影响

施氮量 /(kg/667m^2)	留叶数 /片	总糖 /（mg/g）	还原糖 /（mg/g）	烟碱 /（mg/g）	氯 /（mg/g）	钾 /（mg/g）	总氮 /（mg/g）	糖碱比	氮碱比	钾氯比
13	14	25.9d	22.1d	45.1cd	4.43d	25.1i	29.0c	0.49e	0.64b	5.67f
	16	27.8bc	21.1e	43.9d	4.79a	28.0f	27.4de	0.48e	0.62b	5.84g
	18	29.0b	24.0b	33.4f	4.60b	26.2h	24.8g	0.72b	0.74a	5.70f
	20	33.9a	26.2a	32.7f	4.81a	32.5c	24.2g	0.80a	0.74a	6.76e
15	14	21.3e	18.1g	46.9c	3.49h	27.1g	29.7c	0.39f	0.63b	7.77c
	16	27.4c	20.1f	43.3d	3.92f	29.1e	27.9d	0.46e	0.64b	7.42d
	18	25.5d	23.4bc	37.3e	4.10e	30.6d	26.6de	0.63d	0.71a	7.46d
	20	27.6bc	23.0cd	36.6e	4.51bc	33.7b	25.9f	0.66c	0.71a	7.47d
17	14	21.7f	14.6i	56.5a	3.54h	28.8e	32.7a	0.27i	0.58c	8.35a
	16	23.3e	15.2hi	51.2b	3.72g	31.1d	31.7b	0.30h	0.62b	8.36a
	18	23.7e	16.0h	47.2c	4.22d	32.1c	29.9c	0.34g	0.63b	7.61cd
	20	24.9d	19.5f	42.8d	4.51bc	36.1a	27.8d	0.46e	0.65b	8.01b
F（*N*）		34.25**	36.42**	59.43**	103.33**	46.64**	146.05**	19.79**	87.25**	110.32**
F（*L*）		11.80**	173.84**	13.31**	31.89**	34.23**	218.89**	117.65**	66.16**	21.10**
F（*N*×*L*）		7.84**	14.38**	24.67**	10.04**	7.82**	4.79**	6.23**	6.28**	33.32**

注：同列数据后标有“*”代表相关性具有统计学意义（$P<0.05$）；同列数据后标有“**”代表相关性具有高度统计学意义（$P<0.01$）。下同

表 3-5 不同施氮量和留叶数对中部烟叶化学成分的影响

施氮量/ (kg/667m^2)	留叶数/ 片	总糖/ (mg/g)	还原糖/ (mg/g)	烟碱/ (mg/g)	氯/ (mg/g)	钾/ (mg/g)	总氮/ (mg/g)	糖碱比	氮碱比	钾氯比
13	14	31.8e	24.6e	31.1f	4.22c	24.3f	22.5ef	0.79e	0.72b	5.76f
	16	36.2d	32.6c	29.0g	4.52b	28.6cd	21.3h	1.12c	0.73b	6.33e

续表

施氮量/(kg/667m²)	留叶数/片	总糖/(mg/g)	还原糖/(mg/g)	烟碱/(mg/g)	氯/(mg/g)	钾/(mg/g)	总氮/(mg/g)	糖碱比	氮碱比	钾氯比
13	18	44.7a	37.9a	26.1h	4.68a	29.2c	21.2h	1.45a	0.81a	6.24e
	20	40.5b	34.2b	25.5h	4.60ab	28.4d	20.2i	1.34b	0.79a	6173e
15	14	23.5h	16.0h	37.6d	3.61e	26.2e	23.7c	0.43f	0.63d	7.26d
	16	23.6h	16.2h	34.0e	3.73d	28.6cd	22.9de	0.48f	0.67c	7.72c
	18	39.4bc	26.9d	31.6e	4.06d	30.1b	22.2g	0.81d	0.71b	7.41d
	20	38.2c	26.6d	31.3ef	4.11c	30.5b	22.5ef	0.84d	0.71b	7.42d
17	14	21.8i	14.3i	49.2a	3.62e	28.4d	26.5a	0.29g	0.54g	7.85c
	16	21.5i	18.0g	42.6b	3.63e	30.6b	24.7b	0.42f	0.58ef	8.43a
	18	25.1g	18.3g	42.2b	3.92d	32.2a	23.8c	0.47f	0.56f	8.21b
	20	27.0f	21.5f	39.2c	3.81d	31.6a	23.2cd	0.55f	0.59e	8.29ab
F（*N*）		14.82**	67.05**	71.12**	132.02**	187.11**	73.12**	21.38**	109.08**	136.35**
F（*L*）		20.28**	80.30**	49.64**	42.80**	65.03**	50.55**	96.16**	90.69**	20.45**
F（*N*×*L*）		6.03**	29.33**	22.64**	36.63**	14.61**	5.25**	21.37**	12.83**	17.20**

3.2.2 不同施氮量、留叶数下烟叶 TSNA 含量的变化

由表 3-6 可知，万源晒红烟 TSNA 含量分布在 178.56～904.69ng/g，TSNA 含量上部叶＞中部叶。随着施氮量的增加和留叶数的减少，TSNA 含量呈上升趋势，且不同处理之间差异达到显著水平；施氮 17kg/667m^2 处理下，上、中部烟叶平均 TSNA 含量比施氮 13kg/667m^2 分别升高 112.4%、77.9%，留叶 14 片处理下，上、中部烟叶平均 TSNA 含量比留叶 20 片分别升高 71.52%、31.31%，施氮量对 TSNA 含量影响更为显著。NNN 含量占 TSNA 含量比例最大，比例分布在 59.9%～80.1%，NNN 含量的上升对 TSNA 含量上升的影响最显著。施氮量、留叶数对 TSNA 含量及各组分的影响均达到极显著水平，互作效应对总 TSNA 含量及各组分影响达到极显著水平。

表 3-6 不同施氮量和留叶数对 TSNA 含量的影响

施氮量/(kg/667m²)	留叶数/片	上部叶					中部叶				
		NNN/(ng/g)	NAT/(ng/g)	NAB/(ng/g)	NNK/(ng/g)	总 TSNA/(ng/g)	NNN/(ng/g)	NAT/(ng/g)	NAB/(ng/g)	NNK/(ng/g)	总 TSNA/(ng/g)
13	14	308.6f	47.39h	0.26fg	31.16j	387.41g	247.95g	42.42h	0.42cd	69.94c	360.73f
	16	281.4gh	33.47j	0.31ef	36.05i	351.23h	214.03i	53.77f	1.25b	70.14c	339.19g

续表

施氮量/(kg/667m²)	留叶数/片	上部叶					中部叶				
		NNN/(ng/g)	NAT/(ng/g)	NAB/(ng/g)	NNK/(ng/g)	总 TSNA/(ng/g)	NNN/(ng/g)	NAT/(ng/g)	NAB/(ng/g)	NNK/(ng/g)	总 TSNA/(ng/g)
13	18	257.90i	39.86i	0.23g	41.08h	339.07h	175.15j	35.57i	0.18g	43.72g	254.62i
	20	144.10j	45.59h	0.34de	50.60g	240.63i	129.56k	22.23j	0.19g	26.58j	178.56j
15	14	334.60e	83.97d	0.24g	54.85f	473.66e	312.62d	79.65b	0.23fg	72.64b	465.14cd
	16	289.20g	68.41f	0.15h	58.49e	416.25f	286.33e	58.97de	0.21fg	52.05e	397.45e
	18	271.50h	53.55g	0.19h	65.35d	390.59g	259.50f	61.59c	0.26f	48.68f	370.03f
	20	254.50i	49.32gh	0.40d	54.73f	358.95h	230.46h	47.17g	0.34e	33.95i	311.92h
17	14	607.20a	176.65a	2.50a	118.34a	904.69a	411.82a	100.70a	1.65a	75.35a	589.52a
	16	475.50b	165.54b	1.32c	52.30g	698.66b	382.56b	60.62cd	0.44c	52.48e	496.10b
	18	447.90c	140.98c	1.71b	79.06b	669.65c	357.71c	56.81e	0.41cd	66.83d	481.76bc
	20	371.10d	79.36e	1.33c	75.65c	527.44d	358.72c	48.87g	0.37de	40.98h	448.94d
F（*N*）		130.93**	88.93**	12.83**	51.74**	24.73**	85.88**	41.80**	17.57**	46.88**	37.24**
F（*L*）		10.01**	12.62**	19.33**	8.33**	6.54**	21.63**	37.47**	10.65**	29.16**	17.61**
F（*N*×*L*）		16.67**	27.59**	25.04**	8.36**	6.21**	11.90**	14.78**	13.74**	9.53**	7.46**

3.2.3 不同施氮量、留叶数对烟叶 TSNA 前体物含量的影响

由表 3-7 可知，万源晒红烟总生物碱含量分布在 28.45～62.20mg/g，硝酸盐含量分布在 453.99～840.08μg/g，总生物碱、硝酸盐含量上部叶＞中部叶。随着施氮量的增加和留叶数的减少，总生物碱、硝酸盐含量均呈上升趋势，且不同处理之间差异达到显著水平；施氮 17kg/667m² 处理下，上、中部叶总生物碱平均含量较施氮 13kg/667m² 分别增长 28.07%和 52.32%，硝酸盐分别增长 19.92%和 19.51%；留叶 14 片处理下，上、中部叶总生物碱含量较留叶 20 片分别高出 31.19%和 24.54%，硝酸盐分别高出 23.68%和 16.07%。施氮量、留叶数均对总生物碱、硝酸盐含量的影响达到极显著水平，互作效应对假木贼碱含量影响不显著，对其余组分及总量影响达到极显著水平。

表 3-7　不同施氮量和留叶数对 TSNA 前体物含量的影响

施氮量/（kg/667m²）	留叶数/片	上部叶					硝酸盐/（μg/g）	中部叶					硝酸盐/（μg/g）
		烟碱/（mg/g）	降烟碱/（mg/g）	假木贼碱/（mg/g）	新烟草碱/（mg/g）	总生物碱/（mg/g）		烟碱/（mg/g）	降烟碱/（mg/g）	假木贼碱/（mg/g）	新烟草碱/（mg/g）	总生物碱/（mg/g）	
13	14	45.1cd	1.05de	0.24d	1.99fg	48.38c	649.47d	31.1f	1.11ab	0.023c	2.35bc	34.79f	615.81d
	16	43.9d	0.72ef	0.24d	2.07ef	46.93c	582.16f	29.0g	0.84cd	0.21de	1.96e	32.01g	556.21g
	18	33.4f	0.91e	0.31a	3.36a	37.98d	594.08ef	26.1h	0.75de	0.21de	1.92e	28.98gh	565.33g
	20	32.7f	0.72ef	0.30ab	2.36d	36.08d	532.37g	25.5h	0.74de	0.20e	2.01de	28.45h	453.99h
15	14	46.9c	1.45bc	0.25d	2.48cd	51.08bc	699.99b	37.6d	1.33a	0.24bc	2.39b	41.56d	642.46c
	16	43.3d	0.87ef	0.24d	2.29de	46.70c	597.58ef	34.0e	0.65e	0.25ab	2.18cd	37.08e	582.86f
	18	37.3e	0.68f	0.25d	1.84g	40.07d	608.10e	31.6e	0.76e	0.24bc	2.19cd	34.79f	601.09e
	20	36.6e	0.92e	0.25d	1.29h	39.06d	638.25d	30.3f	0.86bc	0.21de	1.92e	33.29f	602.49e
17	14	56.5a	2.47a	0.29bc	2.94b	62.20a	840.08a	49.2a	1.88bc	0.25ab	2.66a	53.99a	690.84a
	16	51.2b	1.24cd	0.29bc	2.68c	55.41b	675.41c	42.6b	0.81cd	0.26a	2.65a	46.32b	645.96c
	18	47.2c	1.10cd	0.28c	2.63c	51.21bc	712.58b	42.2b	1.02bc	0.25ab	2.53ab	46.00bc	659.29b
	20	42.8d	1.65b	0.31a	3.33a	48.09c	599.69ef	39.2c	0.85cd	0.24bc	2.63a	42.92cd	622.82d
F（N）		59.43^{**}	7.24^{*}	3.01	19.28^{**}	43.13^{**}	149.50^{**}	71.12^{**}	6.50^{*}	3.19	16.69^{*}	12.90^{**}	277.54^{**}
F（L）		15.86^{**}	16.70^{**}	4.12^{*}	3.74^{*}	10.29^{**}	27.42^{**}	23.43^{**}	30.53^{**}	3.83^{*}	21.89^{**}	8.17^{**}	189.99^{**}
F（$N\times L$）		18.44^{**}	13.83^{**}	2.13	15.94^{**}	22.08^{**}	14.42^{**}	19.28^{**}	12.59^{**}	1.08	7.29^{**}	5.59^{**}	29.43^{**}

3.2.4 烟叶 TSNA 含量与生物碱、硝酸盐含量的相关分析

由表 3-8 中不同部位烟叶样品的相关分析结果表明，调制后烟叶总 TSNA 含量与生物碱、硝酸盐含量呈极显著正相关，上部叶总 TSNA 含量与总生物碱、硝酸盐的相关系数分别为 0.90 和 0.81，中部叶为 0.88 和 0.96，表明烟叶总 TSNA 含量与生物碱和硝酸盐的关系都较大。上、中部烟叶 NNN 含量均与烟碱、降烟碱含量呈极显著正相关，NNK 含量与降烟碱含量呈极显著正相关，与烟碱含量、总生物碱含量和硝态氮含量呈显著正相关。烟叶 NAT 含量与其前体物烟碱含量和硝酸盐含量均呈极显著正相关，烟叶 NAB 含量与硝酸盐含量的相关性大于与假木贼碱的相关性，且上部叶 NAB 含量与硝酸盐相关性达到极显著水平。

表 3-8 TSNA 含量与生物碱、硝酸盐含量的相关分析

部位	TSNA	生物碱					硝酸盐
		烟碱	降烟碱	假木贼碱	新烟草碱	总生物碱	
上部叶	NNN	0.89**	0.78**	0.31	0.44	0.87**	0.95**
	NAT	0.81**	0.67*	0.20	0.36	0.79**	0.82**
	NAB	0.80**	0.84**	0.43	0.62*	0.83**	0.73**
	NNK	0.63*	0.89**	0.37	0.42	0.64*	0.64*
	总 TSNA	0.88**	0.82**	0.40	0.42	0.90**	0.81**
中部叶	NNN	0.88**	0.83**	0.51	0.54	0.97**	0.82**
	NAT	0.79**	0.83**	0.53	0.47	0.82**	0.83**
	NAB	0.53	0.72**	0.08	0.15	0.53	0.39
	NNK	0.58*	0.72**	0.38	0.42	0.59*	0.68*
	总 TSNA	0.89**	0.73**	0.53	0.49	0.88**	0.96**

3.2.5 小结

晒红烟具有独特的吸味和香气特征，在混合型卷烟叶组配方中可用来增香和改进吸味，在中式低焦油卷烟配方中加入一定比例的晒红烟能显著提高烟气的香气量、烟气浓度和吸食满足感。万源晒红烟化学成分组成与其他类型烟草之间有明显的差异，烟叶烟碱、钾含量低于白肋烟，高于烤烟，总糖、还原糖含量低于烤烟，但高于白肋烟，氮碱比在 0.54～0.81 范围内，具有独特的风格特征。史宏志等（2002）对不同产地的烤烟、白肋烟和香料烟烟叶进行分析后发现，白肋烟 TSNA 含量平均为 10.25μg/g，本节中万毛 3 号 TSNA 含量在 178.56～904.69ng/g 范围内，远远低于白肋烟，相对于白肋烟，万毛 3 号的使用有利于混合型卷烟的安全性。在 4 种 TSNA 中，万源晒红烟以 NNN 含量最高，占总 TSNA 的比例为 59.9%～80.1%，其次为 NAT 和 NNK。本研究表明，在万源当地生态条件下，施

氮量和留叶数对晒红烟万毛 3 号烟叶的化学成分、TSNA 及其前体物含量均有显著影响。烟叶中化学成分测定结果表明，氮肥的增加和留叶的减少，均会导致烟叶糖含量和氮碱比降低，烟碱、总氮和钾含量升高，烟碱、钾含量增强烟叶的燃烧性和吸食的刺激性，氮碱比的降低有利于增强烟叶的香气量和劲头，并降低刺激性。烟叶中 TSNA 含量测定结果表明，随着氮肥的增加和留叶的减少，烟叶 TSNA 含量显著升高；综合烟叶中 TSNA 前体物测定结果和相关分析，生物碱、硝酸盐含量随施氮量和留叶数的变化趋势与 TSNA 含量一致，相关分析也表明烟叶的 TSNA 含量与总生物碱、烟碱和降烟碱、硝酸盐含量均呈极显著正相关，说明烟叶中较高的 TSNA 含量主要归因于烟碱、降烟碱和硝酸盐含量的升高，表明 TSNA 含量与施氮量和留叶数密切相关。因此，在栽培过程中通过对施氮量和留叶数进行调控，控制烟叶化学成分的协调性与 TSNA 及其前体物的含量，可以有效提高烟叶的品质与安全性。

随着施氮量增加，万源晒红烟烟碱、总氮、钾含量升高，总糖、还原糖含量和氮碱比降低，同一施氮水平下留叶数增多，总糖、还原糖含量和氮碱比显著升高，烟碱、总氮含量显著降低。增加施氮量和减少留叶数，烟叶中 TSNA 及其前体物含量显著增加，施氮量和留叶数对 TSNA、总生物碱、硝酸盐含量均有极显著影响。烟叶 TSNA 含量与生物碱、硝酸盐的关系都很密切，NNN 含量更与烟碱、降烟碱含量呈极显著正相关。提高烟叶品质与安全性需从提高烟叶化学成分协调性和降低 TSNA 前体物含量两方面入手，在保证烟叶品质的前提下减少氮肥的施用量，提高烟叶安全性。

3.3　嫁接对白肋烟烟叶硝酸盐及 TSNA 含量的影响

摘要：为探索白肋烟与烤烟嫁接对白肋烟碳氮代谢的影响及有效降低硝酸盐和 TSNA 含量的调控机制，以白肋烟品种鄂烟 1 号和烤烟品种 K326 为材料，通过盆栽和大田试验设置烤烟与烤烟嫁接（K/K）、白肋烟与白肋烟嫁接（E/E）、白肋烟与烤烟嫁接（E/K）3 个处理，研究嫁接技术对烟叶光合作用、酶活性等碳氮代谢指标、硝酸盐和 TSNA 含量及其转录组的影响。结果表明，与 E/E 处理相比，E/K 处理烟叶光合作用和氮代谢能力明显提高，烟叶硝酸盐和 TSNA 积累量显著降低。转录组结果表明，以烤烟为砧木进行嫁接后，白肋烟烟叶中参与色素合成、碳固定、蔗糖和淀粉合成及氮代谢通路的基因上调表达。由此可见，采用氮效率较高的砧木进行嫁接能够改善接穗的光合作用和氮代谢能力，从而减少 NO_3^--N 和 TSNA 积累。

白肋烟是混合型卷烟的重要原料，其种植面积和产量仅次于烤烟。白肋烟是一种 *Yellow Burley*（*Yb*）基因突变体，其叶片本身色素含量较低，导致光合作用下降，从而不能为叶片氮还原同化过程提供充足能量，造成叶片中的硝酸盐大量积累。硝酸盐作为烟草特有亚硝胺（TSNA）的重要前体物，与后期烟草叶片 TSNA 形成密切相关，而 TSNA 是一类存在于烟叶和烟草制品中的有害化合物，对人体健康有很大危害。因此，降低白肋烟叶中的 NO_3^--N 水平可以有效抑制 TSNA 的积累，从而降低烟草制品对人体的危害。研究表明，硝酸盐的积累与烟草碳代谢和氮代谢密切相关，氮代谢需要依赖碳代谢提供碳源和能量，而碳代谢又需要氮代谢提供酶蛋白和光合色素，二者需要共同的还原力、ATP 和碳骨架。目前，有关施氮量、打顶时间、氮素形态和外源调控剂对白肋烟硝酸盐含量影响的研究已有较多，但通过嫁接的方法用不同氮效率基因型的烟草品种作砧木来探讨对白肋烟碳氮代谢和硝酸盐含量影响的研究比较鲜见。

嫁接是植物无性繁殖的一种栽培技术，且嫁接苗砧木和接穗中的遗传物质不会改变。许多研究表明，砧木可以对接穗的生长发育、生理生化特性、产量和品质及植物抗性等产生影响。近年来，嫁接技术已被广泛应用于改善植株光合作用和色素含量；此外，研究表明，选用强壮的砧木与接穗嫁接后，植株叶片色素含量、光合作用、氮代谢酶活性和氮含量均高于自根苗，同时嫁接还会影响植株呼吸、营养元素代谢和内源激素含量等生理生化过程。因此，本研究分别设置盆栽和大田试验，以研究嫁接对白肋烟生长发育、光合作用、碳氮代谢能力及硝酸盐和 TSNA 含量的影响，并从分子生物学的角度阐述其作用机理，为通过农业措施降低和调节烟叶硝酸盐和 TSNA 含量提供新的途径（李耕等，2021）。

盆栽试验于 2020 年在河南农业大学国家烟草栽培生理生化研究基地气候室进行。以白肋烟品种鄂烟 1 号和烤烟品种 K326 为材料。采用漂浮育苗方式育苗，为增加嫁接苗成活率，砧木要比接穗提前 7d 育苗，烟苗长至大十字期时进行剪叶促进烟苗生长，待烟苗长至 5～6 烟叶（苗龄 45d 左右）时开始进行控水处理以增强烟苗柔韧性。烟苗控水 4～5d 后挑选长势均匀、大小一致的烟苗采用劈接法进行嫁接。试验设置 3 个处理，处理 1：接穗与砧木都为 K326，用“K/K”表示；处理 2：接穗与砧木都为鄂烟 1 号，用“E/E”表示；处理 3：鄂烟 1 号为接穗，K326 为砧木，用“E/K”表示。当嫁接苗出现新生的真叶时开始将其移栽至填满营养土的花盆中，1 株/盆。移栽 3 周后开始取样测定其生理指标和常规化学成分，每个处理 10 棵烟，共 30 棵。

大田试验于 2021 年在河南省许昌市襄城县紫云镇塑料大棚（长 40m、宽 8m、高 2m）进行，田间土壤以红壤为主。材料、嫁接方法和嫁接组与盆栽试验中使用的相同，嫁接苗前 3d 避光处理，7d 后正常管理。4 月 30 日嫁接，5 月 14 日移栽，7 月 20 日打顶，行株距为 1.20m×0.50m，施氮量为 150kg/hm^2。试验处理同盆栽试验。试验采用随机区组设计，每个小区 10 株，重复 3 次。

3.3.1 嫁接对白肋烟鲜烟叶色素含量和净光合速率的影响

对不同处理间烟叶色素含量和净光合速率结果分析可知，嫁接后 60d 和 80d，E/E 处理鲜烟叶叶绿素 a、叶绿素 b、类胡萝卜素和净光合速率均显著低于 K/K 处理烟株（图 3-2）。而与 E/E 处理相比，E/K 处理烟叶中上述指标均显著提高，表明以烤烟为砧木进行嫁接能提高白肋烟接穗色素含量和净光合速率，从而促进白肋烟烟叶生长。

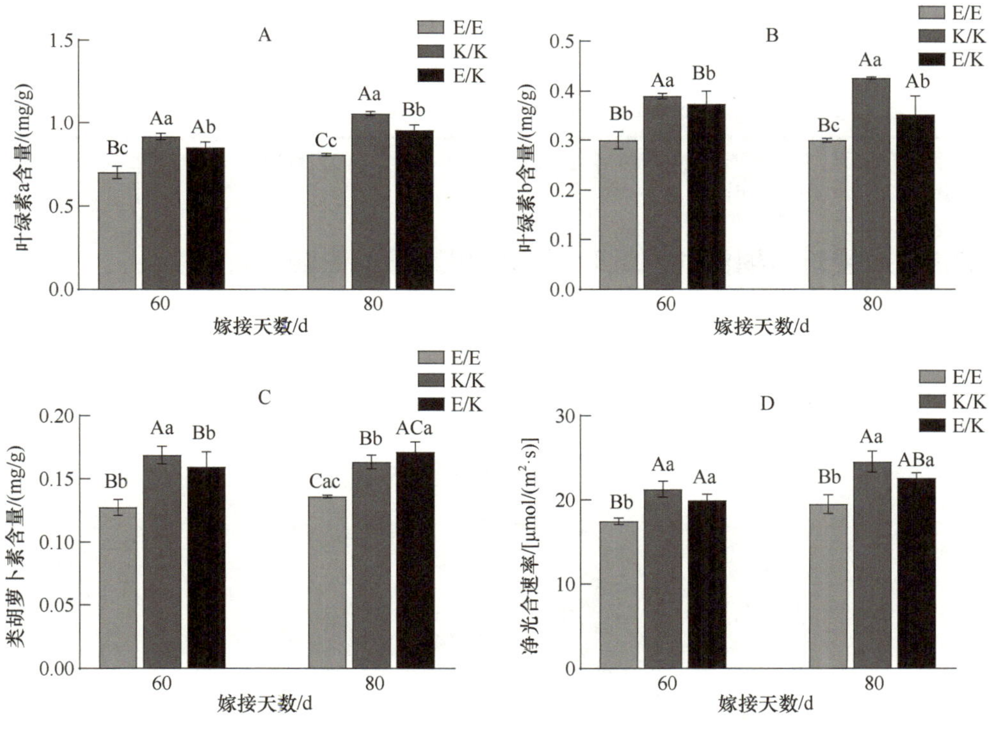

图 3-2　嫁接对白肋烟鲜烟叶色素含量和净光合速率的影响

不同大写字母代表不同处理间差异达极显著水平（$P<0.01$），不同小写字母代表不同处理间差异达显著水平（$P<0.05$）。下同

3.3.2 嫁接对白肋烟调制后烟叶硝态氮和 TSNA 含量的影响

对不同处理间调制后烟叶 NO_3^--N 和 TSNA 含量结果分析可知，以烤烟为砧木嫁接后，白肋烟接穗中 NO_3^--N 和 TSNA 含量显著降低（表 3-9）。其中，与 E/E 处理相比，E/K 处理上部叶和中部叶 NO_3^--N 含量分别降低 34.42%和 31.18%；E/K

处理上部叶 NNN、NAT、NAB、NNK 和总 TSNA 含量分别较 E/E 处理低 17.02%、33.51%、22.41%、32.58%和 18.87%；E/K 处理中部叶 NAT、NAB 和 NNK 含量分别较 E/E 处理低 14.50%、23.91%和 30.58%

表 3-9　嫁接对调制后烟叶 NO_3^--N 和 TSNA 含量的影响

部位	处理	NO_3^--N/（μg/g）	NNN/（ng/g）	NAT/（ng/g）	NAB/（ng/g）	NNK/（ng/g）	总 TSNA/（ng/g）
上部叶	K/K	445.95±10.55Cc	81.40±1.62Cc	89.95±4.03Cc	4.68±0.28Cc	23.00±0.47Cc	199.03±5.57Cc
	E/E	1833.35±11.66Aa	8255.00±41.59Aa	970.00±6.51Aa	34.41±0.92Aa	66.75±1.37Aa	9326.16±36.66Aa
	E/K	1202.27±11.84Bb	6850.00±164.59Bb	645.00±11.62Bb	26.70±0.41Bb	45.00±0.93Cc	7566.70±121.55Bb
中部叶	K/K	512.61±7.63Cc	89.00±1.65Cc	82.00±4.82Cc	4.32±0.08Cc	22.80±0.33Cc	198.12±6.52Cc
	E/E	2036.07±58.03Aa	7685.00±69.94Aa	1017.50±5.05Aa	38.65±0.66Aa	74.55±1.47Aa	8815.70±164.28Aa
	E/K	1401.26±32.46Bb	7025.00±82.59Bb	870.00±21.09Bb	29.41±0.39Bb	51.75±0.80Bb	7976.16±216.43Bb

注：同列不同大写字母代表不同处理间差异达极显著水平（$P<0.01$），同列不同小写字母代表不同处理间差异达显著水平（$P<0.05$）。下同

3.3.3　嫁接对苗期白肋烟烟叶干物质积累量的影响

如图 3-3 所示，烟草不同砧穗组合嫁接苗干物质积累量存在显著差异，且 3 种嫁接苗根、茎、叶干物质积累量均表现为 K/K＞E/K＞E/E。其中，E/K 根、茎、叶干物质积累量分别较 E/E 升高 50.00%、22.58%和 15.57%。K/K 根、茎、叶干物质积累量分别较 E/E 升高 75.00%、51.61%和 26.23%。

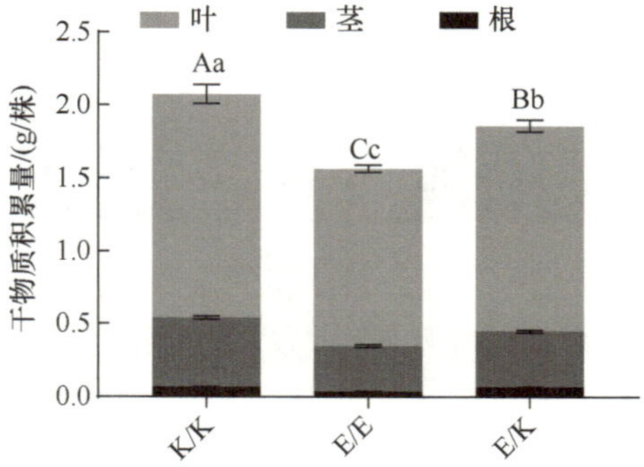

图 3-3　嫁接对烟苗干物质积累的影响

3.3.4　嫁接对苗期白肋烟烟叶色素含量和光合速率的影响

由图 3-4 可知，砧木显著影响嫁接烟叶色素含量，以烤烟为砧木嫁接后，3

种嫁接苗间的色素含量有明显差异，且叶绿素 a、叶绿素 b、类胡萝卜素含量和净光合速率均表现为 K/K＞E/K＞E/E。其中，与 E/E 相比，E/K 烟叶叶绿素 a、叶绿素 b、类胡萝卜素含量和净光合速率分别增加 13.61%、14.44%、25.62%和 21.89%。与 E/E 相比，K/K 烟叶叶绿素 a、叶绿素 b、类胡萝卜素含量和净光合速率分别增加 20.17%、22.43%、48.38%和 47.22%。白肋烟是叶色黄绿突变的烟草，色素含量较低，而以烤烟为砧木能够显著提升白肋烟接穗叶绿素含量，可能与上述烤烟根系生物量高，从而能吸收更多氮素有关。

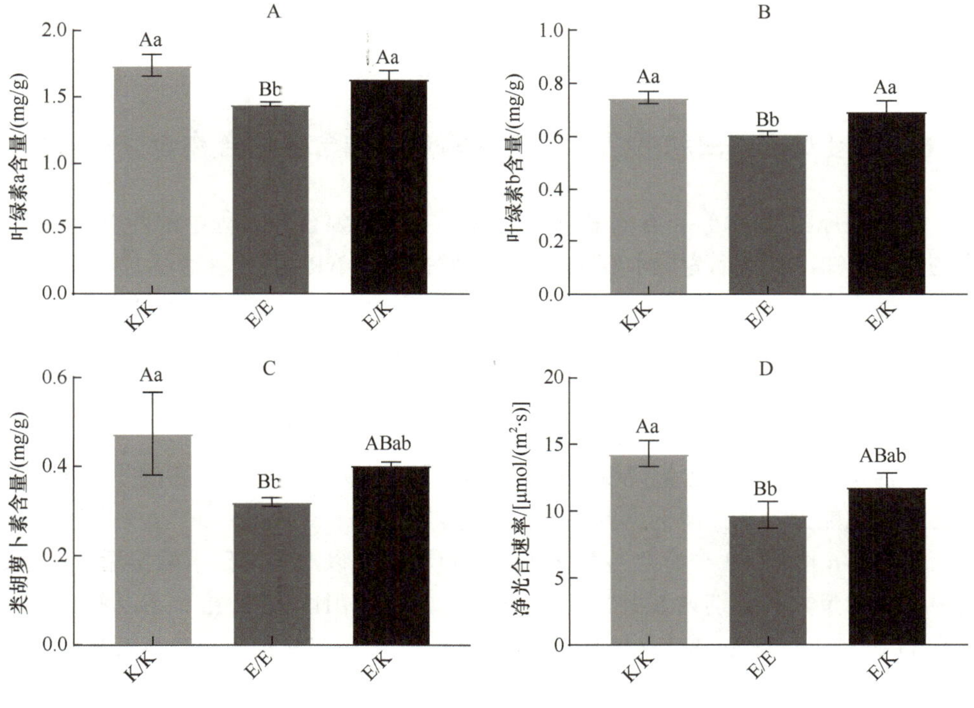

图 3-4　嫁接对白肋烟烟叶色素含量和净光合速率的影响

3.3.5　嫁接对苗期白肋烟烟叶总糖和还原糖含量的影响

由图 3-5 可知，以烤烟为砧木嫁接后，3 种嫁接苗间总糖和还原糖含量均表现为 K/K＞E/K＞E/E，差异达显著或极显著水平。其中，与 E/E 处理相比，E/K 烟叶中总糖和还原糖含量分别升高 21.05%和 79.44%。与 E/E 处理相比，K/K 烟叶中总糖和还原糖含量分别升高 42.66%和 93.33%。因此，以烤烟为砧木能促进白肋烟接穗碳水化合物合成，从而为烟叶硝酸盐还原同化提供充足碳源。

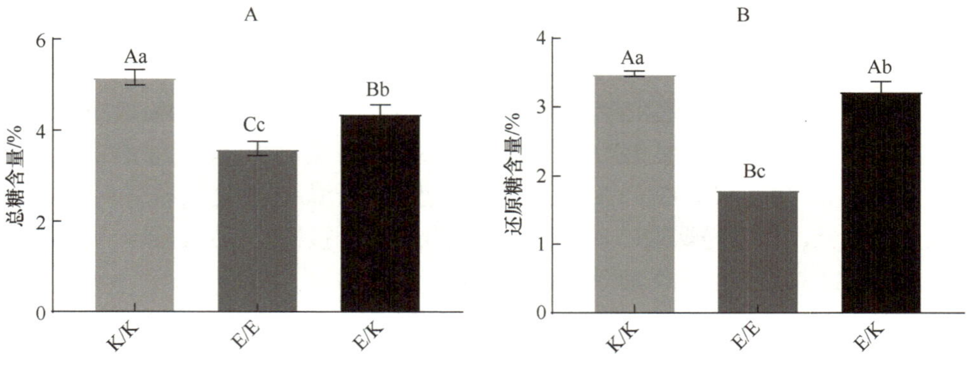

图 3-5 嫁接对白肋烟烟叶总糖和还原糖含量的影响

3.3.6 嫁接对苗期白肋烟烟叶氮代谢酶活性和含氮化合物含量的影响

硝酸还原酶（NR）和谷氨酰胺合成酶（GS）是氮代谢过程中的两个关键酶，由图 3-6 可知，以烤烟为砧木嫁接后，3 种嫁接苗间 NR 活性、GS 活性、NH_4^+-N 和可溶性蛋白含量均表现为 K/K＞E/K＞E/E，而 NO_3^--N 含量表现为 E/E＞E/K＞K/K。其中，E/K 烟叶 NR 活性、GS 活性、NH_4^+-N 和蛋白质含量分别较 E/E 增加 13.29%、14.58%、16.06%和 11.07%，而 NO_3^--N 含量降低 15.28%，K/K 烟叶 NR 活性、GS 活性、NH_4^+-N 和蛋白质含量分别较 E/E 增加 33.07%、32.95%、29.61%和 25.87%，而 NO_3^--N 含量降低 29.64%，表明以烤烟为砧木能提高白肋烟接穗氮素还原同化能力，从而降低烟叶硝酸盐含量。

由图 3-6 可知，3 个嫁接苗氮素积累特点不同。以烤烟为砧木嫁接后，在根、茎中总氮含量大小分别为 K/K＞E/K＞E/E，与 E/E 相比，E/K 根、茎总氮含量提高了 11.02%和 6.23%，K/K 根、茎总氮含量提高了 16.27%和 11.53%。E/E 烟苗叶片总氮含量较高，较 K/K 和 E/K 分别高 9.02%和 2.34%，但叶片氮素积累量相对较低，这与其叶片干物质积累量较低密切相关；而 E/K 和 K/K 烟苗叶片总氮含量

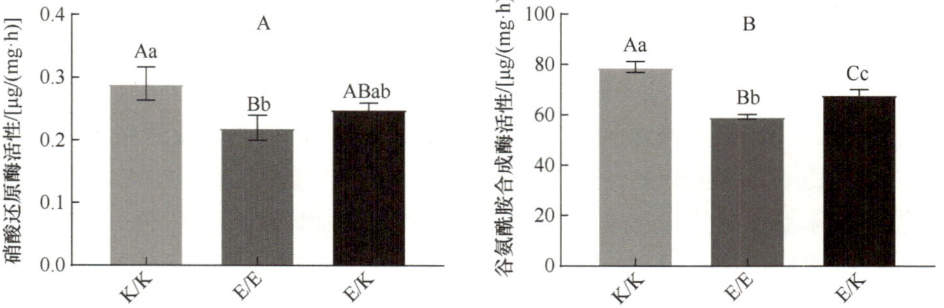

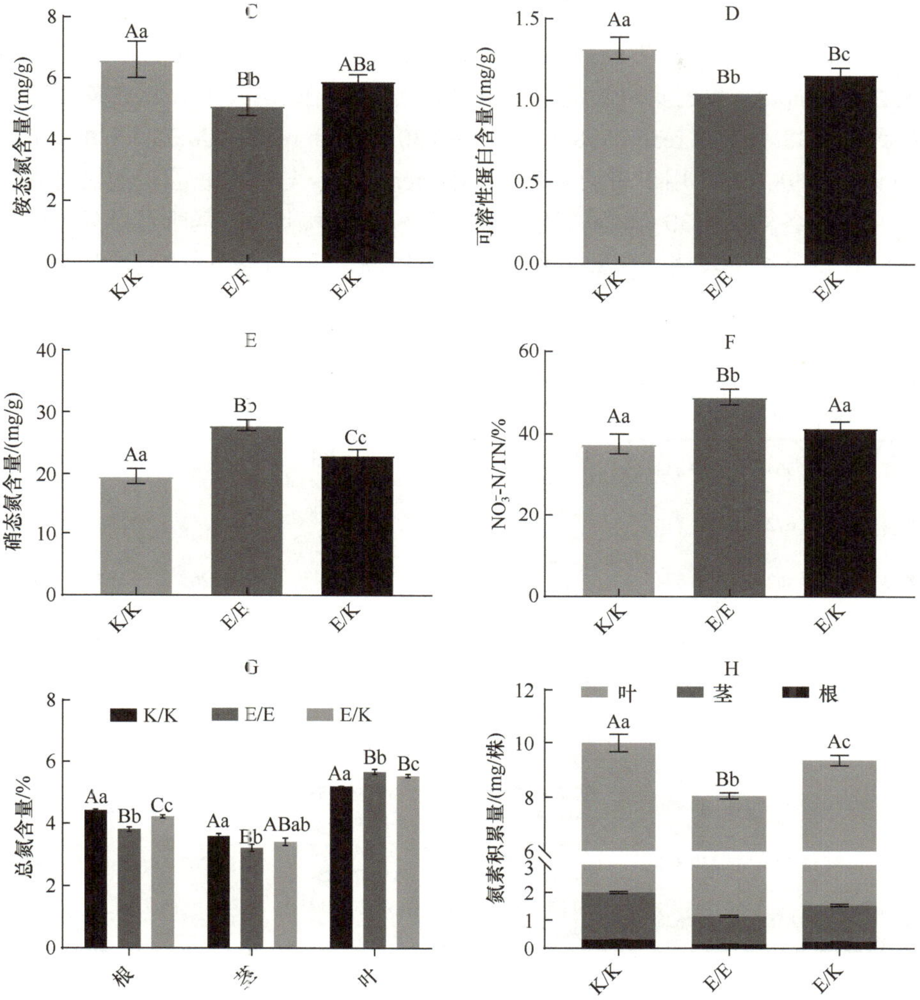

图 3-6　嫁接对白肋烟酶活性和氮化合物含量的影响

较低，但叶片氮素积累量较高，分别较 E/E 高 13.17%和 15.92%，与该处理叶片干物质积累量较高有关，说明以烤烟为砧木有利于促进白肋烟叶片中干物质积累。

3.3.7　嫁接对苗期白肋烟烟叶转录组的影响

3.3.7.1　转录组测序质量评估

为了研究嫁接提高白肋烟碳氮代谢的分子机理，本研究对不同处理烟草叶片组织进行了转录组测序，每个处理有 3 个生物学重复，RNA 测序（RNA-seq）结果见表 3-10。对不同处理烟草叶片组织的转录组数据进行统计，分别在 K/K、E/E 和 E/K 处理组得到 131.07M raw reads、128.42M raw reads 和 128.62M raw reads。经过去除 adapters 和过滤掉低质量 reads 后，进一步在 K/K、E/E 和 E/K 处理组筛选得到 129.38M clean reads（98.71%）、126.30M clean reads（98.35%）和 126.79M clean reads（98.58%）用于后续分析。这些 clean reads 与参考基因组的比对效率均高于 90%，各样品 Q30（碱基识别准确率在 99.9%以上的碱基所占百分比）均大于 92%，以上结果表明测序数量和比对效率较高，可以进行后续差异基因的筛选及生物信息学分析。

表 3-10　样品测序数据统计表

sample	raw reads	clean reads	total mapped	uniquely mapped	error rate/%	Q30/%	GC content/%
K/K_1	44 541 564	43 969 238	42 055 032（95.65%）	39 178 341（89.1%）	0.0266	92.53	44.27
K/K_2	42 918 672	42 447 710	40 460 508（95.32%）	38 782 168（91.36%）	0.0263	92.79	43.52
K/K_3	43 608 662	42 958 374	40 976 944（95.39%）	36 942 872（86.0%）	0.0265	92.67	44.71
E/E_1	42 229 730	41 506 252	38 963 866（93.87%）	35 437 386（85.38%）	0.0272	92.05	44.37
E/E_2	43 825 134	43 126 072	40 946 360（94.95%）	37 654 122（87.31%）	0.0267	92.47	44.19
E/E_3	42 369 488	41 663 348	39 268 612（94.25%）	37 893 543（90.95%）	0.0271	92.12	43.26
E/K_1	42 487 236	41 888 980	39 710 223（94.8%）	38 396 153（91.66%）	0.027	92.23	43.5
E/K_2	44 021 296	43 430 390	41 237 990（94.95%）	39 848 092（91.75%）	0.0267	92.45	43.59
E/K_3	42 107 858	41 469 528	39 251 686（94.65%）	37 635 313（90.75%）	0.0265	92.64	43.5

3.3.7.2　不同处理间差异表达基因分析

在做基因差异表达分析之前，需要检查样品间基因的表达水平相关性。本研究用皮尔逊相关系数代表样品间基因的表达水平相关性，相关系数如果接近 1，说明样品之间表达模式具有较高的相似度。由图 3-7 可知，各样品重复间的相关系数均在 0.9 以上，表明试验可靠且样本间生物学重复性较好，样本选择合理。

按照基因表达|log2fold change|＞0.0 和 padj＜0.05 的标准，E/E 与 K/K 对比中共检测到 8443 个差异表达基因，有 3789 个基因上调表达、4654 个基因下调表达；E/K 与 E/E 对比中共检测到 5777 个差异表达基因，有 2305 个基因上调表达、3472 个基因下调表达。聚类热图和火山图表明不同处理间存在明显的分组模式（图 3-8）。

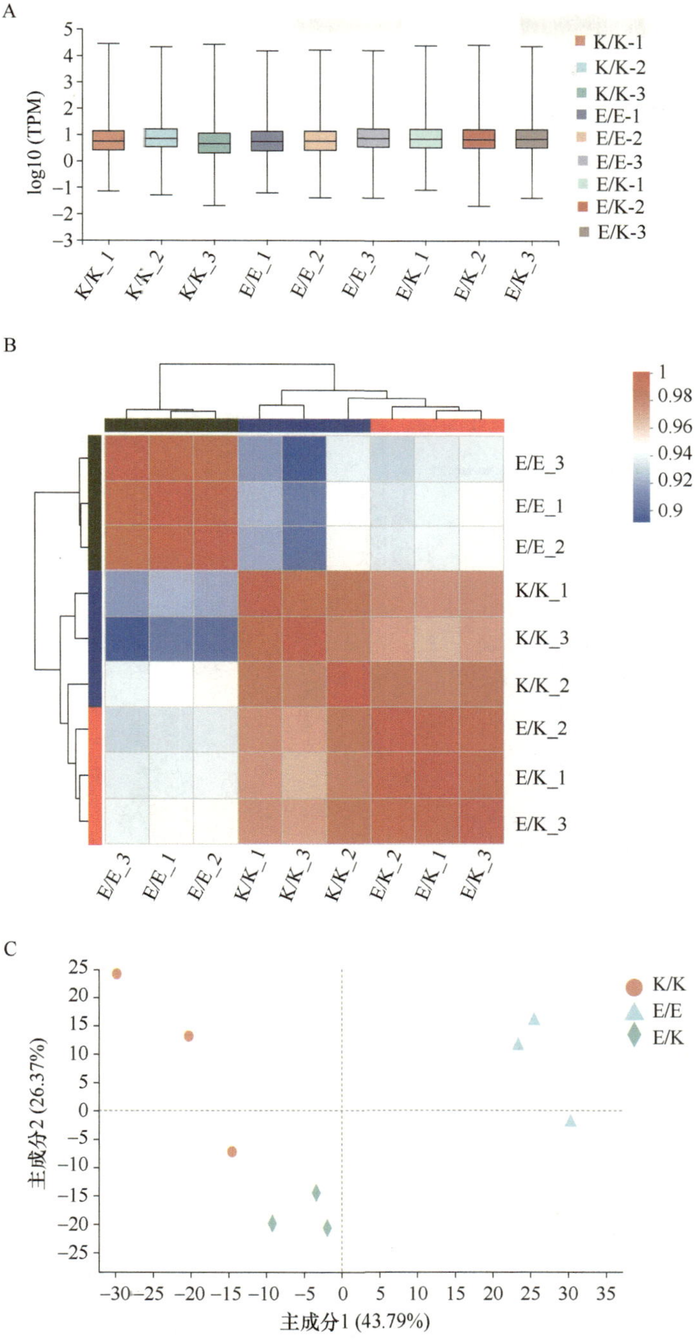

图 3-7　不同处理基因表达和主成分分析（PCA）

A. 不同样本基因表达分布；B. 样本间基因表达相关性热图；C. 主成分分析

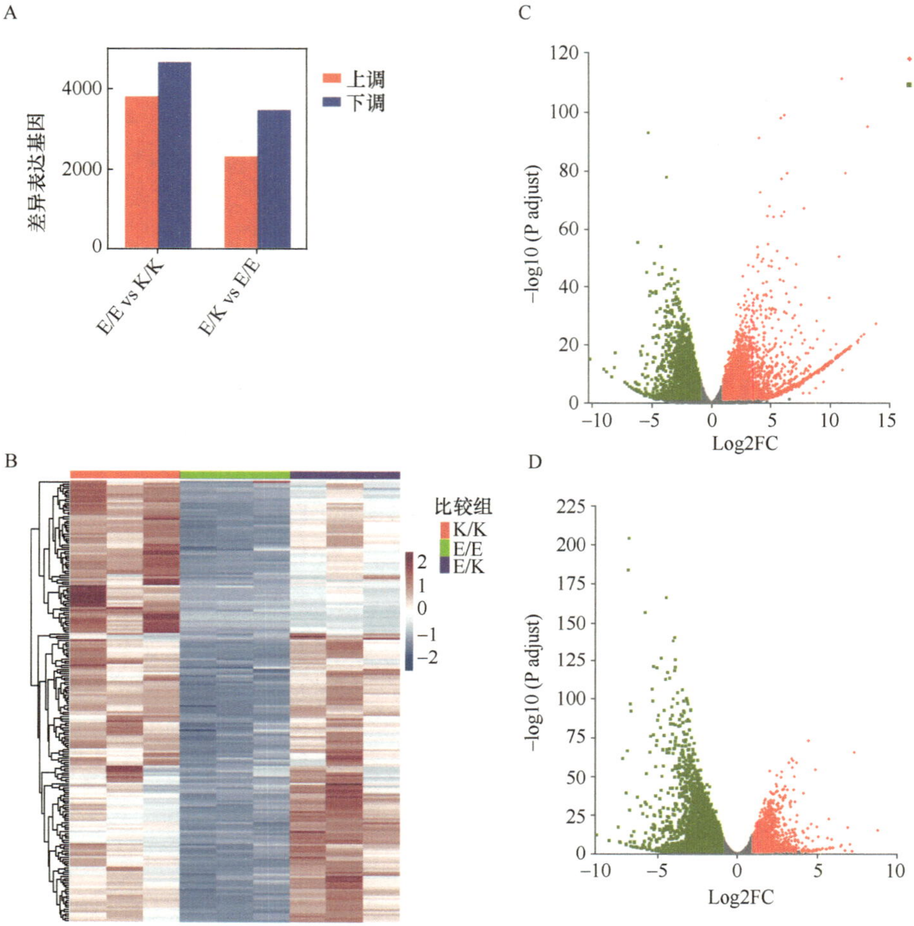

图 3-8　差异基因聚类分析热图和火山图

A. 上调基因和下调基因统计图。B. 样本间差异基因聚类分析：水平方向代表不同样本同一基因的表达水平；红色代表基因高表达，蓝色代表基因低表达。C. E/E 和 K/K 比较组差异基因火山图：红色代表上调基因，绿色代表下调基因。D. E/K 和 E/E 比较组差异基因火山图：红色代表上调基因，绿色代表下调基因

3.3.7.3　差异基因基因本体（GO）及京都基因和基因组数据库（KEGG）富集分析

通过对筛选得到的差异基因进行 GO 功能注释，可以在基因功能水平上阐明样本之间的差异。研究结果表明，E/E vs K/K 比较组中，下调基因主要富集在光合系统Ⅱ组装（photosystem Ⅱ assembly）、光合系统Ⅰ组装（photosystem Ⅰ assembly）和光合系统Ⅱ放氧复合体（photosystem Ⅱ oxygen evolving complex），而上调基因主要富集在膜（membrane）、质膜（plasma membrane）和钙离子结合（calcium ion binding）。E/K vs E/E 比较组中，下调基因主要富集在对几丁质的响

应（response to chitin）和膜结构（membrane），而上调基因主要富集在叶绿体（chloroplast）、类囊体（thylakoid）和类黄酮合成过程（flavonoid biosynthesis process）（图 3-9）。

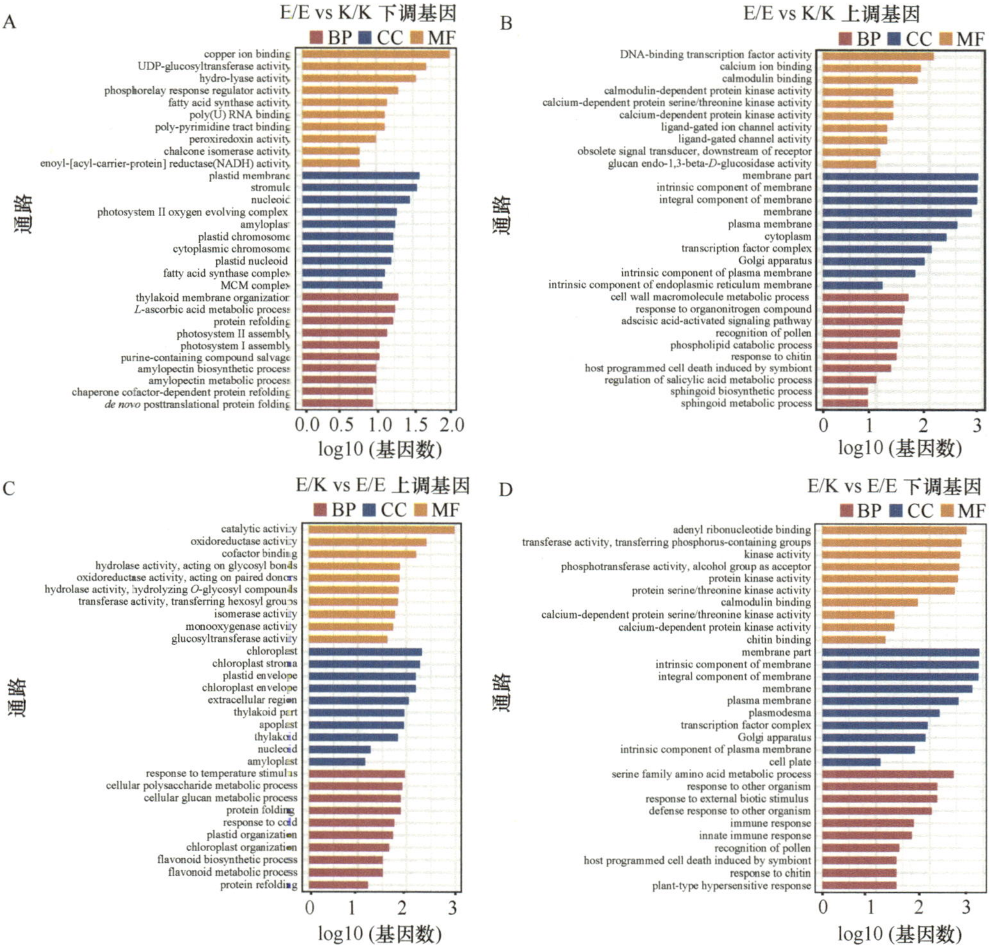

图 3-9 差异基因 GO 富集分析

BP：生物过程；CC：细胞组分；MF：分子功能

KEGG 功能富集分析结果表明，富集在淀粉和蔗糖代谢（Starch and sucrose metabolism）、卟啉和叶绿素代谢（Porphyrin and chlorophyll metabolism）、光合有机体碳固定（Carbon fixation in photosynthetic organisms）和类胡萝卜素合成（Carotenoid biosynthesis）途径差异基因在 E/E vs K/K 比较组中下调表达，而在 E/K vs E/E 比较组中上调表达。由此说明，以烤烟为砧木能够促进白肋烟烟叶色素和碳代谢（图 3-10）。

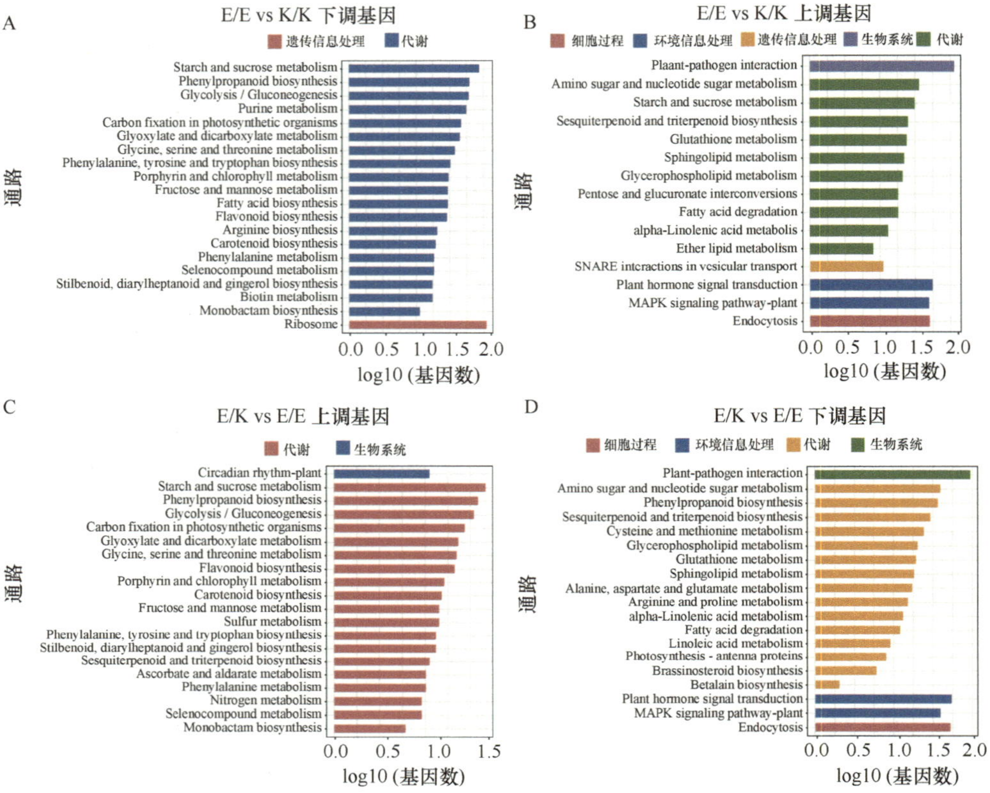

图 3-10 差异基因 KEGG 富集分析

3.3.7.4 白肋烟响应嫁接处理差异表达基因分析

为了进一步探讨嫁接改善白肋烟叶片色素合成和碳代谢的机理，对 E/E vs K/K 比较组中的下调基因和 E/K vs E/E 比较组中的上调基因进行了维恩图分析（图 3-11），两者共有的基因有 1590 个。按照生物过程（BP）、细胞组分（CC）和分子功能（MF）进行 GO 分类，挑选每个 GO 分类中 *P* 值最小即富集最显著的前 10 个 GO 通路条目进行展示，结果见图 3-11。由图可知，在生物过程（BP）分类中，参与蛋白质折叠（protein folding）的基因所占比例较高；在细胞组分（CC）分类中，参与质体基质（plastid stroma）和叶绿体基质（chloroplast stroma）的基因所占比例较高；在分子功能（MF）分类中，参与催化活性（catalytic activity）和氧化还原酶活性（oxidoreductase activity）的基因所占比例较高。

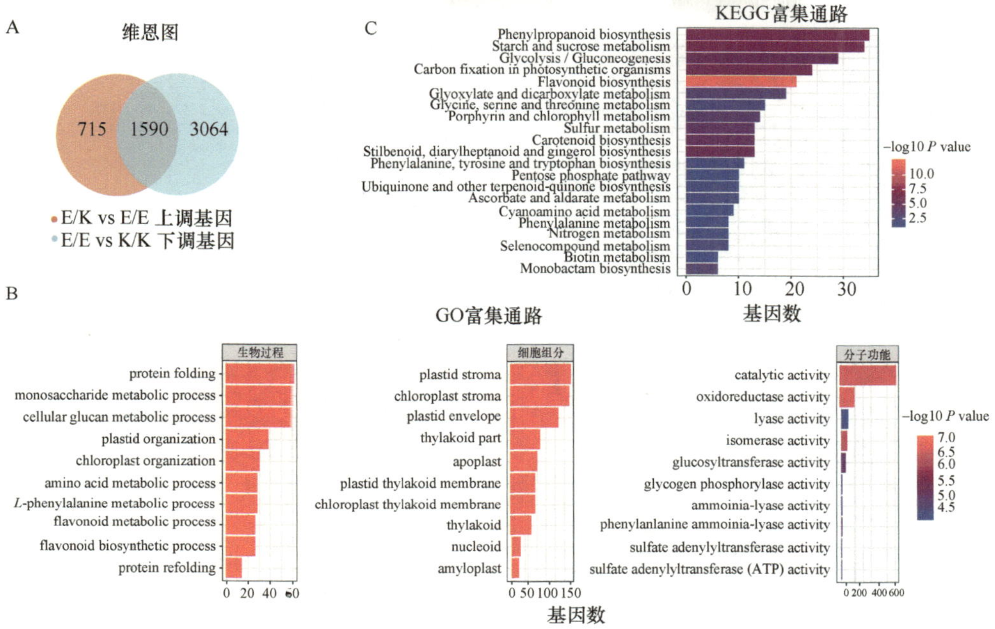

图 3-11　响应嫁接差异基因 GO 和 KEGG 富集分析

为进一步确定差异表达基因参与的主要生化代谢途径，利用 KEGG 对差异基因进行通路分析。结果表明，差异基因显著富集在淀粉和蔗糖代谢（Starch and sucrose metabolism）、卟啉和叶绿素代谢（Porphyrin and chlorophyll metabolism）、光合有机体碳固定（Carbon fixation in photosynthetic organisms）、类胡萝卜素合成（Carotenoid biosynthesis）和氮代谢（Nitrogen metabolism）相关途径。

3.3.7.5　碳氮代谢相关基因的差异表达分析

为了筛选嫁接促进白肋烟生长发育相关的关键基因，本研究进一步研究了碳氮代谢相关基因的表达和功能，并基于每百万片段中来自某一蛋白编码基因每千碱基长度的片段数目（FPKM），对这些基因进行分类并构建聚类热图，如图 3-12 所示。结果显示，分别有 34 个、14 个、24 个、13 个和 8 个参与淀粉和蔗糖代谢（Starch and sucrose metabolism）、卟啉和叶绿素代谢（Porphyrin and chlorophyll metabolism）、光合有机体碳固定（Carbon fixation in photosynthetic organisms）、类胡萝卜素合成（Carotenoid biosynthesis）和氮代谢（Nitrogen metabolism）的基因。与 E/E 处理相比，这些差异基因表达量在 E/K 处理中均有提高，这可能是 E/K 处理烟叶 NO_3^--N 含量降低的重要原因。

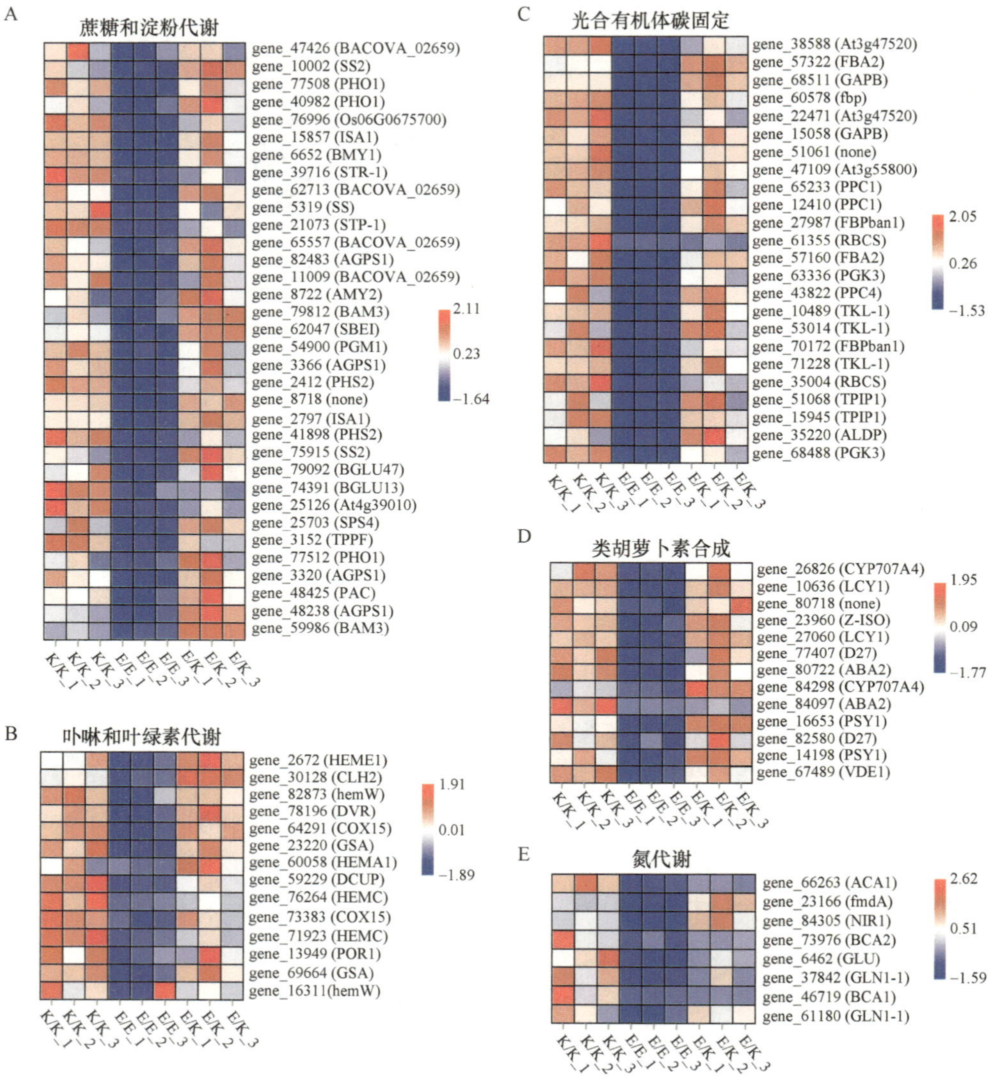

图 3-12　碳氮代谢通路基因表达量分析

3.3.8　小结

与氮效率较高的砧木进行嫁接，可以提高植株的氮效率，进而提高作物产量。前期研究表明，白肋烟色素合成能力弱，氮素利用效率低，从而影响烟叶产量和质量。本研究通过对 K/K、E/E 和 E/K 嫁接的对比发现，植株根、茎、叶鲜质量和干质量均表现为 K/K＞E/K＞E/E，表明了烤烟 K326 砧木发达的根系对嫁接苗生长具有显著的促进效果。

叶绿素是植物光合作用的主要载体，其含量是植株营养状况的重要指标，能够反映植物叶片光合作用能力强弱、对营养胁迫的反应及植株健康状况。叶绿素含量与光合能力及氮素状况之间具有较强的相关性，对其含量的测定分析是评价植物长势的有效手段。不同砧木嫁接苗的差异可能与砧木根系紧密相关，强壮根系砧木其较强的吸肥吸水能力导致植株体内元素和水分状况较好，从而有利于植株叶片叶绿素的合成及光合能力的提高。此外，也有研究表明，嫁接显著影响植株叶片及伤流液中内源激素含量，进而调控植株叶片的光合能力。本研究表明，E/E 烟株色素含量和光合作用显著低于 K/K，而以烤烟为砧木嫁接后，E/K 烟株色素和光合作用高于 E/E。叶绿素与氮素具有较好的相关性，本试验中 E/K 烟株根、茎、叶氮素积累量均高于 E/E，可能因此导致 E/K 烟株色素含量和光合作用高于 E/E。此外，烤烟砧木是否改变了白肋烟接穗中的内源激素含量从而导致其色素和光合作用的变化，有待进一步研究。此外，转录组结果表明，与白肋烟自根嫁接苗相比，以烤烟为砧木后白肋烟接穗中有关色素合成、碳固定、淀粉和蔗糖合成相关的基因上调表达。其中包括编码色素合成途径原叶绿素酸酯还原酶（protochlorophyllide reductase）、胆色素原脱氨酶（porphobilinogen deaminase）和谷氨酸酯-1-半醛 2,1-氨基变位酶（glutamate-1-semialdehyde 2,1-aminomutase）的关键基因 *POR*（*gene_13949*）、*PBG*（*gene_76264*）和 *GSA*（*gene_69664*）；编码碳代谢途径 1,5-二磷酸核酮糖（ribulose-1,5-bisphosphate）和果糖二磷酸醛缩酶（fructose-bisphosphate aldolase）的关键基因 *RuBP* 和 *FBA*（*gene_57322*）。

NR 酶活性决定了硝态氮转化代谢的速度，GS 酶决定了铵同化的能力，而白肋烟 NR 与 GS 酶活性都比较低，导致氮素还原同化能力弱，进而导致烟叶硝酸盐积累。嫁接作为一种历史悠久的栽培技术手段，对植株氮素吸收利用效率的调控较为明显。前期研究发现，选用氮效率较强的砧木能显著提高接穗氮代谢关键酶活性和氮代谢能力。本研究结果显示，以烤烟为砧木嫁接后，E/K 烟株 NR 和 GS 酶活性显著提高，且 E/K 嫁接苗叶片 *NiR*（*gene_84305*）和 *GS*（*gene_61180*）基因表达量高于 E/E 嫁接苗；此外，E/E 烟株总糖、还原糖、NH_4^+-N 和蛋白质含量显著低于 K/K，而 NO_3^--N 含量高于 K/K，以烤烟为砧木嫁接后，E/K 烟株总糖、还原糖、NR、GS、NH_4^+-N 和蛋白质含量显著提高，而 NO_3^--N 含量降低，烤烟砧木可通过吸收更多氮素提高接穗叶片色素含量和光合作用，促进碳水化合物合成，为硝酸盐还原同化过程提供充足能量，有利于降低叶片硝酸盐含量。在烟叶生产过程中采用嫁接的方式调控白肋烟硝酸盐含量，关键是选好砧木，并通过设计多品种烟草作砧木筛选最佳嫁接组合。

采用氮效率差异明显基因型的烤烟和白肋烟进行嫁接，烤烟与白肋烟嫁接烟株的色素含量、GS 活性、NR 活性、净光合速率、NH_4^+-N 含量、可溶性蛋白含量和氮素积累量相对于白肋烟自根苗均有所提高，但低于烤烟自根苗；以烤烟为砧木能调控白肋烟接穗中参与色素合成、光合有机体碳固定和氮代谢的基因上调表达；同时，烤烟与白肋烟嫁接烟株的 NO_3^--N 和 TSNA 含量显著低于白肋烟自根苗。以烤烟为砧木能够显著提高白肋烟接穗色素合成、光合作用和氮还原同化能力，从而降低白肋烟硝酸盐积累量。

3.4 减氮配施丙三醇和生长素对烟叶硝酸盐和 TSNA 含量的影响

摘要：为降低烟草体内硝酸盐及 TSNA 积累，提高氮素利用效率和烟叶质量。以中烟 100（烤烟）、中川 208（烤烟）和鄂烟 1 号（白肋烟）为试验材料，在施氮量减少 20%的条件下，喷施 2ml/L 丙三醇和 10mg/L 吲哚乙酸（IAA）（简称减施氮肥处理），分析烟叶光合作用指标、物理性状、常规化学成分、硝酸盐和 TSNA 含量、烟叶感官质量。减施氮肥处理能够提升烤烟和白肋烟烟叶光合能力，促进烟叶碳代谢，提高单叶重、叶质重、叶长和叶宽。减氮施肥处理能降低烟叶的硝酸盐和 TSNA 含量，中烟 100、中川 208 和鄂烟 1 号上部叶烤后烟叶的硝态氮平均含量分别降低 20.65%、20.81%和 17.03%，中部叶烟叶的硝态氮平均含量分别降低 19.20%、22.25%和 19.43%。中烟 100、中川 208 和鄂烟 1 号上部叶烟叶总 TSNA 含量分别降低 35.21%、46.21%和 43.13%，中部叶烟叶总 TSNA 含量分别降低 34.13%、33.19%和 34.68%。此外，减氮施肥处理在不影响烟叶感官质量的前提下能够降低总氮和烟碱含量，提高上部叶和中部叶总糖的含量。减施氮肥并喷施丙三醇和生长素不仅能够提高烟叶光合效率、促进烟叶碳代谢、提高上部叶和中部叶总糖的含量，还能有效降低总氮、烟碱、硝酸盐含量，从而抑制 TSNA 积累，这对氮素利用效率和烟叶质量的提升有很大帮助。

氮素作为植物生命活动中最重要的矿质营养元素之一，是蛋白质、核酸、叶绿素、生物碱、维生素、辅酶等多种重要化合物的组分。在自然生态系统中，氮素以多种形式存在，包括大气中的氮气、土壤中的无机氮（NH_4^+和 NO_3^-等）和有机氮（尿素、氨基酸等）等。除了少数的豆科植物能够与固氮菌共生而利用空气中的氮气外，绝大多数植物主要通过土壤获得氮素营养。目前，由于土壤中缺乏可利用的氮素，人们通过施加氮肥来补充土壤中氮量。在烟草生产中，为追求高的烟叶产值，施用的氮肥量远远超出了烟株的吸收能力和土壤的固持能力，这一方面带来了严重的资源浪费和越来越严重的环境问题，包括土壤的富集营养化、地下水体硝酸盐污染及空气中 N_2O、N_2 增多带来的温室效应和臭氧层破坏等；另一方面造成工业企业采收的烟叶质量受到很大影响，烟碱等重要化学成分含量过高，从而使烟叶刺激性增强、吸食品质降低。此外，过量的氮肥施用，使得烟草根系从土壤中吸收的 NO_3^-含量增加，而 NO_3^-是有害物质 TSNA 形成的前体物，其含量水平是 TSNA 积累的重要指示物。因此，合理施用氮肥和提高氮效率对降低烟草体内硝酸盐和 TSNA 积累意义重大。

一般而言，植物生长是碳氮代谢的平衡过程，碳限制根系生长，氮限制地上部生长，氮素高效吸收利用各环节紧密相连，提高根系对氮素的吸收能力、向收获器官运输的能力及地上部分对氮素的利用能力是提高氮肥利用率的重要措施。丙三醇作为一种三碳碳源，一方面可以为细胞生长和代谢活动提供碳骨架，另一方面在光合作用、蔗糖代谢、细胞渗透调节及增强植物抗逆性中均能发挥重要作用。近年来，有关丙三醇降低植物叶片硝酸盐含量方面的研究取得了一定进展。相关研究发现，10ml/L 丙三醇降低叶菜类蔬菜硝酸盐含量的效果显著，与丙三醇促进植株叶片色素含量升高和光合作用有关。此外，丙三醇可以促进烟草光反应途径、碳固定途径、蔗糖合成和氮代谢途径关键基因的表达，从而提高碳氮代谢和氮素利用效率，进而降低烟草叶片中硝酸盐含量。生长素是位于植物体内的重要细胞生长调节物质，参与调节植物细胞生长发育和生理生化过程，且其生理功能主要表现在促进植物生长、调控植物细胞数目增加和细胞伸长及有效缓解环境胁迫等方面，同时生长素还可与油菜素内酯、赤霉素、乙烯等生长激素信号通路相互作用，从而影响植物生长发育过程中各种代谢活动。已有研究证明，糖类物质可与细胞分裂素（CTK）、IAA 等激素相互作用，在促进植物生长和个体发育的进程中起到重要作用。本节旨在通过减少氮肥的施入及结合其他调控措施（喷施丙三醇和生长素），在保证烟草生长和烟叶产值不受影响的情况下，降低烟叶中硝酸盐和 TSNA 的含量，进一步提高氮素利用效率和烟叶质量。

本研究分别对烤烟和白肋烟进行了试验，其中烤烟品种选择了目前山东潍坊的主栽品种中烟 100 和中川 208，白肋烟选择湖北恩施的主栽品种鄂烟 1 号。烤烟试验于 2021 年 3～10 月在山东潍坊郝戈庄试验地完成，试验田选在地势平坦、排灌方便的地块。烟苗于 4 月 30 日进行移栽，团棵期试验在移栽后 40d 进行，旺长期试验在团棵期后 10d 进行。白肋烟试验于 2021 年 3～10 月在湖北恩施试验地完成。烟苗于 4 月 30 日进行移栽，团棵期试验在移栽后 35d 进行，旺长期试验在团棵期后 15d 进行。按照单因素随机区组设计，设置 2 个处理，分别为对照组和处理组。对照组喷施清水且采用当地正常施氮量；处理组喷施 2ml/L 丙三醇和 10mg/L IAA 且施氮量减少 20%。于旺长期喷施 7d 后测定烟株光合指标，并取同一部位上部叶和中部叶杀青烘干进行后续硝态氮的测定。同时，在调制结束后，按照国际等级标准选取代表性烟叶，冻干处理后，用于总氮、常规成分、NO_3^--N 和 TSNA 含量检测。

3.4.1 减氮配施丙三醇和生长素对烟叶光合指标的影响

不同处理烤烟光合指标如图 3-13 所示。由图可知，与对照组相比，烤烟两品

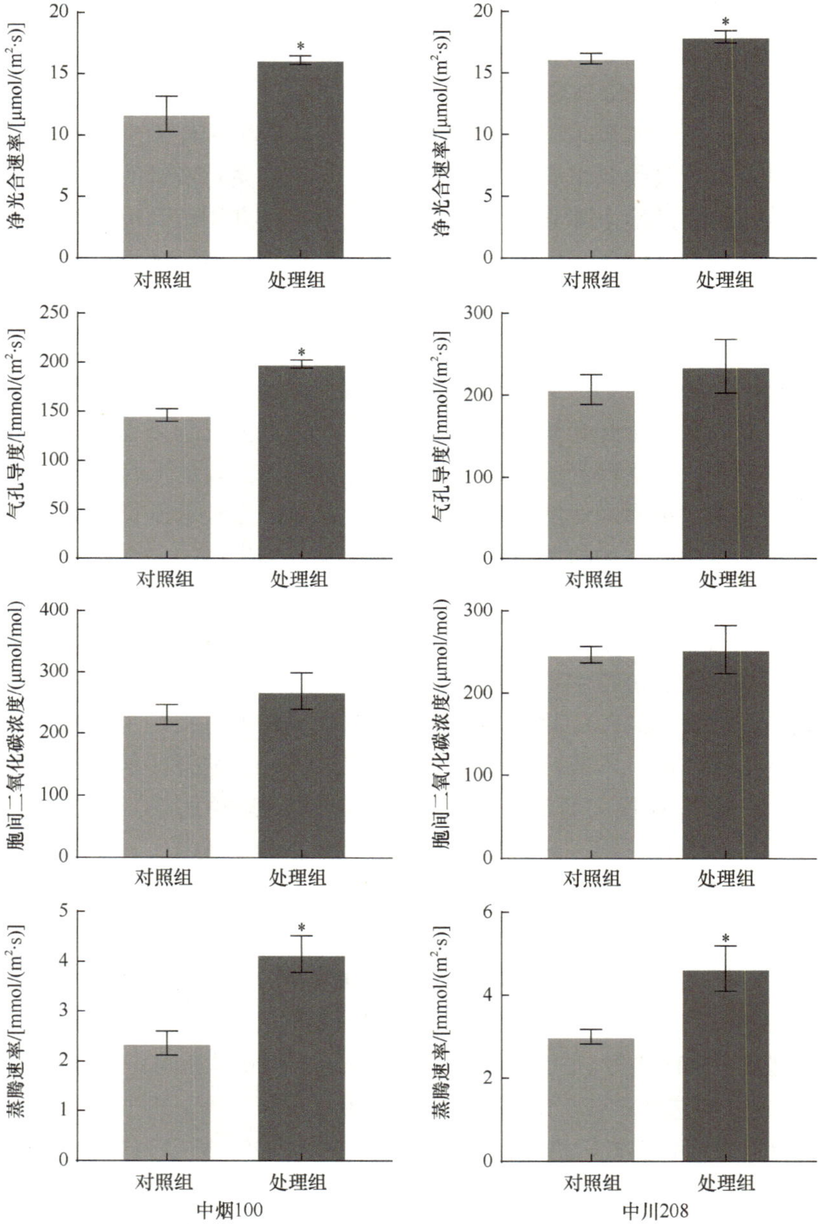

图 3-13 不同处理对烤烟烟叶光合指标的影响

“*”表示处理间差异显著（$P<0.05$）。下同

种处理组净光合速率均有所提高，其中烤烟品种中烟 100 净光合速率、气孔导度和蒸腾速率与对照组相比差异达显著水平。由图 3-14 可知，与对照组相比，处理组白肋烟烟叶净光合速率、气孔导度和胞间二氧化碳浓度均有所提升，且差异均达到显著水平。表明在减施氮肥的情况下，丙三醇和生长素喷施能够提高烤烟和白肋烟烟叶光合能力，促进烟叶碳代谢。

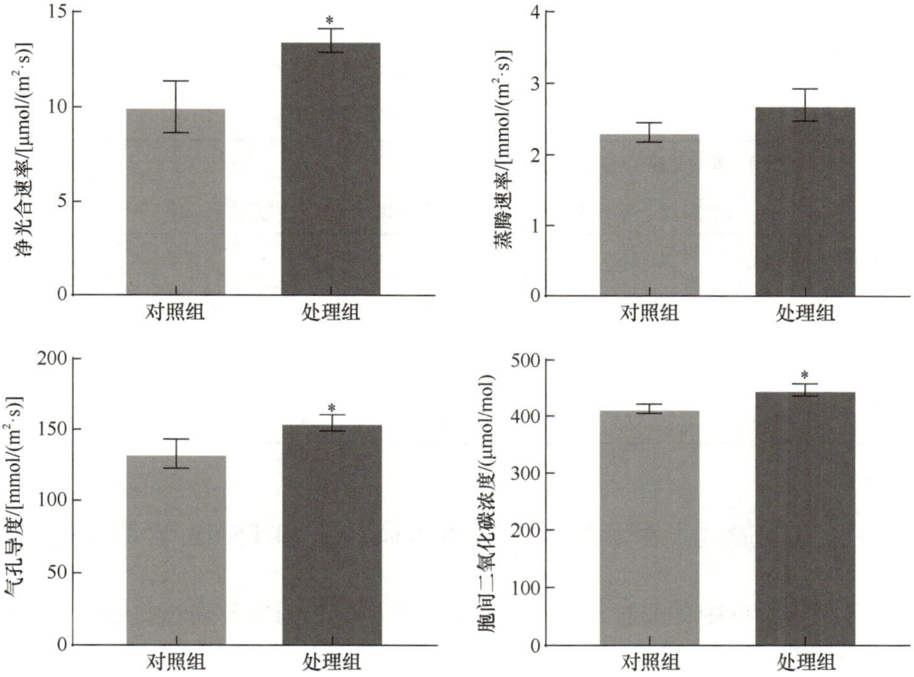

图 3-14　不同处理对白肋烟烟叶光合指标的影响

3.4.2　减氮配施丙三醇和生长素对烤后烟物理性状的影响

对不同处理烤烟和白肋烟烟叶物理性状分析结果见表 3-11。与对照组相比，烤烟两品种处理组上部叶和中部叶单叶重和叶长均显著提高，厚度略有增加。由表 3-12 可知，白肋烟处理组上部叶和中部叶单叶重、叶宽和厚度均显著提高，叶长、叶质重和拉力也有不同程度的增加。

表 3-11　不同处理对烤烟烤后烟叶物理性状的影响

品种	部位	处理	单叶重/g	叶长/cm	叶宽/cm	含梗率/%	叶质重/(g/m^2)	拉力/N	厚度/mm
中烟 100	上部叶	对照组	10.85	48.87	19.93	24.80	51.36	3.14	0.26
		处理组	14.58*	53.00*	22.60*	22.12*	55.31*	3.18	0.31

续表

品种	部位	处理	单叶重/g	叶长/cm	叶宽/cm	含梗率/%	叶质重/(g/m^2)	拉力/N	厚度/mm
中烟 100	中部叶	对照组	11.41	55.60	25.93	27.36	50.16	3.03	0.21
		处理组	15.62*	65.00*	26.87	28.60	51.68	3.06	0.23*
中川 208	上部叶	对照组	11.63	49.61	19.98	23.96	51.61	3.24	0.28
		处理组	13.52*	52.31*	21.86*	23.18	54.86	3.19	0.30*
	中部叶	对照组	11.98	49.82	25.96	25.89	51.23	3.08	0.21
		处理组	14.65*	58.64*	25.63	27.34	51.31	3.04	0.25

注：“*”表示处理间差异显著（$P<0.05$）。下同

表 3-12　不同处理对白肋烟烤后烟叶物理性状的影响

部位	处理	单叶重/g	叶长/cm	叶宽/cm	含梗率/%	叶质重/(g/m^2)	拉力/N	厚度/mm
上部叶	对照组	11.01	73.74	19.54	25.33	49.86	1.68	0.087
	处理组	14.02*	78.63	32.77*	30.12*	53.26	1.77	0.095*
中部叶	对照组	11.68	67.63	29.14	34.49	50.15	1.52	0.065
	处理组	13.23*	78.00*	36.47*	33.38*	52.89*	1.69	0.078*

3.4.3　减氮配施丙三醇和生长素对烟叶硝态氮和 TSNA 含量的影响

为了比较烟叶中硝酸盐与 TSNA 含量的差异，本研究分别对鲜烟叶和烤后烟叶的硝态氮及 NNN、NAT、NAB 及 NNK 进行检测。由图 3-15 和图 3-16 可知，减氮喷施丙三醇和生长素处理的鲜烟叶硝态氮含量显著降低，与对照组相比，中烟 100、中川 208 和鄂烟 1 号上部叶烟叶的硝态氮含量分别降低 62.02%、56.76% 和 16.96%，中部叶烟叶的硝态氮含量分别降低 47.71%、38.67%和 28.97%。

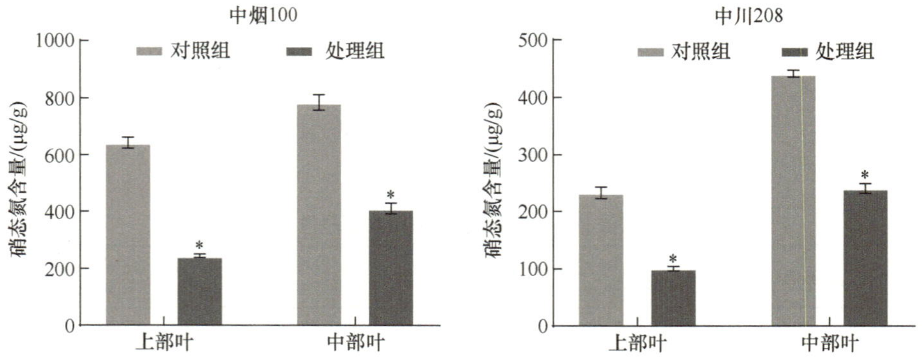

图 3-15　不同处理对烤烟鲜烟叶硝态氮含量的影响

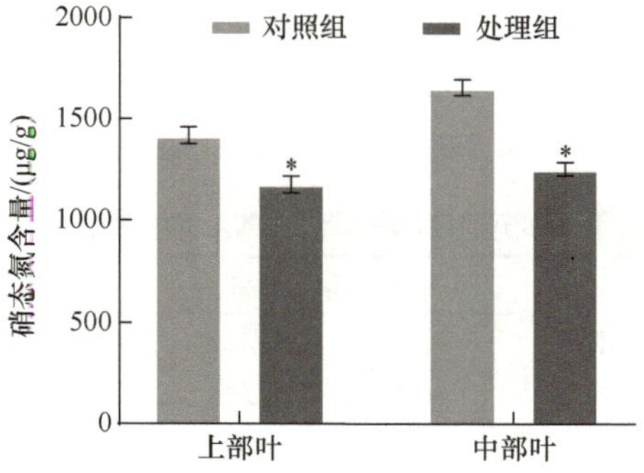

图 3-16　不同处理对白肋烟鲜烟叶硝态氮含量的影响

由图 3-17 和图 3-18 可知，减氮喷施丙三醇和生长素处理的烤后烟叶硝态氮含量显著降低，与对照组相比，中烟 100、中川 208 和鄂烟 1 号上部叶烟叶的硝态氮含量分别降低 20.65%、20.81%和 17.03%，中部叶烟叶的硝态氮含量分别降低 19.20%、22.25%和 19.43%。

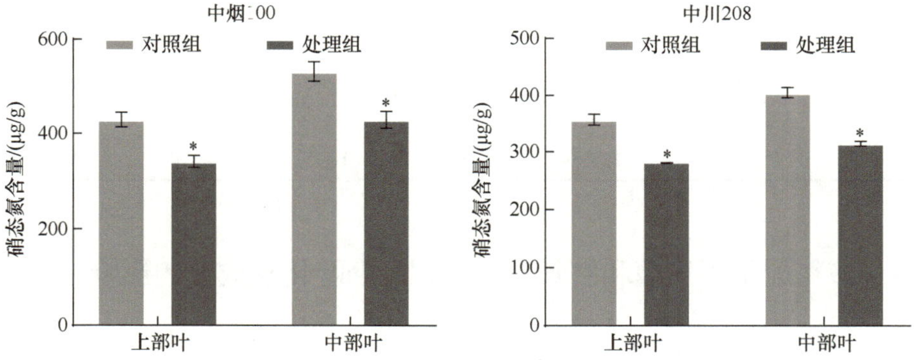

图 3-17　不同处理对烤烟烤后烟叶硝态氮含量的影响

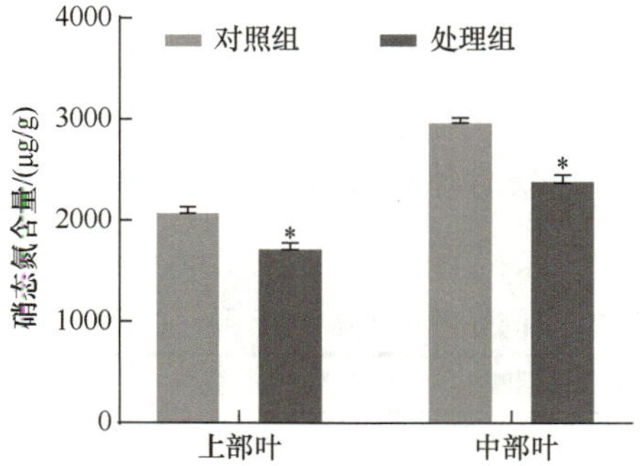

图 3-18　不同处理对白肋烟烤后烟叶硝态氮含量的影响

由表 3-13 和表 3-14 可知，减氮喷施丙三醇和生长素处理的烤后烟叶 TSNA

含量显著降低，烤烟和白肋烟结果一致。与对照组相比，中烟 100、中川 208 和鄂烟 1 号上部叶烟叶总 TSNA 含量分别降低 35.21%、46.21%和 43.13%，中部叶烟叶总 TSNA 含量分别降低 34.13%、33.19%和 34.68%。

表 3-13　不同处理对烤烟烟叶 TSNA 含量的影响（ng/g）

品种	部位	处理	NNN	NAT	NAB	NNK	总 TSNA
中烟 100	上部叶	对照组	135.50	60.75	6.73	33.00	235.98
		处理组	86.80*	39.25*	5.68*	21.15*	152.88*
	中部叶	对照组	96.50	67.35	6.28	25.10	195.23
		处理组	59.35*	46.10*	5.75	17.40*	128.6*
中川 208	上部叶	对照组	32.95	28.65	6.13	27.90	95.63
		处理组	10.90*	13.90*	4.89*	21.75*	51.44*
	中部叶	对照组	39.55	24.25	5.98	30.85	100.63
		处理组	20.00*	20.50*	4.65*	22.08*	67.23*

表 3-14　不同处理对白肋烟 TSNA 含量的影响（ng/g）

部位	处理	NNN	NAT	NAB	NNK	总 TSNA
上部叶	对照组	3070.00	3120.00	51.90	203.50	6445.40
	处理组	2435.00*	1115.00*	29.52*	86.10*	3665.62*
中部叶	对照组	4800.00	2655.00	24.50	157.50	7637.00
	处理组	3255.00*	1590.00*	18.75*	124.50*	4988.25*

3.4.4　减氮配施丙三醇和生长素对调制后烟叶化学成分的影响

为比较不同处理对烟叶化学成分的影响，本研究分别测定了烤烟和白肋烟烤后烟叶的常规化学成分，包括烟碱、总糖、总氮、钾、氯的含量。由表 3-15 可知，与对照组相比，处理组烤烟两品种上部叶和中部叶总糖和钾的含量增加，总氮、烟碱含量降低，糖碱比和氮碱比显著提高。此外，处理组两个烤烟品种的钾含量都有所增加，而氯含量表现出不同的趋势。由表 3-16 可知，与对照组相比，处理组白肋烟上部叶和中部叶总糖的含量增加，总氮、烟碱含量降低，糖碱比略有提高，其他成分差异不大。

表 3-15　不同处理对烤烟烤后烟叶化学成分的影响

品种	部位	处理	烟碱/%	总糖/%	总氮/%	钾/%	氯/%	糖碱比	氮碱比
中烟 100	上部叶	对照组	2.71	27.61	2.07	1.59	0.38	10.19	0.76
		处理组	2.29*	29.51	1.89*	1.69	0.11*	12.89*	0.83*
	中部叶	对照组	2.01	28.80	1.66	1.66	0.13	14.33	0.83
		处理组	1.93*	32.72*	1.55	1.72	0.10*	16.95*	0.80*

续表

品种	部位	处理	烟碱/%	总糖/%	总氮/%	钾/%	氯/%	糖碱比	氮碱比
中川 208	上部叶	对照组	2.74	29.20	2.01	1.46	0.12	10.66	0.73
		处理组	1.27*	34.50*	1.42*	1.49*	0.24*	27.17*	1.12*
	中部叶	对照组	1.86	29.31	1.90	1.47	0.26	15.76	1.02
		处理组	1.07*	31.63*	1.73*	1.56	0.47*	29.56*	1.62*

表 3-16　不同处理对白肋烟调制后烟叶化学成分的影响

部位	处理	烟碱/%	总糖/%	总氮/%	钾/%	氯/%	糖碱比	氮碱比
上部叶	对照组	5.84	0.62	4.28	3.12	0.48	0.11	0.73
	处理组	5.30*	0.71*	3.81	3.25	0.49	0.13*	0.72
中部叶	对照组	5.70	0.67	3.72	3.48	0.45	0.12	0.65
	处理组	4.98*	0.69	3.59*	3.56	0.42	0.14*	0.72*

3.4.5　减氮配施丙三醇和生长素对烟叶感官质量的影响

为比较不同处理对烟叶感官质量的影响，本研究选取了中部烟叶，就香气质、香气量、杂气、浓度、刺激性、余味、浓劲协调、燃烧性及灰色方面进行感官质量评价。如表 3-17 所示，整体而言，中烟 100、中川 208 和鄂烟 1 号处理组烟叶感官质量与对照组相当，无明显差异。

表 3-17　烤烟和白肋烟烟叶感官质量评价结果

品种	处理	香气质（15）	香气量（15）	杂气（10）	浓度（10）	刺激性（10）	余味（15）	浓劲协调（15）	燃烧性及灰色（10）	合计
中烟 100	对照组	11.8	11.2	7.8	7.0	7.6	11.8	11.0	7.1	75.3
	处理组	11.2	11.1	7.4	7.0	7.1	11.4	11.4	7.1	73.7
中川 208	对照组	10.8	10.6	7.1	6.4	7.3	10.4	10.4	6.0	69.0
	处理组	10.6	10.7	7.1	6.8	6.9	10.8	10.6	6.4	69.9
鄂烟 1 号	对照组	10.6	10.4	7.4	7.3	6.9	10.6	10.6	7.2	71.0
	处理组	10.2	10.5	7.0	7.2	7.0	11.0	10.7	7.4	71.0

3.4.6　小结

硝酸盐是 TSNA 的重要前体物质，它可还原成亚硝酸盐再与生物碱发生亚硝化反应进而形成 TSNA，也可高温产生气态氮氧化物参与 TSNA 的形成。因此，降低烟叶中硝酸盐积累量对降低烟叶 TSNA 的含量至关重要。烟叶中硝态氮积累一方面与氮素施用量密切相关，另一方面与氮素在烟株体内的同化利用效率有直接关系。本节通过降低氮肥的施入量结合化学调控促进氮素的同化利用，以达到降低烟叶硝态氮和 TSNA 积累，同时维持较高的烟叶生产能力并达到较高的生物量的目的。

前期的实验室研究发现，丙三醇作为碳源和生理活性物质，能够提升光合效率，提高烟叶碳氮代谢能力和白肋烟烟叶碳水化合物含量，促进对氮素的同化和利用，进而降低白肋烟烟叶中硝酸盐的积累量。此外，早期研究发现早打顶和外源涂抹生长素能影响碳水化合物之间的转化、增加上中等烟比例、提高烟叶产量与质量。打顶后喷施油菜素内酯和生长素，可以促进烤烟烟株的生长，增强碳氮代谢，提高烟叶钾含量、钾氯比和有机钾指数，降低烟碱和氯含量，进而提高烟叶的产量与质量。本节通过大田试验，结合前期实验室的研究结果，在追肥期减少氮肥的施入，并在团棵期和旺长期喷施 2ml/L 丙三醇和 10mg/L IAA，结果显示，减氮结合喷施处理后烟株生长和烟叶质量并没有受到减氮的影响，生长过程中处理后的烤烟和白肋烟烟叶净光合速率均呈现增加趋势，且叶片大小和单叶重显著提高，这可能是由于丙三醇作为一种糖发挥着营养成分和信号分子的双重作用，与植物激素共同作用影响根系生长发育，促进烟株生长，另外生长素通过促进根系生长来增强其对营养物质的吸收能力，最终提高作物产量。同时在本试验中，减氮喷施处理后烤烟和白肋烟烟叶中硝态氮和 TSNA 含量均有所降低，这很有可能是由于外源 IAA 能显著促进植株光合碳固定和糖酵解（Embden-Meyerhof-Parnas pathway，EMP 途径）循环进程，而丙三醇作为三碳糖可以上调生长素运输载体蛋白的表达，诱导植株体内生长素的信号转导，从而有效促进植株生长，进而对烟草叶片硝酸盐含量产生稀释作用，进一步表明丙三醇和生长素混合喷施更有利于促进白肋烟氮素还原同化能力，但有关丙三醇和生长素的协同作用的机理还有待进一步探索。其中值得关注的是，白肋烟需氮量较高，叶片氮素利用效率较低，而丙三醇和生长素混合喷施更有助于提高烟草叶片氮素利用效率，从而大大降低了氮肥施用量，对优质低害烟叶的生产和可持续发展具有重要意义。

减施氮肥并喷施丙三醇和生长素不仅能够提高烤烟和白肋烟烟叶净光合效率、促进烟叶碳代谢、提高上部叶和中部叶总糖的含量，还能有效促进氮素利用效率的提升，降低总氮、烟碱、硝态氮含量，从而抑制调制过程中 TSNA 的形成和积累。

3.5 基于烟茄嫁接的超低烟碱含量烟叶的 TSNA 含量及感官质量和烟气特性

摘要：在烟茄嫁接（以烤烟品种云烟 87 为接穗，以茄子为砧木）的基础上，检测分析所获得的超低烟碱含量烟叶的 TSNA 含量、中性香气物质含量，并对卷制的试验卷烟烟气参数和感官质量进行对比分析。结果表明，烟茄嫁接的超低烟碱含量烟叶，中性香气物质含量变化较小，但 NNN、NNK、NAT 和总 TSNA 含量显著降低，上部叶烟/茄不培土处理的 NNN、NNK 及总 TSNA 含量比烟/烟低 82.71%、79.46%和 68.78%，中部叶烟/茄不培土处理的 NNN、NNK 及总 TSNA 含量比烟/烟低 79.68%、79.80%和 68.63%。卷烟烟气中烟碱含量大幅降低，其中烟/茄不培土烟叶比常规烟叶低 94.12%，焦油、一氧化碳、总粒相物、水分和抽吸口数无显著差异。超低烟碱含量烟叶的香气质、浓度、刺激性和燃烧性无显著差异，香气量、杂气和余味与常规烟叶相比有不同程度的降低，劲头下降明显，消费者满足感、愉悦感、接受度显著降低。表明通过嫁接技术选择性降低烟碱含量对烟叶化学组成和感官质量产生不同程度的影响。

烟碱是烟叶中主要的活性成分，不仅直接影响烟叶的生理强度，也是使人产生致瘾性的主要成分。Benowitz 和 Henningfield 于 1994 年首先提出把烟叶烟碱含量降至使人致瘾的临界值以下，可有效减少吸烟者对烟草的依赖性的理念，并开展了大量相关研究。世界卫生组织（WHO）为了降低吸烟率，于 2015 年建议将卷烟烟丝中的烟碱含量降至 0.4mg/g 以下，低于维持上瘾所需的阈值。美国食品药品监督管理局（FDA）于 2018 年《关于降低香烟中烟碱至最低或非成瘾水平的拟议规则制定的预先通知》（ANPRM），提出可燃香烟具体潜在的烟碱水平为 0.3mg/g、0.4mg/g 和 0.5mg/g 的标准，目前正考虑制订强制性标准降低可燃香烟中的烟碱含量至不使人致瘾的水平。受 ANPRM 影响，低/超低烟碱含量烟草的生产和论证成为国际烟草科技领域研究的新热点。目前虽然可通过遗传育种、遗传工程、农艺调控和化学萃取等途径在一定程度上实现低/超低烟碱含量烟叶生产，但能否大规模投入使用尚存在不确定性。烟碱是烟叶和烟气中重要的、具有生理活性的化学成分，大幅降低烟碱含量对烟叶化学组成和感官质量会产生显著影响，且不同来源的低烟碱含量烟叶对感官质量的影响不同。由于烟碱和其他生物碱也是 TSNA 的直接前体物，烟叶中烟草生物碱和 TSNA 有直接关系。烟叶中烟碱含量的大幅降低可能对 TSNA 形成产生显著影响。

嫁接栽培技术已被广泛应用于瓜果、蔬菜种植上，能够提高产量、改善品质、提高植物抗性、促进养分吸收等。以烟草为接穗嫁接到茄子上的嫁接苗青枯病的抗性明显提高，本课题组于 2017 年通过烟茄嫁接生产出的极低烟碱含量烟叶，蛋白质、淀粉、总氮含量增加，总糖、还原糖含量降低。但对以烟茄嫁接生产的超低烟碱含量烟叶的感官质量、消费者反应及减害效果等影响尚不清楚。本研究以通过烟茄嫁接（以烤烟为接穗，以同科的茄子为砧木）获得的超低烟碱含量烟叶为材料，探究了通过嫁接技术选择性降低烟碱含量对烟叶 TSNA、中性香气物质含量的影响，并以不同处理烟叶卷制单料烟进行烟气参数测定和感官质量评价，旨在明晰超低烟碱含量烟叶对烟叶和烟气化学组成及感官质量的影响，为超低烟碱含量烟叶生产可行性分析提供依据（任梦娟等，2020）。

本试验于 2017 年在河南省许昌市襄城县王洛镇王洛烟站进行，以青皮茄子、烤烟云烟 87 为材料，采用盆栽试验，沙壤土和烟草专用育苗基质按 1∶1 重量均匀混合，每盆装土 10kg。供试肥料为烟草育苗专用营养液，氮∶磷∶钾为 2∶1∶2。试验使用嫁接剪进行嫁接，嫁接苗进行避光保温保湿，前 3d 相对湿度在 90%左右，之后相对湿度保持在 80%左右，3d 后见光，7d 后进行正常管理，15d 后去掉嫁接夹。试验嫁接苗 6 月 9 日移栽，8 月 8 日打顶，移栽 15d 后，选 10 株长势一致的烟茄嫁接组合进行培土，培土高度超过嫁接口 5cm，使其烟株茎秆产生不定根。共设置 3 个处理，处理 1：接穗与砧木都为云烟 87，用“烟/烟”表示；处理 2：云烟 87 为接穗、茄子为砧木不进行培土，用“烟/茄不培土”表示；处理 3：云烟 87 为接穗、茄子为砧木并对烟株进行培土且培土高度高于嫁接口 5cm，用“烟/茄培土”表示。每个处理选择 10 株，3 次重复，共 90 株嫁接烟株。

3.5.1 烟茄嫁接对烟叶和烟气有害成分含量的影响

3.5.1.1 烟茄嫁接对烤后烟叶 TSNA 含量的影响

如表 3-18 所示，烟茄嫁接中、上部烟叶的 NNN、NAT、NAB、NNK 及总 TSNA 含量与烟/烟对照相比存在显著性差异，其中 NNN、NAT、NNK 及总 TSNA 含量变化规律一致，烟/茄不培土处理最低，烟/烟处理最高，上部叶烟/茄不培土处理的 NNN、NNK 及总 TSNA 含量比烟/烟低 82.71%、79.46%和 68.78%，中部叶烟/茄不培土处理的 NNN、NNK 及总 TSNA 含量比烟/烟低 79.68%、79.80%和 68.63%；NAB 含量变化为烟/茄培土＞烟/茄不培土＞烟/烟，上部叶烟/茄培土比烟/烟高 60.10%，中部叶烟/茄培土比烟/烟高 60.27%。总 TSNA 含量降低主要是由 NNN 和 NNK 含量的降低引起的。

表 3-18 烟茄嫁接对烤后烟叶 TSNA 含量的影响（ng/g）

部位	处理	NNN	NAT	NAB	NNK	总 TSNA
上部叶	烟/烟	49.40aA	22.12aA	3.76cC	18.55aA	93.83aA
	烟/茄不培土	8.54cC	12.53cC	4.41bB	3.81cC	29.29cC
	烟/茄培土	15.37bB	17.73bB	6.02aA	12.39bB	51.51bB
中部叶	烟/烟	52.50aA	25.91aA	2.24cC	19.90aA	100.55aA
	烟/茄不培土	10.67cC	14.22cC	2.63bB	4.02cC	31.54cC
	烟/茄培土	18.57bB	19.21bB	3.59aA	13.37bB	54.74bB

3.5.1.2　烟茄嫁接对卷烟烟气成分含量的影响

不同处理卷烟烟气有害成分释放量的高低在较大程度上反映了烟丝中有害成分或前体物含量的高低，如表 3-19 所示。烟/茄不培土、烟/茄培土和烟/烟 3 个处理间的水分、卷烟抽吸口数、烟气中总粒相物、焦油和一氧化碳的释放量无显著性差异，总粒相物、焦油和一氧化碳释放量及抽吸口数表现为烟/烟＞烟/茄培土＞烟/茄不培土；烟/茄不培土和烟/茄培土的烟碱释放量显著低于烟/烟处理，烟/茄不培土、烟/茄培土分别比烟/烟低 94.12%和 84.87%。结果表明烟茄嫁接可较大程度地调控卷烟烟气中烟碱释放量。

表 3-19　烟茄嫁接对卷烟烟气成分含量的影响

处理	总粒相物/（mg/支）	水分/（mg/支）	烟碱/（mg/支）	焦油/（mg/支）	一氧化碳/（mg/支）	抽吸口数
烟/烟	12.98aA	0.87aA	1.19aA	11.97aA	11.61aA	11.49aA
烟/茄不培土	12.68aA	0.88aA	0.07bB	11.73aA	11.53aA	11.20aA
烟/茄培土	12.76aA	0.88aA	0.18bB	11.81aA	11.57aA	11.35aA

3.5.2　烟茄嫁接对烤后烟中部叶中性香气物质含量的影响

如表 3-20 所示，除巨豆三烯酮 2 外，各处理香气物质含量差异达显著水平。与烟/烟处理相比，烟/茄不培土和烟/茄培土烟叶中茄酮、香叶基丙酮、氧化紫罗兰酮、二氢猕猴桃内酯和 3-羟基索拉韦惕酮的含量显著增加，烟/茄不培土和烟/茄培土烟叶中 3-羟基-β-二氢大马酮、3-氧代-α-紫罗兰醇、巨豆三烯酮 3 和 β-法尼烯的含量显著降低，其中烟/茄不培土与烟/烟处理的香气物质总量无显著性差异，烟/茄培土与烟/烟处理的香气物质总量有显著性差异。

表 3-20　烟茄嫁接对烤后烟中部叶中性香气成分含量的影响（μg/g）

中性香气成分	烟/烟	烟/茄不培土	烟/茄培土
茄酮	10.6272c	12.4128a	11.4278b
香叶基丙酮	0.6582c	0.8360b	0.8924a
β-紫罗兰酮	0.7175a	0.6772b	0.7066a
氧化紫罗兰酮	3.4053c	4.9789a	4.3213b
二氢猕猴桃内酯	2.0495c	2.4425b	3.4424a
巨豆三烯酮 1	0.0818a	0.0781b	0.0807ab

续表

中性香气成分	烟/烟	烟/茄不培土	烟/茄培土
巨豆三烯酮 2	0.4230a	0.4180a	0.4207a
巨豆三烯酮 3	0.2428a	0.2039b	0.2063b
巨豆三烯酮 4	0.5451a	0.5083b	0.5261ab
3-羟基-β-二氢大马酮	1.0225a	0.5285c	0.6650b
3-氧代-α-紫罗兰醇	28.9745a	25.5459c	26.9931b
新植二烯	458.2132a	446.9665a	424.3177b
3-羟基索拉韦惕酮	12.9918c	15.9896a	14.9520b
β-法尼烯	11.5929a	9.2571b	8.5499c
总量	531.5453a	520.8433a	497.5020b

3.5.3 烟茄嫁接对烤后烟感官质量和消费者反应的影响

3.5.3.1 烟茄嫁接对烤后烟感官质量的影响

感官评吸可以直接、准确地评价烟叶及其制品质量的优劣。如图3-19和图3-20所示，烟茄嫁接对烤后烟中、上部叶感官品质的影响效果基本一致，烟/茄培土、烟/茄不培土处理与对照烟/烟处理相比，香气质、浓度、刺激性、余味和燃烧性无显著差异，香气量、杂气和劲头显著降低，但仍能感知到一定程度的劲头。

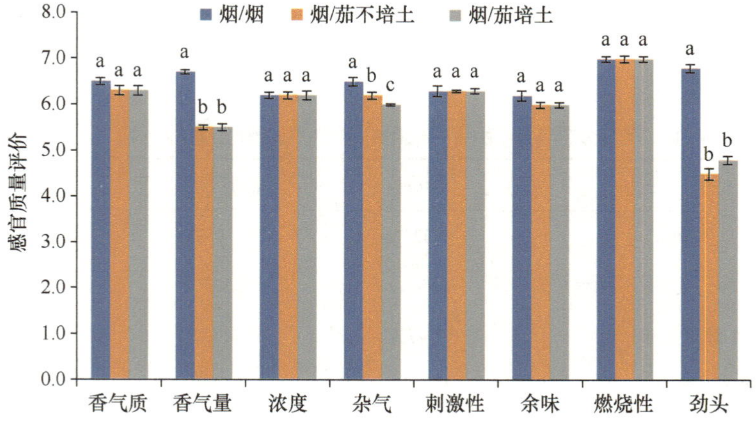

图 3-19 烟茄嫁接对烤后烟上部叶感官质量的影响

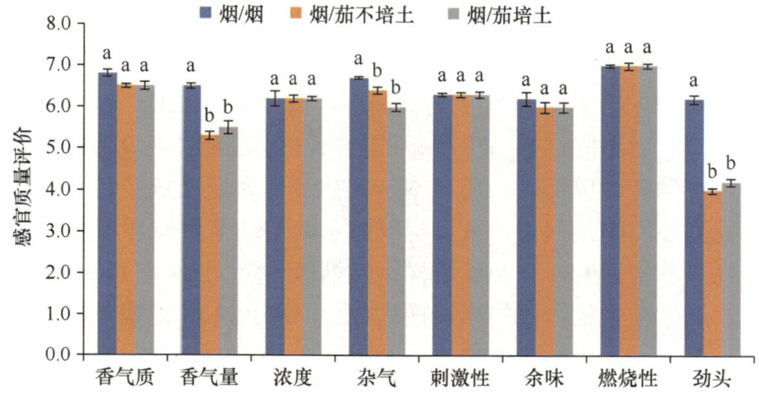

图 3-20　烟茄嫁接对烤后烟中部叶感官质量的影响

3.5.3.2　烟茄嫁接对消费者反应的影响

如图 3-21 所示，烟茄嫁接的烤后烟中、上部叶对消费者反应的影响效果基本一致，与对照烟/烟处理相比，烟/茄培土与烟/茄不培土处理的满足感、愉悦感、接受度显著降低，且烟/茄培土与烟/茄不培土两处理间满足感、愉悦感、接受度的分值基本一致。结果表明，烟茄嫁接生产的超低烟碱含量烟叶对消费者反应有显著影响。

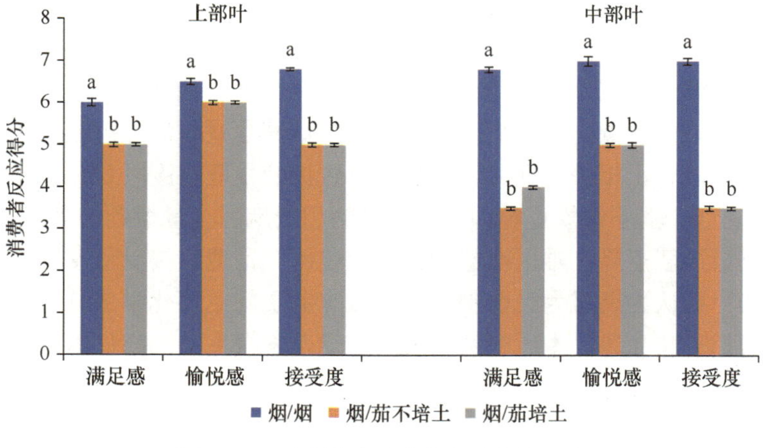

图 3-21　烟茄嫁接对消费者反应的影响

3.5.4　小结

普通烟草的生物碱以烟碱为主，占总生物碱含量的 93%以上。前期研究通过烟茄嫁接可将烟叶烟碱含量降至极低水平，鲜烟叶中烟碱含量低至 0.08%，烤后烟烟叶烟碱含量低至 0.09%，比烟/烟降低 94.81%，且通过培土诱发不定根产生可以有效调控烟茄嫁接烟叶的烟碱含量（任梦娟等，2018）。20 世纪 Dawson（1945）、Solt 和 Dawson（1958）将烟草嫁接到番茄上，虽然烟叶中的烟碱含量很低，但能合成部分烟碱，然后用同位素 3H 标记的盐酸注射嫁接的接口部位，证明接穗与砧木的结合部位确能合成烟碱。所以本研究初步认为烟茄嫁接烟叶中的少量烟碱可能来自接穗基部的嫁接部位。大量资料显示烟苗幼苗烟碱含量在 0.3%～0.4%，前期研究分别在嫁接后 65d 和 80d 取样测定烟碱含量，分别为 0.0834%、0.0804%。有研究表明，烟碱在生物体内的半衰期为 22h，用 ^{15}N 标记烟碱注入不同发育阶段烟草体内，两周后发现幼小植株体内 80%以上标记的烟碱被降解。因此嫁接后的成熟烟叶这部分烟碱可能不是来自烟草幼苗的积累，具体原因需要进一步深入研究验证。TSNA 是烟草生物碱发生亚硝化反应的产物，在烟叶硝态氮含量和调制环境相同的条件下，烟叶烟碱、降烟碱含量与 NNN 和总 TSNA 含量呈极显著正相关。本研究结果表明，烟茄嫁接后随着烟碱含量的大幅降低，NNN、NNK、NAT 和总 TSNA 含量显著降低，而 NAB 含量显著增加，这可能与嫁接烟叶的假木贼碱含量没有与烟碱含量同步下降，且占总生物碱含量的比例显著增加有关。前期的研究显示，烟茄嫁接烟叶烟碱含量降低 94%左右，但是 TSNA 含量并没有同比例下降，具体原因需要进一步研究探索，可能是由于烟叶在生物碱水平较低的情况下，TSNA 的合成效率比较高。

香气是反应烟叶质量的重要品质因素，是评定烟叶及其制品品质的重要指标，烟草香气物质的代谢包括香气前体物的合成、降解，香气成分的形成、转化等过程，中性挥发性香气成分对烟叶香气品质有重要贡献。烟叶烟碱和总氮含量是烟叶内在质量及感官质量的主要影响因子，烤烟烟碱含量与烟叶香味品质和中性香气物质含量呈显著正相关，烟碱含量降低导致烟叶生理强度（劲头）和满足感下降，香气量减少。基于常规育种和化学萃取的超低烟碱含量烟叶的品质性状不良，烟叶感官质量显著下降，难以在卷烟配方中使用，消费者接受程度降低。而杜咏梅等（2000）则认为烟碱为目前制约烤烟吸味品质的主要化学成分，降低烟碱能有效提高烤烟吸味品质。本研究结果表明，烟茄嫁接生产的超低烟碱含量烟叶的中性香气成分总量降幅较小，烟叶的香气物质较丰富，香气质、浓度、刺激性和余味变化较小，但香气量、劲头显著降低，吸烟者的满足感、愉悦感、接受度显著降低，这与大多数研究结果是基本一致的。

烟茄嫁接的超低烟碱含量烟叶，中性香气物质含量变化较小，NNN、NNK、NAT 和总 TSNA 含量及卷烟烟气中烟碱的含量大幅降低，卷烟烟气焦油、一氧化碳和总粒相物等参数变化相对较小；烟气劲头下降明显，香气量有所减少，香气质、烟气浓度、燃烧性和刺激性无显著差异；消费者满足感和愉悦感显著降低。

3.6　白肋烟与茄子嫁接对烟叶生物碱等化学成分含量和感官质量的影响

摘要：为研究烟茄嫁接对降低白肋烟烟碱的效果，以及对烟叶常规化学成分和感官质量的影响，以紫皮茄子和白肋烟品种鄂烟 1 号为材料进行大田栽培试验。结果表明，烟茄嫁接后，白肋烟烟株形态建成和农艺性状无明显改变。烟茄嫁接的鲜烟叶及调制后烟叶生物碱含量显著降低，其中调制后上部叶和中部叶烟碱含量分别降低至 0.1201%和 0.0880%；烟茄嫁接的烟叶总糖、还原糖、淀粉、氨基酸含量升高，硝酸盐、总氮、蛋白质含量降低，调制后烟叶 NNN、NNK 及总 TSNA 含量显著降低。烟茄嫁接后烟叶的烟气浓度、香气质无显著变化，但香气量减少，劲头、刺激性减小。综合分析，烟茄嫁接可在不影响烟株农艺性状的基础上大幅降低烟叶烟碱含量，烟叶其他化学成分含量和烟叶感官质量指标受到不同程度的影响。

生物碱是烟草属植物体内一类重要的化学成分，其中烟碱占总生物碱含量的 90%以上。烟碱具有较强的生物活性，可通过血液进入脑细胞，进而产生生理反应，被普遍认为是吸烟者产生吸烟冲动和对烟草产生依赖性或致瘾性的核心成分，因而国际社会试图通过降低烟叶中的烟碱含量来降低烟草消费，近年来国际烟草界关注的热点是把烟碱含量降低至使人上瘾的阈值以下。烟叶的烟碱含量主要受遗传、生态、农艺等措施的影响，低烟碱及超低烟碱含量烟叶的生产途径主要有农艺措施调控、常规育种和遗传工程等。利用自然变异育成的低烟碱品系 LAB21，其烟碱含量仍高于提出的限定标准，且烟株农艺性状和烟叶化学成分与常规的正常烟碱含量烟叶相比有一定的变化，除此之外，通过敲除、沉默基因等分子手段调控烟碱合成的关键基因，可以使烟叶烟碱含量降至极低水平，但鉴于转基因烟草应用的限制，还难于在实际生产中应用。

嫁接技术已经广泛应用于园艺作物，优良砧木或接穗可以显著促进嫁接植物的生长，提高其抗逆性及产量和质量，是一种绿色安全、可持续的方法。烟草烟碱的合成部位位于根部，史宏志教授课题组前期研究表明，烤烟与茄子嫁接可生产出烟碱含量极低的烟叶，且调制后烟叶 TSNA 含量显著降低。此外，通过白肋烟和烤烟嫁接可显著提高白肋烟氮代谢能力，现有研究证实了应用嫁接技术调控烟叶物质含量的可行性。

白肋烟是混合型卷烟的主要原料，生产低/超低烟碱混合型卷烟不仅需要低烟碱烤烟，也需要低烟碱白肋烟烟叶。目前，已有研究通过烟茄嫁接的方法生产出超低烟碱烤烟，而未见通过烟茄嫁接技术生产超低烟碱白肋烟的研究报道。据此，本研究选取白肋烟品种鄂烟1号和紫皮茄子为材料进行嫁接处理，研究白肋烟与茄子种间嫁接降低生物碱含量的可行性及效果，以期为通过农业措施大幅降低白肋烟烟碱含量和生产超低烟碱混合型卷烟提供新途径（杨淳婷等，2022）。

试验于2021年在河南省许昌市襄城县紫云镇塑料大棚（长40m、宽8m、高2m）进行，以白肋烟品种鄂烟1号（由中国烟草总公司湖北省公司提供）和紫皮茄子（茄苗购于襄城县农贸市场）为材料。采用斜切接法进行嫁接，嫁接苗前3d避光处理，7d后正常管理。4月30日嫁接，5月14日移栽，7月20日打顶，行株距为1.20m×0.50m，施氮量为150kg/hm^2。在烟株整个生长过程中，嫁接口不能被土壤覆盖，且要及时去除茄子生长出的腋芽，其他栽培管理措施及病虫害防治均按照当地优质烟生产技术方案。试验共设3个处理，T1：正常生长的白肋烟鄂烟1号；T2：白肋烟自嫁接（接穗和砧木都是鄂烟1号）；T3：白肋烟与茄子嫁接（以鄂烟1号为接穗，以紫皮茄子为砧木）。试验采用随机区组设计，每个小区15株，重复3次，共135株烟。

3.6.1 白肋烟与茄子嫁接对白肋烟烟株农艺性状的影响

对不同处理间烟株农艺性状结果的分析可知，各处理的叶长、叶宽、株高、茎围、有效叶数差异均不显著，白肋烟与茄子嫁接后烟株长势没有显著变化（表3-21）。嫁接后45d，叶长、叶宽、茎围以T1处理较大，株高以T3处理较大。嫁接后80d，叶长、叶宽、株高、茎围以T1处理较大，且T1与T2处理的最大叶长、叶宽均大于T3处理。表明嫁接处理对白肋烟烟株生长及形态建成影响较小。

表3-21 白肋烟与茄子嫁接对白肋烟烟株农艺性状的影响

时间/d	处理	最大叶长/cm	最大叶宽/cm	株高/cm	茎围/cm	有效叶数/片
45	T1	41.20a	29.83a	43.53a	7.30a	12.33a
	T2	41.03a	27.35a	42.87a	6.93a	11.33a
	T3	39.63a	28.50a	44.50a	6.03a	12.00a
80	T1	62.83a	35.57a	101.55a	10.37a	21.00a
	T2	60.43a	35.03a	95.43a	9.50a	19.33a
	T3	59.67a	34.10a	99.77a	9.70a	20.67a

3.6.2 白肋烟与茄子嫁接对白肋烟生物碱含量的影响

3.6.2.1 白肋烟与茄子嫁接对鲜烟叶生物碱含量的影响

对鲜烟叶生物碱含量的分析可知，烟茄嫁接后白肋烟鲜烟叶生物碱含量显著降低，成熟期烟碱含量降低至 0.0798%，且未检测出降烟碱和新烟草碱（表 3-22）。嫁接后 60d，各处理烟碱、降烟碱、假木贼碱、新烟草碱及总生物碱含量存在显著差异；与 T1 处理相比，T2 处理烟碱、总生物碱含量分别升高 65.69%、65.89%，T3 处理的烟碱、总生物碱含量分别降低 94.81%、95.10%。嫁接后 90d，与 T1 处理相比，T2 处理烟碱、降烟碱、假木贼碱、新烟草碱及总生物碱含量无显著差异，T3 处理烟碱、假木贼碱及总生物碱含量降低，其中 T3 处理烟碱、总生物碱含量较 T1 处理分别降低 97.35%、97.33%。综上表明，以茄子为砧木、白肋烟为接穗能有效降低鲜烟叶生物碱含量。

表 3-22　白肋烟与茄子嫁接对鲜烟叶生物碱含量的影响

时间/d	处理	生物碱/%				
		烟碱	降烟碱	假木贼碱	新烟草碱	总生物碱
60	T1	1.2522b	0.0631b	0.0081b	0.0897b	1.4131b
	T2	2.0748a	0.1008a	0.0102a	0.1584a	2.3442a
	T3	0.0650c	–	0.0043c	–	0.0693c
90	T1	3.0127a	0.1506a	0.0087a	0.0989a	3.2709a
	T2	3.3146a	0.1556a	0.0097a	0.1103a	3.5902a
	T3	0.0798b	–	0.0076a	–	0.0874b

注：“–”表示低于检测阈值。下同

3.6.2.2　白肋烟与茄子嫁接对调制后烟叶生物碱含量的影响

由表 3-23 可知，白肋烟与茄子嫁接可有效降低调制后烟叶烟碱含量，其中烟茄嫁接后上部叶烟碱含量降低至 0.1201%，中部叶烟碱含量降低至 0.0880%。T3 处理中、上部烟叶的烟碱、降烟碱、假木贼碱及总生物碱含量均显著低于 T1 和 T2 处理，其中 T3 上部叶烟碱、总生物碱含量较 T1 处理分别降低 97.04%、96.74%，中部叶烟碱、总生物碱含量较 T1 处理分别降低 97.61%、97.19%。表明烟茄嫁接能够大幅降低白肋烟叶片烟碱及总生物碱含量。

表 3-23　白肋烟与茄子嫁接对调制后烟叶生物碱含量的影响（%）

部位	处理	生物碱				
		烟碱	降烟碱	假木贼碱	新烟草碱	总生物碱
上部叶	T1	4.0594a	0.1910a	0.0386a	0.4925a	4.7815a
	T2	4.2356a	0.2065a	0.0430a	0.4956a	4.9807a
	T3	0.1201b	0.0057b	0.0302b	–	0.1560b
中部叶	T1	3.6784a	0.1710a	0.0438a	0.0725a	3.9657a
	T2	3.8289a	0.1752a	0.0467a	0.0796a	4.1304a
	T3	0.0880b	–	0.0233b	–	0.1113b

3.6.3 白肋烟与茄子嫁接对白肋烟常规化学成分的影响

3.6.3.1 白肋烟与茄子嫁接对鲜烟叶常规化学成分的影响

对白肋烟鲜烟叶常规化学成分的分析可知，白肋烟与茄子嫁接后叶片化学成分有显著变化（表 3-24），其中嫁接后 60d 和 90d T3 处理的硝酸盐含量较 T1 分别降低 30.00%和 32.10%。嫁接后 60d，T2 处理常规化学成分含量较 T1 无显著差异；T3 处理还原糖、总氮含量均显著低于 T1 和 T2 处理，糖碱比、氮碱比显著大于 T1 和 T2 处理。嫁接后 90d，T2 处理常规化学成分含量及糖碱比、氮碱比较 T1 均无显著差异；T3 处理总氮含量显著低于 T1 及 T2 处理，总糖、还原糖含量及糖碱比、氮碱比显著大于 T1 和 T2 处理。

表 3-24 白肋烟与茄子嫁接对鲜烟叶常规化学成分的影响

时间/d	处理	硝酸盐/（mg/g）	还原糖/%	总糖/%	总氮/%	氮碱比	糖碱比
60	T1	4.20a	1.76a	3.31a	5.35a	4.27b	2.65b
	T2	4.75a	1.66a	3.40a	5.41a	2.61b	1.64b
	T3	2.94b	1.46b	3.19a	4.49b	69.12a	49.06a
90	T1	2.43a	2.55b	4.18b	4.73a	1.57b	1.39b
	T2	2.75a	2.50b	4.16b	4.70a	1.42b	1.26b
	T3	1.65b	2.79a	4.87a	4.43b	55.51a	60.99a

3.6.3.2 白肋烟与茄子嫁接对调制后烟叶常规化学成分的影响

对调制后烟叶常规化学成分的分析可知，白肋烟烟叶常规化学成分受根系影响较大，白肋烟与茄子嫁接后叶片总糖、还原糖、淀粉含量升高，硝酸盐、总氮、可溶性蛋白含量显著降低（表 3-25），其中 T3 处理上、中部叶硝酸盐含量较 T1 分别降低 13.47%、13.39%。对上部叶，不同处理间总糖、还原糖含量无显著差异，T2 处理硝酸盐、总氮、蛋白质和淀粉含量及糖碱比、氮碱比较 T1 差异不显著，T3 处理淀粉含量及糖碱比、氮碱比显著高于 T1 和 T2 处理，硝酸盐、总氮、蛋白质含量显著低于 T1 和 T2 处理。对中部叶，T2 处理常规化学成分含量及糖碱比、氮碱比较 T1 无显著差异，T3 处理总糖、还原糖、淀粉含量及糖碱比、氮碱比均显著高于 T1、T2 处理，硝酸盐、总氮和蛋白质含量较 T1、T2 处理显著降低。

表 3-25　白肋烟与茄子嫁接对调制后烟叶常规化学成分的影响

部位	处理	硝酸盐/（g/kg）	还原糖/%	总糖/%	总氮/%	可溶性蛋白/%	淀粉/%	氮碱比	糖碱比
上部叶	T1	4.01a	0.58a	0.93a	3.89a	16.01a	2.83b	0.96b	0.23b
	T2	4.18a	0.59a	0.97a	3.72a	15.53a	2.83b	0.88b	0.23b
	T3	3.47b	0.60a	1.05a	3.07b	10.61b	4.88a	25.56a	8.76a
中部叶	T1	3.81a	0.65b	1.02b	3.36a	14.41a	3.10b	0.91b	0.28b
	T2	3.90a	0.66b	1.07b	3.28a	12.81a	3.56b	0.86b	0.28b
	T3	3.30b	0.76a	1.25a	2.88b	9.87b	5.17a	32.55a	14.08a

3.6.4　白肋烟与茄子嫁接对调制后烟叶 TSNA 含量的影响

白肋烟与茄子嫁接后，调制后烟叶 NNN、NAT、NAB、NNK 及总 TSNA 含量均显著降低（表 3-26）。对上部叶，T2 处理的 NNN、NAT、NAB、NNK 及总 TSNA 含量较 T1 无显著差异，T3 处理的 NNN、NAT、NAB、NNK 及总 TSNA 含量均显著低于 T1 和 T2 处理，其中 T3 处理 NNN、NNK 和总 TSNA 含量较 T1 分别降低 76.02%、77.55%、75.69%。对中部叶，各处理 NNN、NAT、NAB、NNK 及总 TSNA 含量变化规律与上部叶一致，其中 T3 处理 NNN、NNK 和总 TSNA 含量较 T1 分别降低 78.67%、83.33%、84.04%。结果表明，烟茄嫁接对白肋烟 NNN、NAT、NAB、NNK 及总 TSNA 含量有显著影响。

表 3-26　白肋烟与茄子嫁接对调制后烟叶 TSNA 含量的影响（μg/g）

部位	处理	NNN	NAT	NAB	NNK	总 TSNA
上部叶	T1	5.88a	8.22a	0.30a	0.49a	14.89a
	T2	6.19a	8.62a	0.36a	0.61a	15.78a
	T3	1.41b	2.02b	0.08b	0.11b	3.62b
中部叶	T1	4.83a	7.49a	0.23a	0.36a	12.91a
	T2	5.21a	7.46a	0.28a	0.57a	13.52a
	T3	1.03b	0.95b	0.02b	0.06b	2.06b

3.6.5　白肋烟与茄子嫁接对调制后中部叶氨基酸含量的影响

不同处理 17 种氨基酸含量及氨基酸总量测定结果见表 3-27。与 T1 处理相比，T2 处理氨基酸总量无显著差异，T3 处理氨基酸总量显著增加；不同处理间谷氨酸、丝氨酸、丙氨酸含量存在显著差异，均表现为 T3＞T2＞T1；不同处理的甘氨酸、精氨酸、苏氨酸、缬氨酸、甲硫氨酸、异亮氨酸、亮氨酸、赖氨酸变化规律一致，T2 处理与 T1 处理相比差异不显著，但均与 T3 处理存在显著差异，且均以

T3 处理含量最高；各处理组氨酸、酪氨酸、苯丙氨酸含量变化规律一致，表现为 T3＞T1＞T2，其中 T2 处理较 T1 差异不显著，但均与 T3 处理存在显著差异，均以 T3 处理含量最高；T2 处理半胱氨酸含量较 T1 无显著差异但显著高于 T3 处理；不同处理天冬氨酸、脯氨酸含量差异不显著。表明嫁接处理能够改变白肋烟调制后烟叶氨基酸积累量。

表 3-27　白肋烟与茄子嫁接对调制后烟叶氨基酸含量的影响（g/kg）

氨基酸	T1	T2	T3
天冬氨酸	1.33a	1.26a	1.17a
谷氨酸	0.38c	0.73b	1.62a
丝氨酸	0.14c	0.25b	0.47a
甘氨酸	0.07b	0.09b	0.32a
组氨酸	0.08b	0.07b	0.11a
精氨酸	0.14b	0.22b	0.45a
苏氨酸	0.09b	0.10b	0.22a
丙氨酸	0.15c	0.29b	0.55a
脯氨酸	0.96a	0.98a	1.09a
酪氨酸	0.18b	0.15b	0.26a
缬氨酸	0.10b	0.11b	0.45a
甲硫氨酸	0.03b	0.03b	0.08a
半胱氨酸	0.18a	0.18a	0.12b
异亮氨酸	0.20b	0.21b	0.46a
亮氨酸	0.14b	0.18b	0.60a
苯丙氨酸	0.35b	0.34b	0.36a
赖氨酸	0.15b	0.16b	0.41a
氨基酸总量	4.67b	5.35b	8.74a

3.6.6　白肋烟与茄子嫁接对调制后烟叶感官质量的影响

由表 3-28 可知，烟茄嫁接对白肋烟对中、上部叶感官质量影响效果基本一致。

表 3-28　白肋烟与茄子嫁接对调制后烟叶感官质量评价的影响

部位	处理	香气质	香气量	浓度	杂气	劲头	刺激性	余味	燃烧性
上部叶	T1	6.00a	7.00a	6.50a	6.20a	7.00a	5.80b	6.00a	7.50a
	T2	6.00a	7.00a	6.60a	6.20a	7.10a	5.70b	6.00a	7.50a
	T3	5.80a	6.00b	6.40a	6.00a	4.50b	6.50a	6.00a	7.50a
中部叶	T1	6.30a	6.70a	6.50a	6.00a	6.50a	6.00b	6.00a	7.50a
	T2	6.30a	6.60a	6.50a	6.00a	6.60a	5.90b	6.00a	7.50a
	T3	6.20a	6.00b	6.50a	6.20a	4.30b	6.50a	6.10a	7.50a

与 T1 处理相比，T2 处理烟叶感官质量无显著差异，但 T3 处理烟叶香气量、劲头减小，刺激性增加。结果表明，烟茄嫁接能够影响白肋烟烟叶感官品质，对香气量、劲头和刺激性有显著影响。

3.6.7 小结

烟碱主要在根部合成，然后通过木质部运输到地上部。通过烟茄嫁接的方法对白肋烟进行换根，能够显著降低叶片中的烟碱含量，且不会对烟株生长及形态建成产生较大影响。接穗和砧木都为鄂烟 1 号时，旺长前期鲜烟叶烟碱含量较正常栽培鄂烟 1 号有所增加，猜测是由于嫁接时烟株损伤，正常栽培鄂烟 1 号及接穗和砧木都为鄂烟 1 号的烟株根系发育不同，或者是由于嫁接时剪叶处理及嫁接切口作为一种外源伤害能够诱导烟碱合成关键基因表达，并且嫁接成活后烟苗根部能够继续合成烟碱并运输至地上部，从而导致其叶片烟碱含量高于正常栽培鄂烟 1 号的烟碱含量，但随着烟株生长，外源伤害对烟叶造成的影响逐渐减小，叶片烟碱合成代谢过程趋于正常，成熟期及调制后接穗和砧木都为鄂烟 1 号的烟叶烟碱积累量较正常栽培鄂烟 1 号无显著差异，具体影响机制还需要进一步研究。

研究表明，用氮高效的烤烟品种作砧木，能够提高嫁接苗氮代谢关键酶活性和氮代谢能力，以烤烟为砧木能显著提高白肋烟接穗氮还原同化能力，且糖含量及蛋白质含量发生变化。因此，可能由于茄子与烟草氮代谢能力存在差异，烟茄嫁接后烟株氮素转运和碳氮分配发生改变，最终影响烟叶化学成分，因而嫁接后白肋烟糖含量升高，总氮、蛋白质含量及硝酸盐含量降低。而白肋烟与茄子嫁接后烟叶淀粉含量升高，可能是由成熟后期叶片落黄较慢，采收时烟叶成熟度不足所导致。此外，烟草体内游离氨基酸是合成蛋白质的基本单位，也是蛋白质降解的产物，同时也是合成烟碱、多酚等的原料，它参与烟株的氮、碳代谢，影响烟株内含氮化合物及其他化学成分物质的形成。因此，烟茄嫁接后烟叶游离氨基酸含量增加可能是烟茄嫁接后烟碱合成减少或蛋白质合成、降解发生改变，进而使氨基酸在烟株体内积累，其具体影响机制还需要进一步研究。

TSNA 是烟草生物碱与氮氧化物经过亚硝化反应后生成的，研究表明，TSNA 与降烟碱、新烟草碱含量及总生物碱含量呈显著正相关，NNN 与降烟碱呈极显著正相关，而 NNK 含量与烟碱含量呈极显著正相关。烟茄嫁接后，白肋烟烟碱、降烟碱及总生物碱含量降低幅度较大，且烟叶中未检测出新烟草碱，这可能是嫁接后白肋烟 TSNA 含量降低的重要原因。

烟碱和总氮含量直接影响烟叶的生理强度，同时也对烟叶感官质量有重要影响。白肋烟氮碱比与香气量及白肋烟风格程度紧密相关，一般认为随着总氮和烟碱含量的升高，烟叶香气量增加，此外有学者认为氮碱比以 1∶1 较为适合，若比值过大，烟气香味会逐渐减少。本研究中，烟茄嫁接后白肋烟烟叶香气量、劲头减小，刺激性增加，这可能与烟碱含量大幅降低、氮碱比增大紧密相关。

白肋烟与茄子嫁接后，烟株农艺性状未显著改变，烟叶常规化学成分有显著变化，主要表现在叶片烟碱含量大幅降低，氨基酸总量增加，NNN、NNK 及总 TSNA 含量显著降低。同时，烟茄嫁接后白肋烟烟叶香气量、劲头减少。本研究为通过农业措施大幅降低白肋烟烟碱含量提供了技术支持。

3.7 不同采收方式对调制后烟叶 TSNA 含量的影响

摘要：为明确不同类型烟草采收方式对调制后烟叶叶片和主脉 TSNA 及其前体物含量的影响，分别以河南方城烤烟云烟 87 和四川什邡晒烟什烟 1 号、雪茄烟德雪 3 号为材料，设置摘叶采收、片脉分离采收和带茎采收 3 种方式，测定调制后烟叶叶片和主脉 TSNA 及其前体物硝酸盐、亚硝酸盐和生物碱含量。结果表明，烤烟叶片 TSNA 和生物碱含量高于主脉，硝酸盐含量则低于主脉；晒烟和雪茄烟主脉硝酸盐、亚硝酸盐和 TSNA 含量均高于叶片，生物碱含量则低于叶片。不同采收方式对 TSNA 及其前体物含量影响显著，对烤烟而言，叶片 TSNA 及其前体物含量以片脉分离采收处理最低，其中总 TSNA 含量较摘叶采收处理降低 27.56%，叶片 TSNA 含量在带茎采收处理和摘叶采收处理之间差异不显著；主脉中 TSNA 含量以片脉分离采收处理最低，带茎采收处理最高。晒烟和雪茄烟叶片和主脉 TSNA 及其前体物含量总体显著高于烤烟，二者叶片中 TSNA 及各前体物含量均以片脉分离采收处理最低，总 TSNA 含量分别比摘叶采收处理低 60.53%和 48.48%，二者叶片总 TSNA 含量以带茎采收处理最高，分别比摘叶采收处理增加 40.23%和 72.12%。晒烟和雪茄烟主脉中硝酸盐和 TSNA 含量以摘叶采收处理最低，带茎采收处理最高。因此，采收方式对不同类型烟叶叶片和主脉的 TSNA 及其前体物含量可产生不同程度的影响，与摘叶采收处理相比，片脉分离采收处理可显著降低 3 种类型烟叶叶片中 TSNA 含量，而带茎采收处理则可增加叶片和主脉 TSNA 含量，但晒烟和雪茄烟叶片增加幅度较大，烤烟叶片增加幅度较小。

TSNA 是由烟草生物碱和亚硝酸发生亚硝化反应生成的存在于烟叶和烟气中的具有动物致癌性的 *N*-亚硝基化合物。随着吸烟损害健康的问题越来越受到人们的重视，降低 TSNA 相关研究得到世界的广泛关注。TSNA 主要有 8 种，其中以 NNN、NNK、NAT 和 NAB 4 种含量较高。TSNA 前体物主要包括生物碱、硝酸盐和亚硝酸盐，烟碱在烟草的 4 种主要生物碱中含量最高，属于叔胺类生物碱，其吡咯环被氧化后生成假氧环烟碱（PON），进而生成 NNK，降烟碱、新烟草碱和假木贼碱等仲胺类烟碱可直接生成 NNN、NAT 和 NAB。关于硝酸盐和亚硝酸盐与 TSNA 关系的讨论众多，有研究认为总 TSNA 与硝酸盐之间存在显著的正相关关系，硝酸盐水平是 TSNA 积累的一个指示物，硝酸盐还原成亚硝酸盐的过程则是 TSNA 积累的限制阶段。TSNA 在烟叶中的分布更类似于亚硝酸盐含量的分布，引起 TSNA 积累的主要因素是亚硝酸盐。TSNA 的形成受到生物碱和亚硝酸盐的双重影响。TSNA 的形成和积累主要发生在调制过程和贮藏过程中。在调制阶段，由于微生物的作用，硝酸盐被硝酸还原酶还原生成亚硝酸盐，进而与生物碱发生反应形成 TSNA。此外，调制结束后的贮藏阶段也会形成大量的 TSNA，在贮藏过程中，硝酸盐可产生气态氮氧化物与生物碱发生亚硝化反应生成 TSNA。

烟梗是烟叶的重要组成部分，是卷烟生产中的原料之一，烤烟的含梗率为 25%～35%，烟梗具有填充值高、焦油释放量低的优点，是卷烟降焦和降低配方成本的重要手段。烟叶叶片和主脉中 TSNA 前体物含量有较大差异，对初烤烟叶片和主脉间 TSNA 及其前体物进行差异分析结果表明，主脉中生物碱含量低于叶片，但硝态氮含量和 TSNA 含量显著高于叶片。不同采收方式对叶片和主脉间 TSNA 含量有重要影响，采收方式不同，叶片和主脉的失水速率有所差异。本研究对白肋烟叶片和主脉中 TSNA 进行了相关研究，但是由于不同类型烟叶所采用的调制方法不同，调制后烟叶中 TSNA 含量也有所差异。多年来，有关采收方式的研究多集中在对烟叶产质量方面的影响，对 TSNA 的影响研究较少，为探究不同采收方式下不同类型烟叶叶片和主脉间 TSNA 及其前体物的差异性，以烤烟云烟 87、晒烟什烟 1 号和雪茄烟德雪 3 号为材料，设置摘叶采收、片脉分离采收和带茎采收 3 种采收方式，探究其对叶片和主脉中 TSNA 及其前体物含量的影响，为选择适宜的采收方式，有效降低烟叶叶片和主脉中 TSNA 及其前体物含量，实现优质低害烟叶生产提供理论依据（张晶云等，2023）。

本研究中烤烟品种试验地点设在河南省南阳市方城县清河镇金叶园园区，供试材料为当地主栽品种云烟 87 的上部 6 片叶，烟苗于 2020 年 4 月 15 日移栽，行株距为 120cm×55cm。雪茄烟和晒烟品种试验地点设在四川省什邡市师古镇，供试材料为当地主栽品种雪茄烟德雪 3 号和晒烟什烟 1 号的上部烟叶，各供试品种种植面积均为 333.33m^2，烟苗于 2020 年 4 月 30 日移栽，行距 120cm，株距 40cm。试验采用随机区组实验设计，对采收方式设置 3 个处理：摘叶采收（T1），即上部 6 片叶成熟后一次性采收进行调制；片脉分离采收（T2），即上部 6 片叶成熟后一次性采收，将叶片和主脉分开进行调制；带茎采收（T3），即上部 6 片叶成熟后带茎一次性砍收进行调制。调制结束后，将烟叶叶片和主脉分开，磨碎，过孔径 0.25mm 筛子，待测。

3.7.1 不同采收方式对调制后烟叶叶片和主脉硝酸盐含量的影响

如图 3-22 所示，由烤烟可以看出，烤烟叶片中硝酸盐含量以片脉分离采收处理最低，较摘叶采收处理降低 35.29%，带茎采收处理最高；主脉中硝酸盐含量以摘叶采收处理最低，带茎采收处理最高；由晒烟和雪茄烟可以看出，叶片和主脉硝酸盐含量均高于烤烟，且二者叶片中硝酸盐含量均以片脉分离采收处理最低，分别比摘叶采收处理低 24.53%和 34.25%；二者主脉中硝酸盐含量均表现为摘叶采收处理＜片脉分离采收处理＜带茎采收处理。

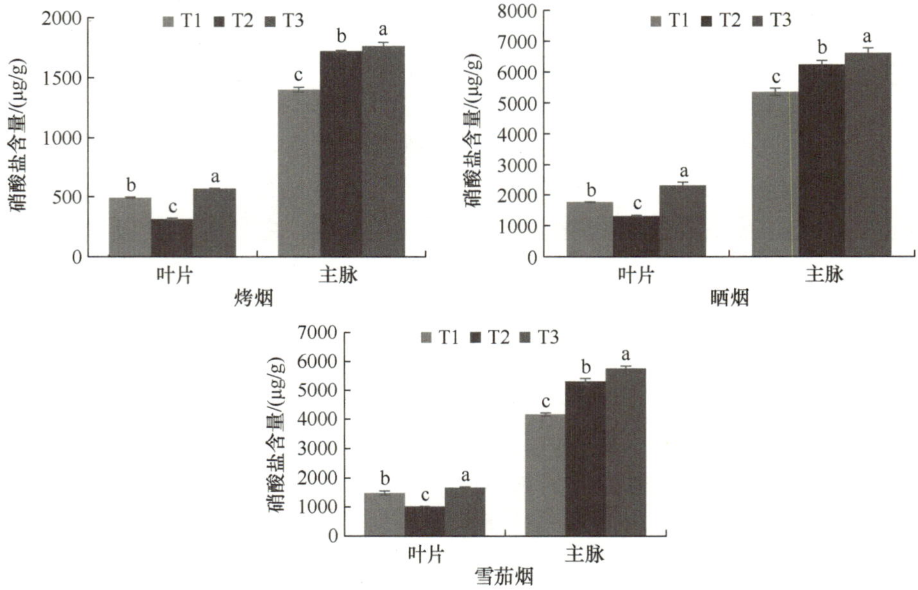

图 3-22 不同采收方式调制后烟叶硝酸盐含量比较

3.7.2 不同采收方式对调制后烟叶叶片和主脉亚硝酸盐含量的影响

如图 3-23 所示，由烤烟可以看出，烤烟叶片中亚硝酸盐含量以带茎采收处理最高，其他两个处理无显著差异；烤烟主脉中亚硝酸盐含量以片脉分离采收处理最低，较摘叶采收处理降低 14.34%。由晒烟和雪茄烟可以看出，二者叶片和主脉中亚硝酸盐含量均高于烤烟，且二者叶片中亚硝酸盐含量均以片脉分离采收处理最低，分别比摘叶采收处理降低 29.35%和 40.44%；二者主脉中亚硝酸盐含量均以摘叶采收处理最低，其他两个处理无显著差异。

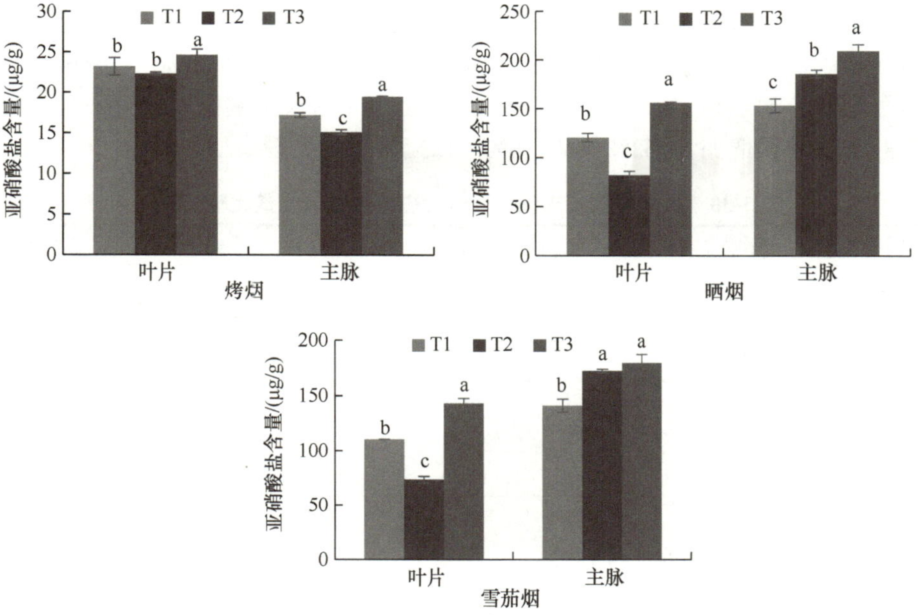

图 3-23 不同采收方式调制后烟叶亚硝酸盐含量比较

3.7.3 不同采收方式对调制后烟叶叶片和主脉生物碱含量的影响

由表 3-29 可以看出，3 个类型之间叶片烟碱含量差异不大，但是晒烟和雪茄烟叶片生物碱总量略高于烤烟，主要是晒烟和雪茄烟叶片的降烟碱含量高于烤烟。烤烟叶片总生物碱含量以带茎采收处理最高，比摘叶采收处理增加了 3.49%；晒烟和雪茄烟叶片总生物碱含量以片脉分离采收处理最低，分别比摘叶采收处理低 18.48%和 12.12%，以带茎采收处理最高。

表 3-29 不同采收方式调制后烟叶叶片生物碱含量比较（%）

烟叶类型	采收方式	烟碱	降烟碱	假木贼碱	新烟草碱	总生物碱
烤烟	摘叶采收	3.21a	0.14b	0.03a	0.34a	3.72b
	片脉分离采收	3.18a	0.12b	0.03a	0.33a	3.66b
	带茎采收	3.01b	0.48a	0.03a	0.33a	3.85a
晒烟	摘叶采收	3.94b	1.01b	0.03a	0.16a	5.14b
	片脉分离采收	3.39c	0.67c	0.02b	0.11b	4.19c
	带茎采收	4.63a	1.36a	0.02b	0.11b	6.12a
雪茄烟	摘叶采收	3.99b	1.19b	0.03a	0.02b	5.20b
	片脉分离采收	3.72c	0.78c	0.01b	0.06a	4.57c
	带茎采收	4.37a	1.35a	0.01b	0.01c	5.74a

由表 3-30 可知，3 种类型烟叶主脉中生物碱含量差异不大。烤烟主脉中总生物碱含量以片脉分离采收处理最高，比摘叶采收处理增加 26.25%，另外两个处理无显著差异；晒烟和雪茄烟主脉中总生物碱含量以片脉分离采收处理最高，分别比摘叶采收处理增加 69.62%和 79.10%，以摘叶采收处理最低。

表 3-30　不同采收方式调制后烟叶主脉生物碱含量比较（%）

烟叶类型	采收方式	烟碱	降烟碱	假木贼碱	新烟草碱	总生物碱
烤烟	摘叶采收	0.66b	0.05b	0.01a	0.08b	0.80b
	片脉分离采收	0.85a	0.05b	0.01a	0.10a	1.01a
	带茎采收	0.62b	0.08a	0.01a	0.07b	0.78b
晒烟	摘叶采收	0.62b	0.14c	0.01b	0.02c	0.79c
	片脉分离采收	0.97a	0.31a	0.02a	0.04a	1.34a
	带茎采收	0.95a	0.25b	0.02a	0.03b	1.25b
雪茄烟	摘叶采收	0.54c	0.09c	0.02a	0.02b	0.67c
	片脉分离采收	0.96a	0.22a	0.01b	0.01c	1.20a
	带茎采收	0.91b	0.16b	0.01b	0.03a	1.11b

3.7.4　不同采收方式对调制后烟叶叶片和主脉 TSNA 含量的影响

从表 3-31 可以看出，晒烟和雪茄烟叶片总 TSNA 含量高于烤烟；烤烟、晒烟和雪茄烟 3 种类型烟叶叶片总 TSNA 含量均以片脉分离采收处理最低，总 TSNA 含量分别比摘叶采收处理降低 27.56%、60.53%和 48.48%，三者叶片总 TSNA 含量均以带茎采收处理最高，分别比摘叶采收处理增加 7.87%、40.23%和 72.12%。

表 3-31　不同采收方式调制后烟叶叶片 TSNA 含量比较（ng/g）

烟叶类型	采收方式	NNN	NAT	NAB	NNK	总 TSNA
烤烟	摘叶采收	848.00a	124.50b	11.05b	117.95a	1101.50a
	片脉分离采收	586.00b	112.50b	7.90c	91.50b	797.90b
	带茎采收	892.32a	152.14a	16.89a	126.89a	1188.24a
晒烟	摘叶采收	2195.38b	560.00b	20.55c	47.50b	2823.43b
	片脉分离采收	813.50c	188.30c	70.76a	41.95c	1114.51c
	带茎采收	3125.49a	749.50a	23.30b	61.00a	3959.29a
雪茄烟	摘叶采收	1360.63b	316.23b	14.10b	78.95b	1769.91b
	片脉分离采收	661.53c	195.01c	4.65c	50.65c	911.84c
	带茎采收	2450.96a	475.68a	34.70a	85.05a	3046.39a

从表 3-32 可以看出，晒烟和雪茄烟主脉总 TSNA 含量高于烤烟；烤烟主脉总

TSNA 含量以片脉分离采收处理最低，带茎采收处理最高，片脉分离采收处理的烤烟主脉总 TSNA 含量比摘叶采收处理低 42.08%。而晒烟和雪茄烟主脉总 TSNA 含量均以摘叶采收处理最低，带茎采收处理最高，二者分别比摘叶采收处理增加 25.59%和 29.80%。

表 3-32　不同采收方式调制后烟叶主脉 TSNA 含量比较（ng/g）

烟叶类型	采收方式	NNN	NAT	NAB	NNK	总 TSNA
烤烟	摘叶采收	337.00b	46.05b	8.19b	119.50a	510.74b
	片脉分离采收	167.00c	29.20c	6.64c	93.00b	295.84c
	带茎采收	436.89a	57.25a	12.57a	128.72a	635.43a
晒烟	摘叶采收	7195.84c	760.00b	17.55b	37.13c	8010.52c
	片脉分离采收	8813.04b	788.30ab	24.76a	41.53b	9667.63b
	带茎采收	9125.29a	849.51a	25.38a	60.39a	10060.57a
雪茄烟	摘叶采收	7360.27b	316.23c	14.12b	48.48b	7739.10c
	片脉分离采收	8961.95a	395.05b	14.87b	49.74b	9421.61b
	带茎采收	9450.84a	475.68a	34.71a	84.20a	10045.43a

3.7.5　小结

不同采收方式调制后烟叶叶片和主脉 TSNA 含量有显著差异，烤烟叶片和主脉中总 TSNA 含量表现为带茎采收＞摘叶采收＞片脉分离采收，猜测这与烟草中水分有关，在烘烤过程中，带茎采收的烟株茎秆里的水分向叶片和主脉不断运输，烘烤时间延长，烟叶干燥速度慢，且茎秆中生物碱向主脉中转运，继而向叶片中转运，因此叶片生物碱含量以带茎采收处理最高，促进了 TSNA 的形成和积累。同理，片脉分离采收处理的烟叶干燥最快，烘烤及变黄时间最短，各前体物质来不及转化或转化较少，叶片和主脉中 TSNA 形成较少；晒烟和雪茄烟叶片 TSNA 含量在采收方式间表现为片脉分离采收＜摘叶采收＜带茎采收，这可能是因为二者在调制过程中，带茎采收处理的烟株调制时间更长，促进大量 TSNA 的形成和积累，而片脉分离采收处理的叶片失水较快，变黄时间相对较短，TSNA 的形成相对较少；主脉中 TSNA 含量在采收方式间表现为摘叶采收＜片脉分离采收＜带茎采收，这可能是由于茎秆中硝酸盐含量高于叶片和主脉，茎秆中的硝酸盐随着水分迁移向主脉运输，因此主脉中 TSNA 含量以带茎采收处理最高，而片脉分离采收处理的主脉中硝酸盐无法向叶片运输，摘叶采收处理主脉中硝酸盐可向叶片转运，加上主脉中硝酸盐含量高于叶片，因此片脉分离采收处理的主脉中 TSNA 含量高于摘叶采收。采用不同采收方式进行研究有利于揭示烟叶 TSNA 的形成机制，但在实际应用中，采收方式的确定还要综合考虑其对烟叶质量的影响。

本研究中，相比于摘叶采收处理，虽然带茎采收处理增加了烤烟 TSNA 含量，但增加比例小，为 7.87%，远低于晒烟和雪茄烟 TSNA 的增加比例，晒烟和雪茄烟增加比例分别为 40.23%和 72.12%，推测是因为晒烟和雪茄烟的调制时间较烤烟长，带茎采收后调制时间延长更久，硝酸盐向亚硝酸盐的转化更加充分，因此晒烟和雪茄烟带茎采收后 TSNA 含量增加较多。对于烤烟而言，带茎烘烤处理的茎秆里储存的水分具有缓冲作用，使烘烤时间相应延长，TSNA 含量比摘叶采收处理稍有增加，但有利于大分子物质的充分转化和香气物质的形成。片脉分离采收处理虽然可降低烤烟叶片 TSNA 及其前体物含量，但是由于烘烤过程中叶片与主脉分离，主脉的水分不能向叶片迁移，叶片会失水过快，导致内含物质转化不充分，香气质差，香气量少，刺激性和杂气增加，烟叶品质急剧下降。因此，在实际生产中选择采收方式应综合权衡其对烟叶质量和安全性的影响。

3.8 不同调制方式对万源晒烟化学成分含量的影响

摘要：为探究适宜万源晒烟新品种的调制方式，以四川省万源市新品种万毛 9 号为材料，研究不同调制方式对烟叶品质、安全性的影响。结果表明，调制方式对烟叶化学成分、感官品质有显著影响。晾制下，烟叶总糖、还原糖含量较低，烟碱转化率、降烟碱和总 TSNA 含量（质量分数）较高，烟叶杂气较轻。折晒下，烟叶总 TSNA 含量显著降低，且化学、香气成分较协调，烟叶安全性较高，余味较好。索晒下，烟叶香气物质总量及重要香气成分含量显著升高，烟叶香气质较好，感官质量较优。

万源晒烟具有香气量大、高碱低糖等特性，是雪茄芯叶的重要原料，在卷烟生产中可作为补充低焦油卷烟香气的原料，因此被卷烟工业企业广泛应用。当地根据生产上对晒烟品质的要求，培育出万毛 3 号、万毛 9 号等品种，并开发出与之相配套的栽培和调制技术。

调制是晒烟品质形成的关键环节。不同的调制环境影响了晒烟烟叶内酶的活性及物质降解、转化速率等，进而影响其烟叶的品质和风格。在晒烟历史上，多采用晒制（索晒和折晒）的方式对晒烟品种进行调制。不同的调制方式对烟叶香吃味有显著影响，捂晒较有利于提高烟叶的香味、品质，将晒黄烟采收后堆积 1～2d 再进行晒制，其叶片中叶绿素、淀粉和蛋白质的降解量大于传统晒制，烟叶杂气减轻，香气量提高。目前，关于不同调制方式对晒烟质量风格和化学成分的影响，特别是在香气成分和有害成分方面的研究报道不多。为此，本研究团队以万源晒烟新品种万毛 9 号为材料，分析了不同调制方式对烟叶质量风格、香气物质、烟草特有亚硝胺含量的影响，为卷烟工业企业利用优质、低害的晒烟材料提供依据（郑昕等，2018a）。

试验于 2015 年在四川省万源市草坝镇魏家乡进行，海拔 1050m，前茬作物为玉米，供试土壤类型为黄棕壤，土壤肥力中等，有机质含量适中，供试品种为当地新品种万毛 9 号。试验品种移栽密度为 1100 株/667m^2，行株距固定为 1.2m×0.5m，小区四周设置保护行。肥料氮磷钾比为 N：P_2O_5：K_2O=10：10：28，移栽前 15d 进行起垄施基肥。5 月 12 日进行移栽，移栽 30d、45d 后在烟株根部两侧条施追肥（基肥、追肥比为 1：1），留叶数为 16 片，现蕾打顶，摘叶采收，调制房为木质结构黑膜覆盖的晾晒房。烟叶于 8 月 5 日开始调制，至 9 月 5 日调制结束，设置 3 种调制方式，分别为索晒（编织成串，露天索挂晒制，平均日照时数 8.7h，平均温度 24.4℃，平均相对湿度 75.1%）、折晒（平铺于竹笆上露天晒制，平均日照时数 8.7h，平均温度 24.4℃，平均相对湿度 75.1%）和晾制（编织成串，在黑膜覆盖的晾房内索挂晾制，晾房内平均温度 22.6℃，平均相对湿度 77.4%），每个处理设 3 次重复，调制后烟叶根据全国晒红烟 6 级制分级标准进行分级，取中部三级烟叶经冷冻干燥磨碎，用于后续试验分析。

3.8.1　不同调制方式对烟叶常规化学成分的影响

不同调制方式下烟叶常规化学成分的变化见表 3-33。分析表明，万毛 9 号烟叶的总糖、还原糖含量均以折晒处理最高；索晒和折晒处理下烟叶的烟碱含量显著高于晾制；折晒处理下烟叶的氯、钾含量显著高于索晒和晾制。不同调制方式下烟叶总氮含量差异显著，表现为折晒＞索晒＞晾制；氮碱比无显著差异，而钾氯比表现为晾制＞折晒＞索晒。

表 3-33　不同调制方式下烟叶常规化学成分的变化

处理	总糖/（mg/g）	还原糖/（mg/g）	烟碱/（mg/g）	氯/（mg/g）	钾/（mg/g）	总氮/（mg/g）	糖碱比	氮碱比	钾氯比
索晒	35.2b	27.4b	36.5a	3.44b	27.6b	25.8b	0.75b	0.71a	8.02b
折晒	39.8a	29.5a	37.3a	3.79a	30.8a	26.7a	0.79a	0.72a	8.13b
晾制	34.3c	26.4c	33.4b	3.26b	27.1b	24.3c	0.79a	0.73a	8.31a

3.8.2　不同调制方式下烟叶香气成分的比较

在不同调制方式下，烟叶所处的光照、温度、湿度的条件不同，这些因素都会对烟叶香气前体物的降解和调制后烟叶香气成分的含量产生影响。由表 3-34 可以看出，类胡萝卜素降解产物总量、苯丙氨酸转化产物总量、新植二烯含量和中性致香物质总量均表现为索晒＞折晒＞晾制，而茄酮含量表现为晾制＞折晒＞索晒，棕色化反应产物总量表现为晾制＞索晒＞折晒，且处理之间均差异显著。

表 3-34　不同调制方式下烟叶香气成分的变化（μg/g）

中性致香物质	处理		
	索晒	折晒	晾制
6-甲基-5-庚烯-2-酮	3.51a	3.28b	2.63c
6-甲基-5-庚烯-2-醇	1.01a	0.74b	0.68c
愈创木酚	0.79b	0.89a	0.54c
芳樟醇	3.98a	2.19b	2.26b
β-大马酮	9.67a	8.35b	6.92c
β-二氢大马酮	7.70a	6.69b	5.02c
异佛尔酮	1.51a	1.34b	1.04c
氧化异佛尔酮	0.67a	0.31c	0.42b
香叶基丙酮	10.03a	5.11b	3.54c
二氢猕猴桃内酯	7.76a	5.08b	5.23b
巨豆三烯酮 1	3.27a	2.68b	1.60c
巨豆三烯酮 2	16.03a	10.23b	8.01c
巨豆三烯酮 3	7.59a	2.72b	0.20c
3-羟基-β-二氢大马酮	3.57b	4.74a	2.82c
巨豆三烯酮 4	15.89a	12.31b	8.89c
螺岩兰草酮	2.87a	2.12b	2.06b
法尼基丙酮	26.46a	21.36b	13.88c
类胡萝卜素降解产物总量	122.31a	90.14b	65.74c
苯甲醛	1.27a	0.92b	0.80c
苯乙醛	1.98a	0.96c	1.74b
苯甲醇	13.19a	9.34b	8.09c
苯乙醇	18.29a	16.33b	6.36c
苯丙氨酸转化产物总量	34.73a	27.55b	16.99c
糠醛	4.91b	4.27c	6.34a
糠醇	4.32a	4.42a	4.43a
2-乙酰基呋喃	0.28c	0.36b	0.44a
3,4-二甲基-2,5-呋喃二酮	3.89b	2.59c	4.18a
5-甲基-2-糠醛	1.46b	1.18c	3.12a
2,6-壬二烯醛	0.79b	1.26c	1.83a
β-环柠檬醛	0.25a	0.17b	0.25a
藏花醛	0.24a	0.11c	0.15b
棕色化反应产物总量	16.14b	14.36c	20.74a
茄酮	46.61c	57.76b	89.07a
新植二烯	488.00a	311.68b	226.57c
中性致香物质总量	707.79a	500.49b	419.11c

3.8.3 不同调制方式对烟叶 TSNA 含量的影响

不同调制方式下烟叶 TSNA 含量的变化如表 3-35 所示。不同调制方式对万毛 9 号烟叶总 TSNA 含量的影响显著，表现为晾制＞索晒＞折晒。晾制处理下，烟叶总 TSNA 含量最高，与索晒和折晒相比，分别增加 45.9%和 134.9%。其中 NNN 含量最高，晾制与索晒和折晒相比，分别增加 75.04%、344.98%。NNK 含量表现为晾制＞索晒＞折晒。在晾制处理下，NAT、NAB 含量最低。

表 3-35 不同调制方式下烟叶 TSNA 含量的变化（ng/g）

处理	NNN	NAT	NAB	NNK	总 TSNA
索晒	207.49b	62.65b	6.84b	51.20b	328.18b
折晒	81.62c	68.67a	7.54a	46.03c	203.86c
晾制	363.19a	54.35c	5.05c	56.21a	478.80a

3.8.4 不同调制方式对烟叶生物碱含量的影响

不同调制方式对烟叶生物碱含量的影响如表 3-36 所示。不同调制方式下，烟叶总生物碱含量表现为折晒＞索晒＞晾制。假木贼碱和新烟草碱分别为 NAB、NAT 的前体物，这两种生物碱在不同调制方式下的表现趋势与烟叶 NAB、NAT 含量的变化趋势一致，即折晒＞索晒＞晾制。降烟碱为 NNN 的前体物，其含量与烟碱转化率的变化趋势一致，表现为晾制＞索晒＞折晒，并与烟叶 NNN 含量的变化趋势一致。

表 3-36 不同调制方式下烟叶生物碱含量的变化

处理	烟碱/（mg/g）	降烟碱/（mg/g）	假木贼碱/（mg/g）	新烟草碱/（mg/g）	总生物碱/（mg/g）	烟碱转化率/%
索晒	36.5a	2.98b	0.41b	0.97b	40.86b	7.55b
折晒	37.3a	2.16c	0.47a	1.15a	41.08a	5.47c
晾制	33.4b	4.05a	0.20c	0.61c	38.26c	10.81a

3.8.5 不同调制方式对烟叶感官质量的影响

不同调制方式下烟叶的感官质量评价结果见表 3-37。在索晒方式下，万毛 9 号的晒烟风格和雪茄风格最为突出。烟叶香气质、香气量和浓度均表现为索晒＞折晒＞晾制，晾制方式下烟叶的劲头和刺激性较大、余味较差，而杂气较轻。

表 3-37 不同调制方式下烟叶的感官质量评价

处理	风格		香气质（9分）	香气量（9分）	浓度（9分）	杂气（9分）	劲头（9分）	刺激性（9分）	余味（9分）	燃烧性（9分）	总分（90分）
	晒烟风格（9分）	雪茄风格（9分）									
索晒	7.0	5.0	6.2	7.5	6.5	6.3	6.5	5.5	6.2	8.0	64.7
折晒	7.0	4.0	5.8	7.2	6.2	6.3	6.6	5.5	6.3	8.0	62.9
晾制	7.2	3.0	5.5	7.0	6.0	6.5	7.0	5.1	5.8	8.0	61.1

3.8.6 小结

不同类型、品种的烟草其成熟烟叶的身份、内在成分具有差异，这就需要用不同的调制方式进行调制。万毛 9 号为万源市近年来选育出的晒红烟新品种，其烟叶具有大而阔、较厚、主脉较粗等特点，在调制过程中，需要的光照、温度和湿度与其他晒红烟品种不同。本研究中，折晒处理下烟叶受光照面积最大，导致烟叶失水速率尤其是前期失水速率快；索晒处理下烟叶由于编织成串，其受光照面积低于折晒，则失水速率略低于折晒；晾制处理下烟叶不受光且所处环境温度低、空气相对湿度较高，烟叶失水速率最低。折晒处理下烟叶总糖、还原糖和总氮含量相对较高，与折晒下烟叶失水快、调制时间较短，糖类、蛋白质等物质消耗较少有关。晾制时的温度和失水速率较低，酶的活性较高，有利于色素等大分子物质的降解，可降低调制后烟叶的青杂气，但香味成分含量低于晒制。本研究中，折晒处理下烟叶总糖、总氮含量相对较高，晾制处理下烟叶具有相对较轻的杂气和较低的中性致香物质总量，这与前人研究结果一致。4 个巨豆三烯酮的同分异构体、β-大马酮、苯乙醇、苯甲醇、β-二氢大马酮等物质对香气贡献较大，在索晒处理下这些物质的含量较高，烟叶香气质较好。棕色化反应产物总量表现为晾制＞索晒＞折晒，这可能与晾制处理下烟叶糖分代谢较多有关。同时，晾制具有相对较低的温度和较长的调制时间，有利于去甲基酶和亚硝酸还原酶活性的提高，烟碱向降烟碱转化的速率增大，导致调制后烟叶中烟碱含量降低，而降烟碱、TSNA 含量的升高，则不利于烟叶的安全性。不同调制方式下，烟叶烟碱含量表现为折晒＞索晒＞晾制，降烟碱含量、烟碱转化率的表现趋势与之相反。本研究中，在不同调制方式下，万毛 9 号烟叶 TSNA 含量、烟碱转化率表现为晾制＞索晒＞折晒。

在万源晒红烟万毛 9 号的生产过程中，由于地理、环境因素影响，调制后期的空气湿度较大。晾制处理下，烟叶除 TSNA 含量较高外，由于失水较慢、调制时间较长，在调制后期易出现烟叶索挂处发霉的问题，影响烟叶质量。折晒处理下，烟叶受光面积大、前期失水快、调制后烟叶成分较协调且 TSNA 含量低，而折晒需要较大的场地去摆放折晒架，增加了烟农的劳动强度和成本，不利于烟叶产量和烟农积极性的提高。索晒处理下，烟叶前期失水较快、烟叶内香气物质的转化较折晒充分、对场地和人力的需求不高，但调制后烟叶 TSNA 含量较高，使烟叶安全性降低。如何在提高烟叶品质的同时，保证烟叶的安全性、降低调制时的投入，需进一步研究。

在不同调制方式下，万毛 9 号烟叶的化学成分、香气成分、感官品质和 TSNA 含量均有明显差异。万毛 9 号在晾制处理下，烟叶晒烟风格突出、杂气轻，但存在雪茄风格弱化、香气物质含量低、烟叶香气质量较差等问题，且 TSNA 含量高，烟叶安全性较低。使用晒制方式进行调制，烟叶 TSNA 含量显著降低，中性致香物质含量升高，烟叶整体风格较为突出，评吸得分较高，综合质量高于晾制。折晒处理下，烟叶 TSNA 含量最低，烟叶燃烧时余味较好；索晒处理下，烟叶中性致香物质总量最高、烟叶香气质和香气量较好，感官质量较优。

3.9　气候和晾制环境对烟叶 TSNA 含量的影响

摘要：采集以候（5 天）为基础的气象资料，分析白肋烟不同产区 1981～2011 年大田期和晾制期的气候特征并进行归类，采用田间试验的方式，统一品种、栽培管理和调制方式，着重探索气候条件对白肋烟烟叶 TSNA 形成的影响。结果表明，白肋烟 TN86 在重庆万州、四川万源和云南宾川三个气候差异明显的地区种植和晾制后，TSNA 含量存在一定的差异，其中万源烟叶 TSNA、生物碱含量较高，宾川烟叶 TSNA、生物碱含量和烟碱转化程度均较低。相关分析结果表明，晾制后烟叶 NNN 含量与晾制期的相对湿度呈显著正相关，总 TSNA 含量与相对湿度、降水量的关系较密切；降烟碱是影响烟叶总 TSNA 含量的主要因素，新烟草碱也起一定的作用。将白肋烟 TN90 置于不同的环境（云龙和宾川）晾制后，TSNA 含量存在明显差异，这与晾房内的相对湿度密切相关，高湿环境中（云龙）晾制的烟叶 TSNA 积累量较多。

气候因子是影响白肋烟布局及生长发育的一个重要生态因素，特别是光、温、水气候条件不仅对白肋烟生长发育及晾制有极为重要的影响，还影响烟叶的香气品质。白肋烟引种始于 20 世纪 30 年代，目前国内大规模种植的地区有云南宾川、湖北恩施、重庆万州和四川达州。白肋烟喜温，尤其成熟期和晾制阶段适宜的温度有利于促进叶片的物质积累和转化。晾制期间是白肋烟烟叶品质形成的关键时期，对环境条件要求较高，适宜的温湿度条件有利于叶片的物质转化，烟叶品质得到进一步提升。TSNA 的前体物在烟草植株中的积累受多种因子的影响，除了品种、施肥、灌溉和种植密度等栽培措施，还受到环境条件如光照、温度和水分等的影响。大量的研究表明，晾制阶段的温湿度条件对叶片 NO_3^-还原为 NO_2^-，进一步与生物碱发生亚硝化反应形成 TSNA 有重要的影响，还能够影响烟碱转化程度和生物碱含量。有研究表明，生态因子是造成不同产区之间烟叶的烟碱含量存在较大差异的主要原因，其中气候条件的影响最大。有关气候条件对白肋烟烟叶质量影响的研究一直备受关注，但对气候因素与白肋烟生长发育、产量和香气品质关系的研究较多，对气候因素与烟叶安全性关系的研究较少，进行典型取样调查的多，进行生产试验研究的较少。

本研究首先对我国云南大理（宾川和云龙）、四川达州（宣汉、万源、开江和达川）、重庆（万州和奉节）和湖北（恩施和建始）10 个白肋烟主产区，利用各地区气象局提供的 1981～2011 年原始气象数据，以候（5 天）为基本单位进行聚类分析，明确区域间的气候差异。随后设置了两个栽培试验，试验一：在采用相同的栽培、田间管理及晾制方式的基础上，于 2013 年在云南宾川力角镇（北纬 25.9°，东经 100.5°，海拔 1260m）、四川万源河口镇（北纬 31.7°，东经 107.6°，海拔 780m）、重庆万州凤仪乡（北纬 30.8°，东经 108.4°，海拔 1070m）三个气候差异明显的地区进行田间试验，采用统一的栽培模式。每个处理的面积不少于 500m^2。白肋烟品种为 TN90，统一供种，采用相同的田间管理方式，施氮量为 240kg/hm^2，N∶P_2O_5∶K_2O 为 1∶1∶3，种植密度为 18 000 株/hm^2，于 5 月 10 日移栽，单株留叶数 25 片，于 8 月 15 日将烟株整株砍收晾制。三地烟叶调制后，取中部叶，分为 10 份，去梗切丝，各自混合，测得烟叶含水率为 12.5%。每份样品重复测定 3 次。试验二：于 2014 年在云南宾川力角镇（北纬 25.9°，东经 100.5°，海拔 1260m）和云龙旧州镇（北纬 25.8°，东经 99.2°，海拔 1400m）同时开展，供试土壤为沙壤土，肥力中等偏上。供试白肋烟品种为 TN86，施氮量为 240kg/hm^2，N∶P_2O_5∶K_2O 为 1∶1∶3，种植密度为 18 000 株/hm^2，于 5 月 8 日移栽，单株留叶数 25 片，于 8 月 15 日两地同时采收，整株砍收晾制。在烟株成熟之前选择 80 株长势较一致的烟株，挂牌，统一砍收，40 株挂在宾川力角镇的标准晾房中晾制，另 40 株于砍收当日运至云龙旧州镇的晾房中晾制。云龙种植的烟叶处理方法与宾川相同，40 株在当地晾制，40 株运至宾川晾制。采用 HOBO-U23 Pro-V2 数据采集器（Onset Computer Corporation，USA）记录晾房内的温度和湿度，每小时记录 1 次，计算日平均值。晾制结束后，分别取中部叶 1.5kg，切丝后混合均匀。以探讨气候条件对烟叶晾制过程中 TSNA 的影响，进一步明确气候因素与白肋烟 TSNA 形成的关系。

3.9.1 白肋烟 10 个主要产区 1981～2011 年气象因素的变化情况

各白肋烟产区生育期的划分不同，其气候因素数据按当地的常规生育期来进行整理分析。云南宾川和云龙的生育期统一为：大田期 5 月 10 日到 8 月 20 日；晾制期 8 月 20 日到 10 月 10 日。四川宣汉、万源、开江和达川的生育期统一为：大田期 5 月 10 日到 8 月 15 日；晾制期 8 月 15 日到 10 月 15 日。重庆万州和奉节的生育期统一为：大田期 5 月 10 日到 8 月 15 日；晾制期 8 月 15 日到 9 月 25 日。湖北恩施和建始的生育期统一为：大田期 5 月 10 日到 8 月 15 日；晾制期 8 月 15 日到 9 月 30 日。

气象因素对白肋烟的生长发育及质量风格的形成有非常重要的影响。达州市地处四川东北部，属亚热带湿润季风气候，大巴山区（大巴山横直在万源、宣汉北部）烟叶种植历史悠久，被列为全国名晾晒烟生产区域。达州（宣汉、万源、开江、达川）从 1981～2011 年，30 年间主要气象因素在大田期和晾制期的整体变化情况见表 3-38。万源位于达州北部，烟叶的生长和晾制期间总降水量明显高于其他三个产区，平均气温略低。宣汉和开江近 30 年累年平均温度变化趋势基本一致，宣汉、开江、达川降水量随生育期的变化趋势基本相同。

表 3-38　1981～2011 年四川宣汉、万源、开江、达川气候因素在白肋烟大田期和晾制期的变化情况

产区	气候因子	大田期（5 月 10 日到 8 月 15 日）			晾制期（8 月 15 日到 10 月 15 日）		
		平均值	变异系数/%	变幅	平均值	变异系数/%	变幅
宣汉	平均气温/℃	24.6	2.3	23.6～26.4	22.4	3.7	21.0～24.0
	积温（≥10℃）	1531.3	3.8	1424～1719.5	742.8	6.7	661.5～840.5
	日照时数/h	630.6	14.7	468.3～777.5	284.2	19.8	177.7～417.9
	相对湿度/%	79.6	3.7	70.4～83.3	81.6	4.9	70.3～87.2
	降水量/mm	649.9	24.6	411.2～975.2	305.5	44.5	87.4～660.1
万源	平均气温/℃	22.8	2.6	21.7～24.4	20.1	3.6	18.8～20.1
	积温（≥10℃）	1338.7	3.1	1245.3～1501.6	607.9	7.2	526.5～692
	日照时数/h	557.5	14.5	342.4～712.3	243	24.1	108.9～367.3
	相对湿度/%	74.8	3.2	69.8～78.9	78.4	3.5	69.5～82.1
	降水量/mm	724	40.3	440.4～1219	362.2	46.4	113.5～750.9
开江	平均气温/℃	24.6	2.5	23.4～26.7	22.6	3.7	21.2～24.4
	积温（≥10℃）	1532.4	4.2	1410～1756	755.4	6.7	669.5～866.5
	日照时数/h	552.5	18.4	381.8～768.9	264.9	22.4	171.8～397.4
	相对湿度/%	78.6	4.4	69.6～83.4	79.5	4.8	69.3～85.3
	降水量/mm	623.5	26	336.8～944.1	300.5	38.7	145.1～630
达川	平均气温/℃	25.1	2.4	23.8～26.9	21.8	2.3	21.5～24.5
	积温（≥10℃）	1584.4	3.9	1453～1769.5	772.3	6.2	690～870.5
	日照时数/h	523.3	17.5	353.2～705.7	230.7	23.1	142.7～331.7
	相对湿度/%	77.7	4.2	66.5～82.8	80	5.1	70.6～86.6
	降水量/mm	635.3	24.3	414.4～1135.6	281.2	44	111.3～610.7

重庆是全国优质白肋烟的生产基地之一，万州地处重庆东北边缘，长江中上游结合部；奉节位于重庆东部，地处四川盆地东端，长江横贯中部。两产区地理位置相近，处于四川达州东部，两地 30 年气温、降水量变化趋势基本一致，其中万州大田期和晾制期降水量和气温均高于奉节，是典型的高温高湿地区（表 3-39）。与四川、云南和湖北的产区相比，该产区大田期和晾制期的累年平均气温最高。

表 3-39　1981～2011 年重庆万州、奉节气候因素在白肋烟大田期和晾制期的变化情况

产区	气候因子	大田期（5 月 10 日到 8 月 15 日）			晾制期（8 月 15 日到 9 月 25 日）		
		平均值	变异系数/%	变幅	平均值	变异系数/%	变幅
万州	平均气温/℃	26.4	2.3	25.3～28.4	25.9	3.8	23.7～27.7
	积温（≥10℃）	1557.9	3.7	1453.0～1743.5	634.0	6.2	546.5～709.0
	日照时数/h	491.2	16.3	375.7～668.0	207.7	20.4	124.9～293.3
	相对湿度/%	78.9	4.9	66.7～84.3	77.5	7.6	62.9～86.5
	降水量/mm	568.3	30.9	272.0～925.9	197.8	44.8	28.5～363.2
奉节	平均气温/℃	25.1	4.2	23.4～28.2	24.6	5.6	21.6～27.3
	积温（≥10℃）	1431.6	6.9	1277.5～1726.5	582.1	9.5	463.5～693.0
	日照时数/h	525.4	14.7	359.0～672.3	224.6	21.8	124.4～324.2
	相对湿度/%	73.4	6.0	59.6～83.7	70.4	9.8	52.9～84.3
	降水量/mm	527.3	26.0	273.2～901.3	176.8	47.8	17.8～303.5

恩施和建始处于湖北西南部，建始位于鄂西南山区北部，长江支流清江穿境而过，西接恩施，该区白肋烟生产是我国传统的强势地区。由表 3-40 可以看出，整个大田生育期及晾制期两地 30 年累年平均气温、降水量的总体变化趋势基本一致。与其他三个产区相比，大田期的降水量最多，年平均气温与四川产区相近，低于重庆产区。

表 3-40　1981～2011 年湖北恩施、建始气候因素在白肋烟大田期和晾制期的变化情况

产区	气候因子	大田期（5 月 10 日到 8 月 15 日）			晾制期（8 月 15 日到 9 月 30 日）		
		平均值	变异系数/%	变幅	平均值	变异系数/%	变幅
恩施	平均气温/℃	24.6	1.9	23.9～26.0	23.7	3.5	22.2～26.2
	积温（≥10℃）	1391.7	3.2	1323.5～1520.5	616.1	6.0	548.5～730.0
	日照时数/h	489.7	16.4	375.1～656.0	223.4	19.4	147.0～316.5
	相对湿度/%	78.9	3.4	72.7～83.5	77.3	5.6	62.8～84.3
	降水量/mm	668.3	27.5	320.5～1039.3	216.9	50.8	24.1～504.3
建始	平均气温/℃	23.8	2.1	22.8～24.9	22.7	3.6	21.1～25.1
	积温（≥10℃）	1255.7	6.4	961.0～1415.0	571.7	6.4	501.0～682.5
	日照时数/h	487.4	14.7	380.7～618.9	224.2	18.9	125.7～299.6
	相对湿度/%	79.5	4.4	70.4～86.9	78.1	6.4	62.4～87.9
	降水量/mm	675.7	22.9	348.1～987.3	221.6	45.9	21.4～462.4

宾川地处云贵高原西南部，位于大理西部，是云南白肋烟的主产区；云龙地处云南西部澜沧江纵谷区，山区地形，位于大理东部。由表 3-41 可知，大理的宾川和云龙整个大田期及晾制期 30 年累年的平均气温、降水量存在一定的差异。宾川和云龙虽同处滇西地区，由于地势地貌不同，云龙自然降雨偏多，空气湿度较高，而宾川降水量较少，空气湿度相对较低。与其他产区相比，云南的两个产区在大田期和晾制期的平均气温较低，大田期的降水量较少。

表 3-41　1981～2011 年云南云龙和宾川气候因素在白肋烟大田期和晾制期的变化情况

产区	气候因子	大田期（5 月 15 日到 8 月 20 日）			晾制期（8 月 20 日到 10 月 10 日）		
		平均值	变异系数	变幅	平均值	变异系数	变幅
云龙	平均气温/℃	21.9	2.4	21.0～22.8	20.1	3.0	18.9～21.1
	积温（≥10℃）	1129.5	4.3	1023.5～1320.5	503.7	5.9	447.0～556.5
	日照时数/h	423.4	16.1	284.3～567.2	217.2	20.9	133.1～326.7
	相对湿度/%	73.4	5.2	67.9～80.8	79.9	3.5	72.1～84.3
	降水量/mm	409.8	28.2	225.3～653.0	204.4	34.4	77.1～415.2
宾川	平均气温/℃	24.0	2.9	22.8～25.7	21.8	3.8	20.3～23.5
	积温（≥10℃）	1331.2	5.0	1217.5～1488.5	590.4	7.1	514.0～673.5
	日照时数/h	566.0	8.1	476.1～643.9	274.5	13.9	207.5～336.4
	相对湿度/%	63.1	6.6	57.1～74.1	74.5	5.6	64.7～82.4
	降水量/mm	322.7	24.8	189.0～480.9	155.3	37.5	51.0～331.0

3.9.2　白肋烟 10 个主要产区气候因素的聚类分析

对白肋烟 10 个主要产区 1981～2011 年大田期及晾制期的关键气候指标进行欧氏聚类分析（最长距离法）。由图 3-24 可知，10 个产区可分为三类：第一类为宣汉、开江、达川及万州、奉节；第二类为万源、恩施和建始；第三类为宾川和云龙。

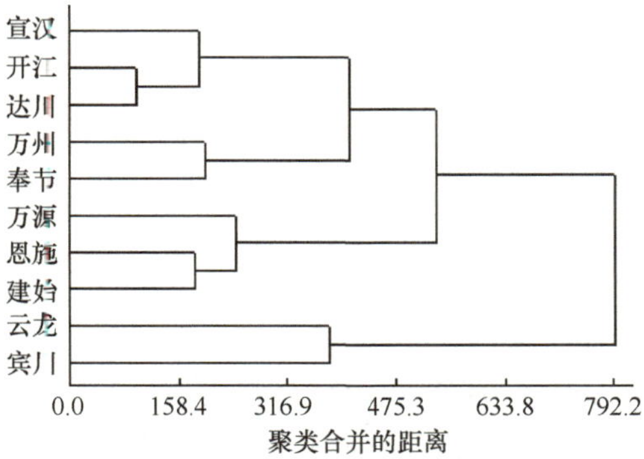

图 3-24　白肋烟 10 个产区气候因素聚类分析树状图

根据聚类分析的结果对三大类产区的气候因素进行汇总，见表 3-42。第一类产区大田期及晾制期的累年平均温度、≥10℃积温高，日照最充足，降水量较多，尤其万州的年平均温度最高；第二类产区各个生育期的降水量最高，年平均相对湿度最大，累年平均温度和≥10℃积温适中；第三类产区大田期内累年平均气温、≥10℃积温较低，降水量较少。

表 3-42　三大类产区各生育期累年气候因素的情况

产区 因素	大田期			晾制期		
	第一类	第二类	第三类	第一类	第二类	第三类
平均气温/℃	25.2	23.7	23.0	23.5	22.2	20.9
积温（≥10℃）	1527.5	1328.7	1230.4	697.3	598.6	547.0
日照时数/h	544.6	511.5	494.7	242.4	230.2	245.9
相对湿度/%	77.6	77.8	70.7	77.8	77.9	77.2
降水量/mm	600.9	689.3	366.3	252.4	266.9	179.9

3.9.3　不同产地的白肋烟调制和贮藏后 TSNA 的变化

根据图 3-24 聚类分析的结果，结合 10 个产区生育期内各自的气候特征（表 3-38 至表 3-42），从三大类产区中各选取一个地区，分别是万州、万源和宾川进行田间试验（表 3-43）。在所选的三个地区，以白肋烟 TN90 为试验材料，采用相同的育苗、栽培方法和田间管理方式，使分析在同一水平进行。三地种植的烟叶统一采收、标准化晾房晾制后，取中部叶备用，去梗切成 0.3～0.5cm^2 大小的碎片，置于 4℃保存备用，测定调制后 TSNA 及其前体物的含量。

表 3-43　三地白肋烟植烟土壤的平均养分含量

地点	pH	有机质/（g/kg）	碱解氮/（mg/kg）	速效磷/（mg/kg）	速效钾/（mg/kg）
宾川力角	6.23	22.80	101.48	14.40	101.50
万源河口	5.69	19.24	89.66	20.15	96.82
万州凤仪	5.87	18.11	88.16	18.13	91.63

3.9.3.1　不同产地烟叶晾制后 TSNA 的差异

由表 3-44 可知，在统一品种、栽培和管理方法的条件下，三个产地间 TSNA 的含量仍存在一定的差异，总 TSNA 含量分布在 1.33μg/g 到 4.12μg/g，后者是前者的 3.1 倍。其中达州万源烟叶的 TSNA 含量普遍较高，均值为 3.06μg/g，变异系数较小；宾川力角烟叶的 TSNA 含量较低，变异系数较大，达 35.90%。

表 3-44　不同产地白肋烟 TSNA 含量（μg/g）

产地	项目	TSNA 含量				
		NNN	NAT	NAB	NNK	总 TSNA
宾川力角（10 份样品）	平均值	1.46	0.80	0.03	0.09	2.38
	最大值	1.97	1.08	0.05	0.13	3.23
	最小值	0.76	0.47	0.01	0.08	1.33
	变异系数/%	37.82	35.45	54.16	30.51	35.90
达州万源（10 份样品）	平均值	1.94	1.06	0.02	0.04	3.06
	最大值	2.64	1.39	0.04	0.05	4.12
	最小值	1.09	0.74	0.01	0.02	1.86
	变异系数/%	26.57	22.54	74.84	25.93	21.63
万州凤仪（10 份样品）	平均值	1.86	0.89	0.03	0.09	2.87
	最大值	2.51	1.28	0.04	0.11	3.94
	最小值	1.08	0.49	0.03	0.06	1.66
	变异系数/%	31.92	39.43	14.25	24.69	33.08

从单一的 TSNA 成分看，各地烟叶中 NNN 和 NAT 含量相对较高，NAB 和 NNK 的含量较少。NNN 的含量范围为 0.76μg/g 到 2.64μg/g，后者是前者的 3.47 倍，宾川烟叶的 NNN 含量普遍偏低，均值为 1.46μg/g，但变异幅度较大。NAT 的含量范围为 0.47μg/g 到 1.39μg/g，达州的 NAT 含量较高，变异幅度相对较小。

3.9.3.2　不同产地烟叶晾制后生物碱及硝态氮的差异

由表 3-45 可知，与烟叶中的 TSNA 相比，由于品种相同，白肋烟生物碱含量的变异幅度较小，烟碱占总生物碱的比例最高，其次为降烟碱、新烟草碱和假木贼碱。万源的烟叶总生物碱含量最高，烟碱转化程度较高，均值为 20.82%；而宾川的烟叶生物碱含量和烟碱转化程度均值较低。三地种植烟叶的施氮量相同，采用同样的栽培管理方式，产区之间 NO_3^--N 和 NO_2^--N 含量差异不大，其中万源烟叶的 NO_3^--N 含量较宾川、万州高，平均值为 3477.4μg/g。

表 3-45　不同产地白肋烟生物碱、NO_3^--N 和 NO_2^--N 的含量

产地	项目	生物碱/（mg/g）					烟碱转化率/%	NO_3^--N/（μg/g）	NO_2^--N/（μg/g）
		烟碱	降烟碱	假木贼碱	新烟草碱	总生物碱			
宾川力角（10 份样品）	平均值	45.8	6.4	0.32	5.7	58.22	12.26	3187.5	5.4
	最大值	52.3	9.6	0.45	9.1	71.45	15.51	3962.7	5.7
	最小值	31.2	3.4	0.22	3.5	38.32	9.83	2055.6	4.8
	变异系数/%	18.6	35.4	16.6	34.3	20.3	30.1	25.3	7.6

续表

产地	项目	生物碱/（mg/g）					烟碱转化率/%	NO_3^--N/（μg/g）	NO_2^--N/（μg/g）
		烟碱	降烟碱	假木贼碱	新烟草碱	总生物碱			
达州万源（10 份样品）	平均值	46.4	12.2	0.43	7.1	66.13	20.82	3477.4	5.0
	最大值	51.6	22.4	0.47	9.3	83.77	30.27	4414.8	6.3
	最小值	40.4	4.6	0.38	6.3	51.68	10.22	3110.7	4.2
	变异系数/%	8.2	40.9	7.4	19.0	9.5	41.2	13.6	14.7
万州凤仪（10 份样品）	平均值	46.1	10.7	0.40	6.5	63.70	18.84	3232.6	5.4
	最大值	49.6	15.0	0.43	9.5	74.53	23.22	3917.2	7.1
	最小值	43.3	4.6	0.37	5.0	53.27	9.60	2686.6	3.6
	变异系数/%	5.9	42.2	6.9	31.7	12.1	34.3	15.9	23.1

3.9.3.3 晾制后烟叶 TSNA 与气候因素的相关分析

烟叶 TSNA 的形成源于调制阶段，与叶片中 NO_3^--N 和生物碱的水平密切相关。而 TSNA 前体物的积累受到多种因素的影响，除了品种、施肥、灌溉和种植密度等栽培措施，还受到环境条件如光、温和水的影响。图 3-25 为三个地区白肋烟大田期和晾制期的空气温度及相对湿度的变化情况。在大田期，万州的平均温度和湿度最高，分别为 25.9℃和 78.9%；万源次之，为 25.1℃和 77.8%；宾川的

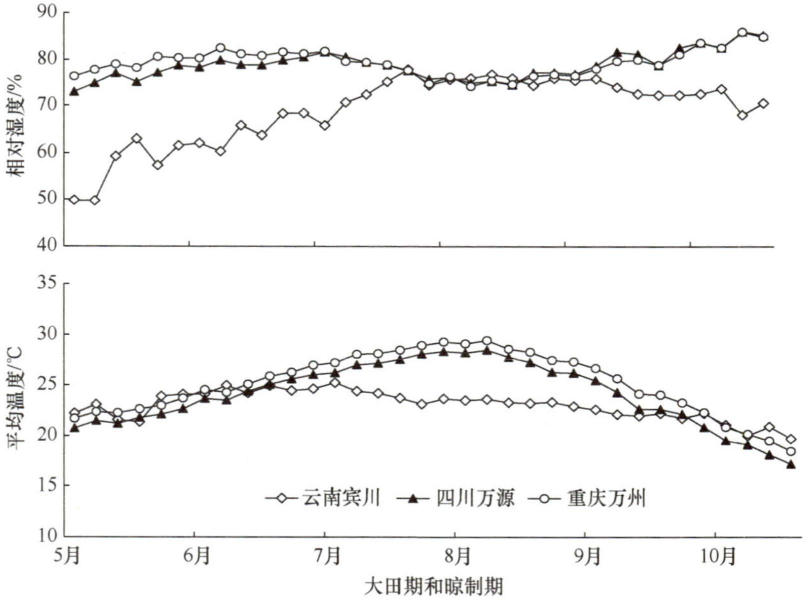

图 3-25　三个地区白肋烟大田期和晾制期的平均温度和相对湿度[以候（5 天）为基本单位]

最低，仅为 23.7℃和 66.4%。在晾制期，宾川的平均温度和湿度最低；万源的平均相对湿度最高，为 80.4%；万州次之为 79.1%；而万州晾制期的平均温度最高，为 23.6℃，高出万源 1.2℃。

应用 SPSS 20.0 软件分析调制后 TSNA 与三地大田期和调制期的主要气候因素的相关关系。选用大田期平均气温（T1）、相对湿度（U1）、日照时数（S1）、≥10%积温（∑T1）、降水量（R1）和晾制期平均气温（T2）、相对湿度（U2）、日照时数（S2）、≥10%积温（∑T2）、降水量（R2）这 10 个气候因素进行分析，结果见表 3-46。在本试验条件下，NNN 与晾制期的相对湿度呈显著正相关，NAT 的含量则受降水量的影响较为明显，三地总 TSNA 含量与相对湿度、降水量的关系更为密切，这与 NNN 和 NAT 占总 TSNA 的比例较高有关。

表 3-46　白肋烟 TSNA 含量与气候因素的相关关系

TSNA	大田期					晾制期				
	T1	∑T1	S1	U1	R1	T2	∑T2	S2	U2	R2
NNN	0.03	0.38	–0.45	0.80	0.95	0.08	0.70	–0.75	0.96*	0.71
NAT	–0.48	–0.14	0.07	0.46	0.93*	–0.44	0.23	–0.31	0.85	0.95*
NAB	0.72	0.47	–0.40	–0.13	–0.76	0.72	0.11	–0.03	–0.67	0.95
NNK	0.70	0.47	–0.40	–0.13	–0.76	0.73	0.11	–0.03	–0.68	0.75
总 TSNA	–0.07	0.28	–0.35	0.76	0.97*	–0.03	0.62	–0.68	0.97*	0.80

3.9.3.4　晾制后烟叶 TSNA 与生物碱、NO_3^--N 和 NO_2^--N 的相关分析

对晾制后烟叶的 4 种 TSNA 和总 TSNA 含量与前体物进行简单相关分析，结果发现烟叶中的 4 种 TSNA 含量与 NO_3^--N 和 NO_2^--N 的关系不显著，相关系数较低（表 3-47）。晾制后烟叶 NNN 的含量与降烟碱、总生物碱含量呈极显著正相关，相关系数分别为 0.88 和 0.81。NAT 的含量与降烟碱、新烟草碱均表现正相关关系，其中与新烟草碱含量的关系更为密切，相关系数为 0.74。由表 3-47 可以看出，晾制后烟叶总 TSNA 含量受降烟碱、新烟草碱的影响较大，其中 TSNA 与降烟碱表现出极显著的正相关关系。

表 3-47　白肋烟 TSNA 含量与生物碱、NO_3^--N 和 NO_2^--N 含量的相关关系

TSNA	烟碱	降烟碱	假木贼碱	新烟草碱	总生物碱	NO_3^--N	NO_2^--N
NNN	0.33	0.88**	0.36	0.48	0.81**	0.33	0.36
NAT	0.28	0.69**	0.37	0.74**	0.73**	0.49	0.30
NAB	0.24	0.26	0.09	0.35	0.37	0.14	–0.13
NNK	0.06	–0.05	–0.27	0.14	0.04	0.07	0.28
总 TSNA	0.33	0.85**	0.37	0.60*	0.83**	0.41	0.36

为了明确各前体物对 TSNA 形成影响的大小，以晾制后烟叶的 TSNA 含量为因变量，即 NNN（Y_1）、NAT（Y_2）、NAB（Y_3）、NNK（Y_4）和总 TSNA（Y_5），以 NO_3^--N（X_1）、NO_2^--N（X_2）、烟碱（X_3）、降烟碱（X_4）、假木贼碱（X_5）、新烟草碱（X_6）和总生物碱（X_7）为自变量，分别进行逐步回归分析，建立回归方程如下：

$Y_1=0.84+0.093X_4$（$R^2=0.77$），说明 NNN 的含量与降烟碱（偏相关系数为 0.88，$P<0.01$）有密切关系。

$Y_2=0.105+0.026X_4+0.088X_6$（$R^2=0.69$），说明 NAT 的含量与降烟碱（偏相关系数为 0.69，$P<0.01$）和新烟草碱（偏相关系数为 0.74，$P<0.01$）密切相关。

$Y_5=0.78+0.112X_4+0.138X_6$（$R^2=0.81$），说明总 TSNA 的含量与降烟碱（偏相关系数为 0.85，$P<0.01$）和新烟草碱（偏相关系数为 0.60，$P<0.05$）的关系密切。

由回归方程及偏相关系数可知，烟叶 NNN 和 NAT 的含量分别与降烟碱、新烟草碱密切相关。生物碱含量尤其是降烟碱和新烟草碱是影响烟叶 TSNA 含量的主要因素，由于 NNN 占总 TSNA 含量的比例较大，所以总 TSNA 含量与降烟碱的关系更为密切，偏相关系数为 0.85，高于 TSNA 与新烟草碱的相关系数。

3.9.4 调制环境互换对白肋烟 TSNA 的影响

晾制过程中，采用 HOBO-U23 数据采集器记录晾房内的温度和湿度，每小时记录 1 次。由图 3-26 可知，整个晾制期间，云龙晾房平均空气湿度为 79.1%，宾川的为 72.5%，尤其从调制开始至第 30 天，云龙的平均空气湿度比宾川的高出 13.1%。两地晾制期间晾房内的气温差异相对较小，变化趋势较为一致，其中宾川的平均温度为 23.2℃，高出云龙 0.3℃。

由表 3-48 可知，宾川的烟叶放置到云龙晾制后总 TSNA 含量显著提高（$P<0.05$），增加了 1.2 倍，NNN、NNK 和 NAT 的含量均显著提高，是在宾川晾制时的 2 倍以上。而云龙地区的烟叶改变晾制环境后，NNN 和总 TSNA 含量均显著降低，分别下降了 28.9%和 28.6%，NNK 和 NAB 的含量也明显降低，降幅达 63%

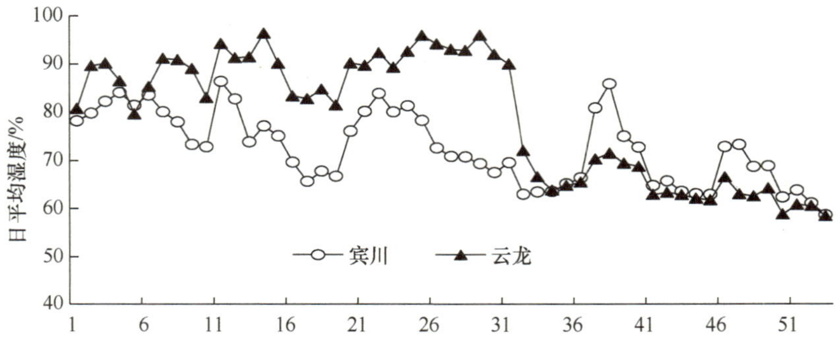

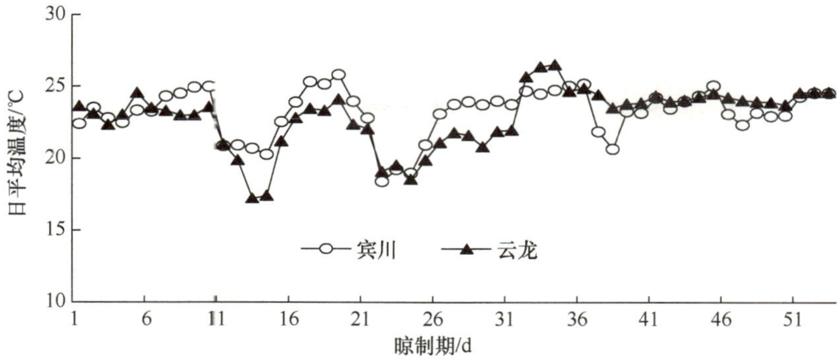

图 3-26　晾制期宾川和云龙晾房内的温湿度变化趋势

以上。结果表明，晾制环境与 TSNA 的形成有密切关系，云龙和宾川晾制期间温度相近，而云龙空气湿度较高，这是由于高湿度环境能使叶面微生物和 NR 酶活性大幅增加，烟叶中的 NO_3^-大量还原为 NO_2^-，与生物碱反应形成 TSNA 的可能性增大。

表 3-48　宾川和云龙白肋烟改变晾制环境后 TSNA 含量的差异（μg/g）

产地	晾制地	NNN	NAT	NAB	NNK	总 TSNA
宾川	宾川	0.810±0.07b	0.740±0.05b	0.034a	0.034bc	1.619±0.12b
	云龙	1.826±0.11a	1.64±0.08a	0.049a	0.085a	3.598±0.09a
云龙	宾川	0.587±0.07c	0.464±0.08c	0.016b	0.021c	1.089±0.14c
	云龙	0.826±0.08b	0.600±0.09bc	0.044a	0.057ab	1.526±0.10b

由图 3-27 可知，宾川产的烟叶 NO_3^--N 和 NO_2^--N 含量稍高，改变晾制环境后，叶片 NO_3^--N 和 NO_2^--N 的含量分别增加了 403μg/g 和 0.5μg/g，处理间差异不显著。云龙产的烟叶放置到宾川调制后，叶片 NO_3^--N 和 NO_2^--N 的含量均呈下降趋势，处理间无显著差异。

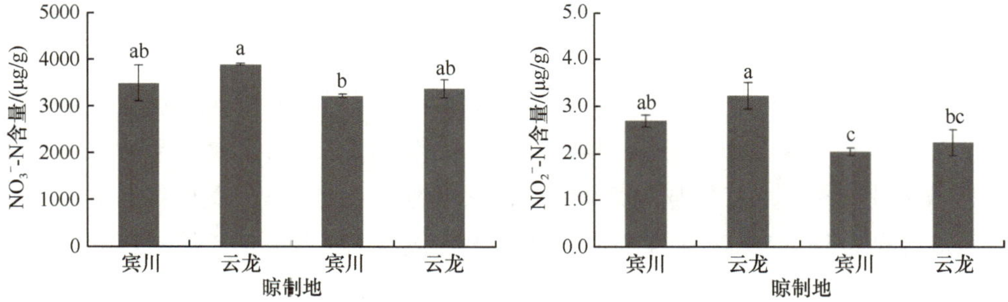

图 3-27　宾川和云龙白肋烟改变晾制环境后 NO_3^--N 和 NO_2^--N 含量的差异

3.9.5 小结

烟叶 TSNA 的形成主要在调制和贮藏阶段，与叶片中前体物的含量密切相关，除了品种、施肥和种植密度外，还受到气候条件如光照、温度和湿度等的影响。大量的调查研究表明，不同产地和品种的烤烟、晾晒烟和白肋烟中 TSNA 的含量存在明显差异，这主要是由品种和种植条件不一，烟碱转化率差异较大造成的。本研究采用田间试验的方式，统一的品种、栽培管理和调制方式，着重探索气候因子对烟叶 TSNA 形成的影响。结果表明，三个产区烟叶的 TSNA 含量存在一定的差异，与不同产地和品种的白肋烟 TSNA 的含量相比，产区间 TSNA 的差异缩小，其中产自达州万源的烟叶 TSNA 和生物碱含量较高，而产自宾川的烟叶烟碱转化程度和生物碱含量均较低，TSNA 水平最低。气候因子与 TSNA 的相关分析结果表明，NNN 含量与晾制期的空气相对湿度呈显著正相关，TSNA 的含量受降水量和相对湿度的影响较大。TSNA 与前体物的相关分析结果表明，降烟碱和新烟草碱是影响烟叶总 TSNA 含量的主要因素，其中降烟碱的影响更大。由此可以推测，晾制环境主要是通过调控生物碱的代谢，尤其是烟碱向降烟碱的转化对 TSNA 产生影响。

3.10 不同调制方式对烤烟 TSNA 形成和积累的影响

摘要：2019 年和 2020 年在河南省南阳市方城县以烤烟品种云烟 87 为材料，分别设置正常烘烤、晾制、先烤后晾（干叶前烘烤，干叶后进行晾制）3 种调制方式，测定调制前叶片和主脉的硝酸盐、生物碱含量及调制后的 TSNA 含量。结果表明，在正常烘烤条件下，叶片的 TSNA 含量高于主脉，叶片和主脉的总 TSNA 含量在干筋期增加量较大，增幅分别为 47.88%、57.23%。在晾制条件下，主脉的 TSNA 含量整体上高于叶片，叶片和主脉中总 TSNA 含量在变黄期增加较多，增幅分别为 122.72%、1518.05%。在先烤后晾条件下，叶片的 TSNA 含量高于主脉，调制结束后，叶片和主脉的总 TSNA 含量低于正常烘烤，主要表现在进入晾制环境后的干筋期叶片和主脉总 TSNA 含量的增加量及幅度均显著低于正常烘烤。由此可知，烤烟在正常烘烤时的 TSNA 含量以干筋期的增加量较大，这可能与高温低湿条件下硝态氮生成气态氮氧化物有关。在晾制条件下，烟叶在变黄期的 TSNA 形成和积累显著高于烤制烟叶，干筋期的 TSNA 含量却低于烤制烟叶。在先烤后晾条件下，烟叶在变黄期的 TSNA 累积量低于晾制烟叶，干筋期则低于烤制烟叶。由此可知，干筋期是降低烤烟 TSNA 形成的关键时期。

硝酸盐和生物碱是强致癌物质 TSNA 的前体物。一般认为，TSNA 在进入调制前的鲜烟叶中不存在，其形成和积累主要发生在调制和贮藏过程中。白肋烟 TSNA 大量积累发生在烟叶的变黄末期，在烟叶进入调制过程后，随着烟叶水分的散失，细胞膜透性增加，细胞内物质外流，微生物迅速繁殖，活性增强，烟叶中的硝酸盐还原生成亚硝酸盐，进一步与生物碱反应生成 TSNA，这是白肋烟调制过程中 TSNA 形成的主要原因。调制结束后的贮藏阶段也是 TSNA 形成的重要时期，经过贮藏阶段的白肋烟烟叶其 TSNA 含量与调制结束时相比可增加 50%以上。众多研究表明，烟叶贮藏过程中，高硝酸盐含量和高温条件与 TSNA 的形成密切相关，高温条件下，硝酸盐产生大量气态氮氧化物，进而与生物碱发生亚硝化反应生成 TSNA，硝酸盐含量高的主脉更有利于 TSNA 的形成。

烟梗是烟叶的有机组成部分，也是卷烟生产不可或缺的原料。烤烟的含梗率为 25%～35%，由于其具有填充值高、焦油释放量低的优点，在降低卷烟焦油含量和降低原料成本方面具有独特作用。烟叶叶片和主脉在化学成分上有很大差异，白肋烟叶片中生物碱和蛋白质含量高于主脉，钾、氯低于主脉，烤烟叶片中 NH_4^+-N、NO_2^--N、总氮含量和可溶性蛋白含量显著高于主脉，而主脉中 NO_3^--N 含量和 TSNA 含量显著高于叶片。白肋烟烟叶总氮、硝酸盐含量明显较烤烟高，糖类物质低于烤烟，这种差异在苗期已存在，调制后的白肋烟烟叶硝酸盐含量较烤烟高几十甚至上百倍。不同调制方式的调制环境和时间不同，微生物活动和气态氮氧化物的产生具有显著差异，进而对 TSNA 形成产生不同的影响。晾制的烟草类型其烟叶中的特有亚硝胺含量在晾制时最高，其次是晒制处理，烤制处理最低；晒烟品种万毛 9 号晾制条件下的 TSNA 含量高于晒制。目前，有关烤烟在烘烤过程中 TSNA 的相关研究多集中在如何降低 TSNA 含量方面，如在烤烟调制初期和变黄过程中用频率为 2450MHz 的微波处理能降低 TSNA 的含量。为此本研究选择烤烟品种云烟 87 为材料，设置正常烘烤、晾制和先烤后晾三种调制方式，探讨烤烟在不同调制环境中不同阶段烟叶叶片和主脉 TSNA 及其前体物含量的变化，以明确不同调制方式对烤烟 TSNA 形成和积累的影响，初步探究烤烟烘烤过程中 TSNA 的形成机理，为后续降低烤烟 TSNA 含量提供理论基础（张晶云等，2022）。

2019 年、2020 年试验地点设在河南省南阳市方城县清河镇金叶园园区，供试材料为当地主栽品种烤烟云烟 87 的上部 6 片叶。对不同调制方法设置 3 个处理：正常烘烤、晾制、先烤后晾。正常烘烤在当地专用烤房内进行，其中变黄阶段的干、湿球温度控制在 35～42℃、33～37℃，时间 48～72h；干叶阶段干、湿球温度控制在 45～54℃、37～39℃，时间 36～48h；干筋阶段干球温度 55～68℃，湿球温度 40～43℃，时间 24～36h；烘烤时间周期是 120～144h。晾制在自然条件下的晾架内进行，晾制周期保持在 25～35d，其中凋萎期的空气相对湿度保持在

70%～80%，持续 3～4d；变黄期的空气相对湿度保持在 70%～75%，持续 10～15d；干叶期的空气相对湿度保持 60%～65%，持续 6～7d；干筋期的空气相对湿度保持在 60%以下，持续 6～7d。先烤后晾即首先进行正常烘烤，烤至干叶期后进行晾制，时间周期大约 11d。具体工艺流程和技术操作分别按《烤烟烘烤技术规程》（GB/T 23219—2008）和《雪茄茄芯晾制技术规程》（Q/DYYC T004—2016）进行。各处理分别于调制前、变黄末、干叶后、干筋后取样，杀青或烘干后粉碎，磨样，过 0.25mm 筛子，待测。

3.10.1 正常烘烤条件下 TSNA 的形成和积累

烤烟在正常烘烤过程中叶片和主脉 TSNA 含量变化如图 3-28 所示。2019 年正常烘烤条件下叶片中各 TSNA 及其总量随着烘烤进程的推进呈逐渐增加的趋势，且各个时期间均存在显著差异，在干筋阶段总 TSNA 含量增加最多，增加量为 78.13ng/g；主脉中 TSNA 含量低于叶片，在烘烤过程中总 TSNA 含量逐渐增加，变黄期、干叶期和干筋期分别增高 34.08ng/g、35.7ng/g 和 41.21ng/g。2020 年烤烟

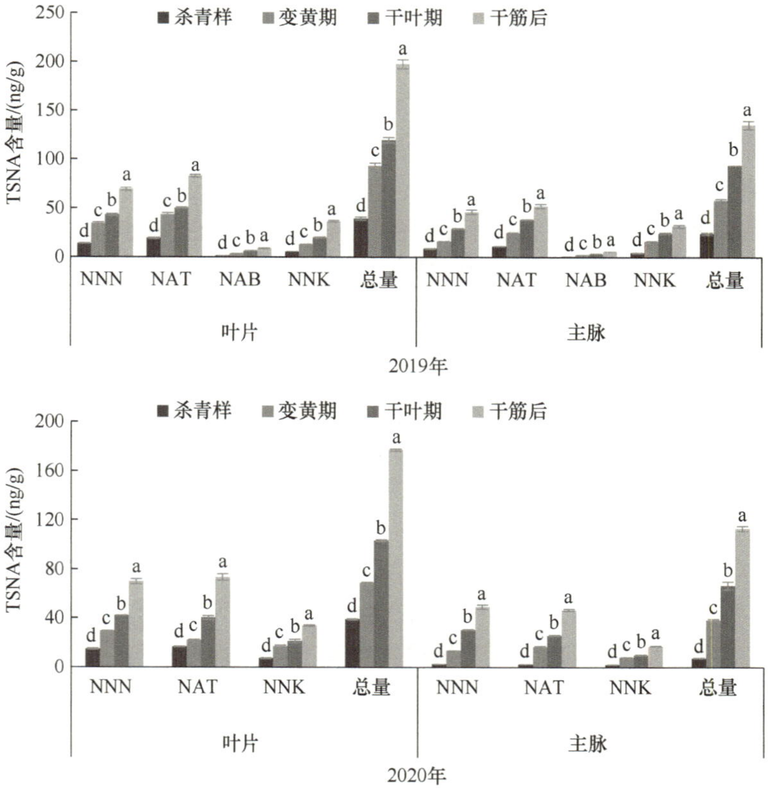

图 3-28 烤烟正常烘烤条件下 TSNA 的形成和积累

正常烘烤过程中叶片 NNN、NAT、NNK 及总 TSNA 含量不断增加，且总 TSNA 含量以干筋阶段增加较多，为 73.90ng/g；主脉中各 TSNA 含量也呈现随烘烤进程推进而逐渐增加的趋势，但其含量水平一般低于叶片，总 TSNA 含量在干筋阶段增加量最大，为 46.88ng/g。

3.10.2 烤烟晾制条件下 TSNA 的形成和积累

图 3-29 为烤烟叶片和主脉在晾制条件下各 TSNA 含量变化。由图可知，2019 年晾制条件下叶片总 TSNA 含量逐渐增加，且以变黄期增加量较多，增加量为 38.10ng/g，干筋后叶片 TSNA 含量低于 2019 年正常烘烤干筋后叶片 TSNA 含量；在晾制前的鲜烟叶中主脉 TSNA 含量低于叶片，但随晾制过程的推进主脉 TSNA 逐步增加，在变黄阶段即表现出高于叶片的趋势，变黄期总 TSNA 增加量为 186.11ng/g，是叶片总 TSNA 增加量的 4 倍多，干筋后 TSNA 含量是叶片的 2.4 倍。2020 年叶片 TSNA 含量持续增加，在烟叶变黄阶段增加量较多，总 TSNA 含量增

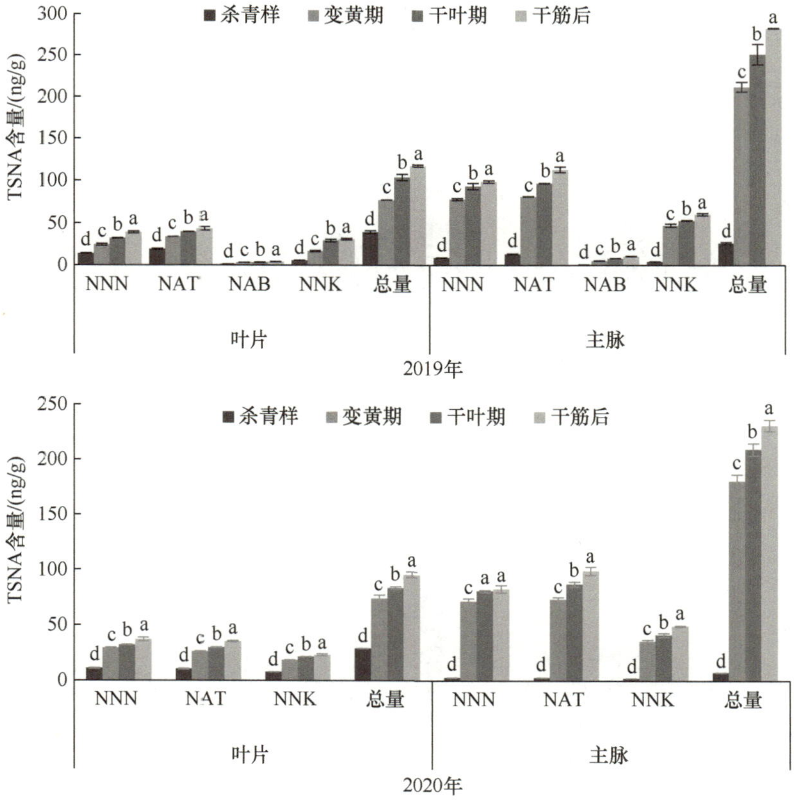

图 3-29 烤烟晾制条件下 TSNA 的形成和积累

加 45.16ng/g，干筋后总 TSNA 含量相较于 2020 年正常烘烤干筋后叶片总 TSNA 含量减少 82.09ng/g；主脉 TSNA 含量自进入晾制条件后逐步增加，且在变黄期及变黄之后显著高于叶片，主要在变黄阶段大幅增加，总 TSNA 增加量是同时期叶片增加量的 3 倍多，而在变黄期之后增加量急剧下降。

3.10.3 烤烟先烤后晾条件下 TSNA 的形成和积累

烤烟先烤后晾条件下叶片和主脉 TSNA 形成积累规律如图 3-30 所示。其中 2019 年叶片 TSNA 含量总体水平随调制过程的推进逐渐增加，且在烘烤变黄阶段增加量较高，总 TSNA 含量增加 56.44ng/g，烟叶自干叶进入晾制条件后，叶片 NNN、NAT 及总 TSNA 含量增加不显著，干筋后叶片总 TSNA 含量相比于正常烘烤干筋后叶片 TSNA 减少 82.33ng/g。主脉中 TSNA 含量略低于叶片，但主脉 TSNA 含量随调制过程的推进也呈现逐渐增加的趋势，尤以变黄阶段增加量最高，总 TSNA 含量增加 47.08ng/g，与叶片总 TSNA 在干筋期增加不显著表现不一致的是，

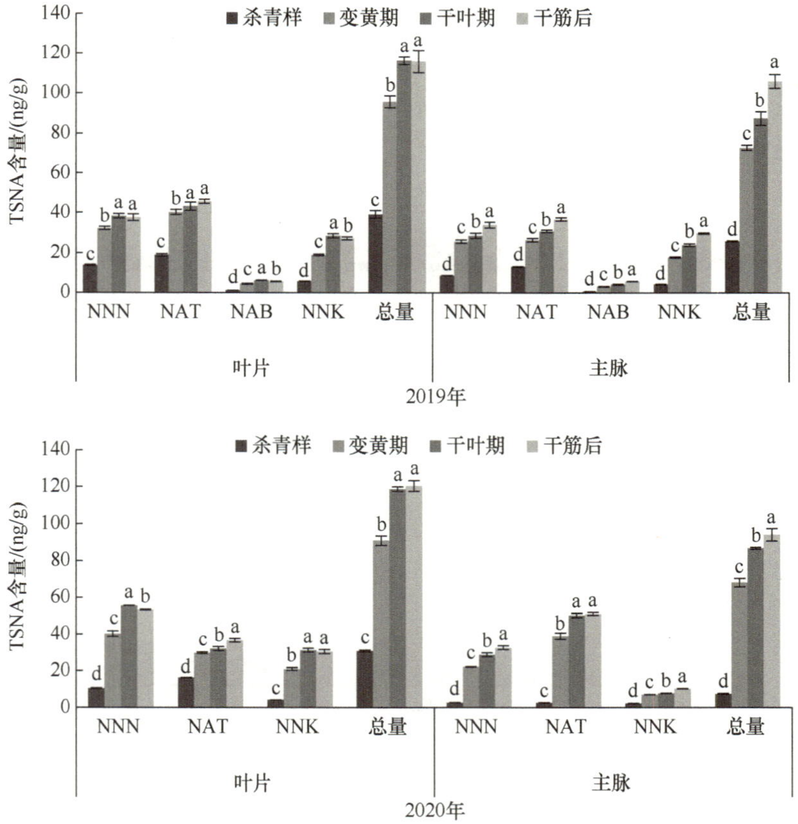

图 3-30 烤烟先烤后晾条件下 TSNA 的形成和积累

主脉在进入晾制条件后的干筋阶段仍在增加，但增加量相比于变黄阶段较少。2020年叶片各 TSNA 含量在烘烤条件下随烘烤过程的推进逐渐增加，大量增加发生在变黄期，总 TSNA 增加量为 60.12ng/g，而进入晾制条件后 NNK 和总 TSNA 含量增加不显著，主脉中 TSNA 变化规律同叶片一致，在变黄期增加量较多，总 TSNA 增加量为 60.67ng/g，各阶段主脉 TSNA 含量略低于叶片。先烤后晾调制结束后的烟叶叶片和主脉总 TSNA 含量均低于正常烘烤干筋后叶片和主脉总 TSNA 含量。

3.10.4 不同调制方式下叶片 TSNA 积累比例

三种调制方式下叶片 TSNA 积累比例如表 3-49 所示。在正常烘烤条件下，叶片 TSNA 含量在变黄期、干叶期和干筋期三个阶段增加量逐渐升高，总 TSNA 在干筋期增加量最高，而增加比例在变黄期最高。在晾制条件下，叶片中 TSNA 的增加量及增加百分比随晾制过程的推进呈现逐渐降低的趋势，总 TSNA 增加量及增加比例在变黄期最高，在干筋阶段增加较少。在先烤后晾条件下，叶片中 TSNA 在变黄期增加量及增加比例最高，干叶期降低，烘烤结束进入晾制阶段后 TSNA 几乎不增加，甚至 NNN、NAB、NNK 有下降的趋势。

表 3-49 不同调制方式下叶片 TSNA 积累比例

调制方式	TSNA	变黄期		干叶期		干筋期	
		增加量/(ng/g)	增加比例/%	增加量/(ng/g)	增加比例/%	增加量/(ng/g)	增加比例/%
正常烘烤	NNN	15.11	104.73	14.56	51.33	34.85	57.11
	NAT	16.68	76.41	15.03	45.97	32.58	64.38
	NAB	2.15	129.43	4.24	98.72	2.12	27.61
	NNK	6.41	102.65	14.06	66.56	14.99	66.50
	总 TSNA	40.35	90.40	47.89	44.19	84.54	47.88
晾制	NNN	15.31	118.75	8.64	29.56	5.60	16.01
	NAT	19.66	108.50	4.93	13.56	5.92	13.90
	NAB	2.41	130.34	–0.29	–4.19	0.58	15.52
	NNK	11.44	201.56	7.61	45.02	1.95	7.87
	总 TSNA	48.82	122.72	20.89	23.55	14.05	12.98
先烤后晾	NNN	24.13	210.33	10.76	28.66	–1.51	–2.99
	NAT	17.49	98.82	2.58	7.37	3.56	10.14
	NAB	3.20	275.86	1.69	38.76	–0.64	–10.58
	NNK	15.07	322.36	10.00	50.29	–1.06	–3.60
	总 TSNA	59.89	169.72	25.03	26.05	0.35	0.56

3.10.5 不同调制方式下主脉 TSNA 积累比例

主脉中 TSNA 在不同调制方式下积累比例如表 3-50 所示。在正常烘烤条件下，主脉中 TSNA 增加量在烘烤三个阶段呈现升高的趋势，总 TSNA 在干筋阶段增加最多，而增加比例呈现逐渐下降的趋势。在晾制条件下，主脉 TSNA 增加量及增加比例逐渐降低，在变黄期增加量及增加比例是正常烘烤同一阶段的 5 倍多，且远高于同阶段叶片的增加量及增加比例。在先烤后晾条件下，主脉中 TSNA 在变黄期增加量及增加比例较高，在烘烤结束进入晾制阶段的干筋期增加量及增加比例较低。

表 3-50　不同调制方式下主脉 TSNA 积累比例

调制方式	TSNA	变黄期		干叶期		干筋期	
		增加量/（ng/g）	增加比例/%	增加量/（ng/g）	增加比例/%	增加量/（ng/g）	增加比例/%
正常烘烤	NNN	9.11	251.48	14.94	103.70	18.04	60.98
	NAT	13.90	336.38	11.18	54.04	17.49	59.11
	NAB	1.53	300.00	1.29	63.24	2.27	68.17
	NNK	8.67	270.44	5.24	40.49	7.38	51.69
	总 TSNA	33.21	277.47	32.65	67.81	45.18	57.23
晾制	NNN	69.40	1729.66	12.15	16.06	3.66	4.08
	NAT	69.57	1624.18	14.70	19.02	13.92	15.05
	NAB	4.55	892.16	2.82	55.73	2.66	33.76
	NNK	38.32	1279.95	5.79	14.21	7.83	16.88
	总 TSNA	181.84	1518.05	35.46	17.24	28.07	11.51
先烤后晾	NNN	18.39	473.94	4.71	20.39	4.61	16.11
	NAT	24.92	750.72	7.89	22.95	3.40	10.48
	NAB	2.53	496.08	0.99	32.57	1.51	37.47
	NNK	9.31	279.31	3.40	21.52	4.22	29.00
	总 TSNA	55.15	497.15	16.99	23.50	13.74	14.90

3.10.6 烤烟叶片和主脉 TSNA 前体物的差异

烤烟叶片和主脉在进入调制前的杀青样中 TSNA 前体物生物碱和硝酸盐含量如表 3-51 所示。2019 年烟叶叶片中生物碱含量显著高于主脉，总生物碱含量是主脉的 3.38 倍，主脉硝酸盐含量显著高于叶片，是叶片的 3.84 倍。2020 年烟叶叶片和主脉生物碱和硝酸盐水平差异同 2019 年表现一致，即叶片生物碱含量显著高于主脉，总生物碱含量是主脉的 3.51 倍，主脉中硝酸盐含量显著高于叶片，是叶片的 3.24 倍。

表 3-51　烤烟调制前叶片和主脉中 TSNA 前体物的含量

前体物	成分	2019 年		2020 年	
		叶片	主脉	叶片	主脉
生物碱/%	烟碱	2.78a	0.82b	2.27a	0.62b
	降烟碱	0.15a	0.06b	0.09a	0.04b
	假木贼碱	0.08a	0.01b	0.02a	0.01b
	新烟草碱	0.23a	0.07b	0.22a	0.07b
	总生物碱	3.24a	0.96b	2.60a	0.74b
硝酸盐/（μg/g）	NO_3^--N	293.50b	1125.80a	359.62b	1166.67a

3.10.7　小结

TSNA 是烟草生物碱和亚硝酸发生亚硝化反应生成的、存在于烟叶和烟气中的有害成分，在鲜烟叶中几乎不存在，主要形成于调制和贮藏过程中。白肋烟调制过程中 TSNA 的形成主要是由于常温条件有利于微生物活动，促使硝酸盐在硝酸还原酶作用下还原成亚硝酸盐，进而与生物碱发生反应产生 TSNA。本研究结果表明，正常烘烤条件下，烤烟前期 TSNA 增加少，推测主要是因为烘烤过程短，烟叶失水快，高温下大部分微生物活性较低，不利于硝酸盐在微生物作用下被硝酸还原酶还原生成亚硝酸盐，而生物碱对 TSNA 形成的贡献相对较大，由于叶片生物碱含量高于主脉，故叶片 TSNA 含量高于主脉。叶片和主脉 TSNA 含量均在干筋期增加较多，这是因为硝酸盐具有化学不稳定性，叶片和主脉中的硝酸盐在干筋期的高温条件下产生大量气态氮氧化物，进而促进 TSNA 的形成，由于主脉中硝酸盐含量显著高于叶片，干筋期主脉 TSNA 增加比例更高。在晾制条件下，叶片和主脉 TSNA 在变黄期增加量和增加比例较高，这与温度和变黄时间有关，相比于正常烘烤，晾制时温度低，变黄时间长，有利于微生物活动，促进硝酸盐还原为亚硝酸盐，进一步与生物碱反应生成 TSNA。烤烟在晾制条件下，温度低，失水慢，微生物活动较强，TSNA 含量明显升高，加之主脉硝酸盐含量显著高于叶片，造成主脉 TSNA 在变黄期的大量积累。干叶期和干筋期微生物活性逐渐减弱，烟叶水分逐渐散失，且在晾制条件下，温度相对较低，不利于硝酸盐产生氮氧化物，因此后期 TSNA 生成较少。烤烟先烤后晾，调制结束后的叶片和主脉 TSNA 含量低于正常烘烤，主要归因于进入晾制条件后的干筋阶段叶片和主脉 TSNA 增加量及增加比例均显著低于正常烘烤，这是因为前期正常烘烤温度高，微生物活性弱，主要是高温条件致使硝酸盐产生大量气态氮氧化物与生物碱反应形成 TSNA，干叶后进入晾制条件烟叶水分大量减少，且温度较低，不利于硝态氮产生氮氧化物，因此干筋期是烤烟 TSNA 形成和积累的关键时期，通过烘烤后期环境控制和通过农业及生物措施降低烟叶和烟梗硝酸盐含量是降低烤烟 TSNA 含量的有效途径之一。

3.11 不同初烤烟叶叶片和烟梗 TSNA 含量及高温贮藏后的变化研究

摘要：为明确不同地区、不同品种、不同部位初烤烟叶叶片和烟梗 TSNA 含量及其与前体物之间的关系，探明高温贮藏对 TSNA 形成的影响，收集我国河南、云贵、粤湘产区的 30 个烤烟初烤烟叶样品，在河南洛阳设置品种试验，另将初烤叶片和烟梗进行高温贮藏，研究烟草特有亚硝胺、生物碱和硝酸盐含量的变化。结果表明，初烤烟叶叶片 TSNA 含量均显著高于烟梗，且在叶片中 NNN 比例较高，在烟梗中则以 NNK 比例较高；叶片中生物碱总量约为烟梗的 4.7 倍；硝酸盐含量则表现为烟梗中含量远高于叶片。不同地区叶片 TSNA 含量达到极显著差异，以粤湘产区含量最高；不同品种叶片的 TSNA 含量达到显著差异，生物碱含量较低的品种 TSNA 含量较低；各部位烟叶 TSNA 含量均表现为叶片＞支脉＞主脉。相关分析结果表明，在烟叶烘烤过程中烟叶生物碱含量对 TSNA 积累的影响较大。经高温贮藏后叶片和烟梗 TSNA 含量增加幅度有较大差异，其中烟梗 TSNA 增加比例达到 229.25%，叶片增加 30.55%，硝酸盐含量对高温贮藏过程中 TSNA 形成的影响较大。

TSNA 是由烟草生物碱亚硝化生成的烟草中特有的有害成分，在 4 种主要的 TSNA 中，NNN 和 NNK 已被证实具有动物致癌性。一般而言，在鲜烟叶中检测不到 TSNA 或含量极低，TSNA 的形成和积累主要在调制和贮藏阶段。烟叶是由叶片和烟梗组成的，其中烤烟的含梗率占叶重的 25%～35%，烟梗也是卷烟生产中重要的原料之一。目前对烟梗中 TSNA 形成的研究报道较少。

TSNA 含量与生物碱和硝酸盐的含量有密切关系。有关研究表明，烟叶中 TSNA 的形成受烟草生物碱和亚硝酸盐的双重影响。烟草中 NO_3^-水平可能是 TSNA 积累的一个指示物，NO_3^-到 NO_2^-的还原可能是 TSNA 积累的限制阶段。贮藏条件也是影响 TSNA 含量的一个重要因素，在贮藏阶段烟叶 TSNA 含量大幅增加。高温和高硝态氮含量可能是造成烟叶贮藏过程中 TSNA 含量增加的主要原因。本研究通过采集我国部分烤烟产区的初烤烟叶样品，并设置品种试验，研究初烤烟叶叶片和烟梗 TSNA 含量及其与前体物之间的关系，另将初烤叶片和烟梗进行高温贮藏，研究烟草特有亚硝胺、生物碱和硝酸盐含量的变化，旨在阐明烤烟叶片和烟梗 TSNA 含量特点及与前体物的关系，为通过农业措施有效降低烤烟 TSNA 含量提供理论依据（靳彤等，2017）。

本研究收集了 2015 年河南、粤湘、云贵三个产区的 C3F 烟叶共 30 个样品各 2kg。河南产区品种为中烟 100、K326；粤湘产区品种为 K326；云贵产区品种为 K326、红花大金元、云烟 87。并在河南洛阳设置品种对比试验，参试品种共 6 个，分别为豫烟 10 号、豫烟 6 号、豫烟 12 号、NC89、中烟 100、LY1306。试验采取随机区组排列，每个小区试验面积为 $200m^2$。小区分 3 次重复，移栽行株距为 100cm×60cm，种植密度为 16 500 株/hm^2，施氮量为 52.5kg/hm^2。均按当地常规方法进行栽培管理和烘烤。此外，设置了高温处理试验，将贵州毕纳一号、河南中烟 100、云南红花大金元中部叶叶片和烟梗每个样品取两份，每份称取 20g。一份置于恒定的 50℃环境内处理 15d，一份置于恒定的 10℃环境内处理 15d 作为对照。

3.11.1 不同烤烟叶片和烟梗 TSNA 及其前体物含量分析

将粤湘、河南、云贵产区的烤烟叶片、烟梗的 TSNA 含量进行综合分析（表 3-52）。结果发现，烘烤结束后的叶片中 TSNA 含量显著高于烟梗，叶片 TSNA 含量平均值为 124.90ng/g，烟梗平均含量为 23.05ng/g。4 种特有亚硝胺在叶片和烟梗中所占的比例有所不同，在叶片中 NNN 所占比例较大，NAB 含量较少；烟梗中 NNK 的含量较高，NAB 的含量较低。由表 3-52 还可以看出叶片和烟梗不同样品间 TSNA 含量的变化范围比较大。

表 3-52 烤烟叶片和烟梗 TSNA 含量变异性分析

样品	TSNA	含量/（ng/g）	平均值/（ng/g）	峰度	变异系数	占总量的百分比/%
叶片	NNN	6.96～134.55	58.02	–1.62	0.81	46.45
	NAT	9.94～89.33	41.46	–0.77	0.58	33.19
	NAB	0.08～5.91	1.29	1.22	1.34	1.03
	NNK	2.59～61.20	24.17	–1.21	0.86	19.35
	总 TSNA	28.88～284.93	124.90	–1.24	0.67	
烟梗	NNN	1.85～20.58	5.73	2.49	0.92	24.86
	NAT	3.00～18.57	7.12	2.64	0.52	30.89
	NAB	0.04～0.27	0.10	4.69	0.48	0.43
	NNK	2.09～21.15	10.09	–1.32	0.59	43.77
	总 TSNA	7.11～60.48	23.05	0.67	0.61	

对各地烤烟叶片和烟梗的生物碱及硝酸盐进行测定（表 3-53）。通过分析叶片和烟梗中硝酸盐的含量可知，烟梗中硝酸盐的含量远高于叶片。在叶片和烟梗中生物碱和硝酸盐的变异系数相比都表现为硝酸盐的变异系数较大。生物碱在叶片

和烟梗中所占的比例都表现为烟碱>新烟草碱>降烟碱>假木贼碱，其中烟碱在叶片和烟梗中含量较高，假木贼碱含量较低。叶片中生物碱的含量明显高于烟梗。

表 3-53　烤烟叶片和烟梗 TSNA 前体物含量变异性分析

样品	测定项目	含量	平均值	峰度	变异系数	占总量的百分比/%
叶片	烟碱/%	1.387～5.275	2.830	0.925	0.351	87.5
	降烟碱/%	0.071～0.249	0.121	1.353	0.398	3.7
	假木贼碱/%	0.013～0.037	0.022	1.116	0.258	0.7
	新烟草碱/%	0.166～0.474	0.262	0.659	0.301	8.1
	总生物碱/%	1.653～5.972	3.235	0.922	0.343	
	硝酸盐/（μg/g）	1.97～102.67	23.68	2.73	1.088	
烟梗	烟碱/%	0.284～1.234	0.597	2.291	0.348	86.3
	降烟碱/%	0.024～0.052	0.034	0.707	0.195	4.9
	假木贼碱/%	0.004～0.011	0.008	0.347	0.213	1.1
	新烟草碱/%	0.032～0.108	0.053	2.743	0.330	7.7
	总生物碱/%	0.346～1.405	0.692	2.445	0.333	
	硝酸盐/（μg/g）	244.85～1858.98	680.25	1.21	0.620	

3.11.2　不同产区烤烟 TSNA 及其前体物含量差异性分析

通过对不同产区烤烟 TSNA 及其前体物含量的汇总分析（表 3-54），发现各产区中叶片 TSNA 含量粤湘>河南>云贵，且各地区之间差异显著；烟梗中 TSNA 含量粤湘>河南>云贵。三个产区中叶片生物碱的含量粤湘>河南>云贵，粤湘产区与河南、云贵产区差异显著；三个产区之间烟梗的硝酸盐含量都达到显著差异。

表 3-54　不同产区烤烟 TSNA 及其前体物含量分析

样品	测定项目		粤湘	河南	云贵
叶片	TSNA/（ng/g）	NNN	100.59±0.12a	52.99±0.84b	16.36±0.58c
		NAT	83.52±0.07a	36.62±0.53b	21.86±0.12c
		NAB	4.99±0.14a	0.79±1.29b	0.19±0.53c
		NNK	54.86±0.07a	21.33±0.86b	3.76±0.31c
		总 TSNA	243.96±0.09a	111.73±0.62b	42.17±0.31c
	生物碱/%	烟碱	3.687±0.31a	2.726±0.35b	2.481±0.09b
		降烟碱	0.124±0.35a	0.122±0.42a	0.105±0.14b
		假木贼碱	0.030±0.19a	0.021±0.23b	0.020±0.07b
		新烟草碱	0.360±0.25a	0.245±0.28b	0.264±0.06b
		总生物碱	4.201±0.30a	3.114±0.34b	2.870±0.07b
	硝酸盐/（μg/g）		15.06±0.20b	27.41±1.01a	2.98±0.34c

续表

样品	测定项目		粤湘	河南	云贵
烟梗	TSNA/（ng/g）	NNN	17.93±0.13a	4.12±0.57b	1.95±0.05c
		NAT	14.27±0.23a	6.11±0.39b	5.47±0.05b
		NAB	0.14±0.21a	0.10±0.49b	0.06±0.33b
		NNK	18.36±0.13a	8.88±0.62b	8.60±0.11b
		总 TSNA	50.70±0.16a	19.21±0.52b	16.08±0.08b
	生物碱/%	烟碱	0.918±0.24a	0.642±0.30b	0.515±0.12b
		降烟碱	0.042±0.16a	0.032±0.17b	0.037±0.07ab
		假木贼碱	0.009±0.17a	0.007±0.22b	0.008±0.27ab
		新烟草碱	0.086±0.19a	0.046±0.21c	0.067±0.05b
		总生物碱	1.055±0.23a	0.727±0.28b	0.627±0.11b
	硝酸盐/（μg/g）		518.12±0.30c	709.43±0.65a	660.83±0.36b

3.11.3　不同品种烤烟 TSNA 及其前体物含量差异分析

不同品种叶片中总 TSNA 含量达到显著差异，见表 3-55。根据同一地区不同品种之间 TSNA 含量和前体物含量的差异，降低 TSNA 含量可以从烤烟品种入手。

表 3-55　河南洛阳不同品种间 TSNA 及其前体物含量的差异分析

样品	品种	TSNA/（ng/g）					生物碱/%					硝酸盐/（μg/g）
		NNN	NAT	NAB	NNK	总 TSNA	烟碱	降烟碱	假木贼碱	新烟草碱	总生物碱	
叶片	豫烟 10 号	41.06a	31.02c	0.22b	18.05a	90.35b	3.48a	0.121c	0.018b	0.295b	3.91ab	16.07c
	豫烟 6 号	17.23c	53.27a	0.17c	8.36b	79.03c	3.18a	0.129bc	0.022b	0.299b	3.63ab	49.30b
	豫烟 12 号	20.46c	14.03d	0.24b	2.96c	37.69f	2.73b	0.100c	0.019b	0.193c	3.04b	14.06c
	NC89	31.66b	50.16a	0.34a	16.68a	98.84a	3.71a	0.240a	0.028a	0.356a	4.33a	79.00a
	LY1306	19.72c	10.08d	0.21b	17.43a	47.44e	1.48c	0.104c	0.017b	0.215c	1.82c	2.52d
	中烟 100	12.31d	40.91b	0.16c	5.51bc	58.89d	3.08ab	0.150b	0.021b	0.302b	3.55b	56.85b
烟梗	豫烟 10 号	2.90c	4.20c	0.09c	3.44c	10.63c	0.480b	0.029c	0.006a	0.037d	0.55c	706.27c
	豫烟 6 号	5.75b	8.47a	0.13b	14.79a	29.14a	0.493b	0.030c	0.006a	0.043c	0.57c	1147.02b
	豫烟 12 号	3.52c	6.52b	0.10bc	12.00b	22.14b	0.579b	0.031c	0.009a	0.043c	0.66bc	377.04e
	NC89	8.86a	9.50a	0.20a	15.34a	33.90b	0.810a	0.042a	0.008a	0.050b	0.91a	1512.09a
	LY1306	2.43c	5.95c	0.07c	10.80b	19.25b	0.288c	0.026c	0.006a	0.039d	0.360d	465.72d
	中烟 100	6.22b	9.21a	0.13b	14.97a	30.53a	0.692ab	0.036b	0.007a	0.056a	0.79ab	1179.00b

3.11.4 不同部位间烤烟 TSNA 及其前体物含量差异性分析

表 3-56 显示了云南红花大金元叶片、主脉、支脉之间 TSNA、生物碱和硝酸盐含量存在的差异。三个部位烟叶中总 TSNA 含量都表现为叶片＞支脉＞主脉，其中上部叶和下部叶之间 TSNA 含量达到显著差异水平，生物碱含量也表现出相同规律，而硝酸盐含量则表现为主脉＞支脉＞叶片。不同品种、不同部位间 TSNA 含量达到显著差异而地区间则达到极显著差异，由此可知地区间的差异大于品种和部位。

表 3-56 叶片、支脉、主脉 TSNA 及其前体物含量分析

样品		TSNA/（ng/g）					生物碱/%					硝酸盐/（μg/g）
		NNN	NAT	NAB	NNK	总 TSNA	烟碱	降烟碱	假木贼碱	新烟草碱	总生物碱	
上部叶	叶片	56.64a	23.54a	1.48a	17.83b	99.49a	4.324a	0.161a	0.032a	0.455a	4.972a	8.52c
	支脉	20.01b	11.21b	0.35b	26.07a	57.64b	1.741b	0.112b	0.018b	0.164b	2.035b	286.83b
	主脉	7.06c	10.01b	0.16b	23.04a	40.27c	0.972c	0.047c	0.013b	0.086c	1.118c	565.53a
中部叶	叶片	21.73a	24.72a	0.24a	19.63a	66.32a	2.241a	0.124a	0.021a	0.257a	2.643a	11.63b
	支脉	5.89b	8.67b	0.1a	17.07ab	31.73b	0.838b	0.068b	0.011b	0.092b	1.009b	645.45a
	主脉	5.17b	8.02b	0.1a	15.37b	28.66b	0.618b	0.035c	0.009b	0.062b	0.724b	659.33a
下部叶	叶片	45.82a	21.62a	0.53a	25.49b	93.46a	1.65a	0.081a	0.017a	0.177a	1.925a	37.39c
	支脉	26.66b	13.99b	0.44a	36.82a	77.91b	0.855b	0.044b	0.009b	0.086b	0.994b	395.60b
	主脉	2.08c	6.42c	0.08b	14.14c	22.72c	0.511c	0.031b	0.006b	0.053b	0.600c	709.17a

3.11.5 初烤烟叶 TSNA 含量与生物碱、硝酸盐含量相关分析

各地烤烟样品的相关分析结果表明，初烤烟叶（叶片+烟梗）样品的 TSNA 含量与生物碱含量呈极显著正相关，而硝酸盐含量与 TSNA 含量呈显著负相关（表 3-57）。因此叶片和烟梗 TSNA 的差异可能主要与生物碱的差异有关。TSNA 含量与生物碱的相关系数较高，表明初烤烟叶 TSNA 含量与其前体物生物碱含量的关系较大。分别对叶片和烟梗的 TSNA 含量与前体物关系进行相关分析，发现

表 3-57 TSNA 含量与生物碱、硝酸盐含量的相关分析

相关系数	烟碱	降烟碱	假木贼碱	新烟草碱	总生物碱	硝酸盐
NNN	0.58^{**}	0.42^{**}	0.69^{**}	0.61^{**}	0.58^{**}	-0.46^{**}
NAT	0.76^{**}	0.62^{**}	0.80^{**}	0.80^{**}	0.76^{**}	-0.47^{**}
NAB	0.46^{**}	0.29^{*}	0.58^{**}	0.51^{**}	0.46^{**}	-0.33^{*}
NNK	0.42^{**}	0.31^{*}	0.55^{**}	0.47^{**}	0.43^{**}	−0.24
总 TSNA	0.64^{**}	0.48^{**}	0.74^{**}	0.68^{**}	0.64^{**}	-0.44^{**}

其相关性小于上述叶片和烟梗 TSNA 含量相加后的相关性，其中叶片总 TSNA 与生物碱和硝态氮的相关系数分别为 0.27 和 0.19，烟梗总 TSNA 与生物碱和硝态氮的相关系数分别为 0.59 和 0.31。

3.11.6 高温处理对叶片和烟梗 TSNA 含量的影响

将贵州毕纳一号、河南中烟 100、云南红花大金元的叶片、烟梗分别进行 15d 高温处理，结果如图 3-31、图 3-32 所示。三个地区叶片、烟梗经高温贮藏后 TSNA 含量均有不同程度增加，增加量都达到显著水平，其中烟梗增加倍数明显多于叶片。

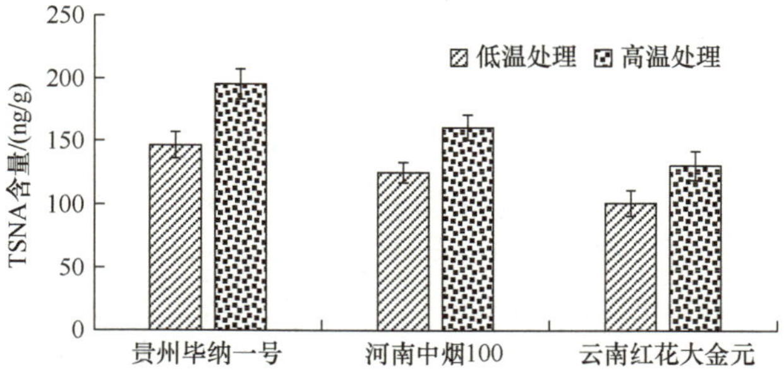

图 3-31 高温处理对烤烟叶片 TSNA 含量的影响

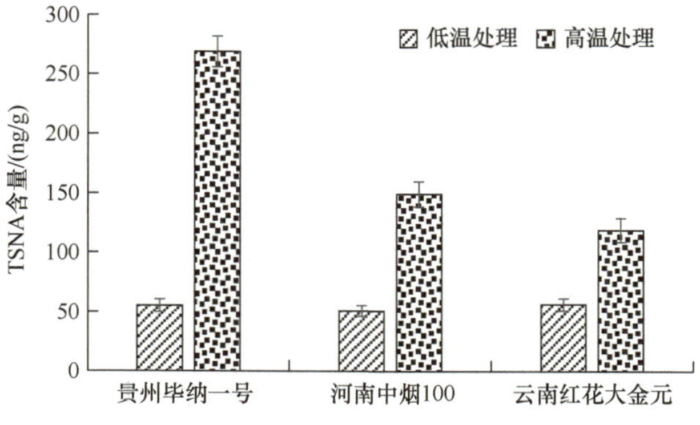

图 3-32 高温处理对烤烟烟梗 TSNA 含量的影响

经高温处理后叶片的 TSNA 含量与低温对照相比都达到显著差异，烟梗则达到极显著差异，其中贵州毕纳一号烟梗经高温处理后 TSNA 含量高于叶片。三种叶片经高温处理后平均增加 30.55%；三种烟梗平均增加 229.25%，其中贵州毕纳一号烟梗增加量最大，为 213.44ng/g，提高 384.83%。王瑞云（2014）研究发现经高温处理后较高的硝酸盐含量加速了 TSNA 的形成。由此可以看出，在高温贮藏过程中烟梗 TSNA 的增加值远大于叶片，而烟梗硝酸盐含量远高于叶片，可以推测在贮藏过程中硝酸盐对 TSNA 形成有影响。

3.11.7 小结

本研究表明我国不同产区烤烟初烤烟叶叶片和烟梗的 TSNA 含量差异极显著，这与产区土壤、施肥等条件不同导致烟叶性状和化学成分差异有密切关系。同一产区不同品种间 TSNA 含量也达到显著差异。

初烤烟叶中 TSNA 含量测定结果表明，叶片中 TSNA 含量显著高于烟梗，这与叶片和烟梗中 TSNA 前体物含量密切相关。比较叶片和烟梗中前体物含量可以发现，叶片中生物碱的含量大于烟梗，而烟梗中硝酸盐的含量明显高于叶片；相关分析结果表明，烘烤后烟叶样品的 TSNA 含量与生物碱含量呈显著正相关，而与硝态氮含量呈负相关，说明叶片中较高的 TSNA 含量可能主要归因于叶片中较高的生物碱含量，而受硝态氮含量影响较小。经高温贮藏后，叶片和烟梗中 TSNA 含量显著增加，但烟梗中 TSNA 的增加量明显高于叶片，这与烟梗中硝态氮含量较高密切相关，在贮藏过程中生物碱的含量相对稳定，而硝态氮则易在高温条件下产生气态氮氧化物，进而与生物碱反应生成 TSNA。前期研究表明，烟叶硝态氮含量与高温贮藏过程中 TSNA 的形成关系密切，所以硝态氮含量较高的烟梗更利于 TSNA 的形成。烟叶烘烤和贮藏阶段都是 TSNA 形成的重要阶段，且与前体物含量密切相关，因此通过生态、品种、农艺措施相结合的方式控制 TSNA 前体物含量及控制贮藏环境温湿度可以有效降低烟草特有亚硝胺的形成和积累。

不同地区、品种和部位间初烤烤烟叶片 TSNA 含量均有显著差异，其中地区间的差异达到极显著水平；不同部位间烟叶 TSNA 含量均表现为叶片＞支脉＞主脉；初烤烟叶叶片生物碱含量高于烟梗，烟梗硝酸盐含量显著高于叶片，TSNA 含量与生物碱相关性相对较高；经高温处理后烟梗 TSNA 增加比例显著高于叶片，高温贮藏过程中 TSNA 的形成可能与硝酸盐含量更为密切。降低烤烟 TSNA 含量必须从降低前体物含量和控制贮藏环境两方面入手，特别是烟梗应避免在较高温度下贮藏。

第 4 章　烟叶贮藏过程中烟草特有亚硝胺的形成与抑制

贮藏和陈化是烟叶加工利用的必要环节，新调制的烟叶虽然质量已达到特定的级别，但其内在化学成分尚有优化空间，感官质量尚不能达到最佳状态，主要表现在生青气偏重，刺激性较大，香气纯净度不够，香气量和浓郁度不足，因此调制后的烟叶还要经过至少 18 个月的贮藏和陈化才能用于卷烟工业生产。分析表明，烟叶贮藏阶段也是 TSNA 形成和积累的重要时期。在自然贮藏条件下，随着贮藏时间的延长，烟叶 TSNA 含量大幅增加，且与贮藏温度和湿度密切相关。深入研究和揭示烟叶贮藏期间 TSNA 的形成机理对于采取有效措施抑制 TSNA 形成、降低贮藏烟叶 TSNA 含量具有重要意义。通过观察发现，贮藏阶段 TSNA 形成很难用调制阶段 TSNA 形成主要与生物作用有关的理论去解释，如在高温低湿条件下烟叶 TSNA 含量大幅增高。为此，本研究依托中国烟草总公司降低烟叶有害成分重大专项和上海烟草集团北京卷烟厂项目平台，系统开展了烟叶贮藏阶段 TSNA 形成规律、形成机理和抑制技术研究，取得了大量原创性成果。发现了贮藏烟叶硝酸盐含量和贮藏温度对 TSNA 形成起关键作用，研究和证实了高温条件下烟叶硝酸盐直接产生气态氮氧化物是贮藏阶段烟叶 TSNA 形成的根本原因，据此建立了贮藏烟叶 TSNA 形成理论和技术体系。本章主要汇集了本研究团队在该领域的研究成果，其中大部分内容已在国际 SCI 收录期刊和国内核心期刊发表。

4.1　烟草贮藏过程中 TSNA 含量的变化及对高温处理的响应

摘要：以我国云南宾川白肋烟、四川达州晒烟、河南宝丰烤烟调制后的上二棚叶为供试样品，在 1 年的自然贮藏过程中每隔 4 个月分别对白肋烟和晒烟取样进行 TSNA 含量变化的研究，另将 3 种不同类型的烟草在低温（10℃）和高温（45℃）条件下处理，研究高温条件对贮藏过程中 TSNA 含量的影响。结果表明，白肋烟和晒烟中的总 TSNA 含量及各成分含量均随着贮藏时间的增加而增加，且在外界温度较高即 4 月中旬至 8 月中旬增加幅度最为显著，而各组分中 NNN 的含量变化最为明显，其中尤以白肋烟的变化幅度更甚。不同类型烟草中，硝酸盐含量较低的烤烟中总 TSNA 含量及各成分含量很低，且在 45℃处理前后的变化不明显，硝酸盐含量较高的白肋烟和晒烟的总 TSNA 含量及各成分含量也较高，在 45℃处理后迅速增加，且其硝酸盐的含量均有所下降，亚硝酸盐含量明显升高。

TSNA 是烟草中最主要的有害成分之一，自 20 世纪 60 年代以来一直是国际烟草减害研究的重点。TSNA 是由仲胺类生物碱和亚硝酸反应生成的。一般而言，在鲜烟叶中检测不到 TSNA 或含量极低，烟叶中的 TSNA 可分别在调制过程和贮藏过程中形成和积累，但目前研究多集中在烟叶调制期间 TSNA 的形成。Burton 等（1989b）和 Cui（1998）对白肋烟的研究表明，TSNA 快速增长发生在调制过程中烟叶的变黄末期，即调制的第 4 周到第 5 周，且微生物活动使烟叶中的硝酸盐还原为亚硝酸盐是导致生物碱亚硝化反应而形成 TSNA 的主要原因。白肋烟调制结束后的贮藏阶段是 TSNA 形成的重要时期，烟叶贮藏阶段其 TSNA 含量比调制结束可提高 50%以上，De Roton 等（2004）报道贮藏在环境温度下的白肋烟粉碎样品，6 个月后 TSNA 含量由 1.3～1.4μg/g 增加到 8.1～9.5μg/g，而贮藏在冰箱里的样品 TSNA 含量没有显著增加。Saito 等（2006）也报道随着温度的增加，白肋烟贮藏烟叶 TSNA 含量和氮氧化物含量大幅增高。但贮藏期间 TSNA 形成规律尚不明确，为此本研究团队设计试验以探索贮藏期间 TSNA 形成与环境温度的关系，从而阐明 TSNA 的形成规律，为采取环境控制技术抑制 TSNA 合成和积累、提高烟叶的安全性提供参考（王瑞云等，2014）。

试验材料为典型产区 2011 年上二棚烟叶，其中白肋烟烟叶样品为云南宾川 TN90 和四川达州达白 1 号，晒烟烟叶样品为四川万源万毛 1 号，烤烟烟叶样品为河南宝丰中烟 100 和云南大理红花大金元。试验分贮藏试验和控制试验，其中贮藏试验研究烟叶在自然贮藏条件下不同时期烟叶化学成分含量的变化。控制试验是在人工控温控湿条件下研究环境条件和化学处理等对调制后烟叶 TSNA 形成的影响及其机理，每个样品取 5kg，去梗切成 0.5cm 大小碎片。具体试验方法如下。贮藏试验：烟叶去梗后，切成 3cm 大小见方碎片，充分混匀后打包，进行第一次取样，后置于自然条件下进行贮藏，之后每隔 4 个月取样 1 次，每次取样后将所取样品在冰柜中冷冻存放，一年后把所有样品同时进行冷冻干燥，磨碎供 TSNA 和有关化学成分含量测定。高温处理对不同类型烟叶 TSNA 合成影响试验：分别取白肋烟、晒烟和烤烟样品 10g，置于恒温恒湿箱中进行处理，温度设定为 45℃，另设 10℃作为对照，相对湿度为 60%。处理 36d 后，将样品冷冻干燥进行化学成分检测。

4.1.1 不同类型烟草贮藏过程中 TSNA 含量的变化

4.1.1.1 贮藏过程中 NNK 含量的变化

将在 2011 年 12 月打包后自然贮藏的白肋烟和晒烟，每隔 4 个月定期取样，一年后同时测定烟叶 TSNA 的含量。随着贮藏时间的增加，白肋烟和晒烟中的 NNK 含量均呈不断增加趋势（图 4-1），在 2012 年 4 月中旬至 8 月中旬增加达到显著水平，这个时期也正是温度较高的时期。

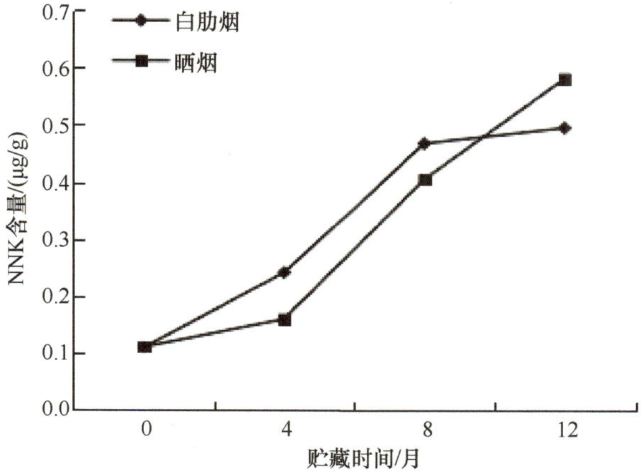

图 4-1　不同贮藏时间下烟草中 NNK 含量比较

4.1.1.2　贮藏过程中 NNN 含量的变化

如图 4-2 所示，在贮藏过程中，白肋烟和晒烟中的 NNN 含量总体呈不断增加的趋势，但晒烟在一年贮藏中每 4 个月的增加量均未达到显著水平，白肋烟在 2011 年 12 月中旬至 2012 年 4 月中旬增加量很少，未达到显著水平，2012 年 4 月中旬至 8 月中旬、8 月中旬至 12 月中旬增加量均达到显著水平。白肋烟 NNN 含量在贮藏期间的增加幅度远大于晒烟，这与所用的白肋烟烟碱转化率较高有关，烟碱转化导致降烟碱含量升高，更有利于 NNN 的形成。

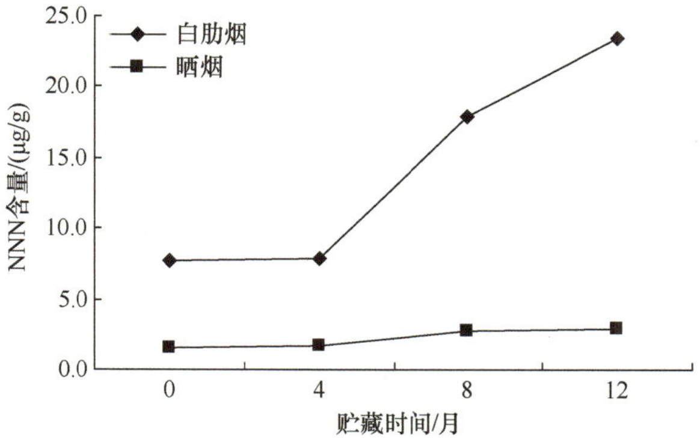

图 4-2　不同贮藏时间下烟草中 NNN 含量比较

4.1.1.3 贮藏过程中 NAT 含量的变化

贮藏过程中，白肋烟和晒烟中的 NAT 含量随贮藏时间的延长均不断增加，同样表现为增加幅度先小后大再减小的趋势（图 4-3）。在 2012 年 4 月中旬至 8 月中旬 NAT 增加量最大且均达到了显著水平，分别增加 116.8%和 135.6%。此外，白肋烟中的 NAT 含量始终高于晒烟中的 NAT 含量。

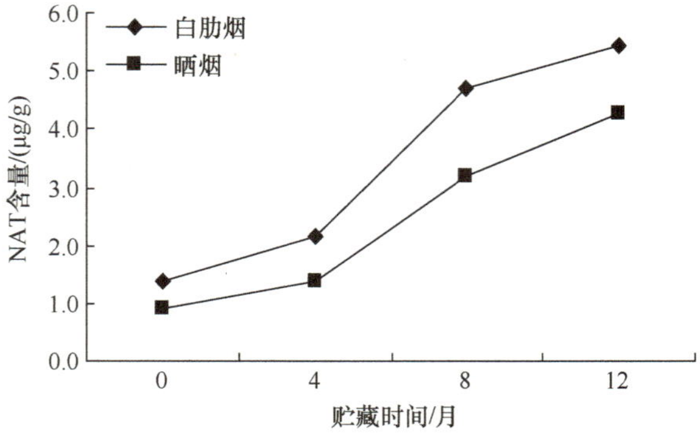

图 4-3 不同贮藏时间下烟草中 NAT 含量比较

4.1.1.4 贮藏过程中 NAB 含量的变化

如图 4-4 所示，白肋烟在一年的贮藏期中每 4 个月的 NAB 增加量均达到了显著水平，以 4 月中旬到 8 月中旬的高温季节增加最为显著。晒烟中的 NAB 含量在 2011 年 12 月至 2012 年 4 月间缓慢增加，未达到显著水平，在 2012 年 4 月中旬至 8 月中旬、8 月中旬至 12 月中旬的增加达到了显著水平，且在 12 月中旬时白肋烟和晒烟中的 NAB 含量较接近。

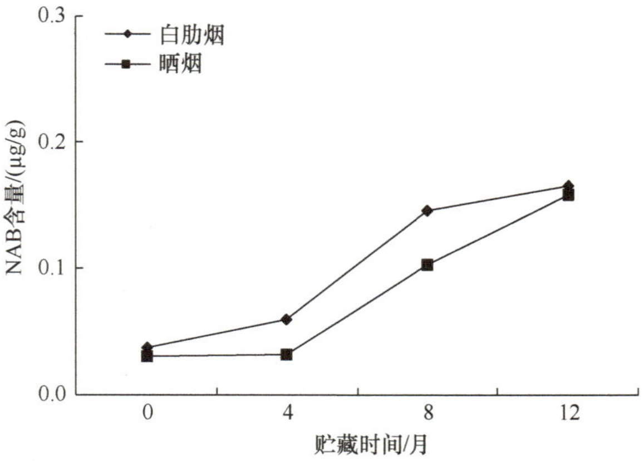

图 4-4 不同贮藏时间下烟草中 NAB 含量比较

4.1.1.5　贮藏过程中总 TSNA 含量的变化

烟叶中的总 TSNA 含量变化趋势如图 4-5 所示。白肋烟和晒烟总 TSNA 含量在 2011 年 12 月中旬至 2012 年 4 月中旬缓慢增加，增加量均未达到显著水平，在 2012 年 4 月中旬至 8 月中旬迅速增加，增加量均达到显著水平，之后增速减缓。在贮藏期间，白肋烟总 TSNA 含量始终高于晒烟总 TSNA 含量，这一差异可能主要是由 NNN 含量差异较大引起的。

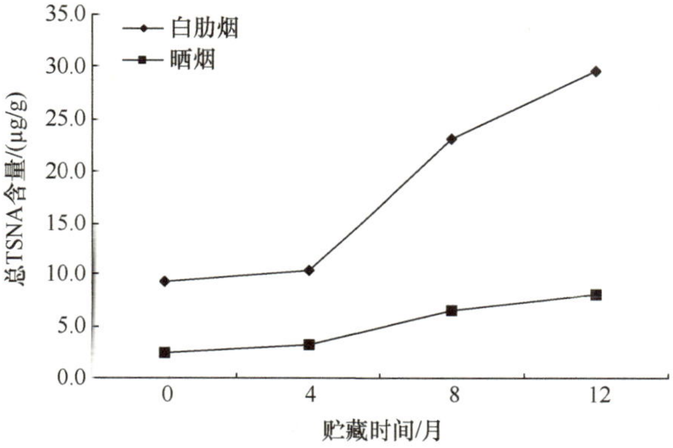

图 4-5　不同贮藏时间下烟草中总 TSNA 含量比较

4.1.2　温度对不同类型烟草贮藏过程中 TSNA 及其前体物含量的影响

4.1.2.1　温度对不同类型烟草中 NNK 含量的影响

将白肋烟、烤烟、晒烟样品分别放置在 10℃、45℃下 36d，测定烟叶 NNK 含量。如图 4-6 所示，与白肋烟、晒烟相比较，烤烟的 NNK 含量较低，且对高温

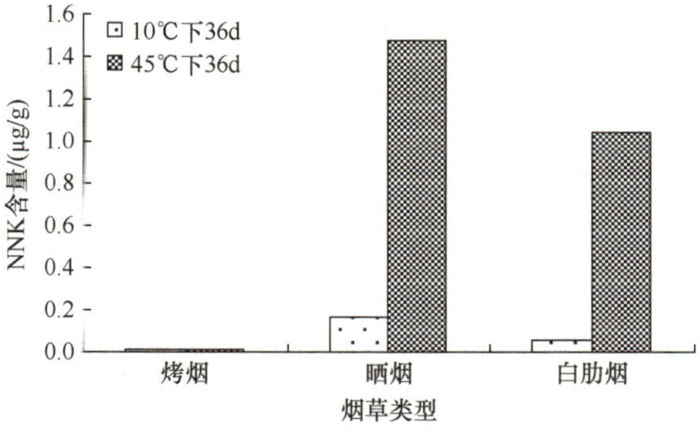

图 4-6　不同类型烟草中 NNK 含量比较

处理不表现响应。白肋烟、晒烟烟叶在45℃处理36d，与室温下烟叶相比，NNK含量大幅增加，远高于同类烟叶在室温条件下（10℃）的含量。另外，晒烟无论在室温还是在45℃处理下，NNK的含量均高于相同条件下的白肋烟。

4.1.2.2 温度对不同类型烟草中NNN含量的影响

图4-7显示，烤烟的NNN含量显著低于白肋烟和晒烟，且在45℃下处理后含量不表现增加。白肋烟NNN含量最高，其次为晒烟，二者在45℃处理后NNN含量大幅增加，45℃处理后的晒烟NNN含量是室温下的7.22倍。白肋烟在处理前后的NNN含量均高于晒烟。

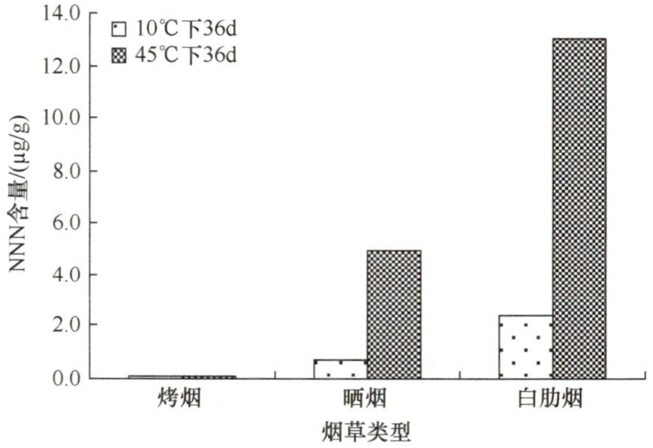

图4-7 不同类型烟草中NNN含量比较

4.1.2.3 温度对不同类型烟草中NAT含量的影响

测定结果如图4-8所示，烤烟在处理前后的NAT含量变化不明显，且含量较少。白肋烟在45℃处理后的NAT含量是室温下的5.91倍，晒烟在45℃处理后的NAT含量是室温下的4.38倍，变化均较大。

4.1.2.4 温度对不同类型烟草中NAB含量的影响

如图4-9所示，烤烟的NAB含量较低。白肋烟、晒烟在两种温度处理下NAB含量差别较大，45℃处理后的NAB含量与室温相比较，白肋烟达到了16.11倍，晒烟也达到了11.00倍，增加幅度很明显。

4.1.2.5 温度对不同类型烟草中总TSNA含量的影响

根据4种TSNA含量计算烟叶总TSNA含量，结果如图4-10所示。烤烟的总TSNA含量在两种温度条件下变化不显著。白肋烟和晒烟则表现为在高温下TSNA

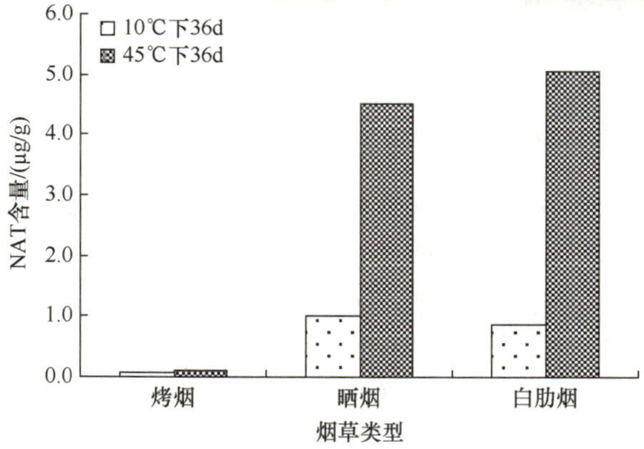

图 4-8　不同类型烟草中 NAT 含量比较

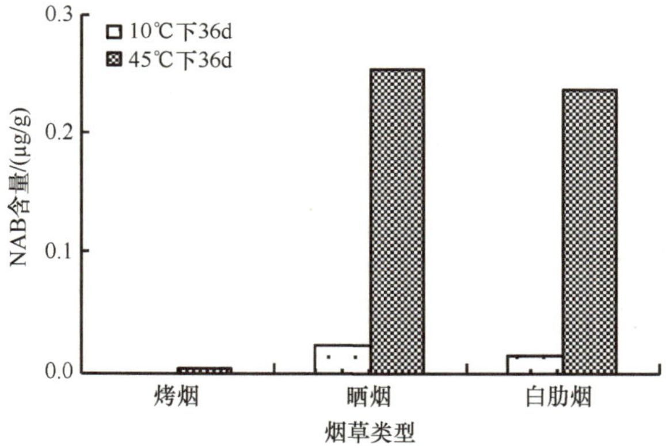

图 4-9　不同类型烟草中 NAB 含量比较

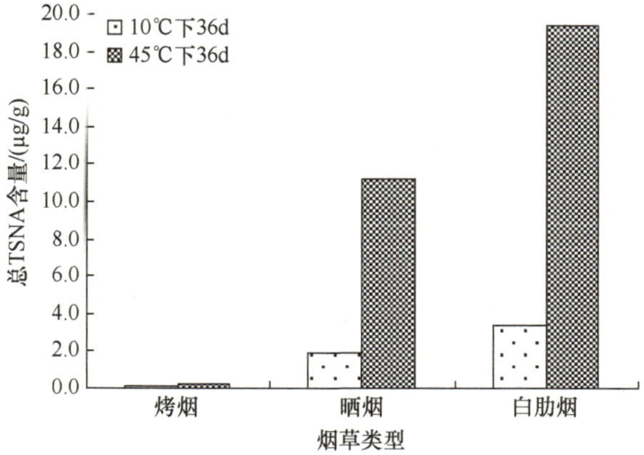

图 4-10　不同类型烟草中总 TSNA 含量比较

含量大幅增高，白肋烟和晒烟在 45℃处理后的总 TSNA 含量分别是室温的 5.81 倍和 5.89 倍。白肋烟在室温和处理后的总 TSNA 含量均高于晒烟。

4.1.2.6 不同类型烟草生物碱含量差异

不同烟草类型烟叶的生物碱含量有显著差异，白肋烟显著高于烤烟但低于晒烟；白肋烟降烟碱含量显著高于烤烟和晒烟，烟碱转化率也高于其他两种类型烟草。将晒烟、白肋烟、烤烟样品分别放置在 10℃、45℃下 36d，其生物碱含量变化如表 4-1 所示。烤烟、白肋烟、晒烟在两种情况下的生物碱变化幅度均很小，烤烟的烟碱转化率在 45℃下与室温相比略有降低，晒烟和白肋烟的烟碱转化率表现升高。

表 4-1 不同类型烟草生物碱比较（%）

生物碱	烤烟		白肋烟		晒烟	
	10℃	45℃	10℃	45℃	10℃	45℃
烟碱	1.97	2.11	3.88	3.87	4.39	4.09
降烟碱	0.05	0.05	0.34	0.38	0.10	0.14
假木贼碱	0.01	0.01	0.02	0.02	0.02	0.02
新烟草碱	0.10	0.11	0.29	0.29	0.22	0.21
烟碱转化率	2.48	2.31	8.06	8.94	2.23	3.31

4.1.2.7 不同类型烟草硝酸及亚硝酸含量差异

对 3 种类型烟草的硝酸和亚硝酸含量进行测定（表 4-2）。结果表明，白肋烟硝酸盐含量大幅高于烤烟，二者相差 10～20 倍，高硝酸盐含量是白肋烟烟叶化学组成上的一个显著特点。在 2 个温度条件下处理 36d，烤烟烟叶的亚硝酸含量变化较小，硝酸含量表现在高温条件下增加。白肋烟和晒烟在 45℃处理后亚硝酸盐含量均升高，硝酸盐含量差异较小。

表 4-2 不同类型烟草硝酸盐和亚硝酸盐比较（ppm）

	烤烟		白肋烟		晒烟	
	10℃	45℃	10℃	45℃	10℃	45℃
NO_3^--N	57.60	153.12	1703.10	1686.10	1157.22	874.26
NO_2^--N	1.23	1.20	1.49	2.24	1.64	3.95

注：1ppm=10^{-6}

4.1.3 小结

白肋烟和晒烟调制后的贮藏阶段是烟草特有亚硝胺形成的重要时期。本研究结果表明，经过一年的贮藏，烟叶 TSNA 含量大幅增加，且以 4 月中旬到 8 月中旬的高温季节增加最为显著。研究中使用温湿度自动记录仪对贮藏环境的温度条件进行实时测定，在自然贮藏的前 4 个月，贮藏环境平均温度仅为 5.17℃；在第二个贮藏阶段，即 4 月中旬至 8 月中旬，平均温度增加到了 25.67℃，日平均最高温度达到 32℃，有 47d 的温度大于 27℃，而在此期间的白肋烟和晒烟的总 TSNA 含量及其各成分含量增加量均很显著，其中白肋烟和晒烟的 NNK 含量增幅分别为 93.7%和 152.6%，NNN 含量增幅分别为 125.9%和 65.9%。在随后的 4 个月中，环境温度降低为 15.94℃，仅有 2d 的日均温度超过了 27℃，在此期间白肋烟和晒烟的总 TSNA 含量及其各成分含量的增幅明显降低。可见温度对贮藏中烟叶的 TSNA 含量变化可能有较大影响。白肋烟 NNN 含量增加幅度最大，并显著高于晒烟，这可能与白肋烟降烟碱含量及烟碱向降烟碱转化率较高有关。不同类型烟草贮藏过程中 TSNA 形成对高温的反应差异较大，烤烟在高温处理后 TSNA 增加不显著，而白肋烟和晒烟增加幅度较大，这可能与不同类型硝态氮含量密切相关。白肋烟和晒烟硝酸盐积累量远高于烤烟是其化学组成的显著特点，本研究中白肋烟硝态氮含量比烤烟高出近 10 倍。前期研究表明，在同一白肋烟产区烟叶 TSNA 含量与硝酸盐含量为正相关关系。硝态氮具有化学不稳定性，在高温条件下易生成挥发性的亚硝酸盐或一氧化氮等气态氮氧化物，其可直接与烟草生物碱发生亚硝化反应生成 TSNA。本研究表明，白肋烟和晒烟经高温处理后硝态氮含量降低、亚硝酸盐含量增高，高温造成气态氮氧化物含量增加可能是晾晒烟在高温条件下贮藏造成 TSNA 增高的重要原因。

白肋烟和晒烟在一年的自然贮藏过程中，烟叶中的 TSNA 含量随着贮藏时间的增加而持续增加，且以 4 月中旬至 8 月中旬的高温季节增加更为显著，在 TSNA 各组分中 NNN 含量最高，且增幅较大，尤以白肋烟更甚。不同类型烟叶在贮藏过程中对高温的反应差异显著，白肋烟和晒烟在 45℃处理 36d 后 TSNA 含量大幅增加，而烤烟增加不显著。白肋烟和晒烟硝酸盐含量大幅高于烤烟，在高温处理后含量下降，亚硝酸盐含量显著上升。高温和高硝态氮含量可能是造成烟叶贮藏过程中 TSNA 含量增加的主要原因。

4.2　不同类型烟叶长期贮藏过程中 TSNA 及其前体物含量变化趋势分析

摘要：以调制后的 2 种烤烟、2 种白肋烟及 1 种晒烟为试验样品，在 5 年自然贮藏过程中，定期取样测定不同类型烟叶内 TSNA 及其前体物生物碱、硝酸盐含量。研究表明，随贮藏时间的增加，5 种烟叶 NNN、NNK、NAB、NAT 和总 TSNA 含量均不断上升，经拟合符合二次曲线增长模型。白肋烟 TSNA 的含量最高，贮藏过程中增加量最多，且以四川白肋烟 NNN 和总 TSNA 含量增加幅度最大，其次是晒烟，烤烟 TSNA 含量最低，且在贮藏过程中增加幅度较小。TSNA 前体物生物碱及硝酸盐含量在贮藏过程中呈下降趋势，以晒烟的烟碱含量最高且下降幅度较大，以四川白肋烟降烟碱含量最高且下降幅度最大。硝酸盐含量在不同类型烟叶间差异大，白肋烟硝态氮平均含量为 3076.50μg/g，是烤烟硝态氮平均含量 28.05μg/g 的 109.68 倍。烟叶 TSNA 含量与生物碱和硝酸盐相关性均较高，其中硝酸盐含量与贮藏后 TSNA 含量的相关性比贮藏前更大，与 TSNA 形成更为密切。

TSNA 是烟草中重要的一类有害成分，前期研究证明，白肋烟在贮藏阶段，TSNA 含量可比贮藏前大幅提高。贮藏在室温下的白肋烟样品，6 个月后 TSNA 含量可增加数倍。生物碱和亚硝酸是 TSNA 的直接前体物，烟叶内 TSNA 的产生和积累与两者含量密不可分。在实际生产中，由于多种原因，烟叶于仓库中的自然贮藏时间多达 5 年以上，所以明确长时间贮藏过程中烟草特有亚硝胺含量的变化有重要意义。目前关于贮藏过程中 TSNA 含量变化方面的研究，样品贮藏时间较短，且多数仅局限于单个类型的烟叶。本研究团队通过对 5 个产地烤烟、白肋烟和晒红烟样品在 5 年长时间贮藏期间的烟叶 TSNA、生物碱及硝态氮含量的测定，揭示了长期贮藏过程中不同类型烟叶内三者的变化规律及三者的相关关系（张梦玥等，2017）。

试验材料为典型产区 2011 年调制后的上二棚烟叶，包括一种晒烟 A（品种为万毛 1 号）、两种白肋烟 B 和 C（品种为达白 1 号和 TN86）、两种烤烟 D 和 E（品种为红花大金元和中烟 100），晒烟 A 和白肋烟 B 由四川省烟草公司达州市公司提供；白肋烟 C 和烤烟 D 由云南省烟草公司大理州公司提供；烤烟 E 由河南省烟草公司平顶山市公司提供。本试验取调制后的每个类型和产地烟叶 10kg。烟叶去除主脉后，剪成 3～5cm^2 大小的碎片，充分混匀，2011 年 12 月第一次取样后自然贮藏，每隔 4 个月进行下一次取样，每次取烟样 20g，分别进行冷冻干燥后磨碎，过 60 目筛，最终测定 TSNA 和生物碱及硝酸盐的含量，每样品重复测 3 次，以探究 5 年贮藏过程中不同类型烟叶内 TSNA、生物碱、硝酸盐含量的变化规律及三者间存在的相关关系。

4.2.1 烟草贮藏过程中 TSNA 含量的变化

4.2.1.1 贮藏过程中 NNN 含量的变化

5 年自然贮藏期间 NNN 含量动态变化规律如图 4-11 所示。由图可以看出，晒烟和白肋烟 NNN 含量上升明显，其中白肋烟 B 较贮藏前增加 1073.04%，白肋烟 C、晒烟 A 分别增加 283.48%、213.80%。烤烟 D、E 中 NNN 增加幅度小。不同类型烟叶间 NNN 含量差异较大。白肋烟显著大于晒烟，且两者均显著大于烤烟。在贮藏期间 NNN 含量动态变化采用一元二次曲线模型，晒烟及白肋烟与该模型的拟合程度较高，相关系数均达到 0.95 以上（表 4-3）。

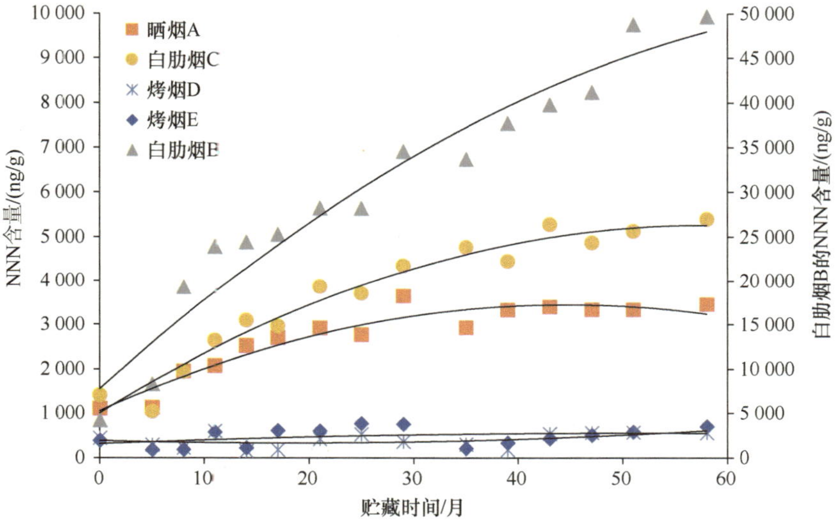

图 4-11　不同类型烟草贮藏过程中 NNN 含量的变化

表 4-3　不同类型烟草贮藏过程中 NNN 含量动态变化拟合

地区类型	公式	相关系数	初始值/（ng/g）	最终值/（ng/g）	平均值/（ng/g）
晒烟 A	$y=-6.445x^2+1067x+7765$	0.95^{**}	1101.13b	3455.38b	2705.47b
白肋烟 B	$y=-1.279x^2+147.7x+1002$	0.97^{**}	4234.92a	49677.15a	29829.44a
白肋烟 C	$y=-1.201x^2+107.4x+1051$	0.98^{**}	1406.08b	5392.04b	3659.52b
烤烟 D	$y=0.171x^2-6.131x+384.7$	0.50	248.84c	553.41c	396.01c
烤烟 E	$y=-0.093x^2+9.459x+313.3$	0.38	391.63c	703.94c	472.12c

注：不同小写字母表示差异显著（$P<0.05$）。“*”表示在 0.05 水平上显著相关；“**”表示在 0.01 水平上显著相关。下同

4.2.1.2　贮藏过程中 NNK 含量的变化

由不同类型烟草 5 年自然贮藏期间 NNK 含量变化可以看出，随贮藏时间的增加，3 种类型烟叶 NNK 含量均逐渐增加，晒烟 A 的 NNK 含量多于白肋烟 B，但差异不显著，两者 NNK 含量均显著大于白肋烟 C，两种烤烟 NNK 含量最低（图 4-12）。白肋烟 C 和晒烟 A 较贮藏前增加比例最高，分别为 1274.44%和

1167.88%。其次是白肋烟 B，增加 818.35%，烤烟 D 和 E 的 NNK 含量增加 695.59% 和 72.50%。5 种烟叶一元二次曲线模型的拟合程度均达到了极显著水平（表 4-4）。

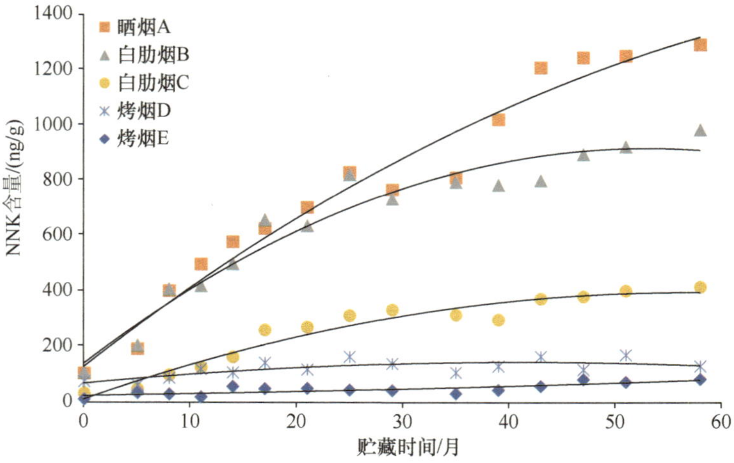

图 4-12　不同类型烟草贮藏过程中 NNK 含量的变化

表 4-4　不同类型烟草贮藏过程中 NNK 含量动态变化拟合

地区类型	公式	相关系数	初始值/（ng/g）	最终值/（ng/g）	平均值/（ng/g）
晒烟 A	$y=-0.164x^2+30.05x+127.9$	0.98**	101.71a	1289.56a	766.83a
白肋烟 B	$y=-0.277x^2+29.36x+139.8$	0.97**	107.23a	984.75a	638.23a
白肋烟 C	$y=-0.119x^2+13.58x+10.82$	0.97**	30.16bc	414.53b	253.05b
烤烟 D	$y=-0.044x^2+3.696x+68.36$	0.76**	75.09b	129.53c	121.95bc
烤烟 E	$y=0.006x^2+0.616x+24.10$	0.82**	10.42c	82.90c	50.90c

4.2.1.3　贮藏过程中 NAB 含量的变化

由不同类型烟草 5 年贮藏期间 NAB 含量变化情况可以看出，随贮藏时间的增加，5 种烟叶 NAB 含量均增加。同地区两种类型烟叶 NAB 含量差异较大，白肋烟显著大于晒烟，白肋烟、晒烟与烤烟 NAB 之间差异达到显著水平（图 4-13）。烤烟 D 的 NAB 增加率较高，为 936.63%。白肋烟 B 和 C 的 NAB 增加率高达 779.07%、731.82%，晒烟 NAB 增加率为 360.53%。晒烟、两种白肋烟模拟方程相关系数均达 0.96 以上，呈现极显著相关（表 4-5）。

4.2.1.4　贮藏过程中 NAT 含量的变化

由不同类型烟草 5 年贮藏期间 NAT 含量变化中可以看出，贮藏过程中，5 种样品中的 NAT 含量均随时间的增加而增加。白肋烟、晒烟中 NAT 含量、绝对增加量显著大于烤烟，其中白肋烟 B 中 NAT 含量显著高于晒烟（图 4-14）。白肋烟 B 和 C 中 NAT 增加率达 520.14%和 442.86%，烤烟 E 和 D 的 NAT 含量增加 1026.81%和 4.92%（表 4-6）。

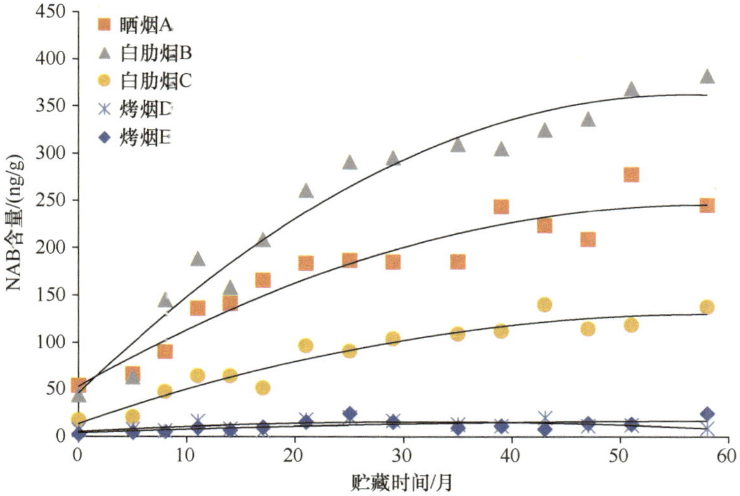

图 4-13 不同类型烟草贮藏过程中 NAB 含量的变化

表 4-5 不同类型烟草贮藏过程中 NAB 含量动态变化拟合

地区类型	公式	相关系数	初始值/（ng/g）	最终值/（ng/g）	平均值/（ng/g）
晒烟 A	$y=-0.057x^2+6.652x+52.55$	0.96**	53.22a	245.09b	172.70b
白肋烟 B	$y=-0.100x^2+11.28x+45.31$	0.98**	43.56a	382.92a	245.76a
白肋烟 C	$y=-0.034x^2+4.020x+12.89$	0.96**	16.56b	137.75c	85.71c
烤烟 D	$y=-0.01x^2+0.639x+4.966$	0.62*	7.10c	8.39d	11.94d
烤烟 E	$y=-0.003x^2+0.408x+3.796$	0.62*	2.32c	24.05d	11.32d

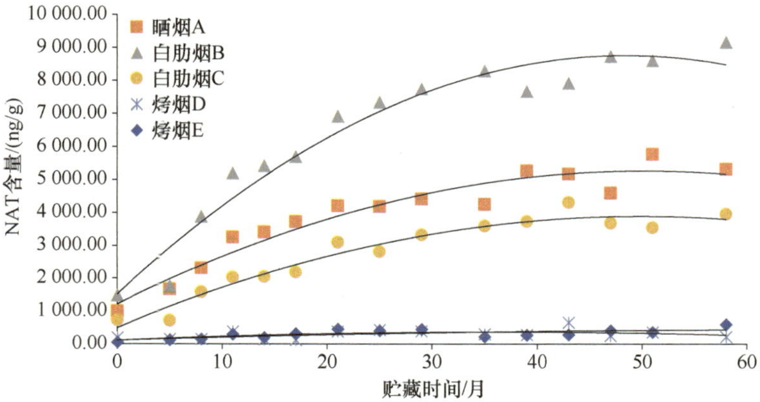

图 4-14 不同类型烟草贮藏过程中 NAT 含量的变化

表 4-6　不同类型烟草贮藏过程中 NAT 含量动态变化拟合

地区类型	公式	相关系数	初始值/（ng/g）	最终值/（ng/g）	平均值/（ng/g）
晒烟 A	$y=-1.604x^2+161.2x+1209$	0.96**	989.82b	5310.01b	3898.68b
白肋烟 B	$y=-3.079x^2+298.7x+1512$	0.97**	1477.5a	9162.54a	6383.81a
白肋烟 C	$y=-1.361x^2+135.9x+492.8$	0.97**	726.80b	3945.54c	2750.47c
烤烟 D	$y=-0.192x^2+13.96x+114.3$	0.53*	203.37c	213.37d	292.55d
烤烟 E	$y=-0.079x^2+10.01x+115.1$	0.70**	52.41d	590.56d	303.06d

4.2.1.5 贮藏过程中总 TSNA 含量的变化

由不同类型烟叶 5 年贮藏期间总 TSNA 含量变化情况可以看出，3 种类型烟叶总 TSNA 含量不断上升，且总 TSNA 含量、变化趋势与烟叶内 NNN 含量及变化趋势较相像（图 4-15）。白肋烟 B 的总 TSNA 含量、增加幅度最大，白肋烟 C 和晒烟 A 的总 TSNA 含量及变化量差异不明显，但大于两种烤烟。同类型烟叶中，白肋烟 B 的总 TSNA 含量显著大于白肋烟 C，此结果可能与 NNN 含量差异较大有关（表 4-7）。

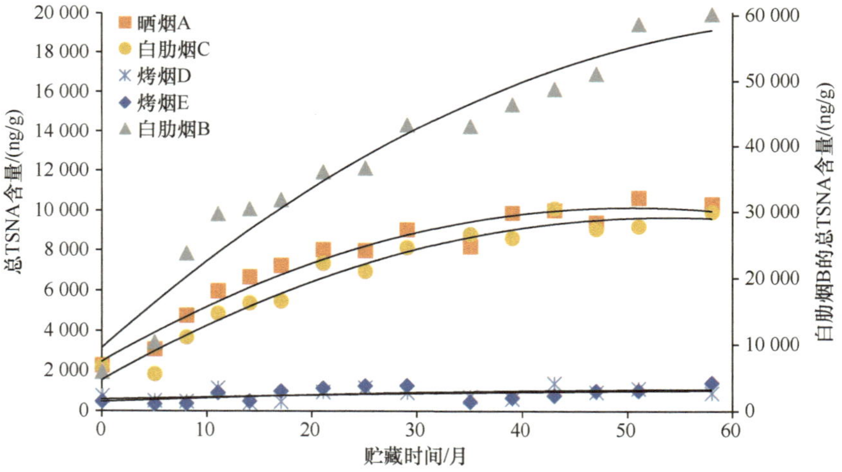

图 4-15　不同类型烟草贮藏过程中总 TSNA 含量的变化

表 4-7　不同类型烟草贮藏过程中总 TSNA 含量动态变化拟合

地区类型	公式	相关系数	初始值/（ng/g）	最终值/（ng/g）	平均值/（ng/g）
晒烟 A	$y=-3.027x^2+305.3x+2441$	0.98**	2245.88b	10300.04b	7543.68b
白肋烟 B	$y=-9.902x^2+1406.x+9463$	0.98**	5863.21a	60207.37a	37103.91a
白肋烟 C	$y=-2.795x^2+301.2x+1518$	0.98**	2179.60b	9889.86b	6748.75b
烤烟 D	$y=-0.074x^2+12.20x+571$	0.49	734.39c	904.70c	822.45c
烤烟 E	$y=-0.169x^2+20.49x+456.4$	0.57*	456.79c	1401.45c	833.40c

4.2.2　烟草贮藏过程中生物碱含量的变化

生物碱是烟草特有亚硝胺的直接前体物（El-Bayoumy et al.，1999），取经过 5 年自然贮藏的 3 种不同类型烟叶，对其生物碱含量进行测量，得到生物碱含量的变化规律，并采用一元二次模型进行动态模拟。

4.2.2.1　贮藏过程中烟碱含量的变化

由烟碱含量的测量结果可以看出，晒烟 A 烟碱初始量最高，其次为白肋烟 B，烤烟烟碱含量最低。同类型烟叶中，白肋烟 B 烟碱含量显著大于白肋烟 C，烤烟 E 显著大于烤烟 D（图 4-16）。3 种类型烟叶烟碱含量随贮藏时间的增加逐渐减少，其中白肋烟 C 下降幅度最大，较贮藏前下降 26.30%。白肋烟 B 和晒烟 A 烟碱含量下降程度相近，分别下降 14.13%和 14.96%，烤烟 E 和 D 烟碱含量分别下降了 18.91%和 17.29%（表 4-8）。

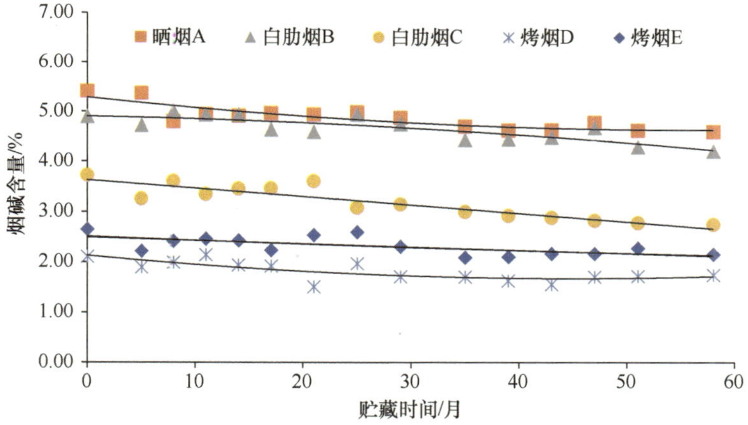

图 4-16　不同类型烟草贮藏过程中烟碱含量的变化

表 4-8　不同类型烟草贮藏过程中烟碱含量动态变化拟合

地区类型	公式	相关系数	初始值/%	最终值/%	平均值/%
晒烟 A	$y=0.000x^2-0.022x+5.285$	0.86**	5.407a	4.598a	4.88a
白肋烟 B	$y=-0.000x^2-0.003x+4.906$	0.83**	4.904b	4.211b	4.67b
白肋烟 C	$y=-5\times10^{-6}x^2-0.016x+3.626$	0.91**	3.717c	2.740c	3.18c
烤烟 D	$y=0.000x^2-0.020x+2.131$	0.76**	2.105d	1.741e	1.81e
烤烟 E	$y=3\times10^{-6}x^2-0.008x+2.514$	0.64**	2.654d	2.152d	2.34d

4.2.2.2　贮藏过程中降烟碱含量的变化

由不同类型烟叶自然贮藏期间降烟碱含量变化可以看出，白肋烟降烟碱含量最高，显著高于晒烟和烤烟样。晒烟 A 和两种烤烟降烟碱含量差异不明显。同类型烟叶中，白肋烟 B 降烟碱含量显著高于白肋烟 C。两种烤烟降烟碱含量接近（图 4-17）。3 种类型烟叶降烟碱含量均呈现下降趋势，其中白肋烟 C 下降幅度最大，较贮藏前下降 36.59%；其次是白肋烟 B，较贮藏前下降 31.01%；晒烟 A 较贮藏前下降 20.14%；烤烟 E 和 D 降烟碱含量少，但下降率较高，分别为 36.27%和 31.38%（表 4-9）。

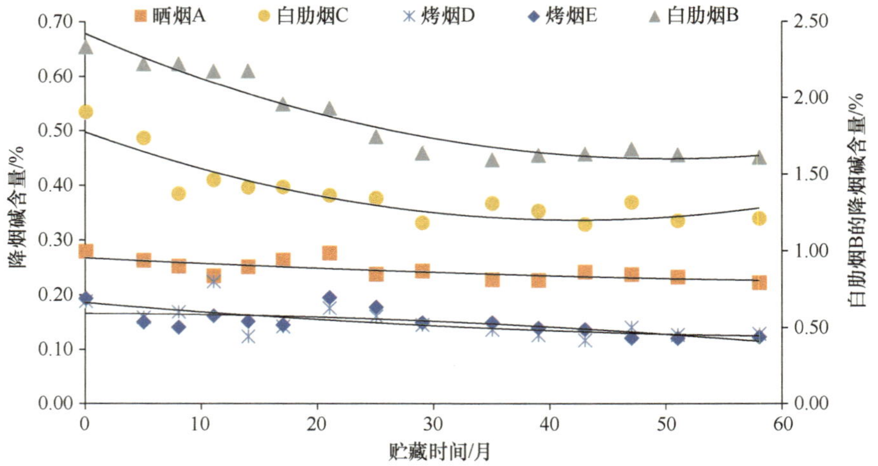

图 4-17　不同类型烟草贮藏过程中降烟碱含量的变化

表 4-9　不同类型烟草贮藏过程中降烟碱含量动态变化拟合

地区类型	公式	相关系数	初始值/%	最终值/%	平均值/%
晒烟 A	$y=6\times10^{-6}x^2-0.001x+0.267$	0.74**	0.278c	0.222b	0.25c
白肋烟 B	$y=0.000x^2-0.032x+2.424$	0.97**	2.335b	1.611b	1.84a
白肋烟 C	$y=9\times10^{-5}x^2-0.007x+0.497$	0.90**	0.533a	0.338a	0.39b
烤烟 D	$y=1\times10^{-5}x^2-0.001x+0.186$	0.67**	0.188d	0.129c	0.15c
烤烟 E	$y=-1\times10^{-5}x^2-4\times10^{-5}x+0.166$	0.69**	0.193d	0.123c	0.15c

4.2.2.3　贮藏过程中假木贼碱含量的变化

由不同类型烟草自然贮藏期间假木贼碱含量变化中可以看出，5 种烟样的假木贼碱含量均逐渐下降，但下降速度不一，烤烟 D 下降率为 27.94%；其次是两种白肋烟，其中白肋烟 C 比白肋烟 B 下降趋势更明显，分别较贮藏前下降 22.22%、15.38%。而晒烟假木贼碱仅较处理前下降 11.63%。晒烟 A 贮藏前假木贼碱含量最高，显著高于白肋烟 B，白肋烟 C 和烤烟 D 之间差异未达到显著水平，但两者均显著大于烤烟 E（图 4-18 和表 4-10）。

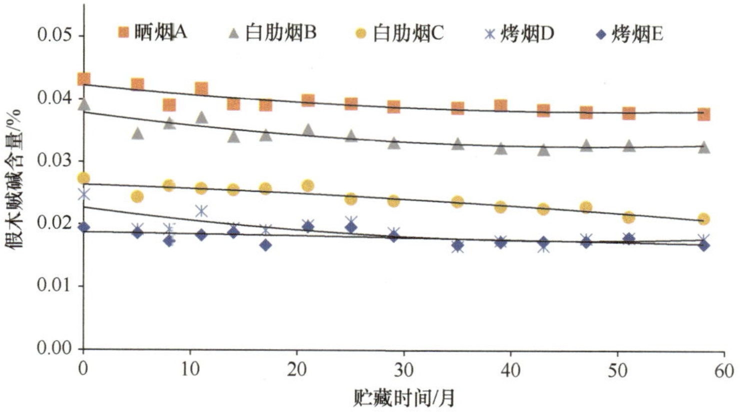

图 4-18　不同类型烟草贮藏过程中假木贼碱含量的变化

表 4-10　不同类型烟草贮藏过程中假木贼碱含量动态变化拟合

地区类型	公式	相关系数	初始值/%	最终值/%	平均值/%
晒烟 A	$y=2\times10^{-6}x^2-0.000x+0.042$	0.85^{**}	0.043a	0.038a	0.040a
白肋烟 B	$y=2\times10^{-6}x^2-0.000x+0.037$	0.87^{**}	0.039b	0.033b	0.034b
白肋烟 C	$y=-7\times10^{-7}x^2-5\times10^{-5}x+0.026$	0.92^{**}	0.027c	0.021c	0.024c
烤烟 D	$y=2\times10^{-6}x^2-0.000x+0.022$	0.79^{**}	0.025c	0.018d	0.019d
烤烟 E	$y=-1\times10^{-7}x^2-2\times10^{-5}x+0.018$	0.51	0.019d	0.017d	0.018d

4.2.2.4　贮藏过程中新烟草碱含量的变化

由不同类型烟草经自然贮藏后新烟草碱含量变化可以看出，晒烟 A、白肋烟 B 新烟草碱含量差异不显著。白肋烟 C 新烟草碱含量显著低于白肋烟 B，烤烟中新烟草碱含量最低（图 4-19）。从下降程度来看，烤烟 D 较贮藏前降低 34.95%；

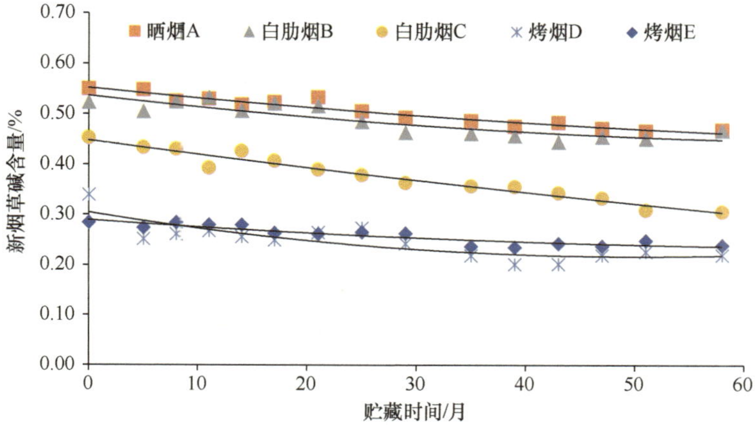

图 4-19　不同类型烟草贮藏过程中新烟草碱含量的变化

其次是白肋烟 C，下降率为 32.41%；晒烟 A 下降率为 14.72%。白肋烟 B 下降程度最小。新烟草碱含量变化经拟合二次曲线模型相关系数均达到 0.83 以上，全部呈极显著相关状态（表 4-11）。

表 4-11 不同类型烟草贮藏过程中新烟草碱含量动态变化拟合

地区类型	公式	相关系数	初始值/%	最终值/%	平均值/%
晒烟 A	$y=1\times10^{-5}x^2-0.002x+0.552$	0.96**	0.55a	0.469a	0.50a
白肋烟 B	$y=2\times10^{-5}x^2-0.002x+0.536$	0.88**	0.52a	0.468a	0.49a
白肋烟 C	$y=7\times10^{-6}x^2-0.002x+0.448$	0.98**	0.45b	0.306b	0.38b
烤烟 D	$y=3\times10^{-5}x^2-0.003x+0.304$	0.83**	0.34c	0.221c	0.25c
烤烟 E	$y=1\times10^{-5}x^2-0.001x+0.289$	0.91**	0.28d	0.240c	0.26c

4.2.2.5 贮藏过程中总生物碱含量的变化

由不同类型烟草在自然贮藏条件下总生物碱含量变化（图 4-20）可以看出，3 种类型烟叶总生物碱含量均有所下降。白肋烟 B 和晒烟 A 的总生物碱含量显著高于其他两地区烟叶，其中白肋烟 B 总生物碱含量最高，白肋烟 C 居第三。白肋烟和晒烟的总生物碱含量显著高于烤烟，烤烟 E 高于烤烟 D。总生物碱含量白肋烟 C 下降 27.91%，幅度最大；白肋烟 B 下降 18.97%；两种烤烟分别降低了 20.68% 和 19.68%（表 4-12）。

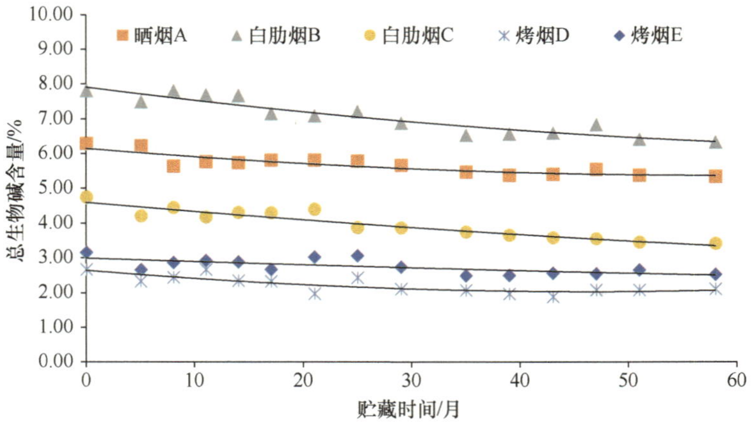

图 4-20 不同类型烟草贮藏过程中总生物碱含量的变化

4.2.3 烟草贮藏过程中硝酸盐含量的变化

由不同类型烟草五年自然贮藏期间硝酸盐含量变化可以看出，随时间的增加，

表 4-12　不同类型烟草贮藏过程中总生物碱含量动态变化拟合

地区类型	公式	相关系数	初始值/%	最终值/%	平均值/%
晒烟 A	$y=0.000x^2-0.026x+6.147$	0.88**	6.28b	5.33b	5.67b
白肋烟 B	$y=0.000x^2-0.039x+7.905$	0.94**	7.80a	6.32a	7.04a
白肋烟 C	$y=9\times10^{-5}x^2-0.026x+4.599$	0.94**	4.73c	3.41c	3.97c
烤烟 D	$y=0.000x^2-0.026x+2.644$	0.81**	2.66e	2.11d	2.23e
烤烟 E	$y=3\times10^{-5}x^2-0.009x+2.989$	0.69**	3.15d	2.53d	2.75d

白肋烟和晒烟硝酸盐含量逐渐降低，烤烟降低不明显（图 4-21）。晒烟 A 较贮藏前下降最多，降低 56.15%；其次为白肋烟 C 和 B，分别降低 31.98%、30.26%。由图可以看出，白肋烟硝酸盐含量高于晒烟，两者均显著高于烤烟，其中白肋烟 B 硝酸盐含量为烤烟的 145.92 倍，白肋烟 C 为烤烟的 73.48 倍。同种类型烟叶中，白肋烟 B 硝酸盐含量较白肋烟 C 高出 100.54%。硝酸盐含量一元二次模型的相关系数均为 0.84 以上，拟合程度较高（表 4-13）。

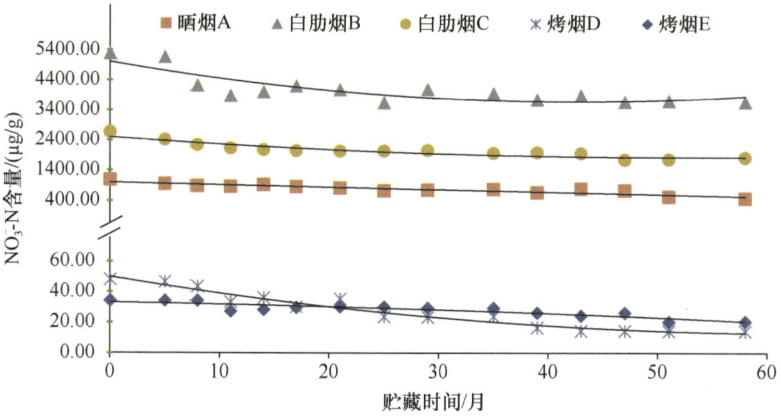

图 4-21　不同类型烟草贮藏过程中 NO_3^--N 含量的变化

表 4-13　不同类型烟草贮藏过程中 NO_3^--N 含量动态变化拟合

地区类型	公式	相关系数	初始值/（μg/g）	最终值/（μg/g）	平均值/（μg/g）
晒烟 A	$y=-0.010x^2-7.283x+994.4$	0.91**	1082.83c	474.86c	788.45c
白肋烟 B	$y=0.727x^2-61.82x+5008$	0.84**	5285.29a	3685.71a	4092.35a
白肋烟 C	$y=0.247x^2-25.72x+2498$	0.92**	2667.43b	1814.29b	2060.64b
烤烟 D	$y=0.009x^2-1.169x+49.83$	0.97**	48.13d	14.22d	27.84d
烤烟 E	$y=-0.001x^2-0.105x+33.06$	0.89**	34.17d	20.31d	28.25d

4.2.4 烟草贮藏过程中 TSNA 的含量和变化量与生物碱、硝酸盐的相关关系

对贮藏前后 TSNA 的含量、变化量与生物碱、硝酸盐贮藏前含量、贮藏过程中减少量进行相关性分析（表 4-14）。结果表明，贮藏前 4 种 TSNA 含量和生物碱相关性较大，在贮藏后有所下降，如 NNN 和降烟碱、NNK 和烟碱及 NAB 和假木贼碱的相关系数均较贮藏前有所减小，而与硝酸盐相关关系有相反趋势。NNN 贮藏前后含量与降烟碱、硝酸盐含量关系密切，贮藏过程中增加量与降烟碱贮藏前、贮藏期间减少量之间有极显著相关关系，该结果与总 TSNA 含量和降烟碱、硝酸盐各项指标之间的相关关系相似。NNK 增加量与烟碱等贮藏前含量、减少量之间相关关系极显著。NAB 含量上升情况与生物碱尤其是假木贼碱和总生物碱减少量相关关系显著。NAT 的增加量与新烟草碱、硝酸盐贮藏前含量、减少量之间相关关系多为极显著。

表 4-14 烟草贮藏过程中 TSNA 的含量及变化量和生物碱、硝酸盐的相关关系

		贮藏前含量						贮藏期间减少量					
		烟碱	降烟碱	假木贼碱	新烟草碱	总生物碱	硝酸盐	烟碱	降烟碱	假木贼碱	新烟草碱	总生物碱	硝酸盐
贮藏前	NNN	0.61	0.99^{**}	0.59	0.63	0.86^{*}	0.92^{*}	0.32	0.98^{**}	0.42	−0.28	0.84^{*}	0.88^{*}
	NNK	0.97^{**}	0.52	0.86^{*}	0.73	0.88^{*}	0.44	0.03	0.46	0.62	−0.13	0.33	0.53
	NAB	0.96^{**}	0.49	0.99^{**}	0.95^{**}	0.90^{*}	0.54	0.5	0.43	0.3	−0.22	0.57	0.68
	NAT	0.88^{*}	0.81	0.87^{*}	0.92^{**}	0.98^{**}	0.88^{*}	0.58	0.78	0.48	−0.13	0.87^{*}	0.95^{**}
	总 TSNA	0.71	0.96^{**}	0.7	0.74	0.92^{**}	0.93^{**}	0.39	0.94^{**}	0.45	−0.25	0.86^{*}	0.91^{*}
贮藏后	NNN	0.51	0.98^{**}	0.51	0.51	0.79	0.97^{**}	0.51	1.00^{**}	0.51	0.51	0.79	0.95^{**}
	NNK	0.83^{*}	0.44	0.53	0.94^{**}	0.68	0.99^{**}	0.97^{**}	0.44	0.65	0.94^{**}	0.88^{*}	0.99^{**}
	NAB	0.90^{*}	0.83^{*}	0.89^{*}	0.83^{*}	1.00^{**}	0.86^{*}	0.90^{*}	0.83^{*}	0.87^{*}	0.88^{*}	1.00^{**}	0.93^{**}
	NAT	0.87^{*}	0.85^{*}	0.82^{*}	0.87^{*}	0.99^{**}	0.91^{*}	0.87^{*}	0.85^{*}	0.82^{*}	0.87^{*}	0.99^{**}	0.96^{**}
	总 TSNA	0.59	0.99^{**}	0.58	0.59	0.85^{*}	0.96^{**}	0.59	0.99^{**}	0.58	0.59	0.85^{*}	0.97^{**}
增加量	NNN	0.5	1.00^{**}	0.5	0.5	0.79	0.91^{*}	0.5	1.00^{**}	0.5	0.5	0.79	0.87^{*}
	NNK	0.98^{**}	0.43	0.51	0.94^{**}	0.88^{*}	0.98^{**}	0.98^{**}	0.43	0.65	0.94^{**}	0.88^{*}	0.98^{**}
	NAB	0.87^{*}	0.86^{*}	0.87^{*}	0.84^{*}	0.99^{**}	0.90^{*}	0.87^{*}	0.86^{*}	0.87^{*}	0.82^{*}	0.99^{**}	0.95^{**}
	NAT	0.87^{*}	0.86^{*}	0.81^{*}	0.86^{*}	0.99^{**}	0.91^{*}	0.87^{*}	0.86^{*}	0.81^{*}	0.86^{*}	0.99^{**}	0.96^{**}
	总 TSNA	0.58	0.99^{**}	0.57	0.58	0.84^{*}	0.93^{**}	0.58	0.99^{**}	0.57	0.58	0.84^{*}	0.91^{*}

4.2.5 小结

调制后的贮藏阶段是白肋烟和晒烟 TSNA 形成的重要时期。本研究中，在 5 年自然贮藏过程中，白肋烟、晒烟和烤烟中 TSNA 含量不断升高，符合二次曲线增长模型。相关分析结果表明，TSNA 的增加量与贮藏前较高的生物碱、硝酸盐含量密不可分，其中 NNN 与降烟碱、NNK 与烟碱、NAB 与假木贼碱、NAT 与新烟草碱、总 TSNA 与总生物碱、TSNA 与硝酸盐的关系密切。进一步分析发现，生物碱和硝态氮含量在贮藏过程中与 TSNA 呈相反变化趋势，其中生物碱含量与贮藏前 TSNA 含量相关性大于贮藏后 TSNA 含量，而硝态氮含量与贮藏后 TSNA 含量相关性更大，表明烟叶贮藏过程中 TSNA 的形成与硝态氮关系更为密切，降低烟叶硝态氮含量对于减少贮藏过程中 TSNA 形成更为重要。烟叶贮藏过程中 TSNA 的增加伴随着生物碱和硝态氮含量的下降，表明烟叶贮藏过程中 TSNA 生物合成十分活跃。前期研究发现，贮藏环境对 TSNA 形成影响很大，高温低湿可使烟叶硝态氮产生气态氮氧化物，其与生物碱结合生成 TSNA，夏季温度较高，提供了高温条件，促进了 TSNA 的生成。本研究所采用的不同烟叶类型样品硝态氮含量差异较大造成不同类型烟叶 TSNA 变化幅度不同，孙榅淑等（2015c）研究表明，白肋烟的硝态氮含量是烤烟的数十到数百倍，因此白肋烟 TSNA 尤其是 NNN 的含量最高，产生量最大，其次是晒烟，烤烟的 TSNA 含量相对较低且在贮藏过程中增加幅度较小。关于不同类型烟草硝态氮含量存在差异的原因可能与不同基因型氮效率差异和栽培方式不同有关，研究表明，白肋烟氮效率低，最适施氮量达到了 12.5～15kg/667m^2，烤烟最适施氮量为 2.5～3.5kg/667m^2，晒烟介于两者之间。白肋烟吸收氮较多，而光合速率弱，光合产物少，因此被同化的氮素较少，多余氮未被利用以硝态氮形式储存。四川和云南白肋烟 TSNA 的差异可能是两地烟叶种植的品种烟碱转化率不同所致，四川达州达白 1 号平均烟碱转化率为 14.30%，较云南宾川 TN86 的 4.25%高出 2.36 倍，因此选择合适的主栽品种、在大田生育期通过合理措施提高烟叶的光合性能及适当降低施肥量、不同类型烟草在贮藏过程中合理降温控湿都可以在一定程度上降低 TSNA 含量，提高烟叶的安全性。

4.3 自然贮藏条件下烤烟叶片和烟梗中 TSNA 及其前体物含量的变化

摘要：为探究自然贮藏条件下烤烟叶片和烟梗中 TSNA 含量的变化，探索降低烟叶 TSNA 形成的有效途径，收集不同产区的烤烟样品进行自然贮藏和烟叶含水率控制试验，测定贮藏前后叶片和烟梗 TSNA 及其前体物含量。结果表明，贮藏一年后烤烟叶片和烟梗 TSNA 含量均显著增加，其中烟梗 TSNA 的增加比例显著高于叶片，是叶片的 5.78 倍。叶片和烟梗中的硝酸盐含量显著降低，烟梗的硝酸盐减少量是叶片的 32.26 倍，生物碱含量有所降低，变化不显著。相关分析结果表明，烟叶 TSNA 的增加比例与硝酸盐含量呈极显著正相关。对不同含水率的烟叶进行一年的真空贮藏，结果表明烟叶 TSNA 含量与含水率存在线性关系，随着烟叶含水率从 6.8%升高到 23.1%，TSNA 的含量逐渐降低。因此，减少 TSNA 前体物含量、适当增加烟叶含水率有利于减少烤烟在自然贮藏过程中 TSNA 的形成积累。

调制前的烟叶不含 TSNA 或含量极低，烟叶中的 TSNA 主要在调制及贮藏过程中形成和积累，但目前研究报道多集中在烟叶调制期间 TSNA 的形成。白肋烟叶 TSNA 含量在醇化期间呈现规律性的变化趋势，TSNA 的形成积累可对烟叶产生不利影响。另外，贮藏醇化是改善烤烟烟叶吸食品质的必要环节。贮藏醇化后的烟叶在香气、吃味和颜色方面都会有明显的改善。烟叶颜色适当加深且更加均匀，刺激性和青杂气大幅降低，吸味醇和，烟香味增强，因此贮藏醇化过程控制对于烟叶增香减害有重要作用。烟叶是由叶片和烟梗组成的，烟梗是卷烟配方的主要原料之一，梗丝在卷烟配方中占比为 8%～30%。烟叶的叶片和烟梗在化学组成上差异很大，与调制后烟叶的叶片相比，烟梗的香气物质、生物碱含量较低，但硝态氮含量和 TSNA 积累量显著高于叶片，因此探究烟梗中 TSNA 的形成很有必要。

贮藏阶段烟叶的 TSNA 含量可大幅提高，其增幅与烟叶类型及其硝态氮含量密切相关，受贮藏环境温湿度、烟叶含水率的影响。王瑞云等（2014）研究表明，在贮藏阶段烟叶 TSNA 含量大幅增加。烟草生物碱和亚硝酸是 TSNA 的直接前体物，烟叶中 TSNA 的形成受烟草生物碱和亚硝酸盐的双重影响，且有较显著的互作效应。烟草中 NO_3^-水平可能是 TSNA 积累的一个指示物，NO_3^-到 NO_2^-的还原可能是 TSNA 积累的限制阶段。目前对于降低烟叶贮藏过程中 TSNA 的研究主要集中在硝酸盐含量较高的白肋烟上，但烤烟作为主要的烟草类型，研究如何降低烤烟在贮藏过程中 TSNA 的形成积累对于烟叶的生产使用具有重要价值。本研究通过收集我国部分烤烟产区的样品，测定自然贮藏一年前后烤烟叶片和烟梗中 TSNA 及其前体物的含量，进行显著性及相关性分析，并通过设置 4 种不同烟叶含水率的湿度控制试验，探究贮藏过程中叶片含水率与 TSNA 形成的关系，整个试验旨在为降低贮藏过程中 TSNA 形成和积累提供参考依据（刘扣珠等，2018）。

本研究通过收集 2015 年河南烟区、粤湘烟区、云贵烟区的 C3F 烟叶共 30 个样品，各 2kg。河南烟区品种为中烟 100、K326；粤湘烟区品种为 K326；云贵烟区品种为 K326、红花大金元、云烟 87。将所有样品的叶片和烟梗分离，叶片切成 0.5cm^2 大小的碎片，烟梗切成 0.5cm 左右混匀备用。分别进行自然贮藏试验和含水率控制试验。在自然贮藏试验中，分别取叶片和烟梗混匀后的样品若干份，于 2015 年 10 月放置在河南农业大学烟草栽培生理生化实验室（位于河南省郑州市，北纬 30°50′，东经 113°40′）进行自然贮藏，2016 年 10 月取出测定其 TSNA 及前体物含量。在含水率控制试验中，基于饱和盐溶液在一定温度下具备恒湿的特性，取混匀的烤烟烟叶样品各 20g 用报纸包起来放在干燥皿的瓷板上，在 4 个干燥皿中分别加入饱和度为 100%、75%、60%和 30%的 K_2CO_3 溶液后密封。将干燥皿置于 24.5℃培养箱中处理 4d 后测得烟叶相对含水率分别为 7.71%、11.02%、15.30%、24.12%。然后将含水率恒定的烟叶分别进行抽真空处理，隔绝外界空气，保持烟叶含水率恒定。放置于河南农业大学烟草栽培生理生化实验室真空贮藏一年。

4.3.1　自然贮藏条件下烤烟叶片和烟梗 TSNA 及其前体物含量变化分析

4.3.1.1　自然贮藏条件下烤烟叶片和烟梗 TSNA 含量变化分析

烤烟叶片和烟梗经自然贮藏一年后 TSNA 含量的变化情况如表 4-15 所示，贮藏后叶片和烟梗的 TSNA 含量显著增加，且烟梗 TSNA 的增加量高于叶片。另外，叶片和烟梗的 TSNA 增加比例为 47.13%和 272.28%，烟梗明显高于叶片，是叶片的 5.78 倍；烟梗的 TSNA 增加量也高于叶片。烟梗可能是促进烟叶产生 TSNA 的重要组分。

表 4-15　自然贮藏后烤烟叶片和烟梗 TSNA 含量变化

样品	TSNA	最小值/（ng/g）		最大值/（ng/g）		平均值/（ng/g）		峰度	变异系数	占总量百分比/%	较贮藏前的增加量/（ng/g）	较贮藏前增加率/%
		贮藏前	贮藏后	贮藏前	贮藏后	贮藏前	贮藏后					
叶片	NNN	6.96	26.12	134.55	267.65	58.02	90.56	4.05	0.56	49.29	32.54**	56.08
	NAT	9.94	9.96	89.33	148.10	41.46	51.18	0.69	0.74	27.85	9.72**	23.44
	NAB	0.08	0.31	5.91	2.20	1.29	1.46	6.90	0.98	0.79	0.17**	13.18
	NNK	2.59	5.72	61.20	133.86	24.17	40.56	0.23	0.94	22.07	16.39**	67.81
	总 TSNA	28.88	41.87	284.93	516.96	124.90	183.76	1.08	0.65		58.86**	47.13
烟梗	NNN	1.85	14.81	20.58	76.87	5.73	32.85	1.49	0.54	38.28	27.12**	473.30
	NAT	3.00	4.86	18.57	122.54	7.12	39.58	1.66	0.75	46.13	32.46**	455.90
	NAB	0.04	0.16	0.18	10.84	0.10	2.54	3.56	1.03	2.96	2.44**	2440.00
	NNK	2.09	1.98	21.15	64.33	10.09	10.85	12.62	1.23	12.64	0.76**	7.53
	总 TSNA	7.11	30.86	60.48	260.47	23.05	85.81	3.61	0.66		62.76**	272.28

4.3.1.2 自然贮藏条件下烤烟叶片和烟梗TSNA的前体物含量变化分析

由表4-16可知，烟梗中含有较多的硝酸盐，贮藏后的叶片生物碱和硝酸盐含量均有所降低，烟梗生物碱除假木贼碱有少量增加外，其他生物碱和硝酸盐含量均降低。另外，叶片和烟梗中生物碱含量变化不显著，但硝酸盐却呈现显著和极显著的减少，其中烟梗的硝酸盐减少量是叶片的32.26倍，烟梗硝酸盐的减少比例也高于叶片，因此烟梗中大量的硝酸盐可能与烟叶TSNA的形成密切相关。

表4-16 自然贮藏后烤烟叶片和烟梗中TSNA前体物的含量分析

样品	TSNA前体物	项目	最小值		最大值		平均值		峰度	变异系数	占总量百分比/%	较贮藏前的增加量	增加百分比/%
			贮藏前	贮藏后	贮藏前	贮藏后	贮藏前	贮藏后					
叶片	生物碱/%	烟碱	1.39	1.4	5.28	4.77	2.831	2.55	0.97	0.37	86.75	−0.281	−9.93
		降烟碱	0.07	0.08	0.25	0.29	0.121	0.12	2.38	0.38	4.01	−0.001	−0.83
		假木贼碱	0.01	0.01	0.04	0.03	0.022	0.02	−0.2	0.27	0.69	−0.002	−9.09
		新烟草碱	0.17	0.18	0.47	0.49	0.262	0.25	−0.5	0.33	8.55	−0.012	−4.58
		总生物碱	1.65	1.77	5.97	5.52	3.235	2.94	1.05	0.36		−0.295	−9.12
	硝酸盐/（μg/g）		1.97	1.08	103	29.4	23.68	8.7	3.16	0.75		−14.98*	−63.26
烟梗	生物碱/%	烟碱	0.28	0.23	1.23	1.21	0.597	0.55	3.5	0.37	87.2	−0.047	−7.87
		降烟碱	0.02	0.03	0.05	0.07	0.034	0.03	3.96	0.24	4.82	−0.004*	−11.77
		假木贼碱	0.01	0.01	0.01	0.01	0.008	0.01	0.03	0.27	1.29	0.002	0.25
		新烟草碱	0.03	0.03	0.11	0.14	0.053	0.04	4.12	0.38	6.81	−0.013	−24.53
		总生物碱	0.35	0.28	1.41	1.44	0.692	0.63	3.84	0.36		−0.062	−8.96
	硝酸盐/（μg/g）		245.00	92.80	1859.00	417.00	680.30	197.00	0.27	0.46		−483.30**	−71.04

4.3.1.3 自然贮藏后烟叶TSNA增加比例与贮藏前TSNA前体物含量的相关性分析

将自然贮藏后的烤烟烟叶TSNA增加比例与贮藏前烟叶生物碱和硝酸盐含量进行相关分析（表4-17），结果发现TSNA的增加比例与硝酸盐含量呈极显著正

表4-17 自然贮藏后烟叶TSNA增加比例与生物碱、硝酸盐含量相关性分析

	烟碱	降烟碱	假木贼碱	新烟草碱	总烟碱	硝酸盐
NNN	−0.62**	−0.57**	−0.62**	−0.61**	−0.62**	0.47**
NAT	−0.71**	−0.72**	−0.71**	−0.72**	−0.71**	0.77**
NAB	−0.50**	−0.49**	−0.47**	−0.51**	−0.50**	0.42**
NNK	0.35*	0.30	0.30	0.30	0.35*	−0.38*
总TSNA	−0.69**	−0.69**	−0.69**	−0.71**	−0.69**	0.57**

相关（NNK 除外），因此叶片和烟梗 TSNA 增加比例的差异可能主要与硝酸盐的差异有关。而总 TSNA 增加比例与生物碱表现出负相关关系，可能是烟梗中生物碱含量较低，贮藏后 TSNA 含量变化受到硝酸盐的影响更大引起的。

4.3.2　不同含水率对烤烟叶片 TSNA 及其前体物含量的影响分析

4.3.2.1　不同含水率对烤烟叶片 TSNA 及其前体物含量变化分析

将不同含水率（6.8%、10.6%、14.5%、23.1%）的烤烟烟叶真空贮藏一年后，测定烟叶中的 TSNA 及其前体物含量。如表 4-18 所示，随着含水率从 6.8%到 23.1%的升高，TSNA 及其前体物的含量呈现降低趋势，即在本研究中较高含水率的烟叶可产生较少的 TSNA。另外，总 TSNA 含量和硝酸盐含量在烟叶含水率为 6.8%时显著高于其他含水率条件下的烟叶，其中烟叶含水率为 23.1%条件下的 NNN、NAT、NNK 和总 TSNA 含量显著较低，而生物碱含量在不同含水率条件下无显著差异。TSNA 在低含水率的烟叶中含量较高，在较高含水率烟叶中较少，即烟叶在低含水率条件下更易生成 TSNA。

表 4-18　不同含水率烟叶 TSNA 含量及其前体物含量分析

项目		含水率			
		6.8%	10.6%	14.5%	23.1%
TSNA/（ng/g）	NNN	143.79a	133.45b	125.95c	113.73d
	NAT	101.40a	99.14a	94.99b	88.08c
	NAB	0.77a	0.68b	0.55c	0.53c
	NNK	67.23a	63.33a	63.23a	39.58b
	总 TSNA	313.19a	296.60b	284.72b	241.912c
生物碱/%	烟碱	3.007	2.936	2.876	2.821
	降烟碱	0.162	0.161	0.158	0.151
	假木贼碱	0.021	0.021	0.020	0.020
	新烟草碱	0.311a	0.302ab	0.295ab	0.291b
	总生物碱	3.501	3.420	3.349	3.283
硝酸盐/（μg/g）		22.74a	21.39b	20.59b	20.57b

4.3.2.2　不同含水率烟叶真空贮藏后 TSNA 含量的相关分析

由表 4-19 可以看出，TSNA 与烟叶含水率存在线性关系，在不同烟叶含水率条件下，NNN 的 R^2 值达到 0.9755，$P<0.05$，即 NNN 受烟叶含水率的影响显著。NAT、总 TSNA 的 R^2 值达到 0.99，P 值小于 0.01，受烟叶含水率的影响极显著。

在本试验条件下，随着烟叶含水率的升高 TSNA 的含量逐渐降低，较高的含水率条件有利于抑制烟叶 TSNA 的形成。

表 4-19　TSNA 含量与不同烟叶含水率的关系

名称	$y=ax+b$			P
	a	b	R^2	
NNN	−179.1	153.85	0.9755	0.012
NAT	−83.63	107.4	0.99212	0.003
NAB	−1.45	0.8324	0.8031	0.104
NNK	−170.49	81.784	0.8857	0.059
总 TSNA	−434.68	343.87	0.9927	0.004

4.3.3　小结

本研究采用自然贮藏的试验方法，探索贮藏前后叶片和烟梗样品中的 TSNA 及其前体物的含量变化，以及前体物对 TSNA 含量的影响，并根据烟叶含水率变化引起的 TSNA 含量差异，探究贮藏过程中烟叶含水率对 TSNA 形成的影响，以寻求减少烟叶 TSNA 形成与积累的贮藏技术手段。

贮藏阶段是烟叶 TSNA 形成的重要时期。本研究结果显示，贮藏后烟叶 TSNA 明显增加，其中烟梗 TSNA 增加比例显著高于叶片。这可能是由于烟梗中含有大量的硝酸盐，并且发现贮藏后烟梗的硝酸盐大量减少，且烟梗的硝酸盐减少量是叶片的 32.26 倍，而生物碱变化不大。这表明烟梗中大量的硝酸盐对烟叶 TSNA 的形成有较大贡献。这可能是因为在一年期的自然贮藏过程中，烟叶经历了较高气温的夏季，其促进烟叶尤其是烟梗中硝酸盐转化为氮氧化物，进而与生物碱发生亚硝化反应生成 TSNA。另外，本研究发现烟叶 TSNA 增加比例与其前体物硝酸盐含量呈现极显著正相关，验证了烟叶硝酸盐对 TSNA 形成积累具有促进作用。因此降低烟梗中的硝酸盐含量对于减少贮藏过程中 TSNA 的形成具有重要作用。

温湿度的变化是影响烟叶中 TSNA 形成积累的重要因素，在自然贮藏过程中，由于季节更替，贮藏环境中的湿度变化使得烟叶中的含水率往往不易控制。本研究在自然贮藏过程中测定不同含水率条件下烟叶 TSNA 及其前体物的含量变化情况，结果显示，低含水率的条件有利于 TSNA 的形成，高含水率反而抑制 TSNA 的形成。因此，在保证烟叶不霉变的前提下适当增加贮藏烟叶的含水率有利于减少贮藏过程 TSNA 的形成。控制和减少烟梗中硝酸盐积累及适当增加烟叶含水率对降低烟叶 TSNA 含量有重要作用，是减少烟叶在贮藏过程中 TSNA 形成与积累的重要手段。

4.4　硝态氮含量对烟叶高温贮藏过程中 TSNA 形成的影响

摘要：为研究硝态氮含量对调制后烟叶高温贮藏过程中 TSNA 形成的影响，设计白肋烟田间不同施氮量试验、室内对烤烟烟叶添加不同浓度硝酸盐试验，并分别对白肋烟及烤烟的叶片和烟梗进行取样，得到硝态氮含量差异较大的样品。将样品在高温（45℃）条件下贮藏 15d，以在低温（10℃）条件下贮藏作为对照，测定所有样品的硝态氮和 TSNA 含量。结果表明，烟叶中硝态氮含量与施氮量呈正相关；新调制的烟叶硝态氮含量与 TSNA 相关性较小，在高温贮藏 15d 后，其相关性显著增加，烟叶硝态氮含量与高温贮藏期间 TSNA 的增加量呈显著正相关；白肋烟和烤烟均表现出烟叶主脉中的硝态氮含量远高于叶片，高温贮藏 15d 后，主脉 TSNA 增加量显著高于叶片；在人工添加硝酸盐的试验中，随添加硝酸盐量的增加，烤烟烟叶硝态氮含量及高温贮藏后 TSNA 含量显著增加。以上说明硝态氮含量与高温贮藏过程中 TSNA 的形成密切相关，通过农业措施降低烟叶硝态氮积累是减少贮藏过程中 TSNA 形成的有效途径。

烟叶中的 TSNA 形成和积累主要发生于调制和贮藏过程，目前研究多集中于调制阶段。白肋烟调制结束后的贮藏阶段也是 TSNA 形成的重要时期，烟叶贮藏阶段其 TSNA 含量比调制结束可提高 50%以上。前期研究表明，不同类型烟叶贮藏过程中 TSNA 形成和积累有显著差异，在高温贮藏过程中，硝态氮含量较高的白肋烟 TSNA 形成量远大于含量低的烤烟。为了进一步研究烟草硝态氮含量对高温贮藏过程中 TSNA 形成的影响，本研究设置白肋烟不同施氮量田间试验，以获得不同硝态氮含量的白肋烟。在另一个试验中，通过向烤烟烟叶中人为添加不同浓度的硝酸盐，得到不同硝态氮含量的烤烟烟叶。将样品进行高温贮藏以研究硝态氮与贮藏过程中 TSNA 形成的关系。烟叶的叶片和烟梗在化学组成上差异很大，与调制后烟叶的叶片相比，烟梗的香气物质、生物碱含量较低，但硝态氮含量和 TSNA 积累量显著高于叶片。试验中还以硝态氮和生物碱含量差异较大的烟叶叶片和烟梗为材料在高温下贮藏研究其 TSNA 形成的差异性。本研究旨在揭示贮藏过程中烟草特有亚硝胺的形成机理，为通过改良农艺性状和控制贮藏环境减少并抑制 TSNA 形成提供理论依据（孙榅淑等，2015a）。

试验材料为云南宾川的白肋烟样品（品种为 TN86）和河南许昌的烤烟样品（品种为中烟 100），所取样品均为上二棚烟叶。本研究进行了 3 项试验：①在云南宾川白肋烟产区进行田间试验，共设 4 个施氮量，分别为：120kg/hm^2、180kg/hm^2、240kg/hm^2、300kg/hm^2，其中 75%的氮源为硝态氮，得到不同施氮量水平的白肋烟样品。②白肋烟和烤烟分别取自云南宾川与河南许昌，栽培与调制按当地常规方式进行。分别以白肋烟和烤烟的烟叶及烟梗为供试材料，取样后，将叶片与烟梗分开，置于 4℃冰箱备用，得到不同类型烟叶烟梗样品。③以河南许昌烤烟烟叶为供试材料，将烟叶去除主脉后，剪成 0.5cm^2 大小的碎片，称取 6 份等量的 20g。其中 5 份待进行高温贮藏的烟叶分别均匀喷施 10ml 浓度为 0.00g/ml、0.01g/ml、0.02g/ml、0.03g/ml、0.04g/ml 的 $NaNO_3$ 溶液，另外 1 份待进行低温贮藏的烟叶喷 10ml 蒸馏水。之后将烟叶置于 10℃、相对湿度 60%的恒温恒湿箱中平衡水分，得到添加不同浓度 $NaNO_3$ 溶液的烤烟样品。将不同施氮量水平的白肋烟和不同类型烟叶烟梗的每个样品称取两份等量的 20g。一份置于恒定的 45℃、相对湿度 60%的恒温恒湿箱内处理 15d，一份置于恒定的 10℃、相对湿度 60%环境下贮藏 15d 作为对照。将添加不同浓度 $NaNO_3$ 溶液的烤烟置于 45℃、相对湿度 60%的恒温恒湿箱内处理 15d，低温对照置于恒定的 10℃、相对湿度 60%环境下贮藏 15d。之后将所有样品冷冻干燥，磨碎后过 60 目筛。

4.4.1 高温处理下不同施氮量白肋烟中 TSNA 及硝态氮含量的变化

如表 4-20 所示，随着施氮量的增加，产量有不同程度的增加，施肥量从 120kg/hm^2 增加到 240kg/hm^2，产量随之从 2085kg/hm^2 增加到了 3279kg/hm^2，施肥量继续增加时，产量的增加量减小。10℃贮藏 15d 烟叶硝态氮含量随着施肥量

表 4-20 高温处理下不同施氮量烟叶 TSNA 及硝态氮含量的变化

施氮量 /（kg/hm^2）	产量 /（kg/hm^2）	贮藏温度	NO_3^--N /（μg·g）	NNN /（μg·g）	NAT /（μg·g）	NAB /（μg·g）	NNK/（μg·g）	总 TSNA 含量/（μg·g）
120	2085	10℃	1331.2	0.1991	0.4917	0.0097	0.0689	0.7694
		45℃	1328.6	0.2475	0.6022	0.0197	0.0826	0.9520
		增加量/（μg·g）	−2.6	0.0484	0.1105	0.0100	0.0137	0.1826**
180	2580	10℃	2000.8	0.5456	0.6922	0.0131	0.0793	1.3302
		45℃	1984.5	1.6495	1.3476	0.0236	0.1147	3.1354
		增加量/（μg·g）	−16.3	1.1039	0.6554	0.0105	0.0354	1.8052**
240	3279	10℃	2277.2	0.5516	0.6137	0.0136	0.0739	1.2528
		45℃	2253.2	2.2358	1.5256	0.0296	0.1568	3.9478
		增加量/（μg·g）	−24.0	1.6842	0.9119	0.0160	0.0829	2.6950**
300	3573	10℃	3184.4	0.6294	0.7372	0.0142	0.0843	1.4651
		45℃	3098.6	2.7302	2.3255	0.0443	0.2041	5.3041
		增加量/（μg·g）	−85.8	2.1008	1.5883	0.0301	0.1198	3.8390**

和产量的增加而显著增加，TSNA 含量随硝态氮增加基本呈增加的趋势，但相关性较差。然而，在 45℃条件下贮藏 15d 的烟叶，随着硝态氮含量增加，TSNA 含量显著增加，不同施氮量的烟叶与低温对照的差异均达到极显著水平，与对照相比 TSNA 的净增加量随着硝态氮含量的增加而更多地增加，且呈显著正相关，相关系数达 0.98。这一结果表明，烟草中的硝态氮水平与烟叶高温条件下贮藏过程中 TSNA 的形成密切相关。

4.4.2　高温处理下不同类型烟叶烟梗中 TSNA 及硝态氮含量的变化

如表 4-21 所示，无论白肋烟还是烤烟，相同温度下烟梗的硝态氮含量都显著高于叶片。经过高温处理后，叶片和烟梗 TSNA 含量均显著增加，高温处理后的总 TSNA 含量与低温对照相比差异均达到极显著水平。但烟梗中 TSNA 的增加量显著高于叶片中的增加，其中白肋烟烟梗的 TSNA 增加 95.80%，而叶片增加 106.66%；烤烟烟梗的差异更为明显，烤烟烟梗高温处理后增加 367.05%，而叶片增加 77.70%。

表 4-21　高温处理下白肋烟和烤烟烟梗中 TSNA 及硝态氮含量的变化（μg/g）

样品	贮藏温度	NO_3^--N	NNN	NAT	NAB	NNK	总 TSNA 含量
白肋烟烟梗	10℃	13750.4	5.414	2.293	0.040	0.225	7.972
	45℃	12143.1	11.162	3.956	0.064	0.428	15.610
	增加量	−1607.3	5.748	1.663	0.024	0.203	7.638**
白肋烟烟叶	10℃	3332.6	1.784	0.482	0.025	0.068	2.359
	45℃	2576.7	2.946	1.674	0.081	0.173	4.874
	增加量	−755.9	1.162	1.192	0.056	0.105	2.515**
烤烟烟梗	10℃	2008.2	0.122	0.044	0.001	0.009	0.176
	45℃	1854.4	0.243	0.528	0.010	0.040	0.821
	增加量	−153.8	0.121	0.484	0.009	0.031	0.645**
烤烟烟叶	10℃	64.1	0.054	0.070	0.001	0.022	0.147
	45℃	42.2	0.092	0.127	0.005	0.039	0.263
	增加量	−21.9	0.038	0.057	0.004	0.017	0.116**

TSNA 的前体物为生物碱和硝酸盐，在对高温处理下不同类型烟叶烟梗中 TSNA 及硝态氮含量变化的研究中，已知烟梗中的生物碱含量远低于烟叶中的含量，但硝态氮含量高于烟叶中的含量，高温处理后烟梗 TSNA 增加量显著大于叶片，说明烟梗中较高的硝态氮含量与贮藏过程中 TSNA 形成的关系密切。

4.4.3 人工添加硝酸盐对烤烟贮藏过程中 TSNA 形成的影响

如图 4-22 所示，随着人工添加硝酸盐量的增加，烟叶硝态氮含量显著增加。在高温贮藏条件下，烟叶 NNK、NNN、NAT、NAB 和总 TSNA 含量均显著高于低温贮藏的对照样品，且与添加硝酸盐的量呈极显著正相关，相关系数分别为 0.96、0.94、0.99、0.98、0.97。表明烟叶硝态氮含量对高温贮藏中 TSNA 的形成有重要影响。

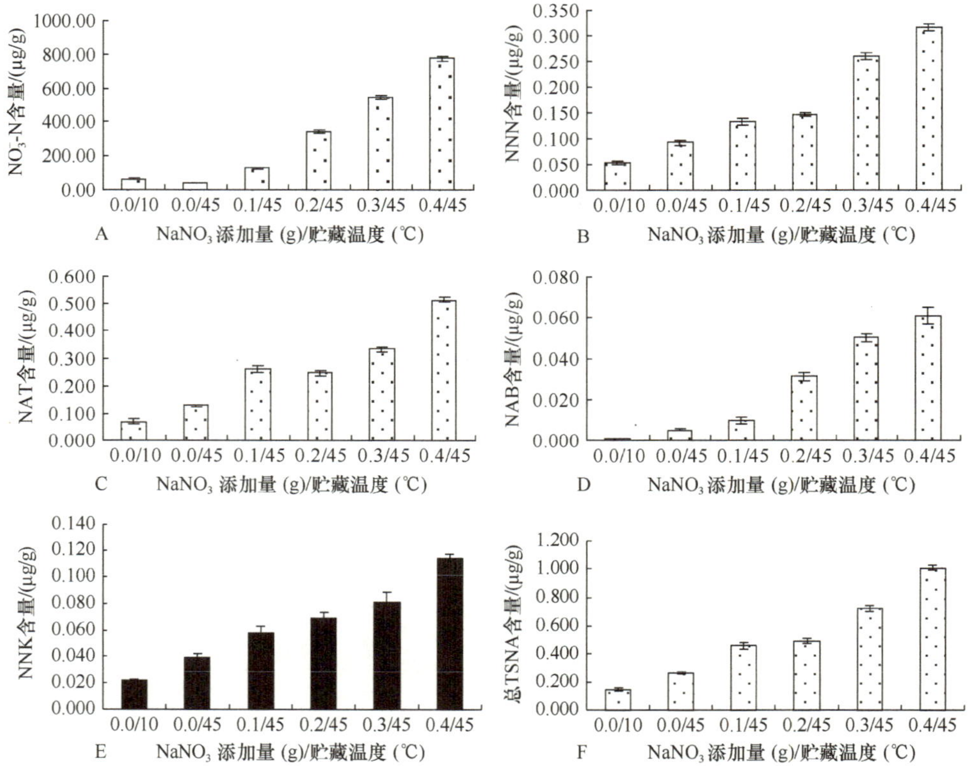

图 4-22 烤烟添加硝酸盐对高温处理下硝态氮和 TSNA 含量的影响

4.4.4 小结

烟草中硝态氮的积累与施肥、产量水平等密切相关，氮素作为烟草主要的营养元素，不仅在烟株的生长发育过程中起重要作用，也是硝酸盐、亚硝酸盐及生物碱形成和积累的重要来源。硝态氮与调制后烟叶 TSNA 形成密切相关，在烟叶调制期间，普遍认为 TSNA 的形成主要是由于微生物的作用，调制期叶片表面的湿度与微生物活性在一定范围内呈线性关系。一般认为，在调制过程中，烟草中的硝酸盐被微生物还原为亚硝酸盐及氮氧化物，然后与烟草生物碱作用形成 TSNA。本研究表明，在烟叶高温贮藏过程中，烟叶中的 TSNA 含量大量增加。在贮藏阶段，环境相对湿度为 60%，烟叶的相对含水率为 17%，烟叶表面相对湿度较小，微生物活性低，因此可以推断在这一阶段烟叶硝态氮含量和温度与 TSNA 含量的关系更为密切。本研究通过设置田间施氮量试验和在室内人工添加硝酸盐试验，并分别对硝酸盐含量和生物碱含量差异较大的叶片和主脉进行取样，直接证明了烟叶硝态氮含量对高温贮藏过程中 TSNA 的形成有重要影响，较高的硝态氮含量和高温互作可能是造成贮藏期间 TSNA 含量增高的主要原因。

TSNA 主要是在烟叶中形成的，在卷烟燃烧过程中，烟叶中的 TSNA 可直接传输到烟气中，而燃烧过程本身形成的 TSNA 较少，因此降低烟气中的 TSNA 应主要从减少烟叶中 TSNA 的形成和积累入手。烟气中焦油含量与 TSNA 含量无显著相关性，因而通过工业措施降低焦油后，TSNA 含量不一定同步下降，而通过农业措施降低烟叶中的 TSNA 含量有更大的可行性。根据本研究结果，控制和减少烟叶硝态氮积累对降低 TSNA 有重要作用。硝态氮含量主要受氮肥种类及用量、土壤供肥特性、品种对氮素利用效率和利用模式等因素的综合影响，因此采取积极措施，通过调整施肥量和肥料种类等方法降低烟叶硝态氮积累，减少亚硝化反应底物，是降低烟叶 TSNA 含量的一种重要途径。

白肋烟硝态氮的积累随着施氮量的增加而增加，随着人工添加硝酸盐量的增加，烤烟烟叶硝态氮含量显著增加，白肋烟和烤烟均表现出烟梗中的硝态氮含量远高于叶片。3 项试验结果均表明，随着烟草硝态氮含量的增大，高温贮藏过程中 TSNA 形成增多，烟叶硝态氮含量与高温贮藏期间 TSNA 的增加量呈显著正相关。

4.5　白肋烟烟叶含水率与高温贮藏过程中 TSNA 形成的关系

摘要：对不同含水率的白肋烟烟叶进行高温贮藏试验，并分别向高含水率和低含水率烟叶添加硝酸盐和亚硝酸盐后高温贮藏，测定贮藏前后烟叶的 TSNA 含量。结果表明，①经 45℃高温贮藏 15d 后，含水率越高的烟叶 TSNA 含量越低，含水率超过 17.53%后趋于稳定。②细化梯度试验中，低含水率烟叶经 45℃高温贮藏 15d 后，随着烟叶含水率从 7.71% 增加到 15.30%，4 种 TSNA 含量和总 TSNA 含量逐渐降低，烟叶含水率高于 15.30%后，总 TSNA 含量趋于稳定。③添加亚硝酸盐再经 60℃高温贮藏 15d 的高含水率烟叶和低含水率烟叶 TSNA 含量均大幅增加，而添加硝酸盐的高含水率烟叶处理 TSNA 含量增幅较小，低含水率烟叶处理 TSNA 含量增幅很大，所以低含水率烟叶硝态氮比高含水率烟叶硝态氮更易生成亚硝酸等氮氧化物是造成高温贮藏过程中 TSNA 大量形成的主要原因。研究认为，在保证烟叶不霉变的前提下适当增加贮藏湿度有利于减少贮藏过程 TSNA 的形成。

白肋烟调制后的贮藏阶段也是 TSNA 形成的重要时期，温度和湿度是贮藏环境的两个主要因素。前期研究结果表明，随着温度的增加，白肋烟在贮藏阶段 TSNA 含量大幅增加。国内白肋烟打叶复烤后烟叶含水率为 15%～17%，一般要在库房中经过 2.5～3 年的自然陈化，因此环境温度和湿度对烟叶贮藏条件影响很大，夏季高温季节贮藏温度可达 45℃以上，干旱季节烟叶含水率可在 10%以下，贮藏环境可直接影响烟叶 TSNA 的形成。为了进一步研究烟叶含水率对高温贮藏过程中 TSNA 形成的影响和机理，设置不同含水率烟叶的高温贮藏试验，以明确可以有效降低 TSNA 含量的烟叶含水率参数。在另一个试验中，分别向低含水率烟叶和高含水率烟叶人为添加硝酸盐和亚硝酸盐，得到了硝酸盐、亚硝酸盐含量较高的烟叶，并进行高温贮藏，探讨不同含水率烟叶在分别添加硝酸盐和亚硝酸盐后 TSNA 增加的效应。本团队的研究旨在揭示贮藏过程中烟草特有亚硝胺的形成机理，可为减少贮藏阶段 TSNA 形成提供理论依据（孙榅淑等，2016）。

试验材料为白肋烟中部叶，烟叶品种为 TN86，试验 1 所用烟叶于 2012 年在云南云龙种植，试验 2 所用烟叶于 2012 年在云南宾川种植，试验 3 所用烟叶于 2013 年在云南宾川种植，调制方法均为晾房晾制。将烟叶去除主脉后，剪成 $0.5cm^2$ 大小的碎片，充分混匀放入冰箱待用。每个试验进行之前，对贮藏前的烟叶均取 20g 烟叶样品，冷冻干燥后磨碎，过 60 目筛，测定样品高温贮藏前的 TSNA 含量。试验 1：不同含水率烟叶。基于在一定温度下密闭空间内的饱和盐溶液能使空气湿度恒定的特性，试验中空气湿度通过装有饱和盐溶液的密封干燥皿来控制。在 24.5℃的密闭环境中，饱和 K_2CO_3 溶液能使空气湿度保持在 43%，可通过控制其浓度来调节空气湿度。烟叶含水率试验设 5 个处理，在 5 个干燥皿中分别加入饱和 K_2CO_3 溶液、3/4 饱和 K_2CO_3 溶液、1/2 饱和 K_2CO_3 溶液、1/4 饱和 K_2CO_3 溶液、蒸馏水各 300ml，每个处理称 20g 烟叶用报纸包起来放在干燥皿的瓷板上，密封干燥皿。将干燥皿置于 24.5℃培养箱中处理 4d 后测得烟叶相对含水率分别为 7.71%、11.23%、17.53%、25.12%、31.52%。然后将含水率恒定的烟叶分别转移至玻璃闪烁计数瓶中，置于 45℃培养箱贮藏 15d。每一处理设 3 次重复。试验 2：细化梯度的低含水率烟叶。由于含水率高的烟叶不宜长期贮存，进一步细化湿度梯度，设 6 个处理，溶液分别为饱和 K_2CO_3 溶液、9/10 饱和 K_2CO_3 溶液、8/10 饱和 K_2CO_3 溶液、7/10 饱和 K_2CO_3 溶液、6/10 饱和 K_2CO_3 溶液、1/2 饱和 K_2CO_3 溶液各 300ml，其他方法同上，将干燥皿置于 24.5℃培养箱中处理 4d 后烟叶相对含水率分别为 7.71%、8.90%、9.93%、12.30%、15.30%、17.53%。将含水率恒定的烟叶分别转移至玻璃闪烁计数瓶中，置于 45℃培养箱贮藏 15d。每一处理设 3 次重复。试验 3：低含水率烟叶和高含水率烟叶人为添加硝酸盐和亚硝酸盐。低含水率烟叶中添加硝酸盐和亚硝酸盐试验设 3 个处理，每个处理 20g 烟叶，处理 1 是喷 10ml 清水，处理 2 是将 1g $NaNO_3$ 溶解于 10ml 清水中喷在烟叶上，处理 3 是将 0.1g $NaNO_2$ 溶解于 10ml 清水中喷在烟叶上。喷过清水和盐溶液的各处理烟叶含水率较高，晾于 15℃、相对湿度为 60% 的环境中 12h 后烟叶含水率有所降低，用饱和 K_2CO_3 溶液平衡水分 4d 后烟叶的相对含水率为 7.71%。高含水率烟叶中添加硝酸盐和亚硝酸盐试验设 3 个处理，方法同上，处理后烟叶用 1/2 饱和 K_2CO_3 溶液平衡水分 4d 后烟叶的相对含水率为 17.53%。6 个处理烟叶分别转移至玻璃闪烁计数瓶中置于 60℃培养箱贮藏 15d。

4.5.1　烟叶含水率对白肋烟高温贮藏过程 TSNA 形成的影响

由表 4-22 可知，高温贮藏后各处理烟叶的 4 种 TSNA 含量及总 TSNA 含量远高于贮藏前。高温贮藏的不同处理间总 TSNA 含量存在较大差异，烟叶含水率为 7.71%时总 TSNA 含量最高，随着烟叶含水率的增大，白肋烟贮藏过程总 TSNA 含量逐渐下降，烟叶含水率增大到 17.53%后再继续增大，总 TSNA 含量趋于稳定，降低幅度较小。除了含水率为 25.12%和 31.52%的两处理之间差异不显著外，其他处理之间均有显著差异。

表 4-22　不同含水率白肋烟 45℃贮藏 15d 后的 TSNA 含量

	烟叶含水率/%	贮藏温度/℃	NNN/(μg/g)	NAT/(μg/g)	NAB/(μg/g)	NNK/(μg/g)	总 TSNA/(μg/g)
贮藏前	13.60	–	0.1137	0.3328	0.0102	0.0635	0.5202
贮藏后	7.71	45	1.5452a	2.9974a	0.0524b	0.3704a	4.9654a
	11.23	45	1.0867b	2.6562b	0.0802a	0.3692a	4.1923b
	17.53	45	0.4549d	1.2017c	0.0416c	0.1598b	1.8580c
	25.12	45	0.4561d	1.0780d	0.0337d	0.1573b	1.7251d
	31.52	45	0.5457c	1.0711d	0.0433c	0.0909c	1.7510d

高温贮藏条件下含水率为 7.71%的处理中，NNN、NAT、NNK 的含量均最高，且随着烟叶含水率的增大而逐渐降低，含水率增大到 17.53%后再继续增大，3 种 TSNA 含量降低幅度减小或不再降低。不同含水率的烟叶 NAB 含量存在较大差异，烟叶含水率为 11.23%时 NAB 含量最高，含水率为 25.12%时 NAB 含量最低，无明显规律。

4.5.2　细化梯度的烟叶含水率对白肋烟高温贮藏过程 TSNA 形成的影响

高温贮藏前未平衡水分的烟叶含水率为 13.60%，其 NNN、NAT、NAB、NNK 的含量分别为 0.5649μg/g、0.5969μg/g、0.0111μg/g、0.0354μg/g，总 TSNA 含量为

1.2083μg/g。图 4-23 和图 4-24 为细化含水率梯度的白肋烟 45℃高温贮藏 15d 后的 TSNA 含量。高温条件下贮藏的不同含水率的烟叶 TSNA 含量均显著高于贮藏前，这与我们前期研究的温度对白肋烟贮藏过程中 TSNA 形成影响的结果一致。在同样的高温贮藏条件下，随着烟叶含水率从 7.71%增加到 15.30%，4 种 TSNA 含量及总 TSNA 含量逐渐降低。当烟叶含水率高于 15.30%时，总 TSNA 含量趋于稳定。

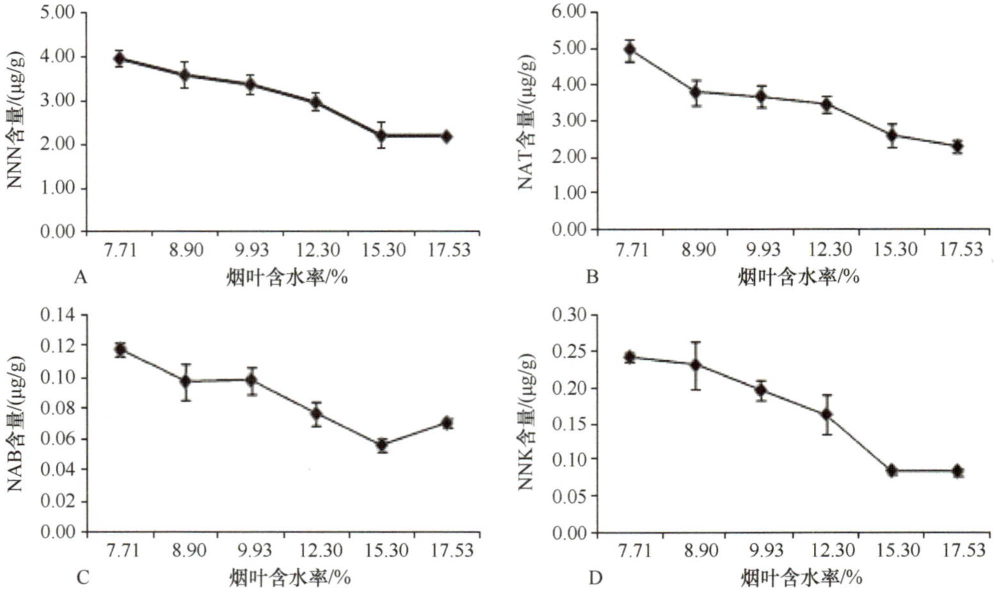

图 4-23 细化含水率梯度的白肋烟 45℃贮藏 15d 后 TSNA 含量

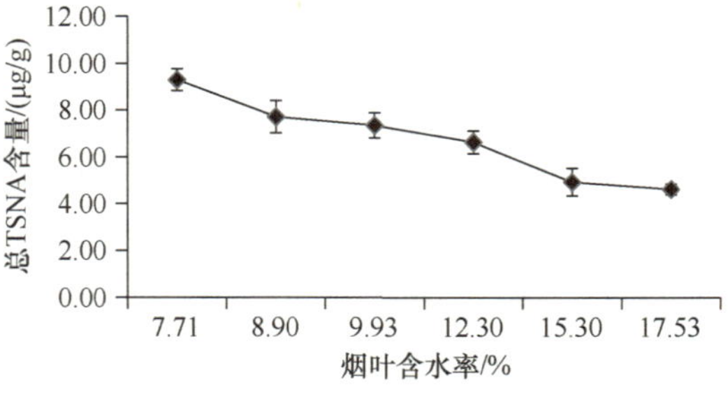

图 4-24 细化含水率梯度的白肋烟 45℃贮藏 15d 后总 TSNA 含量

4.5.3 不同含水率烟叶中添加硝酸盐和亚硝酸盐对其高温贮藏过程中 TSNA 形成的影响

高温贮藏前烟叶的含水率为 13.60%，其 NNN、NAT、NAB、NNK 含量及总

TSNA 含量的测定结果分别为 0.9835μg/g、1.7329μg/g、0.0338μg/g、0.0661μg/g、2.8163μg/g。60℃高温贮藏 15d 后各处理烟叶的 4 种 TSNA 含量及总 TSNA 含量如图 4-25 及图 4-26 所示。高温贮藏后喷清水对照烟叶的 TSNA 含量是贮藏前的数十倍，低含水率对照烟叶总 TSNA 含量是高含水率对照烟叶的 2.32 倍。高温贮

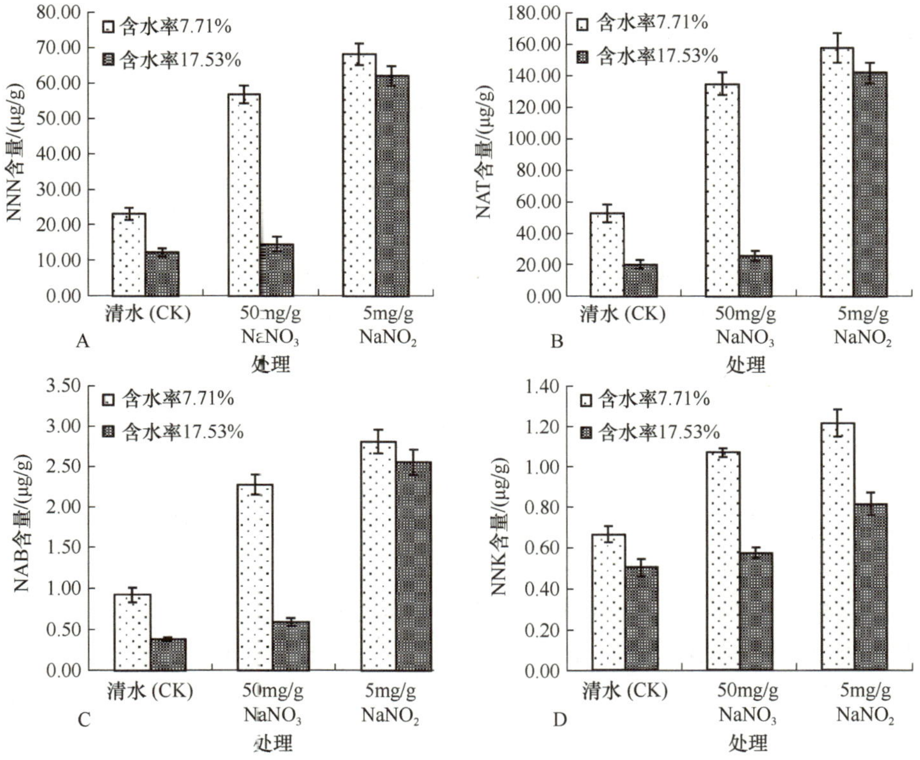

图 4-25　喷施硝酸盐和亚硝酸盐的不同含水率烟叶 60℃贮藏 15d 后 4 种 TSNA 含量

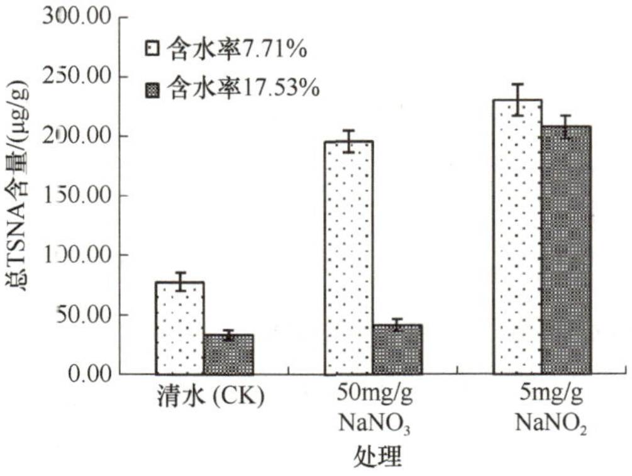

图 4-26　喷施硝酸盐和亚硝酸盐的不同含水率烟叶 60℃贮藏 15d 后总 TSNA 含量

藏后，喷硝酸盐的高含水率烟叶 TSNA 含量与喷清水对照相比有少量增加，喷亚硝酸盐的烟叶 TSNA 含量大幅增加。低含水率烟叶喷硝酸盐的效果与高含水率烟叶不同，4 种 TSNA 含量和总 TSNA 含量大幅增加，喷亚硝酸盐的烟叶 TSNA 含量与喷清水对照相比的增加量大于喷硝酸盐的增加量。

4.5.4 小结

研究结果表明，45℃高温贮藏后烟叶中 TSNA 含量均远高于贮藏前，随着含水率的增加，烟叶 TSNA 增加量减小。烟叶含水率增大到 17.53%后再继续增大，总 TSNA 含量趋于稳定。在 45℃高温贮藏条件下，进行细化含水率梯度试验，随着烟叶含水率从 7.71%增加到 15.30%，4 种 TSNA 含量和总 TSNA 含量的增加量逐渐降低。高含水率和低含水率的白肋烟中人为添加亚硝酸盐并于 60℃高温贮藏 15d 后 TSNA 含量均大幅增加。高含水率的白肋烟人为添加硝酸盐后，60℃高温贮藏过程中 TSNA 含量有少量增加；而低含水率的白肋烟人为添加硝酸盐后，高温贮藏过程中 TSNA 含量大幅增加。这可能是由于在高湿条件下硝酸盐是水溶态的，而在低湿条件下硝酸盐更利于挥发出气态氮氧化物，与生物碱反应生成烟草特有亚硝胺。在生产上贮藏温度过低会使烟叶发酵不充分，而贮藏湿度过高烟叶霉菌繁殖快，易于霉变，且贮藏过程中容易细胞破裂而“出油”，粘结成块，氧化变黑，会影响烟叶的外观质量和感官质量。因此在控制烟叶含水率保证烟叶不发生霉变、温度能保障烟叶正常发酵的前提下，适当降低贮藏温度，增大烟叶含水率，可以有效地降低白肋烟贮藏过程中 TSNA 的积累。在高温贮藏条件下，烟叶含水率对贮藏过程中 TSNA 形成有重要影响。高温贮藏后烟叶中 TSNA 含量远高于贮藏前，含水率高的烟叶 TSNA 增加量相对较小。低含水率烟叶硝态氮比高含水率烟叶硝态氮更易生成亚硝酸等氮氧化物是造成高温贮藏过程中 TSNA 大量形成的主要原因。

4.6 贮藏温度和烟叶含水率互作对白肋烟贮藏期间 TSNA 形成的影响

摘要：为揭示贮藏条件对白肋烟贮藏过程中 TSNA 形成的影响规律，将不同含水率（7.71%、15.30%和 22.10%）的烟叶分别置于 10℃、20℃、30℃、40℃和 50℃条件下贮藏 15d 后测定 TSNA 含量（质量分数）。结果表明，贮藏温度和烟叶含水率对 TSNA 的形成具有显著影响，且两者间存在显著的交互效应，其中温度是烟叶 TSNA 总变异的主要影响因子，贡献率达 56.1%；其次是烟叶含水率，贡献率为 25.6%；两者互作的贡献率为 18.2%。温度和含水率的双因素模型较好地模拟了 TSNA 对两因素的响应，贮藏温度和烟叶含水率共同解释了贮藏过程中烟叶 TSNA 变异的 93.2%～96.5%。为了有效地抑制贮藏过程中烟叶 TSNA 的形成，建议白肋烟贮藏温度低于 25.5℃且烟叶含水率≤18%。

TSNA 是烟草生物碱和亚硝酸发生亚硝化反应生成的存在于烟叶和烟气中的有害化合物。TSNA 的形成和积累主要是在调制和贮藏过程中产生的，除与烟叶类型、施氮量、调制方式和时间密切相关外，还受到环境条件，尤其是空气温度和湿度的影响。在白肋烟晾制过程中，适宜的温湿度有利于提高微生物活性，促进亚硝化过程，进而形成 TSNA。控制白肋烟晾制期的温湿度条件可以影响生物碱含量和烟碱转化率，提高烟叶香气品质，降低烟叶中 TSNA 含量（质量分数）。白肋烟贮藏阶段是 TSNA 形成中不容忽视的时期，调制后的烟叶要进行至少 18 个月的贮藏醇化以提高烟叶香气品质。而烟叶具有吸湿性，其含水率随着空气中的温度、湿度变化而变化，醇化质量取决于烟叶的含水率和贮藏环境的温湿度。有研究认为，高温会使 TSNA 含量明显增加，而有关烟叶含水率对 TSNA 影响的研究却较少，两者互作对贮藏期间白肋烟 TSNA 的变化则鲜见报道。因此，本研究团队设置了不同贮藏温度和烟叶含水率处理组合，保持贮藏环境相对湿度不变，研究两因素对白肋烟 TSNA 形成的影响及互作效应，以期有效调控贮藏过程中白肋烟 TSNA 的形成（王俊等，2016）。

试验材料为 2013 年产白肋烟中部叶，品种为 TN86，产地为云南宾川，调制方法为晾房晾制。将白肋烟的烟叶去除主脉后，剪成 0.3～0.5cm^2 大小的碎片，充分混匀放入冰箱中待用。试验分为两个阶段：第一阶段为烟叶含水率控制试验，选用 K_2CO_3 溶液在 24.5℃条件下，通过控制饱和 K_2CO_3 溶液浓度来调节空气湿度，从而影响烟叶含水率。在玻璃干燥器中分别加入 K_2CO_3 溶液，饱和度分别为 100%、60%和 30%，见表 4-23。分别称取 20g 烟叶用纱布包裹放在干燥器的瓷板上，密封干燥器，并置于 24.5℃培养箱中处理 4d。每个处理称取 3 份样品，设置 3 次重复。处理 4d 后取出烟叶，将各处理的烟叶充分混合，每个处理称取 3g，采用烘箱干燥法测定样品含水率，各测定 3 次。第二阶段是将含水率已知的烟叶分别放置于温度为 10℃、20℃、30℃、40℃和 50℃的环境中贮藏。将 3 种不同含水率的烟叶转移至蓝盖试剂瓶中（Schott Duran，GL 45，150ml）密封，每种含水率的烟

表 4-23　不同饱和度 K_2CO_3 处理的烟叶含水率

K_2CO_3 饱和度/%	K_2CO_3 添加量/g	蒸馏水添加量/ml	烟叶含水率/%
100	220	200	7.71
60	132	200	15.30
30	66	200	22.10

叶分别放置到10℃、20℃、30℃、40℃和50℃的恒温恒湿培养箱中贮藏15d，共15个处理。所有处理均重复3次。15d后取出所有样品进行冷冻干燥，磨碎后过250μm筛，并测定烟叶TSNA含量（质量分数）。

用SPSS 20.0软件，采用方差分析、线性回归及非线性回归等方法分析烟叶含水率和贮藏温度及其交互作用对TSNA形成的影响；采用Excel和SigmaPlot 12.5进行数据处理和绘图。为分析贮藏温度和烟叶含水率对TSNA形成的共同影响，采用双因素关系模型 $y=a+bt+cm+dt^2+em^2+fmt$ 进行拟合，其中 y 表示TSNA含量、t 表示贮藏温度、m 表示烟叶含水率，a、b、c、d、e 和 f 为方程常数。

4.6.1 烟叶含水率和贮藏温度对NNN形成的影响

由图4-27A和表4-24可以看出，烟叶NNN的含量随着贮藏温度的升高逐渐增加；相同温度下，NNN含量随着烟叶含水率的提高显著下降。对于每一种烟叶含水率，NNN含量与贮藏温度（t）间存在二次函数关系，系数 β 和 θ 与烟叶含水率间存在线性关系，说明温度对NNN形成的作用明显受到含水率的影响（表4-25）。方差分析表明，两者交互作用达极显著水平（$P<0.01$）（表4-24），贮藏温度的贡献率（该因素平方和与总平方和的比值×100%）最大，为56.7%，大于含水率的贡献率（24.4%），而两者互作的贡献率为18.8%。

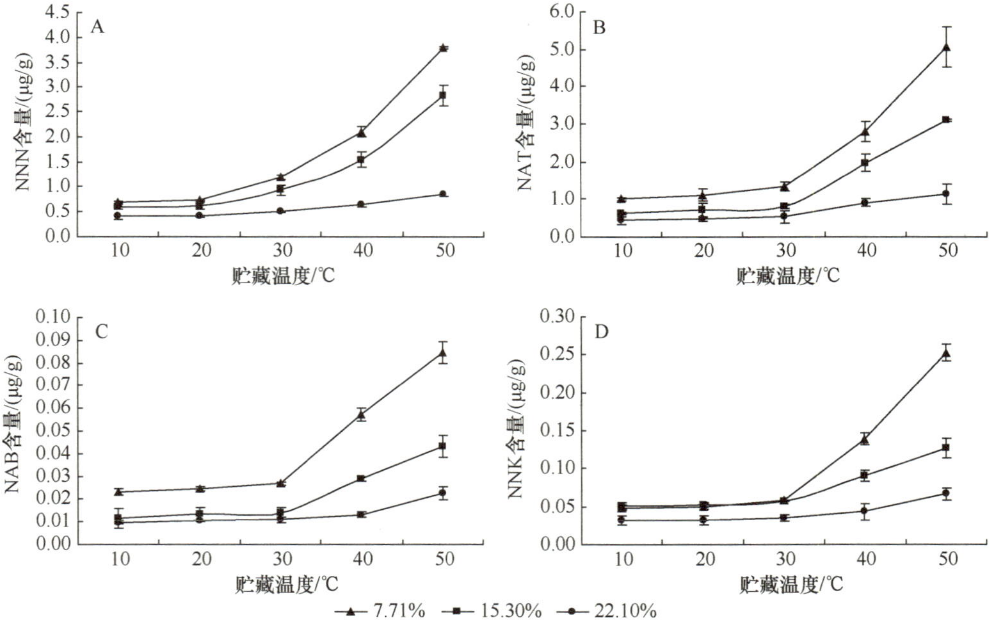

图4-27 不同烟叶含水率和贮藏温度处理下4种TSNA的积累量

表 4-24　烟叶含水率和贮藏温度对 TSNA 形成影响的方差分析

因素	自由度	NNN		NAT		NAB		NNK		总 TSNA	
		F 值	*P* 值	*F* 值	*P* 值	*F* 值	*P* 值	*F* 值	*P* 值	*F* 值	*P* 值
烟叶含水率（*m*）	2	2490.48	<0.01**	1581.12	<0.01**	650.19	<0.01**	483.84	<0.01**	5293.11	<0.01**
贮藏温度（*t*）	4	2899.14	<0.01**	1643.57	<0.01**	384.50	<0.01**	511.91	<0.01**	5782.08	<0.01**
烟叶含水率×贮藏温度（*m*×*t*）	8	480.52	<0.01**	263.11	<0.01**	69.26	<0.01**	125.21	<0.01**	939.55	<0.01**

表 4-25　不同烟叶含水率条件下 TSNA 含量与贮藏温度的关系

名称	含水率/%	$\ln(m)=\alpha+\beta t+\theta t^2$				名称	含水率/%	$\ln(m)=\alpha+\beta t+\theta t^2$			
		α	β	θ	R^2			α	β	θ	R^2
NNN	7.71	1.295	–0.843	0.267	0.998	NNK	7.71	0.109	–0.077	0.021	0.992
	15.30	1.090	–0.660	0.200	0.995		15.30	0.068	–0.023	0.007	0.991
	22.10	0.447	0.076	0.031	0.999		22.10	0.044	–0.014	0.004	0.980
NAT	7.71	2.112	–1.412	0.398	0.993	总 TSNA	7.71	0.109	–0.077	0.021	0.992
	15.30	1.150	–0.724	0.224	0.986		15.30	0.068	–0.023	0.007	0.991
	22.10	0.502	–0.123	0.051	0.971		22.10	0.044	–0.014	0.004	0.980
NAB	7.71	0.037	–0.019	0.006	0.984						
	15.30	0.018	–0.009	0.003	0.983						
	22.10	0.015	–0.005	0.001	0.945						

贮藏温度和含水率对 NNN 影响的方程为 $y= -0.619+0.014t+0.172m+0.002t^2-0.004m^2-0.004mt$（$R^2=0.9606$），根据方程作图（图 4-28A）。偏相关分析的结果表明，NNN 含量与贮藏温度关系密切（偏相关系数为 0.83，$P<0.01$），当贮藏温度超过 25.4℃时，NNN 含量明显增加（图 4-28A）。NNN 含量受贮藏温度与烟叶含水率交互作用（偏相关系数为–0.89，$P<0.01$）的影响显著，两者共同揭示了 NNN 含量变异度的 96%。

4.6.2　烟叶含水率和贮藏温度对 NAT 形成的影响

由表 4-25 可以看出，对于每一种含水率 NAT 的含量与贮藏温度存在二次函数关系，系数 β 和 θ 与烟叶含水率存在线性关系（R^2 均为 0.99），说明贮藏温度和含水率的交互作用明显。方差分析表明，贮藏温度和烟叶含水率对 NAT 形成有显著影响，且二者存在显著的交互效应（表 4-24），贮藏温度对烟叶 NAT 的影响贡献率最大，其平方和为总平方和的 55.74%，其次为含水率，互作效应贡献率最小。

贮藏温度和含水率对 NAT 影响的方程为 $y=0.402+0.008t+0.057m+0.002t^2-0.006mt$（$R^2=0.9553$），根据方程作图（图 4-28B）。偏相关分析的结果表明，NAT

含量与贮藏温度关系更密切（偏相关系数 0.82，$P<0.01$），受两者交互作用（偏相关系数–0.86，$P<0.01$）的影响显著，贮藏温度和烟叶含水率共同揭示了 NAT 含量变异度的 95.5%，贮藏温度超过 25.5℃时，NAT 含量迅速增加（图 4-28B）。

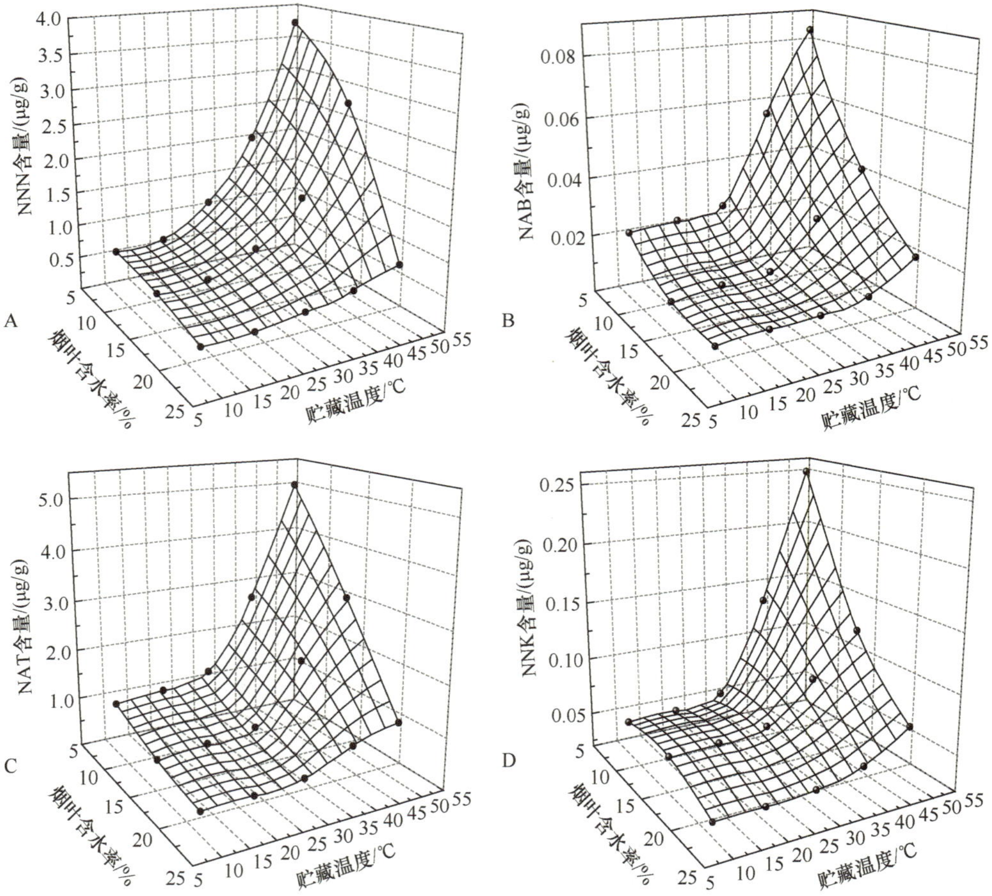

图 4-28　烟叶含水率和贮藏温度交互作用对 TSNA 形成的影响

4.6.3　烟叶含水率和贮藏温度对 NAB 形成的影响

NAB 的形成受贮藏温度、含水率及两者交互作用的影响均达到极显著水平（表 4-24），当温度为 10℃到 30℃时，NAB 含量的增加差异不显著，但温度升高到 40℃时，NAB 含量迅速提高，出现了一个拐点（图 4-27C）。

贮藏温度和含水率对 NAB 影响的方程为 $y=0.033-0.002m+2.487\times10^{-4}t+1.024\times10^{-4}m^2+3.282\times10^{-5}t^2-8.928\times10^{-5}mt$（$R^2=0.9653$），根据方程作图（图 4-28C）。偏相关分析的结果表明，NAB 含量与贮藏温度关系较密切（偏相关系数 0.83，$P<0.01$），

当贮藏温度超过 26.3℃时，NAB 含量逐渐增加（图 4-28C）。NAB 含量受贮藏温度和烟叶含水率交互作用（偏相关系数–0.89，P<0.01）的影响显著，两者共同揭示了 NAB 含量变异度约 96.5%。

4.6.4　烟叶含水率和贮藏温度对 NNK 形成的影响

贮藏温度的升高显著促进了 NNK 的形成（表 4-24），在温度为 10℃到 30℃时，NNK 含量的处理间差异不显著。烟叶含水率对 NNK 的形成具有显著的影响，含水率的提高抑制了烟叶 NNK 的形成。对于每一种烟叶含水率，NNK 含量与贮藏温度呈二次函数关系（表 4-25），温度越高，NNK 含量提高越明显；随烟叶含水率的提高，NNK 增加的幅度降低（图 4-27D）。贮藏温度和含水率对 NNK 形成的影响显著，且存在显著的交互作用（表 4-24），其中温度的贡献率最大，为 50.8%。当烟叶含水率为 22.1%，10℃贮藏时 NNK 含量最低为 0.032μg/g，与含水率 7.71%、贮藏在 50℃时相比降低了 87.2%左右。

贮藏温度和含水率对 NNK 影响的方程为 $y=0.007+0.005m+5.748\times10^{-4}t-3.147\times10^{-5}m^2+1.061\times10^{-4}t^2-2.922\times10^{-4}mt$（$R^2=0.9325$），根据方程作图（图 4-28D）。偏相关分析的结果表明，NNK 含量与贮藏温度关系更为密切（偏相关系数 0.83，P<0.01），受两者交互作用（偏相关系数–0.89，P<0.01）的影响显著，贮藏温度和烟叶含水率共同揭示了 NNK 含量变异度的 93.2%。

4.6.5　烟叶含水率和贮藏温度对总 TSNA 含量的影响

贮藏温度的升高显著促进了 TSNA 的形成（P<0.01），而烟叶含水率的增加则明显抑制了 TSNA 的形成（P<0.01）（表 4-24）。对于每一种烟叶含水率，TSNA 的含量与贮藏温度呈二次函数关系（表 4-25），系数 β 和 θ 与含水率存在线性关系（R^2 分别为 0.90 和 0.89）。温度越高烟叶 TSNA 的增长幅度越明显，而随含水率的提高，增加幅度逐渐降低（图 4-29），说明贮藏温度和含水率对 TSNA 形成的影响显著，且存在显著的交互作用。温度对烟叶 TSNA 总变异的贡献率最大为 56.1%，大于含水率的贡献率（25.6%），而两者交互作用的贡献率为 18.2%。

贮藏温度和含水率对总 TSNA 含量影响的方程为 $y=-0.220+0.238m+0.023t-0.004m^2+0.004t^2-0.0103mt$（$R^2=0.9610$），根据方程作图（图 4-29）。偏相关分析的结果表明，总 TSNA 含量与贮藏温度关系更密切（偏相关系数 0.83，P<0.01），TSNA 的变化存在一个关键拐点，即贮藏温度为 25.5℃（图 4-29）。当贮藏温度超过 25.5℃时，TSNA 含量明显增加。此外，TSNA 含量受贮藏温度和烟叶含水率

交互作用（偏相关系数–0.88，$P<0.01$）的影响显著，共同揭示了 TSNA 含量变异度的 96.1%。

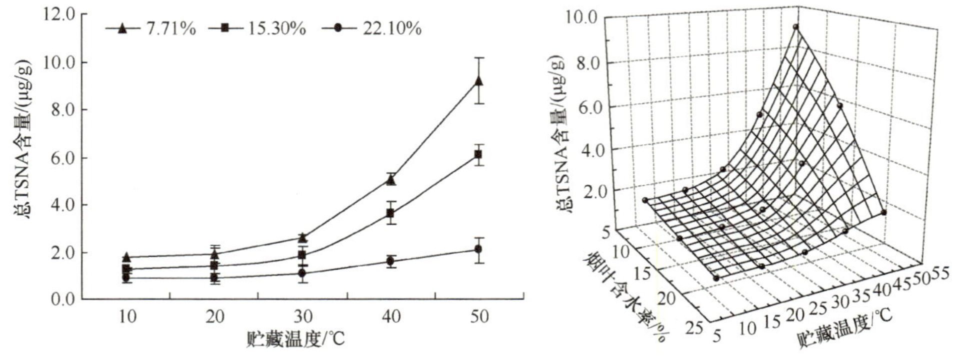

图 4-29　烟叶含水率和贮藏温度对总 TSNA 含量的影响

4.6.6　小结

白肋烟在晾制过程中，较高的湿度、适宜的温度及缺氧等条件能促进微生物的生长和繁殖，可使烟叶中的硝酸盐还原成亚硝酸盐，与烟草生物碱反应形成 TSNA，而贮藏过程中 TSNA 的形成几乎不受微生物的影响。回归分析结果显示，烟叶含水率与 TSNA 形成的关系不密切（$P>0.05$），而烟叶含水率与温度交互作用对 TSNA 形成的影响显著，且交互作用的偏相关系数为负值（–0.88，$P<0.01$），说明含水率对 TSNA 形成的影响主要体现在与温度的交互作用上。

本研究中选择的 5 个温度值充分考虑了烟叶的实际贮藏条件，夏季烟叶贮藏温度可达到 45℃以上。研究表明，对于每一种烟叶含水率，TSNA 的含量随着贮藏温度的升高逐渐升高，当温度低于 30℃时，TSNA 处理间的差异不显著，温度高于 30℃时，TSNA 含量迅速升高，出现了一个拐点。贮藏温度对 TSNA 的影响最大，其平方和占总平方和的 50.8%～56.7%，回归分析也证明贮藏温度与 TSNA 形成的关系更为密切。通过双因素模型的拟合，TSNA 的形成受贮藏温度、温度与含水率交互效应的影响显著，温度是主要因子，贮藏温度与烟叶含水率共同解释了贮藏过程中烟叶 TSNA 变异的 93.2%～96.5%。烟叶含水率为 22.10%，在 10℃条件下贮藏 15d，TSNA 的合成量最少。原因可能有两方面：一是随着贮藏温度的降低，烟叶中的硝态氮相对稳定，不易生成挥发性的亚硝酸盐或一氧化氮等气态氮氧化物，与生物碱反应产生的 TSNA 减少；二是烟叶的含水率稍高，高湿条件下不利于烟叶中硝酸盐转化成亚硝酸盐或挥发出气态氮氧化物，从而抑制了 TSNA 的生成。而烟叶贮藏过程中的温湿度条件对气态氮氧化物挥发的影响还有待于进一步试验。

要抑制白肋烟贮藏过程中 TSNA 的形成，首先需要控制贮藏温度这一主要因素，试验表明，贮藏温度越低，TSNA 的增加越缓慢，当温度超过 25.5℃时，TSNA 的形成开始加快；其次贮藏环境湿度增加，烟叶含水率升高，同一贮藏温度下，烟叶含水率从 7.71%增加到 22.10%，烟叶 TSNA 含量明显下降。而实际生产过程中贮藏温度过低烟叶发酵醇化不充分，而烟叶含水率过高，超过白肋烟原烟储存含水率标准（18%）后，霉菌繁殖加快，易霉变且容易产生细胞破裂而“出油”，粘结成块，氧化变黑，影响烟叶的外观和感官质量。因此，建议贮藏温度控制在 25.5℃以下，适当提高贮藏的环境湿度，且使烟叶含水率≤18%，将有利于抑制贮藏过程中 TSNA 的形成。因此，选择温度低和相对湿度较高的地区贮藏白肋烟可能有利于抑制贮藏过程中烟叶内 TSNA 的形成。

4.7　烟叶异地贮藏环境条件差异对 TSNA 形成和积累的影响

摘要：将烟叶分别放置到云南弥渡和河南郑州两种自然环境进行贮藏，监测贮藏点的温度和相对湿度，测定贮藏前后 TSNA 的含量。结果表明，2014 年和 2015 年每年 4～10 月郑州贮藏点的气温高于弥渡，而日平均湿度从 6 月上旬开始低于弥渡 10.7%和 11.4%。烟叶放置到不同的地点贮藏，TSNA 的变化有明显差异，郑州贮藏烟叶的总 TSNA、NNN 和 NAT 含量显著高于弥渡烟叶中的含量，2014 年和 2015 年总 TSNA 分别增加了 6.91μg/g 和 2.10μg/g；烟叶生物碱、硝酸盐和亚硝酸盐含量与弥渡相比减少较多，其减少量与 TSNA 的积累密切相关，受贮藏环境温湿度的影响。烟叶控制温度 25℃±1℃和湿度 60%±2%贮藏后，TSNA 含量明显低于在弥渡和郑州自然贮藏的样品，且中性香气成分总量稍高。选择适当高湿、无明显高温季节的环境进行白肋烟贮藏有利于抑制 TSNA 的形成，提高烟叶的安全性，且烟叶的中性香气成分有所增加。

TSNA 的形成和积累主要发生在调制及贮藏过程中，除与烟叶类型、施氮量、调制方式和时间密切相关外，还受到环境条件主要是空气温度和湿度的影响。De Roton 等（2004）报道贮藏在环境温度下的白肋烟粉碎样品在一定时间内 TSNA 含量急剧上升，而贮藏在冰箱里的样品 TSNA 含量没有显著增加。前期研究结果表明，随着温度的增加，白肋烟贮藏烟叶的 TSNA 含量大幅增加。在贮藏过程中，烟叶 TSNA 含量在含水率 7%～11%的干燥情况下增加最多，烟叶含水率大于 20%时 TSNA 含量几乎没有增加。

一般说来，调制后的烟叶要经历至少 2 年的自然醇化促进内在化学成分的转化，使香气透发、烟气醇和细腻、杂气减少，从而符合卷烟生产的要求。白肋烟打叶复烤后烟叶含水率在 15%～17%，烟叶本身具有吸湿性，其含水率随着空气中的温度、湿度变化而变化，高温季节烟垛的贮藏温度可达 45℃以上，干旱季节含水率也会随之下降。为了明确不同温湿度的贮藏环境对白肋烟 TSNA 形成的影响，本研究团队将白肋烟 TN86 于 2013 年和 2014 年在云南宾川种植和晾制。取晾制处理后的中部叶分别放置到温度和湿度差异明显的两个地区，即云南弥渡县新街镇（北纬 25°20′，东经 100°31′；海拔 1659m）、河南郑州（河南农业大学烟草栽培生理生化实验室：北纬 30°50′，东经 113°40′；海拔 103m）进行自然贮藏，对照组存放在烟草基地实验室的恒温恒湿培养室内（温度 25℃±1℃、相对湿度 60%±2%），监测 2014 年和 2015 年贮藏期间气温和相对湿度的变化规律，探索两地贮藏前后 TSNA 和中性香气成分的变化，为采取环境控制技术抑制 TSNA 的形成和积累提高烟叶的安全性提供参考（王俊，2017）。

4.7.1 2014 年和 2015 年贮藏期间弥渡和郑州气温和相对湿度的变化规律

如图 4-30 所示，贮藏期间弥渡贮藏点的气温变化较平稳，进入 6 月后，弥渡的空气湿度相对较高。图 4-30 显示，2014 年贮藏期间，弥渡的最低气温 17.9℃，最高气温为 28.2℃，整个贮藏期间平均气温均在 23.6℃，共有 43d 的温度大于或等于 25℃，11d 温度高于 27℃；郑州贮藏点的最高温度 34.6℃，共有 93d 温度大于或等于 25℃，从 6 月中上旬到 8 月底的日平均温度高出弥渡约 3.1℃，7 月的平均温度为 28.9℃。2015 年贮藏期间，弥渡的最低气温 16.5℃，最高气温为 27.7℃，共有 36d 温度大于或等于 25℃，其中 8d 温度高于 27℃；郑州贮藏点的最高气温为 34.1℃，共有 84d 的温度大于或等于 25℃，其中 56d 温度高于 27℃（图 4-30）。

受地势地貌影响，两地气候特征差异较大。监测结果表明，2014 年整个贮藏期间弥渡平均相对湿度为 61.9%，郑州为 53.9%；2015 年贮藏期间弥渡平均相对湿度为 62.2%，郑州为 55.6%。从 6 月开始弥渡进入雨季，相对湿度逐渐提高，到贮藏结束为止，平均相对湿度高出郑州 10.7%和 11.4%（图 4-30）。

4.7.2 白肋烟在弥渡和郑州贮藏前后烟叶 TSNA 的差异

将烟叶分别放置在两地贮藏后，分别测定贮藏前后样品中的 TSNA 含量，结果如表 4-26 所示。两年异地贮藏实验的结果表明，贮藏后样品的 4 种 TSNA 含量均急剧增长，以 NNN 和 NAT 的变化较为明显。2014 年贮藏后样品总 TSNA 含量增加较多，与贮藏前相比，郑州贮藏的烟样 TSNA 增加了 3.67 倍。此外，将样品存放在控制温度 25℃±1℃、恒定湿度 60%±2%的条件下贮藏后，4 种 TSNA 含量与贮藏前相比均有增加，增加量却明显低于弥渡和郑州自然贮藏的样品。

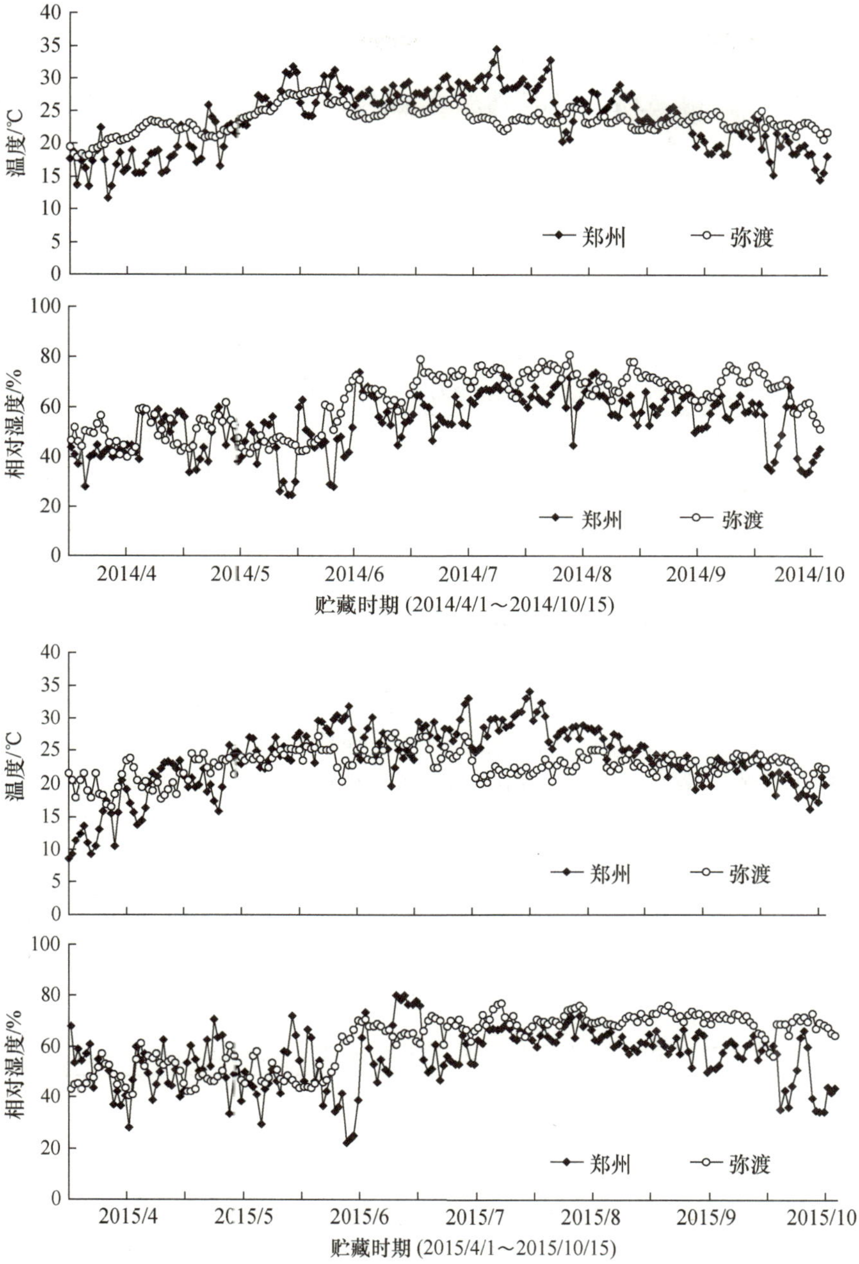

图 4-30　2014 年和 2015 年贮藏期间郑州和弥渡日平均气温与相对湿度的变化趋势

不同贮藏地点 TSNA 的增加量有明显的差异。*t* 检验结果表明，与弥渡相比，2014 年和 2015 年郑州贮藏烟叶的 NNN、NAT 和 TSNA 均显著提高（$P<0.05$），其中总 TSNA 含量分别是弥渡的 1.82 倍和 1.37 倍（表 4-26）；4 种 TSNA 的增加

幅度各不相同，2014 年郑州贮藏后样品的增加幅度较大，与弥渡烟叶各组分相比，NNK 增加了 1.43 倍，NNN 增加了近 1 倍，NAT 和 NAB 分别增加了 73%和 56%；2015 年 NNK 增加了 52%，NNN 增加了 34%，NAT 和 NAB 分别增加了 20%和 30%。

表 4-26　两地贮藏前后白肋烟叶 4 种 TSNA 及其总量的变化（μg/g）

贮藏时期	贮藏地	NNN	NAT	NAB	NNK	总 TSNA
2014/4/1～10/15	贮藏前	1.48±0.06	1.76±0.004	0.018±0.003	0.033±0.009	3.29±0.07
	22℃贮藏	2.87±0.10	3.45±0.114	0.020±0.010	0.111±0.011	6.45±0.131
	大理弥渡	3.57±0.12b	4.64±0.07b	0.110±0.009a	0.123±0.006b	8.45±0.19b
	河南郑州	6.84±0.052a	8.05±0.218a	0.17±0.021a	0.299±0.013a	15.39±0.28a
2015/4/1～10/15	贮藏前	1.06±0.05	1.33±0.03	0.027±0.008	0.135±0.019	2.55±0.06
	大理弥渡	3.09±0.06b	3.98±0.11b	0.103±0.009a	0.217±0.011a	7.38±0.19b
	河南郑州	4.16±0.07a	5.40±0.10a	0.134±0.014a	0.329±0.027a	10.10±0.16a

4.7.3　白肋烟在弥渡和郑州贮藏前后烟叶 TSNA 合成前体物的差异

经过半年多贮藏后，样品中的 4 种生物碱呈不同的变化趋势（表 4-27）。与贮藏前相比，烟碱和降烟碱均有所降低，假木贼碱和新烟草碱的变化不一；2014 年和 2015 年郑州贮藏烟叶的烟碱和降烟碱含量低于弥渡贮藏的烟叶，分别降低了 0.68～1.10mg/g 和 0.05～0.318mg/g，差异均不显著（$P>0.05$）。贮藏后两地烟叶样品的硝酸盐和亚硝酸盐含量都明显降低，硝酸盐的减少幅度较大。与弥渡相比，2014 年和 2015 年郑州贮藏烟叶的硝酸盐和亚硝酸盐含量降低，差异不显著（$P>0.05$），硝酸盐分别减少了 222.1μg/g 和 125.5μg/g，亚硝酸盐减少了 0.42μg/g 和 0.20μg/g。贮藏后烟叶生物碱、硝酸盐和亚硝酸盐降低的主要原因是它们作为

表 4-27　两地贮藏前后白肋烟生物碱、硝酸盐和亚硝酸盐的变化

贮藏时期	贮藏地	生物碱/（mg/g）				硝酸盐/（μg/g）	亚硝酸盐/（μg/g）
		烟碱	降烟碱	假木贼碱	新烟草碱		
2014/4/1～2015/10/15	贮藏前	48.13±1.25	6.94±0.10	0.319±0.004	7.22±0.08	3420.5±12.3	6.70±0.09
	25℃贮藏	48.10±0.95	6.54±0.32	0.327±0.008	7.32±0.45	3183.7±15.2	5.93±0.20
	大理弥渡	48.02±0.73	6.45±0.16	0.314±0.005	7.26±0.13	3264.9±16.8	6.29±0.11
	河南郑州	47.34±1.11	6.40±0.27	0.325 ± 0.001	7.35±0.20	3042.8±14.0	5.87±0.06
2015/4/1～2015/10/15	贮藏前	52.88±0.35	7.45±0.23	0.348±0.031	7.86±0.33	3314.5±21.2	6.97±0.06
	大理弥渡	51.89±1.22	7.29±0.09	0.340±0.011	7.90±0.20	3091.2±30.9	6.05±0.17
	河南郑州	50.79±0.66	6.97±0.10	0.341±0.013	7.75±0.30	2965.7±48.9	5.85±0.35

TSNA 合成的前体物在贮藏过程中相互反应促进了 TSNA 的合成和积累，其减少幅度与 TSNA 的积累量有一定的关系。

4.7.4　两地贮藏前后白肋烟叶中性香气成分的变化

与贮藏前相比，2014 年和 2015 年弥渡和郑州贮藏后烟叶的新植二烯含量均明显降低，茄酮的含量也略有降低，这是由于它们作为中间产物会进一步降解转化形成其他香气成分。贮藏后测定的 26 类中性香气成分中，有 9 种成分含量增加，包括氧化异佛尔酮、巨豆三烯酮类、β-大马酮等关键香气成分，类胡萝卜素降解产物的总量均有所增加（表 4-28）。在温度 25℃下贮藏 6 个半月后，烟叶的 4 类中性香气物质总量均高亍弥渡和郑州贮藏的烟叶，说明适当控制烟叶的贮藏温度不仅可以控制 TSNA 的积累还可能对改善烟叶的香气品质有一定的促进作用。

表 4-28　贮藏前后两地烟叶中性香气成分的变化（μg/g）

香气物质类型	中性致香成分	2014/4/1～2014/10/15				2015/4/1～2015/10/15		
		贮藏前	25℃贮藏	郑州贮藏	弥渡贮藏	贮藏前	郑州贮藏	弥渡贮藏
类胡萝卜素降解产物类	二氢猕猴桃内酯	4.08	4.16	4.05	4.06	3.53	4.08	4.26
	3-羟基-β-二氢大马酮	6.57	6.32	6.04	5.91	2.17	2.14	2.08
	氧化异佛尔酮	0.41	0.44	0.57	0.52	0.43	0.44	0.43
	巨豆三烯酮 1	2.51	2.95	3.06*	2.57	2.90	3.52	3.50
	巨豆三烯酮 2	10.93	14.35	14.10*	13.14	13.16	15.30	14.96
	巨豆三烯酮 3	0.20	0.29	0.27	0.23	3.53	3.54	3.44
	巨豆三烯酮 4	10.49	12.53	12.26	12.05	10.98	13.71	13.30
	β-大马酮	9.31	9.74	10.60	11.34	9.72	10.68	10.73
	6-甲基-5-庚烯-2-酮	0.41	0.40	0.42	0.56	1.10	1.13	1.32
	6-甲基-5-庚烯-2-醇	0.50	0.51	0.49	0.49	–	–	–
	香叶基丙酮	2.23	1.81	1.83	1.70	2.58	2.15	2.21
	法尼基丙酮	9.60	9.18	9.19	9.50	8.25	7.96	9.02
	芳樟醇	1.50	1.27	1.17	1.30	1.63	1.16	1.40
	螺岩兰草酮	0.22	0.46	0.42*	0.37	0.24	0.28	0.29
	β-二氢大马酮	11.03	9.67	9.19	9.24	8.66	9.19	8.66
	小计	69.99	74.08	73.66	72.98	68.88	75.28	75.60
类西柏烷类	茄酮	25.46	25.38	23.79	24.89	27.03	25.90	26.64
苯丙氨酸类	苯甲醛	5.55	6.37	5.83	6.96*	3.50	3.63	3.46
	苯甲醇	5.68	5.38	5.12	5.22	5.43	5.27	5.05
	苯乙醛	12.49	12.11	11.56	12.02	16.48	17.05	17.37
	苯乙醇	6.41	6.39	6.47	6.37	4.91	4.81	4.62
	小计	30.13	30.25	28.98	30.57	30.32	30.76	30.50

续表

香气物质类型	中性致香成分	2014/4/1～2014/10/15				2015/4/1～2015/10/15		
		贮藏前	25℃贮藏	郑州贮藏	弥渡贮藏	贮藏前	郑州贮藏	弥渡贮藏
棕色化产物类	糠醛	7.68	7.25	7.15	7.32*	9.35	8.42	9.17
	糠醇	3.07	2.92	2.84	2.90	2.87	3.05	2.86
	5-甲基糠醛	2.28	2.71	2.58	2.71	1.96	2.59	2.73
	3,4-二甲基-2,5-呋喃二酮	0.25	0.51	0.32	0.43	0.35	0.51	0.46
	2-乙酰基吡咯	–	–	–	–	0.06	0.10	0.04
	小计	13.28	13.39	12.89	13.36	14.59	14.67	15.26
叶绿素降解产物	新植二烯	423.95	389.22	372.29	373.34	391.50	360.84	373.80
中性香气成分总量		562.81	532.32	511.61	515.14	532.32	507.45	521.80

注：“–”代表未检出

2014 年和 2015 年弥渡贮藏烟叶的中性香气成分总量与郑州的相比分别高出 3.53μg/g 和 14.35μg/g，没有显著差异（$P>0.05$）（表 4-28）。两地烟叶的中性香气成分的变化不一，2014 年郑州贮藏烟叶的类胡萝卜素降解产物总量稍高，其中巨豆三烯酮 1 和 2、螺岩兰草酮的含量显著高于弥渡的烟叶（$P<0.05$），而其他 4 类香气物质总量都低于弥渡贮藏的烟叶，其中苯甲醛和糠醛含量达到显著差异水平（$P<0.05$）。2015 年贮藏后，弥渡烟叶中类胡萝卜素类、茄酮及棕色化产物类均高于郑州贮藏的烟叶，显著不差异（$P<0.05$）（表 4-28）。

4.7.5 小结

在 2014 年和 2015 年每年 4 月 1 日到 10 月 15 日的贮藏期间，郑州贮藏点的平均气温高于弥渡，且高温的天数较多，而平均相对湿度低于弥渡。白肋烟样品分别在两地贮藏半年后，TSNA 含量均大幅增加，郑州贮藏的白肋烟总 TSNA 含量显著高于弥渡，不同地点烟叶 TSNA 增加量与生物碱、硝酸盐和亚硝酸盐的减少密切相关，受贮藏环境温湿度条件的影响。烟叶控制温湿度 25℃±1℃、60%±2% 贮藏后，4 种 TSNA 含量的增加量明显低于弥渡和郑州自然贮藏的样品。烟叶贮藏后不同中性香气成分含量呈不同的变化趋势，新植二烯含量下降，多种类胡萝卜降解类香气成分含量增加，弥渡贮藏的烟叶中性香气成分总量略高。

两年的实验研究表明，经过贮藏放置在郑州和弥渡的白肋烟的 4 种 TSNA 含量均大幅增加，总 TSNA 含量均增加了 1.56 倍以上。同样的烟叶放置到不同的地点贮藏，TSNA 及其前体物的变化有明显差异，郑州贮藏的烟叶总 TSNA、NNN 和 NAT 显著高于弥渡烟叶中的含量，总 TSNA 含量分别增加了 6.91μg/g 和

2.10μg/g；烟叶总生物碱含量、硝酸盐和亚硝酸盐含量与弥渡相比较低，其减少量与TSNA的积累密切相关，受贮藏环境温湿度的影响。此外，本研究初步的室内温湿度控制实验表明，贮藏环境的温度在25.5℃后，TSNA含量开始明显增加，且与烟叶含水率存在交互效应。将白肋烟样品存放在温度25℃±1℃、恒定湿度60%±2%条件下半年多后，4种TSNA含量明显低于在弥渡和郑州自然贮藏的样品，且烟叶的中性致香成分总量有所增加，这初步说明了采取贮藏环境控制技术的可行性。

贮藏醇化是卷烟生产过程中改善烟叶吸味品质和提高烟叶可用性必不可少的重要环节。贮藏后除新植二烯外烟叶的中性香气成分总量均有所增加，大部分类胡萝卜素降解类成分含量增加，包括氧化异佛尔酮、巨豆三烯酮类、β-大马酮等，这些成分含量的增加有利于烟气香气质和香气量的提高。2014年和2015年弥渡贮藏烟叶的中性香气成分总量与郑州的相比分别高出3.53μg/g和14.35μg/g，这说明选择将烟叶贮藏在弥渡这类空气湿度稍大、无明显高温季节的地区有利于抑制TSNA的形成，且烟叶香气成分也有所增加，研究结果为采取环境控制技术抑制TSNA的合成和积累、提高烟叶的安全性提供新的思路。

4.8　烟叶生物碱组成差异对白肋烟高温贮藏前后TSNA形成的影响

摘要：选用TN86的不同烟碱转化株系，在相同的栽培、田间管理及晾制方式下，选取生物碱组成差异明显的烟叶样品进行高温贮藏，测定贮藏前后烟叶TSNA含量，探究贮藏过程中TSNA积累及其与生物碱含量的关系。结果表明，贮藏前取自90株烟叶的4类生物碱株间差异明显，且以烟碱和降烟碱株间差异最大。将待测样品的总生物碱、NO_3^--N和NO_2^--N含量控制在相近水平，45℃高温贮藏12d后，TSNA含量远高于贮藏前。与贮藏前相似，NNN和NNK在贮藏期间的增加量分别与其前体物降烟碱和烟碱含量呈极显著正相关。随着降烟碱含量的提高，仲胺类降烟碱形成的NNN的增加量显著大于叔胺类烟碱形成的NNK的减少量，使总TSNA含量增加。相关分析和逐步回归的结果显示，烟碱转化导致降烟碱比例增加是影响高温贮藏后TSNA形成的主要因素。在烟叶总生物碱、硝态氮和亚硝态氮含量相近的条件下，生物碱组成差异对贮藏过程中TSNA积累有重要影响。

TSNA是由烟草生物碱与氮氧化物发生亚硝化反应生成的主要存在于烟叶和烟气中的有害成分，一般来说鲜烟叶中不含TSNA或含量极低，TSNA的形成和积累主要发生在调制和贮藏过程中。NNN、NAT 和 NAB 分别由降烟碱、新烟草碱和假木贼碱发生亚硝化反应生成，而 NNK 则是烟碱的氧化产物假氧环烟碱（PON）进一步发生亚硝化反应的产物。调制过程中，烟叶的硝酸盐被微生物还原为亚硝酸盐进而与生物碱作用形成 TSNA。调制后烟叶生物碱含量及组成与贮藏过程中 TSNA 的形成和积累密切相关，烟草类型、品种、调制方式和晾制的温湿度条件对烟叶生物碱含量有重要影响。Lewis 等（2012）报道白肋烟 TSNA 含量高于烤烟，是由其两个隐性基因位点（Yb_1 和 Yb_2）导致生物碱水平提高，氮利用效率降低，叶片硝态氮含量增加。烟草栽培品种的烟碱转化程度和降烟碱含量与 NNN 和总 TSNA 含量呈极显著正相关。Cai 等（2016）研究表明，调制过程中，受烟碱去甲基酶基因 *CYP82E4* 的影响，晾晒烟中 NNN 的形成与降烟碱密切相关，而 NNK、NAT 和 NAB 几乎不受相应的前体物影响。

白肋烟的贮藏阶段是 TSNA 形成的又一个重要时期，烟叶贮藏过程中 TSNA 含量可提高 50%至数倍，尤其在高温季节 TSNA 的积累更为迅速。De Roton 等（2004）报道贮藏在环境温度下的白肋烟粉碎样品半年内 TSNA 含量增加 5 倍以上。白肋烟 TSNA 含量随着贮藏时间的延长大幅增加；贮藏后 TSNA 增加量与温度和硝态氮含量密切相关，高温下硝态氮产生氮氧化物可能是造成 TSNA 积累的主要原因。而关于 TSNA 另一前体物生物碱对贮藏过程中 TSNA 形成和积累的影响尚不清楚。本研究团队通过 TN86 不同烟碱转化株系在相同的种植、田间管理及晾制方式下，选择总生物碱含量相近，而生物碱组成差异明显的烟叶样品进行高温贮藏处理，探究烟叶生物碱含量对贮藏过程中 TSNA 形成的影响，为进一步揭示烟叶贮藏过程中 TSNA 的形成机理和制订抑制烟叶贮藏过程中 TSNA 形成的有效技术提供依据（王俊等，2017a）。

试验于 2014 年在云南大理进行，以经鉴别具有不同烟碱转化率（percentage nicotine conversion，PNC）的 TN86 株系为试验材料，包括改良种 1（PNC＜5%）、低转化株系（5%＜PNC＜20%）、高转化株系 1（PNC＞20%）、高转化株系 2（PNC＞50%）。田间种植 4 个 TN86 的改良种和转化株系各 100 株。供试土壤为壤土，中等肥力。试验田面积约 $400m^2$，种植密度为 16 500 株/hm^2，氮用量为 225kg/hm^2，N∶P_2O_5∶K_2O 为 1∶1∶3。按常规方法育苗，5 月 8 日移栽，移栽后 30d 在每类改良种和转化株系中随机选取 20～25 株挂牌编号，共 90 株。烟叶成熟后，整株砍收，在标准晾房内晾制后，每株均单独取样，选取中部叶，切丝测定其生物碱含量，计算烟碱转化率。根据烟碱转化率的不同，将烟株分为非转化株（烟碱转化率低于 5%）、低转化株（烟碱转化率 5%～20%）、中转化株（烟碱转化率 20%～50%）和高转化株（烟碱转化率大于 50%）。取样的 90 个烟株中烟碱转化程度差异较大，非转化株占 17.8%、低转化株占 31.1%、中转化株占 27.8%、高转化株为 23.3%。选取总生物碱含量在 4%～6%的样品，根据烟碱、降烟碱及烟碱转化率的不同分为 6 组，每组样品包括 4～6 个转化株，分别将各组烟丝样品混合均匀，测定生物碱、NO_3^--N、NO_2^--N 和 TSNA 的含量。分别称取混合后的 6 组烟丝样品各 20g，装入蓝盖玻璃瓶中，放置到 45℃、相对湿度 60%的恒温恒湿箱内贮藏 12d 后取出。45℃处理前后烟叶的平均含水率分别为 12%和 11.6%。

4.8.1　白肋烟 TN86 不同转化株的烟叶 TSNA 前体物含量

由表 4-29 和图 4-31 可知，TN86 不同转化株在相同的栽培方式、施肥量及取样和晾制方法的条件下，烟叶的 4 种生物碱及烟碱转化率株间差异明显。假木贼碱和新烟草碱的含量较低，样品间变异性较小。烟叶中烟碱和降烟碱含量稍高，烟株间的差异明显，其中以降烟碱的变异性最大，最大值为 6.21%，最小值仅为 0.03%。烟碱含量的变化为 0.25%～7.69%，差异较大，这与烟株间烟碱转化率变异程度较高密切相关。取样的 90 株样品中，总生物碱含量最高达到 9.22%，最低仅为 0.76%，其中 42%的烟株总生物碱含量在 4%～6%。

表 4-29　TN86 群体生物碱含量及烟碱转化率

	烟碱	降烟碱	假木贼碱	新烟草碱	总生物碱	烟碱转化率
平均值/%	3.21	1.26	0.03	0.30	4.80	27.62
最大值/%	7.69	6.21	0.05	0.55	9.22	81.97
最小值/%	0.25	0.03	0.01	0.06	0.76	2.26
标准偏差	1.80	1.31	0.01	0.12	1.90	25.37
变异系数/%	56.26	104.31	22.02	40.00	39.59	91.85

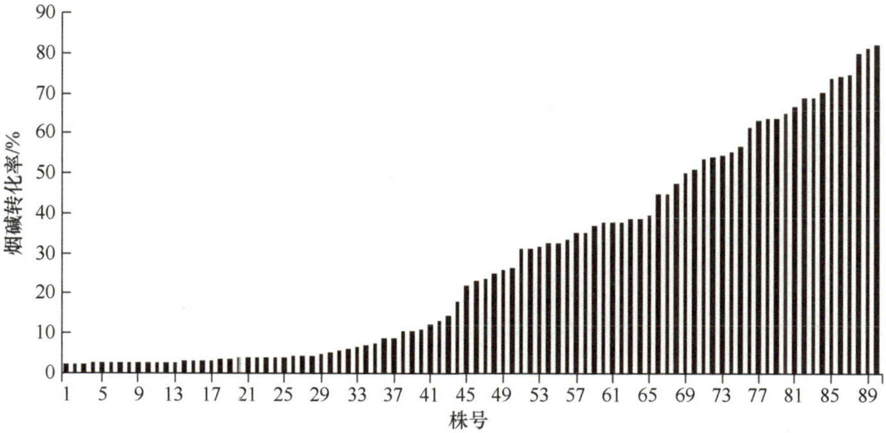

图 4-31　TN86 不同烟株调制后的烟碱转化率

为了研究 4 种生物碱组成的差异对高温贮藏过程中 TSNA 形成的影响，进一步筛选了生物碱含量在 4%～6%、烟碱和降烟碱含量差异较大、烟碱转化率呈梯度差异的烟叶样品，分为 6 组，将组内样品混合均匀后，测定其生物碱和 NO_3^--N、NO_2^--N 含量。由表 4-30 可以看出，随着烟碱转化率的提高，烟碱含量明显减少，降烟碱含量逐渐增多，假木贼碱含量较低，且组间无明显差异。与烟碱和降烟碱的组间差异相比，6 组样品的总生物碱、NO_3^--N 和 NO_2^--N 含量的差异较小。

表 4-30　TN86 不同烟碱转化率的分组情况

分组	烟碱/%	降烟碱/%	假木贼碱/%	新烟草碱/%	总生物碱/%	PNC/%	NO_3^--N/（μg/g）	NO_2^--N/（μg/g）
1	5.16±0.44	0.15±0.03	0.03±0	0.29±0.03	5.63±0.48	2.8±0.5	526.9±30.4	14.5±0.8
2	4.54±0.28	0.47±0.07	0.03±0	0.30±0.02	5.34±0.29	9.4±1.4	524.3±24.8	15.1±0.4
3	3.99±0.32	1.32±0.15	0.04±0	0.36±0.05	5.71±0.15	24.8±2.2	548.8±17.3	16.9±0.5
4	3.17±0.43	1.87±0.05	0.03±0	0.38±0.06	5.45±0.47	37.2±3.3	523.7±15.0	15.6±0.9
5	2.38±0.40	2.63±0.20	0.04±0	0.37±0.03	5.42±0.33	52.7±5.4	549.4±43.4	15.8±1.3
6	1.01±0.35	3.27±0.22	0.03±0	0.35±0.02	4.65±0.30	76.7±6.8	558.6±9.7	16.3±0.3

4.8.2　生物碱组成差异对高温贮藏前后烟叶 TSNA 含量的影响

将烟碱和降烟碱含量有较大差异的 6 组样品（表 4-30）在 45℃高温贮藏 12d，贮藏前后 TSNA 的含量如图 4-32 和图 4-33 所示。贮藏前后，随着降烟碱和烟碱转化率的提高，烟叶 NNN 和总 TSNA 含量的增长幅度逐渐加大。在贮藏前，当烟碱转化率为 76.7%，总 TSNA 含量最高，是烟碱转化率为 2.8%处理时的 2.7 倍；

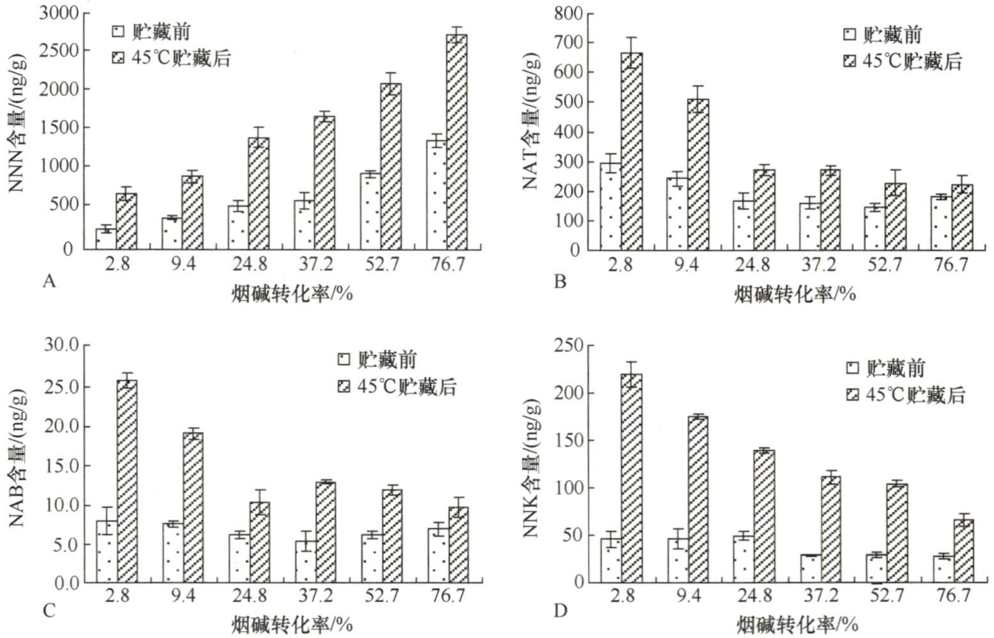

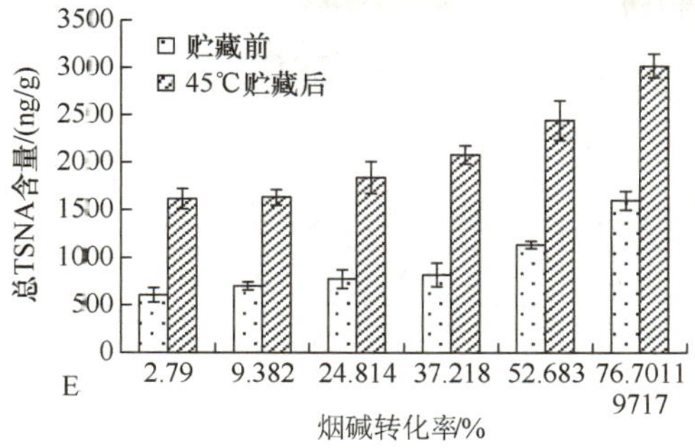

图 4-32　不同烟碱转化率的白肋烟 45℃贮藏 12d 后 TSNA 含量变化

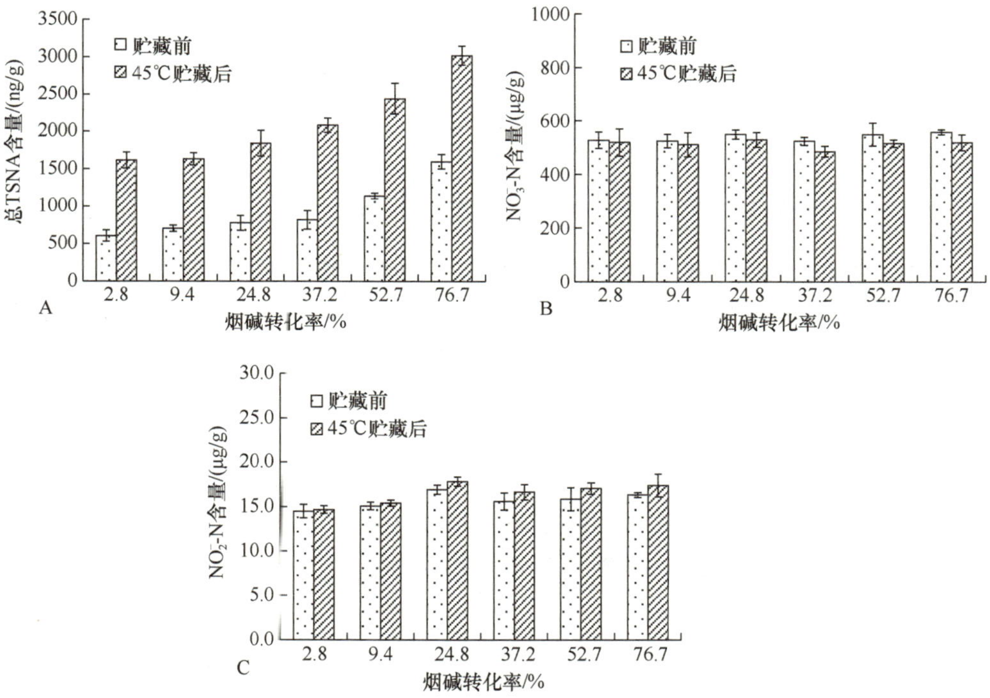

图 4-33　白肋烟 45℃贮藏 12d 后总 TSNA、NO_3^--N 和 NO_2^--N 含量变化

45℃贮藏后总 TSNA 的增加值最多，与 2.8%处理时的增加值相比高 411ng/g。烟叶 NNK 的含量随着前体物烟碱的降低而逐渐减少，贮藏后的增加值也明显降低。

4.8.3　生物碱含量与高温贮藏前后 TSNA 含量的关系

4.8.3.1　生物碱与贮藏前 TSNA 含量的关系

表 4-31 为贮藏前 TSNA 含量与生物碱及硝态氮等相关分析的结果，烟叶 NNN

含量和总 TSNA 含量与降烟碱含量及烟碱转化率呈极显著正相关（$P<0.01$）。在本试验条件下，NNK 含量与其前体物烟碱呈显著正相关，与降烟碱和烟碱转化率表现出负相关。贮藏前，烟叶 TSNA 的形成受 NO_3^--N 和 NO_2^--N 的影响不显著。

表 4-31　烟叶 TSNA 含量与生物碱、NO_3^--N 和 NO_2^--N 含量的相关系数

项目	NNN	NAT	NAB	NNK	总 TSNA
烟碱	−0.98**	0.70	0.43	0.84*	−0.96**
降烟碱	0.96**	−0.78	−0.54	−0.84*	0.92**
新烟草碱	0.55	−0.80*	−0.89*	−0.64	0.44
假木贼碱	0.11	−0.55	−0.65	0.11	0.04
总生物碱	−0.83*	0.19	−0.11	0.61	−0.87*
烟碱转化率	0.98**	−0.71	−0.44	−0.83*	0.96**
NO_3^--N	0.80	−0.54	0.20	−0.33	0.80
NO_2^--N	0.56	−0.77	−0.70	−0.15	0.49

4.8.3.2　生物碱与贮藏过程中 TSNA 增加量的关系

为了明确贮藏后烟叶 TSNA 的增加值与生物碱含量的关系，探究高温贮藏过程中 TSNA 积累的来源，采用简单相关、偏相关和逐步回归分析对 TSNA 增加值与生物碱和硝态氮含量进行分析，结果见表 4-32。对 NNN、NNK 和 TSNA 的增加值与前体物进行简单相关和偏相关分析，结果基本一致，由相关系数可知，NNN 和总 TSNA 含量的增加值与降烟碱和烟碱转化率呈显著正相关，说明降烟碱对 TSNA 积累的直接作用较大。NNK 的增加值与烟碱呈显著正相关，也受到降烟碱的影响，这与试验设置中烟碱和降烟碱的含量有关。在本试验条件下，NAT 和 NAB 的增加值与它们的前体物新烟草碱、假木贼碱表现出负相关，可能是由降烟碱亚硝化的竞争导致的。

表 4-32　45℃贮藏后 TSNA 增加值与生物碱、NO_3^--N 和 NO_2^--N 含量的相关系数

	NNN 增加值		NAT 增加值		NAB 增加值		NNK 增加值		总 TSNA 增加值	
	简单相关	偏相关	简单相关	偏相关	简单相关	偏相关	简单相关	偏相关	简单相关	偏相关
烟碱	−0.96**	−0.92*	0.86*	0.70	0.80	0.55	0.93**	0.86*	−0.96**	−0.93*
降烟碱	0.99**	0.97**	−0.91**	−0.79	−0.83*	−0.61	−0.94**	−0.88*	0.97**	0.97**
新烟草碱	0.83*	0.82	−0.90**	−0.92*	−0.81	−0.80	−0.80	−0.77	0.73	0.65
假木贼碱	0.24	−0.23	−0.43	−0.08	−0.46	−0.10	−0.26	−0.08	0.1	−0.38
总生物碱	−0.61	−0.43	0.45	0.16	0.45	0.15	0.64	0.47	−0.66	−0.52
烟碱转化率	0.97**	0.94*	−0.87*	−0.71	−0.81	−0.54	−0.93**	−0.84	0.97**	0.96**
NO_3^--N	0.71	0.43	−0.72	−0.23	−0.76	−0.25	−0.72	−0.33	0.65	0.49
NO_2^--N	0.67	0.28	−0.84*	−0.66	−0.91*	−0.80	−0.78	−0.51	0.49	0.07

进一步以高温贮藏后 4 种 TSNA 及总 TSNA 含量的增加值为因变量，即 NNN 增加值（Y_1）、NAT 增加值（Y_2）、NAB 增加值（Y_3）、NNK 增加值（Y_4）和总 TSNA 增加值（Y_5），以 NO_3^--N（X_1）、NO_2^--N（X_2）、烟碱（X_3）、降烟碱（X_4）、假木贼碱（X_5）、新烟草碱（X_6）、总生物碱（X_7）和烟碱转化率（X_8）为自变量，进行逐步回归分析，建立回归方程如下：

Y_1=432.2–287.3X_4（R^2=0.97），说明 NNN 的增加量与前体物降烟碱（偏相关系数 0.98，P<0.01）密切相关。

Y_2=318.3–95.8X_4（R^2=0.82），说明 NAT 的增加量受降烟碱（偏相关系数–0.90，P<0.05）的影响。

Y_3=73.7–4.5X_2+1.5X_3（R^2=0.94），NAB 的增加量与 NO_2^--N（偏相关系数–0.68，P<0.05）和烟碱（偏相关系数 0.42，P<0.05）的关系更为密切。

Y_4=157.4–36.5X_4（R^2=0.89），NNK 的增加量与降烟碱（偏相关系数–0.94，P<0.05）密切相关。

Y_5=1687.4–338.9X_4（R^2=0.94），TSNA 的增加量与降烟碱（偏相关系数 0.97，P<0.01）密切相关。

由上述结果可知，在总生物碱、NO_3^--N 和 NO_2^--N 含量相近的条件下，4 种生物碱中，降烟碱与 NNN 增加量密切相关，是影响高温贮藏后 TSNA 积累的主要因素。

4.8.4　小结

普通烟草的生物碱以烟碱为主，占总生物碱含量的 93%以上，降烟碱近 3.5%，个别烟株因不稳定转化基因位点被激活而具备了烟碱去甲基能力，导致烟碱转化成降烟碱，白肋烟群体中烟碱转化的问题较突出。本研究采用同样的栽培条件和调制方式，使白肋烟烟叶的硝态氮含量相近，贮藏 12d 后 NNN 和总 TSNA 含量与降烟碱及烟碱转化率呈极显著正相关（P<0.01）。由于仲胺类的降烟碱比叔胺类的烟碱更容易发生亚硝化反应生成 TSNA，烟碱大量向降烟碱转化直接促进了 NNN 的积累。

生物碱、硝酸盐和亚硝酸盐都是 TSNA 形成的前体物，本研究团队前期的研究通过控制白肋烟氮肥用量、氮素形态和向烟叶中添加外源硝态氮等措施得到硝态氮含量差异较大的样品，进行高温贮藏后，发现烟叶硝态氮含量与贮藏后 TSNA 的增加量呈显著正相关。本研究对总生物碱和硝态氮含量较一致，而烟碱和降烟碱有较大差异的样品进行 45℃高温贮藏后，发现 4 种 TSNA 和总 TSNA 含量虽然均远高于贮藏前，但 TSNA 在贮藏过程中的增加量受生物碱含量，特别是烟碱和降烟碱含量的强烈影响，一方面由于它们本身含量较高，也与试验设置有关。烟碱转化导致烟碱含量降低和降烟碱含量增高，在高温贮藏过程中 NNK 和 NNN 增加量也呈相反变化，尤其是随着降烟碱和烟碱转化率的增加，NNN 的含量明显升高，且增长幅度逐渐加大。烟碱转化率为 2.8%时，NNN 的增加值占 TSNA 总增加值的 44%；当转化率为 76.7%时，NNN 的增加值所占比例增长到 94%。这可能是因为降烟碱为仲胺类生物碱，比叔胺类的烟碱更不稳定，更容易发生亚硝化反应而生成 NNN，这也是造成在总生物碱含量相近的条件下，随着降烟碱含量比例增加，高温贮藏后总 TSNA 含量显著增加的主要原因。在本试验条件下，相关分析和逐步回归分析显示贮藏后烟叶总 TSNA、NNN 的增加值均与降烟碱呈直接正相关，NNK 的增加值随着烟碱含量的降低而逐渐减少，也受到降烟碱的竞争性抑制。NAT 和 NAB 的增加值与它们前体物新烟草碱、假木贼碱无显著的相关关系，回归分析显示它们受到烟叶烟碱和降烟碱含量的一定影响，这可能是由在 TSNA 形成过程中前体物之间的竞争性抑制造成的，与 *CYP82E4* 等基因的调控有关。

综合本研究结果和前期的研究结果，我们认为在高温贮藏过程中，TSNA 形成与前体物硝态氮和生物碱含量密切相关，在生物碱含量相近的条件下，硝酸盐和亚硝酸含量的高低成为 TSNA 增加量的主导因素；而在硝酸盐、亚硝酸含量相近的条件下，生物碱的差异，尤其是容易发生亚硝化反应的仲胺类生物碱对 TSNA 的形成和积累起重要作用。在总生物碱、NO_3^--N 和 NO_2^--N 含量相近条件下，烟叶中降烟碱含量和烟碱转化率与 TSNA 形成和积累关系密切；高温贮藏后，4 种 TSNA 和总 TSNA 含量均远高于贮藏前，NNN 的增加量与降烟碱呈极显著正相关。烟碱转化导致降烟碱比例增加是造成白肋烟贮藏过程中 TSNA 大量形成和积累的主要原因。

4.9 直接或间接添加硝酸盐和亚硝酸盐对贮藏烟叶 TSNA 形成的影响

摘要：通过加入外源硝酸盐或亚硝酸盐与烟叶、活性炭（activated carbon，AC）隔离共处理，研究高温贮藏后 TSNA 形成与烟叶 NO_3^--N 或 NO_2^--N 含量和氮氧化物（NO_x）的关系。结果表明，人为直接或间接加入硝酸盐或亚硝酸盐与烟叶 45℃共处理后，TSNA 的含量均明显增加。将烟叶与硝酸盐或亚硝酸盐隔离共处后，样品的 TSNA 含量及周围环境的 NO_x 浓度也显著增加。与硝酸盐相比，亚硝酸盐处理更能显著促进 TSNA 的积累，这与其不稳定易于产生大量 NO_x 有关。45℃贮藏过程中，烟叶中硝酸盐或亚硝酸盐产生的 NO_x 与生物碱反应，促进了 TSNA 的形成。活性炭对 TSNA 形成的抑制作用主要体现在其对烟叶贮藏环境中 NO_x 的吸附。

4 种 TSNA 分别由烟碱、降烟碱、假木贼碱和新烟草碱发生亚硝化反应而生成。生物碱、NO_3^-和 NO_2^-均是 TSNA 形成的前体物。TSNA 的含量随着贮藏时间的延长大幅增加，贮藏过程中 TSNA 含量可提高 50%至数倍，尤其在高温季节 TSNA 的积累更为迅速。王瑞云等（2014）报道 TSNA 的增加量与贮藏温度、烟叶 NO_3^--N 含量密切相关；孙榅淑等（2015c）的研究进一步明确了它们之间的关系。但对于温度和 NO_3^--N 如何促进 TSNA 形成的机理尚不明确，有推测高温下 NO_3^--N 产生 NO_x 可能是造成 TSNA 积累的主要原因。因此，本研究拟通过调控烟叶中的前体物来探索其对 TSNA 形成的影响：人为添加硝酸盐或亚硝酸盐与烟叶共处理，采用活性炭吸附解吸的方法，探索贮藏期间烟叶硝态氮、NO_x 生成与 TSNA 形成之间的关系，揭示 TSNA 的形成机理，为制订有效抑制 TSNA 形成的技术提供理论依据（Wang et al.，2017a；王俊，2017）。

供试材料为白肋烟 TN86 和烤烟中烟 100 的中部叶，分别产自四川达州和河南襄城县。将烟叶去除主脉，分别切成烟丝混匀，置于 4℃储存待用。白肋烟和烤烟的含水率均为 13%，NO_3^--N 的含量分别为 1935μg/g 和 201μg/g。本研究共分为以下几组试验。

一是直接添加试验。分别将 4 种不同浓度的 $NaNO_3$（10mg/ml、20mg/ml、30mg/ml 和 40mg/ml）和 $NaNO_2$（5mg/ml、10 mg/ml、15 mg/ml 和 20mg/ml），每个处理 10ml（相当于 73mg、146mg、219mg、292mg 的 NO_3^-和 33mg、67mg、100mg、133mg 的 NO_2^-），均匀地喷洒到 8 个 20g 的烤烟烟丝中，以喷洒 10ml 去离子水的烟叶为对照。

二是间接添加试验。将 1mol/L 的三种硝酸盐溶液（NH_4NO_3、KNO_3 和 $NaNO_3$，相当于 310mg 的 NO_3^-）和 $NaNO_2$ 溶液（相当于 230mg 的 NO_2^-）各 5ml，分别喷洒到纱布块（5cm×5cm）上。另取纱布喷洒 5ml 去离子水作为对照。将浸润硝酸盐、亚硝酸盐溶液及去离子水的纱布块自然晾干后，与 20g 的烤烟烟丝隔离放置在玻璃干燥器中，纱布置于底层，烟叶样品置于瓷板上后，密封。

三是间接添加活性炭、硝酸钠和亚硝酸钠试验。本试验包括 12 个处理，分为两组。第一组：①烟叶（贮藏前，4℃）；②烟叶（45℃对照）；③烟叶+$NaNO_3$；④烟叶+$NaNO_3$+1.0g 活性炭（AC）；⑤烟叶+$NaNO_3$+5.0g AC；⑥烟叶+$NaNO_3$+10.0g AC。第二组：①烟叶（贮藏前，4℃）；②烟叶（45℃对照）；③烟叶+$NaNO_2$；④烟叶+$NaNO_2$+1.0g AC；⑤烟叶+$NaNO_2$+5.0g AC；⑥烟叶+$NaNO_2$+10.0g AC。每组处理 3 到处理 6 中 $NaNO_3$ 和 $NaNO_2$ 的添加量分别为 0.3g（相当于 219mg 的 NO_3^- 和 200mg 的 NO_2^-）。将 0.3g 的 $NaNO_3$ 和 $NaNO_2$ 分别溶解于 5ml 的去离子水，均匀喷洒到 $5cm^2$ 见方的纱布块上自然晾干后，置于干燥器的底部，与 20g 的烟叶和活性炭隔离存放。试验中所用的活性炭为木质，比表面积为 $901.7m^2/g$，颗粒大小为 75μm。所有试验置于恒温恒湿箱中处理 15d，温度设定为 45℃，相对湿度为 60%，试验设置 3 次重复。

四是研究间接添加 AC、硝酸盐和亚硝酸盐对烤烟高温贮藏后氮氧化物形成的影响。试验包括 8 个处理，分为两组。第一组：①烟叶（45℃对照）；②烟叶+$NaNO_3$；③烟叶+$NaNO_3$+2.0g AC；④烟叶+$NaNO_3$+10.0g AC。第二组：①烟叶（45℃对照）；②烟叶+$NaNO_2$；③烟叶+$NaNO_2$+2.0g AC；④烟叶+$NaNO_2$+10.0g AC。每组处理 2 到处理 4 中 $NaNO_3$ 和 $NaNO_2$ 的添加量分别为 0.8g 和 0.4g（相当于 518mg 的 NO_3^- 和 266mg 的 NO_2^-）。第一组烟叶与硝酸盐、活性炭的质量比分别为 68∶1∶3 和 68∶1∶17；第二组烟叶与亚硝酸盐、活性炭的质量比分别为 150∶1∶7 和 150∶1∶37。将 $NaNO_3$ 和 $NaNO_2$ 分别溶解于 5ml 的去离子水，均匀喷洒到纱布上自然晾干后，置于干燥器的底部，与 40g 的烤烟烟叶和活性炭隔离存放。活性炭吸附特性同上。分别将 $NaNO_3$、$NaNO_2$ 及 AC 与等量的烤烟（40g）隔离放置于干燥器中，密封后在 45℃、相对湿度 60%的培养箱中处理 24h 后，抽取干燥器内的 NO_x 进行测定。每个处理设置 3 次重复。

五是活性炭中 NO_x 的解吸实验，取出试验四进行吸附后的 AC，分别放入新的干燥器中为实验组，同时另取 2g AC 放入另一干燥器内作为空白对照，将两组密闭容器同时置于 60℃、相对湿度 60%的培养箱中进行 NO_x 的解吸实验，分别于处理 15min 和 90min 后抽取密闭容器中的 NO_x 进行测定。

4.9.1 烤烟中喷洒硝酸钠和亚硝酸钠对高温贮藏后 TSNA 形成的影响

由图 4-34 可以看出，随着 $NaNO_3$ 添加量的提高，总 TSNA 含量均明显上升，处理间存在显著差异（$P<0.05$）。当 $NaNO_3$ 的添加量为 0.4g（NO_3^-相当于 292mg）时，NAT 和总 TSNA 含量显著高于其他处理，与对照相比分别增加了 340%和 311%。当 $NaNO_3$ 的添加量少于 0.2g（NO_3^-相当于 146mg）时，处理间 NNN 的含量无显著差异，添加量增加到 0.3g 后 NNN 的含量急剧增加，与添加 0.2g 时相比提高了近 1 倍，NNK 和 NAB 含量也呈现出显著的增加。

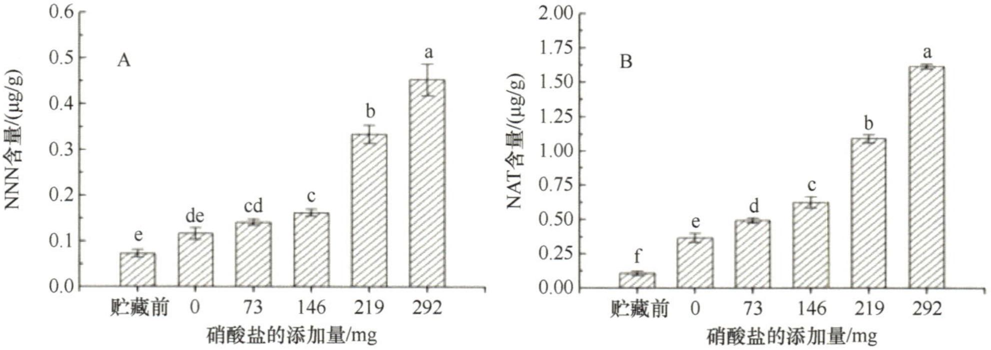

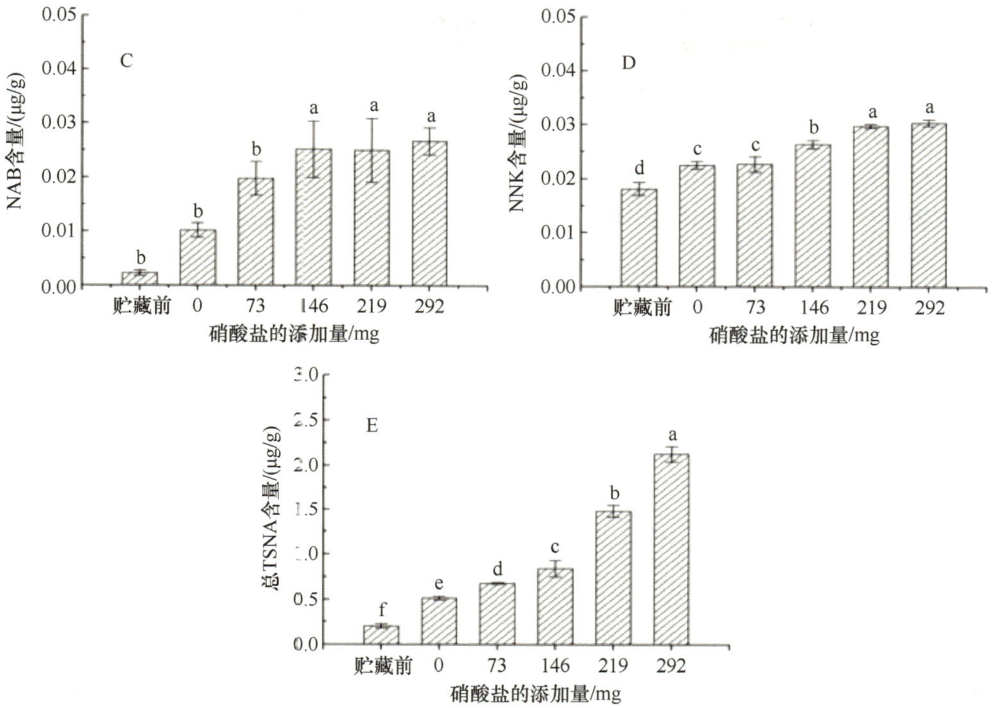

图 4-34　喷洒硝酸钠对烤烟高温贮藏后 TSNA 形成的影响

由表 4-33 可知，烟叶中添加 $NaNO_2$ 后，TSNA 含量急剧增加，且随着 NO_2^- 添加浓度的提高而快速增加，处理间存在显著差异。当 NO_2^- 添加量为 133mg 时（0.2g $NaNO_2$），总 TSNA 含量最高，显著高于其他处理，与对照相比增加了 208.6 倍；NNN、NNK、NAT 和 NAB 也分别增加了 258 倍、39 倍、203 倍和 112.5 倍。研究表明，在烤烟中喷洒一定浓度的硝酸盐和亚硝酸盐溶液，经高温贮藏后，TSNA 的含量均明显增加。与硝酸盐相比，喷洒亚硝酸盐更能显著促进烟叶 TSNA 的积累。

表 4-33　喷洒亚硝酸盐对烤烟高温贮藏后 TSNA 形成的影响

	NO_2^-添加量/mg	TSNA/（μg/g）				
		NNN	NAT	NAB	NNK	总 TSNA
贮藏前	0	0.08±0.01e	0.11±0.01e	0.004±0.00e	0.03±0.00d	0.22±0.00e
45°C 15d	0	0.13±0.01e	0.39±0.02e	0.02±0.00e	0.03±0.01d	0.56±0.03e
	33	5.85±0.28d	18.97±0.31d	0.31±0.03d	0.09±0.01cd	25.22±0.07d
	67	12.85±0.88c	41.73±1.95c	0.77±0.06c	0.23±0.03c	55.57±2.74c
	100	19.22±1.13b	51.96±1.54b	1.15±0.15b	0.66±0.09b	72.99±2.44b
	133	33.66±2.18a	79.68±0.96a	2.25±0.23a	1.21±0.16a	116.80±3.53a

4.9.2 间接添加硝酸盐和亚硝酸盐对烤烟高温贮藏后 TSNA 形成的影响

分别将烤烟与 1mol/L 的 NH_4NO_3、KNO_3、$NaNO_3$ 和 $NaNO_2$ 隔离放置于密闭的干燥器中，45℃处理 15d 后取样进行测定，结果如图 4-35 所示。硝酸盐和亚硝酸盐虽未与烤烟直接接触，但各处理中 TSNA 与对照相比仍大幅增加。烟叶与三种硝酸盐隔离共处后，NNN、NNK 和总 TSNA 含量均显著高于对照，三个处理间无显著差异。隔离体系中加入 1mol/L 的 $NaNO_2$ 后，总 TSNA 含量急剧增加，达 26.2μg/g，显著高于其他处理，与对照相比增加了 54 倍，NNN 和 NNK 含量也分别增长了 27 倍和 14.8 倍。从试验结果来看，烟叶虽未与硝酸盐、亚硝酸盐直

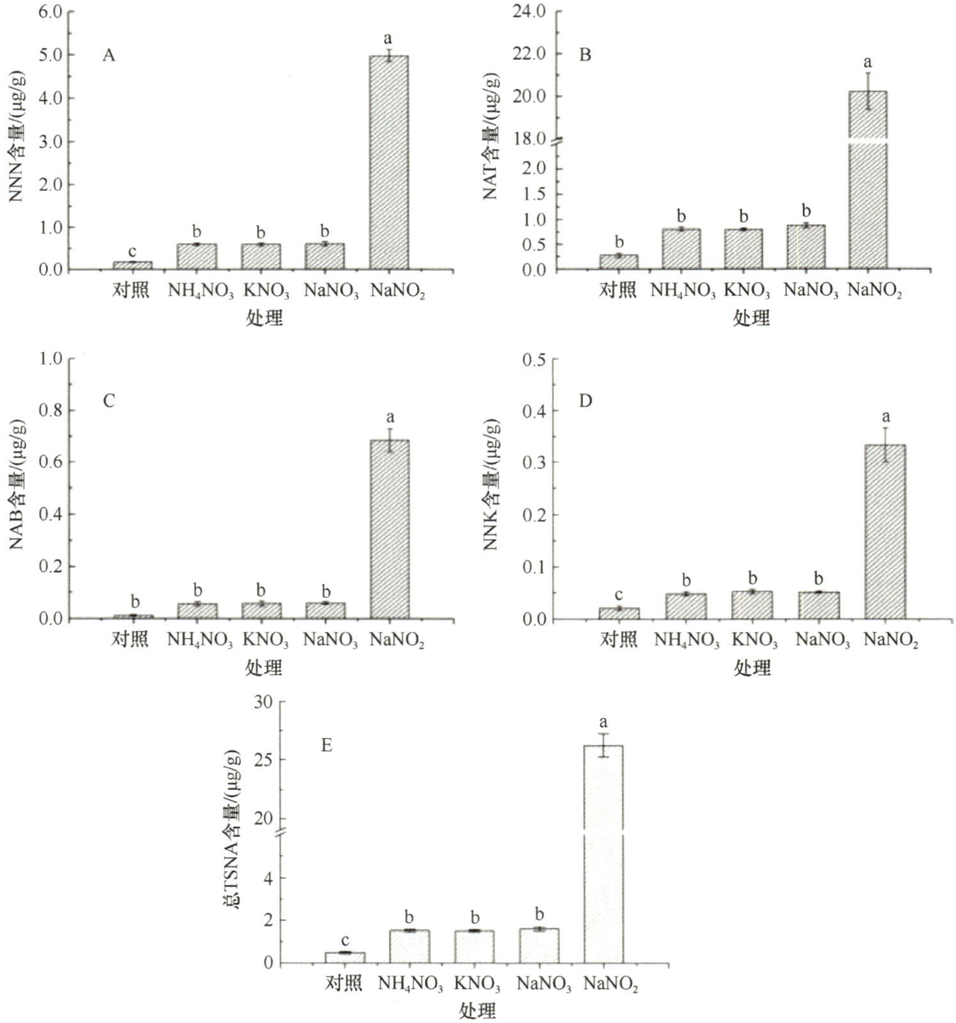

图 4-35 间接添加硝酸盐和亚硝酸盐对烤烟高温贮藏后 TSNA 形成的影响

接接触，TSNA 的含量仍显著增加。因此推测贮藏期间烟叶中的 NO_3^--N 和 NO_2^--N 可在较高温度下产生 NO_x，并与生物碱发生反应从而形成 TSNA。

4.9.3　间接添加活性炭、硝酸钠和亚硝酸钠对烤烟高温贮藏后 TSNA 形成的影响

为了进一步验证 NO_3^--N 和 NO_2^--N 在贮藏过程中能够产生 NO_x 进而与生物碱反应生成 TSNA，将活性炭（AC）、硝酸钠和烟叶隔离放置于干燥器中，测定 TSNA 含量的变化。由图 4-36 可知，烟叶与 0.3g 的 $NaNO_3$ 共处理后，4 种 TSNA 成分

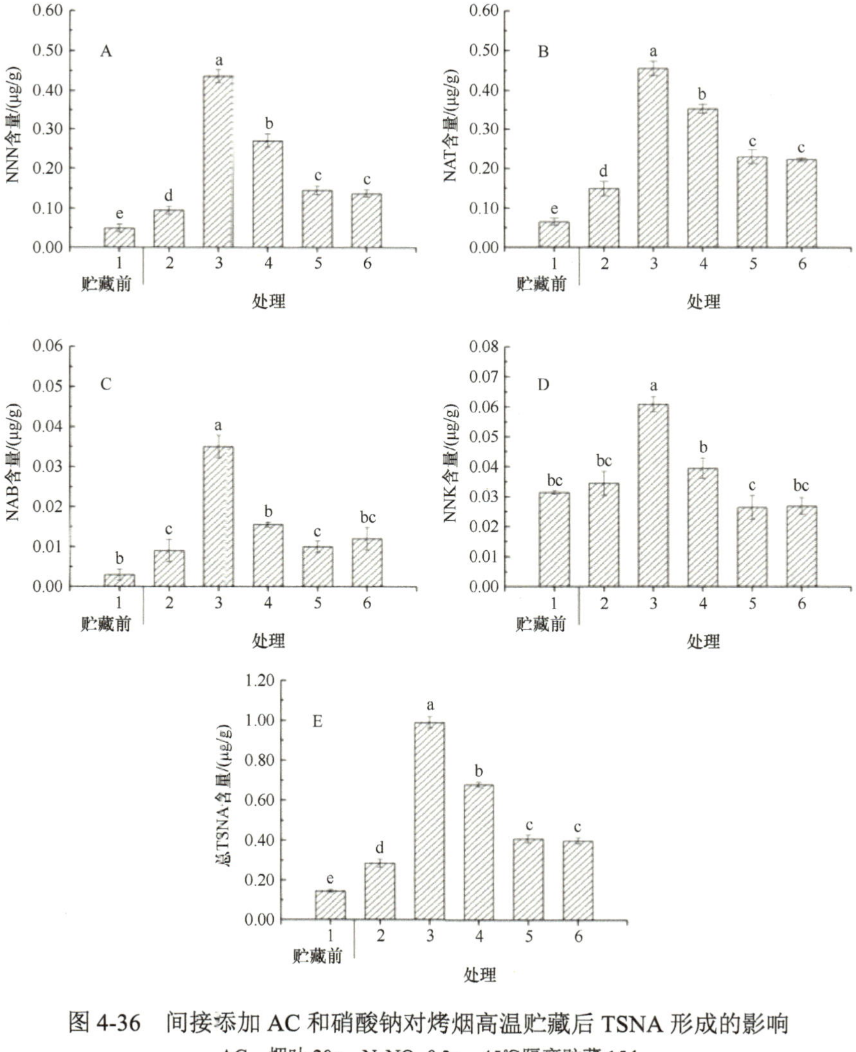

图 4-36　间接添加 AC 和硝酸钠对烤烟高温贮藏后 TSNA 形成的影响

AC、烟叶 20g，$NaNO_3$ 0.3g，45℃隔离贮藏 15d

均显著增加，总 TSNA 含量增加到 1μg/g，显著高于对照（$P<0.05$）。随着活性炭的加入，TSNA 含量均显著降低，当 AC 用量增加到 5.0g 时，TSNA 含量趋于稳定，与添加 $NaNO_3$ 处理相比，总 TSNA 含量减少了 58.6%，NNN 和 NAT 分别降低了 66.7%和 49.4%。

由图 4-37 可知，烟叶与 0.3g 的 $NaNO_2$ 共处理后，4 种 TSNA 的成分均急剧增加，总 TSNA 含量达 25μg/g，与对照相比增加了 59 倍。隔离体系中加入 5.0g

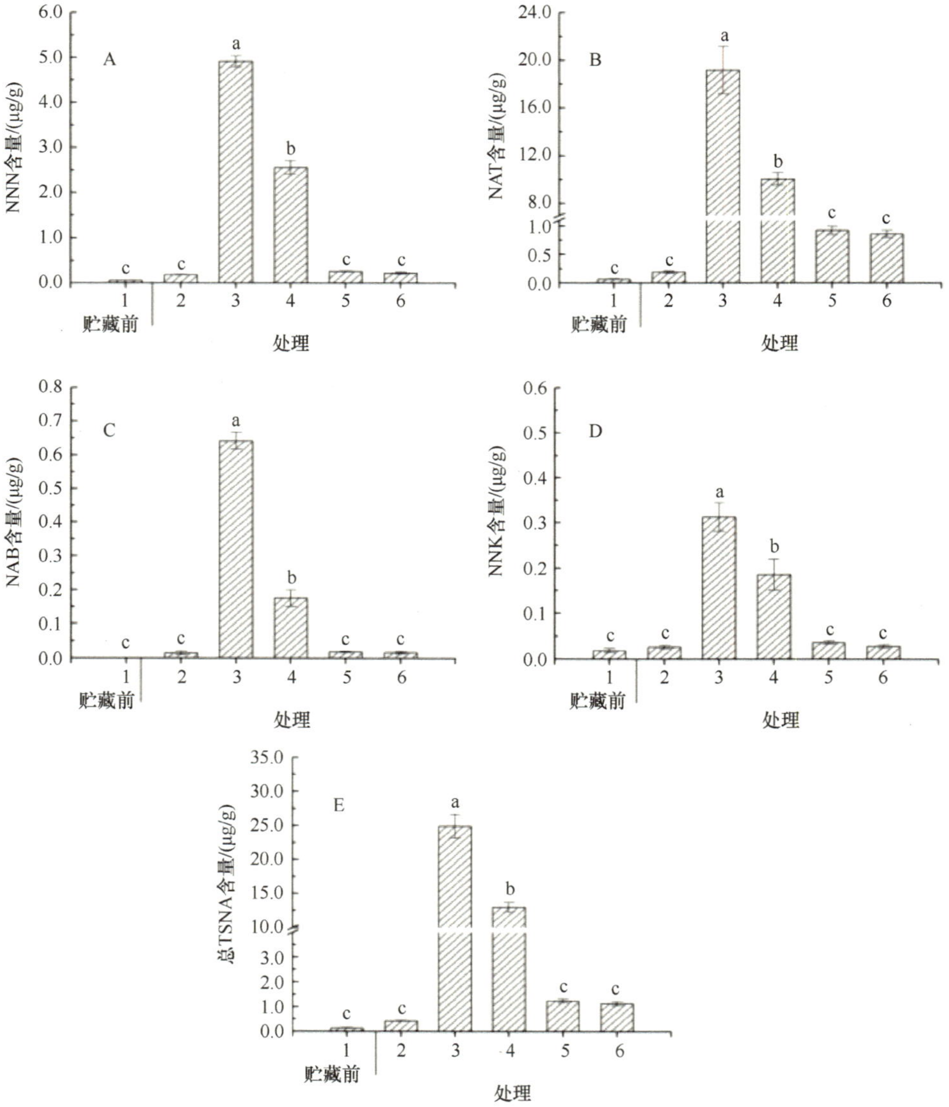

图 4-37 间接添加 AC 和亚硝酸盐对烤烟高温贮藏后 TSNA 形成的影响

AC、烟叶 20g，$NaNO_2$ 0.3g，45℃隔离贮藏 15d

活性炭后（烟叶与 NO_2^-、活性炭的质量比为 100∶1∶5），4 种 TSNA 含量均显著降低，总 TSNA 含量降低到 13μg/g，与添加 $NaNO_2$ 处理相比，降低了 48%，NNN、NAT、NAB 和 NNK 分别降低了 47.9%、47.6%、67.3%和 41%。当活性炭用量增加到 10.0g 时，总 TSNA 含量降低到 1.2μg/g，随着 AC 用量继续增加，TSNA 含量趋于稳定，与添加 5.0g 时无显著差异。

4.9.4 间接添加活性炭、硝酸钠和亚硝酸钠对烤烟高温贮藏 NO_x 形成的影响

将硝酸钠和活性炭与烤烟隔离放置在真空干燥器中置于 45℃处理 24h，测定干燥器内 NO_x 气体的浓度，结果见图 4-38。0.8g 的 $NaNO_3$ 与烤烟烟丝隔离放置后，烟叶产生的 NO 和 NO_x 浓度均显著增加（$P<0.05$），NO_x 的浓度为 0.55ppm，加入 2.0g 活性炭后，与处理 2（烟叶+$NaNO_3$）相比，NO 和 NO_x 的浓度明显降低。当活性炭用量增加到 10g 后，NO 和 NO_x 的浓度显著降低（$P<0.05$），与处理 2

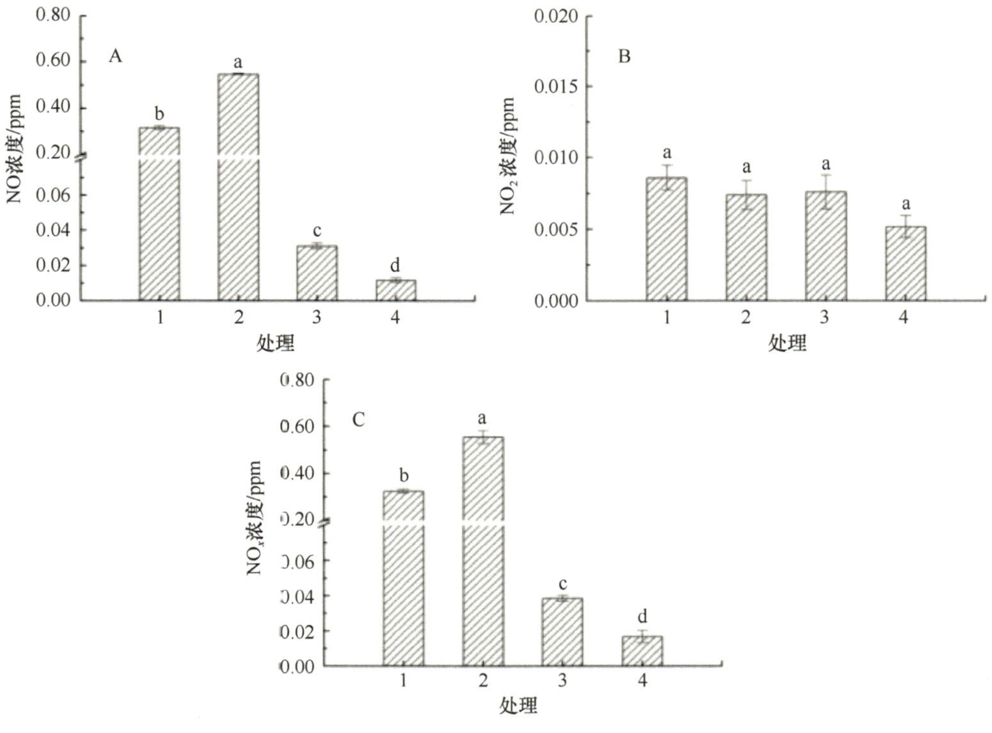

图 4-38　间接添加硝酸盐和活性炭后对烤烟氮氧化物形成的影响

烟叶 40g，$NaNO_3$ 0.8g，隔离放置在干燥器中 45℃处理 24h

相比，分别降低了 96.7%和 95.3%。结合 4.9.3 节的研究结果可知，活性炭对 TSNA 形成的抑制作用主要是通过对烟叶贮藏环境中 NO_x 的吸附。

将亚硝酸钠、活性炭与烤烟分离放置在真空干燥器中 45℃处理 24h，测定干燥器内 NO_x 的浓度，结果见图 4-39。将 0.4g 的亚硝酸钠与烤烟烟丝隔离放置后，烟叶产生的 NO 和 NO_x 浓度急剧增加，NO_x 的浓度达到 8.30ppm，显著高于其他处理（$P<0.05$），与对照相比增加了 24.6 倍。在烤烟与 $NaNO_2$ 的密闭体系中加入 2.0g 的活性炭后，烟叶周围环境中的 NO 和 NO_x 浓度急剧降低，当活性炭增加到 10g 后，NO 和 NO_x 的浓度显著低于其他处理（$P<0.05$），与处理 2（烟叶+$NaNO_2$）相比，NO 和 NO_x 浓度分别降低了 99.1%和 98.9%。与烟叶隔离添加硝酸盐相比，亚硝酸盐更易于挥发出 NO_x 且挥发量较大，是硝酸盐处理的 15 倍，这也是亚硝酸盐更能显著促进 TSNA 形成和积累的原因。研究结果进一步说明了亚硝酸盐对 TSNA 形成的重要作用，证明了贮藏阶段烟叶 TSNA 的形成是一个气固的反应阶段，烟叶中 NO_3^- 和 NO_2^- 在高温贮藏过程中能够产生 NO_x，进一步与生物碱反应生成 TSNA。

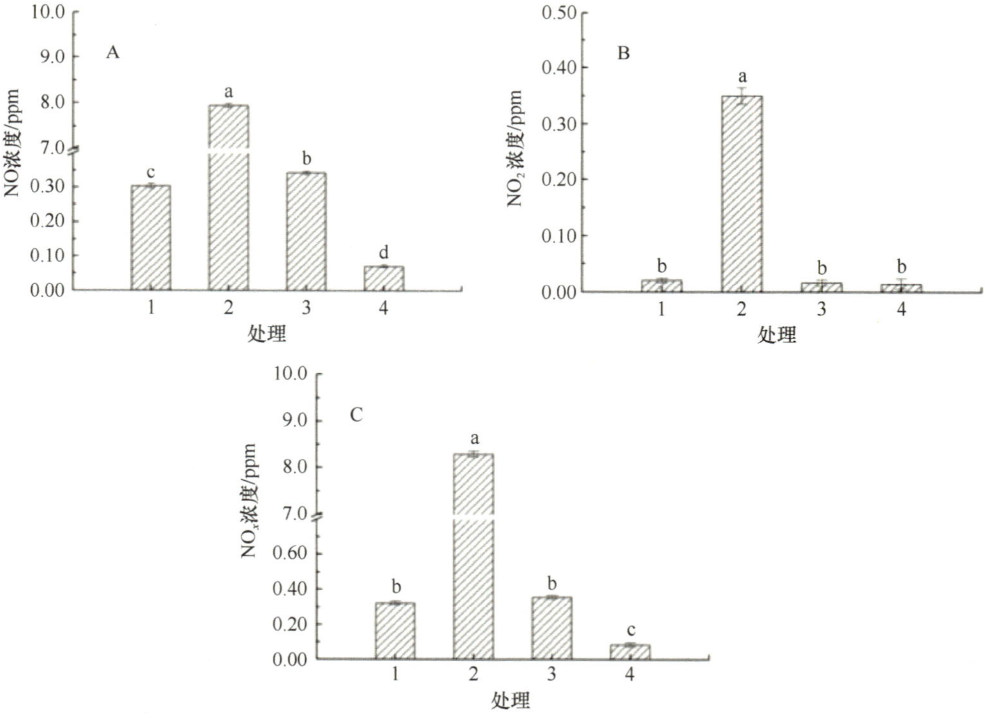

图 4-39 间接添加亚硝酸盐和活性炭后对烤烟氮氧化物形成的影响

烟叶 40g，$NaNO_2$ 0.4g，隔离放置在干燥器中 45℃处理 24h

4.9.5　活性炭中 NO_x 的解吸实验

取出 4.9.4 节中用于吸附后的活性炭，分别放入新的干燥器中，同时另取 2g 活性炭放入另一干燥器内作为空白对照，在 60℃条件下进行 NO_x 的解吸实验，结果见表 4-34。与硝酸盐、亚硝酸盐和烟叶共处理后的活性炭解吸出的 NO 和 NO_x 浓度显著高于对照，且随着处理时间的延长，解吸出的 NO_x 浓度逐渐提高，说明 NO_x 确实可以被 AC 所吸附。当烟叶与 NO_2^-、AC 的比为 150∶1∶7 时，NO_x 降低了 7.9ppm（图 4-39），将活性炭取出置于 60℃处理 90min 后，干燥器中 NO_x 的浓度为 0.632ppm。活性炭中 NO_x 解吸量与处理方法、时间和温度都密切相关，有待于进一步研究。

表 4-34　不同处理时间条件下活性炭中 NO_x 的解吸量

处理		NO/ppm		NO_x/ppm	
		15min	90min	15min	90min
AC		0.0094c	0.0249c	0.0203b	0.0486b
AC 与硝酸钠和烟叶共处（图 4-38）	处理 3（2g AC）	0.0200b	0.0466b	0.0220b	0.0505b
	处理 4（10g AC）	0.0216b	0.0471b	0.0244b	0.0511b
AC 与亚硝酸钠和烟叶共处（图 4-39）	处理 3（2g AC）	0.0732a	0.6200a	0.0864a	0.6320a
	处理 4（10g AC）	0.0740a	0.6302a	0.0887a	0.6435a

4.9.6　小结

生物碱、NO_2^-和 NO_3^-都是 TSNA 形成的前体物，喷洒一定浓度的 $NaNO_2$ 和 $NaNO_3$ 到烟叶中，高温贮藏后 TSNA 的含量均明显增加，且随着添加浓度的提高，处理间差异显著（$P<0.05$）。与硝酸盐相比，喷洒亚硝酸盐更能显著地促进烟叶 TSNA 的积累。进一步研究发现，将烟叶与硝酸盐和亚硝酸盐隔离放置后，TSNA 含量仍明显增加，但与直接添加相比，其增加量有所降低。将烟叶与硝酸盐或亚硝酸盐隔离置于 45℃共处理后，烟叶的 TSNA 含量及周围环境的 NO_x 浓度均显著增加。与硝酸盐相比，亚硝酸盐不稳定易于产生 NO_x，且挥发量较大，是添加硝酸盐处理的 15 倍，因此对 TSNA 形成和积累的促进作用也更大。

活性炭与烟叶、硝酸盐或亚硝酸盐的隔离共处理后，烟叶 TSNA 含量和密闭体系中 NO_x 的浓度均显著降低（$P<0.05$），尤其是与亚硝酸盐共处理后，总 TSNA 含量降低了 48%，NO_x 降低了约 95%。通过活性炭的解吸试验发现，与硝酸盐或亚硝酸盐和烟叶共处理过的活性炭解吸出的 NO 和 NO_x 的浓度显著高于对照，且随着处理时间延长和 NO_x 吸附量的增加，解吸出的 NO_x 浓度逐渐提高，证明 NO_x 确实可以被 AC 所吸附，然而受解吸方法、时间和温度的影响，解吸出的 NO_x 有

限，操作方法还需进一步完善。研究表明，活性炭对 TSNA 形成的抑制作用主要与对烟叶贮藏环境中 NO_x 的吸附有关。

综合本研究和前人的研究结果，我们认为硝酸盐和亚硝酸盐影响 TSNA 的形成主要包括两条途径：一是烟叶中的 NO_2^- 能直接与生物碱反应生成 TSNA；二是烟叶中的 NO_3^- 和 NO_2^- 在高温贮藏过程中可产生 NO_x，进而与生物碱反应生成 TSNA。

4.10 烟草类型及贮藏环境对烟叶氮氧化物形成的影响

摘要：为明确烟草类型及贮藏环境对烟叶氮氧化物形成的影响，利用真空干燥器设置密闭的环境，检测和分析了不同烟叶类型、贮藏温度和时间及含水率条件下环境中气态 NO_x 含量的差异。结果表明，贮藏过程中烟叶形成的氮氧化物以 NO 为主。相同的贮藏条件下，白肋烟产生的 NO_x 浓度高出烤烟约 8 倍。当贮藏温度从 10℃提高到 50℃，处理 48h 后白肋烟样品产生的 NO 和 NO_2 浓度逐渐升高。白肋烟经过 50℃贮藏 2h 后，即可检测出 NO_x，且随着处理时间的延长 NO_x 的浓度不断增加。相同贮藏温度下，含水率高于 18%的烟叶产生的 NO 和 NO_x 浓度与含水率 11.03%和 12.29%相比显著降低；烟叶隔离加入活性炭后，烟叶贮藏环境中的 NO_x 浓度显著降低。研究表明，贮藏环境控制可以抑制和减少烟叶本身氮氧化物的产生，从而减少贮藏过程中烟叶 TSNA 的形成。

氮氧化物（NO_x）是自然界常见的一类化合物，已报道卷烟烟气中主要存在三种氮氧化物：一氧化氮（NO）、二氧化氮（NO_2）和一氧化二氮（N_2O），其中 NO 为主要成分。烟气中的 NO_x 主要由烟草中的硝酸盐、亚硝酸盐及蛋白质和氨基酸等经高温热解而成。NO_x 是卷烟烟气中的主要有害成分之一，烟气中的 NO 和 NO_2 除了可以直接参与人机体内的自由基代谢，还能与烟草生物碱反应生成 TSNA。TSNA 是烟草生物碱发生亚硝化反应生成的存在于烟叶和烟气中的致癌物质，其形成和积累主要在烟叶的调制和贮藏过程中，与 NO_x 密切相关。调制过程中，烟叶暴露于微量的 NO_x 即可生成 TSNA；而明火烘烤能够产生一定浓度的燃烧副产物 NO_x，明显地促进烟叶烘烤过程中 TSNA 的形成。Saito 等（2006）研究证明，贮藏在密封条件下的白肋烟通入低含量 NO 气体后，TSNA 的增幅明显。本研究团队前期的研究表明，贮藏条件能够影响烟叶 TSNA 的形成，尤其是高温贮藏后烟叶 TSNA 的含量显著提高，增加幅度与硝态氮含量、贮藏温度、烟叶含水率密切相关，但关于贮藏过程中烟叶形成氮氧化物的研究鲜见报道，贮藏环境中 NO_x 的产生量与贮藏环境、烟叶硝态氮含量等的关系尚不清楚。为了明确烟叶类型及贮藏环境对烟叶 NO_x 形成的影响，本研究利用玻璃真空干燥器设置了密闭的环境，分析了不同类型、贮藏温度和时间及含水率的烟叶产生 NO_x 含量的差异，旨在进一步揭示烟叶贮藏过程中 TSNA 的形成机理，为制订抑制烟叶贮藏过程中 TSNA 形成的有效技术提供依据（王俊等，2017b）。

本研究所用烟叶为白肋烟 TN86 和烤烟中烟 100 的中部叶，分别产自四川达州和河南襄城县。将白肋烟和烤烟的烟叶去除主脉，分别切成烟丝混匀，待用。白肋烟和烤烟的含水率为 13.4%，NO_3^--N 的含量分别为 1935μg/g 和 201μg/g。研究分为以下三部分。

一是探究烤烟和白肋烟贮藏过程中氮氧化物的形成，称取白肋烟和烤烟各 40g 分别放置在棕色真空玻璃干燥器（直径 20cm，下同）中，密封后置于 50℃恒温恒湿箱中，设置相对湿度 60%，处理 48h。每个处理设置 3 个重复。处理后，采用烘箱干燥法测定样品的含水率，为 12.3%。

二是通过下述三个试验，探究贮藏环境对白肋烟氮氧化物形成的影响。试验一：探究贮藏温度对白肋烟气态氮氧化物形成的影响。分别称取 40g 白肋烟叶放在真空干燥器中，密封后，置于 10℃、20℃、30℃、40℃、50℃恒温恒湿箱中，设置相对湿度 60%，处理 48h 后，抽取干燥器中的气体至集气袋中测定氮氧化物浓度。每个处理设置 3 个重复。试验二：探究贮藏时间对白肋烟氮氧化物形成的影响。称取 8 个（40g/个）充分混匀的白肋烟样品放在真空干燥器中，密封后，置于 50℃恒温恒湿箱中分别处理 2h、4h、8h、16h、20h、24h、40h、48h 后，抽取干燥器中的气态氮氧化物进行测定。每个处理设置 3 个重复。试验三：探究烟叶含水率对白肋烟氮氧化物形成的影响。将白肋烟烟叶与饱和度分别为 100%、60%和 30%的 K_2CO_3 溶液，各 200ml 隔离放置于玻璃干燥器中，在 24.5℃培养箱中处理 4d 后，得到含水率差异明显的烟叶。将已知低含水率（4.23%和 6.20%）、中等含水率（11.03%和 12.29%）和高含水率（18.17%和 20.53%）的烟叶分别放置到真空干燥器中，密封置于 30℃恒温恒湿箱内培养 24h 后，抽取干燥器内的气态氮氧化物进行测定。每个处理设置 3 个重复。处理后，样品的含水率平均减少了 0.5%。

三是探究吸附材料对白肋烟气态氮氧化物形成的影响。称取白肋烟叶 40g 分别与 2g 活性炭和 5g 纳米二氧化硅隔离放置在真空干燥器中，密封后置于 30℃恒温恒湿箱中处理 48h，抽取干燥器中的气态氮氧化物进行测定。吸附材料使用前均置于 100℃烘箱中活化 30min。以不添加吸附材料的白肋烟为对照。每个处理设置 3 个重复。处理后，烟叶的含水率由 13.4%降低到 12.8%。

4.10.1　烤烟和白肋烟贮藏过程中气态氮氧化物的形成

将烤烟和白肋烟分别放在真空干燥器中，置于 50℃处理 48h 后测定氮氧化物的浓度如表 4-35 所示。高温处理后，两类烟叶产生的氮氧化物以 NO 为主，NO_2 的浓度较低。处理 48h 后，白肋烟和烤烟烟叶产生的氮氧化物浓度差异明显，其中白肋烟产生的 NO 和 NO_x 浓度极显著高于烤烟中的浓度（$P<0.01$），均高出约 8 倍，这可能与白肋烟样品的 NO_3^--N 含量较高密切相关。

表 4-35　不同的烟叶类型对气态氮氧化物形成的影响

烟叶类型	氮氧化物的浓度/ppm		
	NO	NO_2	NO_x
烤烟（中烟 100）	0.35±0.03Bb	0.016±0.008a	0.37±0.02Bb
白肋烟（TN86）	3.28±0.06Aa	0.041±0.009a	3.32±0.07Aa

4.10.2　贮藏条件对白肋烟气态氮氧化物形成的影响

4.10.2.1　贮藏温度对白肋烟气态氮氧化物形成的影响

由图 4-40 可以看出，随着烟叶贮藏温度从 10℃增加到 50℃，干燥器内 NO、NO_2 和 NO_x 浓度均明显增加，指数方程能较好地拟合 NO 和 NO_x 对贮藏温度的反应（R^2 大于 0.97）。白肋烟在 50℃处理 48h 后，干燥器内 NO 的浓度达到 3.28ppm，为 10℃处理的 42 倍。贮藏温度为 10℃到 30℃，NO_2 的浓度差异不显著，温度升高到 40℃时，NO_2 的浓度开始明显增加。结果表明，高温条件有利于烟叶中 NO 等氮氧化物的形成。

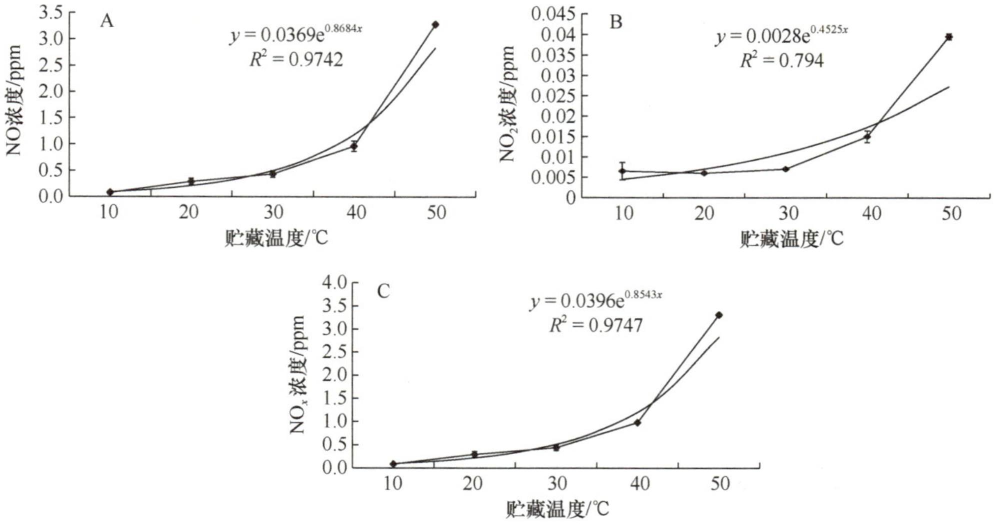

图 4-40　温度对白肋烟烟叶气态氮氧化物形成的影响

4.10.2.2　贮藏时间对白肋烟气态氮氧化物形成的影响

50℃条件下，密闭干燥器中的白肋烟叶经过不同的贮藏时间后各处理氮氧化物的浓度见图 4-41。密闭的白肋烟样品经过 50℃、2h 的处理后，干燥器内 NO_x 可以达到 0.2ppm。随着贮藏时间的增长，烟叶样品产生的 NO 和 NO_x 浓度逐渐升高，处理超过 20h 后 NO 和 NO_x 浓度迅速增加，采用二项式方程能较好地拟合氮氧化物浓度随着处理时间变化的关系（R^2 均大于 0.9）。干燥器内 NO_2 的浓度较低，贮藏时间超过 24h 后，NO_2 的浓度才显著提高（$P<0.05$）。

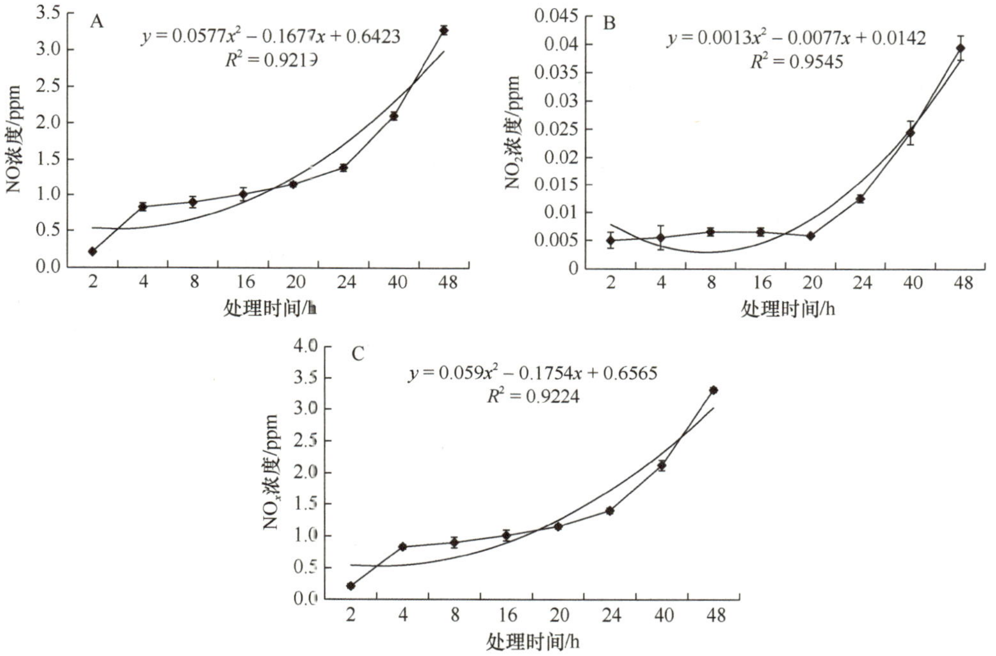

图 4-41　贮藏时间对白肋烟烟叶气态氮氧化物形成的影响

4.10.2.3　烟叶含水率对白肋烟气态氮氧化物形成的影响

由表 4-36 可以看出，烟叶含水率从 4.23%增加到 6.20%，30℃处理 24h 后，产生的 NO 和 NO_x 浓度有所降低。当烟叶含水率提高到 11.03%和 12.29%时，处理 24h 后干燥器内 NO、NO_2 和 NO_x 浓度明显增加，显著高于 4.23%和 6.20%处理（$P<0.05$）。而含水率高于 18.17%以后，烟叶产生的 NO 和 NO_x 浓度呈下降趋势，当烟叶含水率为 20.53%时，干燥器中 NO_x 的浓度与烟叶含水率 4.23%和 12.29%时相比分别降低了 31.25%和 57%，说明较高的含水率不利于烟叶中硝酸盐或亚硝酸盐产生 NO_x。

表 4-36　白肋烟含水率对烟叶气态氮氧化物形成的影响

烟叶含水率/%	氮氧化物的浓度/ppm		
	NO	NO_2	NO_x
4.23	0.234±0.012b	0.0059±0.001b	0.240±0.010b
6.20	0.229±0.004b	0.0055±0.002b	0.235±0.006b
11.03	0.361±0.015a	0.0180±0.005a	0.379±0.010a
12.29	0.370±0.017a	0.0165±0.004a	0.387±0.014a
18.17	0.164±0.005c	0.0053±0.001b	0.170±0.005c
20.53	0.159±0.011c	0.0061±0.000b	0.165±0.013c

4.10.3　吸附材料对白肋烟气态氮氧化物形成的影响

将含水率为 13.4%的白肋烟烟叶与吸附材料隔离放置在真空干燥器中，置于30℃条件下处理 48h 后，干燥器内 NO_x 浓度为 0.37ppm（图 4-42）。加入 5g 纳米二氧化硅后，NO_x 气体的浓度显著降低（$P<0.05$），说明纳米材料对烟叶产生的氮氧化物具有一定的吸附能力。当烟叶样品与 2g 的活性炭隔离放置 48h 后，干燥器中 NO 和 NO_x 的浓度显著低于其他两个处理（$P<0.05$），NO_x 降低到 0.017ppm，与对照相比降低了 95%，处理间 NO_2 的变化不显著。

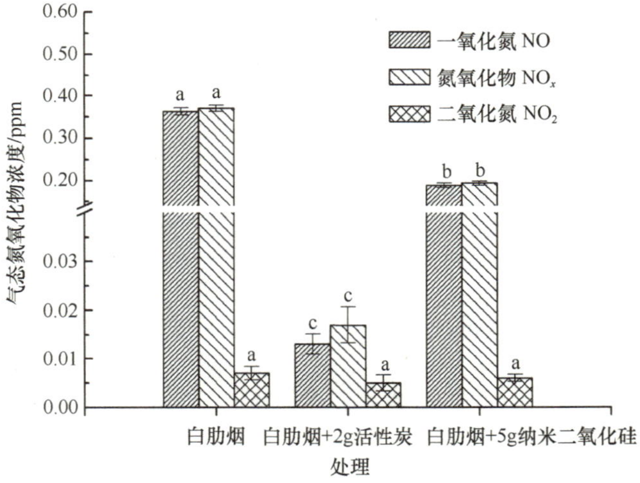

图 4-42　吸附材料对白肋烟气态氮氧化物形成的影响

4.10.4　小结

研究结果表明，烟叶中产生的氮氧化物以 NO 为主，占 90%以上，与卷烟烟气中的组成一致（Norman et al.，1983）。烟气中的 NO_x 大部分来源于烟丝中的硝态氮（NO_3^--N）（朱大恒等，1999），添加硝酸盐后卷烟烟气中 NO_x 的释放量明显升高（何佳文等，1995）。本研究白肋烟叶经 50℃高温处理 48h 后，干燥器内 NO 和 NO_x 浓度为烤烟的 9 倍左右，这与白肋烟具有较高的 NO_3^--N 含量密切相关。本研究中选择的 5 个温度值（10℃、20℃、30℃、40℃、50℃）充分考虑了烟叶的实际贮藏条件，夏季气温略高于 30℃，而烟叶贮藏温度可以高达 45℃以上。将白肋烟样品置于不同处理温度下，烟叶产生的 NO、NO_2 和 NO_x 浓度均随着温度的升高而明显增加，50℃处理后 NO 的浓度与对照 10℃相比增加了 42 倍，说明高温能够促进烟叶 NO_x 的形成。为了更明显地观测贮藏时间对烟叶 NO_x 形成的影响，本研究将烟叶放置在 50℃下贮藏，随着高温贮藏时间的延长，烟叶 NO_x 浓度明显升高，说明处理过程中烟叶可以不断产生氮氧化物。有关烟叶长期自然贮藏过程中氮氧化物的形成情况有待于进一步研究。本研究中，为了更贴近烟叶实际贮藏温度，减少处理过程中烟叶含水率的损失，分别将高含水率设定高、中、低三组烟叶在 30℃处理 24h。结果表明，含水率 20.53%的烟叶产生的 NO_x 浓度最低，与 TSNA 随含水率的变化规律基本吻合（Fannin et al.，2004）。隔离加入活性炭和纳米二氧化硅后，烟叶产生的 NO 和 NO_x 浓度显著下降（$P<0.05$），其对 TSNA 影响的研究正在进行。

本研究表明，在相同的贮藏条件下，白肋烟叶产生的氮氧化物浓度显著高于烤烟。在 10℃到 50℃范围内，白肋烟样品产生 NO 和 NO_2 的浓度随着贮藏温度的提高而明显增加；且随着高温贮藏时间的延长，烟叶产生 NO_x 的浓度不断增加。烟叶含水率高于 18%时可以抑制 NO_x 的形成，加入活性炭可以降低烟叶周围的 NO_x 浓度。

4.11　氧化剂和抗氧化剂处理对高温贮藏白肋烟 TSNA 形成的影响

摘要： 为了揭示白肋烟贮藏过程中 TSNA 形成机理和筛选抑制 TSNA 形成的物质，设置白肋烟室内高温贮藏试验，选择臭氧（O_3）作为氧化剂，以维生素 C、维生素 E、咖啡酸、茶叶水、姜汁、猕猴桃汁等为抗氧化剂处理，探索其对高温贮藏过程中白肋烟 TSNA 形成的影响。结果表明，臭氧能够显著促进高温贮藏白肋烟 TSNA 的形成，且促进效果随臭氧处理时间的增加显著增强。每天处理 12h 的白肋烟总 TSNA 含量是不用臭氧处理的 7.83 倍，处理间总 TSNA 含量差异达极显著水平；在选取的几种抗氧化剂中，维生素 C 溶液对于高温贮藏白肋烟 TSNA 形成的抑制效果最好，且 3%维生素 C 溶液的抑制效果优于 1%维生素 C 溶液。

前期的研究也表明，白肋烟调制结束后的贮藏阶段是 TSNA 形成的重要时期。高温贮藏条件下硝酸盐含量较高的白肋烟 TSNA 形成量远大于硝酸盐含量低的烤烟。然而目前有关白肋烟贮藏期间 TSNA 形成机理的研究报道还较少，缺少有效的降低 TSNA 含量的措施。TSNA 是由生物碱发生亚硝化反应形成的。关于降低烟叶调制过程中 TSNA 的形成方面，前人已经提出了许多通过生化调控技术、栽培技术、调制技术等降低 TSNA 的方法。烟草 TSNA 的形成是一种氧化过程，因此本研究设想通过抗氧化剂或亚硝酸清除剂的使用抑制烟叶 TSNA 的形成。前人研究表明，在烘烤前将切碎的烟丝放入含 1%维生素 C 的水溶液中处理 3d 后，烤后烟叶中的 TSNA 和亚硝酸盐水平明显降低。但关于降低烟叶贮藏过程中 TSNA 的技术和方法目前尚鲜见报道。为此，选用氧化剂（O_3）和几种抗氧化物质对高温贮藏过程中的白肋烟进行处理，以期对 TSNA 的合成进行双向调控，旨在进一步明确贮藏过程中 TSNA 的形成机理和筛选能够抑制 TSNA 形成的物质，为通过化学措施抑制 TSNA 合成、降低烟叶 TSNA 含量提供依据（孙榅淑等，2015b）。

供试材料为白肋烟品种 TN86，选择 2012 年在云南云龙种植的 TSNA 含量较高的白肋烟上部叶，植烟土壤肥力中等，施氮量为 16kg/667m^2，种植密度为 1200 株/667m^2，留叶数为 24 片。按优质白肋烟生产技术规范进行栽培管理，烟株整株砍收，在木板标准晾房晾制。将烟叶去除主脉后，剪成 0.5cm^2 大小的碎片，充分混匀放入冰箱待用。于 2013 年夏季进行试验，氧化剂试验使用臭氧处理烟叶，设两个处理，每处理称 20g 烟叶装在自封袋里，置于 35℃培养箱里贮藏 12d，用臭氧发生器制备臭氧通入自封袋里处理烟叶。处理 1 为每天臭氧处理 6h，处理 2 为每天臭氧处理 12h，分别以置于 35℃和 10℃培养箱中不进行臭氧处理的烟叶为高温对照和低温对照。抗氧化剂试验设 7 个处理，每处理称 20g 烟叶，分别喷清水（对照）、3%维生素 E 溶液、3%维生素 C 溶液、1%咖啡酸溶液、茶叶水、姜汁和猕猴桃汁，体积均为 10ml。其中茶叶水制备方法为称取 10g 绿茶，用 50ml 25℃蒸馏水浸泡 0.5h 后取 10ml 滤液；姜汁和猕猴桃汁制备方法为先各称取 10g 生姜、猕猴桃，研磨后过滤，将滤液定容至 10ml。将各处理烟叶在低温下晾 2d 至烟叶变干后立刻转移至玻璃闪烁计数瓶中，置于 45℃培养箱贮藏 15d。以置于 10℃培养箱中贮藏 15d 的未处理烟叶为低温对照。根据前期试验结果，当贮藏温度超过 30℃时，TSNA 在 15d 后可显著增加，且随处理温度的增高 TSNA 含量大幅提高，由于在烟叶实际贮藏过程中夏季温度可达到 45℃以上，故选取 45℃作为高温贮藏条件进行试验。

4.11.1 氧化剂处理对高温贮藏白肋烟 TSNA 形成的影响

臭氧处理后分别测定各处理烟样中的 TSNA 含量，结果如表 4-37 和图 4-43

所示。高温贮藏的白肋烟与低温对照相比 TSNA 明显增加，除 NNN 的差异没有达到显著水平外，其余 3 种均达到显著或极显著水平。高温贮藏条件下，4 种 TSNA 的形成量均随着臭氧处理时间的增加而增加，臭氧处理 6h/d 的白肋烟与未处理相比，只有 NAB 形成量无显著性差异，NAT 形成量有显著差异，NNN 和 NNK 形成量有极显著差异。臭氧处理 12h/d 的白肋烟与 6h/d 相比，4 种 TSNA 均有极显著差异。用臭氧处理的白肋烟中总 TSNA 含量大幅增加，并且随着臭氧处理时间的增加而增大。每天处理 6h 时烟叶中总 TSNA 含量是不用臭氧处理的 1.9 倍，每天处理 12h 是不用臭氧处理的 7.83 倍，各处理间差异达极显著水平，表明氧化剂处理可有效促进烟草特有亚硝胺的形成。

表 4-37 臭氧处理对高温贮藏白肋烟各 TSNA 形成的影响（μg/g）

处理	北京卷烟厂检测结果				美国肯塔基大学检测结果			
	NNN	NAT	NAB	NNK	NNN	NAT	NAB	NNK
未处理（10℃）	0.482cC	1.784dC	0.025cB	0.068dD	0.523cC	1.643dC	0.022cB	0.079cB
未处理（35℃）	2.836cC	3.527cB	0.085bB	0.283cC	2.912cC	3.628cB	0.075bB	0.297cC
O_3 处理 6h/d（35℃）	7.706bB	4.474bB	0.108bB	0.455bB	7.908bB	4.539bB	0.097bB	0.551bB
O_3 处理 12h/d（35℃）	41.807aA	9.346aA	0.922aA	0.632aA	42.941aA	8.916aA	0.893aA	0.685aA

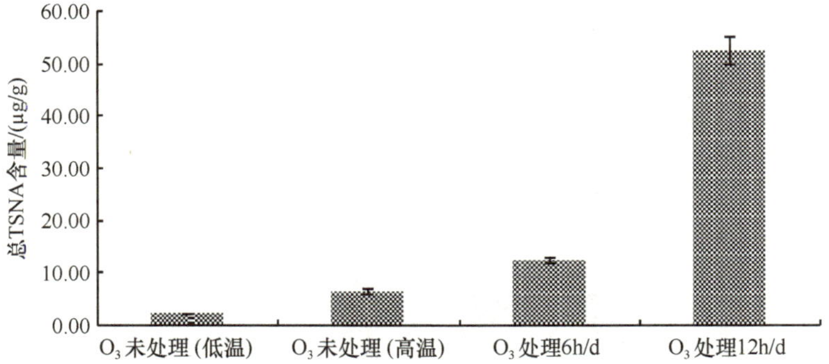

图 4-43 臭氧处理对高温贮藏白肋烟总 TSNA 形成的影响（北京卷烟厂测定结果）

4.11.2 抗氧化剂处理对高温贮藏白肋烟 TSNA 形成的影响

4.11.2.1 抗氧化剂处理对高温贮藏白肋烟 NNN 形成的影响

抗氧化剂处理过的烟叶高温贮藏后 NNN 含量检测结果表明，高温处理后的烟叶 NNN 含量均高于低温对照，说明高温条件下有利于 NNN 的形成。抗氧化剂处理的烟叶与喷清水对照相比，喷施 3%维生素 C 的烟叶 NNN 形成量最少，NNN 含量比对照低 20.69%，与喷清水对照有显著差异，抑制高温贮藏过程中白肋烟

NNN 形成的效果最好。此外，茶叶水、1%咖啡酸也有一定的抑制作用但与清水对照相比无显著差异，其余抗氧化剂抑制 NNN 形成的效果不明显（图 4-44）。

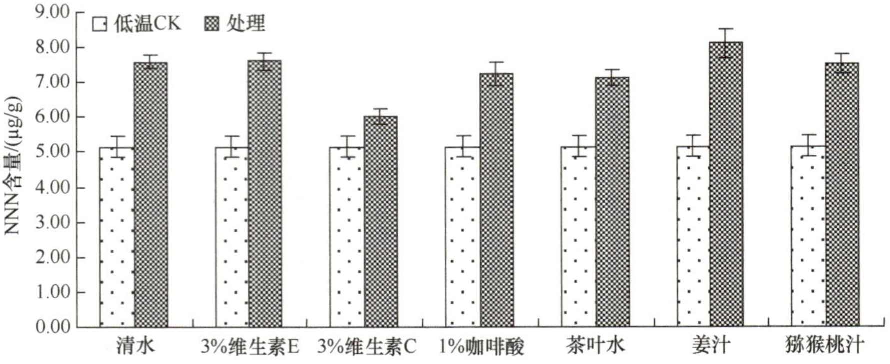

图 4-44　抗氧化剂处理对高温贮藏白肋烟 NNN 形成的影响

4.11.2.2　抗氧化剂处理对高温贮藏白肋烟 NAT 形成的影响

抗氧化剂处理对烟叶高温贮藏过程中 NAT 形成的影响见图 4-45。与高温贮藏过程中 NNN 的形成类似，高温处理后烟叶 NAT 含量均显著高于低温对照。与喷清水对照相比，3%维生素 C 溶液和 1%咖啡酸抑制 NAT 形成的效果较好，NAT 含量分别比喷清水对照低 17.25%和 14.88%，与喷清水对照有显著差异，其余抗氧化剂抑制 NAT 形成的效果不明显或无效果。

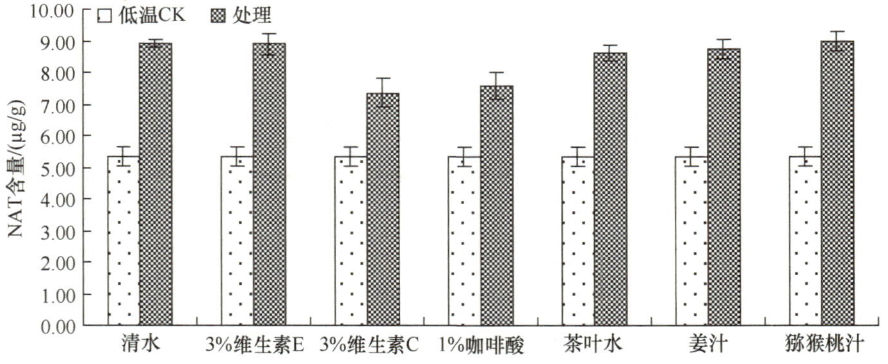

图 4-45　抗氧化剂处理对高温贮藏白肋烟 NAT 形成的影响

4.11.2.3　抗氧化剂处理对高温贮藏白肋烟 NAB 形成的影响

由图 4-46 可知，3%维生素 C 溶液对于抑制高温贮藏过程中白肋烟 NAB 形成的效果最好，比喷清水对照降低 24.25%，与喷清水对照间存在显著差异。其次是

1%咖啡酸和姜汁，分别比对照降低 11.07%和 7.65%。除 3%维生素 C 溶液以外其余处理与对照相比无显著差异。

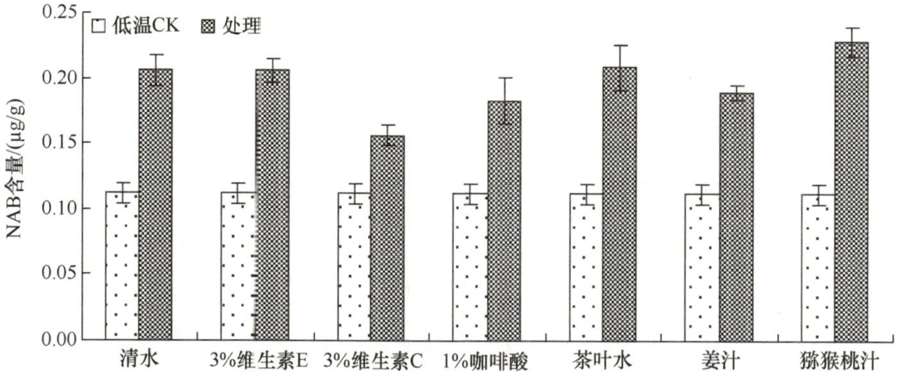

图 4-46　抗氧化剂处理对高温贮藏白肋烟 NAB 形成的影响

4.11.2.4　抗氧化剂处理对高温贮藏白肋烟 NNK 形成的影响

如图 4-47 所示，除姜汁和猕猴桃汁外，其他抗氧化剂对高温贮藏过程中白肋烟 NNK 的形成都有抑制作用。其中 3%维生素 C 溶液和 1%咖啡酸溶液效果最优，与喷清水对照相比分别低 23.68%和 22.77%，与喷清水对照均有显著差异。茶叶水效果次之，比喷清水对照降低 9.31%。除 3%维生素 C 溶液和 1%咖啡酸溶液以外其他处理与对照相比无显著差异。

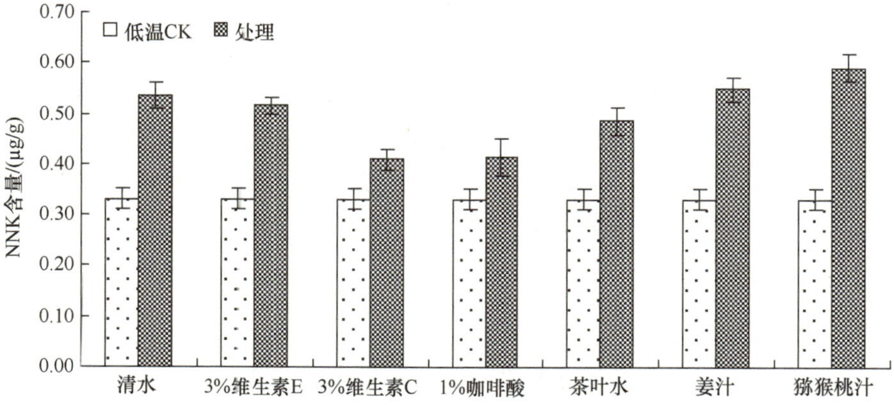

图 4-47　抗氧化剂处理对高温贮藏白肋烟 NNK 形成的影响

4.11.2.5　抗氧化剂处理对高温贮藏白肋烟总 TSNA 含量形成的影响

几种抗氧化剂处理白肋烟高温贮藏后总 TSNA 含量的检测结果见图 4-48。与低温对照相比，高温处理总 TSNA 含量均高于低温对照。与喷施清水的高温对照相比，喷施 3%维生素 C 的白肋烟叶总 TSNA 含量最低，高温贮藏过程中形成量最少，比喷清水对照总 TSNA 含量降低 19.05%。其次为 1%咖啡酸，与喷清水对照相比降低 10.50%。茶叶水也有一定效果，比喷清水对照减少 4.55%，其余处理有微弱抑制总 TSNA 含量的作用或没有作用。6 个处理中只有喷施 3%维生素 C 溶液、1%咖啡酸溶液的烟叶总 TSNA 含量与喷清水对照间差异显著。

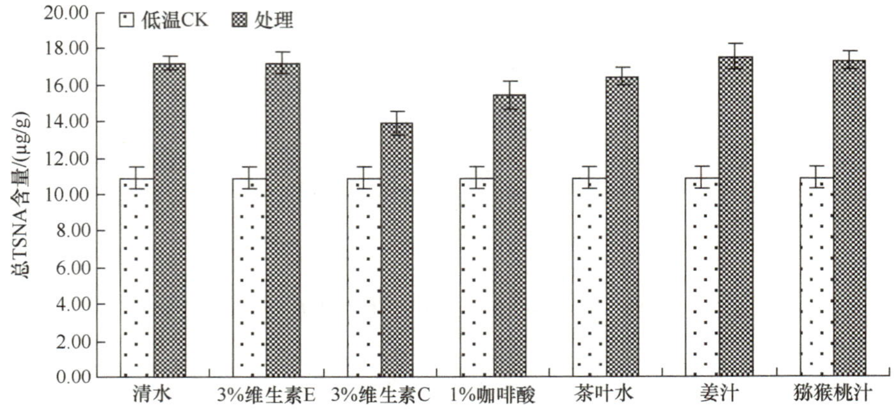

图 4-48　抗氧化剂处理对高温贮藏白肋烟总 TSNA 含量形成的影响

4.11.3　不同浓度维生素 C 处理对高温贮藏白肋烟 TSNA 形成的影响

测定结果如图 4-49 和图 4-50 所示。用维生素 C 处理过的白肋烟中 4 种 TSNA 含量均低于喷清水对照，用 1%维生素 C 溶液处理的烟叶中总 TSNA 含量与清水对照相比降低 29.1%，用 3%维生素 C 溶液处理的烟叶中总 TSNA 含量比清水对照降低 34.2%。两个不同维生素 C 浓度处理与喷清水对照相比总 TSNA 含量均有极显著差异，1%维生素 C 溶液的抑制效果也较好，与 3%维生素 C 溶液处理间差异达显著水平但未达到极显著水平。

4.11.4　小结

白肋烟调制后的贮藏阶段是烟草特有亚硝胺形成的重要时期，特别是高温处理使烟叶中的 TSNA 含量大量增加，这在本研究中得到进一步证实。采用臭氧发生器对贮藏中的烟叶进行臭氧处理，结果表明 TSNA 含量显著增加，而且与处理时间的长短密切相关，说明氧化剂处理可以促进生物碱的亚硝化反应。采用不同的抗氧化剂对高温条件下的贮藏烟叶进行处理，结果表明在所测试的剂型中，维生素 C 和咖啡酸对于高温贮藏过程中 TSNA 的形成有明显的抑制作用，而维生素

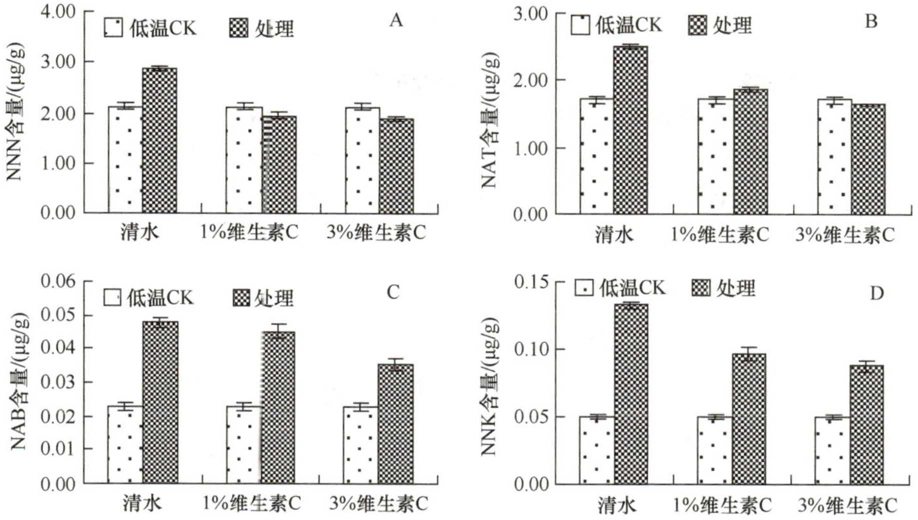

图 4-49　维生素 C 处理对高温贮藏白肋烟 TSNA 形成的影响

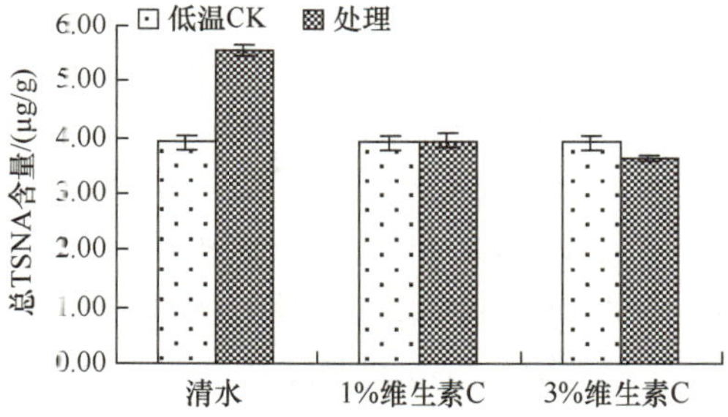

图 4-50　维生素 C 处理对高温贮藏白肋烟总 TSNA 含量形成的影响

E 没有得到预期的效果，这可能是因为维生素 E 是油状液体，其溶液喷施在烟叶上不易被烟叶吸收，而纯天然的茶叶水、猕猴桃汁、姜汁抑制白肋烟高温贮藏过程中 TSNA 形成的作用不显著，甚至没有作用，这可能是由于纯天然的水果蔬菜等所含有效抗氧化剂的量较少。本研究只选取几种氧化剂和抗氧化剂进行了初步的探索，氧化剂和抗氧化剂对高温贮藏过程中 TSNA 的形成分别起促进和抑制作用的机理还有待更为深入的研究。

4.12　纳米二氧化硅处理对贮藏烟叶 TSNA 形成和积累的影响

摘要：为了研究添加纳米二氧化硅对贮藏过程烟叶 TSNA 形成的影响，将纳米二氧化硅和活性炭直接或间接添加到白肋烟或烤烟中于 45℃

和 30℃条件下贮藏，测定贮藏前后 TSNA 含量或 NO_x 的浓度。结果表明，添加纳米二氧化硅对白肋烟 45℃高温贮藏中 TSNA 的形成具有一定的抑制作用，总 TSNA 含量随添加比例的增加整体呈降低趋势，其中以添加比例为 5.0%时效果最佳，总 TSNA 含量较对照降低了 57.2%。将烤烟与浸润 0.3g $NaNO_2$ 的纱布、纳米二氧化硅隔离放置于密闭容器，45℃处理后，烤烟中 4 种 TSNA 含量均急剧上升，总 TSNA 含量为 26.19μg/g，较对照增加了 64 倍。密闭体系中加入 1.0g 的纳米二氧化硅后，TSNA 含量显著下降，降至 3.39μg/g。综合 4.10 节的研究说明，纳米二氧化硅和活性炭可以通过吸附高温处理过程中 NO_3^--N 或 NO_2^--N 产生的 NO_x，从而抑制 TSNA 形成。

目前，国内外降低烟叶或烟气中 TSNA 的技术，主要沿着以下 3 条路线开展：一是通过控制氮肥形态和用量、选育优良品种，控制叶片中 TSNA 的前体物生物碱、硝酸盐和亚硝酸盐的水平；二是改善烘烤工艺、调制方式，使用微波处理技术，减少或抑制 TSNA 的形成；三是采用生物技术，通过添加吸附材料和化学试剂等技术改良卷烟滤嘴，降解或吸附已存在的 TSNA。目前，对降低 TSNA 的研究已经从卷烟产品的设计、加工工艺开展到了农艺和调制环节，尤其在原料生产上对 TSNA 的控制已取得明显成效，但对于贮藏醇化环节的关注还需要加强。烟叶的贮藏阶段是 TSNA 形成和积累的重要时期，贮藏过程中 TSNA 含量可提高 50%至数倍，烟叶生物碱的含量和组成及硝酸盐含量与 TSNA 的形成密切相关。环境条件的温湿度及烟叶含水率均可影响烟叶中的 NO_3^--N 和 NO_2^--N 产生氮氧化物（NO_x），进而与生物碱反应形成 TSNA，而有关贮藏阶段如何减少或抑制 TSNA 形成的报道较少。

本研究拟采用添加吸附剂的方法为降低贮藏过程中 TSNA 的形成提供新的思路和方法。试验所用烟叶为白肋烟 TN86（产自云南宾川、四川达州）和烤烟中烟 100（产自河南襄城县）。将白肋烟和烤烟的烟叶去除主脉，分别切成烟丝混匀，置于 4℃储存待用。试验 1 称取 0.1g、0.3g、0.5g、1.0g 和 3.0g 的纳米二氧化硅（精确到 0.01g）分别与 5 个等量 20g 的白肋烟样品充分混合后，置于培养箱中 45℃处理 15d，相对湿度为 60%，以不添加纳米材料的白肋烟样品为对照。试验 2 将 40g 白肋烟叶分别与 2g 活性炭和 5g 纳米二氧化硅隔离放置在真空干燥器中，密封后置于 30℃、相对湿度 60%的培养箱中处理 48h，抽取干燥器中的 NO_x 进行测定，以不添加吸附材料的白肋烟为对照。吸附材料使用前均置于 100℃烘箱中活化 35min。将所有干燥器置于 45℃条件下处理 15d，设定相对湿度 60%。试验处理均设置三次重复（王俊，2017）。

4.12.1　纳米二氧化硅对高温贮藏烟叶 TSNA 形成的影响

本研究所用白肋烟的总 TSNA 含量为 3.44μg/g，NNN、NAT、NAB 和 NNK 的含量分别为 1.5μg/g、1.8μg/g、0.023μg/g 和 0.102μg/g。由图 4-51 可以看出，纳米材料的添加比例不同，4 种 TSNA 的含量存在较大差异。纳米材料的添加比例低于 1.5%时，NNN 和 NAT 的含量与对照相比降低幅度较小，而随着添加比例的提高，4 种 TSNA 的含量均明显下降。当添加比例增加至 5%时，纳米材料的吸附作用增强，NNN、NAT、NAB 和 NNK 的含量最低较对照分别降低了 59.9%、55.1%、49.4%和 56.5%。

由图 4-51 可知，添加纳米二氧化硅对白肋烟高温贮藏中 TSNA 形成具有一定的抑制作用，总 TSNA 含量随添加比例的增加整体呈降低趋势。添加比例为 2.5%

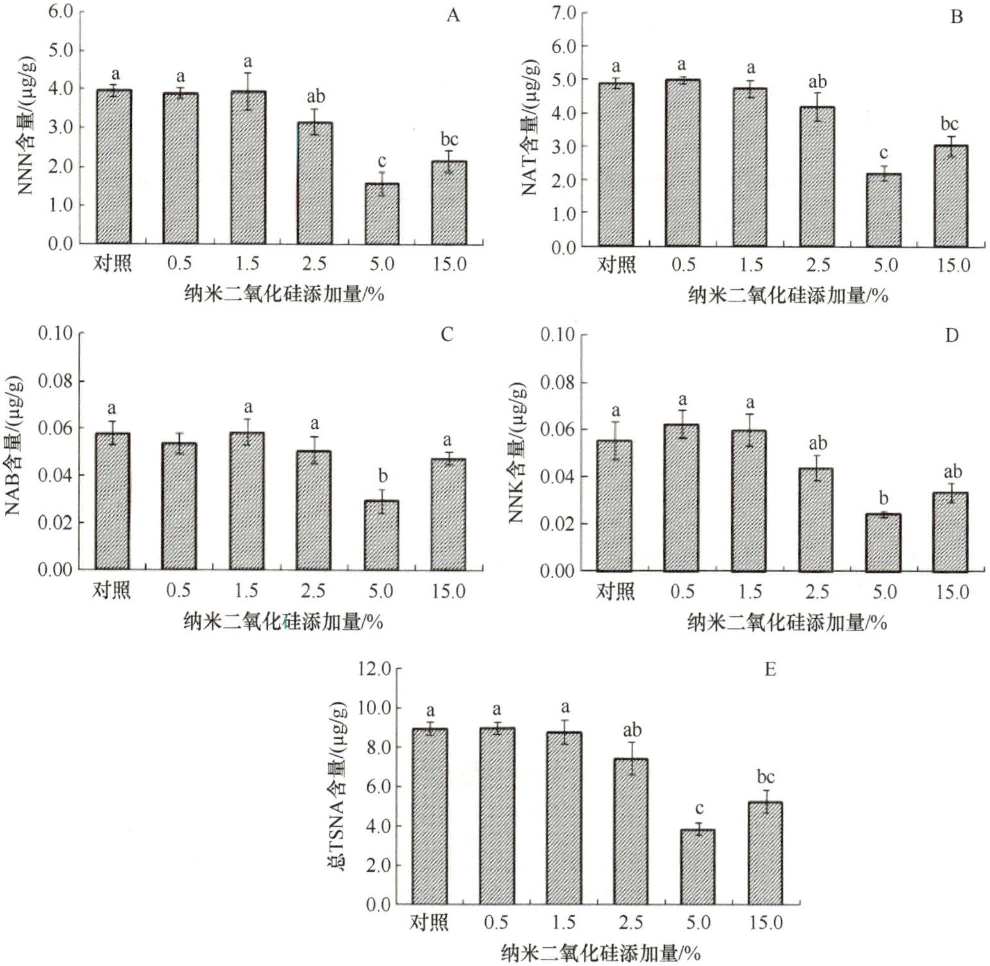

图 4-51　添加纳米二氧化硅对高温贮藏白肋烟 TSNA 含量的影响

和 5.0%时，纳米材料的吸附作用增强，其中以 5.0%时的效果最佳，总 TSNA 含量较对照降低了 57.2%。随着添加比例的继续增加，TSNA 的含量有所增加，具体原因有待于进一步探究。

4.12.2 纳米二氧化硅对添加亚硝酸盐的烤烟 TSNA 形成的影响

将烤烟与浸润 0.3g $NaNO_2$ 的纱布、纳米二氧化硅隔离放置于密闭容器，45℃处理后，测得烟叶 TSNA 的含量见表 4-38。与 0.3g $NaNO_2$ 隔离共处后，烤烟中 4 种 TSNA 含量均急剧上升，其中 NNN 和 NNK 含量分别是对照的 48 倍和 22 倍，总 TSNA 含量为 26.19μg/g，较对照增加了 64 倍。密闭体系中加入 1.0g 的纳米二氧化硅后，总 TSNA 含量显著下降（$P<0.05$），降至 3.39μg/g，降幅达 87%，NNN 和 NNK 分别降低了 85.5%和 75.2%，这是由于纳米二氧化硅可以有效地吸附高温处理过程中亚硝酸盐产生的 NO_x，减少了其与生物碱的反应，从而抑制 TSNA 的形成。

表 4-38 间接添加亚硝酸盐和纳米二氧化硅对烤烟 TSNA 形成的影响（μg/g）

处理	NNN	NAT	NAB	NNK	总 TSNA
45℃对照	0.10±0.04	0.28±0.04	0.007±0	0.015±0.003	0.40±0.05
0.3g $NaNO_2$	4.83±0.32a	20.61±1.02a	0.41±0.025a	0.335±0.024a	26.19±1.13a
0.3g $NaNO_2$+1.0g 纳米二氧化硅	0.70±0.07b	2.56±0.25b	0.05±0.01b	0.083±0.014b	3.39±0.30b

4.12.3 小结

纳米材料与活性炭因有较大的比表面积及吸附容量，被广泛应用于催化剂和吸附载体中，许多研究表明滤嘴棒中添加纳米材料后，卷烟制品的烟气中多环芳烃和 TSNA 等致癌物质可被大量地吸附。本研究结果显示，白肋烟中添加一定浓度的纳米二氧化硅或活性炭，高温贮藏后 TSNA 的形成明显受到抑制，这是由于它们可以有效地吸附高温处理过程中硝酸盐或亚硝酸盐产生的 NO_x，减少了其与生物碱的反应。其中活性炭对 NO_x 的吸附量较大，因此对高温贮藏过程 TSNA 形成的抑制作用稍强，这可能与纳米二氧化硅的比表面积和孔容均低于活性炭有关，具体原因还有待进一步探索。此外，通过活性炭或纳米二氧化硅的应用，进一步阐明了贮藏过程中 TSNA 的形成存在一个气/固的反应过程，烟叶中的硝态氮或亚硝态氮均能够产生 NO_x 从而与生物碱反应形成 TSNA。

4.13　烟草贮藏过程中包装方式对 TSNA 形成的影响

摘要：贮藏阶段是烟叶和烟梗内 TSNA 形成的重要时期，为探索有效抑制贮藏期间 TSNA 形成的方法，以白肋烟、烤烟、雪茄茄芯及茄衣烟叶叶片和烟梗为材料，研究不同包装方式对常温贮藏烟叶和高温贮藏烟叶 TSNA 含量的影响。结果表明，采用不同包装方式、在常温条件下贮藏一年后白肋烟烟叶 TSNA 增加幅度差异显著，真空包装烟叶 TSNA 含量最低，分别比纸箱包装烟叶和塑料包装烟叶降低 45.45%和 46.02%，且真空包装后烟叶中性致香成分含量较高。将不同类型的烟叶叶片和烟梗进行高温贮藏后，纸箱包装的叶片和烟梗的 TSNA 含量均大幅上升，但真空包装的不同类型烟叶样品中 TSNA 增加幅度显著降低，高温贮藏条件下，真空包装的雪茄茄芯叶片和烟梗总 TSNA 含量分别比常规包装叶片和烟梗降低 38.52%、44.80%，茄衣叶片和烟梗分别降低 28.57%、35.86%、白肋烟叶片和烟梗分别降低 40.65%、20.84%，且以上三种类型烟叶烟梗 TSNA 含量显著高于叶片；烤烟叶片和烟梗总 TSNA 含量分别比常规包装烟叶降低 21.52%、38.29%，叶片 TSNA 含量显著高于烟梗。真空包装贮藏可有效地隔绝氧气，有效抑制贮藏过程中 TSNA 的形成和积累。

烟草贮藏是烟叶加工利用的重要环节，调制后的烟叶必须经过 2 年左右的贮藏和陈化才能被用于卷烟生产。烟叶在贮藏过程中，多糖、色素、蛋白质、萜醇等大分子香气前体物质在酶或非酶作用下进一步降解转化，形成对香味品质有利的成分，杂气和刺激性降低，余味改善，质量提升。但在烟叶贮藏过程中一些有害成分也不断形成和积累。烟叶中的硝态氮可在贮藏温度较高时产生挥发性的氮氧化物，并与生物碱发生亚硝化反应生成烟草特有亚硝胺。一般来说，TSNA 在烟叶成熟前和新鲜烟叶中含量极低，其形成和积累主要在烟草调制、贮藏和燃吸过程中。TSNA 的直接前体物是生物碱和亚硝酸，烟叶生物碱的含量和组成及硝酸盐含量与 TSNA 的形成密切相关。在烟叶调制过程中，叶面微生物可把烟叶中的硝态氮还原成亚硝酸，进而发生亚硝化反应。调制中的烟叶暴露于微量的 NO_x 即可生成 TSNA；烤烟明火烘烤过程中，燃料燃烧能够产生一定浓度的燃烧副产物 NO_x，明显地促进烟叶烘烤过程中 TSNA 的形成。烟叶贮藏过程也是 TSNA 形成的主要时期，Shi 等（2013）研究得出，在自然贮藏条件下，白肋烟和晒烟中 TSNA 含量在一年内显著增加，两种类型烟叶总 TSNA 含量均增加了 215%左右，上升最快的时期是高温季节。王俊等（2017a）通过使烟叶与硝酸盐或亚硝酸盐隔离共处后，测定样品的 TSNA 含量及周围环境的 NO_x 含量，以及通过 ^{15}N 元素示踪实验得出烟草在贮藏过程中 TSNA 的生成途径为 NO_3^--N 和 NO_2^--N 在高温环境下产生氮氧化物，进而与生物碱反应形成 TSNA；烟叶生物碱亚硝化生成 TSNA 的反应为氧化还原反应，在贮藏袋中充入臭氧可大幅提高 TSNA 含量。综上所述，去除贮藏环境中的氧化剂和气态氮氧化物有利于抑制 TSNA 的形成。烟叶由叶片和烟梗两部分组成，除叶片外，烟梗也是卷烟配方的主要原料之一，梗丝在卷烟配方中占比为 8%～30%。烟叶的叶片和烟梗在化学组成上差异很大，一般而言，叶片生物碱和香气物质含量显著高于烟梗，但烟梗的硝态氮含量显著高于叶片，在烟叶贮藏过程中烟梗 TSNA 含量增加显著，因此探究贮藏过程中叶片和烟梗 TSNA 的形成和抑制技术很有必要。虽然烟叶贮藏一般 2～3 年较为有利，但在实际生产中，由于库存压力等各种原因，烟叶实际贮藏时间可达 5 年以上，以往有关烟叶贮藏研究多基于短期贮藏试验，关于抑制 TSNA 形成的技术也局限于温湿度的控制。本研究以烤烟、白肋烟和雪茄烟叶为材料，探索了真空包装等不同贮藏方式对降低烟叶叶片和烟梗贮藏过程中 TSNA 形成的效果，旨在为优质低害烟叶和卷烟生产提供新的思路和方法（张梦玥等，2021）。

试验于河南农业大学烟草栽培生理生化实验室开展，所用白肋烟品种为 TN86（产自湖北省烟草公司恩施州公司）、烤烟品种为中烟 100（产自河南省烟草公司许昌市公司）、雪茄茄芯烟叶品种为什烟 1 号（产自四川省烟草公司德阳市公司）、雪茄茄衣品种为德雪 3 号（产自四川省德阳市烟草公司）。将以上所有样品的叶片和烟梗分离，叶片切成 $0.5cm^2$ 大小的碎片，烟梗切成长 0.5cm 左右混匀，置于 4℃储存待用。试验共分为两部分：①称取 400g 的白肋烟样品 3 份，分别采用塑料袋包装、纸箱包装、真空包装袋抽真空处理后包装（真空时间 17s，充气时间 10s，封口时间 2s，冷却时间 1.5s，封口温度中温，真空度 0.085MPa），将 3 份样品存放在实验室的自然环境下贮藏一年，再称取一份样品 4℃低温保存作为对照。处理结束后，测定烟叶 TSNA 含量和中性香气成分，用以探究包装方式对常温条件下烟叶 TSNA 及中性致香成分含量的影响。②分别称取 50g 不同类型烟叶的叶片、烟梗（主脉）4 份，取两份样品，其中一份采用真空包装袋包装并进行抽真空处理，另一份使用纸箱包装作为常规包装均放入恒温恒湿箱内于 45℃下处理 15d；另外两份样品，一份于常温下使用纸箱包装作为常规包装处理 15d，另一份样品 4℃低温保存作为贮藏前样品对照。取出后分别进行冷冻干燥磨碎，磨碎后过 250μm 筛，测定处理前后 TSNA 变化，用以探究真空包装对不同类型烟叶样品叶片和烟梗 TSNA 含量的影响。

4.13.1 包装方式对常温条件下烟叶 TSNA 及中性致香成分含量的影响

4.13.1.1 包装方式对常温条件下烟叶 TSNA 的影响

白肋烟烟叶采用不同包装方式常温条件下贮藏一年后，TSNA 含量的变化见

图 4-52。与贮藏前相比，贮藏后样品 TSNA 的含量均有所增加，塑料袋包装的样品 3 种 TSNA 的含量与对照相比显著增加（$P<0.05$），总 TSNA 含量增加了 128.72%，其中 NNN 和 NNK 含量分别增加了 139.02%和 119.85%；纸箱包装的样品 TSNA 含量与塑料袋包装的无显著差异（$P>0.05$）。真空包装处理的烟叶 TSNA 增加幅度最小，总 TSNA 含量与对照相比提高了 23.56%，NNN 和 NNK 含量仅增加了 17.67%和 29.65%，差异不显著（$P>0.05$）；与纸箱包装贮藏的烟叶相比，总

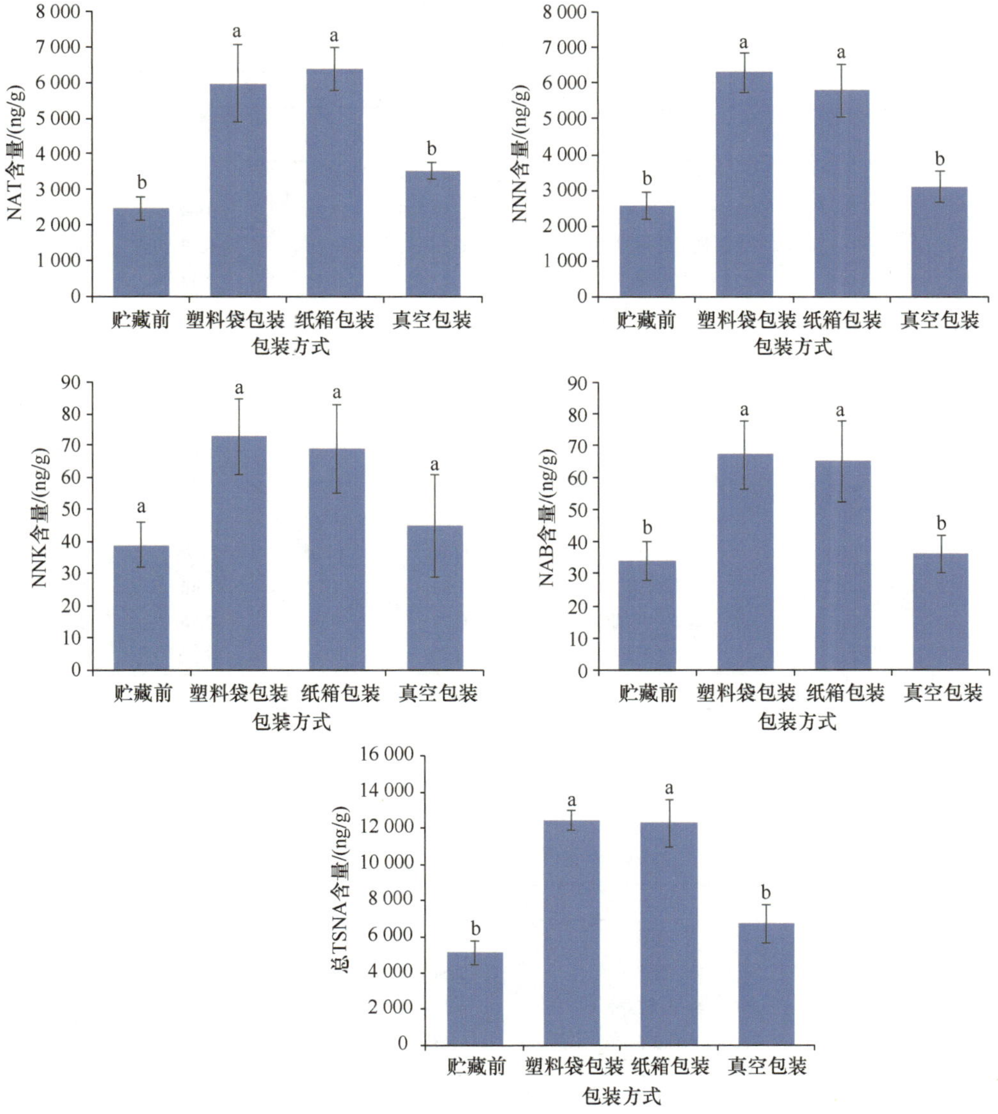

图 4-52　包装方式对白肋烟 TSNA 形成的影响

TSNA 含量降低了 45.45%，NNN 和 NNK 含量分别减少了 46.3%和 34.7%，差异具有统计学意义（$P<0.05$）。研究结果表明，在常温贮藏过程中，与塑料袋包装、纸箱包装相比，采用真空包装处理能更好地抑制 TSNA 的形成和积累。

4.13.1.2 贮藏方式对常温条件下烟叶中性香气成分的影响

不同贮藏方式烟叶的中性香气成分含量如表 4-39 所示。经过一年的贮藏后，贮藏方式不同中性香气物质含量差异较大，其中真空包装处理的烟叶总香气含量

表 4-39 不同包装方式的白肋烟中性香气成分的变化（μg/g）

香气物质类型	中性致香成分	含量			
		贮藏前	纸箱包装	塑料袋包装	真空包装
类胡萝卜素降解产物类	二氢猕猴桃内酯	3.53	3.79	3.29	4.44
	3-羟基-β-二氢大马酮	6.12	2.71	3.09	6.07
	氧化异佛尔酮	0.30	0.29	0.32	0.52
	巨豆三烯酮 1	2.27	2.40	2.74	5.03
	巨豆三烯酮 2	10.93	11.38	13.29	24.64
	巨豆三烯酮 3	0.96	1.36	2.35	1.96
	巨豆三烯酮 4	10.49	13.12	14.57	25.91
	β-大马酮	10.21	13.36	13.46	13.07
	6-甲基-5-庚烯-2-酮	1.10	1.24	1.20	1.16
	6-甲基-5-庚烯-2-醇	0.25	0.24	0.25	0.28
	香叶基丙酮	2.58	2.01	2.11	2.88
	法尼基丙酮	11.83	12.05	11.78	13.22
	芳樟醇	1.83	1.72	1.46	1.39
	螺岩兰草酮	0.27	0.36	0.56	0.54
	β-二氢大马酮	11.03	10.83	10.15	10.90
	小计	73.70b	76.86b	80.62a	112.01a
类西柏烷类	茄酮	33.05	28.45	27.07	32.13
苯丙氨酸类	苯甲醛	1.41	1.72	2.10	2.48
	苯甲醇	4.20	4.11	3.02	3.34
	苯乙醛	17.13	17.48	19.73	19.17
	苯乙醇	6.41	6.08	5.16	6.40
	小计	29.15	29.39	30.01	31.39
棕色化产物类	糠醛	9.35	9.06	8.94	8.74
	糠醇	3.64	3.59	2.98	3.13
	5-甲基糠醛	4.75	6.32	5.57	5.39
	3,4-二甲基-2,5-呋喃二酮	0.43	0.98	0.95	0.92
	小计	18.17	19.95	18.44	18.18
叶绿素降解产物	新植二烯	456.30	393.12	407.64	439.20
总计		610.37a	547.77b	563.78b	632.91a

最高，为 632.91μg/g，显著高于其他处理（$P<0.05$），塑料包装的香气物质总量次之，为 563.78μg/g，而纸箱包装的烟叶香气物质含量最低，为 547.77μg/g。贮藏方式不同，5 类中性香气物质的含量各不相同，其中真空包装烟叶的类胡萝卜素降解产物类、类西柏烷类、苯丙氨酸类、新植二烯总含量最高。由此可见，烟叶采用真空包装在一定程度上可抑制 TSNA 的形成和积累，且烟叶香气品质较好。

4.13.2　真空包装对不同类型烟叶样品叶片和烟梗 TSNA 含量的影响

4.13.2.1　真空包装对不同类型烟叶样品叶片和烟梗 NNN 含量的影响

将不同类型烟叶常规包装（纸箱包装）及真空包装的叶片和烟梗样品分别在高温条件下贮藏 15d 后测定 NNN 含量（图 4-53）。结果表明，4 种类型经常规包装的烟叶样品在高温贮藏后 NNN 含量显著增加（$P<0.05$），真空包装样品 NNN

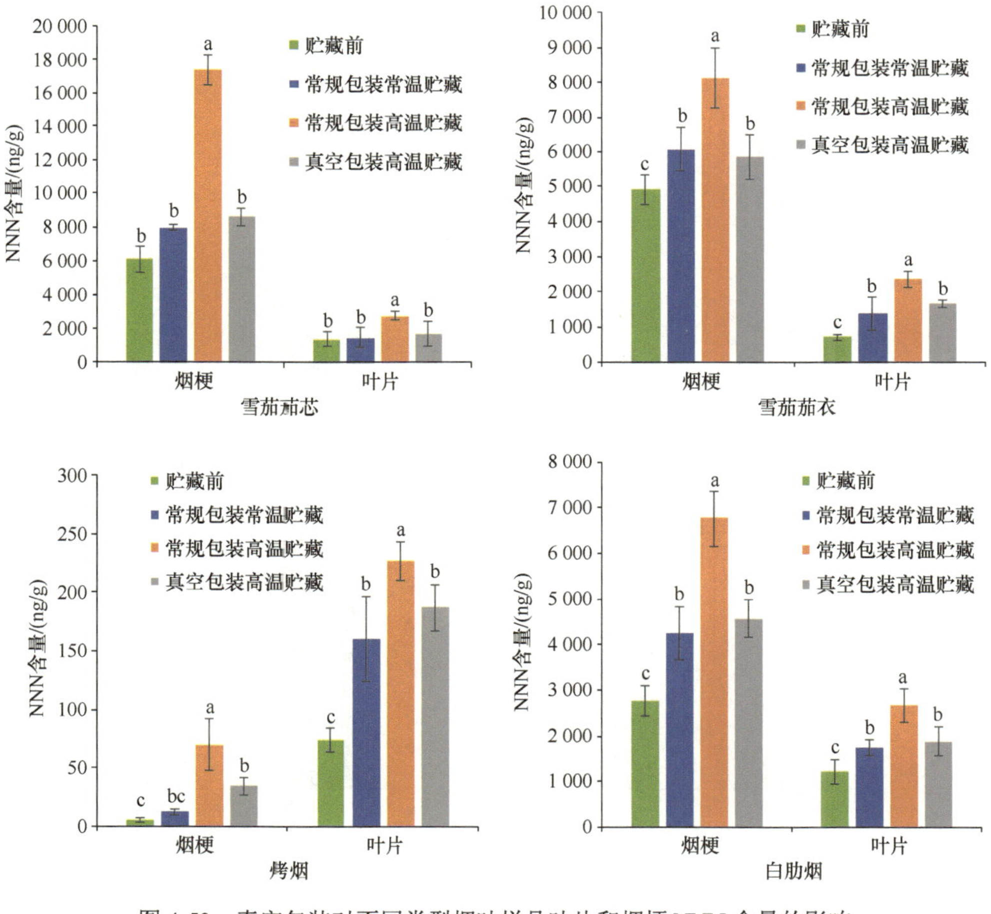

图 4-53　真空包装对不同类型烟叶样品叶片和烟梗 NNN 含量的影响

含量增加幅度显著降低（$P<0.05$），其中雪茄茄芯、雪茄茄衣、烤烟和白肋烟叶片 NNN 含量与常规包装样品相比分别降低 39.27%、29.03%、17.62%、29.55%，烟梗 NNN 含量分别降低 50.75%、28.94%、50.43%、32.29%，差异均具有统计学意义（$P<0.05$）。真空包装样品高温贮藏后的 NNN 含量一般接近常温条件下常规包装的含量。由图 4-53 可知，烤烟叶片中 NNN 含量高于烟梗，雪茄茄芯、雪茄茄衣和白肋烟内两部分含量呈相反趋势，贮藏前烤烟叶片中 NNN 含量是烟梗的 14.70 倍。雪茄茄芯叶片中 NNN 含量最高，其次是白肋烟，两者均高于雪茄茄衣和烤烟叶片内 NNN 含量，烟梗内 NNN 含量大小排序为雪茄茄芯＞雪茄茄衣＞白肋烟＞烤烟。

4.13.2.2 真空包装对不同类型烟叶样品叶片和烟梗 NAT 含量的影响

不同类型烟叶叶片和烟梗 NAT 含量的测定结果表明（图 4-54），4 种类型烟叶在高温环境下经真空包装后 NAT 含量均较常规包装（纸箱包装）有所降低，雪

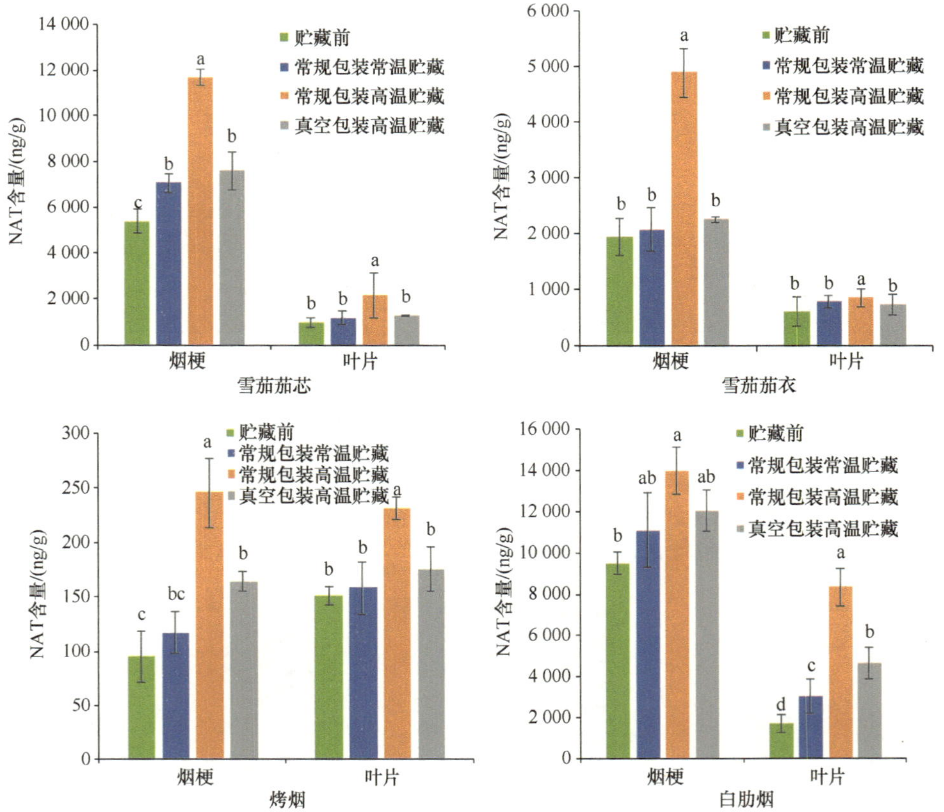

图 4-54　真空包装对不同类型烟叶样品叶片和烟梗 NAT 含量的影响

茄茄衣烟梗经真空包装后效果更显著（$P<0.05$），较常规包装降低 53.78%，雪茄茄芯、白肋烟、烤烟烟梗分别较高温常规包装下降 35.00%、33.33%、13.90%。叶片以白肋烟经真空包装后 NAT 含量下降幅度更大，较常规包装下降 44.10%，达显著水平（$P<0.05$）。雪茄茄衣、烤烟和雪茄茄芯叶片经真空包装后较常规包装分别下降 15.01%、24.24%、42.31%，且差异均具有统计学意义（$P<0.05$）。烟梗中 NAT 含量存在差异，白肋烟烟梗中 NAT 含量最高，其次是雪茄茄芯，烤烟烟梗中 NAT 含量最低。不同类型烟叶叶片和烟梗中 NAT 含量高低有所差异，贮藏前烤烟叶片中 NAT 含量高于烟梗中 NAT 含量，高温贮藏后烤烟烟梗中 NAT 含量增加幅度较大，造成烟梗中 NAT 含量高于叶片。雪茄茄芯、雪茄茄衣、白肋烟烟梗中 NAT 含量显著高于叶片；高温贮藏后的雪茄茄衣烟梗、白肋烟叶片内 NAT 含量增加幅度较大。

4.13.2.3 真空包装对不同类型烟叶样品叶片和烟梗 NNK 含量的影响

不同类型烟叶样品的叶片和烟梗 NNK 含量如图 4-55 所示。4 种类型烟叶抽真空处理后 NNK 含量均有所降低，且下降幅度均达到显著水平（$P<0.05$），白肋烟降低幅度较大，叶片和烟梗经真空包装后 NNK 含量较常规包装（纸箱包装）显著降低 45.05%和 50.19%（$P<0.05$），雪茄茄衣叶片和雪茄茄芯、烤烟烟梗经真空包装后较常规包装分别下降 52.61%、56.72%、52.65%，下降率均达 50%以上，差异均具有统计学意义（$P<0.05$）。烤烟烟梗中 NNK 含量低于叶片中 NNK 含量，雪茄茄芯、雪茄茄衣、白肋烟叶片 NNK 含量高于烟梗，贮藏前，雪茄茄衣烟梗内 NNK 含量为叶片的 6.88 倍。雪茄茄衣烟梗中 NNK 含量最高，其次是雪茄茄芯，两者显著高于其他 2 种烟叶，烤烟中 NNK 含量最低。高温贮藏后的烟叶样品内 NNK 含量升高效果较常温贮藏更加显著。

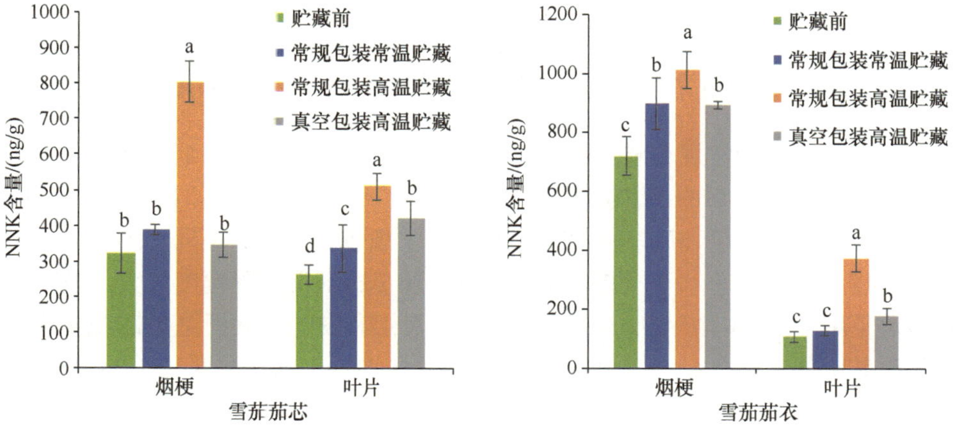

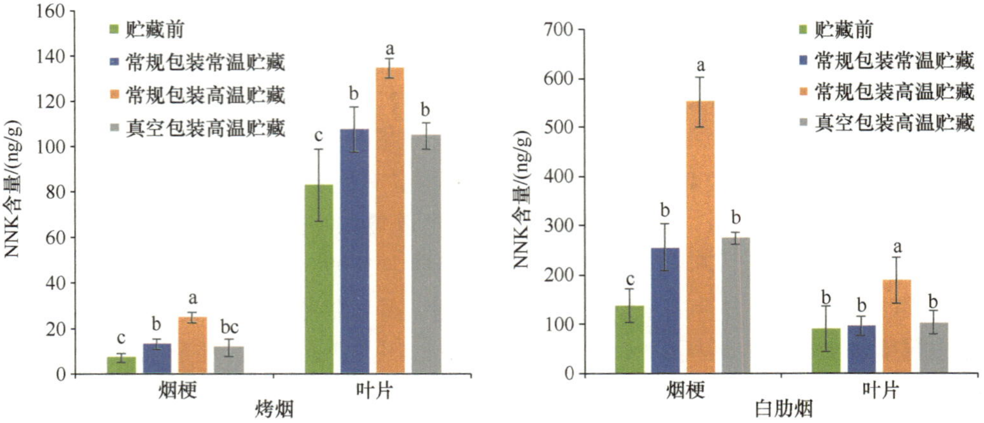

图 4-55 真空包装对不同类型烟叶样品叶片和烟梗 NNK 含量的影

4.13.2.4 真空包装对不同类型烟叶样品叶片和烟梗 NAB 含量的影响

不同类型烟叶叶片和烟梗贮藏 15d 后 NAB 含量如图 4-56 所示。由图可以看出，不同类型烟叶在高温环境下使用真空包装与常规包装（纸箱包装）后，叶片和烟梗内 NAB 含量的差异均达到显著水平（P<0.05），且使用真空包装后 NAB 含量的下降程度有所不同，雪茄茄衣的叶片进行抽真空后 NAB 含量较高温贮藏下降 64.72%，下降效果最显著（P<0.05），其次是白肋烟和雪茄茄芯烟梗，与常规包装贮藏的烟叶相比分别降低了 58.21%和 57.63%，且差异均具有统计学意义（P<0.05）；4 种类型烟叶叶片和烟梗经真空包装后 NAB 含量与常温贮藏后 NAB 含量差异均未达到显著水平（P>0.05）。在两种不同温度贮藏条件下 NAB 含量增加情况存在差异，在高温环境下，4 种烟叶内 NAB 含量均呈大幅增加。白肋烟烟梗 NAB 含量最高，烤烟叶片和烟梗内 NAB 含量最低。雪茄茄衣、雪茄茄芯、白肋烟烟梗 NAB 含量显著高于叶片内 NAB 含量，烤烟则相反。

4.13.2.5 真空包装对不同类型烟叶样品叶片和烟梗总 TSNA 含量的影响

对不同类型烟叶常规包装（纸箱包装）及真空包装的叶片和烟梗样品分别在高温条件下贮藏 15d 后的总 TSNA 含量进行测定（图 4-57），不同类型烟叶的叶片和烟梗在经过真空包装后，总 TSNA 含量较常规包装得到了不同程度的降低，且下降程度均达到显著水平（P<0.05），以雪茄茄芯烟梗下降幅度最大，较高温贮藏显著下降 44.80%（P<0.05），雪茄茄衣、烤烟和白肋烟烟梗总 TSNA 含量别较常规包装降低 35.86%、38.29%、20.84%，差异均具有统计学意义（P<0.05）。烟叶叶片以白肋烟下降幅度最大，较常规包装高温贮藏显著降低 40.65%（P<0.05），雪茄茄芯、雪茄茄衣、烤烟叶片内总 TSNA 含量分别下降 38.52%、28.57%、

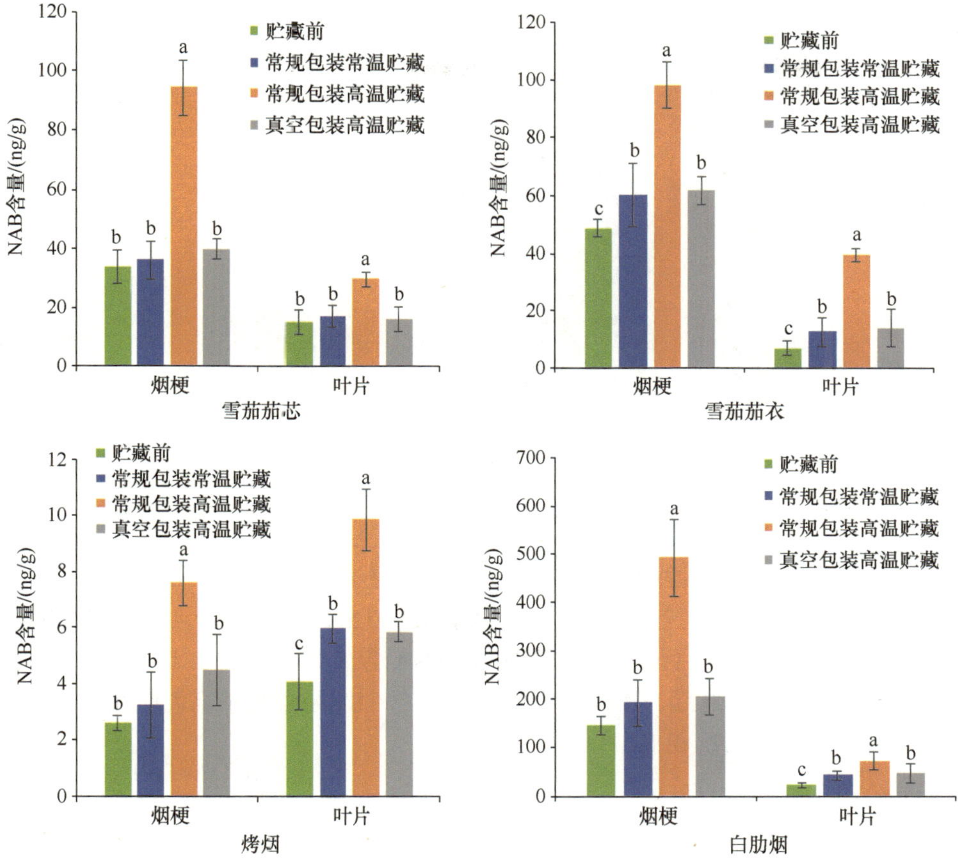

图 4-56　真空包装对不同类型烟叶样品叶片和烟梗 NAB 含量的影响

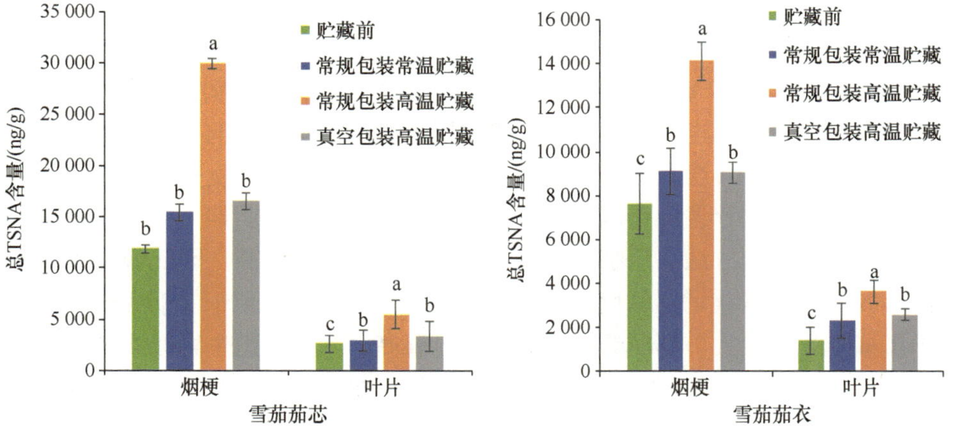

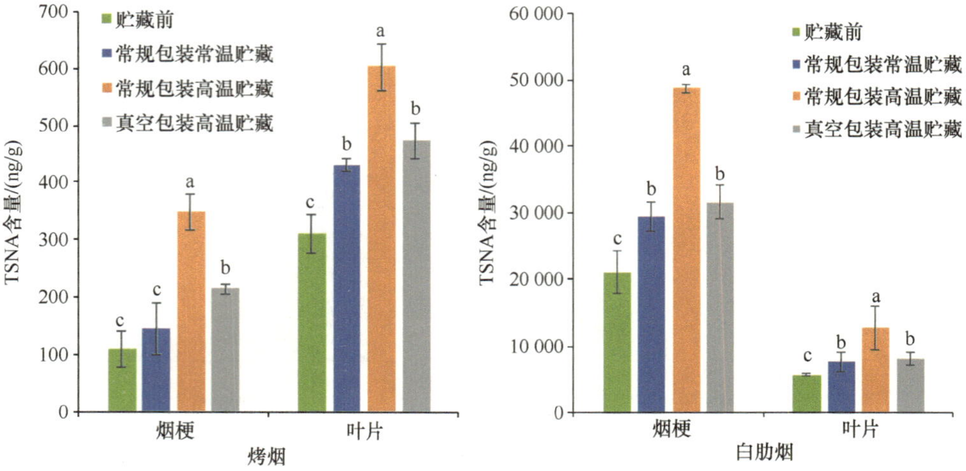

图 4-57 真空包装对不同类型烟叶样品叶片和烟梗总 TSNA 含量的影响

21.52%。不同类型烟叶叶片和烟梗中总 TSNA 含量高低情况与 NNN、NAB、NAT、NNK 相似，雪茄茄衣、雪茄茄芯、白肋烟烟梗总 TSNA 含量高于叶片，烤烟叶片内 TSNA 含量较高。4 种烟叶样品烟梗总 TSNA 含量大小排列如下：白肋烟＞雪茄茄芯＞雪茄茄衣＞烤烟。不同类型烟叶样品总 TSNA 含量于高温贮藏后大幅增加，与 4 种 TSNA 情况相似。

4.13.3 小结

烟草特有亚硝胺是烟叶中重要的、特有的有害成分，在长期贮藏过程中烟草特有亚硝胺含量表现出持续增加的趋势，表明贮藏环节是 TSNA 形成的主要时期之一，也是采取人工措施降低烟叶 TSNA 积累的关键时期。不同类型烟叶及烟叶的叶片和烟梗之间 TSNA 含量差异很大，这一方面体现在新调制后的烟叶 TSNA 含量有差异，另一方面也体现在烟叶贮藏过程中 TSNA 形成量的不同。不同类型烟叶相比，烤烟 TSNA 含量较低，且在烟叶贮藏过程中增加幅度较小，这与其烟叶采用烘烤的方式进行调制和烟叶硝态氮含量较低有关，白肋烟、雪茄烟采用自然条件下晾制的调制方法，调制时间长，且烟叶硝态氮含量高，因此调制后和贮藏后的烟叶 TSNA 含量增加幅度较大。烟叶叶片和烟梗都可用于卷烟生产，二者在化学组成上差别较大，烟梗的硝态氮含量显著高于叶片，但生物碱含量却低于叶片，这直接影响贮藏前和贮藏过程中 TSNA 的形成，其中烤烟叶片的 TSNA 含量高于烟梗，但白肋烟和雪茄烟等晾晒烟则是烟梗的 TSNA 含量显著高于叶片，这种差异性主要与调制方式有关，但无论是烤烟还是晾晒烟，在贮藏过程中 TSNA 的增幅都表现为烟梗大于叶片，这可能主要是由烟梗硝态氮含量远高于叶片所致，特别是在高温贮藏条件下，本团队前期研究表明，高温促使硝态氮产生气态氮氧化物，进而与生物碱发生亚硝化反应是高温贮藏过程中 TSNA 形成的主要机理。

前人研究表明，由生物碱发生亚硝化反应生成 TSNA 的反应是一种氧化还原反应，需要氧的参与，去除贮藏环境中的 NO_x 和氧气可能会对抑制 TSNA 的形成有一定的作用。该研究中，无论是在高温环境中还是常温条件下，经过真空包装后贮藏的不同类型烟叶叶片和烟梗中 TSNA 的含量显著低于未经真空包装的烟叶。经过一年贮藏后，经真空包装处理后贮藏的白肋烟叶与另外两种贮藏方式相比，其 TSNA 的增幅最小，由此可见烟叶的真空状态在一定程度上可抑制 TSNA 的生成，这可能与采用真空包装后有效地隔绝空气，减少空气的氧化作用有关。因此对烟叶和烟梗采用真空包装方式进行贮藏，可有效地隔绝空气，显著抑制 TSNA 的形成和积累，最终使 TSNA 增加量显著低于未经真空包装的烟叶，且烟叶中性致香成分含量较高。因此在雪茄烟、白肋烟和烤烟烟叶和烟梗长期贮藏过程中，采用真空包装有利于减少有害物质的形成，提升优质低害烟叶原料保障水平。本研究为在烟叶贮藏阶段降低 TSNA 的生成，进而提高烟叶及其制品的安全性提供了新的思路和方法。

第5章 雪茄烟叶烟草特有亚硝胺的形成与抑制

雪茄烟属于晾烟，由于其生物碱和硝酸盐含量高，烟草特有亚硝胺总体含量水平较高，且由于雪茄制品多为手工卷制，难于通过加工工艺减少 TSNA 在烟气中的传输，因此减少烟叶原料中 TSNA 的形成至关重要。雪茄烟在晾制后，还需经过特有的发酵阶段促进香气物质的产生和刺激性物质的降解，研究发现，雪茄烟发酵过程也是 TSNA 形成的重要阶段，但发酵过程中 TSNA 的形成机理具有特殊性。关于国内外不同产地与和类型雪茄烟叶 TSNA 含量水平和变异性、形成规律和机理一直没有系统的研究，生产中缺乏有效降低雪茄烟叶 TSNA 含量的技术。近年来，本研究团队借助中国烟草总公司四川省公司项目平台，以降低雪茄烟叶 TSNA 为目标，在全国率先开展系统研究，在理论、技术和应用方面取得突破性进展。明确了国内外不同产区、不同类型、不同品种雪茄烟 TSNA 及其前体物含量状况和变异性。发现了雪茄烟叶普遍存在的烟碱向降烟碱转化的问题是导致目前雪茄烟 TSNA 含量增高的主要原因。揭示了雪茄烟不同生产环节 TSNA 的积累规律，明确了晾制和发酵是雪茄烟叶 TSNA 形成的两个主要时期，深入解析了雪茄烟 TSNA 的形成机理，明确了晾制环节烟碱转化和微生物是促进 TSNA 形成的关键因子，发酵环节微生物和温湿度是促进 TSNA 形成的关键因子。创立了遗传（烟碱转化）、生物（微生物活动）、物理（高温低湿）影响 TSNA 形成的“三因素共作”理论，构建了“一改三控一抑”降低 TSNA 含量的技术体系，制订了降低雪茄烟 TSNA 含量的技术规程。本章主要汇集了本研究团队在这方面的主要研究成果。

5.1 国内外不同产区和不同类型雪茄烟 TSNA 及生物碱含量分析

摘要：为明确国内外不同产区雪茄烟叶生物碱组成和含量、TSNA 含量水平及相关关系，本试验收集了国内外 55 个茄芯、茄衣和茄套烟叶样品，并分产区和类型进行分析。结果表明，不同产区雪茄烟样品生物碱含量样本间变异性均较大，烟碱含量为 0.66%～10.02%，降烟碱含量为 0.04%～0.79%，烟碱转化率为 2.07%～28.01%。除国内产区雪茄烟叶生物碱含量相对较高外，其他产区间生物碱含量无显著差异，茄芯烟叶总生物碱含量高于茄衣和茄套。各产区和各类型雪茄烟叶烟碱向降烟碱转化的问题均较为突出。不同产区雪茄烟样品总 TSNA 含量范围为 1.46～25.75μg/g，以 NNN 含量最高，在 0.63～20.91μg/g，变异性较大。相关性分析结果表明，烟叶烟碱转化率较高是造成目前雪茄茄芯、茄衣、茄套烟叶总 TSNA 和 NNN 含量水平较高的主要原因，针对烟碱转化性状进行品种改良、对生物碱组成进行优化是实现优质低害中式雪茄烟叶生产的重要途径。

TSNA 是烟草生物碱和亚硝酸盐发生亚硝化反应生成的化合物，TSNA 的含量和组成直接影响烟草制品的安全性。本团队前期研究发现不同产地的烟叶样品中，白肋烟烟叶的 TSNA 含量最高，香料烟次之，烤烟则远低于白肋烟和部分香料烟。而关于不同产区雪茄烟叶 TSNA 含量和雪茄烟安全性的研究较少，摸清国内外雪茄烟叶中烟草特有亚硝胺的现状，对于客观评价和进一步提高雪茄烟叶产品的安全性具有重要意义。生物碱是形成 TSNA 的主要前体物之一。一般情况下，烟碱占总生物碱含量的 93%以上，降烟碱含量低于总生物碱含量的 3.5%。然而，烟叶群体中，一些烟株由于发生基因突变而产生烟碱去甲基能力，导致烟碱转化为降烟碱，造成生物碱组成发生显著变化，这不仅影响烟叶的香味品质和满足感，还会因为降烟碱极易与亚硝酸发生亚硝化反应导致 NNN 和总 TSNA 含量升高。本试验系统研究了国内外不同产区雪茄烟叶 TSNA、生物碱的含量并对其相关性进行了分析，旨在明晰国内外雪茄原料生物碱和 TSNA 的整体水平及含量差异，以便采取更有针对性的措施降低雪茄烟叶和制品的健康风险。

本试验收集了 55 个雪茄烟叶样品，均为各个产区的主栽品种于 2019 年发酵后的中部叶。试验过程中对样品进行分类，其中按产区分为加勒比地区（多米尼加 10 个、古巴 8 个）、南美洲（巴西 7 个）、东南亚（印度尼西亚 13 个）、中国（四川德阳 6 个、四川达州 5 个、海南 4 个、湖北来凤 2 个），计为 4 个产区；按雪茄类型分为茄芯（29 个）、茄衣（13 个）、茄套（13 个），计为 3 种类型（孙雨琦等，2020）。

5.1.1　雪茄烟生物碱含量及其变异

5.1.1.1　不同产区雪茄烟生物碱含量状况及其变异分析

从 4 个产区的生物碱含量来看，国内外产区的样品均以烟碱含量最高，为 0.66%～10.02%，平均值 2.69%；假木贼碱含量最低，均在 0.07%以下；降烟碱、新烟草碱含量均在 0.80%以下；烟碱转化率为 2.07%～28.01%，平均值 7.66%，变化范围较广（图 5-1）。

由表 5-1 可知，国内外产区之间的样品降烟碱含量无显著差异，国内产区样

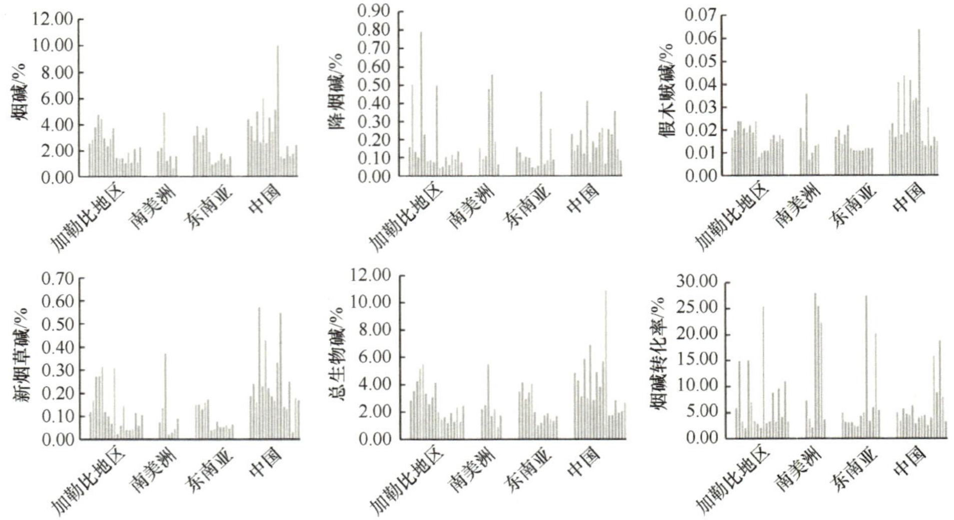

图 5-1 不同产区雪茄烟生物碱含量

表 5-1 不同产区雪茄样品生物碱含量变异情况（%）

雪茄产区	项目	生物碱					
		烟碱	降烟碱	假木贼碱	新烟草碱	总生物碱	烟碱转化率
加勒比地区	平均值	2.47ab	0.19a	0.02b	0.13b	2.81ab	7.17ab
	最大值	4.81	0.79	0.02	0.31	5.57	25.42
	最小值	1.06	0.04	0.01	0.02	1.22	2.07
	变异系数	47.11	108.69	28.32	72.60	47.45	86.46
南美洲	平均值	2.05b	0.24a	0.02b	0.11b	2.42b	13.29a
	最大值	4.98	0.56	0.04	0.37	5.50	28.01
	最小值	0.66	0.06	0.01	0.02	0.91	2.16
	变异系数	67.94	84.58	57.97	110.95	60.44	85.99
东南亚	平均值	2.12b	0.13a	0.01b	0.09b	2.35b	7.05b
	最大值	3.90	0.47	0.02	0.17	4.20	27.54
	最小值	0.95	0.04	0.01	0.04	1.05	2.44
	变异系数	50.91	89.07	27.28	54.86	47.38	109.55
中国	平均值	3.61a	0.20a	0.03a	0.25a	4.09a	6.33b
	最大值	10.02	0.42	0.06	0.57	10.90	18.79
	最小值	1.37	0.07	0.01	0.03	1.77	2.59
	变异系数	60.05	47.68	57.2	59.29	57.33	71.22
全部	平均值	2.69	0.18	0.02	0.16	3.05	7.66
	最大值	10.02	0.79	0.06	0.57	10.90	28.01
	最小值	0.66	0.04	0.01	0.02	0.91	2.07
	变异系数	61.30	84.51	53.59	79.81	58.95	92.98

注：不同小写字母表示差异显著（$P<0.05$）。下同

品的烟碱和总生物碱含量显著高于南美洲和东南亚；假木贼碱和新烟草碱含量显著高于国外 3 个产区；烟碱转化率显著低于南美洲，但与加勒比地区、东南亚无显著差异。除加勒比地区和东南亚产区的假木贼碱以外，各个产区的主要生物碱及总生物碱含量的变异系数均在 40%以上，变异性较大。国内外产区雪茄样品的烟碱转化率变异系数均在 70%以上，且各个产区内均有烟碱转化率高于 15%的雪茄样品，因此认为雪茄烟叶普遍存在烟碱向降烟碱转化的问题。

5.1.1.2　不同类型雪茄烟生物碱含量状况及其变异分析

按雪茄烟类型对生物碱含量进行分析（图 5-2），茄芯、茄衣、茄套样品的烟碱含量分别在 1.92%～10.02%、0.66%～2.36%、1.03%～2.43%，总生物碱含量分别在 2.02%～10.90%、0.73%～3.20%、1.30%～2.70%，降烟碱、假木贼碱、新烟草碱含量均低于 1.00%。各类型雪茄样品的烟碱转化率在 2.07%～28.01%，平均值为 7.66%。

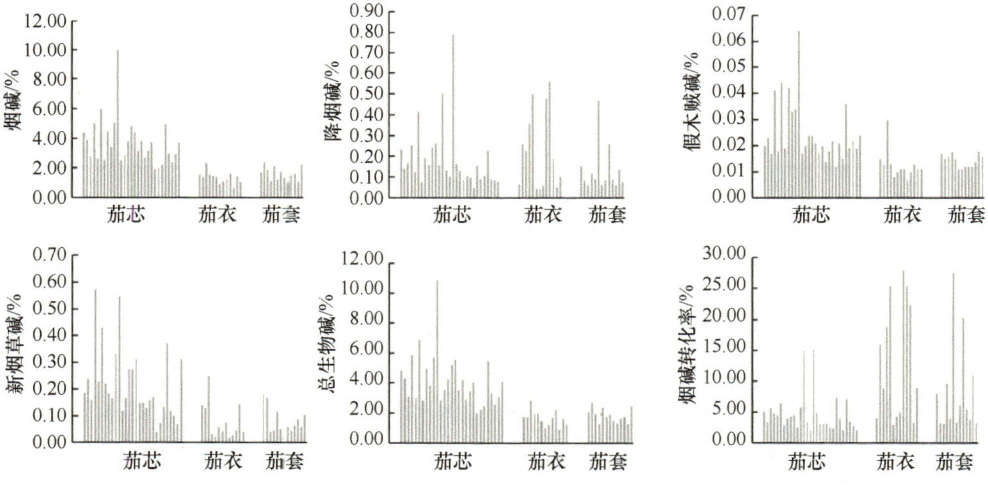

图 5-2　不同类型雪茄烟生物碱含量

结合表 5-2 可知，不同类型雪茄样品的降烟碱含量无显著差异，而茄芯样品的烟碱、假木贼碱、新烟草碱、总生物碱含量均显著高于茄衣、茄套。茄衣样品的烟碱转化率显著高于茄芯、茄套，而茄芯与茄套间的烟碱转化率无差异显著。三种不同类型雪茄样品的降烟碱及烟碱转化率变异系数均在 60%以上，烟碱转化率变异幅度较大。

表 5-2 不同类型雪茄样品生物碱含量变异情况（%）

雪茄类型	项目	生物碱					
		烟碱	降烟碱	假木贼碱	新烟草碱	总生物碱	烟碱转化率
茄芯	平均值	3.75a	0.19a	0.02a	0.22a	4.18a	4.77b
	最大值	10.02	0.79	0.06	0.57	10.90	15.12
	最小值	1.92	0.05	0.01	0.04	2.02	2.07
	变异系数	42.61	81.97	45.75	59.59	42.41	67.00
茄衣	平均值	1.37b	0.23a	0.01b	0.08b	1.69b	13.35a
	最大值	2.36	0.56	0.03	0.25	3.20	28.01
	最小值	0.66	0.04	0.01	0.02	0.73	3.04
	变异系数	29.90	84.35	53.08	84.41	31.43	71.92
茄套	平均值	1.63b	0.13a	0.01b	0.08b	1.85b	8.41b
	最大值	2.43	0.47	0.02	0.18	2.70	27.54
	最小值	1.03	0.06	0.01	0.04	1.30	3.17
	变异系数	28.64	84.20	17.85	55.36	24.47	89.17
全部	平均值	2.69	0.18	0.02	0.16	3.05	7.66
	最大值	10.02	0.79	0.06	0.57	10.90	28.01
	最小值	0.66	0.04	0.01	0.02	0.73	2.07
	变异系数	61.30	84.51	53.59	79.81	58.95	92.98

5.1.2 雪茄烟 TSNA 含量及其变异

5.1.2.1 不同产区雪茄烟 TSNA 含量状况及其变异分析

从 4 个产区的 TSNA 含量来看（图 5-3），国内外各个产区样品 NNN 的含量为 0.63～20.91μg/g，平均值为 4.06μg/g；NAT 的含量为范围在 0.21～8.64μg/g，平均值为 1.94μg/g；NAB 和 NNK 的含量均在 1.30μg/g 以下；总 TSNA 的含量为 1.46～25.75μg/g，平均值为 6.47μg/g。从 TSNA 组成来看，NNN 和 NAT 所占 TSNA 的比例相对较高，是 TSNA 中的主要成分。

由表 5-3 可知，国内产区样品的 NNN、NAT、NAB 及总 TSNA 含量显著低于南美洲，但与加勒比地区、东南亚无显著差异。国内产区样品的 NNK 含量显著低于东南亚，但与加勒比地区、南美洲无显著差异。此外，国内外各个产区样品的 NNN、NAT、NAB、NNK 及总 TSNA 含量变异系数均在 45%以上，变异幅度较大。

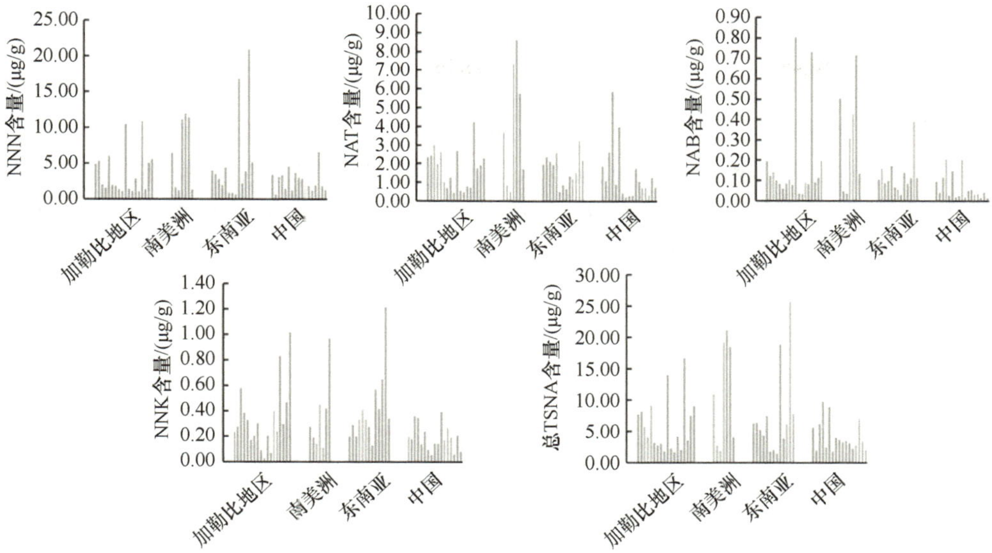

图 5-3 不同产区雪茄烟 TSNA 含量

表 5-3 不同产区雪茄样品 TSNA 含量变异情况

雪茄产区	项目	TSNA				
		NNN	NAT	NAB	NNK	总 TSNA
加勒比地区	平均值/（μg/g）	3.69ab	1.74b	0.18ab	0.34ab	5.95b
	最大值/（μg/g）	10.95	4.23	0.81	1.02	16.74
	最小值/（μg/g）	1.02	0.45	0.03	0.03	1.70
	变异系数/%	84.10	61.27	125.63	74.66	72.31
南美洲	平均值/（μg/g）	6.47a	4.08a	0.31a	0.37ab	11.23a
	最大值/（μg/g）	11.95	8.64	0.72	0.97	21.13
	最小值/（μg/g）	1.23	0.50	0.04	0.11	1.91
	变异系数/%	78.64	79.68	82.14	80.85	74.94
东南亚	平均值/（μg/g）	5.25ab	1.74b	0.13b	0.41a	7.53ab
	最大值/（μg/g）	20.91	3.22	0.39	1.22	25.75
	最小值/（μg/g）	0.66	0.51	0.03	0.13	1.46
	变异系数/%	119.25	46.41	71.15	67.95	93.30
中国	平均值/（μg/g）	2.56b	1.43b	0.07b	0.19b	4.25b
	最大值/（μg/g）	6.66	5.89	0.21	0.40	9.82
	最小值/（μg/g）	0.63	0.21	0.02	0.06	1.79
	变异系数/%	60.05	105.55	92.52	53.27	57.80
全部	平均值/（μg/g）	4.06	1.94	0.15	0.32	6.47
	最大值/（μg/g）	20.91	8.64	0.81	1.22	25.75
	最小值/（μg/g）	0.63	0.21	0.02	0.03	1.46
	变异系数/%	101.98	89.97	119.73	76.61	86.47

5.1.2.2 不同类型雪茄烟 TSNA 含量状况及其变异分析

按雪茄类型对 TSNA 含量进行分析（图 5-4），茄芯、茄衣、茄套样品的 NNN 含量分别在 0.63～6.52μg/g、0.66～11.95μg/g、1.02～20.91μg/g，NAT 含量分别在 0.21～5.89μg/g、0.35～8.64μg/g、0.74～4.23μg/g。从总 TSNA 含量来看，茄芯样品为 1.77～10.97μg/g，平均值 4.98μg/g；茄衣样品为 1.46～21.13μg/g，平均值 7.69μg/g；茄套样品为 2.08～25.75μg/g，平均值 8.55μg/g。

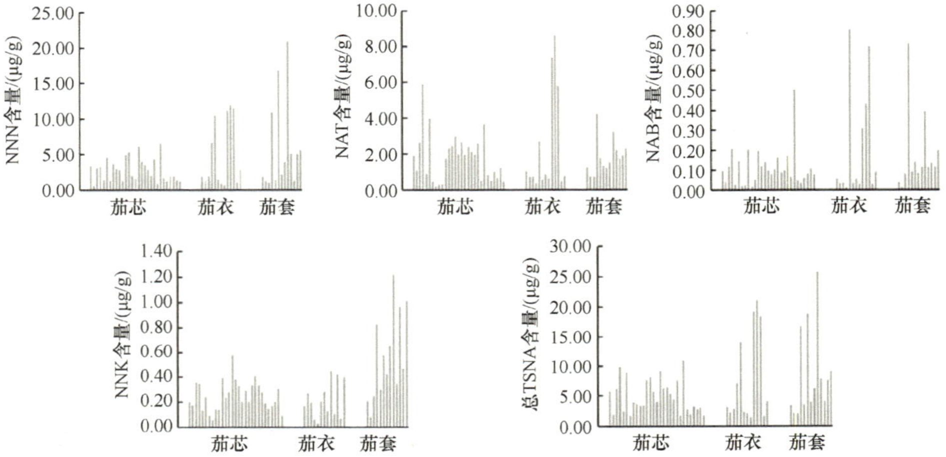

图 5-4 不同类型雪茄烟 TSNA 含量

由表 5-4 可知，茄套样品的 NNN 含量显著高于茄芯样品，NNK 含量显著高于茄芯、茄衣样品；而三种不同类型样品的 NAT、NAB 及总 TSNA 含量均无显著差异。三种类型雪茄样品 NNN、NAT、NAB、NNK 及总 TSNA 含量变异系数均在 45%以上，变异幅度较大。

表 5-4 不同类型雪茄样品 TSNA 含量变异情况

雪茄类型	项目	TSNA				
		NNN	NAT	NAB	NNK	总 TSNA
茄芯	平均值/（μg/g）	2.83b	1.79a	0.11a	0.25b	4.98a
	最大值/（μg/g）	6.52	5.89	0.50	0.58	10.97
	最小值/（μg/g）	0.63	0.21	0.02	0.06	1.77
	变异系数/%	57.06	73.42	84.10	46.71	54.31
茄衣	平均值/（μg/g）	4.91ab	2.36a	0.20a	0.21b	7.68a
	最大值/（μg/g）	11.95	8.64	0.81	0.45	21.13
	最小值/（μg/g）	0.66	0.35	0.02	0.03	1.46
	变异系数/%	95.24	123.32	135.78	66.03	98.72

续表

雪茄类型	项目	TSNA				
		NNN	NAT	NAB	NNK	总 TSNA
茄套	平均值/（μg/g）	5.96a	1.86a	0.17a	0.56a	8.55a
	最大值/（μg/g）	20.91	4.23	0.73	1.22	25.75
	最小值/（μg/g）	1.02	0.74	0.02	0.08	2.08
	变异系数/%	107.47	52.63	109.77	62.48	86.21
全部	平均值/（μg/g）	4.06	1.94	0.15	0.32	6.47
	最大值/（μg/g）	20.91	8.64	0.81	1.22	25.75
	最小值/（μg/g）	0.63	0.21	0.02	0.03	1.46
	变异系数/%	101.98	89.97	119.73	76.61	86.47

5.1.3　雪茄烟 TSNA 与生物碱的关系

以烟碱转化率 5%为分界线，将 55 个样品原料大致分为 24 个转化株和 31 个非转化株两部分，分别对其 TSNA 与生物碱含量进行相关性分析（表 5-5），当烟碱转化率大于 5%或小于 5%时，雪茄烟降烟碱与 NNN、总 TSNA 含量均呈显著

表 5-5　不同分类雪茄烟 TSNA 与生物碱的相关系数

雪茄分类	TSNA	烟碱	降烟碱	假木贼碱	新烟草碱	总生物碱	烟碱转化率
烟碱转化率（<5%）	NNN	0.17	0.38*	0.17	0.03	0.17	0.30
	NAT	0.26	0.37*	0.19	0.42*	0.28	0.16
	NAB	–0.03	0.05	–0.09	0.01	0.01	0.04
	NNK	–0.04	–0.10	–0.09	–0.10	–0.04	–0.07
	总 TSNA	0.22	0.39*	0.18	0.21	0.23	0.25
烟碱转化率（>5%）	NNN	–0.30	0.44*	–0.35	–0.43*	0.24	0.96**
	NAT	–0.04	0.36	–0.05	–0.16	0.01	0.49**
	NAB	–0.23	0.36	–0.31	–0.36	–0.19	0.61**
	NNK	–0.28	0.30	–0.30	–0.40*	–0.24	0.54**
	总 TSNA	–0.28	0.45*	–0.32	–0.42*	0.27	0.90**
全部	NNN	–0.30*	0.55**	–0.25	–0.33*	–0.25	0.81**
	NAT	–0.04	0.48**	–0.06	–0.01	0.01	0.54**
	NAB	–0.27	0.29*	–0.19	0.30*	–0.24	0.55**
	NNK	–0.25	–0.05	–0.14	–0.18	–0.18	0.15
	总 TSNA	–0.25	0.56**	–0.21	–0.20	0.20	0.79**

注：“*”表示在 0.05 水平上显著相关；“**”表示在 0.01 水平上极显著相关。下同

正相关。当烟碱转化率小于 5%时，烟碱转化率与 NNN、总 TSNA 含量无显著相关关系；当烟碱转化率大于 5%时，烟碱转化率与 NNN、总 TSNA 含量呈极显著正相关，说明烟叶样本不同可直接影响 TSNA 前体物对 TSNA 形成的贡献，烟碱转化率较高的烟叶，烟碱转化对 TSNA 形成的贡献度提高。

5.1.4 小结

生物碱是雪茄烟叶核心化学成分，其组成和含量不仅直接影响雪茄烟叶香味品质和生理强度，而且作为烟草中重要的有害物质烟草特有亚硝胺合成的前体物，对雪茄烟叶调制和发酵过程中烟草特有亚硝胺的形成和积累起重要作用，因此适宜的生物碱含量水平和合理的生物碱组成是优质低害雪茄烟叶生产的必然要求。本试验表明，国内外不同产区雪茄烟叶和茄芯、茄衣等不同用途雪茄烟叶生物碱含量样本间差异性均较大，特别是烟碱、降烟碱含量和烟碱转化率变异性极大，表明雪茄烟叶烟碱向降烟碱转化的问题突出。烟碱转化导致烟碱含量异常降低，可显著影响雪茄烟叶香气呈现和风格特征，降低生理满足感和醇厚度，同时由于烟碱去甲基后形成的仲胺类降烟碱极易发生亚硝化反应形成 NNN，可造成总 TSNA 水平大幅增加。本研究表明，不同产地和不同用途雪茄烟叶 NNN 和总 TSNA 含量的样本间变异性也均较大。相关性分析结果表明，降烟碱含量与 NNN 和总 TSNA 含量呈显著正相关，说明烟碱转化导致的降烟碱含量增加是目前雪茄烟叶 NNN 和总 TSNA 含量水平增高的主要原因。

烟草特有亚硝胺的合成前体物是生物碱和亚硝酸盐，这两类前体物的形成受遗传、栽培和生态因素的综合影响。从本试验结果看，虽然不同产地雪茄烟叶的生态条件和栽培技术有较大差异，但生物碱和烟草特有亚硝胺含量的地区间差异相对较小，这可能是因为目前不同产区和不同用途雪茄烟叶存在的主要问题是烟碱转化性状的稳定性较差，变异性较大，因而掩盖了生态条件和栽培管理等方面可能造成的差异。因此，从目前来看，针对烟碱转化性状对雪茄品种进行遗传改良，对生物碱组成进行优化，去除转化株，降低群体烟碱转化率是保证和稳定生物碱含量水平、降低烟草特有亚硝胺含量的有效途径和紧迫任务。在此基础上，可进一步探究生态环境和栽培、调制技术与烟草特有亚硝胺形成的关系，确定雪茄烟叶进一步增质减害的技术途径。此外，本试验对品种分析有一定局限性，因此可能品种的实质性影响会被掩盖。下一步本研究团队将在鉴别转化株的基础上，选用同一品种的非转化株进行设计，如用同一品种的非转化株系或同一转化水平的株系在不同生态区进行种植，这样可以消除烟碱转化的影响和干扰，更科学地比较和分析生态因素对生物碱和 TSNA 的影响，也可进一步分析不同用途烟叶的真实差异。本试验也表明，采用烟碱转化率不同的样本进行分析，发现烟碱转化率与 TSNA 形成的相关性不尽相同，表明降烟碱对 TSNA 形成的贡献不同。因此，在解决雪茄烟叶烟碱转化问题后，仍有新的课题值得研究。雪茄烟叶一般采用晾制方式进行调制，而且需要经过独特的发酵过程，目前关于烟叶调制过程中 TSNA 的形成机理研究得较为清楚，但对于雪茄烟调制过程中 TSNA 的形成规律，特别是发酵过程中 TSNA 形成机理尚需深入研究。

不同产地和不同用途雪茄烟叶生物碱组成和含量、烟碱转化率样本间差异性均较大，烟碱向降烟碱转化是目前雪茄烟叶存在的突出问题。不同产地和用途雪茄烟叶 TSNA 含量总体较高，样本间差异和变异性较大，雪茄烟叶降烟碱与 NNN 和总 TSNA 含量存在显著正相关关系。对现有雪茄烟叶品种进行改良，优化生物碱组成，稳定生物碱水平是当务之急，对优质低害中式雪茄烟叶生产至关重要。

5.2　中美部分品牌烟草制品 TSNA 及其前体物的含量和关系

摘要：初步了解中美市售部分烟草制品 TSNA 及其前体物的含量与相关关系，为雪茄安全性研究提供参考。收集中美市售卷烟及雪茄烟草制品共 37 款，对其 TSNA 及其前体物含量进行测定，并进行相关性分析。结果表明，烟碱转化率美国雪茄最高，平均为 5.50%，中式卷烟样本烟碱转化率最低，平均为 2.83%，且与美国雪茄样本存在显著差异。硝酸盐含量美国雪茄最高，平均为 11.69mg/g，中式卷烟样本最低，平均仅为 0.75mg/g，美国卷烟硝酸盐含量约为中式卷烟的 7.7 倍。TSNA 含量雪茄＞卷烟，中、美雪茄总 TSNA 平均值分别为 20.63μg/g、19.86μg/g，中式卷烟含量最低，平均仅为 0.25μg/g，美国卷烟含量约为中国的 18 倍。烟碱转化率与硝酸盐含量呈极显著正相关。硝酸盐含量与 NNK 含量呈显著正相关，与其他 TSNA 含量呈极显著正相关。亚硝酸盐含量与 NAB、NNK 和总 TSNA 含量的相关性极显著。新烟草碱含量与所有 TSNA 含量均呈极显著负相关。硝酸盐含量、亚硝酸盐含量及烟碱转化率与 TSNA 含量相关性较强，雪茄类烟草制品安全性仍有待提高。

随着全球经济的发展，雪茄等相对高端的烟草制品逐渐走进大众视野。中国和美国是全球最大的两个经济体，其烟草市场规模相当可观。中国烟草市场目前发展平稳，依旧由卷烟主导，同时雪茄的市场份额也在逐年扩大。而美国的烟草市场却略有不同，有研究显示，2000～2015 年美国的雪茄销量增长了 85.2%，卷烟销量则下降了 38.7%。烟草制品所引发的健康问题是阻碍世界烟草市场发展的最大原因。

TSNA 是一类影响烟草制品安全性的有害物质，如何降低烟草中以 TSNA 为主的有害成分含量一直以来都是世界烟草研究的主要课题。TSNA 通常是在调制过程中产生的，研究发现，新采收的鲜烟叶中 TSNA 含量极低，而在调制陈化后，通过微生物作用烟草中的 TSNA 含量显著升高。所以调制过程对烟叶 TSNA 含量的影响巨大。同时，品种特性也是决定烟碱、TSNA 含量的重要因素。李宗平等（2015）将不同品种、不同烟碱转化特性的烟草分别按照烤制、晒制和晾制的方法处理，结果表明，品种间及不同调制方法间的 TSNA 含量差异均达到显著或极显著水平。生物碱和亚硝酸盐是 TSNA 的两种前体物，烟草生物碱中，烟碱的比例占 93%以上，直接影响烟草制品的生理强度。同样，烟碱也被发现对健康有着一定影响。部分烟草品种存在较严重的烟碱向降烟碱转化的情况，烟碱转化率高的植株更易在调制及陈化过程中产生较多的 TSNA。

美国食品和药物管理局（FDA）认定雪茄是以烟叶卷制，或是卷烟纸中含有烟草成分的烟草制品，这与我们通常认为的狭义手卷雪茄有所不同。部分人认为相较于普通卷烟，雪茄的安全性相对较高，但一些研究认为，雪茄对健康的危害或许更大。目前国内虽然有一些关于雪茄原料烟的研究，但针对雪茄制品安全性的研究较少，国外对于雪茄的市场监管体系也尚未完善，因此初步了解市售雪茄等烟草制品的有害成分含量对消费者和企业来说有一定的参考价值。本研究收集了中美两国烟草市场较为常见的卷烟及雪茄制品，测定其 TSNA 及其前体物含量，进行相关性分析，并探讨可能的原因及措施，希望能为日后的雪茄安全性研究提供依据（周炎等，2022）。

本试验所用样品均于 2019 年购自中美两国市场，在可获得范围内选取知名度较高且较有代表性的卷烟及雪茄产品。所购买烟草制品见表 5-6，所有购得中式卷烟为烤烟型，美国卷烟除 NP 未知外均为混合型。对于卷烟样品选取 5 支烟支，取出烟丝混合并研磨，过 20 目筛，此为一个重复。对于雪茄样品，整支（茄芯、茄衣、茄套）一同研磨，并过 20 目筛，此为一个重复，所有待测样置于–20℃冰箱保存。所有试验样品设置三个重复。

表 5-6　供试烟草制品名称

类型	中国烟草制品代号	描述	美国烟草制品代号	描述
卷烟	HJ	烤烟型	NAS	混合型
	YX	烤烟型	CB	混合型
	YY	烤烟型	PM	混合型
	HH	烤烟型	NP	未知
	FR	烤烟型	KB	混合型
	LQ	烤烟型	MB	混合型
雪茄	HJ-9	纸质茄衣	SS	纸质茄衣
	WG	纸质茄衣	CY	纸质茄衣

续表

类型	中国烟草制品代号	描述	美国烟草制品代号	描述
雪茄	TS-1	纸质茄衣	BM	纸质茄衣
	SP	纸质茄衣	CY-M	纸质茄衣
	JJ	纸质茄衣	DJ	纸质茄衣
	CC	纯烟叶	TL	纸质茄衣
	HH-7	纯烟叶	TL-S	纸质茄衣
	JH	纯烟叶	DM	纸质茄衣
	TS-2	纯烟叶	NAF	纯烟叶
	HH-8	纯烟叶	AB	纯烟叶
	hh-9	纯烟叶	MF	纯烟叶
	JJ-2	纯烟叶	DE	纯烟叶
	TS-3	纯烟叶		

5.2.1　中美不同品牌烟草制品 TSNA 及其前体物测定结果

5.2.1.1　生物碱、硝酸盐、亚硝酸盐测定结果

生物碱测定结果表明，在所选取的 37 个样品中，总生物碱含量范围为 0.56%～2.64%（表中数据未显示），其中美国雪茄样本总生物碱含量最低，且与其他烟草产品类型都存在显著差异，其他烟草产品类型之间差异不显著。卷烟总生物碱含量略高于雪茄样本，中式卷烟样本平均总生物碱含量最高。在所有样品总生物碱中，烟碱占比最高，在全部样本中平均占比高达 91.76%（表 5-7）。

表 5-7　中美部分品牌烟草制品生物碱、硝酸盐、亚硝酸盐含量

类型		生物碱/%					烟碱转化率/%	占总生物碱百分比/%				硝酸盐/(mg/g)	亚硝酸盐/(μg/g)
		烟碱	降烟碱	新烟草碱	假木贼碱	总生物碱		烟碱	降烟碱	新烟草碱	假木贼碱		
中式卷烟（6）	平均值	1.87a	0.06a	0.01a	0.10a	2.04a	2.83c	91.67	2.94	0.49	4.90	0.75c	6.66b
	标准差	0.09	0.00	0.00	0.01	0.09	0.12	0.34	0.11	0.02	0.24	0.43	0.18
	变异系数/%	4.59	4.34	4.81	5.47	4.41	4.17	0.37	3.98	3.94	4.99	57.66	2.70
美国卷烟（6）	平均值	1.76a	0.06a	0.01b	0.07a	1.90a	3.50bc	92.63	3.16	0.53	3.68	5.74b	7.02b
	标准差	0.19	0.01	0.00	0.01	0.20	0.41	0.51	0.39	0.02	0.15	3.32	0.34
	变异系数/%	10.73	14.48	12.90	11.24	10.62	11.64	0.55	11.53	3.19	3.92	57.78	4.78
中国雪茄（13）	平均值	1.65a	0.08a	0.01c	0.05a	1.79a	4.74ab	92.18	4.47	0.56	2.79	8.87ab	9.91b
	标准差	0.5	0.04	0	0.03	0.54	1.94	1.72	1.89	0.15	0.96	4.89	2.71

续表

类型		生物碱/%					烟碱转化率/%	占总生物碱百分比/%				硝酸盐/(mg/g)	亚硝酸盐/(μg/g)
		烟碱	降烟碱	新烟草碱	假木贼碱	总生物碱		烟碱	降烟碱	新烟草碱	假木贼碱		
中国雪茄（13）	变异系数/%	30.68	45.38	33.71	47.27	30.19	40.92	1.87	41.23	25.92	31.8	55.16	27.36
美国雪茄（12）	平均值	1.22b	0.07a	0.01d	0.03b	1.33b	5.50a	91.73	5.26	0.75	2.26	11.69a	22.55a
	标准差	0.36	0.03	0	0.01	0.4	1.51	1.78	1.45	0.11	0.51	3.91	19.4
	变异系数/%	29.8	42.55	53.46	41.37	30.04	27.44	1.94	27.19	25.44	23.07	33.41	86.02
全部（37）	平均值	1.56	0.07	0.01	0.06	1.70	4.47	91.76	4.12	0.59	3.53	7.94	13.02
	标准差	0.45	0.03	0.00	0.03	0.48	1.74	1.47	1.71	0.12	1.13	5.47	13.22
	变异系数/%	28.69	41.07	38.85	52.09	28.49	38.99	1.60	39.56	23.25	35.24	68.89	101.54

4 组样本中降烟碱含量较低，且差异不显著，但烟碱转化率存在显著差异。美国雪茄样本的烟碱转化率最大，平均 5.50%，而中式卷烟样本烟碱转化率最小，平均为 2.83%，且与中国、美国雪茄样本均存在显著差异。

中、美雪茄样本的总生物碱变异系数最大，分别为 30.19%、30.04%；中、美卷烟总生物碱变异系数分别为 4.41%、10.62%，说明雪茄样本间总生物碱含量差异大于卷烟样本。

所有样本亚硝酸盐含量处于较低水平，平均为 13.02μg/g，但变异系数高达 101.54%，不同类型样品间差异较大。亚硝酸盐含量最高的是美国雪茄，平均高达 22.55μg/g，且与其余产品类型间存在显著差异；其次是中国雪茄，平均 9.91μg/g；亚硝酸盐含量最低的为中式卷烟，平均仅为 6.66μg/g，略低于美国卷烟。

硝酸盐含量整体相对较高，其中美国雪茄最高，高达 11.69mg/g；其次是中国雪茄，平均含量为 8.87mg/g；美国卷烟平均含量为 5.74mg/g，与美国雪茄样本平均硝酸盐含量差异显著。硝酸盐含量最低的为中式卷烟，平均仅为 0.75mg/g，与其他类型烟草样本存在显著差异。美国卷烟硝酸盐含量约为中式卷烟的 7.7 倍。

5.2.1.2 TSNA 测定结果

分析测定结果可知，37 个样品中，总 TSNA 含量最大值为 78.78μg/g，最小值为 0.2μg/g（表中数据未显示），4 类烟草制品总 TSNA 含量整体趋势为：中、美雪茄＞美国卷烟＞中式卷烟，中、美雪茄与中式卷烟总 TSNA 含量存在显著差异。总 TSNA 含量平均值最大的为中国雪茄样本，达到了 20.63μg/g；其次为美国雪茄样本，平均值为 19.86μg/g；总 TSNA 含量平均值最小的为中式卷烟样本，仅为 0.25μg/g，而美国卷烟样本总 TSNA 含量平均值约为中式卷烟样本的 18 倍（表 5-8）。

表 5-8　中美部分烟草品牌 TSNA 含量

类型		TSNA 含量/（μg/g）					占总 TSNA 的百分比/%			
		NNN	NAT	NAB	NNK	总 TSNA	NNN	NAT	NAB	NNK
中式卷烟（6）	平均值	0.08	0.12b	0.00	0.05	0.25b	32.00	48.00	0.00	20.00
	标准差	0.02	0.04	0.00	0.01	0.06	2.70	4.60	0.52	3.94
	变异系数/%	23.17	29.95	89.44	26.17	24.33	8.36	9.79	70.99	19.89
美国卷烟（6）	平均值	1.75	1.82ab	0.10	0.80	4.47ab	39.15	40.72	2.24	17.90
	标准差	0.84	0.76	0.05	0.55	1.86	8.33	2.59	0.50	9.48
	变异系数/%	48.22	41.50	51.07	68.95	41.54	22.02	6.32	24.53	49.45
中国雪茄（13）	平均值	11.95	5.69a	0.54	2.45	20.63a	57.93	27.58	2.62	11.88
	标准差	14.11	5.24	0.5	2.28	21.01	11.8	8.93	0.76	5.08
	变异系数/%	118.06	92.09	93.33	92.9	101.89	21.9	28.82	28.35	40.71
美国雪茄（12）	平均值	10.72	4.28ab	0.5	4.36	19.86a	53.98	21.55	2.52	21.95
	标准差	10.77	4.3	0.73	6.59	19.84	11.61	4.57	0.69	12.89
	变异系数/%	100.53	100.38	146.78	151.07	99.9	19.67	20.31	35.78	77.85
全部（37）	平均值	9.13	4.05	0.47	3.21	16.86	54.15	24.02	2.79	19.04
	标准差	11.65	4.52	0.57	4.36	19.10	14.66	10.99	0.94	9.38
	变异系数/%	127.54	111.53	120.84	135.69	116.91	30.19	36.08	29.32	50.10

所选取样品中，中式卷烟的总 TSNA 含量变异系数最小，为 24.33%，中、美雪茄 TSNA 含量变异系数分别均高达 101.89%、99.9%，说明不同雪茄样本间 TSNA 含量差异明显，远大于卷烟样本间差异。

从 TSNA 组分来看，中、美卷烟样本中，NAT 在总 TSNA 中占有最大比例，平均分别为 47.02%和 40.94%，且中式卷烟与中国雪茄 NAT 含量之间差异显著；中、美卷烟中 NNN 为第二主要成分，分别为 32.00%、39.15%。而中、美雪茄样本总 TSNA 中，NNN 占比最高，分别为 57.93%、53.98%。

5.2.2　中美烟草制品 TSNA 与其前体物的相关性分析

运用 SPSS 20.0 软件对每一个变量的所有值进行 Kruskal-Wallis 检验，结果表明所有样本符合正态分布。对全部 37 个样本的 TSNA、生物碱和硝酸盐检测数据进行皮尔逊相关性分析，相关系数如表 5-9 所示。可以看出，除 NNK 外，降烟碱与其余 3 种 TSNA 及总 TSNA 均呈正相关；烟碱转化率与所有 TSNA 均呈正相关，与硝酸盐呈极显著正相关。硝酸盐与 NNK 呈显著正相关，与其他 TSNA 呈极显著正相关。亚硝酸盐与 TSNA 形成存在正相关关系，特别是与 NAB、NNK 和总 TSNA 的相关性极显著。新烟草碱与所有 TSNA 均呈极显著负相关。此外，硝酸盐和亚硝酸盐与烟碱、新烟草碱和总生物碱呈极显著负相关。

表 5-9　37 个样本 TSNA 和生物碱、硝酸盐、亚硝酸盐的相关系数

	烟碱	降烟碱	假木贼碱	新烟草碱	总生物碱	烟碱转化率	硝酸盐	亚硝酸盐
NNN	−0.022	0.299	−0.147	−0.516**	−0.035	0.238	0.421**	0.318
NAT	−0.086	0.181	−0.187	−0.516**	−0.102	0.175	0.0.416**	0.310
NAB	−0.161	0.058	−0.213	−0.517**	−0.179	0.121	0.387**	0.430**
NNK	−0.274	−0.109	−0.187	−0.476**	−0.291	0.019	0.353*	0.809**
总 TSNA	−0.101	0.202	−0.183	−0.561**	−0.117	0.194	0.447**	0.465**
硝酸盐	−0.464**	0.306	−0.533**	−0.730**	−0.460**	0.572**		0.490**
亚硝酸盐	−0.476**	−0.123	−0.368	−0.499**	−0.481**	0.170	0.490**	

由于 37 个烟草制品类型间差异较大，本研究进一步对不同类型的烟草制品进行分组相关性分析（表 5-10）。中、美卷烟在 TSNA 与生物碱的相关关系上存在较大差异。中式卷烟中所有生物碱都与 TSNA 呈正相关，其中假木贼碱与 NNK 呈极显著正相关；烟碱转化率与 NNN、NAT 和总 TSNA 均呈负相关，但相关性

表 5-10　不同类型烟草制品 TSNA 和生物碱、硝酸盐、亚硝酸盐的相关系数

类型		烟碱	降烟碱	假木贼碱	新烟草碱	总生物碱	转化率	硝酸盐	亚硝酸盐
中式卷烟（6）	NNN	0.761	0.533	0.325	0.102	0.746	−0.270	0.733	−0.300
	NAT	0.704	0.662	0.189	0.291	0.709	−0.072	0.515	−0.236
	NAB	0.552	0.648	0.177	0.319	0.567	0.097	0.576	−0.267
	NNK	0.607	0.722	0.968**	0.793	0.651	0.039	0.596	0.041
	总 TSNA	0.785	0.709	0.414	0.369	0.793	−0.122	0.665	−0.236
美国卷烟（6）	NNN	−0.460	0.491	−0.562	−0.151	−0.416	0.914*	0.395	0.499
	NAT	−0.614	0.238	−0.702	−0.340	−0.580	0.726	0.444	0.614
	NAB	−0.626	0.068	−0.725	−0.405	−0.601	0.514	0.523	0.680
	NNK	−0.776	−0.672	−0.784	−0.848*	−0.791	−0.220	0.192	0.799
	总 TSNA	−0.707	0.122	−0.794	−0.470	−0.677	0.660	0.432	0.732
中国雪茄（13）	NNN	0.165	0.364	−0.132	−0.539	0.152	0.181	0.103	0.564*
	NAT	0.023	0.214	−0.244	−0.558*	0.009	0.140	0.054	0.634*
	NAB	−0.073	0.122	−0.283	−0.632*	−0.092	0.137	0.241	0.620*
	NNK	−0.013	0.124	−0.140	−0.589*	−0.033	0.156	0.164	0.405
	总 TSNA	0.113	0.314	−0.172	−0.580*	0.099	0.177	0.106	0.596*
美国雪茄（12）	NNN	0.205	−0.039	0.223	−0.173	0.180	−0.264	−0.378	0.320
	NAT	0.123	−0.181	0.154	−0.260	0.091	−0.380	−0.297	0.357
	NAB	0.039	−0.215	0.062	−0.372	0.007	−0.362	−0.348	0.428
	NNK	−0.165	−0.385	0.119	−0.385	−0.192	−0.504	0.265	0.831**
	总 TSNA	0.085	−0.196	0.196	−0.292	0.054	−0.406	−0.195	0.543

不显著。硝酸盐与 TSNA 呈正相关，亚硝酸盐整体上与 TSNA 呈负相关。而美国卷烟生物碱中，除降烟碱外，几乎所有生物碱都与 TSNA 呈负相关。

相应地，美国卷烟的烟碱转化率与除 NNK 外的所有 TSNA 均呈正相关，其中与 NNN 呈极显著正相关（图 5-5）。硝酸与亚硝酸均与 TSNA 含量呈正相关。中国雪茄 TSNA 除 NNN 外，整体上与新烟草碱呈显著负相关；TSNA 中除 NNK 外均与硝酸盐含量呈显著正相关；烟碱转化率及硝酸盐含量与 TSNA 总体上呈正相关。而美国雪茄中，烟碱转化率及硝酸盐与 TSNA 整体呈负相关，相关性不显著，亚硝酸盐与 NNK 呈现出极显著相关性。

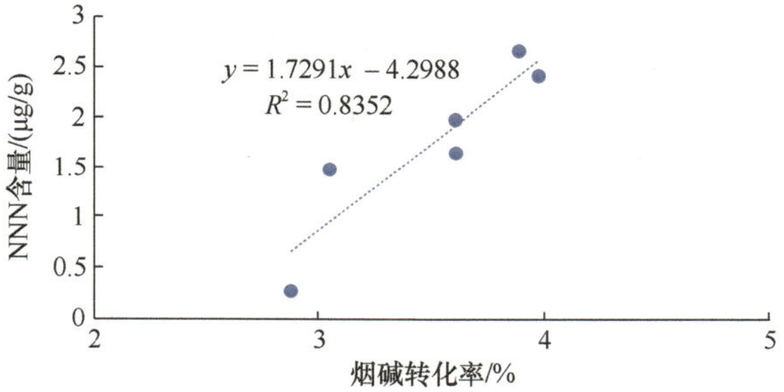

图 5-5 美国卷烟烟碱转化率与 NNN 含量的相关关系

5.2.3 产品类型与产品国别间的效应检验

运用 SPSS 对不同成分数据分别进行方差单变量分析，检验不同产品类型及国别间的烟草关键成分是否存在显著差异，以及产品类型与国别之间是否存在互作，显著性结果（*P* 值）如表 5-11 所示。不同类型（雪茄、卷烟）的 TSNA 及其前体物有着显著（$P<0.05$）或极显著（$P<0.01$）差异，不同国别的烟草产品之间 TSNA 及其前体物含量差异不显著，且类型与国别两因素间存在互作的可能性较小。因此，TSNA 及其前体物含量与烟草产品的类型（雪茄/卷烟）有着较大关系。

表 5-11 不同因素间效应检验显著性结果

成分	TSNA	NNN	NAT	烟碱	总生物碱	烟碱转化率	硝酸盐	亚硝酸盐
类型（雪茄/卷烟）	0.01	0.01	0.01	0.01	0.01	0.00	0.00	0.03
国别（中国/美国）	0.78	0.96	0.92	0.07	0.06	0.19	0.06	0.13
类型×国别	0.69	0.71	0.30	0.26	0.28	0.93	0.19	0.15

5.2.4 小结

中国主流卷烟的原料主要为烤烟，烤烟的烘烤调制方式决定了其较低的 TSNA 含量，而美国卷烟配方中有较大比例的白肋烟，白肋烟在晾制过程中生物碱和亚硝酸盐在微生物的作用下大量转化为 TSNA，本研究结果显示美国卷烟的总 TSNA 约为中国的 18 倍，而中、美雪茄样本平均 TSNA 分别约为中式卷烟的 82.5 倍和 79.4 倍；其中 TSNA 变异系数分别达到 101.89%和 99.9%，远大于中、美卷烟。这可能是由于所选样本的原料差异较大，不同品种的雪茄烟其烟碱转化能力及制作工艺也有所不同，会对样本的 TSNA 含量产生较大影响。周迪等（2020）对不同品种雪茄烟烟叶的 TSNA 及其前体物含量进行检测，结果表明不同品种间的生物碱含量、烟碱转化率及 TSNA 的含量与组成均存在显著差异。

生物碱方面，美国雪茄显著低于其他烟草制品，其余烟草制品间无显著差异。烟碱转化率最高的为美国雪茄，最低的为中式卷烟，且二者间差异极显著，说明美国雪茄产品中可能存在较为严重的烟碱向降烟碱转化的现象，为 TSNA 的生成提供有利条件。除原料品种特性外，还可能与雪茄烟生产中的调制及发酵过程有关。雪茄烟生产过程中有多种发酵方法，每种方法对烟叶的风格和化学成分都会产生独特的影响。李晶晶等（2019）研究表明，不同温湿度发酵条件下，茄芯 TSNA 含量最高增幅达到 294.96%，存在极显著差异。因此，对雪茄发酵条件的调控或许可在一定程度上降低烟草有害成分含量。

硝酸盐及亚硝酸盐含量基本符合以下规律：美国烟草制品＞中国烟草制品，以及雪茄＞卷烟，其中中式卷烟含量最低，美国雪茄含量最高。美国卷烟硝酸盐含量约为中式卷烟的 7.7 倍。已有研究提出可从选种、农艺措施、调制工艺等多个层面对烟草硝酸盐及亚硝酸盐含量进行调控。

对 37 份烟草制品中的 TSNA 及其前体物进行相关性分析，结果显示，硝酸盐与大部分 TSNA 亚硝酸盐和烟碱转化率呈极显著正相关，亚硝酸盐与 NAB、NNK 和总 TSNA 呈极显著正相关。进一步将样品按类别进行相关性分析，结果显示中式卷烟中假木贼碱与 NNK 呈极显著正相关；美国卷烟中烟碱转化率与 NNN 呈显著正相关，与之前史宏志等（2002，2012）对烟草及其制品 TSNA 与前体物的研究结果一致。从本试验样品的分析结果来看，市售烟草制品中 TSNA 含量与硝酸盐和亚硝酸盐关系较大，而烟草生物碱虽同为前体物，烟碱、降烟碱与 TSNA 的相关性却并不显著，这与之前的研究有所不同，可能是由于本试验样本量不够大，同时烟草制品中通常由多种类型的烟叶甚至再造烟叶混合制成，也许会对结果造成一定影响。

综上所述，无论是中国还是美国市场上的雪茄类产品 TSNA 含量普遍较高，雪茄减害将是亟待解决的问题之一，相信可以从品种、栽培措施及加工环节对有害成分的含量加以调控，但其感官评价也许会相应降低。如何在生产中平衡烟草制品风味特色和安全性将是烟草企业面临的一大挑战。

5.3　不同雪茄烟品种烟碱转化率差异及与发酵后 TSNA 含量的关系分析

摘要：为明确不同雪茄烟品种烟碱转化率差异及与发酵后 TSNA 含量的关系，对 16 个雪茄烟品种的中部叶生物碱、硝酸盐和 TSNA 含量进行测定，并分析其相关关系。结果表明，不同品种雪茄烟叶均存在烟碱向降烟碱的转化问题，参试的 16 个品种烟碱含量变化范围为 1.14%～5.42%，平均值为 3.02%；降烟碱含量的变化范围为 0.11%～1.47%，平均值为 0.40%；烟碱转化率范围为 4.05%～53.12%，平均值为 12.66%，品种间烟碱转化率的变异系数高达 101.01%。茄衣品种的降烟碱含量和烟碱转化率平均值显著高于茄芯品种。不同雪茄烟品种烟叶中的 TSNA 含量和组成具有显著差异，总 TSNA 含量的变化范围为 181.75～7759.10ng/g，平均为 3010.98ng/g；其中以 NNN 含量最高，且变异性最大，其平均值为 1616.59ng/g，变异系数为 97.28%。相关性分析结果显示，参试的 16 个品种的雪茄烟叶中降烟碱含量、烟碱转化率都与 NNN 和总 TSNA 含量呈极显著正相关，NNN 与降烟碱含量的相关系数为 0.802。烟碱转化导致降烟碱含量增高是造成雪茄烟叶中 NNN 含量和总 TSNA 含量增加的主要原因之一。

优质雪茄烟叶不仅要具有良好的抽吸品质，更要具备低害、安全特性。烟叶中生物碱的组成和含量对烟叶质量和有害物质 TSNA 的形成具有重要影响。烟草中生物碱的组成主要有 4 种，正常情况下，烟碱含量占总生物碱的 93%以上，降烟碱含量不会超过 3.5%，但是在烟草群体中一些烟株会出现烟碱去甲基化酶的突变，使烟碱含量降低，降烟碱含量和比例增加。关于烟碱转化问题在白肋烟中已有很多研究，但在雪茄烟中则鲜有报道。前期研究表明，由于仲胺类的降烟碱与叔胺类的烟碱相比具有较大的不稳定性，更易发生亚硝化反应，故烟碱向降烟碱转化导致降烟碱含量增高是白肋烟叶中 NNN 和总总 TSNA 含量增加的主要因素。通过烟碱转化性状的遗传改良、转化株的早期鉴别和去除、低转化品种选育和应用等措施来降低烟碱向降烟碱转化是降低白肋烟 TSNA 的有效途径。我国种植雪茄的历史悠久，但在雪茄烟叶有害成分含量和烟叶减害方面的研究却仍然十分欠缺，前期初步检测结果表明，雪茄烟叶 TSNA 含量水平普遍较高，系统研究不同雪茄品种烟叶 TSNA 的含量及其与生物碱组成和含量等的关系，对于明晰造成 TSNA 含量增高的深层原因和采取有针对性的措施降低雪茄烟叶 TSNA 含量，提高雪茄烟叶和制品的安全性具有重要意义。为此，本研究于 2016～2017 年在四川设置品种比较试验，系统分析测定了 16 个雪茄烟品种调制后烟叶 TSNA 及生物碱和硝酸盐含量，进而分析了 TSNA 含量与前体物含量的关系，旨在为我国雪茄烟的品种筛选和优化、有效降低雪茄烟叶 TSNA 含量提供理论依据（周迪等，2020）。

本研究中的雪茄品种由四川中烟工业有限责任公司长城雪茄厂和菲律宾烟草总公司（CdF）等单位提供，共计 16 个烟叶品种（表 5-12），其中茄衣品种有 Cuba4（CX1）、Havana92（CX2）、长城 1 号（GH-1）、长城 2 号（GH-2）、Besuki/No（BN）、Cuba-Brazil（CB），茄芯品种包括 MNC、MSCA、MFZS、PC、MFPP、OLOR、NJ、DMD、MKK、CP/2012。GH-1、GH-2 两个品种自 2010 年开始在万源引种种植，后经过多年系统选择；CX1、CX2、BN、CB、MNC、MSCA、MFZS、PC、MFPP、OLOR、CP/2012 等品种自 2011 年开始在万源引种种植，后进行连续多年系统选择；NJ、DMD、MKK 三个品种自 2015 年开始在万源引种种植。

表 5-12　参试的雪茄品种名称与代号

茄衣品种			茄芯品种		
代号	原名称	引种来源	代号	原名称	引种来源
CX1	Cuba4	云南烟草科学研究院	MNC	MNC	CDF 公司
CX2	Havana92	云南烟草科学研究院	MSCA	MSCA	CDF 公司
GH-1	长城 1 号	长城雪茄厂	MFZS	MFZS	CDF 公司
GH-2	长城 2 号	长城雪茄厂	PC	PC	CDF 公司
BN	Besuki/No	CDF 公司	MFPP	MFPP	CDF 公司
CB	Cuba-Brazil	CDF 公司	OLOR	OLOR	CDF 公司
			CP/2012	CP/2012	CDF 公司
			NJ	尼加拉瓜长芯	长城雪茄厂
			DMD	多米尼加短芯	长城雪茄厂
			MKK	美国康州阔叶	长城雪茄厂

5.3.1　不同雪茄品种 TSNA 及其前体物含量分析

5.3.1.1　不同雪茄品种生物碱含量和烟碱转化率分析

由表 5-13 可知，不同雪茄品种烟叶生物碱含量存在显著差异。所有参试品种总生物碱含量范围为 1.74%～6.05%，总生物碱的平均值为 3.63%。烟碱含量变化范围为 1.14%～5.42%，平均为 3.02%，降烟碱含量的变化范围为 0.11%～1.47%，平均值 0.40%。4 种生物碱以降烟碱变异性较大，品种间存在显著差异，新烟草碱和假木贼碱变异性较小。

表 5-13　雪茄不同品种生物碱和硝酸盐含量及烟碱转化率

类型	品种	生物碱含量/%					烟碱转化率/%	氮氧化物/（μg/g）	
		烟碱	降烟碱	假木贼碱	新烟草碱	总生物碱		硝酸盐	亚硝酸盐
茄芯	MNC	3.55de	0.25g	0.0027k	0.28g	4.08d	6.78h	1019.10h	21.57g
	MSCA	3.63d	0.25g	0.0026k	0.30f	4.18d	6.49h	1055.40h	22.62g
	MFZS	3.56de	0.17h	0.0238h	0.30ef	4.05e	4.58ij	1469.52c	34.52c
	PC	2.14j	0.32e	0.0265g	0.16k	2.65h	12.96e	1392.58d	32.22d
	MFPP	3.99c	0.17h	0.0294de	0.25h	4.44c	4.05k	1061.56h	22.79g
	OLOR	2.55i	0.29f	0.0276f	0.21i	3.08fg	10.24f	712.72k	12.85k
	NJ	5.10b	0.43d	0.0336b	0.34b	5.90a	7.68g	779.27j	14.74j
	DMD	2.76g	0.14i	0.0286e	0.14l	3.07fg	4.99i	2174.72b	54.46b
	MKK	5.42a	0.26g	0.0377a	0.32c	6.04a	4.65ij	1470.49c	34.46c
	CP/2012	1.55k	0.11j	0.0027k	0.08m	1.74i	6.36h	1276.88e	68.33a
	平均值	3.425	0.239	0.0215	0.238	3.923	6.878	1241.224	31.856
	变异系数/%	35.83	40.01	63.02	36.56	35.45	40.89	34.07	55.20
茄衣	CX2	3.42e	0.82c	0.0327c	0.42a	4.69b	20.13c	1063.29h	22.81g
	CX1	1.14m	1.47a	0.0144j	0.31de	3.00fg	53.12a	1143.37g	18.77h
	GH-2	1.37l	0.26g	0.0027k	0.13l	1.77i	15.61d	857.04i	16.96i
	BN	2.68h	0.96b	0.0233h	0.32cd	4.00d	29.23b	2259.23a	26.27f
	GH-1	2.36i	0.30ef	0.0303d	0.25h	2.94g	11.23f	1240.31ef	27.87e
	CB	3.17f	0.15i	0.0193i	0.20j	3.17ef	4.40ij	1199.70fg	26.74ef
	平均值	2.3567	0.66	0.0205	0.2717	3.2617	22.2867	1293.823	23.2367
	变异系数/%	39.58	77.89	53.80	37.35	30.63	77.47	38.03	19.48
最小值		1.14	0.11	0.0027	0.08	1.74	4.05	712.72	12.85
最大值		5.42	1.47	0.0377	0.42	6.05	53.12	2259.23	68.33
平均值		3.02	0.40	0.0211	0.25	3.63	12.66	1260.95	28.62
标准差		1.22	0.37	0.0123	0.09	1.24	12.78	434.34	14.52
变异系数/%		40.22	93.52	58.12	36.61	34.20	101.01	34.45	50.73

雪茄烟叶中存在较为严重的烟碱转化问题，烟碱转化率范围为 4.05%～53.12%，平均值为 12.66%，品种间烟碱转化率的变异系数高达 101.01%，说明在不同品种间存在着较大的差异。烟碱含量与降烟碱含量呈现相反的变化趋势。

总体上看，茄芯品种与茄衣品种的 TSNA 前体物质存在显著的差异。与茄衣品种相比，茄芯品种的总生物碱含量、烟碱含量、假木贼碱和新烟草碱含量的平均值较大，降烟碱含量和烟碱转化率的平均值较低，变异系数较小。表明茄衣品种总生物碱含量较低，但是烟碱转化率较高，平均降烟碱含量高于茄芯烟叶。

5.3.1.2 不同雪茄烟品种烟叶硝酸盐含量的差异

分析结果表明（表 5-13），雪茄烟叶硝酸盐含量远远大于亚硝酸盐含量，不同雪茄品种硝酸盐含量变化范围相对较小，平均值为 1260.95μg/g，亚硝酸盐含量的平均值为 28.62μg/g，与降烟碱含量和烟碱转化率相比，硝酸盐和亚硝酸盐含量的变异系数在品种间的差异较小，这可能是由于试验的土壤条件和栽培管理较为一致，而硝酸盐和亚硝酸含量受栽培条件影响相对较大。所有品种中，BN 硝酸盐含量最高，其次为 DMD，以 OLOR 品种的硝酸盐含量最低。

5.3.2 不同雪茄烟品种烟叶 TSNA 含量分析

由表 5-14 可知，不同雪茄品种的 TSNA 含量及组成具有显著差异，不同雪茄品种的总 TSNA 变异范围为 181.75～7759.10ng/g，平均值为 3010.98ng/g。TSNA 各组分平均含量以 NNN 含量最高，平均值为 1616.59ng/g，且 NNN 含量的变异性最大，从最小值的 90.03ng/g 到最大值的 6643.85ng/g，变异系数为 97.28%，NNN 含量的变化趋势与降烟碱含量和烟碱转化率一致，表明烟碱转化导致降烟碱含量增高与 NNN 含量增加密切相关。

表 5-14 不同雪茄品种 TSNA 含量及其比值比较

类型	品种	含量/（ng/g）					占总 TSNA 的比例/%			
		NNN	NAT	NAB	NNK	总 TSNA	NNN	NAT	NAB	NNK
茄芯	MNC	1732.44e	2104.66b	113.79b	244.54e	4195.43d	41.29	50.17	2.71	5.83
	MSCA	2754.29c	2717.28a	176.56a	581.41a	6229.54b	44.21	43.62	2.83	9.33
	MFZS	809.96j	1336.33e	53.26f	244.49e	2444.04h	33.14	54.68	2.18	10.00
	PC	496.03k	365.61j	8.80m	137.68i	1008.12k	49.20	36.27	0.87	13.66
	MFPP	1080.07h	1552.42d	65.27e	280.65c	2978.41f	36.26	52.12	2.19	9.42
	OLOR	3078.24b	1821.05c	83.01c	315.51b	5297.81c	58.10	34.37	1.57	5.96
	NJ	907.81i	882.41h	34.08ij	182.95g	2007.25j	45.23	43.96	1.70	9.11
	DMD	90.03m	61.74k	5.02n	24.96k	181.75m	49.54	33.97	2.76	13.73
	MKK	1253.05g	1090.19f	38.17h	236.55e	2617.96gh	47.86	41.64	1.46	9.04
	CP/2012	300.20l	309.85j	13.47l	167.35h	790.87i	37.96	39.18	1.70	21.16
	平均值	1250.21	1224.15	59.14	241.61	2775.11	44.28	43.00	2.13	8.71
	变异系数/%	79.96	69.64	90.94	60.01	70.92	15.87	16.28	28.93	49.61
茄衣	CX2	2145.82d	1290.97e	42.75g	180.20g	3659.74e	58.63	35.27	1.17	4.92
	CX1	6643.85a	974.92g	27.23k	113.10j	7759.10a	85.63	12.56	0.35	1.46
	GH-2	1220.78g	724.15i	34.03j	270.11d	2249.07i	54.28	32.20	1.51	12.01
	BN	1567.27f	864.69h	72.62d	163.45h	2668.03g	58.74	32.41	2.72	6.13
	GH-1	917.38i	728.52i	37.29hi	193.30f	1876.49j	48.89	38.82	1.99	10.30

续表

类型	品种	含量/（ng/g）					占总 TSNA 的比例/%			
		NNN	NAT	NAB	NNK	总 TSNA	NNN	NAT	NAB	NNK
茄衣	CB	868.19ij	1128.08f	33.49j	182.27g	2212.03i	39.25	51.00	1.51	8.24
	平均值	2227.22	951.89	41.24	183.74	3404.07	57.57	33.71	1.54	7.18
	变异系数/%	99.44	23.77	39.27	27.72	65.24	27.04	37.02	51.46	53.29
最小值		90.03	61.74	5.02	24.96	181.75	33.14	32.20	0.35	1.46
最大值		6643.85	2717.28	176.56	581.41	7759.10	85.63	54.68	51.46	13.73
平均值		1616.59	1122.05	52.43	219.91	3010.98	49.26	39.52	1.84	9.39
标准差		1572.63	686.74	43.62	119.64	2016.76	12.56	10.30	0.70	4.50
变异系数/%		97.28	61.20	83.21	54.41	66.98	25.49	26.07	38.27	47.95

分析 4 种 TSNA 占总 TSNA 的比例可知，雪茄烟叶中 NNN 和 NAT 平均值分别为 49.26%和 39.52%，所占比例较高，是主要的 TSNA，但不同雪茄品种 NNN 和 NAT 占 TSNA 的比例差异显著，其中 NNN 百分比的变异范围最大，为 33.14%～85.63%，其受品种烟碱转化率的强烈影响，在高烟碱转化率品种中 NNN 占比极高。NAT 百分比的变异范围为 32.20%～54.68%。NNK 占总 TSNA 的比例平均为 9.39%，以 NAB 所占比例最低。

比较茄衣和茄芯两类品种可知，茄衣品种的 TSNA、NNN 含量显著高于茄芯，NAT、NNK 和 NAB 含量低于茄芯。茄衣和茄芯品种的 TSNA 含量平均值分别为 3404.07ng/g 和 2775.11ng/g。茄衣品种的 NNN 含量平均值为 2227.22ng/g，是茄芯 NNN 含量的 1.78 倍。茄衣品种 NNN/总 TSNA 的平均值也高于茄芯品种。

5.3.3　TSNA 与生物碱、硝酸盐含量之间的相关性分析

对所测数据进行相关性分析，得到了不同雪茄品种 TSNA 与其前体物质之间的相关关系（表 5-15）。由分析结果可知，NNN 与降烟碱含量和烟碱转化率之间呈极显著正相关（图 5-6），相关系数分别为 0.802 和 0.794。总 TSNA 与降烟碱和烟碱转化率之间也存在极显著相关关系，相关系数分别为 0.676 和 0.632。NNN 含量与总 TSNA 含量相关系数高达 0.942，表明 NNN 含量对总 TSNA 含量贡献很大，NNN 含量增高是造成总 TSNA 含量增高的主要原因。此外，NAT 含量与新烟草碱和总生物碱含量相关系数也比较大。NNK 含量与烟碱呈极显著正相关，与降烟碱和烟碱转化率呈极显著负相关。烟碱与烟碱转化率和降烟碱含量之间呈负相关。硝酸盐与亚硝酸烟之间存在极显著正相关。

表 5-15 雪茄烟 TSNA 含量与生物碱、硝酸盐含量的相关系数

	烟碱	降烟碱	假木贼碱	新烟草碱	总生物碱	转化率	硝酸盐	亚硝酸盐	NNN	NAT	NAB	NNK	总TSNA
烟碱	1												
降烟碱	−0.328**	1											
假木贼碱	0.594**	−0.168	1										
新烟草碱	0.515**	0.253*	0.519**	1									
总生物碱	0.870**	0.117	0.598**	0.695**	1								
转化率	−0.590**	0.923**	−0.290**	0.021	−0.174	1							
硝酸盐	−0.228*	0.153	0.064	−0.171	−0.177	0.289**	1						
亚硝酸盐	−0.109	−0.246*	−0.02	−0.394**	−0.256*	−0.161	0.554**	1					
NNN	−0.368**	0.802**	−0.232*	0.246*	0.016	0.794**	−0.03	−0.311**	1				
NAT	0.390**	−0.077	−0.024	0.426**	0.397**	−0.2	−0.176	−0.257*	0.194	1			
NAB	0.123	−0.057	−0.143	0.138	0.128	−0.035	0.471**	0.052	0.034	0.688**	1		
NNK	0.294**	−0.390**	−0.161	0.022	0.121	−0.404**	−0.135	−0.19	−0.175	0.665**	0.638**	1	
总TSNA	−0.199	0.676**	−0.223*	0.349**	0.139	0.632**	−0.075	−0.360**	0.942**	0.509**	0.279**	0.094	1

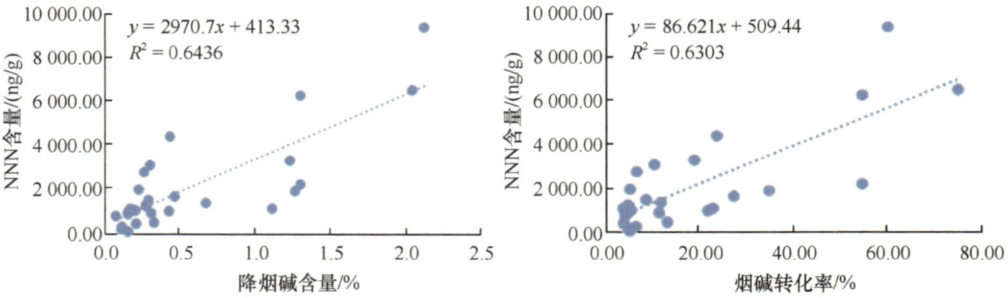

图 5-6 NNN 与降烟碱含量、烟碱转化率的相关关系

5.3.4 小结

生物碱是雪茄烟叶中一类核心化学成分，生物碱的组成和含量不仅直接影响雪茄的生理强度、满足感、香吃味等感官质量，而且作为烟草特有亚硝胺等有害物质的直接前体物对其形成和积累有重要影响。本研究通过对我国引进的代表性雪茄品种进行分析测定，首次发现雪茄烟叶普遍存在烟碱向降烟碱转化的问题，一些雪茄品种调制和发酵后烟叶的平均烟碱转化率和降烟碱含量很高，表明烟株群体中存在大量烟碱转化能力很强的转化株。由于仲胺类的生物碱具有较大的不稳定性，降烟碱极易与亚硝酸发生亚硝化反应生成 NNN，并导致总 TSNA 水平增高，本研究相

关性分析结果表明，雪茄烟叶中 NNN 和总 TSNA 含量与烟碱转化率和降烟碱含量存在极显著正相关，因此在同一栽培、调制和发酵条件下烟碱向降烟碱转化导致降烟碱含量异常增高是雪茄烟叶 NNN 含量和总 TSNA 含量升高的主要原因。根据前人研究结果，烟碱转化产生的降烟碱多为 *S* 构型，由其产生的 *S* 构型 NNN 具有更大的危害性，所以在转化株中形成的 TSNA 有害性很大。烟碱转化性状是一种显性遗传，有效鉴别和去除转化株可以使烟株群体得以优化，选育低烟碱转化率雪茄品种，或者对现有雪茄品种进行纯化改良是降低雪茄烟叶 TSNA 含量的重要途径。

在雪茄烟中，4 种 TSNA 中以 NNN 和 NAT 含量相对较高，其次为 NNK，以 NAB 含量最低，在非转化株的烟叶中，NAT 含量一般高于 NNN 含量，而在转化株烟叶中，NNN 的大量形成致使 NNN 的含量远远高于 NAT，因此 NNN/NAT 的值和占总 TSNA 的比例与烟碱转化率密切相关。本研究中茄衣品种和茄芯品种总生物碱含量有一定差异，茄芯品种平均生物碱含量水平相对较高，但茄衣品种的烟碱转化率和降烟碱含量高于茄芯品种，进而使 NNN 含量形成增多，导致烟叶 NNN 含量和总 TSNA 含量的平均值较高。关于茄衣品种烟碱转化率高的原因可能主要是不同品种基因型造成的，有待进一步研究。本研究表明 NNN 含量与降烟碱关系显著，但 NNK、NAT、NAB 与相应的前体物相关性较小，这可能是因为各 TSNA 合成之间存在竞争。根据 Cai 等（2016）的研究结果，NNK、NAB 和 NAT 的含量受 NNN 影响，即降烟碱可以和其他三个生物碱竞争亚硝化反应，所以当烟碱转化率较高时，其他三个生物碱与其亚硝化产物的相关性降低。本研究中，雪茄烟叶内的硝酸盐与和亚硝酸盐与 TSNA 含量之间的相关性较小，与之前研究报道有所不同，本研究是在生态环境和栽培条件一致的条件下研究品种间的差异，由于烟碱转化性状是遗传突变造成的，故烟碱转化导致的 NNN 含量相应增加也是遗传因素引起的结果，烟叶硝态氮含量受施氮量、氮素形态等栽培因素的强烈影响，因此在栽培条件相对一致的试验条件下，硝态氮含量变化较小，其对 TSNA 形成的影响容易被遗传因素形成的影响而掩盖。

雪茄烟品种不同程度上存在烟碱向降烟碱转化的问题，品种间降烟碱含量和烟碱转化率存在显著差异。雪茄烟叶样品 NNN 和总 TSNA 含量与降烟碱含量和烟碱转化率存在极显著正相关，烟碱转化导致降烟碱含量增高是雪茄烟叶 NNN 和总 TSNA 含量增高的直接原因，对雪茄品种进行烟碱转化性状改良是降低雪茄烟叶 TSNA 含量的有效途径。

5.4　四川雪茄系列品种烟碱转化率分析及品种纯化效果

摘要：为明确四川主要雪茄品种烟碱向降烟碱转化的程度和烟碱转化率的株间分布，并对烟碱转化率高的雪茄品种进行品种纯化，以优化四川雪茄烟叶生物碱组成，实现雪茄烟叶增质减害。结果表明，四川雪茄系列品种的生物碱组成和含量差异较大，且不同品种雪茄烟叶的烟碱转化率株间分布差异较大。其中，德雪 5 号存在非常严重的烟碱转化问题，转化株比例为 100%，且所有转化株皆为高转化株。什烟 1 号群体中存在大量的烟碱转化株，其中低转化株居多，占群体总数的 37.9%，平均烟碱转化率为 18.91%。德雪 1 号和德雪 3 号的烟碱转化问题较小，且所有转化株皆为低转化株。德雪 4 号和德雪 7 号群体的转化株比例分别为 48%和 30%。在对德雪 4 号、德雪 7 号和什烟 1 号三个品种转化株早期诱导鉴定的基础上，严格选择非转化株进行自交，可得到相应的纯化种。与对应的常规品种相比，纯化种雪茄烟叶降烟碱含量和烟碱转化率显著降低，NNN 含量和总 TSNA 含量显著下降，其中德雪 7 号的 NNN 含量由 2615.27ng/g 降低到 442.67ng/g，总 TSNA 含量由 3602.46ng/g 降低到 1327.24ng/g；德雪 4 号和什烟 1 号的 NNN 含量分别由 3235.76ng/g 和 3940.32ng/g 降低到 945.32ng/g 和 1315.40ng/g，总 TSNA 含量分别由 5658.51ng/g 和 6669.89ng/g 降低到 2889.81ng/g 和 2840.12ng/g。各纯化种烟叶感官质量得到改善。四川雪茄品种不同程度地存在烟碱转化问题，通过转化株早期诱导鉴定，选择非转化株自交进行品种纯化，可显著降低雪茄烟叶烟碱转化率和 TSNA 含量，提高烟叶品质和安全性。

生物碱不仅是影响烟叶感官质量的核心化学成分，而且是烟草有害成分烟草特有亚硝胺的前体物，与烟叶安全性密切相关。TSNA 一直是国际上烟草研究的热点之一，本研究通过品种纯化显著降低雪茄烟叶 TSNA 含量，为雪茄烟叶减害研究提供了新方法。在正常情况下，烟碱是烟叶中最主要的生物碱，但有一些植株会发生基因突变产生烟碱去甲基酶活性，从而导致烟碱转化为降烟碱。烟碱转化是国内外雪茄烟叶普遍存在的一个问题，也是不同雪茄烟群体降烟碱含量、NNN 含量和总 TSNA 含量大幅增高的重要原因。不同品种和不同用途的雪茄烟叶烟碱转化率差异较大，通过适期打顶、控制晾制湿度和晾制时间、沉默烟碱去甲基基因及选用非转化株进行育种等手段均可缓解烟碱转化问题，进而降低烟叶 TSNA 含量。在烟碱转化株早期鉴定的基础上，严格选择非转化株进行制种的纯化改良方法在白肋烟上已有较多研究，但目前在雪茄烟上的应用较少。四川地区种植晾晒烟的历史悠久，历史上以当地晾晒烟作为雪茄原料，近年来通过引种驯化已形成了与当地生态条件相适应的德雪系列雪茄品种。关于雪茄烟叶生物碱方面的研究，一般只是片面关注烟碱含量，而对生物碱组成，特别是烟碱向降烟碱转化的问题缺乏研究。本研究首次对四川雪茄德雪系列品种混合样品和单株样品进行生物碱组成及烟碱转化率分析，并通过烟碱转化株早期诱导和鉴定对主栽雪茄品种进行品种纯化，以优化雪茄烟叶生物碱组成，有效提高雪茄烟叶质量水平及其制品的安全性（张蓝月等，2023）。

试验于 2019～2021 年在四川省什邡市进行，试验田前茬作物为水稻，土壤有机质含量为 3.01g/kg，碱解氮含量为 120mg/kg，速效磷含量为 38.1mg/kg，速效钾含量为 89mg/kg，pH 为 5.8～7.0。供试品种分别为：德雪 1 号、德雪 3 号、德雪 4 号、德雪 5 号、德雪 7 号、什烟 1 号。试验同时对当地部分主栽品种（德雪 4 号、德雪 7 号、什烟 1 号）进行了纯化改良。2019 年，将各供试品种随机排列种植，每个品种各种植 120 株，行距 125cm，株距 40.5cm，各小区面积 62.5m^2，每个品种设置三次重复。按照雪茄烟生产规范进行正常田间管理，烟叶成熟采收时，每个品种随机取 30 片中部叶，在当地晾房中晾制 25d 后取样。2020 年，将各供试品种参照上一年的种植方法随机排列种植。烟株移栽后 30d，在每个群体随机选择 30 株生长健壮的烟株挂牌定株，并于开花前，取每个品种挂牌 30 株单株的中部叶，以浓度为 0.3%的乙烯利喷施进行诱导转化，使烟碱转化性状在早期表达。在保温保湿的晾房中对各品种所取烟叶进行统一晾制，直到烟叶完全变黄后取样测定单株生物碱含量和烟碱转化率。同时在开花前对各品种挂牌的单株套袋进行自交留种，按前期测定的烟碱转化率严格选择非转化株的种子留作纯化改良种。2021 年，选取三个主栽品种（德雪 4 号、德雪 7 号、什烟 1 号）的纯化改良种，另选取该品种当地常规种作为对照种，按当地雪茄烟生产技术规范统一进行管理，烟叶成熟时按单片采收，晾制发酵后，取样品冷冻干燥磨碎，用于后续分析。

5.4.1　四川雪茄系列品种生物碱组成及 TSNA 含量分析

5.4.1.1　四川不同品种雪茄烟调制后生物碱含量比较

不同品种雪茄烟调制后混合样品的生物碱含量差异见表 5-16。分析表明，不同品种雪茄烟的生物碱含量及组成差异较大，什烟 1 号的总生物碱含量显著高于其他品种，其次为德雪 5 号。所有供试品种中，什烟 1 号和德雪 4 号的烟碱含量

表 5-16　不同品种雪茄烟调制后的生物碱含量（%）

品种	烟碱	降烟碱	假木贼碱	新烟草碱	烟碱转化率	总生物碱
德雪 1 号	2.07d	0.05d	0.0083e	0.15d	2.36d	2.28e
德雪 3 号	2.04d	0.06d	0.0078e	0.10e	2.86d	2.21e
德雪 5 号	0.44e	3.76a	0.0166a	0.29a	89.52a	4.51b
德雪 7 号	2.62c	0.21c	0.0102d	0.17c	7.42c	3.01d
什烟 1 号	3.85a	1.39b	0.0126b	0.24b	26.53b	5.49a
德雪 4 号	2.95b	0.26c	0.0112c	0.15d	8.10d	3.37c

较高。德雪 5 号的烟碱含量最低而降烟碱含量最高，且其混合样品的烟碱转化率高达 89.52%，可见该品种存在着很严重的烟碱转化问题。什烟 1 号的降烟碱含量仅次于德雪 5 号，烟碱转化率较高，有必要对该品种进行进一步纯化改良。

5.4.1.2　四川不同品种雪茄烟调制后 TSNA 含量比较

不同品种雪茄烟叶调制后的 TSNA 含量如表 5-17 所示。什烟 1 号的总 TSNA 含量最高，其次为德雪 4 号，值分别为 3045.39ng/g 和 2499.31ng/g。NNN 含量最高的是德雪 5 号，高达 1686.84ng/g，其次为什烟 1 号和德雪 4 号。什烟 1 号的 NNK、NAT 和 NAB 含量都显著高于其他品种。

表 5-17　不同品种雪茄烟调制后的 TSNA 含量（ng/g）

品种	NNN	NAT	NAB	NNK	总 TSNA 含量
德雪 1 号	427.28e	1779.85a	27.18c	91.48c	2325.79c
德雪 3 号	547.01d	1131.08c	18.44d	107.25b	1803.78d
德雪 5 号	1686.84a	594.98e	17.75d	44.92d	2344.49c
德雪 7 号	378.37e	703.56d	18.7d	40.97d	1141.59e
什烟 1 号	1027.51b	1821.15a	55.84a	140.89a	3045.39a
德雪 4 号	948.07c	1412.22b	49.39b	89.63c	2499.31b

5.4.1.3　四川不同品种雪茄烟生物碱含量和TSNA含量之间的相关性分析

不同品种雪茄烟调制后混合样品的 TSNA 含量与生物碱含量的相关性分析如表 5-18 所示。由表可知，烟碱转化率与降烟碱含量和 NNN 含量之间存在极显著

表 5-18　雪茄烟 TSNA 含量与生物碱含量之间的相关系数

	烟碱	降烟碱	新烟草碱	假木贼碱	烟碱转化率	总生物碱	NNN	NAT	NAB	NNK	总 TSNA
烟碱	1										
降烟碱	–0.574	1									
新烟草碱	–0.272	0.912*	1								
假木贼碱	–0.36	0.939**	0.940**	1							
烟碱转化率	–0.637	0.996**	0.885*	0.930**	1						
总生物碱	0.215	0.676	0.847*	0.797	0.615	1					
NNN	–0.42	0.925**	0.825*	0.935**	0.916*	0.722	1				
NAT	0.651	–0.435	–0.239	–0.393	–0.496	0.067	–0.278	1			
NAB	0.774	–0.122	0.122	0.107	–0.188	0.549	0.15	0.717	1		
NNK	0.658	–0.303	–0.209	–0.307	–0.378	0.224	–0.125	0.841*	0.691	1	
总 TSNA	0.262	0.335	0.428	0.381	0.272	0.632	0.536	0.661	0.759	0.659	1

和显著正相关关系，相关系数分别为 0.996 和 0.916。降烟碱含量和 NNN 含量之间呈极显著正相关，相关系数为 0.925。此外，NNN 含量和假木贼碱含量之间也存在极显著正相关关系，相关系数高达 0.935。

5.4.2 四川雪茄系列品种早期诱导后烟碱转化率株间分布

对各品种 30 株单株折取的中部叶进行诱导转化，测定生物碱含量和烟碱转化率，得出了不同品种雪茄烟烟碱转化率的株间分布情况，如图 5-7 所示。分析表明，不同品种雪茄烟的烟碱转化程度差异显著。德雪 1 号和德雪 3 号各单株的烟碱转化率较低，这两个群体中大多为非转化株，且所有转化株皆为低转化株。德雪 4 号和德雪 7 号群体中非转化株更多，所有转化株中低转化株的比例更大，其余都是中转化株。什烟 1 号的烟碱转化率在不同单株之间差异较大，变异范围为 1.96%～85.45%，该群体既存在非转化株，又存在低转化株、中转化株和高转化株。德雪 5 号各单株烟碱转化率极高，所选群体所有单株均为高转化株，且该群体中烟碱转化率在 80%以上的单株占据绝对优势。

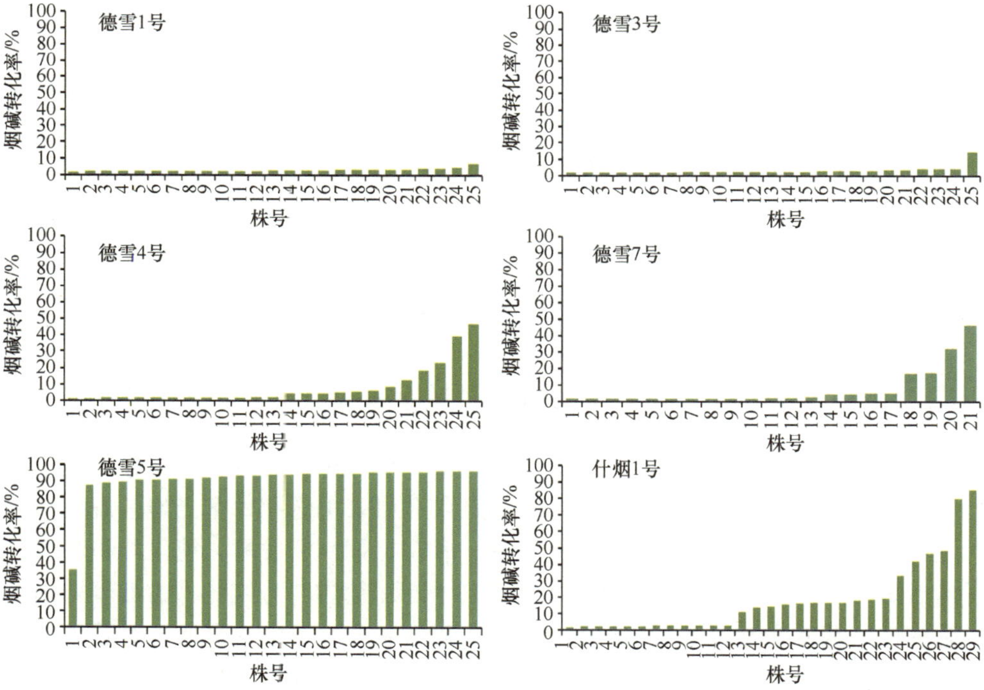

图 5-7 烟碱转化率株间分布

各品种单株样品的转化株比例及平均生物碱含量见表 5-19。分析表明，不同品种雪茄烟的生物碱含量存在差异，其群体中烟碱转化株的分布也存在较大差异。在所有供试品种中，德雪 5 号的降烟碱含量和总生物碱含量显著高于其他品种，烟碱含量最低，平均烟碱转化率高达 90.79%，所测单株都为转化株，且所有转化株皆为高转化株，严重的烟碱转化问题阻碍了本试验该品种的后续纯化工作。什烟 1 号的生物碱含量较高，转化株比例为 58.6%，后期需对该品种进行系统纯化。德雪 1 号和德雪 3 号的烟碱转化问题相对较小，群体的转化株比例分别为 36%和 40%，且所有转化株皆为低转化株，在后续纯化过程中的选择压力较小。德雪 4 号和德雪 7 号的烟碱转化率分别为 7.98%和 7.50%，群体的转化株比例分别为 48%和 30%。因此本试验最终选择德雪 7 号、德雪 4 号和什烟 1 号进行进一步的系统纯化。

表 5-19　不同雪茄品种转化株比例及烟碱转化率（%）

品种	非转化株比例（<3%）	转化株比例				平均生物碱含量	平均烟碱含量	平均降烟碱含量	平均烟碱转化率
		低转化株（3%～20%）	中转化株（20%～50%）	高转化株（>50%）	总转化株				
德雪 1 号	64.0	36.0	0.0	0.0	36.0	2.13	1.91	0.06	2.87
德雪 3 号	60.0	40.0	0.0	0.0	40.0	2.19	2.01	0.07	3.28
德雪 5 号	0.0	0.0	0.0	100.0	100.0	5.51	0.44	4.76	90.79
德雪 7 号	70.0	20.0	10.0	0.0	30.0	3.34	2.87	0.23	7.50
什烟 1 号	41.4	37.9	13.8	6.9	58.6	5.08	3.81	1.02	18.91
德雪 4 号	52.0	36.0	12.0	0.0	48.0	3.16	2.77	0.23	7.98

5.4.3　四川主栽雪茄品种烟碱转化性状纯化改良及增质减害效果

5.4.3.1　纯化种和对照种的生物碱及硝酸盐含量比较

根据早期转化株诱导鉴定结果，严格选择三个品种（德雪 4 号、德雪 7 号、什烟 1 号）非转化株进行自交，得到相应的纯化种，另选取每个当地常规种作为对照种，按照当地雪茄烟生产规范进行统一管理、调制和发酵。纯化种和对照种发酵后烟叶的生物碱及硝酸盐含量如表 5-20 所示。德雪 7 号纯化种的烟碱转化率显著降低，烟碱含量显著高于对照种，降烟碱含量和硝酸盐含量低于对照种。德雪 4 号纯化种的烟碱转化率显著低于对照种，且降烟碱含量和硝酸盐含量也显著低于对照种。什烟 1 号纯化种的烟碱转化率显著低于对照种，纯化种的烟碱转化率为 4.64%，而对照种的烟碱转化率高达 24.40%。

表 5-20　纯化种和对照种的生物碱及硝酸盐含量比较

品种	株系	烟碱/%	降烟碱/%	假木贼碱/%	新烟草碱/%	总生物碱/%	烟碱转化率/%	硝酸盐/（μg/g）	亚硝酸盐/（μg/g）
德雪7号	纯化种	3.73bc	0.09e	0.0281a	0.41d	4.26c	2.36f	1636.13c	21.74d
	对照种	2.95d	0.42c	0.0103e	0.41d	3.79d	12.46c	3087.26b	22.55bcd
德雪4号	纯化种	3.85b	0.11e	0.0289a	0.44c	4.43c	2.78e	1594.92c	23.55b
	对照种	3.58c	0.58b	0.0218c	0.52b	4.70b	13.94b	3358.21a	23.22bc
什烟1号	纯化种	4.32a	0.21d	0.0172d	0.36e	4.91b	4.64d	1052.75d	26.50a
	对照种	3.78b	1.22a	0.0243b	0.68a	5.70a	24.40a	224.91e	22.26cd

总体来看，德雪 4 号、德雪 7 号和什烟 1 号纯化种的烟碱含量显著高于对照种，降烟碱含量和烟碱转化率显著低于对照种。

5.4.3.2　纯化种和对照种 TSNA 含量比较

由表 5-21 可知，德雪 7 号纯化种与对照种的 TSNA 含量存在显著差异，纯化种的 NNN 含量和总 TSNA 含量显著低于对照种。与对照种相比，德雪 4 号纯化种的 NNN 含量和总 TSNA 含量更低。什烟 1 号纯化种与对照种的 NNN 含量差异达到显著水平，纯化种的总 TSNA 含量显著低于对照种。

表 5-21　纯化种和对照种 TSNA 含量及比例差异（ng/g）

品种	株系	TSNA 含量				
		NNN	NAT	NAB	NNK	总 TSNA
德雪 7 号	纯化种	442.67f	720.32e	50.75e	113.5c	1327.24e
	对照种	2615.27c	785.49e	50.2e	151.5b	3602.46c
德雪 4 号	纯化种	945.32e	1705.67c	77.8d	161.02a	2889.81d
	对照种	3235.76b	2230.05b	90.2c	102.5d	5658.51b
什烟 1 号	纯化种	1315.40d	1310.92d	118.57a	95.23e	2840.12d
	对照种	3940.32a	2465.57a	108.5b	155.5ab	6669.89a

总体来看，不同品种雪茄烟纯化种的 NNN 含量和总 TSNA 含量均显著低于对照种。

5.4.3.3　纯化种和对照种的常规成分比较

不同品种雪茄烟纯化种与对照种常规成分结果如表 5-22 所示。由表可知，德雪 7 号纯化种的总糖、烟碱、还原糖含量和糖碱比均高于对照种。德雪 4 号纯化种与对照种的总糖和还原糖含量均无显著差异，纯化种的烟碱含量显著高于对照种。什烟 1 号纯化种的总糖、烟碱和还原糖含量均高于对照种，两糖比和糖碱比均显著高于对照种。

表 5-22 纯化种和对照种的常规成分比较

品种	株系	含量/%			比值	
		总糖	烟碱	还原糖	还原糖/总糖	还原糖/烟碱
德雪 7 号	纯化种	0.46a	3.73bc	0.19a	0.42a	0.051a
	对照种	0.31d	2.95d	0.09c	0.30c	0.031b
德雪 4 号	纯化种	0.31d	3.85b	0.08d	0.27d	0.021f
	对照种	0.32d	3.58c	0.08d	0.27d	0.022e
什烟 1 号	纯化种	0.38b	4.32a	0.12b	0.31b	0.028c
	对照种	0.35c	3.78b	0.09c	0.26e	0.024d

综上所述，不同品种雪茄烟纯化种的烟碱含量显著高于对照种。德雪 7 号和什烟 1 号纯化种的总糖和还原糖含量均高于对照种。

5.4.3.4 纯化种和对照种的感官质量比较

纯化种和对照种的感官评吸结果如表 5-23 所示。德雪 7 号纯化种的劲头、香气质、香气量、浓度、杂气和余味的评分均高于对照种。德雪 4 号纯化种的劲头、香气质、香气量、浓度、杂气、刺激性和余味的评分均高于对照种。什烟 1 号纯化种的香气质、香气量、浓度、杂气和余味评分均高于对照种。各品种纯化种的感官质量加权总分均高于对照种。

表 5-23 纯化种与对照种的感官质量比较

品种	株系	劲头	香气质	香气量	浓度	杂气	甜度	刺激性	余味	灰色	加权总分
德雪 7 号	纯化种	8.0	6.5	7.5	6.3	6.3	6.6	5.5	6.3	8.0	6.8
	对照种	7.3	5.8	6.5	6.2	5.8	6.5	5.8	6.0	8.0	6.4
德雪 4 号	纯化种	7.7	6.3	7.5	6.5	6.3	6.8	5.8	6.2	8.0	6.8
	对照种	7.0	5.8	7.0	6.3	6.0	6.8	5.6	6.0	8.0	6.5
什烟 1 号	纯化种	6.0	6.3	7.5	6.5	6.3	5.9	6.0	6.0	7.5	6.5
	对照种	6.0	5.7	6.5	6.2	5.9	5.8	6.0	5.7	7.5	6.1

综上所述，德雪 4 号、德雪 7 号和什烟 1 号的纯化种的香气质、香气量、浓度、杂气及余味的评分和加权总分均高于对照种。

5.4.4 小结

烟碱转化性状是显性遗传，可以在世代间不断传递积累。国外通过对白肋烟品种进行纯化来减少烟碱转化性状在不同世代间的遗传，纯化可有效降低后代群体的烟碱转化率。我国尚未把降烟碱含量作为品种选育的选择指标，这导致烟碱转化株在各群体中逐年积累，烟碱转化问题越加突出。国内外不同产区或不同用途的雪茄烟叶均普遍存在烟碱转化问题。群体的高转化株比例和降烟碱含量偏高都会影响烟叶的感官品质和安全性，烟碱转化导致降烟碱含量增加，从而使雪茄烟叶的 NNN 含量和总 TSNA 含量升高，这对我国优质低害雪茄原料的生产非常不利。前人研究表明，四川雪茄烟的化学成分更接近于国外雪茄，而致香成分总量较低，因此对四川主栽雪茄烟叶进行群体纯化是当务之急。本研究发现，不同品种的雪茄烟烟碱转化株和烟碱转化程度差异显著，其中德雪 1 号和德雪 3 号所测群体的转化株比例较低，且所有转化株均为低转化株。德雪 5 号的烟碱转化问题严重，所测群体皆为高转化株。德雪 4 号和德雪 7 号群体的转化株比例分别为 48%和 30%，其中低转化株分别占群体总数的 36%和 20%，中转化株分别占 12%和 10%。什烟 1 号也存在烟碱转化问题，转化株比例相对较高，为 58.6%，但该品种是四川什邡地区的主栽品种之一，因此对该品种进行品种纯化是必然选择。

近十几年来，史宏志团队对我国湖北、四川和云南的白肋烟进行了系统纯化，纯化效果非常显著，后代群体的 TSNA 含量大幅下降，转化株比例和烟碱转化率显著降低。本研究通过早期鉴定转化株并严格选择非转化株进行自交留种对德雪 4 号、德雪 7 号和什烟 1 号进行品种纯化，纯化后不同品种雪茄烟叶的烟碱转化率显著降低，且烟叶的 TSNA 含量显著降低，烟叶的品质大幅提高。由此可见，通过严格选择非转化株制种对四川雪茄系列品种进行纯化可达到优化生物碱组成和改善烟叶品质的目的，可显著降低雪茄烟叶的降烟碱含量和 TSNA 含量，对于优质低害雪茄烟叶的生产具有重要价值。随着现代分子生物学的发展，越来越多的研究从基因水平揭示了烟碱转化性状的表达规律。前人研究发现，在烟碱转化过程中，烟碱去甲基酶活性主要是由显性基因 *CYP82E4* 调控的，沉默该基因表达可有效抑制烟碱转化，但目前转基因烟草对烟叶品质的影响尚不明确，其在大田生产中的应用尚且受到一定限制。本研究对四川雪茄品种进行纯化，其增质减害效果明显，为我国优质低害雪茄烟叶生产提供了新方法，但是纯化改良前期的非转化株筛选工作具有一定的技术性，随着烟碱转化株鉴别技术的优化，纯化效率将会有更大提高。

不同品种雪茄烟叶的生物碱含量及组成差异较大，且烟碱转化率的株间分布差异较大。经过烟碱转化性状纯化后，烟叶的降烟碱含量和烟碱转化率显著降低，且 NNN 含量和总 TSNA 含量显著降低。因此，通过剔除转化株，严格选择非转化株制种进行品种纯化，可以显著降低雪茄烟叶有害物质含量，提升烟叶安全性。

5.5　雪茄茄芯和茄衣不同区段化学成分及品质差异性分析

摘要：为探究雪茄烟叶上部叶不同区段的品质差异。以雪茄品种德雪 1 号发酵后分拣出的一等茄衣和茄芯烟叶为材料，对其叶基至叶尖 5

个不同区段的常规化学成分、中性香气成分、烟草特有亚硝胺及前体物含量进行测定，并进行感官评吸鉴定。结果表明，雪茄烟叶不同区段化学成分差异显著，还原糖、总糖含量在靠近叶尖部分相对较高，总氮和蛋白质在两种烟叶的近叶基部含量较高，烟碱含量自叶基到近叶尖逐渐增高。茄芯、茄衣烟叶的中性香气成分含量从叶基至叶尖均先增加后减少，其中茄芯烟叶在叶中部含量最高，茄衣在近叶基部含量最高。从叶基至叶尖，两种类型雪茄烟叶的烟草特有亚硝胺含量均持续下降，但降幅不同，茄芯烟叶叶尖较叶基下降 68.25%，茄衣降低 30.19%。两种烟叶的感官质量均表现为先升高后降低，以叶中和近叶尖部较优。雪茄烟叶以叶中部和近叶尖部分香气浓郁，有害成分低，评吸质量较好。

雪茄是一种特殊的烟草制品，传统意义上的雪茄是指全部用烟叶手工卷制而成的吸用烟卷。制作雪茄的烟叶按其在产品中的用途可分为茄芯、茄套和茄衣，其中茄衣是表征雪茄风味的重要因素，占雪茄生产成本的50%以上；茄芯则对雪茄口味的贡献率更高，对雪茄成品的风格特征和整体层次具有决定性作用。近年来，随着雪茄市场的蓬勃发展，手工卷制的雪茄产量逐渐满足不了市场需求，机制雪茄和半机制雪茄的市场份额逐步增加。无论是机制雪茄还是手工雪茄，烟叶都是其生产过程中的重要原料和基础，其风格特征和质量特性将直接影响雪茄产品的优劣。

环境微生态对烟叶生长发育的影响很大，即使是同一片叶，也可能会由茎叶角不同等因素造成不同区段烟叶的光合特性存在差异，再加上烟叶生理特性、栽培技术等对内含物的积累影响，各区段之间的质量和可用性也不尽相同。目前，国内机制雪茄普遍为烟片式茄芯，其制片过程多采用配方打叶技术以充分混匀烟片，稳定烟支感官质量。手工卷制雪茄则是对雪茄烟烟叶的部位进行明确的细化区分及位置安排，在雪茄烟卷制过程中，习惯将整片烟叶从叶中部分裁切或者扯断错位叠接，以使雪茄燃烧段及评吸段的香气成分和烟气浓度从设计与制作的角度达到平衡。尽管如此，雪茄成品的质量仍存在一定的差异，生产上往往通过增加烟叶的种类来调配维持雪茄口味。由于雪茄卷制是采用片烟直接卷裹，认识同一片烟叶不同区段片烟的化学成分和质量差异尤为重要。对于烟叶不同区段的质量分析在白肋烟、烤烟中已有很多研究，邸慧慧等（2010）研究表明，烤烟不同位点中性香气成分具有显著差异，叶片中部香气成分含量丰富，而叶尖、叶缘更有利于烟碱等含氮化合物的积累。白肋烟的生物碱分布与烤烟较为相似，也以叶尖和叶缘处含量较高。目前在雪茄烟中尚未见到区段分析的相关报道，因此本研究对雪茄烟不同区段的烟叶质量进行分析，以期对其在雪茄卷制过程中的配方应用提供参考（李晶晶等，2024）。

供试材料为四川省烟草公司提供的 2019 年发酵后质量均匀一致的一等茄芯和茄衣烟叶各 1000g，其中茄芯烟叶叶长 49～52cm，茄衣烟叶叶长 46～48cm。考虑到传统雪茄成品规格以 5 英寸（12.7cm）为主，因此将供试烟叶从叶基到叶尖按长度等分为叶基、近叶基、叶中、近叶尖和叶尖 5 个区段，分别测定各区段烟叶的常规化学成分、中性香气成分和 TSNA 及其前体物的含量，并对其感官评吸质量进行评价，各指标重复测定 3 次。

5.5.1　不同区段烟叶的常规化学成分含量变化

茄芯和茄衣烟叶不同区段的常规化学成分含量如表5-24所示。由表可知，各区段雪茄烟叶的化学成分含量均存在极显著差异。茄芯烟叶的还原糖和总糖含量在区段间差异较大，变异系数分别为22.61%和13.69%。从叶基至叶尖，茄芯中的还原糖和总糖含量均呈先上升后下降趋势，在近叶尖部含量最高，为1.28%和2.67%，叶基部的糖含量最低，仅有0.71%和1.82%。茄芯烟叶总氮和蛋白质含量的最大值出现在近叶基部，而烟碱则以近叶尖部含量最高。不同区段烟叶的氮碱比从叶基至叶尖持续下降，比值在0.96～1.07。

表 5-24　不同区段雪茄烟叶的常规化学成分含量（%）

烟叶类型	烟叶区段	还原糖/%	总糖/%	烟碱/%	总氮/%	蛋白质/%	氮碱比
茄芯	叶基	0.71Dd	1.82Ee	3.00Ee	3.20Bc	7.34Bb	1.07
	近叶基	0.82Cc	2.41Cc	3.30Dd	3.53Aa	7.93Aa	1.07
	叶中	0.83Cc	2.51Bb	3.48Bb	3.47Aab	7.80Aa	1.00
	近叶尖	1.28Aa	2.67Aa	3.58Aa	3.44Ab	7.34Bb	0.96
	叶尖	1.05Bb	2.11Dd	3.37Cc	3.23Bc	7.28Bb	0.96
	变异系数/%	22.61	13.69	6.14	4.22	3.81	–
茄衣	叶基	0.80Cc	2.53Dc	2.00Dd	2.14Ee	6.52Bc	1.07
	近叶基	0.81Cc	2.80Cb	2.45Cc	2.53Aa	7.21Aa	1.03
	叶中	0.95Bb	2.82BCb	3.23Aa	2.40Bb	6.66Bb	0.74
	近叶尖	0.96Bb	2.92ABa	2.85Bb	2.32Cc	6.50Bc	0.81
	叶尖	1.01Aa	2.94Aa	2.42Cc	2.22Dd	6.11Cd	0.92
	变异系数/%	9.90	5.47	16.74	6.24	5.63	–

注：茄芯和茄衣的检测数据分别进行方差分析

茄衣烟叶在不同区段间含量差异最大的是烟碱，变异系数为 16.74%；其次是还原糖，变异系数 9.90%。从叶基到叶尖，各区段烟叶的还原糖、总糖含量持续增加，叶基部的两糖含量最低，分别比叶尖低 20.79%和 13.95%。茄衣中含氮化合物的变化趋势与茄芯相似，但含量显著低于茄芯，烟碱、总氮、蛋白质含量最高仅有 3.23%、2.53%和 7.21%。茄衣烟叶的氮碱比从叶基至叶尖先减小后增大，在叶中部比值较小，为 0.74，叶基部比值较大，为 1.07。

5.5.2 不同区段烟叶的中性香气成分含量变化

雪茄烟叶各区段的中性香气成分含量差异很大。从叶基至叶尖，茄芯烟叶中性香气成分总量呈先上升后下降趋势，叶基处含量最低，为 794.30μg/g，在叶中达到最大值 962.05μg/g，是叶基含量的 1.21 倍。除芳香族氨基酸降解产物总量从叶基至叶尖持续下降外，其他各类香气成分含量均呈先上升后下降趋势。类胡萝卜素降解产物和棕色化反应产物在近叶尖处含量最高，分别为 174.46μg/g 和 29.61μg/g，茄酮和新植二烯含量在叶中部最高，为 87.32μg/g 和 629.75μg/g。茄芯烟叶各区段间差异最大的是类胡萝卜素降解产物含量，变异系数为 12.64%，其次是芳香族氨基酸降解产物含量，变异系数为 11.89%（表 5-25）。

表 5-25 不同区段雪茄烟叶的中性香气成分含量（μg/g）

香气成分	茄芯					茄衣				
	叶基	近叶基	叶中	近叶尖	叶尖	叶基	近叶基	叶中	近叶尖	叶尖
6-甲基-5-庚烯-2-醇	1.42	1.50	1.79	1.29	1.33	2.13	2.75	3.13	2.55	3.49
6-甲基-5-庚烯-2-酮	3.77	3.34	3.54	3.44	3.80	0.85	1.14	0.95	0.71	0.84
愈创木酚	1.00	1.37	1.45	1.50	1.55	1.26	0.98	1.18	1.04	1.30
芳樟醇	5.09	4.24	3.82	4.11	4.07	2.98	3.05	2.75	2.42	2.60
β-大马酮	15.12	14.25	14.50	15.47	15.60	12.54	17.02	16.74	16.59	16.56
β-二氢大马酮	8.37	12.58	14.53	14.99	16.40	9.08	12.13	11.27	11.75	12.03
异佛尔酮	–	–	–	–	–	0.44	0.46	0.39	0.40	0.39
氧化异佛尔酮	–	–	–	–	–	0.30	0.57	0.54	0.49	0.48
香叶基丙酮	8.42	12.62	11.65	13.76	13.51	2.49	3.47	3.55	3.32	5.19
二氢猕猴桃内酯	7.67	11.47	10.07	11.52	10.01	7.29	8.47	6.34	7.09	7.01
巨豆三烯酮 1	3.50	5.29	4.56	5.87	5.56	0.92	1.21	1.22	1.27	1.28
巨豆三烯酮 2	15.16	18.67	20.78	25.88	23.39	6.80	9.00	8.37	8.82	8.42
巨豆三烯酮 3	5.14	5.58	3.56	3.47	2.92	0.36	0.16	0.15	0.11	0.16
3-羟基-β-二氢大马酮	8.07	10.46	11.96	13.39	14.39	7.84	11.92	10.46	10.95	9.78
巨豆三烯酮 4	18.07	20.70	25.46	24.21	24.18	7.36	9.30	7.92	9.34	8.53
螺岩兰草酮	2.67	2.55	2.45	1.79	2.01	0.08	0.09	0.09	0.07	–
法尼基丙酮	21.70	25.84	29.81	32.78	34.07	14.64	29.84	25.91	23.64	25.06
藏花醛	–	0.16	0.17	0.17	0.15	0.08	–	0.10	0.10	0.10
β-环柠檬醛	0.97	0.93	0.81	0.82	0.81	0.86	1.69	1.51	1.43	1.31

续表

香气成分	茄芯					茄衣				
	叶基	近叶基	叶中	近叶尖	叶尖	叶基	近叶基	叶中	近叶尖	叶尖
类胡萝卜素降解产物总量	126.13	151.56	160.92	174.46	173.72	78.29	113.26	102.57	102.09	104.54
苯甲醛	1.89	1.75	1.41	1.48	1.49	1.16	2.37	2.39	2.02	2.30
苯乙醛	12.13	13.89	9.25	8.58	7.66	15.20	14.71	16.98	14.18	13.88
苯甲醇	12.86	11.72	14.97	14.54	14.00	8.97	14.12	11.54	11.59	9.61
苯乙醇	35.70	32.23	29.08	28.67	22.35	12.80	16.15	14.25	14.89	14.22
芳香族氨基酸降解产物总量	62.58	59.59	54.71	53.27	45.49	38.13	47.35	45.15	42.67	40.00
糠醛	16.31	16.47	18.10	17.74	15.57	4.94	5.59	5.94	4.67	4.95
糠醇	3.20	2.84	3.32	3.22	3.10	3.11	3.75	3.55	2.69	2.86
2-乙酰基呋喃	0.71	–	0.30	–	–	0.24	0.28	0.35	0.33	0.36
2-乙酰基吡咯	–	–	–	–	–	0.39	0.68	0.65	0.68	0.65
3,4-二甲基-2,5-呋喃二酮	4.54	4.11	3.89	4.47	3.90	0.88	1.62	1.39	1.35	1.89
5-甲基糠醛	3.58	3.31	3.52	3.97	3.06	0.52	5.58	4.44	3.82	3.66
2,6-壬二烯酮	0.21	0.27	0.23	0.22	0.19	1.42	6.53	5.73	4.95	2.67
棕色化反应产物总量	28.54	26.99	29.36	29.61	25.82	11.51	24.03	22.05	18.49	17.04
茄酮	78.85	86.97	87.32	77.52	75.38	103.43	156.18	121.83	126.19	99.08
新植二烯	498.18	579.10	629.75	585.74	580.10	576.46	706.03	648.10	638.17	464.28
除新植二烯外其他香气成分总量	296.11	325.10	332.31	334.86	320.41	231.36	340.82	291.60	289.44	260.66
中性香气成分总量	794.30 Cd	904.21Bc	962.05Aa	920.61Bb	900.55Bc	807.82Cc	1046.84Aa	939.71Bb	927.62Bb	724.94Dd

注："–"代表物质含量低未检出或不含此种成分。下同

茄衣烟叶各区段中性香气成分总量变化趋势与茄芯相同，从叶基到叶尖含量先增加后减少，但是含量最高的部位与茄芯有所差异，叶片近基部的香气成分总量最高，为 1046.84μg/g，比叶尖高 44.40%。此外，从叶基到叶尖，茄衣中的各类香气成分含量均呈先上升后下降的趋势，在近叶基处含量最高，叶尖处含量最低。棕色化反应产物总量在各区段间差异最大，变异系数达 26.05%，其余香气成分含量变异系数在 8.75%～14.05%。

5.5.3　不同区段烟叶的 TSNA 及其前体物含量变化

不同区段雪茄烟叶中 TSNA 含量如表 5-26 所示。从叶基到叶尖，茄芯和茄衣烟叶 4 种 TSNA 及其总量均呈明显下降趋势，差异达到极显著水平。总 TSNA 含

量叶基最高，茄芯、茄衣分别为 2687.14ng/g 和 2412.50ng/g；叶尖最低，分别为 853.10ng/g 和 1684.25ng/g，分别较叶基下降 68.25%和 30.19%。茄芯烟叶的 NNK 含量在区段间降幅最大，为 78.55%；其次是 NNN 和 NAT，分别为 74.73%和 62.25%；NAB 下降幅度相对较小，为 49.56%。茄衣烟叶的 4 种 TSNA 在区段间的下降幅度低于茄芯，降幅在 4.70%～35.05%。

表 5-26　不同区段烟叶的 TSNA 含量（ng/g）

烟叶类型	烟叶区段	NNN	NAT	NAB	NNK	总 TSNA
茄芯	叶基	982.48Aa	1356.36Aa	62.51Aa	285.79Aa	2687.14Aa
	近叶基	512.01Bb	876.88Bb	53.00Bb	92.09Bb	1533.98Bb
	叶中	380.88Cc	666.67Cc	38.09Cc	63.66Cc	1149.30Cc
	近叶尖	352.35Dd	638.64Cd	37.29Cc	58.46Cc	1086.74Cd
	叶尖	248.25Ee	512.01De	31.53Dd	61.31Cc	853.10De
茄衣	叶基	1655.00Aa	621.50Aa	19.00Aa	117.00Aab	2412.50Aa
	近叶基	1436.84Bb	603.00Aa	18.63Bb	116.67Ab	2175.14Bb
	叶中	1305.00Cc	563.54Bb	18.56Bb	118.75Aa	2005.85Cc
	近叶尖	1254.35Cc	546.81Bb	16.85Cc	112.50Bc	1930.51Cc
	叶尖	1075.00Dd	482.50Cc	15.25Dd	111.50Bc	1684.25Dd

茄芯烟叶中的生物碱和硝酸盐含量从叶基至叶尖均呈先上升后下降趋势（表 5-27），亚硝酸盐含量持续下降，各区段间的含量差异达到极显著水平。近叶尖处的生物碱和硝酸盐含量最高，分别为 4.91%和 1412.50μg/g；叶基处含量最低，为 4.29%和 985.58μg/g；叶基处的亚硝酸盐含量最高，为 14.11μg/g，是叶尖的 2.14 倍。茄衣烟叶中的生物碱、硝酸盐含量和亚硝酸盐含量变化趋势与茄芯相同，但

表 5-27　不同区段烟叶的生物碱和硝酸盐含量

烟叶类型	烟叶区段	烟碱/%	降烟碱/%	假木贼碱/%	新烟草碱/%	总生物碱/%	硝酸盐/（μg/g）	亚硝酸盐/（μg/g）
茄芯	叶基	3.00Ee	1.10	0.02	0.17	4.29Ee	985.58Dd	14.11Aa
	近叶基	3.30Dd	1.08	0.02	0.18	4.58Dd	1126.17Cc	12.85Bb
	叶中	3.48Bb	1.13	0.02	0.20	4.83Bb	1377.69Aa	11.09Cc
	近叶尖	3.58Aa	1.10	0.02	0.21	4.91Aa	1412.50Aa	8.38Dd
	叶尖	3.37Cc	1.07	0.02	0.19	4.65Cc	1278.26Bb	6.59Ee
茄衣	叶基	2.00Dd	0.25	0.01	0.05	2.31Ee	1011.84Cd	13.41Aa
	近叶基	2.45Cc	0.51	0.02	0.04	3.02Cc	1098.36Bc	12.28Bb
	叶中	3.23Aa	0.57	0.02	0.03	3.85Aa	1147.32Bb	10.65Cc
	近叶尖	2.85Bb	0.36	0.01	0.04	3.26Bb	1211.25Aa	5.13Dd
	叶尖	2.42Cc	0.18	0.01	0.03	2.64Dd	1145.25Bb	4.75Ee

是生物碱含量在叶中部最高，为 3.85%，较叶基增加 66.67%，硝酸盐和亚硝酸盐含量分别在近叶尖处和叶基处最高，为 1211.25μg/g 和 13.41μg/g。

5.5.4　不同区段烟叶的感官质量变化

如表 5-28 所示，不同区段雪茄烟叶的感官质量差异很大。从叶基至叶尖，雪茄烟叶的香气质和香气量先提升后下降。劲头和刺激性自叶基至近叶尖先增大后减小，杂气先减小后增大，近叶尖余味较好，叶尖相对较差。综合来看，茄芯和茄衣烟叶的叶中和近叶尖处烟叶的得分明显优于其他部位，说明该区段烟叶的香气质好、香气量足，且该区段烟叶浓度适中，杂气少，刺激性小，余味舒适，具有较好的感官评价。

表 5-28　不同区段烟叶的感官质量

烟叶类型	烟叶区段	香气质（9～0）	香气量（9～0）	透发性（9～0）	杂气（9～0）	劲头（9～0）	刺激性（9～0）	余味（9～0）
茄芯	叶基	5.8	6.8	6.1	5.8	6.8	5.0	5.8
	近叶基	5.9	7.0	6.3	5.9	7.2	4.7	5.9
	叶中	6.0	7.3	6.5	6.0	7.4	4.5	6.0
	近叶尖	5.8	7.3	6.5	6.0	7.7	4.5	6.9
	叶尖	5.6	7.1	6.4	5.7	7.5	4.6	5.7
茄衣	叶基	5.7	6.8	6.0	5.6	6.6	5.5	5.7
	近叶基	6.0	6.9	6.3	5.9	7.2	5.2	5.8
	叶中	6.1	7.2	6.6	6.1	7.3	5.0	6.0
	近叶尖	5.7	7.2	6.4	6.1	7.4	4.9	6.7
	叶尖	5.6	7.0	6.4	5.7	7.2	5.1	5.4

5.5.5　小结

手工雪茄有助于雪茄工业企业打造高端雪茄品牌，树立品牌形象，而机制雪茄则是企业提升雪茄销量的重要基础，无论是手工雪茄还是机制雪茄，其茄芯的制作和茄衣的挑选都对烟叶的质量存在一定的要求。本研究结果显示，茄芯和茄衣烟叶的常规化学成分在区段间存在显著差异，两种烟叶中的还原糖和总糖含量很低，均不超过 3%，且随叶片伸展不断累积，以靠近叶尖的下半段含量最高，叶基部含量最低。总氮和蛋白质主要分布在靠近叶基的上半段，且茄衣烟叶含氮化合物含量显著低于茄芯。

雪茄烟的中性香气成分从叶基至叶尖先增加后减少，在叶片中部达到最大值，茄衣烟叶香气成分的变化趋势与茄芯相同，但是含量最高的部位在近叶基部，说明随叶片的延伸生长，香味物质积累量逐渐增加，而下半段香气含量又开始下降，这可能是由叶片成熟过程中从边缘处开始衰老，此处的营养物质会再活化至其他区段，且叶片下半段厚度薄，在调制过程中首先褐变，香味物质降解多造成的。

雪茄烟叶 TSNA 含量从叶基至叶尖显著下降，这可能是由于叶基部分主脉相对较粗，在调制过程中失水最慢，有较多的硝酸盐在微生物活动下还原成亚硝酸盐，进而与生物碱反应形成大量 TSNA。生物碱和硝酸盐的含量在叶基处最低，近叶尖处的含量最高，亚硝酸盐在叶基处含量最高，叶尖处含量最低，这与前人的研究结果一致。

从评吸结果来看，叶中、近叶尖处的叶片香气质量好，杂气、刺激性轻，余味舒适，这是由于烟草的株形结构导致叶基处遮挡较多，而叶片的中下部分光照充足，内含物质转化充分，从而使中性香气成分积累，化学成分协调。根据雪茄的燃吸方式，燃烧端产生的各种粒相物在后半段逐渐积累，因此在雪茄烟卷制过程中，习惯将雪茄烟叶从叶中处折断，将叶基与叶尖并放在折断的叶中处，以基本保证雪茄燃吸的前段、中段、后段的香味与浓度的基本稳定。根据本研究结果，在卷制雪茄烟时，应充分考虑烟叶不同区段化学成分和质量的差异性，以平衡雪茄吸食品质。

综合来看，不同区段雪茄烟叶的质量存在显著差异，叶基处烟叶化学成分积累不足，香气质量差，TSNA 含量最高，评吸质量低；叶中、近叶尖部分烟叶的中性香气成分和含氮化合物含量较高，烟气香味浓郁，劲头大，有害成分低，评吸质量好；叶尖部分 TSNA 含量最低，但是烟叶香气质量稍次，余味欠舒适。生产上可根据不同区段烟叶质量和安全性特点进行雪茄配方和卷制。

5.6 调制方式对四川茄衣和茄芯烟叶化学成分及香气品质的影响

摘要：为探究不同调制方式对茄芯、茄衣烟叶化学成分及香气品质的影响，以传统茄芯品种什烟 1 号及当地主栽茄衣品种德雪 3 号为材料，设置晾制、晒制及烤制三种调制方式，对调制后样品的常规化学成分、中性香气成分、感官质量及 TSNA 含量进行测定。结果表明，两种雪茄烟叶的总糖、还原糖、总氮和蛋白质含量均在烤制条件下较高，晾制和晒制导致这些物质含量显著降低。茄芯经晒制后中性香气成分含量最高，为 877.84μg/g，而茄衣则在晾制后含量最高，两种雪茄烟叶均在烤制后中性香气成分含量最低。茄芯和茄衣烟叶均以晾制后的总 TSNA 含量最高，分别为 2059.29ng/g 和 2046.39ng/g，烤制可显著降低两种类型雪茄烟叶的 TSNA 含量。茄芯和茄衣烟叶的生物碱含量经晾晒后显著降低，且以晾制后最低，烤制后生物碱降低幅度较小。两种雪茄烟叶的硝酸盐和亚硝酸盐含量均在烤制后最低。感官评吸结果表明，茄芯烟叶以晒制方式调制的烟叶质量最好，茄衣烟叶则以晾制效果最佳。因此，什邡传统茄芯烟叶在晒制条件下烟叶化学成分协调，香气成分优良，抽吸品质较好，有利于实现优质低害。什邡主栽茄衣品种德雪 3 号则在晾制条件下香气浓郁，评吸质量更好。

近年来，随着雪茄行业的发展，国内雪茄烟市场发展前景广阔，但国内优质雪茄原料供应不足，加速国产雪茄原料产品质量的提升，生产具有香气醇厚丰满、满足感强、有害成分含量低等特点的优质雪茄烟叶，对促进中式雪茄烟高质量发展及提高国际竞争力具有重要意义。通过改进烟叶调制技术提升原烟质量一直是烟草行业的研究热点，采取适宜的调制方式和技术，不仅有利于提升香气质量，还可对烟叶风格产生一定影响，对满足卷烟企业不同风格卷烟生产具有现实意义。烟叶的调制包括烤制、晾制、晒制等多种方式，不同调制方式间温度、湿度及调制时间存在很大差异，许多研究已经表明调制过程中的温度、湿度、光照及调制时间对烟叶的生理生化变化有着极大的影响，不同类型烟叶由于物理外观和化学组成含量的差异，其适宜的调制方式也各不相同。烤烟调制前期适当的晾制可能有利于烟叶品质的提高，但过度的晾制会导致烤烟风格的丧失；白肋烟调制后期进行烤制更有利于白肋烟在烤烟型卷烟中的应用；晒红烟上部叶适合先晾制后晒制，而中部叶更适合直接晒制。雪茄烟叶多具有糖低碱高的特点，导致雪茄烟叶中的 TSNA 等有害成分较其他烟草制品含量较高，降低烟叶中 TSNA 及其前体物含量是减害的重要手段。此外，调制是烟叶质量风格得到表现和提升的重要时期，不同的调制方式造成调制环境条件的差异，可对烟叶内酶的活性及物质降解、转化速率等产生不同的影响，进而造成烟叶的化学成分和感官特色的差异。茄芯和茄衣烟叶由于自身品种、留叶数等差异，其叶片厚度与组织结构等理化性状不同，这可能导致烟叶在适宜调制方式的选择上有所不同。因此本研究通过对雪茄茄芯和茄衣两种类型烟叶进行不同调制方式研究，探索调制方式对调制后雪茄烟叶品质的影响，为雪茄烟叶的调制提供新的选择，为抑制烟叶 TSNA 形成提供理论基础（荣仕宾等，2023a）。

试验于 2019 在四川省什邡市师古镇大泉坑村雪茄烟叶生产基地进行，各供试品种种植面积均为 333.5m^2，烟苗于 4 月 30 日移栽，行距 120cm，株距 40cm。按照当地优质雪茄烟叶生产技术规范统一管理，试验田土壤为水稻土，有机质含量为 3.01g/kg，碱解氮含量为 120mg/kg，速效钾含量为 89mg/kg，速效磷含量为 38.1mg/kg，pH 为 5.8～7.0。以留叶数分别为 14 片/株茄芯品种什烟 1 号和 18 片/株茄衣品种德雪 3 号成熟采收的中部叶为材料，设置晾制、晒制和烤制三种调制方式（茄芯和茄衣品种每种调制方式 6 杆烟叶，每杆编烟约 100 片），晾制在钢结构现代化晾房编杆进行，晾制周期为25d，在晾制过程中根据天气情况加温通风，晾制期间晾房平均温度为23.9℃，平均湿度为77.8%（相对湿度，下同）；晒制在钢结构白膜覆盖的晒房编串进行，晒制周期为 25d，晒制期间晒房平均温度为25.7℃，平均湿度为75.2%；烤制在小型试验专用烤制房按照三段式烘烤工艺编杆进行，烤制周期为7d，其中变黄期干湿球温度分别控制在35～41℃、34～37℃，定色期干湿球温度分别设置为45～55℃、37～39℃，干筋期干湿球温度分别设置为55～68℃、40～43℃。每个处理重复 3 次。各处理烟叶在调制后取样 40 片，其中 25 片冷冻干燥后用孔径 0.25mm 的筛过滤，进行后续质量分析，另外 15 片用于物理外观及感官质量的检验。

5.6.1 不同调制方式对烟叶物理性状的影响

由表 5-29 可知，茄芯和茄衣两个品种烟叶在经不同调制方式调制后部分物理性状变化显著，茄芯烟叶在烤制后单叶重、叶质重、厚度和拉力最高，分别为9.63g、54.36mg/cm^2、44.89μm 和 1.25N；在晾制后最低，分别为 8.74g、51.62mg/cm^2、43.56μm 和 1.16N；含梗率在晾制后最高，为 30.25%。茄衣烟叶在晒制后单叶重、叶质重、厚度和拉力最低，分别为7.66g、45.65mg/cm^2、32.36μm 和 0.98N；晒制后含梗率最高（32.13%）。

表 5-29 不同调制方式对雪茄烟叶物理性状的影响

品种	调制方式	单叶重/g	含梗率/%	叶质重/（mg/cm^2）	厚度/μm	拉力/N
茄芯	晾制	8.74b	30.25a	51.62b	43.56b	1.16c
	晒制	9.06b	29.92ab	52.87b	43.81b	1.2b
	烤制	9.63a	28.15b	54.36a	44.89a	1.25a
茄衣	晾制	7.92ab	31.59b	46.2b	33.12b	1.05b
	晒制	7.66c	32.13a	45.65b	32.36b	0.98c
	烤制	8.25a	30.05c	48.87a	35.65a	1.23a

5.6.2 不同调制方式对烟叶常规化学成分的影响

茄芯和茄衣烟叶经不同调制方式调制后的常规化学成分含量如表5-30所示。由表可知，不同调制方式调制后烟叶常规化学成分存在极显著差异。茄芯烟叶的还原糖、总糖含量表现为烤制＞晒制＞晾制，在烤制后含量最高，为2.35%和3.48%；晾制后含量最低，分别为1.32%和2.43%；蛋白质含量以烤制最高，为4.06%；在晒制后最低，仅为3.07%，总体表现为烤制＞晾制＞晒制。茄衣品种中还原糖、总糖含量表现为烤制＞晾制＞晒制，在晒制后含量最低，分别为1.01%和3.14%。

茄芯和茄衣总氮含量均为烤制后更高，晾制和晒制没有显著差异，而茄衣蛋白质含量表现为烤制＞晒制＞晾制，在烤制后含量最高，为4.06%。

表 5-30　不同调制方式下雪茄烟叶的常规化学成分含量（%）

烟叶类型	调制方式	还原糖	总糖	总氮	蛋白质
茄芯	晾制	1.32c	2.43c	5.21b	3.13b
	晒制	1.49b	2.97a	5.26b	3.07b
	烤制	2.35a	3.48b	6.51a	4.06a
茄衣	晾制	1.17b	3.68b	4.87b	2.45c
	晒制	1.01c	3.14c	4.67b	2.84b
	烤制	1.94a	3.98a	5.67a	4.06a

5.6.3　不同调制方式对 TSNA 及其前体物含量的影响

5.6.3.1　生物碱与硝态氮和亚硝态氮

由表 5-31 可知，不同调制方式对茄芯和茄衣两品种生物碱和硝酸盐含量影响显著，茄芯烟叶中的总生物碱含量调制后从高到低依次为烤制＞晒制＞晾制，烤制后烟碱含量最高，而晾制后降烟碱含量最高；硝酸盐、亚硝酸盐含量均为晾制后最高，分别为 1670.88μg/g、89.16μg/g。茄衣烟叶的总生物碱含量变化规律与茄芯烟叶相同，为烤制＞晒制＞晾制，烤制后烟碱含量最高，而晒制后降烟碱含量最高；硝酸、亚硝酸盐含量均为晒制后最高，分别为 1757.91μg/g、84.53μg/g。

表 5-31　不同调制方式下雪茄烟叶的生物碱、硝酸盐及亚硝酸盐含量

烟叶类型	调制方式	烟碱/%	降烟碱/%	假木贼碱/%	新烟草碱/%	总生物碱/%	硝酸盐/（μg/g）	亚硝酸盐/（μg/g）
茄芯	晾制	3.63c	1.36	0.02	0.11	5.12b	1670.88a	89.16a
	晒制	3.94b	1.01	0.03	0.16	5.14b	1583.86b	45.41b
	烤制	5.39a	0.67	0.02	0.16	6.24a	1234.65c	29.34c
茄衣	晾制	3.37b	1.05	0.01	0.01	4.44c	1526.89b	57.36b
	晒制	3.99c	1.39	0 .03	0.02	5.40b	1757.91a	84.53a
	烤制	5.72a	0.58	0.01	0.06	6.37a	1024.32c	21.45c

5.6.3.2　不同调制方式对烟叶 TSNA 的影响

不同调制方式调制后雪茄烟叶 TSNA 含量如表 5-32 所示。不同调制方式下茄芯和茄衣烟叶 4 种 TSNA 及其总量差异达到极显著水平。茄芯和茄衣烟叶均是在烤制后总 TSNA 含量最低，分别为 1048.51ng/g、511.84ng/g；茄芯烟叶总 TSNA

含量在晾制之后含量最高，为 2059.29ng/g，晾制后是烤制后 2 倍左右；NNN 和 NAT 变化趋势与总 TSNA 含量变化趋势基本相同，而 NNK 和 NAB 是在晒制后最高。茄衣烟叶 NNN 含量在晾制之后含量最高，为 1450.96ng/g，烤制较晾制 TSNA 含量降低 74.99%，4 种 TSNA 变化趋势与总 TSNA 含量变化趋势基本相同。

表 5-32　不同调制方式调制后雪茄烟叶 TSNA 含量（ng/g）

品种	调制方式	NNN	NAT	NAB	NNK	总 TSNA
茄芯	晾制	1125.49a	849.50a	23.30a	61.00b	2059.29a
	晒制	1095.38b	760.00a	27.55a	107.50a	1990.43b
	烤制	813.50c	188.3b	4.76b	41.95c	1048.51c
茄衣	晾制	1450.96a	475.68a	34.70a	85.05a	2046.39a
	晒制	1360.63b	316.23b	14.10b	78.95a	1769.91b
	烤制	261.53c	195.01c	4.65c	50.65b	511.84c

5.6.4　不同调制方式对烟叶中性香气成分的影响

茄芯和茄衣烟叶不同调制方式调制后的中性香气成分含量如表 5-33 所示。由表可知，不同调制方式下烟叶中性香气成分存在极显著差异。两种雪茄烟叶中性香气成分总量均为烤制最低，茄芯烟叶的中性香气成分总量调制后从高到低依次为晒制＞晾制＞烤制，其中最高的是晒制，为 877.84μg/g，约为烤制之后中性香气成分总量的 2 倍，除类胡萝卜素降解产物和茄酮外，其他中性香气成分规律与总量相同，类胡萝卜素降解产物和茄酮含量在晾制后最高，分别为 105.32μg/g、107.46μg/g。而茄衣中性香气成分总量从高到低依次为晾制＞晒制＞烤制，其中晾制后中性香气成分总量最高，为 1020.42μg/g，比烤制后高 73.97%，除类胡萝卜素降解产物外其他中性香气成分均为晾制＞晒制＞烤制，类胡萝卜素降解产物晒制后最高，为 99.39μg/g，晾制次之，为 83.18μg/g，烤制最低，为 52.00μg/g，茄芯和茄衣烟叶经过烤制后茄酮及类胡萝卜素降解产物普遍较晾晒低 40%以上。

表 5-33　不同调制方式下雪茄烟叶的中性香气成分含量（μg/g）

香气成分	茄芯			茄衣		
	晾制	晒制	烤制	晾制	晒制	烤制
6-甲基-5-庚烯-2-醇	3.40	2.19	1.07	1.73	1.60	1.62
6-甲基-5-庚烯-2-酮	1.63	0.71	1.58	1.47	0.44	0.54
愈创木酚	0.44	2.29	0.65	3.07	0.90	2.53
芳樟醇	4.10	1.91	1.10	1.89	1.84	2.02
β-大马酮	18.00	23.76	7.19	17.35	21.88	16.35

续表

香气成分	茄芯			茄衣		
	晾制	晒制	烤制	晾制	晒制	烤制
β-二氢大马酮	8.07	15.88	5.64	12.26	15.71	3.89
异佛尔酮	0.98	0.34	0.14	0.4	0.44	0.17
氧化异佛尔酮	0.60	0.45	0.24	0.4	0.49	0.26
香叶基丙酮	4.70	4.04	1.68	3.16	3.21	3.94
二氢猕猴桃内酯	6.28	5.31	3.53	6.12	8.13	2.70
巨豆三烯酮 1	2.42	2.25	1.09	1.61	2.31	0.62
巨豆三烯酮 2	11.80	11.51	5.88	8.27	13.83	2.88
巨豆三烯酮 3	1.59	0.94	0.73	3.49	0.21	0.59
3-羟基-β-二氢大马酮	3.58	3.66	3.60	–	–	1.06
巨豆三烯酮 4	11.57	11.93	6.23	9.34	14.42	3.59
螺岩兰草酮	1.59	0.71	0.23	2.41	0.50	0.68
法尼基丙酮	23.26	7.89	6.17	8.68	12.69	6.92
藏花醛	0.21	0.66	0.20	0.53	0.32	0.46
β-环柠檬醛	1.08	1.19	0.55	1.01	0.48	1.16
类胡萝卜素降解产物总量	105.32a	97.63a	47.50b	83.18b	99.39a	52.00c
苯甲醛	1.50	–	1.85	2.95	3.11	0.77
苯乙醛	14.15	36.87	22.78	32.02	25.31	2.72
苯甲醇	7.72	10.25	7.56	18.54	9.66	0.67
苯乙醇	9.14	7.49	4.14	16.27	11.41	0.57
芳香族氨基酸降解产物总量	32.51c	54.62a	36.32b	69.78a	49.49b	4.73c
糠醛	21.43	26.87	6.06	25.15	10.86	11.62
糠醇	2.98	2.96	3.11	4.92	3.67	1.02
2-乙酰基呋喃	0.04	0.56	0.19	0.38	0.23	0.06
2-乙酰基吡咯	0.65	0.78	0.34	1.13	0.37	–
3,4-二甲基-2,5-呋喃二酮	4.68	0.74	0.44	1.53	1.96	0.48
5-甲基糠醛	3.74	2.17	1.72	3.09	2.67	1.09
2,6-壬二烯酮	0.87	1.89	1.41	1.4	1.03	0.53
棕色化反应产物总量	34.38a	35.98a	13.27b	37.59a	20.79b	14.79c
茄酮	107.46	62.11	39.09	62.34	61.40	27.71
新植二烯	330.73	627.53	293.15	767.51	500.60	487.32
除新植二烯外其他香气成分总量	279.67	250.34	136.18	252.89	231.08	99.23
中性香气成分总量	610.39b	877.84a	429.34c	1020.42a	731.68b	586.54c

5.6.5 不同调制方式对烟叶感官评吸质量的影响

如表 5-34 所示，不同调制方式调制后的雪茄烟叶感官质量差异很大。茄芯烟叶在晒制后风格特色最为突出，香气量最足，杂气较少，劲头足，余味干净。而茄衣烟叶在晾制条件下最能体现抽吸风格，香气质量更好，余味较好，且杂气较轻。茄芯烟叶在晒制后感官评吸权重得分优于其他调制方式，为 6.51，而茄衣烟叶在晾制之后有最高的感官评吸权重得分。

表 5-34　不同调制方式调制后雪茄烟叶感官质量

品种	调制方式	劲头	香气质	香气量	浓度	杂气	甜度	刺激性	余味	灰色	总分
		9～0									
茄芯	晾制	6.0	6.8	7.0	6.5	6.5	6.7	6.0	6.0	6.2	6.46
	晒制	6.6	6.5	7.2	6.5	6.3	6.5	6.0	6.2	6.5	6.51
	烤制	5.0	6.5	7.0	6.3	6.5	6.5	6.2	6.0	5.5	6.23
茄衣	晾制	6.5	6.0	6.5	6.2	6.0	4.0	6.0	5.8	6.7	6.00
	晒制	6.0	6.0	6.3	6.2	5.8	4.0	6.0	5.5	6.2	5.82
	烤制	5.8	5.8	6.3	6.2	5.6	4.2	6.2	5.5	6.1	5.78

5.6.6 不同调制方式对烟叶外观质量及等级结构的影响

由表 5-35 可以看出，在相同调制方式下茄芯烟叶身份更厚，茄芯及茄衣烟叶在晒制后都呈现深褐色，而晾制后烟叶颜色会呈现浅褐色，茄芯烟叶在晒制后油分更为充足，茄衣烟叶则在晾制后油分最多，茄衣和茄芯烟叶均在烤制后叶片结构最紧密。茄芯烟叶在晒制后等级结构最优，此时中部一级比例达到 38%；而茄衣烟叶在晒制后等级结构最佳，均价最高，达到 48.95 元/kg。

表 5-35　不同调制方式调制后雪茄烟叶外观质量及等级结构

品种	调制方式	身份	颜色	油分	叶片结构	中部一级/%	中部二级/%	中部三级/%	均价/（元/kg）
茄芯	晾制	稍厚	浅褐+	有	尚疏松	34	47	19	23.70a
	晒制	适中	深褐+	多	疏松	38	50	12	23.27b
	烤制	厚	棕黄–	稍有+	紧密	30	42	28	22.84c
茄衣	晾制	薄–	浅褐–	有	疏松	43	39	18	45.13b
	晒制	薄+	深褐–	稍有	尚疏松	37	50	23	48.95a
	烤制	稍薄	棕黄带浮青	少	较紧密	31	34	35	42.73c

注：“浅褐+”表示烟叶的颜色比普通的浅褐色更深，但又未达到深褐色的程度；“浅褐–”表示烟叶的颜色比普通的浅褐色更浅，但又未达到棕黄色的程度；“深褐+”表示烟叶的颜色比普通的深褐色更深，但又未达到黑色的程度；“深褐–”表示烟叶的颜色比普通的深褐色更浅，但又未达到浅褐色的程度；“棕黄–”表示烟叶的颜色比普通的棕黄色更浅，但又未达到黄色的程度；“薄+”表示烟叶的厚度比普通的薄更厚，但又未达到稍厚的程度；“薄–”表示烟叶的厚度比普通的薄更薄，但又未达到稍薄的程度；“稍有+”表示烟叶油分比普通的稍有更多，但又未达到有的程度

5.6.7 小结

烟叶的调制过程是一个复杂的生理生化过程，而调制环境的温度、湿度及各调制阶段的调制时间对烟叶调制的生理生化变化过程影响很大。本研究结果显示，茄芯和茄衣烟叶的常规化学成分在不同调制方式调制后存在显著差异，两种烟叶中的糖类和含氮化合物含量都是烤制后最高，这与烤制过程中环境温度变化迅速、烟叶发生有效生化反应时间短关系密切，且烤制条件下环境温度高、湿度低，烟叶干燥进程加快，调制周期大大缩短，因此消耗糖分少，含氮化合物降解转化不充分。

茄芯烟叶中性香气成分含量在晒制后最高，而茄衣烟叶在晾制后含量最高，这可能是因为本研究采用的茄芯品种什烟 1 号叶片厚实，内含物充实，失水较慢，在晒制条件下更利于大分子香气前体物充分降解转化；茄衣烟叶叶片较薄，组织疏松，失水较快，采用晾制方式较为温和，更有利于香气物质的形成。两种烟叶皆在烤制后中性香气成分含量最低，这与叶片失水较快、物质转化不充分有关。不同调制方式下烟叶化学成分和中性香气物质种类基本相同，但含量和比例有显著差异，这可能是造成雪茄烟叶风格差异的原因之一。雪茄烟叶风格在调制期间已经展现，雪茄烟叶品种过烤制后，烤烟特征显现，雪茄风格淡化，可能与糖含量较高、香气物质含量和比例变化有关。从评吸结果来看，茄芯、茄衣烟叶在烤制后均面临香气不足、杂气重、刺激性大的问题；茄芯烟叶在晒制后香气质量好，杂气、刺激性小，余味舒适，这是由于晒制较晾制光照强度大，茄芯烟叶身份较厚，保水能力较茄衣强，因此晒制更适合茄芯烟叶。茄衣烟叶身份较薄，晾制下烟叶不受光且所处环境温湿度适宜，细胞内酶活性持续时间更长，有利于质体色素、蛋白质等大分子物质降解，降低青杂气，提升香气质量。因此，根据烟叶类型和叶片素质确定相适宜的调制方式是提升雪茄烟质量和风格的重要途径。

不同调制方式下烟叶 TSNA 含量差异显著，TSNA 是烟草生物碱与亚硝基在酶催化作用下的反应产物，大量研究认为，调制前的青烟不含 TSNA，随着调制过程的进行，细胞结构被破坏，被细胞结构隔离开的前体物质生物碱和亚硝酸盐形成 TSNA，由于晾制的温度低、湿度高，因此茄芯、茄衣烟叶均是在晾制后 TSNA 含量最高，烤制由于前期高温低湿，水分迅速散失，这使得硝酸还原酶活性迅速丧失，因此茄芯、茄衣烟叶均为烤制后最低。

不同调制方式下雪茄烟叶生物碱含量差异显著，茄芯和茄衣烟叶的生物碱含量均在烤制后降幅最小，在晾制后降幅最大，这可能是由于高温抑制了生物碱的转化代谢过程，而晾制过程中这一转化更为彻底，烟碱通过代谢氧化为氧化烟碱和可铁宁，或发生亚硝化反应形成烟草特有亚硝胺 NNK，还可能被以烟碱为底物的微生物分解利用，这些都可能是造成烟碱含量下降的原因。

综合来看，不同调制方式调制后雪茄烟叶质量存在显著差异，什邡传统茄芯品种什烟 1 号烟叶在晒制条件下（晒制周期为 25d，晒制期间晒房平均温度为 25.7℃，平均湿度为 75.2%），化学成分较为协调，糖碱比适宜，中性香气成分含量丰富，香气量较大，刺激性较小，总 TSNA 含量相对较少，且外观质量较优，等级结构最佳。什邡主栽茄衣品种德雪 3 号则在晾制条件下（晾制周期为 25d，在晾制过程中根据天气情况加温通风，晾制期间晾房平均温度为 23.9℃，平均湿度为 77.8%），化学成分较为适宜，香气物质含量高，刺激性小，余味干净，更有利于烟叶质量和效益的提高。

5.7 留叶数与调制方式互作对四川茄芯烟叶 TSNA 含量和烟叶香气质量的影响

摘要：为探究不同留叶数与调制方式及其互作对茄芯烟叶安全性及烟叶香气质量的影响，以传统茄芯品种什烟 1 号为材料，设置留叶数 14 片/株和 18 片/株及晾制、晒制 2 种调制方式，对调制前后样品的 TSNA 及其前体物含量、感官质量、中性香气成分含量进行测定。结果表明，当留叶数为 14 片/株时，茄芯烟叶的叶片厚度、叶质重及单叶重显著高于留叶数为 18 片/株的处理，且相应单位面积的可承受拉力也较高，较留叶数 18 片/株均提高 10%以上，留叶数处理对茄芯烟叶的物理特性指标变化贡献较为显著。留叶数 14 片/株的茄芯烟叶中 TSNA 前体物含量较高，其中生物碱含量以留叶数 14 片/株晒制后最高。茄芯烟叶亚硝酸盐含量的变化主要受调制方式处理的影响，表现为晾制烟叶高于晒制烟叶。留叶数对茄芯烟叶 TSNA 含量变化贡献较大，留叶 14 片烟叶显著高于留叶 18 片的烟叶，以留叶数 14 片/株晾制后烟叶中总 TSNA 含量最高，为 1722.62ng/g。留叶数为 18 片/株的类胡萝卜素降解产物总量、芳香族氨基酸降解产物总量、棕色化反应产物总量含量均为晾制后烟叶高于晒制后烟叶。感官评吸结果表明，茄芯烟叶在留叶数 18 片/株晾制条件下雪茄风格较为突出，香气质更优，杂气较轻，余味较好，刺激性较小。什邡传统茄芯烟叶在留叶数 18 片/株晾制条件下烟叶化学成分协调，香气成分优良，抽吸品质较好，有利于实现优质低害。

调制是烟叶质量风格得到表现和提升的重要时期，不同调制方式间温度、湿度、光照及调制时间存在很大差异，许多研究已经表明调制过程中的温度、湿度、光照及调制时间对烟叶的生理生化变化有着极大的影响。通过改进烟叶调制技术提升原烟质量一直是烟草行业的研究热点，采取适宜的调制方式和技术，不仅有利于提升香气质量，还可对烟叶风格产生一定影响，其风格和质量特征将直接影响卷烟产品的优劣，对满足工业企业不同风格机制和手工雪茄生产具有现实意义。茄芯烟叶由于自身品种、留叶数等差异，其叶片厚度与组织结构等理化性状不同，这可能导致烟叶在适宜调制方式的选择上有所不同。调制也是 TSNA 积累的主要时期之一，在烟叶调制过程中由于细胞失活，细胞膜选择透过性丧失，TSNA 前体物在微生物作用下合成大量的 TSNA。因此抑制调制过程中 TSNA 的形成是降低雪茄烟叶 TSNA 积累的有效手段，本研究对不同留叶数与不同调制方式的茄芯烟叶质量和化学成分进行分析，旨在明确雪茄烟叶素质与调制方式的关系，为有效提升雪茄茄芯烟叶质量风格和促进优质低害雪茄烟叶生产提供理论依据和技术支持（荣仕宾等，2023b）。

试验于 2020 在四川省什邡市师古镇大泉坑村雪茄烟叶生产基地进行，供试品种什烟 1 号种植面积为 333.5m^2，烟苗于 4 月 30 日移栽，行距 120cm，株距 40cm。按照当地优质雪茄烟叶生产技术规范统一管理，试验田土壤为水稻土，有机质含量为 3.01g/kg，碱解氮含量为 120mg/kg，速效钾含量为 89mg/kg，速效磷含量为 38.1mg/kg。试验采用双因素随机区组设计，以本地茄芯品种什烟 1 号的上部叶为材料，留叶数设置 18 片/株和 14 片/株 2 个水平，调制方式设置晾制和晒制 2 种方式，晾制在钢结构现代化晾房编杆进行，晾制周期为 25d，在晾制过程中根据天气情况加温通风，晾制期间晾房平均温度为 24.6℃，平均湿度为 78.1%；晒制在钢结构白膜覆盖的晒房编串进行，晒制周期为 25d，晒制期间晒房平均温度为 25.9℃，平均湿度为 76.1%，每个处理重复 3 次。试验自调制之日开始取样，之后每周取样一次，取得的样品经冷冻干燥后磨碎过 0.25mm 筛备用。

5.7.1　不同留叶数与调制方式对茄芯烟叶物理特性的影响

由表 5-36 可知，留叶数和调制方式对调制后茄芯烟叶的物理性状影响较大，当留叶数为 14 片/株时，茄芯烟叶的叶面积、叶片厚度、单叶重及含梗率等指标显著大于留叶数为 18 片/株的处理，且相应的单位面积的烟叶可承受拉力也较高，留叶数为 14 片/株的茄芯烟叶的物理特性指标较留叶数 18 片/株烟叶均高 10%以上。相同留叶数的烟叶采用不同调制方式调制后物理特性变化相对较小，晾制烟叶的叶质重和厚度有降低趋势。由表 5-37 可以看出，留叶数处理对茄芯品种烟叶的物理特性指标变化的贡献率均达到 70%以上，其影响显著高于调制方式及二者的互作效应。

表 5-36　不同留叶数与调制方式调制后茄芯烟叶物理特性

留叶数	调制方式	叶长/cm	叶宽/cm	叶面积/cm^2	单叶重/g	含梗率/%	叶质重/（g/m^2）	厚度/μm	拉力/N
18	晾制	50.31b	24.80b	33.30b	8.95b	27.67b	45.60b	50.43b	1.32d
	晒制	50.42b	24.10b	32.87b	8.36c	28.27b	46.00b	51.36b	1.46c
14	晾制	56.31a	26.36a	36.34a	9.87a	32.56a	46.90b	58.66a	1.93b
	晒制	57.12a	26.40a	36.64a	9.95a	31.56a	48.00a	59.52a	2.16a

表 5-37 留叶数与调制方式及二者交互作用对茄芯烟叶物理特性影响的贡献率分析（%）

处理	叶长	叶宽	叶面积	单叶重	含梗率	叶质重	厚度	拉力
留叶数	93.99*	93.66*	87.88*	83.24**	96.16*	76.85**	82.11*	73.95**
调制方式	3.99	3.15	8.44	10.69*	3.48	17.02*	10.88	15.69*
互作效应	2.02	3.19	3.67	6.07	0.36	6.13	7.01	10.36

注：某处理贡献率=该处理均方/总均方×100%。下同

5.7.2 不同留叶数与调制方式对茄芯烟叶 TSNA 及其前体物含量的影响

5.7.2.1 不同留叶数与调制方式对茄芯烟叶生物碱和硝酸盐含量的影响

由表 5-38 可知，茄芯烟叶在不同留叶数与调制方式调制后 TSNA 前体物含量差异显著，茄芯烟叶的生物碱、硝酸盐及亚硝酸盐含量均为留叶数 14 片/株较高。留叶数 14 片/株的茄芯烟叶生物碱含量较留叶数 18 片/株高出 30%以上，留叶数 14 片/株烟叶的硝酸盐含量较留叶数 18 片/株烟叶高出 1 倍以上，留叶数 14 片/株烟叶的亚硝酸盐含量较留叶数 18 片/株烟叶高出 10%左右。

表 5-38 不同留叶数与调制方式调制后茄芯烟叶生物碱和硝酸盐及亚硝酸盐含量

留叶数	调制方式	烟碱/%	降烟碱/%	假木贼碱/%	新烟草碱/%	总生物碱/%	硝酸盐/（μg/g）	亚硝酸盐/（μg/g）
18	晾制	3.23d	0.89	0.01	0.11	4.24c	1172.78d	15.12b
	晒制	3.93c	0.83	0.01	0.11	4.88b	1521.84c	13.97c
14	晾制	5.17b	1.38	0.01	0.12	6.68a	2670.89a	17.17a
	晒制	5.69a	0.97	0.02	0.11	6.79a	2366.14b	14.72bc

相同留叶数的茄芯烟叶总生物碱含量和硝酸盐含量均在晒制后较高，而相同留叶数茄芯烟叶的降烟碱和亚硝酸盐含量则在晾制后较高，亚硝酸盐含量在留叶数 14 片/株晾制后达到峰值，为 17.17μg/g。由表 5-39 可以看出，留叶数处理对茄芯烟叶的烟碱、总生物碱、硝酸盐含量变化贡献率较大，而亚硝酸盐含量变化受调制方式处理影响较大，贡献率为 51.42%。

表 5-39 留叶数与调制方式及交互作用对生物碱和硝酸盐及亚硝酸盐含量影响的贡献率分析（%）

处理	烟碱	总生物碱	硝酸盐	亚硝酸盐
留叶数	89.74**	97.47**	94.22**	31.63*
调制方式	10.25*	0.18	0.43	51.42**
互作效应	0.01	2.36*	5.35*	16.96

5.7.2.2 不同留叶数与调制方式对茄芯烟叶 TSNA 含量的影响

不同留叶数与调制方式调制后茄芯烟叶 TSNA 含量如表 5-40 所示。茄芯烟叶调制后 4 种 TSNA 及总 TSNA 含量差异达到显著水平，茄芯烟叶的 TSNA 含量在留叶数 14 片/株更高，在茄芯烟叶中，留叶数 14 片/株烟叶 TSNA 含量较留叶数 18 片/株烟叶高 16%以上。

表 5-40 不同留叶数与调制方式调制后茄芯烟叶 TSNA 含量（ng/g）

留叶数	调制方式	NNN	NAT	NAB	NNK	总 TSNA
18	晾制	747.00b	472.31c	41.95c	87.56c	1348.82b
	晒制	684.00c	401.00d	39.56c	90.26c	1214.82c
14	晾制	798.32a	581.00a	51.80a	291.50a	1722.62a
	晒制	742.36b	514.00b	48.75b	109.45b	1415.56b

相同留叶数茄芯烟叶的 TSNA 含量在晾制后含量较高，茄芯烟叶总 TSNA 含量在留叶数 14 片/株晾制后达到峰值，为 1722.62ng/g，在留叶数 18 片/株晒制后含量增加幅度较小，为 1214.82ng/g，4 种 TSNA 变化趋势与总 TSNA 含量变化趋势基本相同。由表 5-41 可以看出，茄芯烟叶 TSNA 含量变化主要受留叶数处理影响，其次为调制方式处理与互作效应。

表 5-41 留叶数与调制方式及二者交互作用对 TSNA 含量影响的贡献率分析（%）

处理	NNN	NAT	NAB	NNK	总 TSNA
留叶数	53.70**	71.61**	80.24**	43.31**	57.36**
调制方式	43.27*	24.38*	9.67*	27.35	36.22*
互作效应	3.03	4.01	10.09	29.34*	6.41

5.7.3 不同留叶数与调制方式对茄芯烟叶中性香气成分含量和感官质量的影响

5.7.3.1 不同留叶数与调制方式对茄芯烟叶中性香气成分含量的影响

茄芯品种不同留叶数与调制方式调制后中性香气成分含量如表 5-42 所示，不同留叶数及调制方式调制后烟叶中性香气成分含量存在显著差异。留叶数 14 片/株时茄芯烟叶的中性香气成分总量较留叶数为 18 片/株的烟叶平均提高 6.46%。

表 5-42 不同留叶数与调制方式调制后茄芯烟叶中性香气成分含量（μg/g）

香气成分	留叶数 18 片/株		留叶数 14 片/株	
	晾制	晒制	晾制	晒制
6-甲基-5-庚烯-2-醇	1.48	1.40	1.27	1.31
6-甲基-5-庚烯-2-酮	3.32	3.75	3.42	3.78
愈创木酚	1.35	0.98	1.48	1.53
芳樟醇	4.22	5.06	4.09	4.05
β-大马酮	14.22	15.08	15.43	15.56
β-二氢大马酮	12.55	8.34	14.96	16.36
异佛尔酮	–	–	–	–
氧化异佛尔酮	–	–	–	–
香叶基丙酮	12.59	8.39	13.73	13.48
二氢猕猴桃内酯	11.44	7.64	11.49	9.98
巨豆三烯酮 1	5.26	3.48	5.84	5.53
巨豆三烯酮 2	18.63	15.12	25.83	23.35
巨豆三烯酮 3	5.55	5.11	3.45	2.90
3-羟基-β-二氢大马酮	10.43	8.04	13.36	14.36
巨豆三烯酮 4	20.66	18.03	24.17	24.14
螺岩兰草酮	2.53	2.65	1.77	1.99
法尼基丙酮	25.79	21.66	32.73	34.02
藏花醛	0.14	–	0.15	0.13
β-环柠檬醛	0.91	0.95	0.80	0.79
类胡萝卜素降解产物总量	151.39	125.98	174.27	173.53
苯甲醛	1.73	1.87	1.46	1.47
苯乙醛	13.86	12.10	8.55	7.63
苯甲醇	11.69	12.83	14.51	13.97
苯乙醇	32.18	25.64	28.62	32.31
芳香族氨基酸降解产物总量	59.51	52.50	53.20	55.42
糠醛	17.43	16.27	17.70	16.53
糠醇	2.82	3.18	3.20	3.08
2-乙酰基呋喃	–	0.69	–	–
2-乙酰基吡咯	–	–	–	–
3,4-二甲基-2,5-呋喃二酮	5.09	4.52	5.45	4.88
5-甲基糠醛	3.29	3.56	3.95	4.04
2,6-壬二烯酮	0.25	0.19	0.20	0.17
棕色化反应产物总量	28.94	28.49	30.56	28.77
茄酮	86.86	78.75	87.42	80.28
新植二烯	578.50	547.67	585.15	579.50
除新植二烯外其他香气成分总量	326.73	285.79	345.51	333.07
中性香气成分总量	904.77	832.95	930.18	917.12

相同留叶数的茄芯烟叶的类胡萝卜素降解产物总量、棕色化反应产物总量均

在晾制后较高，留叶 18 片的晾制烟叶中性香气物质总量较晒制烟叶提高 8.61%。茄芯烟叶的中性香气成分总量在留叶数为 14 片/株晾制后含量达到峰值，为 930.18μg/g。由表 5-43 可以看出，芳香族氨基酸降解产物、棕色化反应产物和茄酮受调制方式处理影响最大，而类胡萝卜素降解产物、新植二烯和中性香气成分总量主要受留叶数处理影响，贡献率均达 35%以上。

表 5-43　留叶数与调制方式及二者交互作用对茄芯烟叶中性香气成分含量影响的贡献率分析（%）

处理	类胡萝卜素降解产物总量	芳香族氨基酸降解产物总量	棕色化反应产物总量	茄酮	新植二烯	中性香气成分总量
留叶数	79.33**	16.61*	34.63*	6.84	37.35*	48.30**
调制方式	10.94*	81.16**	48.14**	87.77*	35.68*	35.31*
互作效应	9.73	2.23	17.23	5.40	26.97	16.39

5.7.3.2　不同留叶数与调制方式对烟叶感官质量的影响

不同留叶数与调制方式下烟叶的感官质量评价结果见表 5-44。传统茄芯品种增加留叶数（单株留叶 18 片）可有效提升烟叶的雪茄风格和质量呈现，尤其是采用晾制方式调制的烟叶效果更好，表现为雪茄风格较为显著，香气质好，浓度较高，刺激性减小。留叶 14 片的烟叶香气量较大，但刺激性较强，以晒制方式调制的烟叶香气质量相对较优。

表 5-44　不同留叶数与调制方式调制后茄芯烟叶感官质量

留叶数	调制方式	雪茄风格	香气质	香气量	浓度	杂气	甜度	刺激性	余味
		9～0							
18	晾制	7.5	6.4	7.0	6.3	6.5	6.8	6.2	6.3
	晒制	7.3	6.2	6.8	6.1	6.3	6.6	6.3	6.0
14	晾制	7.0	6.3	7.0	6.0	6.0	7.0	6.0	6.0
	晒制	7.2	6.5	7.5	6.0	6.3	7.3	5.8	6.3

5.7.4　小结

留叶数是烟草生长种植期的重要指标，留叶数不同则烟叶中各种化学成分及各种酶积累大不相同，烟叶的调制过程是一个复杂的生理生化过程，调制是烟叶质量形成的重要时期，而调制环境的温度、湿度、光照及各调制阶段的调制时间对烟叶调制的生理生化变化过程影响很大，将留叶数与调制方式进行双因素互作试验是探究烟叶调制后品质及 TSNA 形成机理的有效手段。

本研究结果显示，茄芯品种不同留叶数的烟叶在调制后烟叶物理性状变化显著，茄芯烟叶在留叶数 14 片/株时叶长、叶宽、叶面积、单叶重、叶质重和拉力较高，相同烟株留叶数少则叶片较肥厚，且叶质重等也会提高，进行贡献率分析的结果支持了这一结论。

不同留叶数与调制方式下茄芯烟叶生物碱、硝酸盐和亚硝酸盐含量差异显著，留叶数14片/株的茄芯烟叶的总生物碱含量和烟碱含量均显著高于留叶18片/株的烟叶，这与留叶数 14 片/株时叶片物质积累量大、含氮化合物含量高有关。在留叶数 14 片/株晾制后降烟碱含量达到峰值，这可能是在晾制过程中由于酶活跃时间更长，烟碱可通过去甲基化酶转化为降烟碱，而晒制期间光辐照使得烟碱去甲基酶快速失活，使得烟碱向降烟碱转化这一过程被抑制。茄芯烟叶硝酸盐含量在留叶数 14 片/株晒制后达到峰值，而亚硝酸盐含量在留叶数 14 片/株晾制后达到峰值，这与晾制期间低温环境使得硝酸还原酶活性更强有关。

不同留叶数与调制方式调制后烟叶 TSNA 含量差异显著，TSNA 是烟草生物碱与亚硝基在酶催化作用下的反应产物，大量研究认为，调制前的青烟不含 TSNA，随着调制过程的进行，细胞膜结构被破坏，被细胞膜结构隔离的前体物质生物碱和亚硝酸盐反应形成 TSNA，茄芯烟叶留叶数为 14 片/株时，生物碱含量和亚硝酸盐含量叶片积累量最高，晾制的温度低、湿度高，在细胞凋亡后，为 TSNA 的形成创造适宜的温度，因此茄芯烟叶 TSNA 含量在留叶数 14 晾制后达到峰值。

留叶数 14 片/株的茄芯烟叶虽然在调制后中性香气成分含量较高，但烟叶含氮化合物含量高，生理强度大，刺激性强，杂气较重，也掩盖了雪茄风格的彰显。增加留叶数，改善了烟叶的物理性状，香气质变好，雪茄风格更为显著。留叶数 18 片/株的晾制烟叶香气物质含量和感官质量显著优于晒制烟叶，这是因为晾制下烟叶环境条件较为温和，环境温湿度适宜，细胞内酶活性持续时间更长，有利于质体色素、蛋白质等大分子物质降解，降低青杂气，提升香气质量。由于在留叶 14 片/株时，什烟 1 号身份偏厚，叶片中的含氮化合物含量较高，物质转化缓慢，调制过程偏长，且易在湿度大时发生霉变，因此采用晒制方式可以促进调制进程，有利于保证质量。不同留叶数与调制方式下烟叶化学成分和中性香气物质种类基本相同，但含量和比例有显著差异，这可能是造成雪茄烟叶风格差异的原因之一。从评吸结果来看，茄芯烟叶在留叶数 18 片/株晾制条件下雪茄风格更为突出，香气质更优，而杂气较轻，余味最好，刺激性较小。

根据叶片身份确定适宜的调制方式是提升雪茄烟质量和风格的重要途径，什邡传统茄芯烟叶在留叶数 18 片/株晾制条件下烟叶雪茄风格较为显著，化学成分协调，香味质量较优，感官品质较好，有害物质含量较低，有利于实现优质低害。

5.8　四川雪茄烟叶在成熟、晾制及发酵过程中 TSNA 的积累动态

摘要：为明确雪茄烟叶在成熟、晾制及发酵过程中 TSNA 的积累和变化规律，以德雪 3 号（茄衣）和什烟 1 号（茄芯）为试验材料，在烟叶成熟、晾制及发酵环节对两种烟叶的中部叶及上部叶取样，并测定烟叶中的 TSNA 含量（质量分数）。结果表明，德雪 3 号在 3 个生产环节总 TSNA 的积累量分别为 153.53～208.26ng/g、751.02～782.36ng/g 和 1398.43～1873.09ng/g；什烟 1 号在 3 个生产环节总 TSNA 的积累量分别为 305.64～526.81ng/g、2227.26～2800.57ng/g 和 3756.86～5173.94ng/g。两种雪茄烟叶 TSNA 各组分和总 TSNA 含量在不同阶段积累差异较小，均表现为烟叶成熟前积累较少，调制和发酵阶段积累较多。在晾制和发酵环节茄衣品种德雪 3 号总 TSNA 含量的积累比例分别为 30.65%～42.73%和 46.29%～58.23%；茄芯品种什烟 1 号总 TSNA 含量的积累比例分别为 45.26%～48.22%和 40.71%～45.87%。随着烟叶晾制和发酵过程的推进，烟叶 TSNA 含量呈现逐渐增加的趋势。因此，晾制和发酵时期是雪茄烟叶 TSNA 积累的重要时期，也是调控其积累的关键时期。

雪茄烟叶 TSNA 含量相对较高，直接影响雪茄烟叶及其制品的安全性。生物碱和亚硝酸盐是 TSNA 形成的直接前体物，烟叶中 TSNA 的形成和积累与两者含量关系密切。TSNA 的形成和抑制技术一直是烟草研究的热点。本团队前期研究表明，TSNA 主要在晾晒烟的变黄期形成，白肋烟等晾晒烟的调制阶段和调制后的贮藏阶段均是 TSNA 形成的重要时期，通过降低 TSNA 合成的前体物生物碱和硝酸盐含量、优化生物碱组成、控制烟叶调制过程中温湿度、减少微生物活动，以及适当降低烟叶贮藏温度、增加烟叶含水率、抑制气态氮氧化物的生成等均可有效降低 TSNA 的形成和积累。雪茄烟叶的生产除调制外还需要经过特有的发酵过程。雪茄烟叶的发酵阶段是品质形成的延续，发酵过程中烟叶化学成分逐渐发生变化，烟叶外观品质及内在品质进一步提升。Di Giacomo 等（2007）研究表明，雪茄烟叶的发酵阶段由于生物酶的催化作用，会将硝酸盐还原成亚硝酸盐，再与生物碱发生亚硝化反应，从而生成 TSNA。因此发酵阶段可能也是雪茄烟叶 TSNA 形成的重要时期。但有关雪茄烟 TSNA 形成的关键时期及不同时期对总 TSNA 含量的贡献度目前尚不清楚。为此，本研究团队测定了茄衣和茄芯两种雪茄烟叶成熟、调制和发酵过程中 TSNA、生物碱、硝酸盐含量的变化和积累量，旨在探讨

TSNA 在不同生产环节的形成规律，为生产上采取有效措施抑制 TSNA 形成、降低雪茄烟叶有害物质含量提供依据（孙雨琦等，2022）。

试验于 2020 年在四川省什邡市马祖镇进行。试验田前茬作物为水稻，土壤有机质含量为 3.01g/kg，碱解氮含量为 120mg/kg，速效钾含量为 89mg/kg，速效磷含量为 38.1mg/kg，pH 为 5.8～7.0。本研究中将德雪 3 号作为茄衣品种，将当地传统主栽品种什烟 1 号作为茄芯品种。试验田面积均为 333.34m^2，烟苗于 5 月 1 日移栽，行距 125cm，株距 40.5cm。按照当地生产技术规范统一进行田间管理，烟田氮用量为 180kg/hm^2，m（N）∶m（P_2O_5）∶m（K_2O）为 1∶0.5∶3。调制方式为晾制（晾制设施为钢结构现代化晾房，烟叶成熟时单片采收，晾制时间为 25d，在晾制过程中根据天气情况加温通风，晾制期间晾房平均温度为 24.6℃，平均相对湿度为 78.1%）。发酵方式为堆积发酵，发酵烟堆正中心放置温度计，监测温度。烟堆外用麻袋片进行覆盖，经过 1 周左右且温度达到 55℃时进行翻堆。烟叶在成熟采收前均选取大田长势和叶片成熟度相对一致的 200 株烟进行挂牌标记、定株，试验过程中对两个品种雪茄烟叶分不同时期、不同部位进行取样，均随机选取挂牌的 20 株烟叶。采收前期、晾制期和发酵期的取样部位均为中部叶及上部叶，每个部位各取 5 片烟叶。采收前在为中部叶及上部叶未达到生理成熟前（生青）进行第 1 次取样，叶片由下向上逐渐成熟，待中部叶及上部叶达到适宜成熟度时分别进行第 2 次取样；晾制时期取样时间为变黄末期第 1 次取样、变褐末期第 2 次取样、干筋末期第 3 次取样，发酵时期取样时间为每次翻堆时取 1 次样，至发酵结束共取样 4 次。所取样品冷冻干燥后磨碎过筛（孔径 0.25mm），测定烟叶中 TSNA 及其前体物含量（质量分数），每样品重复测定 3 次。

5.8.1 雪茄烟叶不同生产环节 TSNA 含量的动态变化

5.8.1.1 德雪 3 号不同生产环节 TSNA 含量的动态变化

德雪 3 号中部叶和上部叶在不同生产环节 TSNA 含量动态变化见图 5-8。可以看出，德雪 3 号中部叶及上部叶在采收前、晾制期和发酵期 TSNA 含量的变化规律基本一致，即叶片中 NNN、NAT、NAB、NNK 和总 TSNA 含量在采收前积累量较少，而晾制期和发酵期积累量持续增加。其中，NNN 采收前的积累比例为 16.01%～16.52%，晾制期的积累比例为 30.39%～38.81%，发酵期的积累比例为 45.18%～53.10%；NAT 和 NAB 采收前的积累比例为 5.24%～11.09%，晾制期的积累比例为 26.12%～56.21%，发酵期的积累比例为 38.17%～68.65%；NNK 采收前的积累比例为 15.98%～22.40%，晾制期的积累比例为 45.42%～48.32%，发酵期的积累比例为 30.65%～35.70%；总 TSNA 采收前积累比例为 10.98%～11.12%，晾制期的积累比例为 30.65%～42.73%，发酵期的积累比例为 46.29%～58.23%。

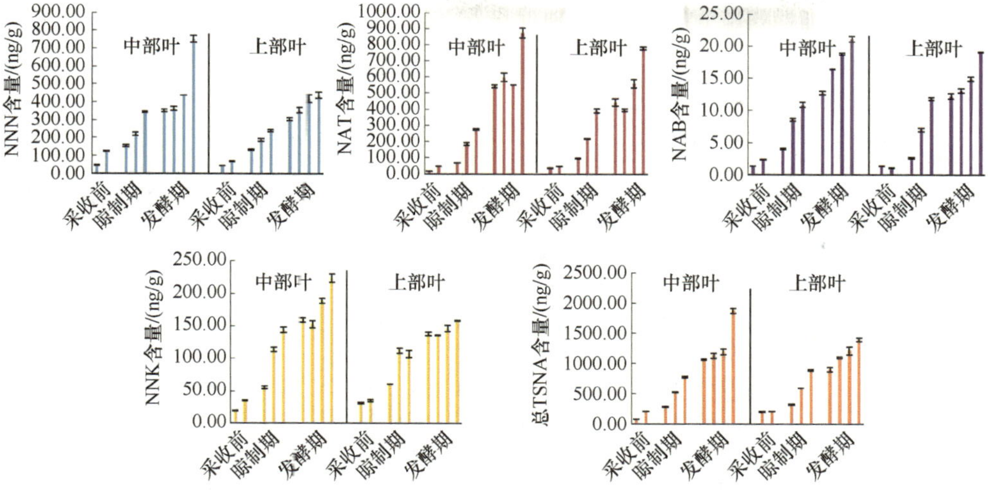

图 5-8　德雪 3 号不同生产环节 TSNA 含量的动态变化

5.8.1.2　什烟 1 号不同生产环节 TSNA 含量的动态变化

什烟 1 号中部叶和上部叶在不同生产环节 TSNA 含量动态变化见图 5-9。可以看出，什烟 1 号中部叶及上部叶中 NNN、NAT、NAB、NNK 含量和总 TSNA 含量在采收前、晾制期和发酵期呈持续增加趋势，且采收前积累量较少，晾制期和发酵期积累量较多，与德雪 3 号在不同时期 TSNA 的积累规律一致。NNN 采收前的积累比例为 3.03%～11.47%，晾制期的积累比例为 45.52%～49.58%，发酵期的积累比例为 38.94%～51.44%；NAT 和 NAB 采收前的积累比例为 15.38%～20.39%，晾制期的积累比例为 35.95%～58.40%，发酵期的积累比例为 26.22%～44.23%；NNK 采收前的积累比例为 13.48%～14.45%，晾制期的积累比例为 39.17%～48.13%，发酵期的积累比例为 38.39%～46.38%；总 TSNA 采收前的积累比例为 5.91%～14.02%，晾制期的积累比例为 45.26%～48.22%，发酵期的积累比例为 40.71%～45.87%。

5.8.2　雪茄烟叶不同生产环节生物碱含量的动态变化

德雪 3 号及什烟 1 号中部叶和上部叶在不同生产环节生物碱含量动态变化见图 5-10 和图 5-11。可以看出，两种雪茄烟叶中均以烟碱含量最高，假木贼碱含量最低。德雪 3 号采收前的烟碱含量为 2.87%～3.71%，晾制期含量为 2.35%～3.27%，发酵期含量为 1.80%～2.60%；什烟 1 号采收前的烟碱含量为 5.01%～5.34%，晾制期含量为 2.50%～2.80%，发酵期期含量为 1.48%～1.99%。两个品种雪茄烟叶中烟碱及总生物碱含量均在采收前大量积累，在晾制和发酵环节呈持续下降趋势。

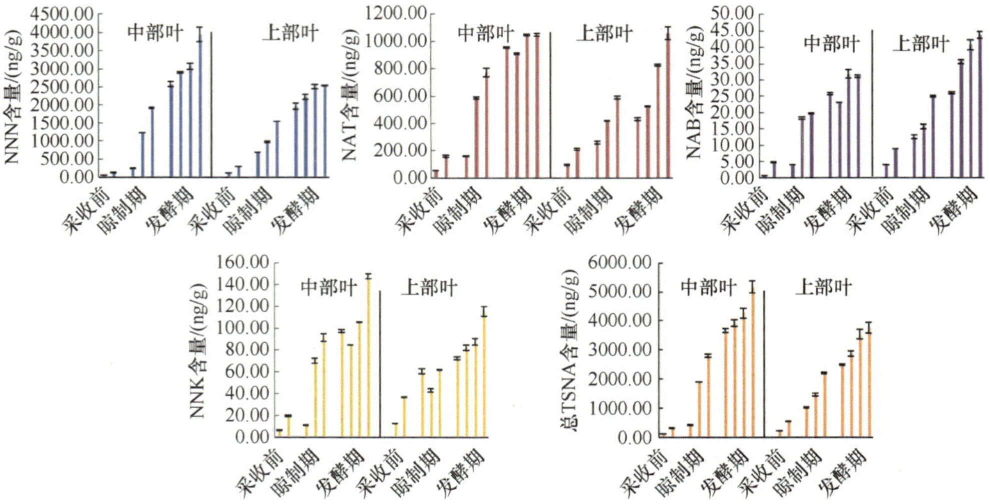

图 5-9　什烟 1 号不同生产环节 TSNA 含量的动态变化

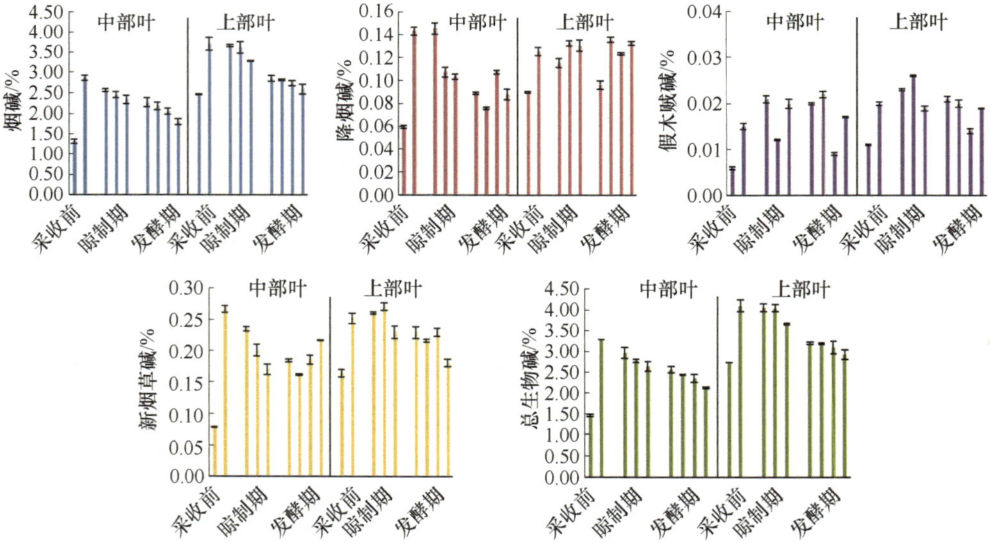

图 5-10　德雪 3 号不同生产环节生物碱含量的动态变化

5.8.3　雪茄烟叶不同时期 TSNA、生物碱和硝酸盐含量比较

在成熟末期、晾制末期、发酵末期对德雪 3 号及什烟 1 号烟叶 TSNA、生物碱和硝酸盐含量进行差异显著性分析，结果见表 5-45。可以看出，两种雪茄烟叶总 TSNA 含量在成熟、晾制和发酵过程中均呈现升高趋势，且晾制末期总 TSNA

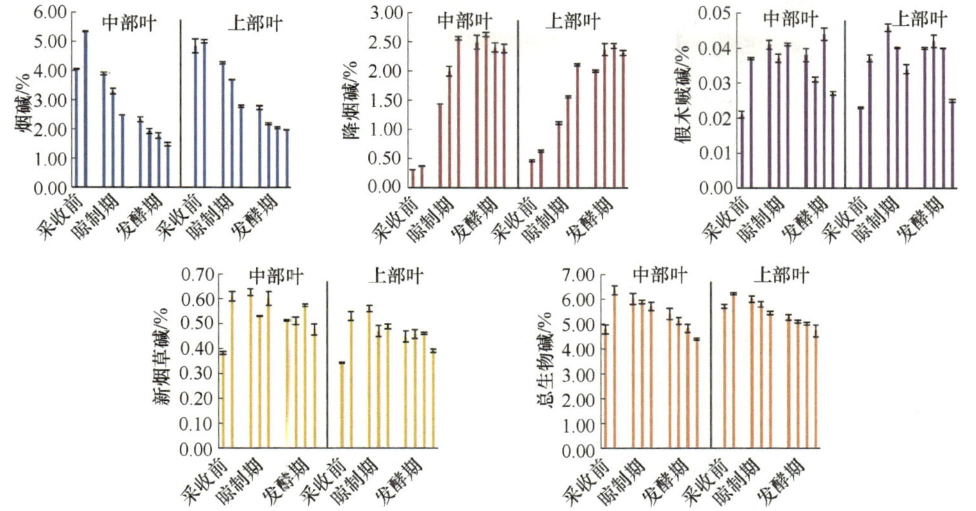

图 5-11　什烟 1 号不同生产环节生物碱含量的动态变化

表 5-45　雪茄烟叶不同时期 TSNA、生物碱和硝酸盐含量比较

品种（部位）	时期	TSNA/（ng/g）					生物碱/%					硝酸盐/（μg/g）
		NNN	NAT	NAB	NNK	总 TSNA	烟碱	降烟碱	假木贼碱	新烟草碱	总生物碱	
德雪 3 号（中部叶）	成熟末期	124.25c	45.85c	2.34b	35.82b	208.26c	2.87a	0.14a	0.02a	0.27a	3.30a	5128.36a
	晾制末期	352.82b	274.54b	10.90b	144.10a	782.36b	2.35b	0.10a	0.02a	0.17a	2.64b	3349.25b
	发酵末期	752.26a	875.62a	21.11a	224.10a	1873.09a	1.80c	0.09b	0.02a	0.22a	2.13c	1973.13c
德雪 3 号（上部叶）	成熟末期	70.3c	46.66c	1.08b	35.49b	153.53c	3.71a	0.13a	0.02a	0.25a	4.11a	2588.06a
	晾制末期	240.76b	390.95b	11.85b	107.46a	751.02b	3.17b	0.13a	0.02a	0.23a	3.55b	1862.29b
	发酵末期	439.21a	781.60a	19.16a	158.46a	1398.43a	2.59c	0.13a	0.02a	0.18b	2.92c	1128.36c
什烟 1 号（中部叶）	成熟末期	119.80c	161.08c	4.82c	19.94b	305.64c	5.34a	0.37b	0.04a	0.61a	6.36a	4301.49a
	晾制末期	1916.77b	772.86b	19.83b	91.11a	2800.57b	2.49b	2.57a	0.04a	0.60a	5.70b	2132.84b
	发酵末期	3947.38a	1047.51a	31.17a	147.88a	5173.94a	1.48c	2.39a	0.03a	0.48a	4.38c	1185.07c
什烟 1 号（上部叶）	成熟末期	291.12c	210.05c	8.94b	16.70b	526.81c	5.01a	0.64b	0.04a	0.53a	6.22a	2477.61a
	晾制末期	1549.38b	591.00b	24.89b	61.99a	2227.26b	2.80b	2.11a	0.03a	0.49a	5.43b	1802.99b
	发酵末期	2537.72a	1059.66a	43.88a	115.60a	3756.86a	1.69c	2.32a	0.03a	0.39a	4.43c	1047.76c

含量显著高于成熟末期，发酵末期总 TSNA 含量显著高于晾制末期；烟碱、总生物碱含量在成熟、晾制和发酵过程中呈下降趋势，且成熟末期含量显著高于晾制

末期，晾制末含量显著高于发酵末期；硝酸盐含量在成熟、晾制和发酵过程中呈下降趋势，且成熟末期含量最高，显著高于发酵末期，这可能是由于在晾制和发酵过程中微生物活性增强，将硝酸还原成了亚硝酸。

5.8.4 小结

晾制及发酵环节是雪茄烟叶外观质量及内在品质形成的重要时期。本研究发现，这两个生产环节也是TSNA形成积累的关键时期。晾制前的雪茄烟叶中TSNA积累量较小，这主要是由于细胞的完整性使TSNA的合成前体物相互隔离，不能聚合在一起发生反应。雪茄烟叶在晾制过程中TSNA的形成可能与微生物的活动密切相关。对白肋烟晾制过程中TSNA形成规律和机理的研究表明，烟叶变黄末期是TSNA形成的主要时期，在晾制过程中，烟叶组织水分散失，细胞膜逐渐被破坏，膜的通透性加大，细胞内含物外渗，导致微生物大量繁殖，使硝酸还原为亚硝酸，进而与生物碱发生亚硝化反应生成TSNA。在雪茄烟叶调制过程中TSNA的形成也主要发生在烟叶的变黄期和褐变期，关于调制过程中烟叶表面微生物的变化及其与调制环境的关系尚需进一步试验。雪茄烟叶的发酵是在高温和高湿条件下完成的，这种条件不仅可能造成微生物活动增强，使硝酸还原为亚硝酸，也可能会导致高温条件下烟叶硝酸盐直接产生气态氮氧化物。对贮藏过程中烟叶TSNA形成机理的研究表明，高温条件下可通过化学作用使硝酸盐直接产生气态氮氧化物，进而促使生物碱发生亚硝化反应形成TSNA。雪茄烟叶发酵温度、湿度和发酵周期均会影响雪茄烟叶TSNA形成，因此雪茄烟叶发酵过程中TSNA的形成机理较复杂，阐明其作用机理，明确微生物和温湿度条件对TSNA积累的贡献，有效降低发酵过程中TSNA的形成和积累及采取有效措施抑制TSNA形成等方面仍有待进一步深入研究。

雪茄茄衣和茄芯烟叶在成熟、调制和发酵过程中各TSNA组分和总TSNA含量积累差异较小，均表现为成熟采收前TSNA的积累比例较少，晾制和发酵期时期TSNA积累比例较多。在晾制和发酵环节茄衣品种德雪3号总TSNA含量的积累比例分别为30.65%～42.73%和46.29%～58.23%，茄芯品种什烟1号总TSNA含量的积累比例分别为45.26%～48.22%和40.71%～45.87%。因此，晾制及发酵环节是雪茄茄衣和茄芯烟叶TSNA形成的关键时期。

5.9 不同抑制技术在调制和发酵过程中对雪茄烟叶TSNA形成的抑制作用

摘要：针对四川什邡地区调制和发酵后雪茄烟叶存在TSNA含量过

高的问题，为明确不同抑制技术对调制和发酵过程中 TSNA 的抑制效果，设置调制前喷施硝酸还原酶抑制剂试验及在两种湿度条件下（45℃/相对湿度 65%、45℃/相对湿度 85%）通过化学和物理手段抑制雪茄烟叶发酵过程中 TSNA 形成的试验。结果表明，茄芯及茄衣调制后降烟碱含量在喷施抗坏血酸、薄荷酮和花青素后降低显著。烟叶中硝酸盐含量在喷施抗坏血酸、薄荷酮和花青素后高于其他处理，而亚硝酸盐含量显著高于其他处理，茄衣烟叶在喷施薄荷酮调制后 TSNA 含量最低，茄芯烟叶喷施花青素调制后 TSNA 含量最低，抗坏血酸对茄衣和茄芯两个品种烟叶效果显著，但谷胱甘肽和褪黑素效果不显著。发酵前喷施薄荷酮和钨酸钠可抑制微生物活动导致的硝酸向亚硝酸还原，进而抑制烟叶发酵过程中 TSNA 的积累。外源薄荷酮、外源钨酸钠和真空包装均能抑制发酵过程中 TSNA 的形成，而电子束辐照则对发酵过程中 TSNA 的形成具有显著的促进作用。

TSNA 的合成前体物是生物碱和亚硝酸盐，TSNA 是仲胺类生物碱和亚硝酸盐发生反应生成的。降低 TSNA 含量对于提升雪茄安全性至关重要，由于活性细胞膜的分隔作用，形成 TSNA 的前体物生物碱与硝酸盐类物质无法在鲜烟叶中直接接触，晾制和发酵时期是雪茄烟叶 TSNA 积累的重要时期，也是调控其积累的关键时期。在雪茄烟叶晾制和发酵前通过化学及物理手段抑制硝酸盐还原通路，理论上可以有效抑制 TSNA 的形成。因此本研究探究了喷施外源添加剂、改变包装方式、进行电子束辐照等措施对雪茄烟叶调制和发酵过程中 TSNA 形成的抑制效果，以明确在调制和发酵过程中有效降低 TSNA 含量的抑制剂及有效手段，为探索四川什邡雪茄烟叶调制和发酵过程中提质减害的技术及机理提供理支撑和科学依据。

调制试验于 2020 年在四川省什邡市师古镇大泉坑村雪茄烟叶生产基地进行，各供试品种按照当地优质雪茄烟叶生产技术规范统一管理。供试材料为茄衣品种德雪 3 号和茄芯品种什烟 1 号成熟采收的质量均匀一致的上部叶，以清水为对照，在调制前将 5 种外源物质溶液分别均匀喷施在叶片上，每片叶喷施溶液 10ml。5 种物质分别为：薄荷酮（0.0003g/ml）、花青素（0.0011g/ml）、谷胱甘肽（0.0250g/ml）、褪黑素（0.0010g/ml）、抗坏血酸（0.2500g/ml）。调制前取样一次，之后每周取样一次，至调制结束取完调制后样为止。每次取样后冻干备用。发酵试验于河南农业大学烟草学院烟草栽培实验室进行，试验采取 2 种化学抑制技术（喷施化学抑制剂：400μg/ml 薄荷酮、100μg/ml 钨酸钠）和 2 种物理抑制技术（真空包装、8kGy 电子束辐照），以常规发酵为空白对照，每个处理称取 200g 烟叶，进行相应处理后在 65%、85%两种湿度，发酵温度为 45℃的条件下发酵 20d。每个处理重复三次。

5.9.1 不同抑制技术对雪茄烟叶调制和发酵过程中生物碱及硝酸盐含量的影响

5.9.1.1 晾制前喷施不同外源物质对烟叶生物碱和硝酸盐含量的影响

晾制过程中喷施外源物质对烟叶生物碱含量的影响如表 5-46 所示。德雪 3 号及什烟 1 号添加花青素、抗坏血酸和薄荷酮后烟碱含量显著增高，而降烟碱含量明显降低。添加抗坏血酸和花青素后的烟碱、降烟碱等变化均不显著。各个处理总生物碱含量变化均不显著。喷施花青素、抗坏血酸和薄荷酮后亚硝酸盐含量降低明显，降低幅度达 80%以上，而茄芯烟叶喷施褪黑素和谷胱甘肽后效果不显著，喷施薄荷酮后德雪 3 号和什烟 1 号亚硝酸盐含量最低，分别为 8.56μg/g 和 25.64μg/g。

表 5-46 晾制前喷施不同外源物质对烟叶生物碱和硝酸盐及亚硝酸盐含量的影响

品种	喷施剂	烟碱/%	降烟碱/%	假木贼碱/%	新烟草碱/%	总生物碱/%	硝酸盐/（μg/g）	亚硝酸盐/（μg/g）
德雪3号	清水	2.10b	0.55a	0.02a	0.03a	2.70a	2844.50a	150.25b
	褪黑素	2.14b	0.57a	0.03a	0.01a	2.75a	2966.56a	115.32c
	花青素	2.45a	0.24b	0.03a	0.07a	2.79a	2965.35a	16.35de
	抗坏血酸	2.39a	0.29b	0.03a	0.01a	2.72a	2896.35a	19.36d
	薄荷酮	2.47a	0.13c	0.03a	0.02a	2.65a	2915.35a	8.56e
	谷胱甘肽	2.09b	0.60a	0.03a	0.01a	2.73a	2700.25a	196.89a
什烟1号	清水	3.09c	0.41a	0.04a	0.02a	3.56b	3562.25a	285.32ab
	褪黑素	3.14bc	0.37a	0.04a	0.01a	3.56b	3632.21a	278.98b
	花青素	3.41ab	0.12b	0.03a	0.04a	3.60b	3632.25a	32.16d
	抗坏血酸	3.46a	0.11b	0.03a	0.08a	3.68b	3691.32a	56.56c
	薄荷酮	3.65a	0.14b	0.02a	0.04a	3.85a	3787.84a	25.64d
	谷胱甘肽	2.98c	0.46a	0.03a	0.04a	3.51b	3529.34a	286.35a

5.9.1.2 不同抑制技术对发酵烟叶生物碱和硝酸盐含量变化的影响

各处理烟叶在两种湿度条件下发酵后生物碱和硝酸盐含量如图 5-12 至图 5-14 所示。由图可知，高湿条件下辐照处理烟叶总生物碱含量明显低于其他处理，较发酵前下降 17.47%。常规发酵处理烟叶总生物碱含量与辐照处理的降幅较为接近，且二者的降幅显著高于薄荷酮（11.79%）、钨酸钠（7.05%）和真空（5.34%）处理。烟碱含量的积累情况与总生物碱含量相同，其余 3 种生物碱含量较低，变化幅度小，差异不显著。常规发酵处理的硝酸盐含量降幅最大，较发酵前减少

707.11μg/g；其次是辐照处理，减少 631.45μg/g；真空处理烟叶降幅最小，约为常规发酵的 58.60%。

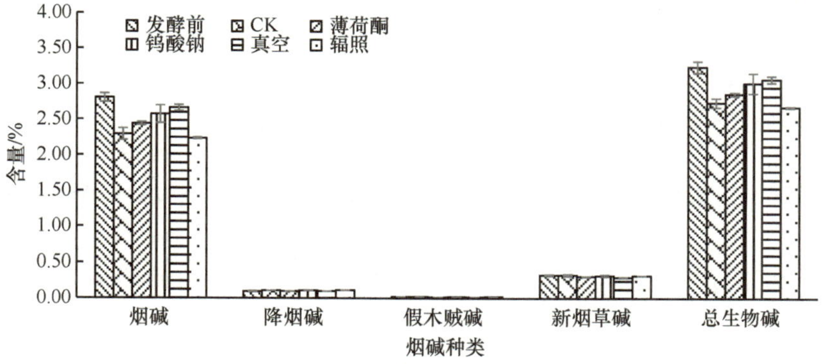

图 5-12　不同抑制技术处理烟叶高湿发酵后生物碱含量

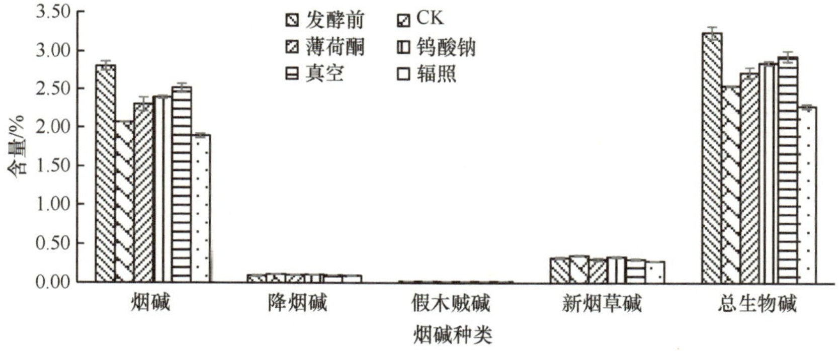

图 5-13　不同抑制技术处理烟叶低湿发酵后生物碱含量

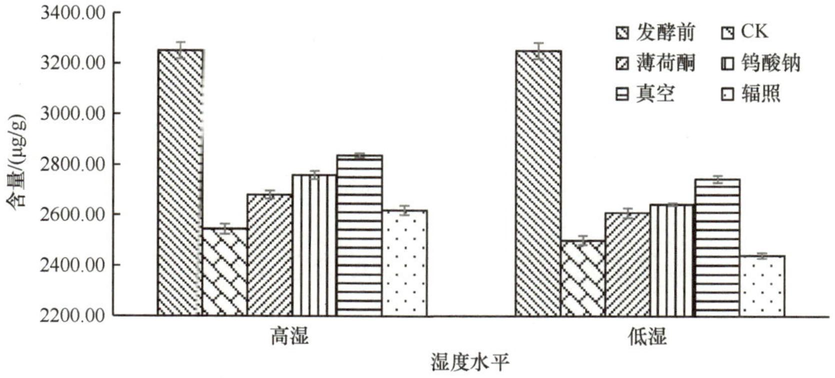

图 5-14　不同抑制技术处理烟叶两种湿度发酵后硝酸盐含量

与高湿发酵相比，低湿发酵后烟叶生物碱和硝酸盐含量明显更低，生物碱降幅增加 4%～12%，硝酸盐降幅增加 1%～5%。低湿条件下，辐照处理发酵后总生物碱含量降幅为 29.58%，比常规发酵处理高 8.36%，分别为薄荷酮、钨酸钠处理的 1.87 倍和 2.46 倍。真空处理烟叶的总生物碱含量最高，较发酵前降幅最小，不超过 10%。烟碱含量变化与总生物碱相同，其余 3 种生物碱含量变化差异不显著。发酵后各处理烟叶硝酸盐含量的差异显著，且与生物碱的变化趋势相同，表现为真空＞钨酸钠＞薄荷酮＞常规发酵＞辐照。

5.9.2 不同抑制技术对雪茄烟叶调制和发酵过程中 TSNA 含量的影响

5.9.2.1 晾制前喷施不同外源物质对烟叶 TSNA 含量的影响

由表 5-47 可看出，喷施硝酸还原抑制剂晾制后茄芯及茄衣烟叶中 TSNA 含量存在显著差异，茄衣烟叶喷施薄荷酮后的总 TSNA 含量最低，为 472.84ng/g，茄芯烟叶喷施花青素后的总 TSNA 含量最低，为 1242.74ng/g；对比清水处理，总 TSNA 含量降低 59%以上。抗坏血酸对于降低茄衣及茄芯烟叶 TSNA 含量也有显著效果。

表 5-47 晾制前喷施不同外源物质对烟叶 TSNA 含量的影响（ng/g）

品种	喷施剂	NNN	NAT	NAB	NNK	总 TSNA
茄衣	清水	1079.50c	565.29a	75.05a	129.50b	1849.34c
	褪黑素	1415.00b	545.85a	77.75a	136.00b	2174.60b
	花青素	387.12d	206.45c	20.15b	69.85c	683.57d
	抗坏血酸	395.01d	197.56c	20.85b	54.62d	668.04d
	薄荷酮	321.51e	121.50d	12.20c	17.63e	472.84e
	谷胱甘肽	1535.00a	506.98b	73.85a	157.50a	2273.33a
茄芯	清水	2600.61a	292.50a	26.55b	115.50a	3035.16a
	褪黑素	2621.23a	287.36a	38.65a	83.15c	3030.39a
	花青素	1055.21d	124.98b	24.05c	38.50d	1242.74d
	抗坏血酸	2007.34b	59.50d	9.20d	22.38e	2098.42b
	薄荷酮	1485.94c	86.21c	4.05e	12.58f	1576.20c
	谷胱甘肽	2546.87a	296.32a	26.75b	92.45b	2962.39a

5.9.2.2 不同抑制技术对发酵烟叶 TSNA 含量变化的影响

图 5-15 和图 5-16 展示了不同抑制技术处理烟叶在两种湿度条件下发酵 20d 后 4 种 TSNA 及其总量的变化。由图可知，采用不同技术手段处理烟叶或改变发酵湿度对烟叶 TSNA 的积累具有显著影响。高湿条件下，常规发酵处理烟叶总 TSNA 含量为 3885.43ng/g，较发酵前增长 775.91ng/g，涨幅 24.95%。而辐照处理

烟叶发酵后总 TSNA 含量为 4903.93ng/g，较发酵前增加 1794.41ng/g，是常规发酵处理增长量的 2.31 倍，说明辐照不仅无法抑制 TSNA 积累，还有显著的促进作用。薄荷酮和钨酸钠处理烟叶总 TSNA 含量较发酵前涨幅分别为 14.63%和 12.03%，比常规发酵低 10.32%和 12.92%。真空处理对烟叶 TSNA 积累的抑制作用最强，发酵后仅增长 3.29%。各抑制技术对 4 种 TSNA 的抑制程度与总 TSNA 含量相同，都表现为真空＞钨酸钠＞薄荷酮＞辐照。

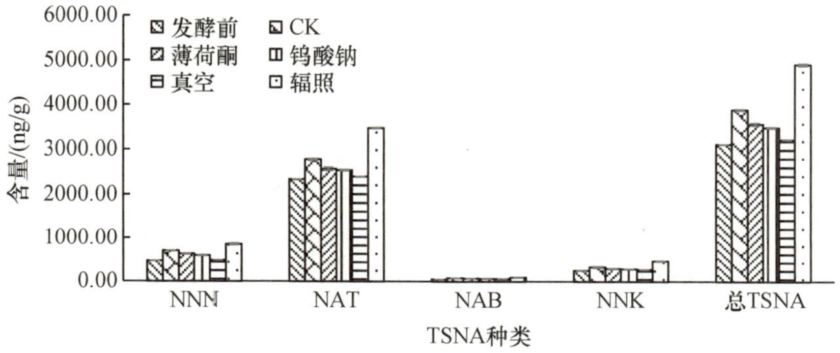

图 5-15　不同抑制技术处理烟叶高湿发酵后 TSNA 含量

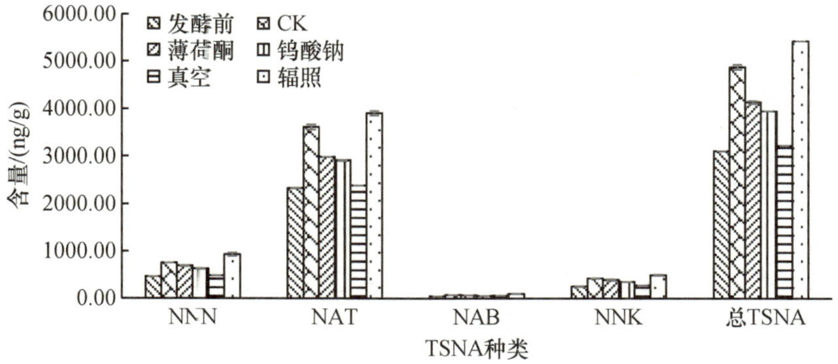

图 5-16　不同抑制技术处理烟叶低湿发酵后 TSNA 含量

低湿条件下常规发酵烟叶总 TSNA 含量为 4877.95ng/g，较发酵前增加 1768.44ng/g，涨幅 56.87%，是高湿常规发酵的 2.28 倍。辐照处理烟叶总 TSNA 增长量仍最高，发酵 20d 后涨幅达 74.80%，分别是低湿常规发酵和高湿辐照处理的 1.32 倍和 1.30 倍。薄荷酮和钨酸钠处理在低湿条件下的抑制作用下降，发酵期间总 TSNA 含量涨幅分别升至 33.21%和 27.24%，比高湿条件下升高 18.59%和 15.21%，但仍低于低湿常规发酵处理。真空处理烟叶对 TSNA 积累的抑制效果最好，且与高湿条件无显著差异。此外，各抑制技术对 4 种 TSNA 的抑制程度与高湿条件下发酵结果相同，仍表现为真空＞钨酸钠＞薄荷酮＞辐照。总体来看，除真空处理外，其余处理烟叶在高湿发酵后 4 种 TSNA 及其总量均显著低于低湿发酵的烟叶。

5.9.3 小结

TSNA 是烟草生物碱与亚硝酸盐在酶催化作用下的反应产物，大量研究认为，调制前的青烟不含 TSNA，随着调制过程的进行，细胞结构被破坏，被细胞结构隔离开的前体物质生物碱和亚硝酸盐形成 TSNA，在调制过程中通过外源物质抑制硝酸还原为亚硝酸是减少 TSNA 含量的优良途径。本研究结果显示，德雪 3 号喷施薄荷酮降低 TSNA 含量最优，什烟 1 号喷施花青素降低 TSNA 含量最优，抗坏血酸对两个品种效果明显，但谷胱甘肽和褪黑素效果不显著。德雪 3 号生物碱含量在各个处理后变化不显著，而降烟碱含量在喷施抗坏血酸、薄荷酮和花青素后降低，这可能是烟草去甲基酶受上述硝酸还原抑制剂抑制的结果。烟叶中硝酸盐含量在喷施抗坏血酸、薄荷酮和花青素后增加，而亚硝酸盐含量显著降低，这与硝酸还原酶被抑制相关，故硝酸盐转化比例降低，谷胱甘肽和褪黑素效果不显著可能是由于其进入叶片细胞间隙前已被微生物或酶分解转化。

有学者在烘烤过程中（定色期）对烤烟进行微波处理，有效降低了烟叶中的 TSNA 和硝酸盐含量。采用真空包装袋对白肋烟烟叶进行真空包装，常温贮藏一年后，烟叶中的 TSNA 含量比塑料袋和纸箱包装分别减少 46.02%和 45.45%。对卷烟成品进行不同剂量的辐照处理，烟丝和主流烟气中的 TSNA 含量都有所下降。本研究结果表明，湿度处理和不同的抑制措施都对烟叶 TSNA 的积累具有显著影响。除真空处理外，高湿发酵后烟叶中的 TSNA 含量显著低于低湿发酵的烟叶，湿度升高后烟叶中的硝态氮为水溶态而相对稳定，不易生成挥发性亚硝酸盐或NO 等气态氮氧化物，与生物碱反应产生的 TSNA 含量随之减少。喷施薄荷酮和褪黑素处理的烟叶在发酵后烟叶中的 TSNA 含量显著降低，外源喷施还原剂抑制了烟叶中硝酸盐向亚硝酸盐的转化，进而抑制了 TSNA 在烟叶中的积累。此外，与常规发酵处理相比，喷施薄荷酮和钨酸钠处理在两种湿度条件下的抑制效果比较接近，说明薄荷酮和钨酸钠对发酵期间烟叶中硝态氮向气态氮氧化物转化的抑制作用不大，如何抑制 NO_x 的形成或者吸附降解已形成的 NO_x 是本研究团队下一步的研究重点。

真空包装处理烟叶在发酵后 TSNA 增加最少，基本与发酵前保持同一水平，真空包装隔绝了空气，切断了 TSNA 形成所必需的氧气和 NO_x 来源，是抑制 TSNA 形成的有效手段。但是利用真空袋进行真空包装后受大气压力影响，烟叶皱缩严重，影响了烟叶的外观质量，下一步考虑调整真空装置或利用气调技术调节空气中的氮、氧含量，以免对烟叶的外观品质造成影响。辐照处理在两种湿度条件下的 TSNA

含量均高于常规发酵处理，说明辐照不仅无法抑制 TSNA 积累，还有显著的促进作用，这与以往的研究结果不同，可能是由于辐照剂量较大，破坏了烟叶的组织结构并导致某些化学成分降解，促进氮氧化物释放，增加了 TSNA 积累的可能。

5.10 雪茄烟叶控温控湿发酵过程中 TSNA 及其前体物的形成和积累

摘要：为了探究环境温度和湿度对烟叶 TSNA 形成的影响，以中式传统雪茄茄芯品种什烟 1 号、南美风格的茄衣品种德雪 3 号和茄芯品种德雪 5 号为材料，共设置 4 个温度（25℃、35℃、45℃和 55℃）和 4 个湿度（60%、70%、80%和 90%）水平，研究不同因子对雪茄烟叶发酵过程中 TSNA 及其前体物形成和积累的影响。结果表明，环境温度和湿度可显著影响 TSNA 的形成，3 个品种雪茄烟叶的总 TSNA 含量均随发酵温度的升高显著增加，前体物含量随之降低。偏相关分析结果显示，4 种 TSNA 及其总量与温度呈显著正相关，发酵温度主要影响了茄衣烟叶 NNK、NAT 和 NAB 的积累，对引进茄芯品种主要影响 NNK 和 NAB。随发酵湿度的增加，3 个品种雪茄烟叶发酵后 TSNA 含量均显著下降，生物碱及硝酸盐含量降幅较小。提高发酵温度可以显著促进烟叶 TSNA 的形成，提高发酵湿度可显著抑制 TSNA 的积累，适当降低发酵温度和增加发酵湿度均有利于抑制烟叶 TSNA 的形成和积累，提高烟叶的安全性。

雪茄烟由雪茄烟叶直接卷制而成，几乎不经过工业加工环节，因此烟叶原料的质量直接决定了雪茄烟成品的优劣。发酵是雪茄烟叶生产过程中必不可少的环节，也是提升雪茄烟叶质量的重要生产阶段。过往研究表明，影响发酵的因素有很多，环境温湿度、发酵时长、空气含氧量及烟叶含水率等都会对发酵结果造成影响。在一定范围内提高发酵温度（45～48℃）、湿度（80%～90%）可显著促进还原糖、总糖、烟碱等物质的降解转化，有利于提高烟叶香气成分含量，提升烟叶感官品质。适当增加发酵湿度有利于烟叶中糖类和多酚类物质降解转化，促进香气成分的积累，改善烟叶的评吸质量，但湿度过高（85%），内含物转化过度反而会降低烟叶的吸食品质。研究表明，不论是否有氧气参与，发酵都会改善烟叶的评吸质量，有氧条件有利于提升烟叶的香气质和香气量，厌氧条件则更有利于提高烟气的细腻度、降低刺激性。总体来说，发酵后雪茄烟叶的颜色加深，化学成分更加协调，香气醇厚且杂气和刺激性减小。

发酵条件的变化也会对叶表微生物多样性带来影响，随着烟叶发酵进程的深入，烟叶表面的微生物的结构明显改变，种类和数量都会有一定量的减少。研究发现，意大利 Toscano 烟叶发酵后芽孢杆菌属取代葡萄球菌科和乳酸杆菌目成为新的优势菌属，且在发酵后期，随着烟叶 pH 的升高，嗜碱性放线菌的丰度也逐渐增加。此外，发酵也是烟叶中 TSNA 积累的重要阶段，在一定程度上影响了烟叶的安全性。研究结果显示，雪茄烟叶初发酵后，TSNA 含量较发酵前大幅增加。雪茄烟叶在仓库堆码发酵 4 个升温周期后，TSNA 积累量相当于成熟和调制期的总和。虽然前人对发酵期间 TSNA 积累的影响因素进行过很多研究，但大多聚焦于烟叶品质，对烟叶的安全性关注不足。本研究团队在人工控制条件下分别设置不同发酵温度和不同湿度试验，并在发酵过程中取样，探究环境温度和湿度对烟叶 TSNA 形成的影响（李晶晶，2023）。

试验以四川省烟草公司德阳市公司提供的中式传统雪茄茄芯品种什烟 1 号，以及南美风格的茄衣品种德雪 3 号、茄芯品种德雪 5 号 2019 年生产调制后的上部叶为材料，等级均为上部叶基本色一级。试验地点位于河南农业大学烟草学院烟草栽培实验室，3 个品种烟叶各取 1.5kg 进行试验，发酵温度设置 25℃、35℃、45℃和 55℃ 4 个水平，试验共进行 6 周，每个处理重复三次。试验过程中每周取样一次，所取样品冻干磨碎后过孔径 0.25mm 的筛，用于烟叶 TSNA 及其前体物含量检测。

5.10.1 发酵温度对茄衣烟叶的影响

5.10.1.1 发酵温度对茄衣烟叶 TSNA 的影响

发酵前茄衣烟叶的 NNN、NNK、NAT、NAB 及总 TSNA 含量分别为 439.50ng/g、48.70ng/g、366.50ng/g、6.30ng/g 和 861.00ng/g。在不同温度条件下发酵 6 周后，烟叶中的 TSNA 存在不同程度积累，含量较发酵前均显著升高。对发酵过程中茄衣烟叶的 TSNA 含量进行响应面分析（图 5-17）。结果表明，随着发酵温度的增加和发酵进程的深入，烟叶 4 种 TSNA 及其总量均显著升高，涨幅也不断增大。在 25℃发酵 6 周后，烟叶总 TSNA 含量仅增加 901.50ng/g，涨幅 104.70%；而发酵温度达到 55℃时，总 TSNA 含量升至 2610.00ng/g，涨幅 203.14%，约是 25℃的 2 倍。NNN 是茄衣烟叶中含量最高的 TSNA，其含量占总 TSNA 含量的 50%以上。55℃发酵后，NNN 含量增加 1005.50ng/g，占总 TSNA 增长量的 57.49%。NAB 的含量最低，发酵后仍未超过 30ng/g，但其涨幅最大，较发酵前增加 349.21%。

进一步对各处理烟叶 TSNA 含量进行逐步回归分析（表 5-48）。结果表明，发酵温度、时长及二者交互作用对 TSNA 的积累影响很大，对其含量变化的解释度超过 98%。NNN 和总 TSNA 含量的积累主要与发酵时长有关，相关系数超过

0.8（$P<0.01$）；NNK、NAT 和 NAB 的含量变化则与发酵温度关系更密切，相关系数大于 0.7（$P<0.01$）；温度与时长的交互作用则对 4 种 TSNA 及其总量变化均具有显著影响（相关系数>0.9，$P<0.01$）。根据响应面分析及回归方程的拟合结果，当发酵温度超过 35℃时，TSNA 含量将明显增加。

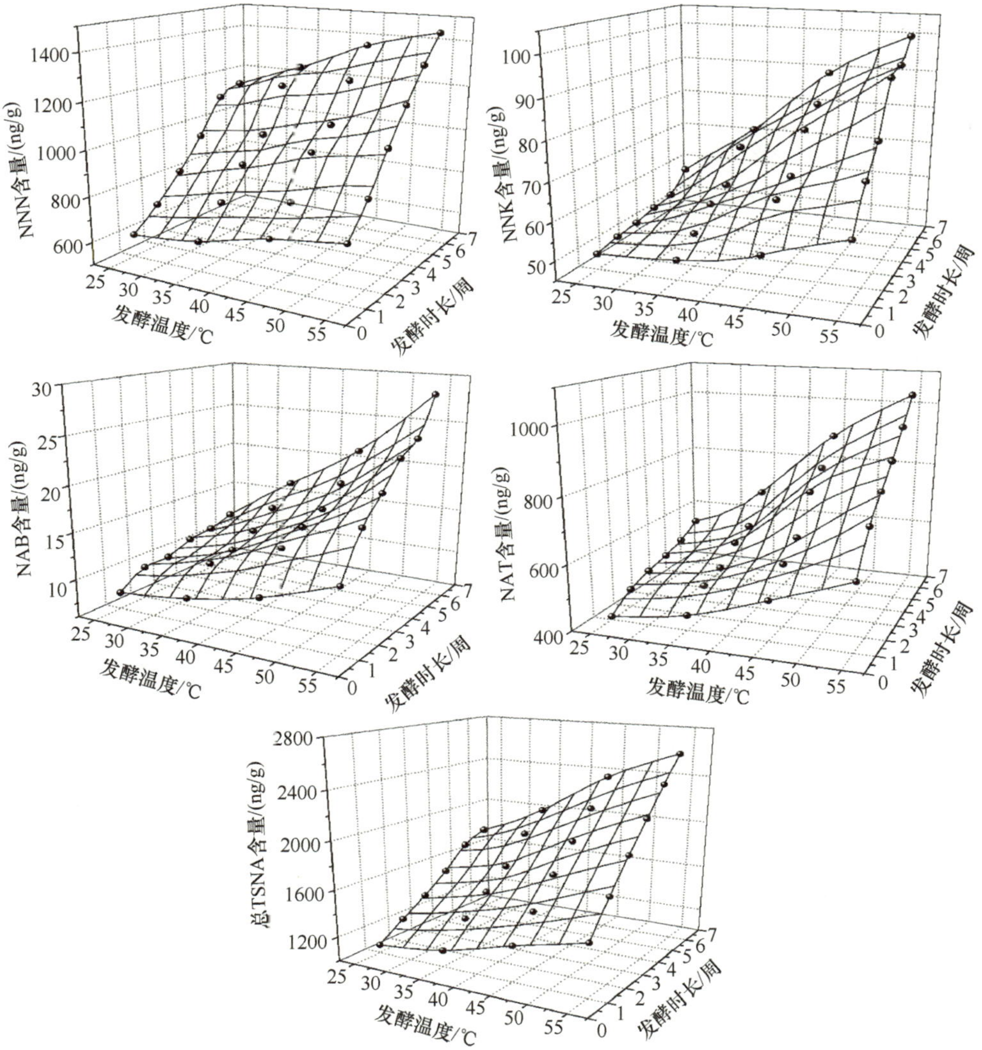

图 5-17　不同温度发酵过程中茄衣烟叶 TSNA 含量

5.10.1.2　发酵温度对茄衣烟叶生物碱及硝酸盐的影响

图 5-18 展示了茄衣发酵过程中 TSNA 前体物生物碱和硝酸盐含量的变化。由图可知，发酵过程中生物碱与硝酸盐含量的变化与 TSNA 含量的变化趋势相反，

表 5-48　发酵温度与 TSNA 含量变化的关系

名称	相关系数			回归方程	决定系数
	温度	时长	交互		
NNN	0.36	0.93^{**}	0.90^{**}	$y=421.77+36.96t+113.32s+1.95t^2-0.80s^2+8.73ts$	0.9935
NNK	0.76^{**}	0.58^{**}	0.98^{**}	$y=42.56+0.80t+0.79s+0.42t^2-0.13s^2+2.15ts$	0.9835
NAT	0.78^{**}	0.57^{**}	0.97^{**}	$y=407.25-33.81t+3.51s+16.77t^2+0.55s^2+19.84ts$	0.9873
NAB	0.77^{**}	0.57^{**}	0.97^{**}	$y=8.11-1.61t+0.30s+0.57t^2-0.03s^2+0.68ts$	0.9879
总 TSNA	0.57^{**}	0.80^{**}	0.98^{**}	$y=882.54+117.73s+20.11t^2-0.42s^2+31.48ts$	0.9968

注：y 表示含量、t 表示温度、s 表示时长。下同

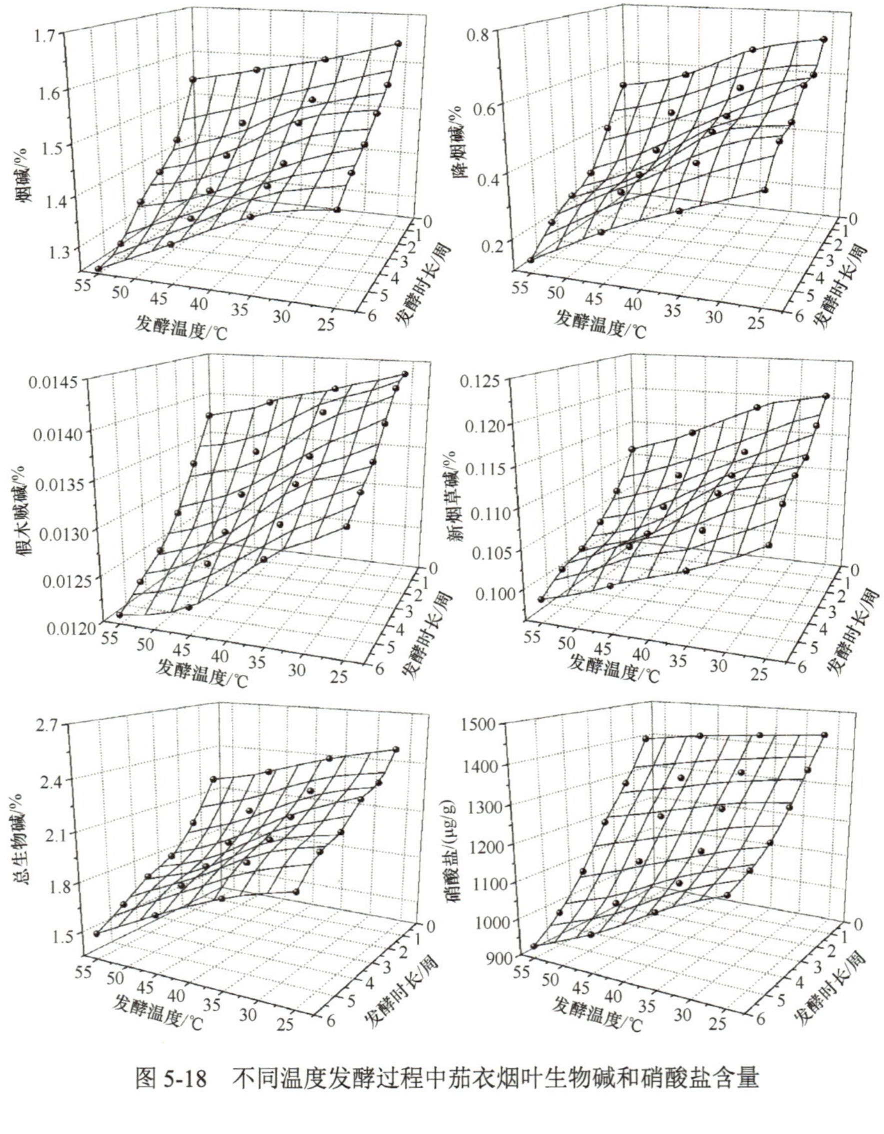

图 5-18　不同温度发酵过程中茄衣烟叶生物碱和硝酸盐含量

随发酵温度和时长的增加均显著降低。当温度从 25℃升至 55℃时，总生物碱含量降幅由 24.52%增大至 42.62%，其中，降烟碱含量下降最多，约占总减少量的 60%。55℃发酵 6 周后，降烟碱含量降低了 6.73mg/g。其余 3 种生物碱含量在发酵后降幅较小，为 10%～25%。硝酸盐含量的变化幅度略低于总生物碱含量，不同温度发酵后降低 322.26～558.79μg/g，降幅为 21.60%～37.45%。

烟叶 4 种生物碱及其总量与发酵条件的回归分析结果如表 5-49 所示。由表可知，发酵温度和时长与生物碱的含量存在显著负相关关系，相关系数小于–0.58（$P<0.01$），二者的交互作用与生物碱含量的变化关系更为密切，相关系数小于–0.9（$P<0.01$）。温度与硝酸盐含量的相关系数并不显著，但与发酵时长的交互作用显著影响了硝酸盐的积累，说明温度对硝酸盐含量的影响主要体现在交互作用。发酵温度、时长及二者的交互作用对生物碱和硝酸盐含量变化的解释度超过 97%。根据响应面分析及回归方程的拟合结果，当发酵温度超过 35℃时，生物碱和硝酸盐含量显著下降。

表 5-49　发酵温度与生物碱和硝酸盐含量变化的关系

名称	相关系数			回归方程	决定系数
	温度	时长	交互		
烟碱	–0.58**	–0.78**	–0.95**	y=1.75–0.02t–0.08s+0.01s^2	0.9874
降烟碱	–0.68**	–0.71**	–0.96**	y=0.87–0.05t–0.08s–0.01ts	0.9789
假木贼碱	–0.63**	–0.76**	–0.97**	y=0.0152–0.0003t–0.0004s	0.9861
新烟草碱	–0.68**	–0.71**	–0.94**	y=0.129–0.003t–0.004s	0.9791
总生物碱	–0.65**	–0.74**	–0.96**	y=2.75–0.07t–0.16s–0.01t^2+0.01s^2–0.01ts	0.9854
硝酸盐	–0.37	–0.91**	–0.92**	y=1538.85+6.71t–86.00s–1.68t^2+5.97s^2–13.08ts	0.9976

5.10.2　发酵温度对引进茄芯烟叶的影响

5.10.2.1　发酵温度对引进茄芯烟叶 TSNA 的影响

发酵前引进茄芯烟叶的 NNN、NAB、NNK、NAT 及总 TSNA 含量分别为 6190.00ng/g、14.45ng/g、63.25ng/g、987.00ng/g 和 7254.70ng/g。将烟叶在不同温度条件下发酵 6 周，烟叶中的 TSNA 含量如图 5-19 所示。由图可知，发酵过程中各处理烟叶 4 种 TSNA 及其总量持续增加，且随着发酵温度的升高积累量不断增大，含量较发酵前显著升高。NNK 含量在发酵过程中涨幅最小，25℃条件下发酵 6 周仅增加 14.70%，温度升至 55℃也只增长了 37.36%。其余 3 种 TSNA 及总 TSNA 含量涨幅在 25℃条件下基本已达到 30%，而温度升至 55℃后，涨幅增至 80%以上，其中 NAB 含量较发酵前涨幅最大，为 117.99%。引进茄芯烟叶中含量最多的

TSNA 是 NNN，发酵前后均占总 TSNA 含量的 80%以上，在发酵期间的增长量也最大。

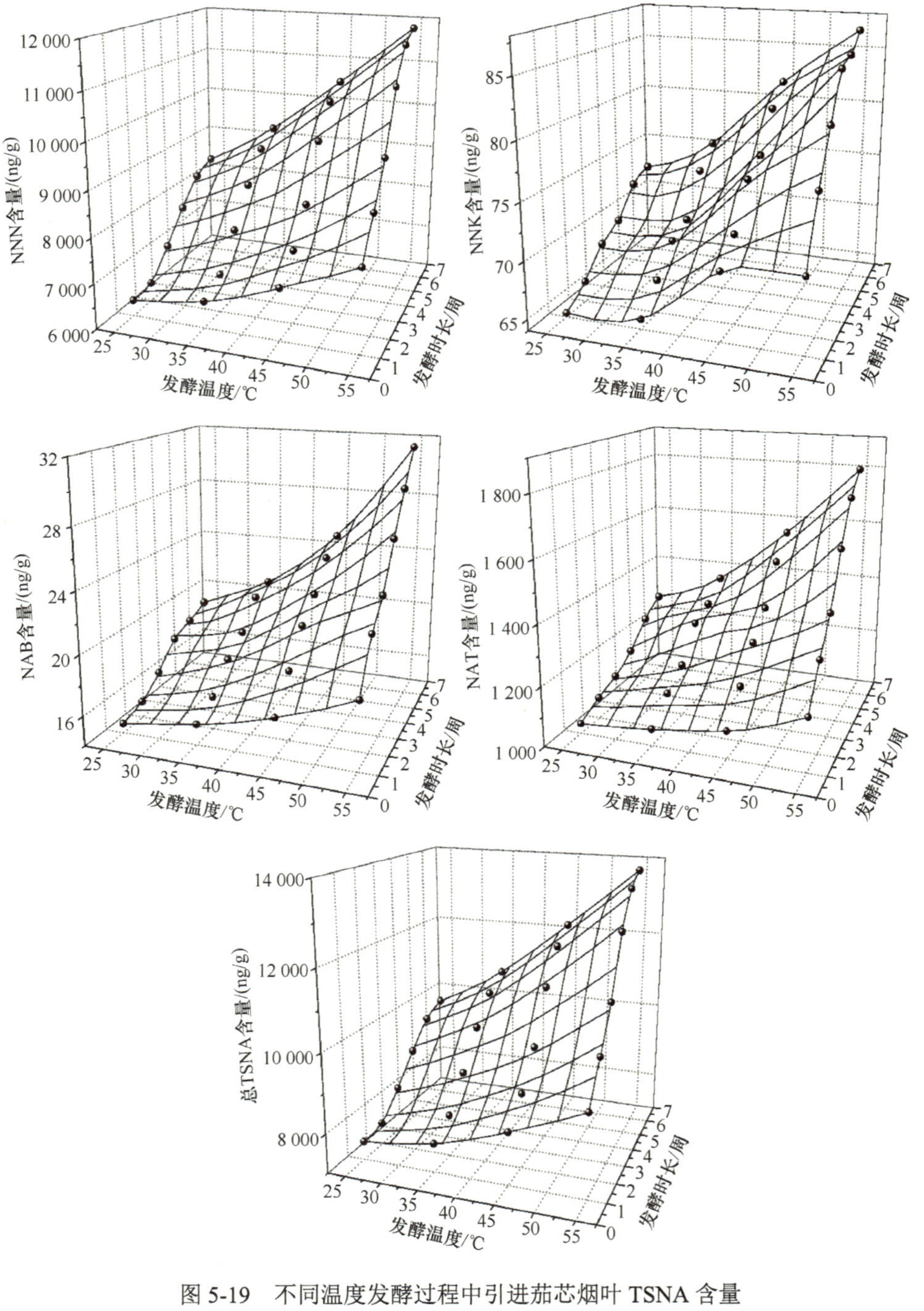

图 5-19　不同温度发酵过程中引进茄芯烟叶 TSNA 含量

对各处理烟叶 TSNA 含量进行逐步回归分析（表 5-50）。结果表明，发酵温度、时长及二者交互作用对 TSNA 含量变化的解释度超过 97%。发酵温度主要影响 NNK 和 NAB 的积累（相关系数＞0.7，P＜0.01），发酵时长主要与 NNN、NAT 和总 TSNA 含量关系密切（相关系数＞0.7，P＜0.01），二者交互作用则对 4 种 TSNA 及其总量变化均具有显著影响（相关系数≥0.96，P＜0.01）。响应面分析及回归方程的拟合结果显示，当发酵温度超过 33℃时，TSNA 含量将明显增加。

表 5-50　发酵温度与 TSNA 含量变化的关系

名称	相关系数			回归方程	决定系数
	温度	时长	交互		
NNN	0.65**	0.72**	0.98**	$y=5607.29-197.94t+442.46s+127.71t^2-16.83s^2+136.47ts$	0.9863
NNK	0.73**	0.63**	0.96**	$y=61.77-1.48t+2.27s+0.81t^2-0.16s^2+0.48ts$	0.9732
NAT	0.64**	0.71**	0.99**	$y=1063.78-97.06t+16.85s+23.79t^2+27.53ts$	0.9927
NAB	0.71**	0.64**	0.98**	$y=15.12-2.06t+0.54s+0.59t^2-0.04s^2+0.53ts$	0.9924
总 TSNA	0.65**	0.72**	0.98**	$y=6749.04-298.55t+461.31s+152.90t^2-16.91s^2+165.01ts$	0.9884

5.10.2.2　发酵温度对引进茄芯烟叶生物碱及硝酸盐的影响

发酵过程中生物碱与硝酸盐含量的变化与 TSNA 含量的变化趋势相反，随发酵温度的增加和发酵进程的深入均显著降低（图 5-20）。当温度从 25℃升至 55℃时，总生物碱含量降幅由 10.31%增大至 23.85%。引进茄芯烟叶中含量最多的生物碱是降烟碱，其占总生物碱含量的比例可达 70%，这是由于该品种是一种高转化株（烟碱转化率 75%）。受含量基数影响，发酵期间降烟碱含量下降最多，约占总减少量的 60%，55℃发酵 6 周后，含量降低了 14.60mg/g。其次降幅较大的是烟碱，发酵后降幅在 30%～40%，假木贼碱和新烟草碱的减少量不足总减少量的 10%。硝酸盐含量受温度变化影响很大，在 25℃发酵 6 周减少 295.59μg/g，在 55℃下含量下降 715.85μg/g，是 25℃的 2.42 倍。

回归分析结果表明，发酵温度与假木贼碱、新烟草碱的含量存在极显著负相关关系（相关系数＜–0.8，P＜0.01），烟碱、降烟碱与总生物碱含量的变化与发酵时长关系更为密切（相关系数＜–0.6，P＜0.01），二者交互作用对 4 种生物碱及其总量变化的影响都很显著（相关系数≤–0.89，P＜0.01）（表 5-51）。发酵温度、时长及二者交互作用都显著影响硝酸盐的积累，但与交互作用的关系最密切。温度、时长及二者交互作用共同解释了生物碱和硝酸盐含量变化的 91%。根据响应面分析及回归方程的拟合结果，当发酵温度超过 28℃时，生物碱和硝酸盐含量显著下降。

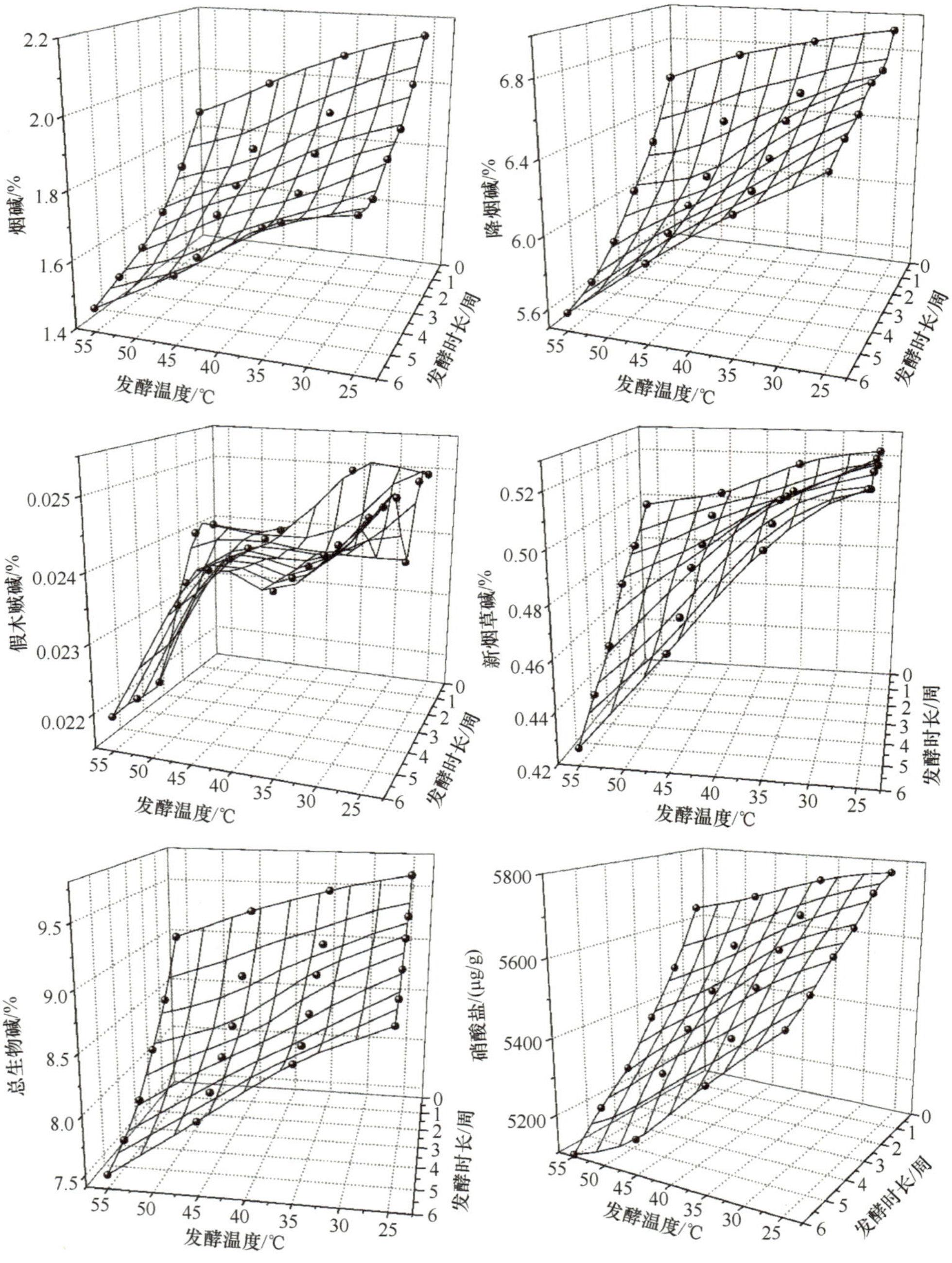

图 5-20　不同温度发酵过程中引进茄芯烟叶生物碱和硝酸盐含量

表 5-51　发酵温度与生物碱和硝酸盐含量变化的关系

名称	相关系数			回归方程	决定系数
	温度	时长	交互		
烟碱	–0.67**	–0.70**	–0.94**	y=2.40–0.06t–0.18s–0.01t^2+0.02s^2	0.9944
降烟碱	–0.71**	–0.65**	–0.97**	y=7.29–0.08t–0.21s+0.02s^2–0.04ts	0.9888
假木贼碱	–0.81**	–0.44*	–0.89**	y=0.0257–0.0001t–0.0004s	0.9125
新烟草碱	–0.84**	–0.39	–0.92**	y=0.510+0.011t+0.007s–0.003t^2–0.005ts	0.9875
总生物碱	–0.71**	–0.66**	–0.97**	y=10.22–0.14t–0.38s–0.01t^2+0.04s^2–0.05ts	0.9938
硝酸盐	–0.63**	–0.75**	–0.99**	y=5912.58–39.01t–50.95s–1.12t^2+1.76s^2–17.58ts	0.9931

5.10.3　发酵温度对传统茄芯烟叶的影响

5.10.3.1　发酵温度对传统茄芯烟叶 TSNA 的影响

发酵前，传统茄芯烟叶中 NNN、NNK、NAT、NAB 及总 TSNA 含量分别为 812.73ng/g、145.34ng/g、1459.82ng/g、40.30ng/g、2458.19ng/g。发酵后，随着发酵进程的深入，不同温度条件下烟叶 4 种 TSNA 及其总量均大幅上升，且发酵温度越高，增长幅度越大（图 5-21）。至发酵结束时，55℃条件下烟叶总 TSNA 含量最高，为 4995.66ng/g，较发酵前增加 2537.47ng/g，涨幅 103.22%；15℃条件下总 TSNA 含量涨幅最小，仍达到 69.95%。在不同温度发酵后，烟叶 4 种 TSNA 含量较发酵前均增长 60%以上，其中 NNK 的涨幅均超过 100%，55℃条件下是未发酵烟叶的 2.55 倍。此外，NNN、NAB 及总 TSNA 含量在 55℃发酵后涨幅也超过了 100%。从积累情况来看，受含量基数影响，在发酵过程中，各温度条件下烟叶中 TSNA 的形成均以 NAT 为主，占总 TSNA 积累量的 50%以上；其次是 NNN 和 NNK，分别占比 30%和 10%左右；NAB 是茄芯烟叶中含量最少的一种 TSNA，增长量占比不超过 4%。

对发酵温度、时长与 TSNA 形成的相关关系进行逐步回归分析（表 5-52），结果显示，发酵温度、时长及二者交互作用显著促进了烟叶 4 种 TSNA 及其总量的积累（相关系数＞0.5，P＜0.01）。温度与 NAB 含量的积累关系密切，相关系数为 0.67（P＜0.01）。发酵时长主要影响 NAT 和总 TSNA 含量的积累（相关系数分别为 0.82、0.81，P＜0.01）。二者交互作用对 4 种 TSNA 及其总量的影响都很大。根据响应面分析及回归方程的拟合结果，若发酵温度超过 38℃，TSNA 含量将显著增加。发酵温度、时长及二者交互作用共同解释了生物碱和硝酸盐含量变化的 94%。

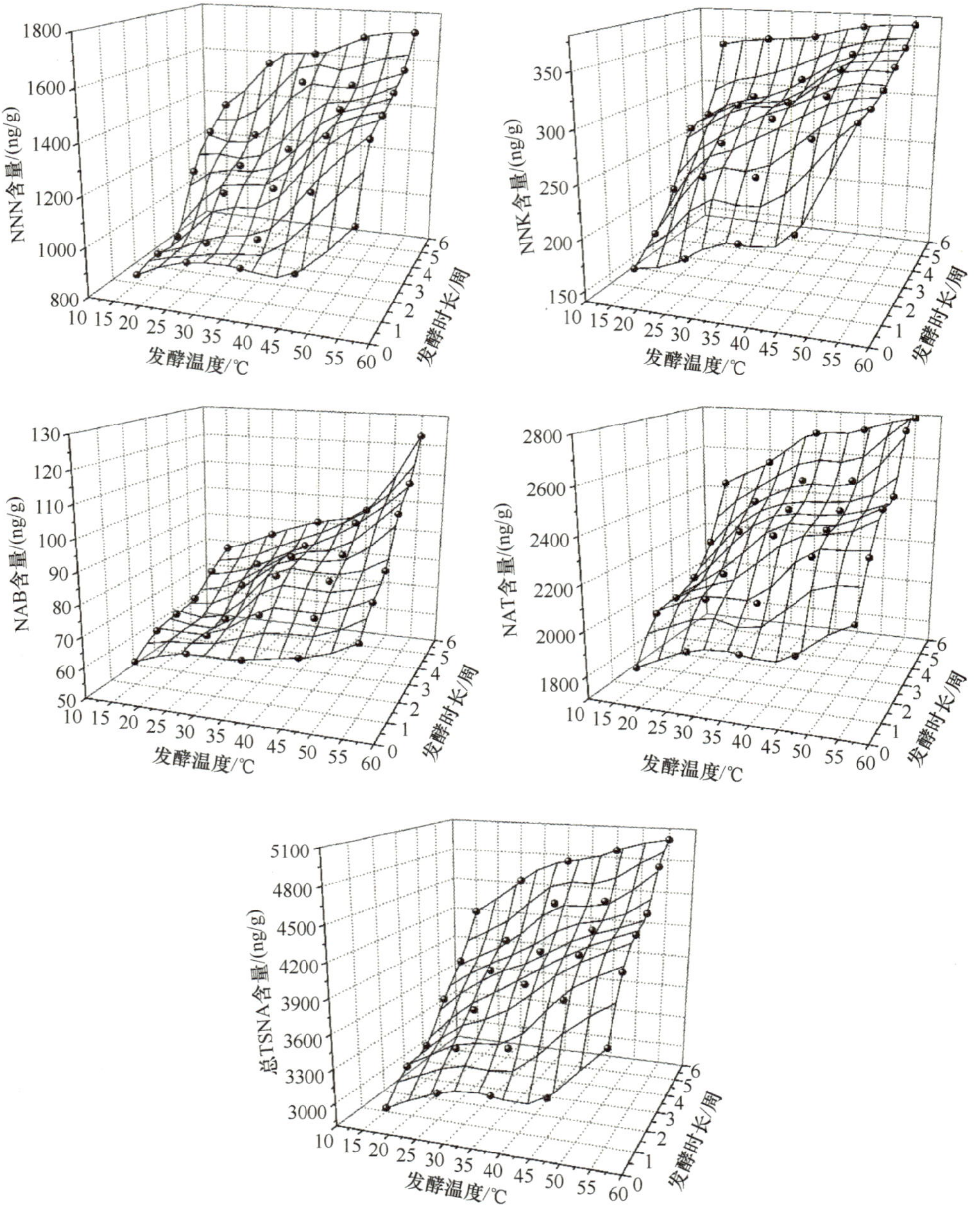

图 5-21　不同温度发酵过程中传统茄芯烟叶 TSNA 含量

5.10.3.2　发酵温度对传统茄芯烟叶生物碱及硝酸盐的影响

发酵前，传统茄芯烟叶中的烟碱、降烟碱、假木贼碱、新烟草碱、总生物碱含量、硝酸盐含量分别为 5.16%、0.24%、0.05%、0.48%、5.93%和 3589.33μg/g，

表 5-52　发酵温度与 TSNA 含量变化的关系

名称	相关系数			回归方程	决定系数
	温度	时长	交互		
NNN	0.57**	0.79**	0.91**	$y=562.34+81.92t+97.66s+4.93t^2+4.07s^2-1.38ts$	0.9450
NNK	0.56**	0.76**	0.82**	$y=55.42+41.77t+52.59s-1.51s^2-5.10ts$	0.9421
NAT	0.53**	0.82**	0.92**	$y=1505.75+135.45t+126.01s-9.28t^2-2.05s^2+6.32ts$	0.9530
NAB	0.67**	0.67**	0.97**	$y=59.60-3.28t+1.05s+0.87t^2+0.06s^2+1.45ts$	0.9590
总 TSNA	0.56**	0.81**	0.92**	$y=2178.59+255.24t+281.24s-3.37t^2+1.29ts$	0.9688

发酵过程中各处理烟叶相应成分的含量如图 5-22 所示。由图可知，发酵期间各处理烟叶中 4 种生物碱及其总量均持续下降，且随着发酵温度的升高，下降幅度增大。15℃发酵 6 周后总生物碱含量下降 0.83%，而 55℃处理烟叶总生物碱含量减少 1.55%，是前者的 1.87 倍。烟碱在发酵过程中减少最多，约占总减少量的 80%，降烟碱、假木贼碱和新烟草碱合计占 20%。发酵后，硝酸盐含量也随温度的升高而降低，各处理烟叶硝酸盐含量降至 2377.65～3201.59μg/g，降幅 10.80%～33.76%，55℃发酵后降幅是 15℃的 3.13 倍。

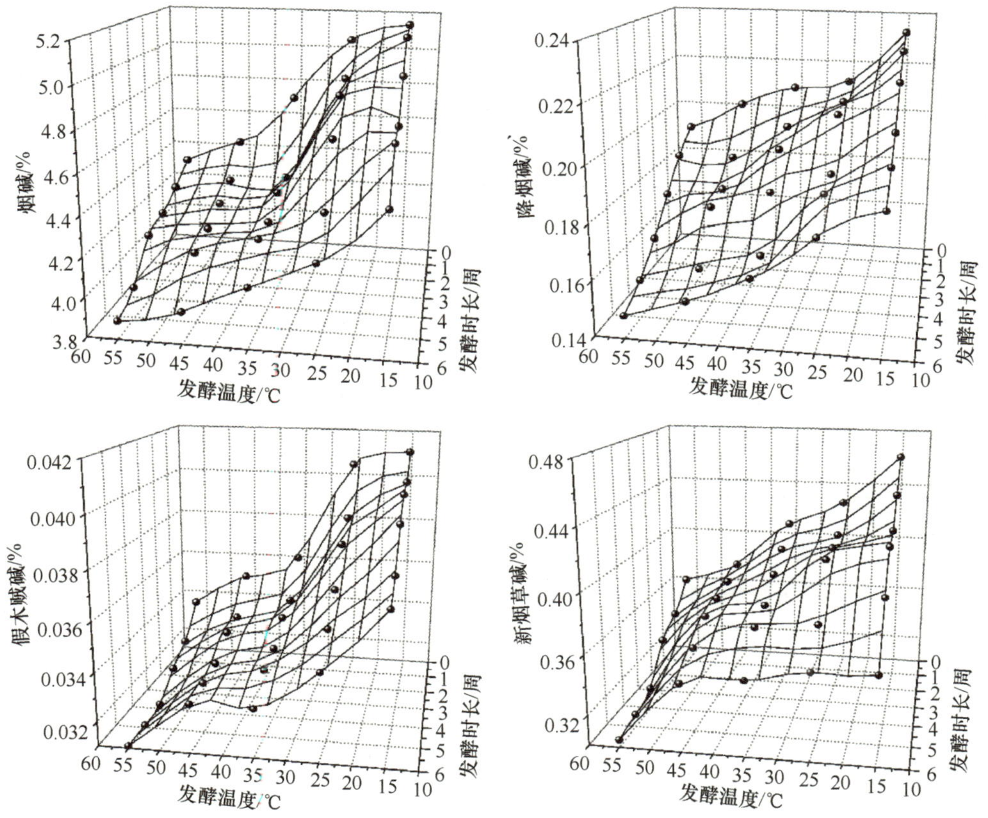

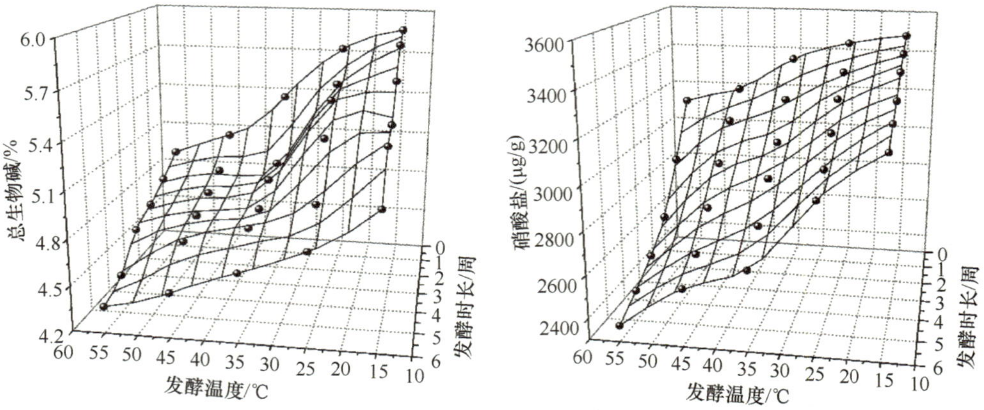

图 5-22 不同温度发酵过程中传统茄芯烟叶生物碱和硝酸盐含量

进一步对各处理烟叶生物碱和硝酸盐含量进行逐步回归分析（表 5-53）。结果表明，发酵温度、时长及二者交互作用与两种前体物的积累存在显著负相关关系，对其含量变化的解释度超过 95%。发酵温度与假木贼碱的关系更密切，相关系数 –0.88（$P<0.01$）；发酵时长主要影响降烟碱和硝酸盐的积累，相关系数小于–0.6（$P<0.01$）；二者交互作用对各前体物的影响都很大，其中与降烟碱和硝酸盐关系最密切，相关系数分别为–0.94 和–0.97（$P<0.01$）。根据响应面分析及回归方程的拟合结果，当发酵温度超过 35℃时，各种生物碱及硝酸盐含量将明显下降。

表 5-53 发酵温度与生物碱和硝酸盐含量变化的关系

名称	相关系数			回归方程	决定系数
	温度	时长	交互		
烟碱	–0.78**	–0.55**	–0.86**	$y=5.80-0.43t-0.15s+0.03t^2+0.02ts$	0.9502
降烟碱	–0.70**	–0.69**	–0.94**	$y=0.26-0.02t-0.01s$	0.9800
假木贼碱	–0.88**	–0.41*	–0.82**	$y=0.047-0.004t-0.001s$	0.958
新烟草碱	–0.77**	–0.57**	–0.86**	$y=0.480-0.011t-0.012s-0.003t^2-0.001s^2+0.002ts$	0.9551
总生物碱	–0.78**	–0.57**	–0.87**	$y=6.59-0.46t-0.17s+0.03t^2+0.02ts$	0.9627
硝酸盐	–0.76**	–0.62**	–0.97**	$y=3766.90-74.96t-106.55s-3.40t^2+7.87s^2-21.56ts$	0.9862

5.10.4 发酵湿度对茄衣烟叶的影响

5.10.4.1 发酵湿度对茄衣烟叶 TSNA 的影响

发酵前，茄衣烟叶中 NNN、NNK、NAT、NAB 及总 TSNA 含量分别为 439.50ng/g、48.70ng/g、366.50ng/g、6.30ng/g 和 861.00ng/g。发酵后，随着发酵

进程的深入，不同湿度条件下烟叶 4 种 TSNA 及其总量均大幅上升，且发酵湿度越低，增长幅度越大（图 5-23）。至发酵结束时，60%湿度条件下烟叶总 TSNA 含

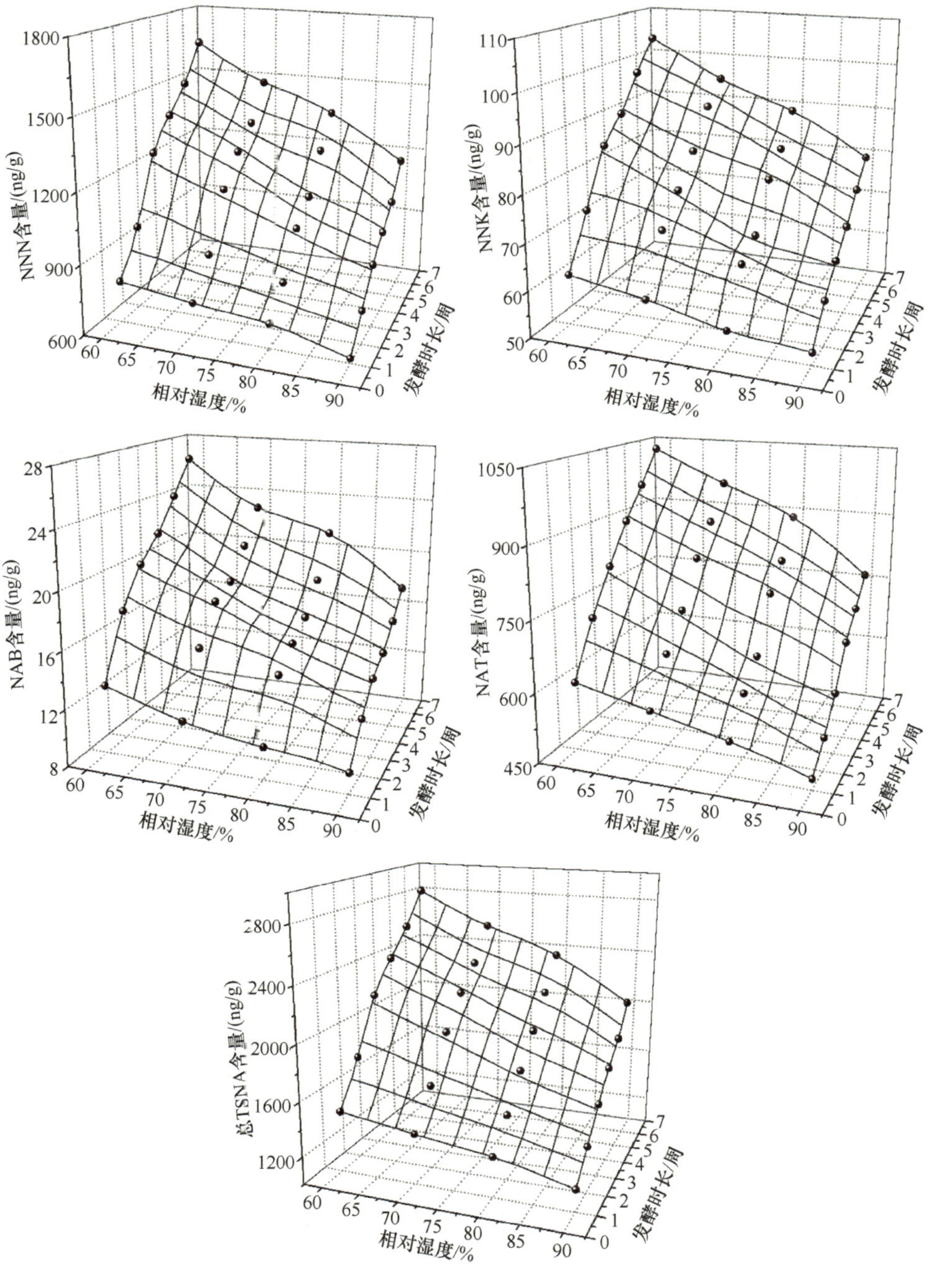

图 5-23　不同湿度发酵过程中茄衣烟叶 TSNA 含量

量最高，为 2813.69ng/g，较发酵前增加 1952.69ng/g，涨幅 226.79%；90%湿度条件下总 TSNA 含量涨幅最小，仍达到 138.00%。在不同湿度发酵后，除 NNK 外，其余 3 种 TSNA 含量较发酵前均增加一倍以上，其中 NNN、NAB 及总 TSNA 含量在 60%湿度发酵后涨幅超过 200%，NAB 的涨幅在 60%湿度条件下高达 320.16%。从积累情况来看，受含量基数影响，在发酵过程中，各湿度条件下烟叶中 TSNA 的形成均以 NNN 为主，占总 TSNA 积累量的 60%以上；其次是 NAT，约占总增长量的 34%；NAB 和 NNK 在茄衣烟叶中含量最少，增长量占比不超过 6%。

对发酵湿度、时长与 TSNA 形成的相关关系进行逐步回归分析（表 5-54），结果显示，发酵湿度显著抑制烟叶 4 种 TSNA 及其总量的积累（相关系数＜–0.4，P＜0.05），与 NAB 含量的积累关系密切，相关系数分别为–0.54（P＜0.01）。发酵时长对 4 种 TSNA 及其总量的积累都具有显著影响（相关系数＞0.8，P＜0.01）。二者交互作用与 TSNA 积累关系并不密切。根据响应面分析及回归方程的拟合结果，若发酵湿度低于 80%，TSNA 含量将显著增加。发酵温度、时长及二者交互作用共同解释了 TSNA 含量变化的 98%。

表 5-54　发酵湿度与 TSNA 含量变化的关系

名称	相关系数			回归方程	决定系数
	湿度	时长	交互		
NNN	–0.46*	0.87**	0.27	y=614.39–23.77h+233.04s–3.02h^2–5.44s^2–21.55hs	0.9906
NAT	–0.51*	0.85**	0.24	y=542.69–25.14h+104.35s–3.47h^2–1.35s^2–7.74hs	0.9951
NAB	–0.54**	0.81**	0.18	y=11.66–1.58h+3.73s+0.12h^2–0.12s^*s–0.32hs	0.9816
NNK	–0.48*	0.86**	0.26	y=53.92–2.47h+12.14s–0.39s^2 –0.98hs	0.9927
总 TSNA	–0.48*	0.86**	0.26	y=1222.65–52.95h+353.26s–6.37h^2–7.29s^2–30.59hs	0.9952

注：y 表示含量；h 表示相对湿度；s 表示时长。下同

5.10.4.2　发酵湿度对茄衣烟叶生物碱及硝酸盐的影响

发酵前，茄衣烟叶中的烟碱、降烟碱、假木贼碱、新烟草碱、总生物碱含量及硝酸盐含量分别为 1.68%、0.81%、0.015%、0.12%、2.63%和 1492.14μg/g，发酵过程中各处理烟叶相应成分的含量如图 5-24 所示。由图可知，发酵期间各处理烟叶中 4 种生物碱及其总量均持续下降，且随着发酵湿度的降低，下降幅度增大。90%湿度下发酵 6 周后总生物碱含量下降 0.78%，而 60%湿度处理烟叶总生物碱含量减少 1.15%，是前者的 1.47 倍。降烟碱在发酵过程中减少最多，占总减少量的 54%～60%；其次是烟碱，占比为 37%～43%；假木贼碱和新烟草碱合计占 3%。发酵后，硝酸盐含量也随湿度的下降而降低，各处理烟叶硝酸盐含量降至 876.05～

1093.54μg/g，降幅 26.71%～41.29%，60%湿度发酵后降幅是 90%湿度的 1.55 倍。

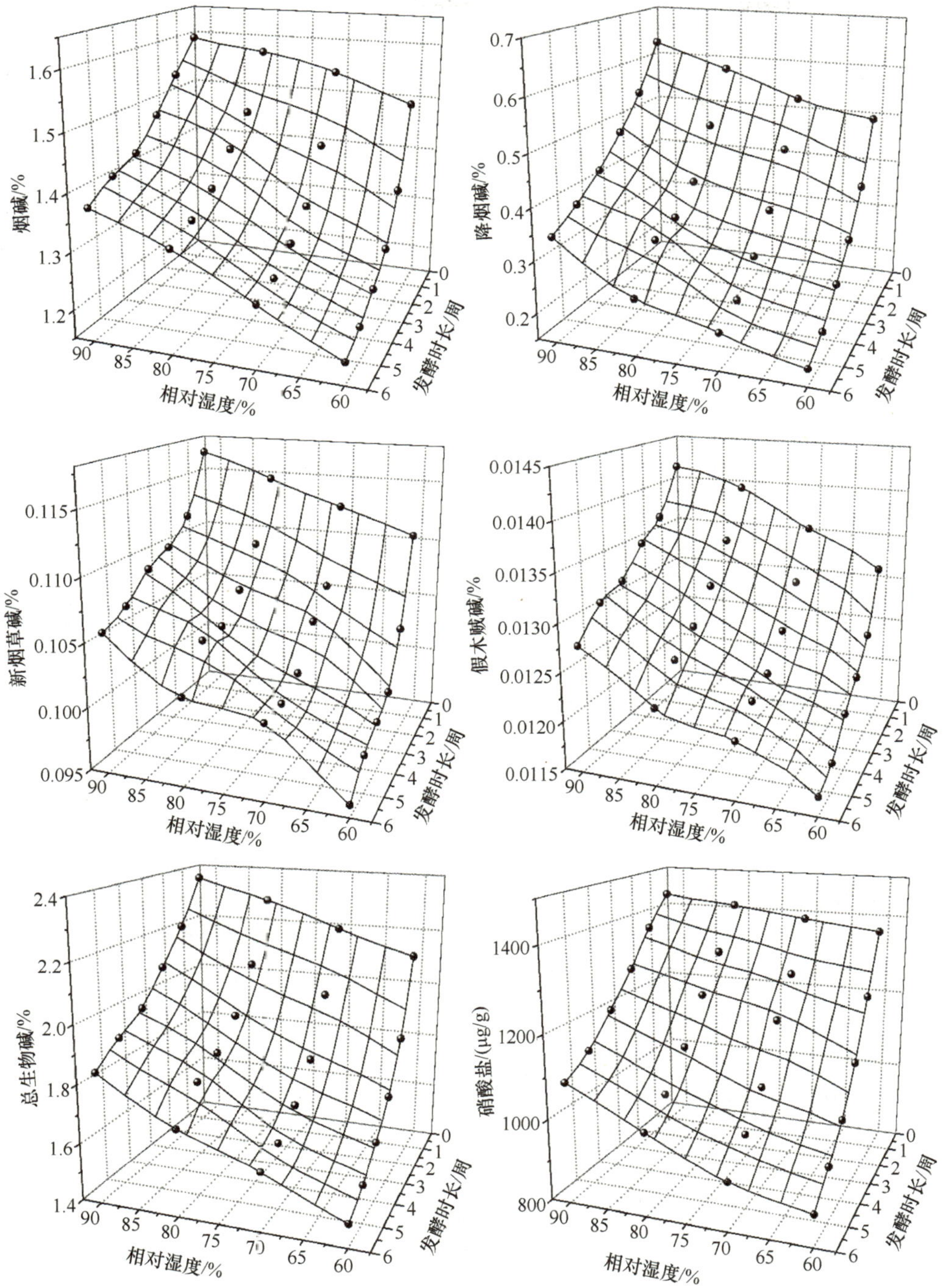

图 5-24 不同湿度发酵过程中茄衣烟叶生物碱和硝酸盐含量

进一步对各处理烟叶生物碱和硝酸盐含量进行逐步回归分析（表5-55）。结果表明，发酵湿度、时长与两种前体物的积累存在显著相关关系，对其含量变化的解释度超过97%。发酵湿度与假木贼碱和新烟草碱的关系更密切，相关系数分别为0.63和0.60（$P<0.01$）；发酵时长对生物碱和硝酸盐的积累均有显著影响，相关系数小于–0.75（$P<0.01$）；二者交互作用对各前体物的影响不大。根据响应面分析及回归方程的拟合结果，当发酵湿度低于75%时，各种生物碱及硝酸盐含量将明显下降。

表5-55 发酵湿度与生物碱和硝酸盐含量变化的关系

名称	相关系数			回归方程	决定系数
	湿度	时长	交互		
烟碱	0.58**	–0.77**	–0.13	$y=1.55+0.06h-0.14s+0.01s^2+0.01hs$	0.9900
降烟碱	0.48*	–0.85**	–0.27	$y=0.60+0.01h-0.13s+0.01h^2+0.01s^2$	0.9934
假木贼碱	0.63**	–0.75**	–0.12	$y=0.0133+0.0004h-0.0006s$	0.9898
新烟草碱	0.60**	–0.76**	–0.12	$y=0.113+0.003h-0.006s$	0.9774
总生物碱	0.54**	–0.81**	–0.21	$y=2.282+0.066h-0.274s+0.004h^2+0.020s^2+0.008hs$	0.9944
硝酸盐	0.37	–0.91**	–0.36	$y=1504.07+5.69h-160.73s+3.25h^2+6.83s^2+9.62hs$	0.9952

5.10.5 发酵湿度对引进茄芯烟叶的影响

5.10.5.1 发酵湿度对引进茄芯烟叶TSNA的影响

发酵前引进茄芯烟叶的NNN、NAT、NAB、NNK及总TSNA含量分别为6190.00ng/g、987.00ng/g、14.45ng/g、63.25ng/g和7254.70ng/g。在不同湿度条件下发酵6周后，烟叶中的TSNA存在不同程度的积累，含量较发酵前均显著升高。对发酵过程中茄芯烟叶的TSNA含量进行响应面分析（图5-25）。结果表明，随着发酵湿度的降低和发酵进程的深入，烟叶4种TSNA及其总量均显著升高，涨幅也不断增大。在90%湿度条件下发酵6周后，烟叶总TSNA含量仅增加4437.00ng/g，涨幅61.16%；而发酵湿度降至60%时，总TSNA含量增加6912.15ng/g，涨幅95.28%，约是90%湿度处理的1.56倍。NNN是引进茄芯烟叶中含量最高的TSNA，其含量占总TSNA含量的85%以上。60%湿度发酵后，NNN含量增加6085.00ng/g，占总TSNA增长量的88.03%。NAB的含量最低，发酵后仍未超过30ng/g。

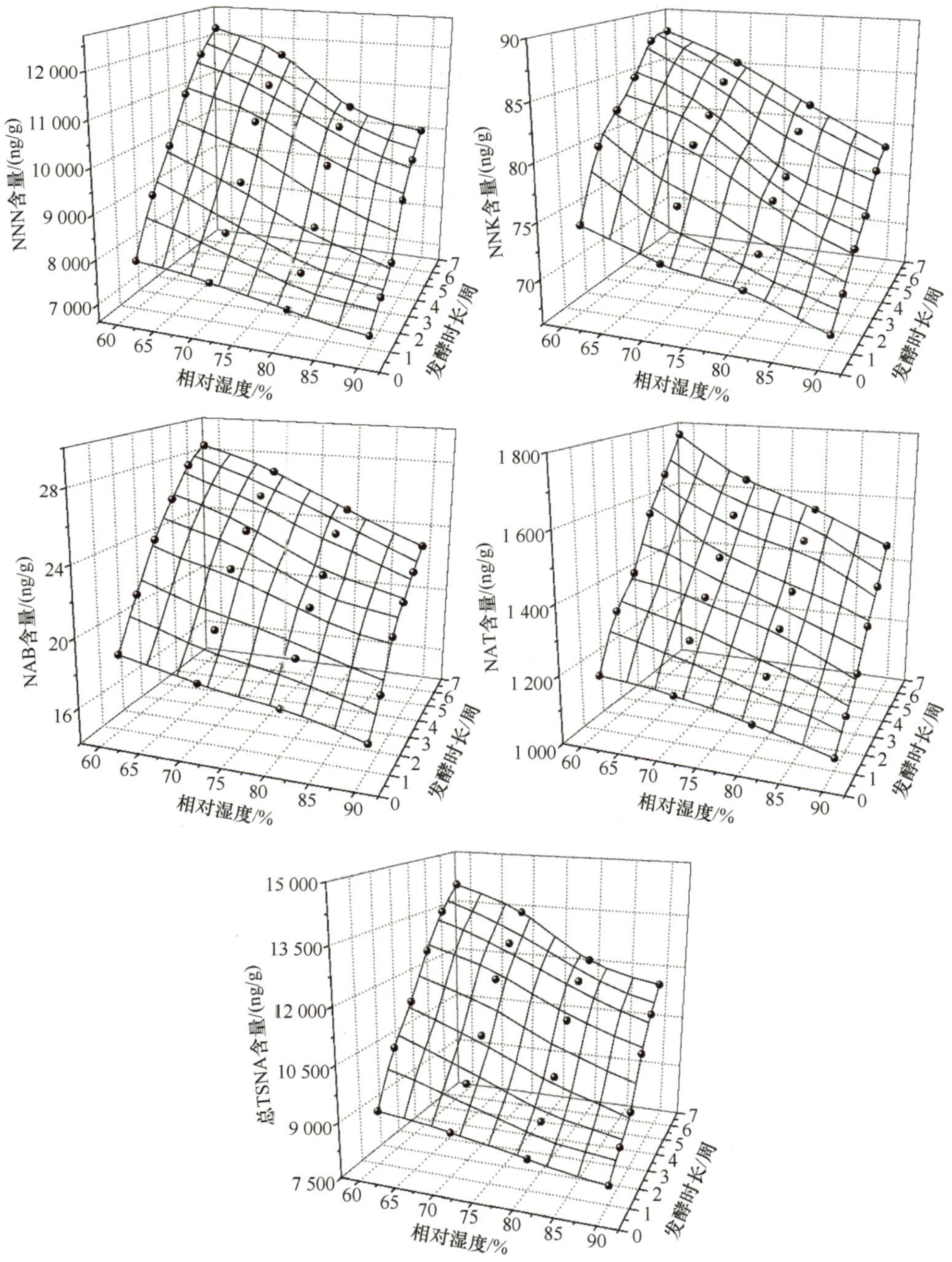

图 5-25　不同湿度发酵过程中引进茄芯烟叶 TSNA 含量

进一步对各处理烟叶 TSNA 含量进行逐步回归分析（表 5-56）。结果表明，发酵湿度、时长对 TSNA 的积累影响很大，对其含量变化的解释度超过 98%。NNK

含量的积累主要与发酵湿度关系密切，相关系数为–0.63（$P<0.01$）；发酵时长则对 4 种 TSNA 及其总量变化均具有显著影响，相关系数大于 0.7（$P<0.01$）；湿度与时长交互作用对 TSNA 积累无显著影响。根据响应面分析及回归方程的拟合结果，当发酵湿度低于 80%时，TSNA 含量将明显增加。

表 5-56　发酵湿度与 TSNA 含量变化的关系

名称	相关系数			回归方程	决定系数
	湿度	时长	交互		
NNN	–0.44*	0.88**	0.30	$y=7203.46-439.48h+1186.86s+21.25h^2-24.89s^2-81.60hs$	0.9870
NAT	–0.45*	0.88**	0.30	$y=1108.14-36.42h+128.13s-1.38h^2-0.20s^2-10.19hs$	0.9957
NAB	–0.47*	0.87**	0.28	$y=16.32-0.90h+3.44s-0.17s^2-0.17hs$	0.9967
NNK	–0.63**	0.76**	0.11	$y=73.47-2.82h+4.65s+0.04h^2-0.22s^2-0.19hs$	0.9864
总 TSNA	–0.44*	0.88**	0.30	$y=8401.37-479.60h+1323.08s+19.91h^2-25.48s^2-92.16hs$	0.9896

5.10.5.2　发酵湿度对引进茄芯烟叶生物碱及硝酸盐的影响

图 5-26 展示了茄芯烟叶发酵过程中生物碱和硝酸盐含量的变化。由图可知，发酵过程中生物碱与硝酸盐含量的变化与 TSNA 含量的变化趋势相反，随发酵湿度的下降和发酵时长的增加均显著降低。当湿度从 90%降至 60%时，总生物碱含量降幅由 15.33%增大至 24.23%。引进茄芯烟叶中含量最多的生物碱是降烟碱，其占总生物碱含量的比例高达 70%，这可能与该品种是高转化株有关（烟碱转化率＞75%）。受含量基数的影响，发酵期间降烟碱含量下降最多，约占总减少量的 60%，60%湿度条件下发酵 6 周后，含量降低了 14.60mg/g。其次降幅较大的是烟碱，发酵后降幅在 25%～37%，假木贼碱和新烟草碱的减少量不足总减少量的 5%。硝酸盐含量受湿度变化影响很大，在 90%湿度下发酵 6 周减少 550.28μg/g，在 60%湿度时含量下降 838.61μg/g，是 90%湿度条件的 1.52 倍。

烟叶 4 种生物碱及其总量与发酵条件的回归分析结果如表 5-57 所示。由表可知，发酵湿度与 4 种生物碱及其总量均存在显著相关关系，相关系数大于 0.48（$P<0.05$），发酵时长则对假木贼碱以外的 3 种生物碱及总生物碱含量的影响更大（相关系数<–0.6，$P<0.01$）。二者交互作用与生物碱含量的变化无明显相关关系。硝酸盐含量变化主要受环境湿度、发酵时长的影响，相关系数分别为 0.55 和–0.82（$P<0.01$）。发酵湿度、时长及二者交互作用对生物碱和硝酸盐含量变化的解释度超过 94%。根据响应面分析及回归方程的拟合结果，当发酵湿度低于 80%时，生物碱和硝酸盐含量显著下降。

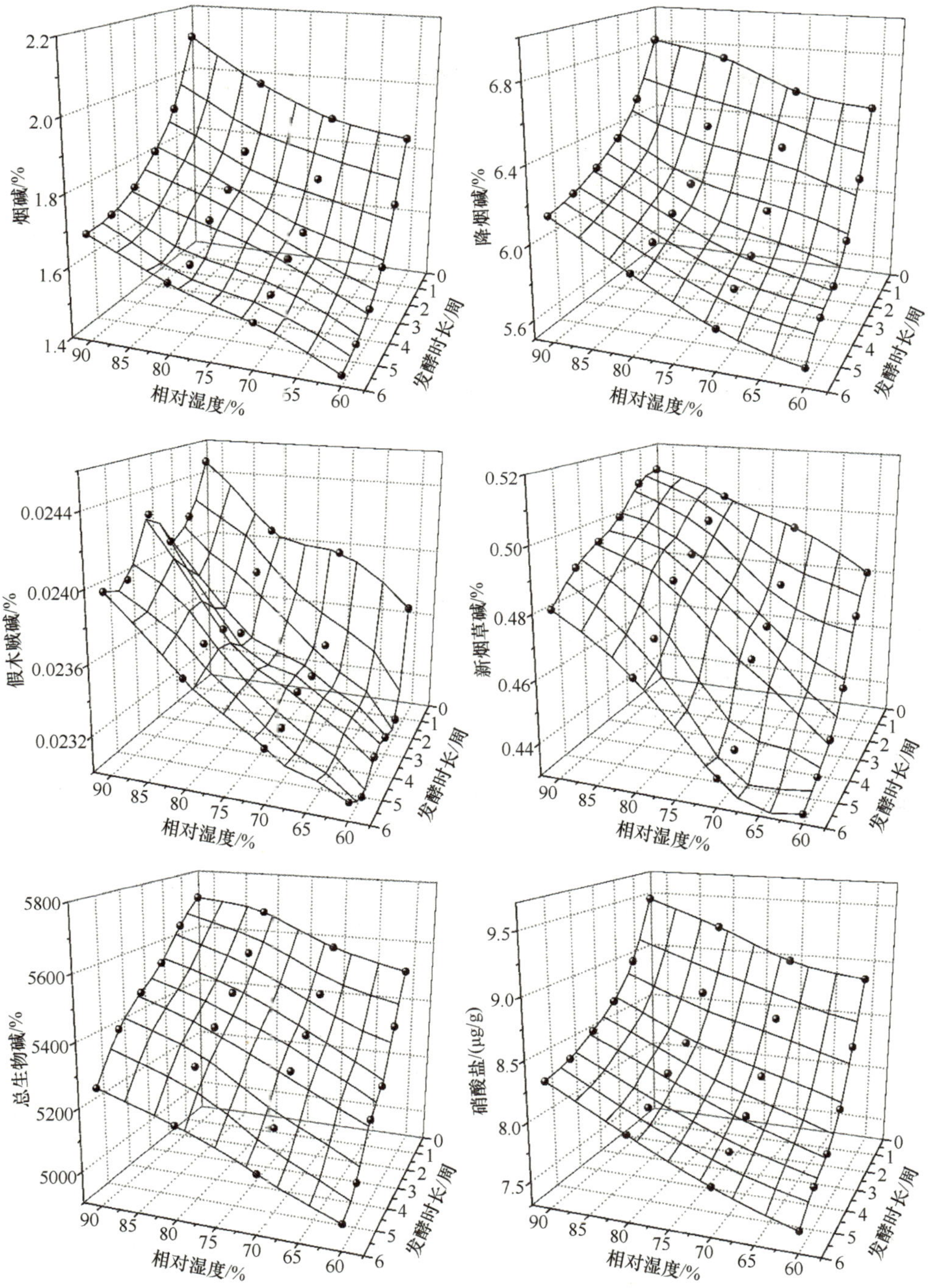

图 5-26　不同湿度发酵过程中引进茄芯烟叶生物碱和硝酸盐含量

表 5-57　发酵湿度与生物碱和硝酸盐含量变化的关系

名称	相关系数			回归方程	决定系数
	湿度	时长	交互		
烟碱	0.55**	–0.79**	–0.19	y=1.97+0.05h–0.21s+0.01h^2+0.02s^2	0.9904
降烟碱	0.48*	–0.83**	–0.24	y=6.91–0.01h–0.43s+0.02h^2+0.03s^2+0.02hs	0.9925
假木贼碱	0.87**	–0.38	0.30	y=0.0237+0.0002h–0.0004s	0.9447
新烟草碱	0.73**	–0.65**	0.06	y=0.49+0.01h–0.02s	0.9725
总生物碱	0.52**	–0.81**	–0.22	y=9.40+0.05h–0.65s+0.02h^2+0.05s^2+0.02hs	0.9955
硝酸盐	0.55**	–0.82**	–0.20	y=5505.63+115.25h–127.63s–7.70h^2+1.92s^2+6.62hs	0.9910

5.10.6　发酵湿度对传统茄芯烟叶的影响

5.10.6.1　发酵湿度对传统茄芯烟叶 TSNA 的影响

发酵前传统茄芯烟叶的 NNN、NAB、NNK、NAT 及总 TSNA 含量分别为 968.64ng/g、90.37ng/g、320.51ng/g、2258.99ng/g 和 3638.51ng/g。在不同湿度条件下发酵 6 周后，烟叶中的 TSNA 含量如图 5-27 所示。由图可知，各处理烟叶 4 种 TSNA 及其总量在发酵过程中持续增加，且随着发酵湿度的下降积累量不断增大，含量较发酵前显著升高。在发酵过程中含量涨幅最小的是 NNK，90%湿度条件下发酵 6 周仅增加 6.29%，湿度降至 60%时也只增长了 13.54%。NAB 含量涨幅最大，在 90%湿度下增长 26.41%，湿度降至 60%后涨幅高达 86.78%。NNN、NAT 及总 TSNA 含量在发酵过程中增加 14%～70%。发酵期间，传统茄芯烟叶中增长量最大的 TSNA 是 NAT，各湿度水平下的增长量占 TSNA 总增长量的 62.00%～67.58%，NAT 也是烟叶中含量最多的 TSNA。

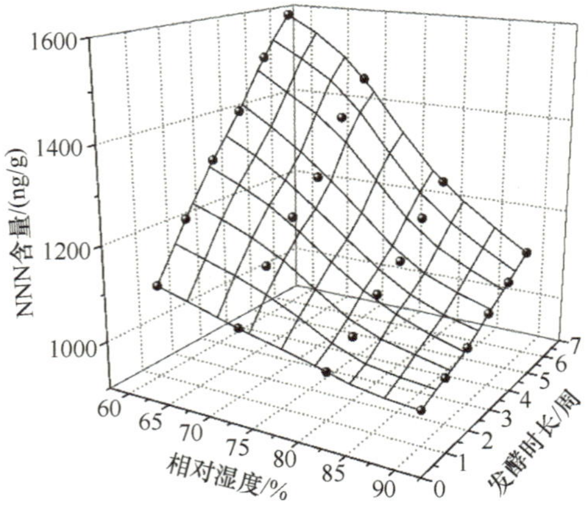

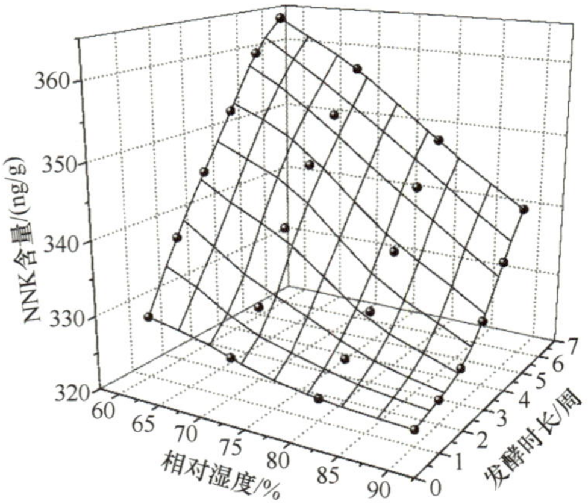

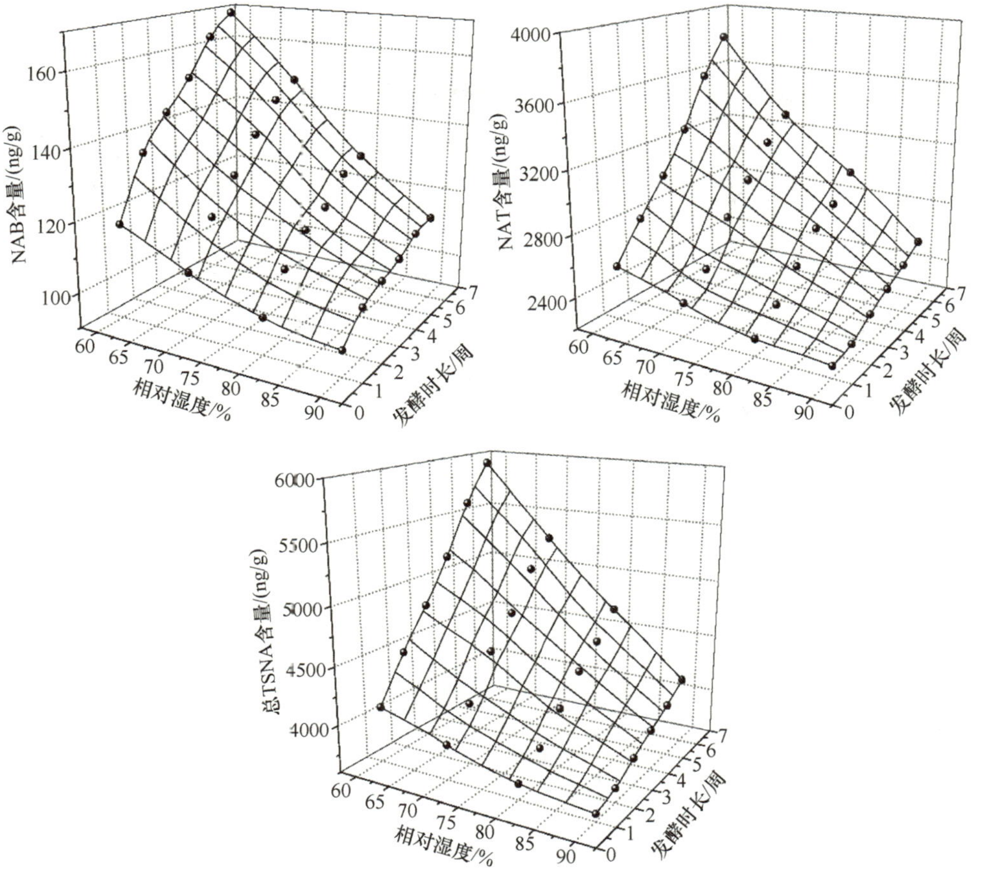

图 5-27　不同湿度发酵过程中传统茄芯烟叶 TSNA 含量

对各处理烟叶的 TSNA 含量进行逐步回归分析（表 5-58）。结果表明，发酵湿度、时长及二者交互作用对 TSNA 含量变化的解释度超过 98%。发酵湿度主要影响 NNN 和 NAB 的积累（相关系数<–0.7，$P<0.01$）；发酵时长主要与 NNK 含量变化关系密切（相关系数为 0.79，$P<0.01$）；二者交互作用对 4 种 TSNA 及其总量变化影响不大。响应面分析及回归方程的拟合结果显示，当发酵湿度低于 75%

表 5-58　发酵湿度与 TSNA 含量变化的关系

名称	相关系数			回归方程	决定系数
	湿度	时长	交互		
NNN	–0.70**	0.66**	–0.07	$y=1055.41-50.95h+120.92s+5.08h^2+0.48s^2-23.31hs$	0.9920
NAT	–0.67**	0.68**	–0.05	$y=2362.16-101.38h+307.45s+15.11h^2+1.51s^2-62.76hs$	0.9968
NAB	–0.75**	0.60**	–0.13	$y=114.33-11.49h+17.41s+1.28h^2-0.68s^2-2.31hs$	0.9958
NNK	–0.57**	0.79**	0.13	$y=326.08-3.17h+7.66s+0.18h^2+0.14s^2-1.15hs$	0.9863
总 TSNA	–0.68**	0.67**	–0.06	$y=3857.97-166.98h+453.44s+21.65h^2+1.45s^2-89.54hs$	0.9987

时，TSNA 含量将明显增加。

5.10.6.2 发酵湿度对传统茄芯烟叶生物碱及硝酸盐的影响

发酵过程中生物碱与硝酸盐含量的变化与 TSNA 含量的变化趋势相反，随发酵湿度的下降和发酵进程的深入均显著降低（图 5-28），当环境湿度从 90%降至

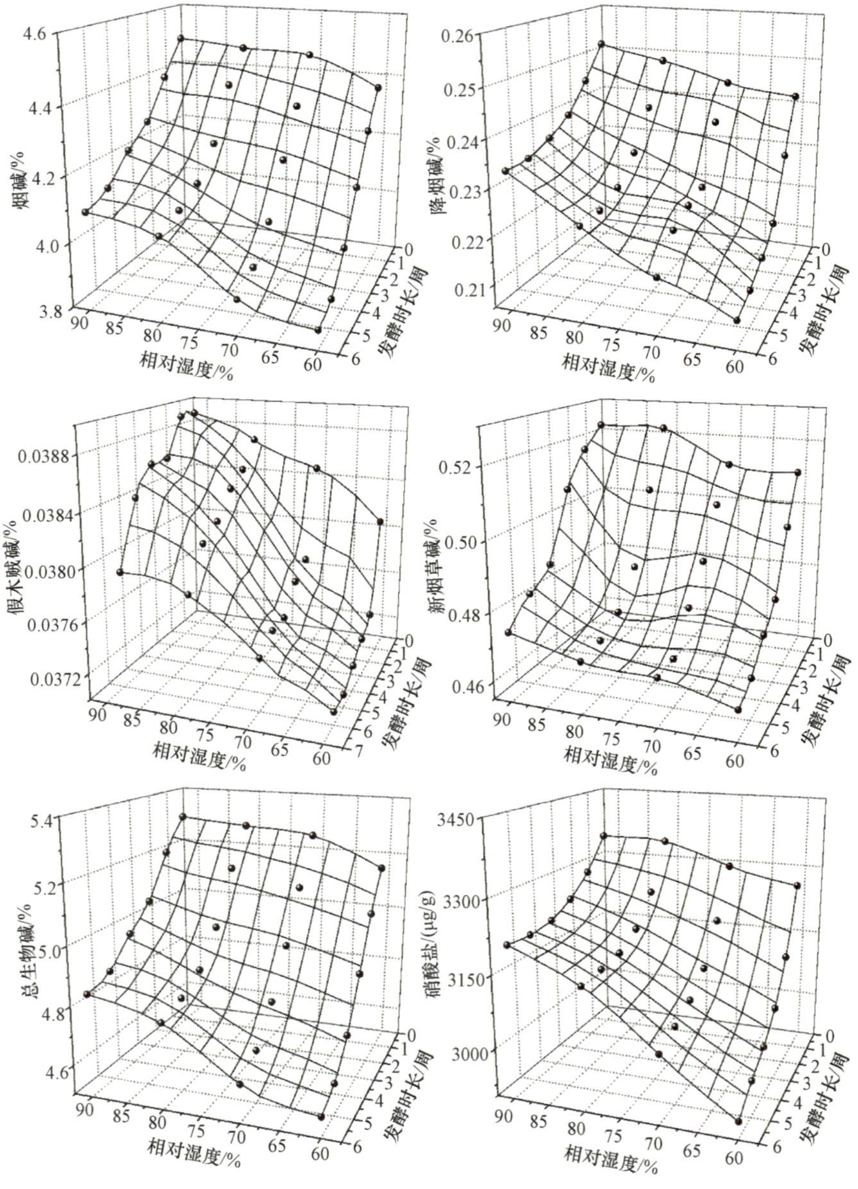

图 5-28 不同湿度发酵过程中传统茄芯烟叶生物碱和硝酸盐含量

60%时，总生物碱含量降幅由 11.98%增大至 17.00%。烟碱是传统茄芯烟叶中含量最多的生物碱，在发酵期间的减少量也最多，55℃发酵 6 周后，含量下降 0.80%，占总减少量的 85.58%。假木贼碱含量在发酵后降幅较小，不超过 6%。除假木贼碱外，其余 3 种生物碱及总生物碱含量降幅在 10%～20%。硝酸盐含量的变化幅度略低于总生物碱含量，不同湿度发酵后降低 221.94～499.81μg/g，降幅 6.46%～14.54%。

回归分析结果表明，发酵湿度与降烟碱和假木贼碱的含量存在极显著正相关关系（相关系数＞0.5，P＜0.01）；烟碱、新烟草碱与总生物碱含量的变化与发酵时长关系更为密切（相关系数≤–0.9，P＜0.01）；二者交互作用则对新烟草碱含量变化的影响达到显著水平，相关系数为–0.46（P＜0.05）（表 5-59）。发酵湿度和时长显著影响硝酸盐的积累，且二者的影响程度较为接近。湿度、时长及二者交互作用共同解释了生物碱和硝酸盐含量变化的 93%。根据响应面分析及回归方程的拟合结果，当发酵湿度低于 80%时，生物碱和硝酸盐含量显著下降。

表 5-59　发酵湿度与生物碱和硝酸盐含量变化的关系

名称	相关系数			回归方程	决定系数
	湿度	时长	交互		
烟碱	0.37	–0.90**	–0.36	y=4.56+0.05h–0.21s–0.01h^2+0.01s^2+0.01hs	0.9883
降烟碱	0.57**	–0.76**	–0.12	y=0.253+0.002h–0.015s+0.001s^2+0.001hs	0.9832
假木贼碱	0.80**	–0.53**	0.14	y=0.0376+0.0005h–0.0003s	0.9354
新烟草碱	0.29	–0.92**	–0.46*	y=0.530–0.020s+0.001h^2+0.001s^2	0.9697
总生物碱	0.38	–0.90**	–0.36	y=5.38+0.05h–0.24s+0.01s^2+0.01hs	0.9912
硝酸盐	0.65**	–0.68**	0.00	y=3334.74+58.55h–153.21s–7.34h^2+11.17s^2+12.22hs	0.9937

5.10.7　小结

发酵是烟叶中 TSNA 合成的重要环节，环境温湿度和发酵周期对其积累量有很大影响。本研究结果表明，3 种雪茄烟叶的 TSNA 及前体物分布存在显著差异。就总 TSNA 含量而言，发酵前后茄衣烟叶含量始终最低，引进茄芯烟叶含量最高。茄衣烟叶主要对外观质量及延展性要求较高，叶片厚度比较薄，单叶重较茄芯烟叶轻，化学成分（如 TSNA 前体物生物碱和硝酸盐）含量不如茄芯烟叶高，所以相应的 TSNA 积累量更低。在 TSNA 组成方面，茄衣烟叶中的 TSNA 以 NNN 为主，占总量的 50%以上，引进茄芯烟叶中虽然也是 NNN 含量最高，但其比例达到了 80%，传统茄芯烟叶中占比最高的 TSNA 则是 NAT（占比 50%）。进一步分析可知，引进的茄芯品种德雪 5 号是高烟碱转化株，其烟碱转化率在 75%以上，这也是发酵后 NNN 占比过高的主要原因。

3 个品种雪茄烟叶中的总 TSNA 含量均随发酵温度的升高显著增加，前体物含量随之降低，可能是由于高温促进生物碱和硝酸盐类物质发生亚硝化反应造成 TSNA 累积，也可能是因为高温条件促进了硝态氮向气态氮氧化物的转化。偏相关分析结果表明，虽然 4 种 TSNA 及其总量与温度呈显著正相关，但温度对其组分的具体影响不同。对于茄衣烟叶，发酵温度主要影响 NNK、NAT 和 NAB 的积累，对引进茄芯品种主要影响 NNK 和 NAB，传统茄芯烟叶的 NAB 含量则与发酵温度关系最密切。此外，温度和时间的交互作用与 TSNA 的相关系数普遍高于温度自身与 TSNA 的相关系数，说明提高发酵温度可以显著促进烟叶 TSNA 的形成，如果结合发酵时间则积累量更大，适当调整发酵周期可以抑制叶片中 TSNA 的积累。

烟叶调制过程中，适当提高环境湿度可以减缓烟叶失水速度，提高酶活性，使各种化学反应持续时间更长，烟叶中化学成分降解转化得更充分。同时，湿度也是影响发酵期间烟叶质量变化的重要因素之一。研究表明，增加发酵湿度可以提高晒黄烟外观质量，促进烟叶中性香气成分积累，提升烟叶的感官品质。本研究对发酵湿度与 TSNA 积累的关系进行研究，结果显示，随发酵湿度的增加，3 个品种雪茄烟叶发酵后 TSNA 含量均显著下降，生物碱及硝酸盐含量降幅较小，这可能是高湿条件下不利于微生物活动，对硝酸盐等物质的降解还原能力减弱，且硝酸盐在高湿环境不易生成挥发性亚硝酸盐或 NO 等气态氮氧化物，共同导致了 TSNA 含量的减少。与温度的影响相似，发酵湿度对 3 种类型雪茄烟叶的 TSNA 种类的影响也存在差异，湿度主要影响茄衣烟叶的 NAB 含量，对引进茄芯品种的 NNK 抑制更多，与传统茄芯烟叶中的 NNN 和 NAB 积累关系密切。综上所述，提高发酵湿度不失为抑制 TSNA 积累的有效手段。然而，高湿发酵容易促进糖类物质转化，而雪茄烟叶中两糖含量较低，糖类降解过度会导致烟叶刺激性增大，且高湿条件不利于蛋白质等降解产生的氨气散失，再加上烟叶在高湿环境中更易发生霉变，因此不宜过度增加发酵湿度。

5.11 雪茄烟叶自然发酵过程中 TSNA 及其前体物的形成和积累

摘要： 为明确雪茄烟叶自然发酵过程中 TSNA 及其前体物和烟叶品质的变化，以茄衣（德雪 1 号）和茄芯（什烟 1 号）为材料，于四川省烟草公司德阳市公司什邡市分公司烟叶中心仓库进行自然发酵，研究发酵过程中烟叶品质及微生物多样性的变化。结果表明，发酵后茄衣和茄芯烟叶的总 TSNA 含量大幅升高，分别增至 3193.75ng/g 和 5474.55ng/g，较发酵前涨幅 178.08%和 248.38%，且均是以 NAT 的增长为主，占总 TSNA 增长量的 50%以上。两种雪茄烟叶硝酸盐和生物碱含量显著下降，茄衣和茄芯烟叶生物碱降幅分别为 22.67%和 12.82%，以烟碱含量下降最多。在发酵过程中，茄衣和茄芯烟叶的糖类及烟碱等含氮化合物的含量持续下降，新植二烯含量和中性香气成分总量呈减小趋势，其他中性香气成分不断积累，感官质量得到改善。发酵后茄衣烟叶表面的优势菌属为假单胞菌属、鞘氨醇单胞菌属、马赛菌属和葡萄球菌属。茄芯烟叶发酵后的优势菌属为葡萄球菌属、棒状杆菌属和科萨克氏菌属。假单胞菌和鞘氨醇单胞菌可以通过影响 TSNA 前体物的累积来影响 TSNA 的合成。

对于雪茄烟叶来说，发酵是其生产过程中必不可少的环节。研究表明，发酵对烟叶品质具有显著的提升作用。雪茄烟叶中的还原糖、总糖、非挥发性有机酸含量在发酵过程中持续下降，总氮和高级脂肪酸含量变化不显著，醇、酮、烯类等致香成分含量及烟叶感官质量在发酵 2～3 周后达到峰值，而杂环类香气成分则表现为先降低再升高的趋势。同时，发酵也是 TSNA 产生和积累的重要时期。研究表明，茄衣和茄芯烟叶中的 4 种 TSNA 及其总量在不同生产阶段积累趋势相似，即烟叶成熟前积累较少，调制和发酵阶段是 TSNA 积累的主要时期。发酵期间，茄衣和茄芯烟叶 TSNA 积累量分别占总积累量的 46.29%～58.23%和 40.71%～45.87%。雪茄烟叶发酵分为自然发酵和人工发酵。目前，人工发酵的方法有很多，较为常见的是堆积发酵法，此外还有装箱发酵法、蒸汽发酵法、压力发酵法及糊米发酵法等。烟叶的使用用途不同，适宜的发酵方法也不同。堆积发酵法应用比较广泛，茄衣、茄芯和茄套烟叶都可以使用，但是不同用途的烟叶烟堆规模不一致，茄芯烟叶常采用大堆发酵，而茄衣则选择小堆精细管理。装箱发酵法温度低、时间长，发酵进程相对缓慢，烟叶颜色不易转深，因此更适合茄衣发酵。马杜罗茄衣是一种颜色深、油分大且具有光泽的特殊茄衣，压力发酵法正是在堆积发酵法基础上改良的主要用于马杜罗茄衣生产的发酵方法。蒸汽发酵法是生产马杜罗烟叶的另一种发酵方法，也可用于发酵刺激性大、杂气重的烟叶。糊米发酵法是四川什邡的特色发酵法，其与堆积发酵法类似，但是在堆码之前需先用烟叶蘸取大米炒制加工的糊米水，晾干后再进行堆码。加料发酵是新兴的发酵方法。外源有益微生物或酶制剂可以促进有益化学成分如香气物质等的积累，降解烟碱、TSNA 等有害物质，还可以缩短烟草发酵时间。自然发酵需要将烟叶在仓库中放置一年以上，利用自然气候的变化进行发酵，与人工发酵相比，这和发酵方式更为温和，对烟叶品质的提升效果更好。本研究以两种什邡地区主栽的雪茄烟叶为材料，探索烟叶在自然发酵过程中的品质及微生物群落变化，以期为提升烟叶质量提供理论依据，也为揭示不同类型烟叶微生物组在发酵过程中的变化与差异提供参考（李晶晶，2023）。

试验于四川省烟草公司德阳市公司什邡市分公司烟叶中心仓库进行，以茄衣品种德雪 1 号和茄芯品种什烟 1 号 2018 年生产调制后的上部叶为材料，等级均为上部叶基本色一级。两种类型烟叶均称取 1.2kg，标记后分别放入相同品种同一等级的烟堆中进行自然堆码发酵，每个处理重复三次。试验开始后每 3d 取样一次，至第一次翻堆（发酵 9d）取样后仅在后续翻堆时（发酵 18d）取样，直至发酵结束（发酵 28d）。所取样品一部分用锡箔纸包裹（共 5 份，每份 2.5g）后置于液氮内速冻 20min，之后转入–80℃冰箱保存，用于微生物多样性检测，剩余样品冷冻干燥磨碎后过孔径 0.25mm 的筛，用于烟叶品质指标检测。

5.11.1 雪茄烟叶自然发酵过程中常规化学成分的变化

发酵过程中，烟叶中的大分子化合物持续降解转化，常规化学成分含量产生很大变化。如表 5-60 所示。茄衣和茄芯烟叶的还原糖、总糖、淀粉和烟碱等含氮化合物的含量在发酵过程中持续下降。至发酵结束时，茄衣烟叶的烟碱含量降幅最大，为 25.11%；两糖和淀粉含量约下降 20%；总氮和蛋白质含量降低 8%左右。茄芯烟叶降幅最大的是还原糖，为 32.90%；其次是总糖和淀粉，分别为 27.46% 和 16.38%，3 种含氮化合物的降幅均在 15%以下。

表 5-60　茄衣、茄芯烟叶自然发酵过程中的常规化学成分含量

烟叶类型	发酵时长/d	总糖/%	还原糖/%	淀粉/%	烟碱/%	总氮/%	蛋白质/%	糖碱比	氮碱比
茄衣	0	2.11a	1.62a	3.15a	2.35c	4.58a	8.69a	0.69	1.95
	3	2.07ab	1.57a	3.12a	2.30cd	4.54a	8.61a	0.68	1.98
	6	2.03ab	1.53ab	3.05ab	2.24cd	4.51a	8.56ab	0.68	2.01
	9	1.94ab	1.47a	2.89ab	2.20cd	4.47ab	8.44ab	0.67	2.03
	18	1.80b	1.33ab	2.61bc	2.01d	4.38ab	8.21b	0.66	2.18
	28	1.66bc	1.25b	2.57bc	1.76d	4.20b	8.04b	0.71	2.39
茄芯	0	1.93ab	1.55a	2.93ab	3.69a	3.20c	5.80c	0.42	0.87
	3	1.91ab	1.51ab	2.89ab	3.61ab	3.18c	5.74cd	0.42	0.88
	6	1.84ab	1.47ab	2.81b	3.55ab	3.17c	5.72cd	0.41	0.90
	9	1.75b	1.35ab	2.70bc	3.48ab	3.09c	5.67cd	0.39	0.89
	18	1.53bc	1.20b	2.58bc	3.37b	2.94cd	5.53cd	0.36	0.87
	28	1.40c	1.04b	2.45c	3.26b	2.79d	5.36d	0.32	0.86

5.11.2 雪茄烟叶自然发酵过程中中性香气成分的变化

表 5-61 和表 5-62 展示了发酵过程中茄衣和茄芯烟叶中类胡萝卜素降解产物、

芳香族氨基酸降解产物、棕色化反应产物、类西柏烷类降解产物（茄酮）和叶绿素降解产物（新植二烯）的含量变化。由表可知，新植二烯在烟叶中性香气成分

表 5-61　雪茄茄衣烟叶自然发酵过程中中性香气成分含的量（μg/g）

香气成分＼发酵时长	0d	3d	6d	9d	18d	28d
6-甲基-5-庚烯-2-醇	0.41	0.41	0.42	0.43	0.47	0.54
6-甲基-5-庚烯-2-酮	0.77	0.42	0.39	0.41	0.75	0.72
愈创木酚	0.58	0.52	0.44	0.44	0.55	0.62
芳樟醇	1.67	1.13	1.25	1.32	1.51	1.70
β-大马酮	14.68	16.45	16.60	15.81	14.42	14.95
β-二氢大马酮	5.67	5.70	5.87	6.89	5.51	6.52
异佛尔酮	0.54	0.54	0.45	0.74	0.70	0.79
氧化异佛尔酮	0.07	0.05	0.06	–	0.07	0.06
香叶基丙酮	4.18	5.53	5.03	4.97	4.61	5.93
二氢猕猴桃内酯	8.13	10.74	11.82	12.85	13.24	13.91
巨豆三烯酮 1	2.61	2.66	2.82	3.06	3.68	4.05
巨豆三烯酮 2	8.23	10.15	11.13	12.89	16.08	20.11
巨豆三烯酮 3	0.55	0.55	0.56	0.62	0.78	0.86
3-羧基-β-二氢大马酮	5.68	6.23	5.90	5.81	5.45	5.00
巨豆三烯酮 4	8.47	8.56	9.34	12.37	14.63	16.90
螺岩兰草酮	0.39	0.59	0.63	0.52	0.50	0.46
法尼基丙酮	20.60	23.32	26.75	29.65	38.96	43.15
藏花醛	0.41	0.38	0.31	0.34	0.37	0.43
β-环柠檬醛	0.62	0.43	0.46	0.45	0.52	0.50
类胡萝卜素降解产物总量	84.25	94.35	100.22	109.56	122.81	137.23
苯甲醛	2.34	2.32	2.30	2.02	2.36	2.67
苯乙醛	1.78	1.60	1.86	2.01	2.36	2.69
苯甲醇	9.31	8.89	9.32	9.68	10.02	12.06
苯乙醇	10.20	8.16	9.84	12.83	10.02	14.14
芳香族氨基酸降解产物总量	23.64	20.97	23.33	26.54	24.76	31.56
糠醛	0.39	0.15	0.47	0.26	0.66	0.57
糠醇	2.03	1.76	1.71	2.01	1.98	2.35
2-乙酰基呋喃	0.03	–	0.03	–	–	0.07
2-乙酰基吡咯	0.90	0.86	0.87	0.87	0.86	0.84
3,4-二甲基-2,5-呋喃二酮	0.28	0.30	0.40	0.43	0.48	0.55
5-甲基糠醛	0.31	0.27	0.12	0.17	0.12	0.18
2,6-壬二烯醛	0.50	0.46	0.65	0.85	0.67	0.63
棕色化反应产物总量	4.45	3.80	4.24	4.58	4.78	5.18
茄酮	45.86	47.21	52.64	55.70	63.09	71.82
新植二烯	600.85	605.72	589.36	540.11	506.22	445.65
除新植二烯外其他香气成分总量	158.21	166.32	180.43	196.38	215.44	245.79
中性香气成分总量	759.04ab	772.06a	769.80a	736.51ab	721.64b	691.42b

表 5-62　雪茄茄芯烟叶自然发酵过程中中性香气成分的含量（μg/g）

香气成分 \ 发酵时长	0d	3d	6d	9d	18d	28d
6-甲基-5-庚烯-2-醇	0.96	0.96	0.97	1.01	1.12	1.30
6-甲基-5-庚烯-2-酮	1.53	1.53	1.66	1.73	1.84	1.97
愈创木酚	0.91	0.93	0.89	0.91	1.12	1.25
芳樟醇	3.21	3.39	3.48	3.56	3.68	4.47
β-大马酮	15.34	15.46	16.37	15.92	16.81	17.44
β-二氢大马酮	10.75	11.01	11.47	12.68	15.09	17.81
异佛尔酮	0.66	0.63	0.88	0.97	1.17	1.34
氧化异佛尔酮	–	–	–	0.08	0.06	0.09
香叶基丙酮	3.81	3.37	3.78	4.12	5.69	6.64
二氢猕猴桃内酯	5.29	5.92	6.61	6.80	7.70	8.53
巨豆三烯酮 1	3.03	3.55	3.34	4.67	5.78	7.82
巨豆三烯酮 2	17.96	19.20	20.87	20.67	22.83	24.21
巨豆三烯酮 3	0.75	0.75	0.77	0.77	0.74	0.70
3-羧基-β-二氢大马酮	8.20	8.14	7.77	9.76	9.38	11.53
巨豆三烯酮 4	18.28	17.00	21.62	23.58	28.42	32.76
螺岩兰草酮	0.15	0.33	0.23	0.39	0.60	0.53
法尼基丙酮	15.01	15.30	14.81	14.38	12.71	11.82
藏花醛	0.48	0.47	0.46	0.71	0.49	0.00
β-环柠檬醛	0.73	0.52	0.52	0.89	0.57	0.00
类胡萝卜素降解产物总量	107.05	108.44	116.52	123.58	135.81	150.20
苯甲醛	2.02	2.02	2.25	2.46	3.30	3.78
苯乙醛	18.83	19.18	20.40	21.69	24.29	28.05
苯甲醇	7.46	7.58	8.60	8.42	7.77	9.93
苯乙醇	23.41	25.90	24.58	24.97	19.35	17.88
芳香族氨基酸降解产物总量	51.73	54.68	55.83	57.54	54.71	59.65
糠醛	4.92	4.65	4.44	4.27	4.68	4.92
糠醇	2.08	1.88	1.60	2.25	2.01	2.63
2-乙酰基呋喃	0.16	0.17	0.24	0.16	0.13	0.18
2-乙酰基吡咯	0.60	0.63	0.64	0.66	0.60	0.69
3,4-二甲基-2,5-呋喃二酮	1.09	1.10	1.05	1.08	1.13	1.20
5-甲基糠醛	3.98	4.09	4.02	4.74	5.25	6.21
2,6-壬二烯醛	0.96	0.95	1.00	0.95	0.96	1.03
棕色化反应产物总量	13.79	13.48	12.98	14.12	14.77	16.85
茄酮	80.74	83.45	82.56	84.07	89.77	107.72
新植二烯	708.13	703.82	684.50	670.83	628.84	556.43
除新植二烯外其他香气成分总量	253.31	260.05	267.89	279.31	295.06	334.42
中性香气成分总量	961.43a	963.88a	952.38a	950.15a	923.88ab	890.86b

中含量最高，占香气总量的 60%～80%。在发酵过程中，新植二烯含量持续下降，受此影响，两种雪茄烟叶的中性香气成分总量在发酵后均明显下降。

除新植二烯外，茄衣和茄芯烟叶其他中性香气成分在发酵过程中持续累积，发酵后含量分别增加至 245.79μg/g 和 334.42μg/g，较发酵前增长 87.58μg/g 和 81.11μg/g，涨幅 55.36%和 32.02%。其中，类胡萝卜素降解产物增长量最高，发酵后茄衣和茄芯烟叶分别增加 52.98μg/g 和 43.15μg/g，均超过总增长量的 50%。其次是茄酮，增长量分别占总体的 29.63%和 33.27%。其余香气成分的增长量占比不超过 10%。

5.11.3 雪茄烟叶自然发酵过程中感官质量的变化

发酵对茄衣和茄芯烟叶的感官质量都有很大的提升作用（表 5-63）。两种雪茄烟叶发酵前烟气劲头过大，刺激性强，呛刺，余味苦，而在发酵后这些情况得到改善，烟气细腻，柔和度增加，浓度高，烟气饱满，香气质好，香气量足。就单项指标而言，茄衣烟叶的香气质要高于茄芯，但香气量则略显不足。此外，茄芯烟叶的劲头明显大于茄衣，刺激性也更大。

表 5-63　茄衣、茄芯烟叶自然发酵过程中的感官质量

烟叶类型	发酵时长	风格	香气质	香气量	浓度	杂气	劲头	刺激性	余味	燃烧性	灰色
茄衣	0d	6.5	6.0	5.5	6.0	6.0	6.7	5.8	6.0	7.0	7.0
	3d	6.5	6.0	5.5	6.0	6.0	6.7	5.8	6.0	7.0	7.0
	6d	6.8	6.2	5.5	6.0	6.3	6.5	6.0	6.0	7.0	7.0
	9d	7.0	6.3	5.6	6.2	6.5	6.4	6.3	6.2	7.0	7.0
	18d	7.2	6.5	5.8	6.2	6.6	6.3	6.4	6.2	7.5	7.0
	28d	7.5	6.6	6.0	6.3	6.8	6.1	6.6	6.3	7.5	7.0
茄芯	0d	6.2	5.8	6.0	6.0	6.0	7.5	5.0	6.0	8.0	7.0
	3d	6.2	5.8	6.0	6.0	6.0	7.5	5.0	6.0	8.0	7.0
	6d	6.3	6.0	6.2	6.0	6.0	7.4	5.2	6.1	8.0	7.0
	9d	6.7	6.2	6.5	6.2	6.2	7.1	5.7	6.2	8.0	7.0
	18d	7.0	6.3	6.6	6.3	6.4	7.0	5.9	6.3	8.0	7.0
	28d	7.0	6.5	6.7	6.5	6.5	6.8	6.0	6.3	8.0	7.0

5.11.4 雪茄烟叶自然发酵过程中 TSNA 的变化

雪茄烟叶自然发酵过程中的 TSNA 含量变化如表 5-64 所示。两种雪茄烟叶中的 4 种 TSNA 及其总量在发酵过程中均显著升高，发酵后茄衣烟叶总 TSNA 含量

上涨 2045.25ng/g，较发酵前涨幅 178.08%；茄芯烟叶增加 3903.10ng/g，是茄衣烟叶增长量的 1.91 倍，较发酵前涨幅 248.38%。就 TSNA 种类而言，茄衣和茄芯烟叶中的 TSNA 均以 NAT 的增长为主，发酵过程中分别增加了 1330.50ng/g 和 2071.00ng/g，占总 TSNA 增长量的 50%以上。其次是 NNN，分别占总增长量的 19.53%和 43.29%。本次发酵过程中一共翻堆两次，至第二次翻堆时，4 种 TSNA 及其总量的积累量达到最终的 50%～70%，说明 TSNA 在发酵过程中的形成与积累是持续且稳定的。

表 5-64 茄衣、茄芯烟叶自然发酵过程中的 TSNA 含量（ng/g）

烟叶类型	发酵时长	NNN	NAT	NAB	NNK	总 TSNA
茄衣	0d	164.00i	914.50h	11.95e	58.05f	1148.50k
	3d	197.00i	970.50h	12.90e	65.65f	1246.05k
	6d	252.00hi	1065.00gh	13.50e	83.05ef	1413.55j
	9d	306.50h	1205.00f	18.25de	139.50d	1669.25h
	18d	415.00g	1625.00d	28.50cd	235.00b	2303.50e
	28d	563.50f	2245.00b	41.75bc	343.50a	3193.75c
茄芯	0d	505.50f	962.50h	19.45de	84.00ef	1571.45i
	3d	674.00e	1080.00g	26.00d	92.65e	1872.65g
	6d	780.00d	1175.00fg	32.35cd	96.00e	2083.35f
	9d	995.00c	1315.00e	35.05c	106.50de	2451.55d
	18d	1595.00b	1920.00c	49.35b	134.50d	3698.85b
	28d	2195.00a	3033.50a	63.55a	182.50c	5474.55a

5.11.5 雪茄烟叶自然发酵过程中生物碱和硝酸盐的变化

由表 5-65 可知，与 TSNA 的积累相对应，自然发酵过程中茄衣和茄芯烟叶中的硝酸盐和 4 种生物碱含量均显著下降。与未发酵烟叶相比，茄衣烟叶中的总生物碱含量下降 6.63mg/g，降幅 22.67%；茄芯烟叶减少 5.53mg/g，降幅 12.82%，茄衣烟叶的降幅是茄芯烟叶的 1.77 倍。烟碱是两种雪茄烟叶中含量下降最多的生物碱，其减少量占总减少量的比例高达 77.66%～89.73%。假木贼碱是含量最低的生物碱，其在发酵前后的含量变化并不明显。茄衣和茄芯烟叶的硝酸盐含量降低幅度相近，分别减少 0.54mg/g 和 0.53mg/g，降幅 20.07%和 16.88%。

5.11.6 微生物群落物种组成分析

维恩图展示了茄衣、茄芯烟叶不同样品组在门和属两个水平上的物种数量分布（图 5-29）。发酵过程中茄衣烟叶在属水平上共鉴定出 282 个不同物种，隶属

表 5-65　茄衣、茄芯烟叶自然发酵过程中生物碱及硝酸盐含量（mg/g）

烟叶类型	发酵时长	烟碱	降烟碱	假木贼碱	新烟草碱	总生物碱	硝酸盐
茄衣	0d	23.53bc	1.68e	0.11ab	3.93a	29.25c	2.69bc
	3d	22.96bc	1.66e	0.11ab	3.92ab	28.65c	2.64bc
	6d	22.45bc	1.62e	0.11ab	3.88ab	28.06cd	2.58bc
	9d	22.04bc	1.53ef	0.10ab	3.87ab	27.54cd	2.47c
	18d	20.10bc	1.43ef	0.09b	3.76ab	25.38d	2.31cd
	28d	17.58c	1.31f	0.08b	3.65b	22.62d	2.15d
茄芯	0d	36.93a	2.83a	0.13a	3.23c	43.12a	3.14a
	3d	36.09a	2.60bc	0.13a	3.19c	42.01ab	3.09a
	6d	35.46a	2.56bc	0.12a	3.14cd	41.28ab	3.04ab
	9d	34.75a	2.53c	0.11ab	3.10cd	40.49ab	2.95ab
	18d	33.69a	2.25cd	0.10ab	2.97cd	39.01b	2.79b
	28d	32.63ab	2.02d	0.09b	2.85d	37.59b	2.61b

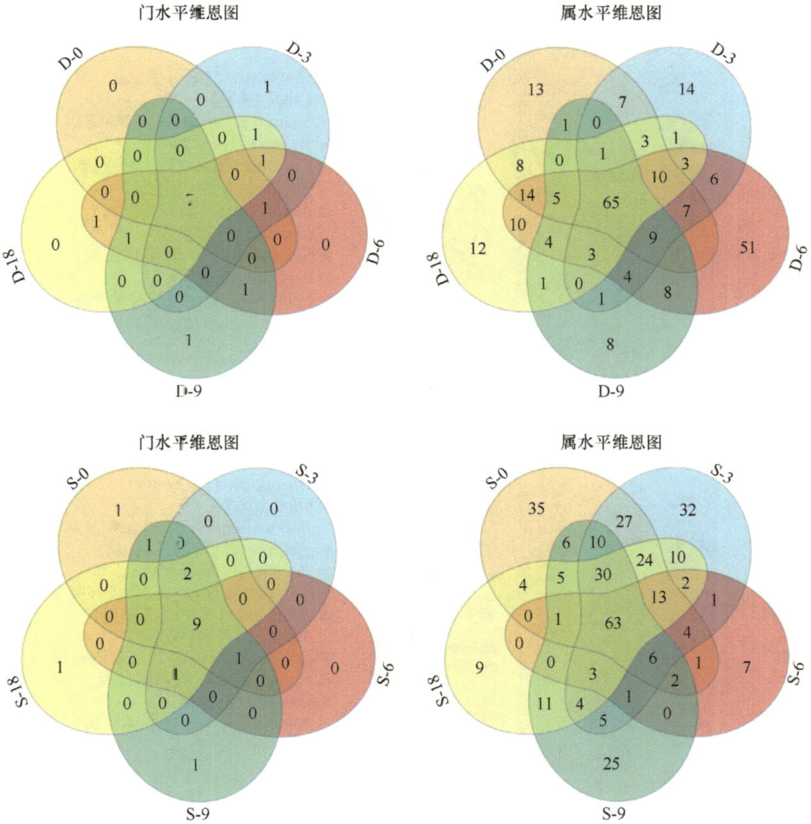

图 5-29　雪茄烟叶自然发酵过程中微生物群落的物种数量

D 代表茄衣品种德雪 3 号；S 代表茄芯品种什烟 1 号

15 个门。其中，发酵前茄衣烟叶特有的物种数量是 13 种，发酵 6d 后特有物种数量最多，增至 51 种。茄芯烟叶共鉴定出 341 个物种，隶属 17 个门。其中，茄芯烟叶发酵前样品特有物种数量最多，为 35 种，发酵后各时期特有物种均低于此水平。此外，茄衣烟叶 5 个时期共有的物种有 65 种，茄芯烟叶为 63 种，均主要归于变形菌门、厚壁菌门和放线菌门等。

对各处理烟叶的测序序列进行分类鉴定，结果显示，发酵过程中烟叶表面的微生物种类及丰度持续变化（图 5-30）。发酵前茄衣烟叶表面的优势菌属为假单胞菌、鞘氨醇单胞菌和泛菌，分别占总序列的 46.84%、9.44%和 7.52%。其中，假单胞菌在发酵过程中总体呈下降趋势，至二次翻堆时丰度降至 9.01%，鞘氨醇单胞菌和泛菌的丰度变化无明显趋势。此外，马赛菌和葡萄球菌在二次翻堆时的丰度则较发酵前有所升高，成为丰度前四的优势菌属。茄芯烟叶发酵前的优势菌属为葡萄球菌、鞘氨醇单胞菌和假单胞菌，分别占总序列的 38.53%、5.72%和 4.38%。发酵过程中，葡萄球菌的丰度下降至 20%后基本维持稳定，假单胞菌、科萨克氏菌和马赛菌的丰度在两次翻堆时都有所升高。

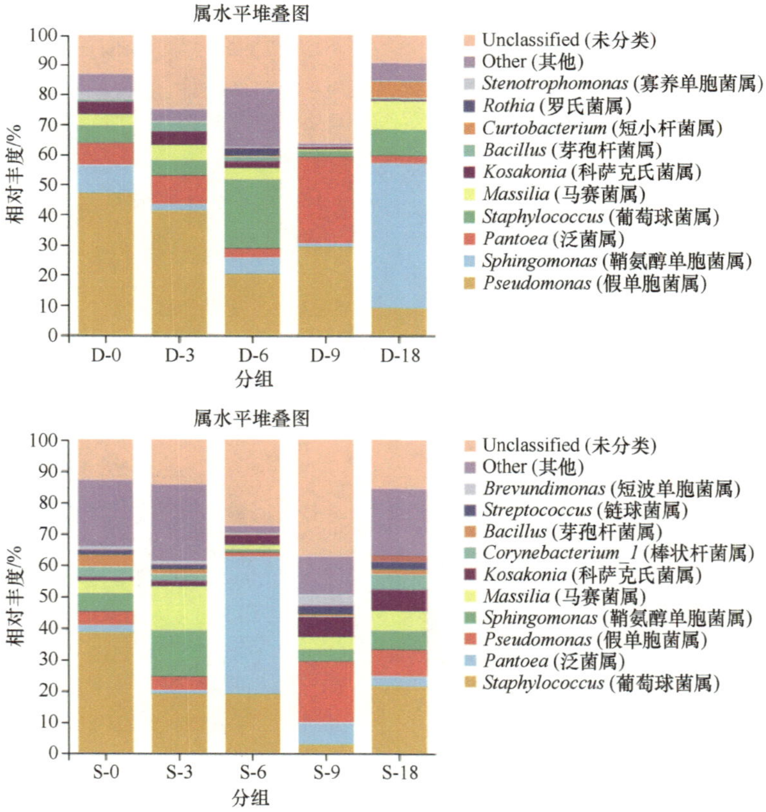

图 5-30 雪茄烟叶自然发酵过程中的物种分布柱形图（属水平）

5.11.7　雪茄烟叶自然发酵过程中烟叶 TSNA 及其前体物与微生物关联分析

图 5-31 展示了雪茄烟叶自然发酵过程中丰度前 10 的微生物与 TSNA、生物碱、硝酸盐含量的相关性分析。由图可知，茄衣与茄芯烟叶中物种与 TSNA 的关系差异很大。在茄衣烟叶中，4 种 TSNA 及其总量与鞘氨醇单胞菌、马赛菌和短小杆菌存在正相关关系，尤其是与鞘氨醇单胞菌的相关性达到极显著水平；与假单胞菌的相关性则相反，呈极显著负相关。前体物生物碱及硝酸盐则对短小杆菌

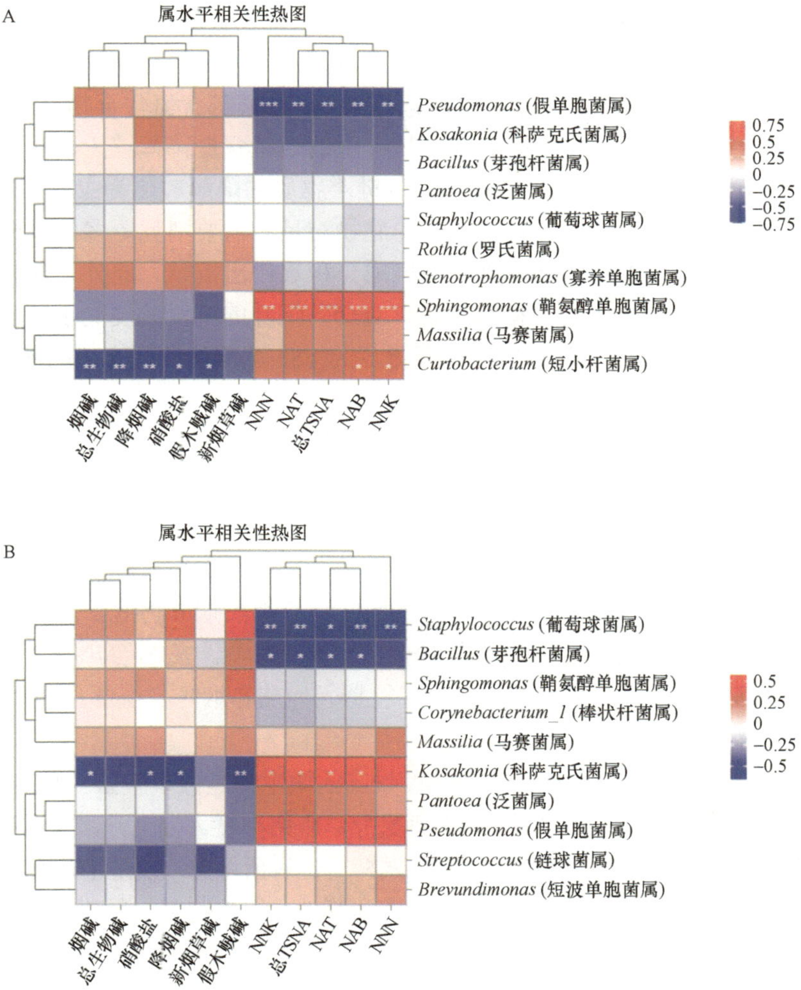

图 5-31　物种与生理指标相关性热图

A. 茄衣烟叶；B. 茄芯烟叶

的丰度有负面影响，且相关性显著。在茄芯烟叶中，科萨克氏菌的丰度与 NNN、NAB、NAT 及总 TSNA 呈显著正相关，而与前体物生物碱和硝酸盐则表现为负相关。葡萄球菌和芽孢杆菌与 4 种 TSNA 及其总量关系密切，表现为显著负相关关系。假单胞菌与茄芯烟叶中 TSNA 含量呈正相关，这与茄衣中不同。

5.11.8 小结

雪茄烟叶的发酵方式有很多，生产上最常用的是自然堆积发酵。本研究对两种雪茄烟叶在自然堆积发酵过程中的质量和叶表微生物多样性变化进行研究，结果表明，两种雪茄烟叶的糖类物质和烟碱等含氮化合物含量在发酵期间持续下降，香气成分不断累积，感官质量明显改善。发酵过程中，烟叶自身的糖类等物质不断消耗，为其他生化反应的进行提供能量保障。蛋白质等含氮化合物进一步降解，为改善烟叶的吸食品质作出贡献。茄衣烟叶中的烟碱含量降幅较大，较发酵前约减少了 1/4，茄芯烟叶化学成分的变化则以糖类物质的降解转化为主。茄芯烟叶的身份较茄衣厚，发酵期间参与化学反应的底物充足，需要消耗更多的糖分提供能量，这些化学反应最终也为茄芯烟叶香气成分积累作出贡献。此外，茄芯和茄衣烟叶在发酵期间的 TSNA 含量持续增长，且茄芯烟叶的增长速度高于茄衣，增长量是茄衣烟叶的 1.91 倍。茄芯烟叶具有更多的 TSNA 前体和更充足的能量来源，这都为 TSNA 的大量积累提供了可能。

雪茄烟叶自然发酵过程中需依据烟堆堆芯温度及时进行翻堆，以免高温时间过长对烟叶质量造成损坏，且翻堆可以加速 CO_2、挥发氨等气体散失，促进内含物转化分解。本研究探索了一个升温周期内及第二次翻堆时烟叶表面微生物多样性变化。结果表明，发酵后两种雪茄烟叶在一个升温周期内呈波动下降趋势，而至第二次翻堆时，烟叶微生物多样性有所回升，但茄衣烟叶仍低于发酵前水平，说明发酵对茄衣烟叶微生物多样性存在一定的负面影响。茄芯烟叶第二次翻堆时叶表微生物多样性超过了发酵前水平，可能是因为茄芯烟叶身份厚，内含物丰富，有利于微生物生长。

本研究结果显示，发酵前茄衣中丰度最高的微生物是假单胞菌（46.84%），发酵过程中假单胞菌的丰度持续下降，而鞘氨醇单胞菌丰度大幅上升，成为第一优势菌属。此外，马赛菌和葡萄球菌的丰度在发酵后也有所增加。发酵前后茄芯烟叶的优势菌始终是葡萄球菌，但发酵后其丰度有所降低，假单胞菌、科萨克氏菌和马赛菌的丰度则在两次翻堆时都有所升高。假单胞菌既可以通过吡咯途径降解烟碱，也可以在有氧条件下还原硝酸盐至气态氮氧化物；葡萄球菌可以降解糖类从而提供能量，而茄衣和茄芯烟叶分别以糖类和烟碱、硝酸盐含量较高，结合两种微生物在雪茄烟叶表面表现出不一致的变化趋势，说明发酵过程中烟草类型对微生物有一定的筛选作用，微生物丰度变化与烟叶化学成分含量关系密切。假单胞菌对硝态氮的还原作用也导致了 TSNA 合成前体物的增加，最终为 TSNA 的积累作出贡献。

5.12　发酵温湿度条件对雪茄芯叶 TSNA 及其前体物含量变化的影响

摘要：为探究发酵条件对雪茄茄芯叶 TSNA 及其前体物含量变化的影响，以茄芯原料什烟 1 号为材料，设置不同温度与相对湿度互作试验，测定发酵前后烟叶样品中的 TSNA 及其前体物含量的变化。结果表明，不同发酵条件下烟叶 TSNA 含量存在极显著差异，发酵后烟叶 TSNA 含量可从 1326.77ng/g 增至 1509.59～5240.24ng/g，增幅 13.78%～294.96%。发酵湿度对烟叶 TSNA 含量的影响最大，贡献率达 57.01%，随发酵湿度从 70%增加至 90%，烟叶 TSNA 含量显著下降。温度对 TSNA 的贡献率为 28.33%，随发酵温度的增加，烟叶的 TSNA 含量逐渐上升，尤其是超过 42℃后，TSNA 含量显著增加。温度与湿度的交互作用对 TSNA 含量影响较小，贡献率为 14.66%。前体物生物碱与硝酸盐含量均随湿度的增加而增加，随温度增加，总生物碱含量先降低后升高，硝酸盐含量则持续升高。生产中建议在 45℃-湿度 80%条件下发酵以抑制发酵过程中 TSNA 的形成与积累。

发酵是雪茄烟叶特有的初加工工艺，调制后的新烟需经过 3～5 周的高温发酵和 18～36 个月的醇化来改善烟叶品质。但同时发酵也是烟叶中一类重要有害物质烟草特有亚硝胺产生和积累的重要时期，初步分析表明，发酵后雪茄烟叶的 TSNA 含量比发酵前的烟叶大幅升高。关于 TSNA 的形成规律和机理，在其他类型烟草中已有较为系统的研究，主要是烟叶调制和贮藏过程中生物碱类物质与亚硝基反应生成的复合物。在雪茄烟发酵过程中，发酵温度、湿度是影响烟叶质量变化的关键因素，同时也会对烟草特有亚硝胺的形成产生互作影响，但目前该方面研究较为欠缺。本研究通过在人工控制条件下设置不同发酵温度与湿度互作试验，分别在发酵前后取样，探究环境温度和湿度对烟叶 TSNA 形成的影响，以明确不同因子对雪茄茄芯叶发酵过程中 TSNA 形成的贡献，为抑制发酵过程中 TSNA 的形成与积累提供理论依据（李晶晶等，2019）。

试验材料为中国烟草总公司四川省公司提供的传统雪茄茄芯什烟 1 号 2017 年调制后质量均匀一致的上一等级烟叶。试验地点位于河南农业大学烟草学院烟草栽培实验室，试验设置发酵温度和发酵湿度 2 个因素，发酵温度设置 39℃、42℃、

45℃和 48℃ 4 个水平，发酵湿度设置 70%、80%和 90% 3 个水平，共 12 个处理，每个处理重复 3 次。试验自发酵之日开始取样，每隔 4d 取样一次，至 20d 后结束发酵取完发酵后样品为止。取得的样品冷冻干燥后磨碎过孔径 0.25mm 的筛，留取混合样品测定 TSNA 及其前体物生物碱和硝酸盐含量。

5.12.1 发酵条件对烟叶 4 种 TSNA 含量的影响

由图 5-32 和表 5-66 可知，温度相同时，4 种 TSNA 含量随环境湿度的增加显

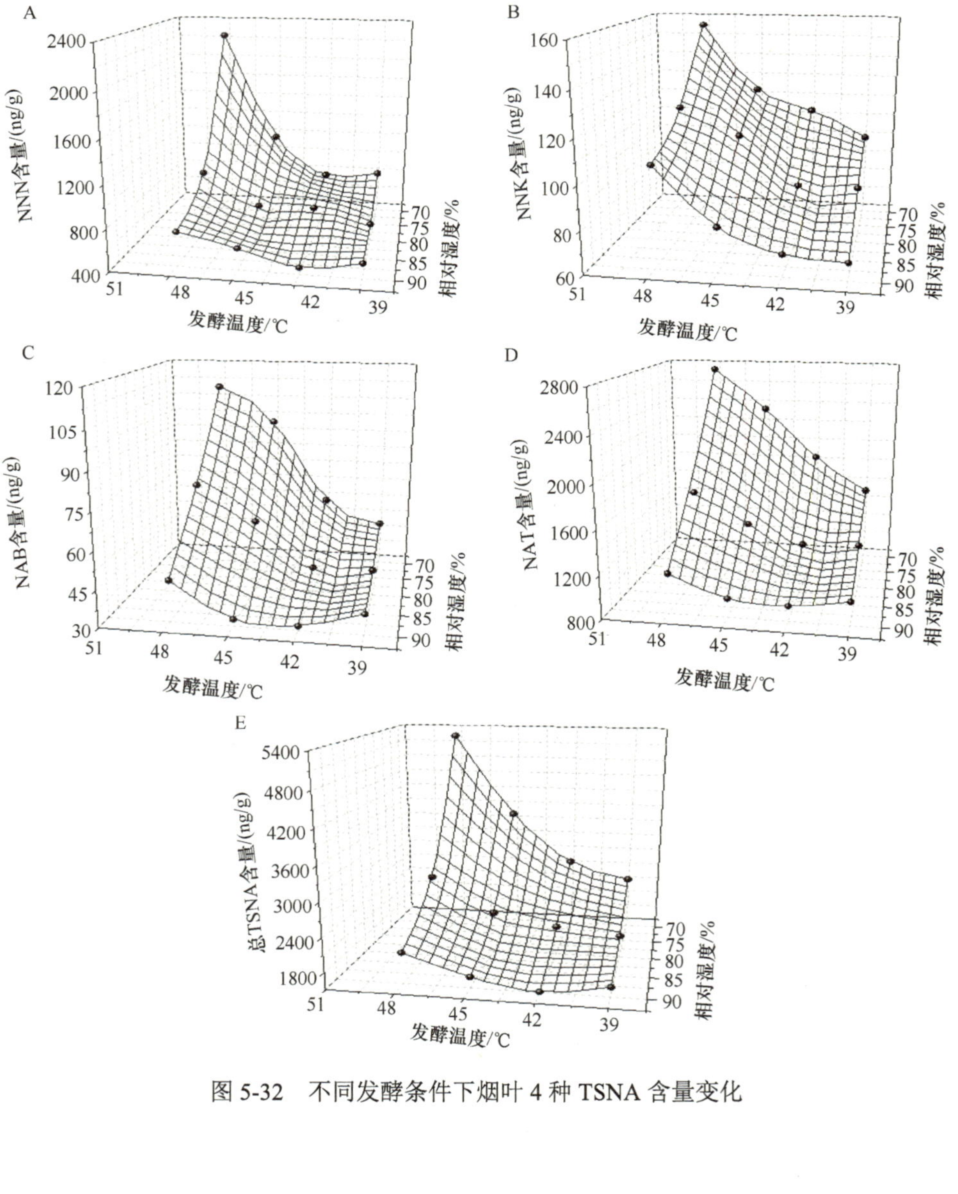

图 5-32 不同发酵条件下烟叶 4 种 TSNA 含量变化

表 5-66　不同发酵条件烟叶 TSNA 含量的相关系数及差异性分析

处理	分析方法	NNN	NAT	NAB	NNK	总 TSNA
温度	相关系数（*m*，*t*）	0.5441	0.4253	0.5699	0.6684*	0.4998
	贡献率/%	37.08	19.14	36.09	48.48	28.33
相对湿度	相关系数（*m*，*h*）	−0.5901*	−0.8179**	−0.6968*	−0.6982*	−0.7329**
	贡献率/%	38.10	70.31	48.39	48.79	57.01
温度×相对湿度	相关系数（*m*，*t*×*h*）	−0.1115	−0.3168	−0.1542	−0.0057	−0.2223
	贡献率/%	24.82	10.55	15.51	2.73	14.66

著降低；同一湿度条件下，发酵后烟叶 4 种 TSNA 含量在 39～42℃变化不大，42℃之后随温度的升高逐渐增加；在 48℃-湿度 70%条件下，NNN、NNK、NAB、NAT 含量分别达到最大值，即 2237.24ng/g、155.66ng/g、109.61ng/g、2737.74ng/g。相关性分析结果表明，发酵过程中环境湿度与 NNN、NAT、NAB、NNK 的含量存在显著负相关关系，贡献率分别为 38.10%、70.31%、48.39%和 48.79%，其中对 NAT 的影响达到极显著水平。温度主要影响了 NNN 和 NNK 的积累，对其含量的贡献率达 37.08%和 48.48%。二者交互作用对 4 种 TSNA 的影响较小。在此基础上进行逐步回归分析（表 5-67），结果显示，在本试验条件下，发酵过程中 4 种 TSNA 含量变化的 91.01%～99.03%可由发酵温度和湿度共同揭示。

表 5-67　不同发酵条件烟叶 TSNA 含量的变化趋势

名称	逐步回归方程	决定系数
NNN	m=1168.43−531.61h+124.23t^2+175.14h^2−199.53th	0.9101**
NAT	m=2126.97+301.26t−929.36h+54.37t^2+211.79h^2−183.73th	0.9903**
NAB	m=49.04+14.65t−12.98h+3.34t^2+4.22h^2−9.65th	0.9756**
NNK	m=121.58−4.03t−18.53h+4.70t^2+1.06h^2−2.53th	0.9819**
总 TSNA	m=3461.67+315.28t−1491.80h+186.08t^2+392.20h^2−395.71th	0.9799**

5.12.2　发酵条件对烟叶总 TSNA 含量的影响

由图 5-32 可以看出，同一湿度条件下，各处理烟叶的 TSNA 含量随温度的增加逐渐升高，而同一温度条件下则随着湿度的增加呈下降趋势。此外，低于 42℃条件下，TSNA 的含量变化比较缓慢，温度超过 42℃之后，随温度的升高烟叶 TSNA 含量显著增加，且增长幅度随湿度的降低而升高。对各处理烟叶的 TSNA 含量进行相关性分析（表 5-66），结果显示影响烟叶 TSNA 含量的主要因素是发酵湿度，贡献率为 57.01%；其次是温度，贡献率 28.33%；二者交互作用的贡献率仅为 14.66%。回归方程 m=3461.67+315.28t−1491.80h+186.08t^2+392.20h^2−

395.71*th*（R^2=0.9799），说明本试验条件下，发酵过程中 TSNA 含量变化有 97.99%归因于温湿度的作用（表 5-67）。

5.12.3 发酵条件对烟叶 4 种 TSNA 及其总量变化量的影响

不同发酵条件下各处理烟叶 4 种 TSNA 及其总量均大幅增加（表 5-68），且各处理间差异显著。湿度相同时，随温度增加，烟叶 4 种 TSNA 及总 TSNA 增加量显著上升；同一温度下，随湿度增加则表现为相反的变化趋势。总 TSNA 含量在 48℃-湿度 70%时增加量最高，为 3913.46ng/g，增幅 294.96%；42℃-湿度 90%时最低，为 182.82ng/g，增幅 13.78%；其余处理增幅多集中在 40%～100%。48℃-湿度 70%条件下发酵的烟叶 4 种 TSNA 增加量最大，增幅在 143.70%～464.62%，其中 NNN 增幅最大，NNK 增幅最小。变化幅度最低的处理是 42℃-湿度 90%，此条件下烟叶增幅不超过 20%。

表 5-68　烟叶发酵前后 TSNA 变化量的方差分析

处理		NNN		NAT		NAB		NNK		总 TSNA	
温度	相对湿度	增量/(ng/g)	增幅/%	增量/(ng/g)	增幅/%	增量/(ng/g)	增幅/%	增量/(ng/g)	增幅/%	增量/(ng/g)	增幅/%
39℃	70%	412.87Dd	104.20	683.68Cc	82.09	14.76DEe	43.64	36.10Cd	56.51	1147.42DEe	86.48
39℃	80%	169.81Ii	42.86	378.38Dd	45.43	6.76EFefg	19.97	22.96De	35.95	577.91FGf	43.56
39℃	90%	147.21Jj	37.15	188.19DEef	22.60	4.60EFfg	13.61	4.60Ff	7.19	344.60GHg	25.97
42℃	70%	370.52Ee	93.51	1014.51Bb	121.81	25.00Dd	73.91	49.24BCc	77.09	1459.27Cd	109.99
42℃	80%	304.97Gg	76.97	358.36DEde	43.03	6.51EFefg	19.23	22.71De	35.56	692.54Ff	52.20
42℃	90%	68.23Kk	17.22	110.11Ef	13.22	0.00Fg	0.00	6.49EFf	10.16	182.82Hg	13.78
45℃	70%	769.93Bb	194.31	1509.51Bb	181.25	60.56Bb	178.99	59.25Bb	92.76	2399.25Bb	180.83
45℃	80%	295.46Hh	74.57	533.73Cc	64.09	25.33Dd	74.85	45.74Cc	71.61	900.25Ee	67.85
45℃	90%	210.67Hh	53.17	143.64DEf	17.25	1.00Fg	2.96	17.10DEed	26.77	370.41GHg	27.92
48℃	70%	1841.00Aa	464.62	1904.90Aa	228.73	75.78Aa	223.96	91.78Aa	143.70	3913.46Aa	294.96
48℃	80%	603.94Cc	152.42	828.83Cc	99.52	39.79Cc	117.60	58.25Bb	91.20	1530.80Cc	115.38
48℃	90%	328.99Ff	83.03	338.34DEde	40.63	12.81Eef	37.87	43.23Cc	67.69	723.37Ff	54.52

5.12.4 不同温湿度条件对生物碱和硝酸盐含量的影响

表 5-69 显示了不同温湿度条件发酵后烟叶 TSNA 的前体物生物碱和硝酸盐的含量。由表可知，发酵后烟叶中的烟碱及总生物碱含量随温度的增加先降低后升高，随湿度的增加逐渐上升；硝酸盐含量与 TSNA 的变化规律相反，均表现为同一湿度条件下随温度的增加逐渐降低，而同一温度条件下随着湿度的增加呈上升

趋势。对各处理烟叶的总生物碱含量和硝酸盐含量进行方差分析（表 5-70），结果表明，除假木贼碱外，各处理差异均达到极显著水平，且发酵温度、湿度及其交互作用均对硝酸盐含量的影响最大，其次是总生物碱含量。

表 5-69 不同温湿度条件发酵后烟叶生物碱和硝酸盐含量

处理		烟碱/%	降烟碱/%	假木贼碱/%	新烟草碱/%	总生物碱含量/%	硝酸盐/(μg/g)
温度	相对湿度						
发酵前		4.56Aa	0.08Ii	0.02Bb	0.21Df	4.87Aa	2785.37Aa
39℃	70%	3.44CDde	0.27Aa	0.03Aa	0.32Aa	4.06BCDbc	1751.07De
	80%	3.66BCbc	0.21Bb	0.02Bb	0.27Bbc	4.16BCb	1901.21Cd
	90%	3.74Bb	0.18Cc	0.02Bb	0.26Bc	4.20Bb	2706.62Ab
42℃	70%	3.13EFfg	0.14DEde	0.02Bb	0.21Df	3.5FGd	1701.86De
	80%	3.26DEef	0.12EFf	0.02Bb	0.24Cd	3.64EFd	1889.48Cd
	90%	3.49BCDcd	0.11FGfg	0.02Bb	0.28Bb	3.90CDEc	2232.27Bc
45℃	70%	2.64Hi	0.10GHgh	0.02Bb	0.21Df	2.97If	1336.08FGh
	80%	2.83GHhi	0.12EFf	0.02Bb	0.22CDef	3.19HIe	1567.01Ef
	90%	2.94FGgh	0.09HIh	0.02Bb	0.23CDde	3.28GHe	1886.58Cd
48℃	70%	3.07EFGfg	0.18Cc	0.02Bb	0.26Bc	3.53FGd	1319.76Gh
	80%	3.48BCDcd	0.14DEde	0.02Bb	0.23CDde	3.87DEc	1428.18Fg
	90%	3.58BCbcd	0.15Dd	0.02Bb	0.24Cd	3.99BCDbc	2162.96Bc

表 5-70 不同温湿度条件发酵后烟叶生物碱和硝酸盐含量方差分析表

名称	温度		相对湿度		温度×相对湿度	
	F 值	*P* 值	*F* 值	*P* 值	*F* 值	*P* 值
烟碱	88.37	<0.01	14.29	<0.01	71.21	<0.01
降烟碱	649.35	<0.01	127.05	<0.01	10.89	<0.01
假木贼碱	–	–	–	–	–	–
新烟草碱	98.26	<0.01	6.54	<0.05	38.36	<0.01
总生物碱含量	1 233.69	<0.01	495.50	<0.01	101.88	<0.01
硝酸盐	54 839.88	<0.01	83 728.63	<0.01	9 355.94	<0.01

5.12.5 小结

发酵是雪茄烟叶独特的调制后加工环节，也是雪茄烟 TSNA 形成不容忽视的时期。本研究结果表明，发酵后烟叶 TSNA 含量显著增加，其前体物生物碱和硝酸盐类物质显著减少，且随发酵湿度的增加，烟叶 TSNA 的增加量持续下降，各处理之间的差异达到极显著水平。相关性分析等结果显示，发酵湿度对烟叶 TSNA 含量的影响最大，贡献率达 57.01%，结合 TSNA 前体物生物碱和硝酸盐含量的变化趋势，推测可能是由于高湿环境下，烟叶中的硝态氮为水溶态而相对稳定，不易生成挥发性亚硝酸盐或 NO 等气态氮氧化物，与生物碱反应产生的 TSNA 含量随之减少。

基于雪茄烟堆垛发酵过程中容易产生高温的情况，本研究选取 39～48℃温度段进行试验。研究结果表明，在 3 种环境湿度条件下，烟叶 4 种 TSNA 及其总量均与发酵温度呈正相关，随着发酵温度的升高显著增加。当温度低于 42℃时，烟叶 TSNA 含量积累缓慢，温度超过 42℃后，烟叶 TSNA 含量显著增加，这可能是由于高温促进硝酸盐类物质发生亚硝化反应，进而与生物碱反应造成 TSNA 累积，也可能是因为在高温条件下促进了硝态氮向气态氮氧化物的形成。这也是本研究团队下一步的研究重点。根据本研究的结果，在温度低于 45℃、湿度高于 80%条件下发酵后烟叶 TSNA 增加量较小，因此适当降低发酵温度或增加发酵湿度是抑制发酵过程中 TSNA 产生和积累的有效手段。

参 考 文 献

邱慧慧, 史宏志, 马永建, 等. 2010. 烤烟叶片中性香气成分含量的分布. 中国烟草科学, 31(6): 5-8.

杜咏梅, 郭承芳, 张怀宝. 2000. 水溶性糖、烟碱、总氮含量与烤烟吃味品质的关系研究. 中国烟草科学, 21(1): 7.

冯雨晴, 李亚飞, 史宏志. 2019. 叶面喷施丙三醇对烟叶碳氮代谢及硝酸盐积累的影响. 中国烟草学报, 25(5): 53-62.

何佳文, 殷发强, 周井炎, 等. 1995. 硝酸盐对卷烟气相中有害物质的影响. 烟草科技, 4: 12-14, 30.

靳彤, 史宏志, 周骏, 等. 2017. 不同初烤烟叶叶片和烟梗 TSNAs 含量及高温贮藏后的变化研究. 中国烟草学报, 23(2): 69-77.

李耕, 冯雨晴, 赵园园, 等. 2021. 白肋烟和烤烟嫁接对白肋烟碳氮代谢及硝酸盐含量的影响. 河南农业大学学报, 55(5): 837-843.

李晶晶. 2023. 雪茄烟叶发酵过程中物质变化及 TSNAs 形成机理和抑制技术研究. 郑州: 河南农业大学博士学位论文.

李晶晶, 荣仕宾, 秦艳青, 等. 2024. 雪茄茄芯和茄衣烟叶不同区段化学成分和品质差异性分析. 河南农业科学, 53(1): 62-69.

李晶晶, 史宏志, 杨兴有, 等. 2019. 发酵条件对雪茄芯叶 TSNAs 及其前体物含量变化的影响. 中国烟草学报, 25(6): 120-125.

李宗平, 覃光炯, 陈茂胜, 等. 2015. 不同调制方法对烟草烟碱转化及 TSNA 的影响. 中国生态农业学报, (10): 68-76.

刘扣珠, 靳彤, 王俊, 等. 2018. 自然贮藏条件下烤烟叶片和烟梗中 TSNAs 及其前体物含量的变化. 烟草科技, 51(10): 27-32, 38.

刘万峰, 王元英. 2002. 烟叶中烟草特有亚硝胺(TSNA)的研究进展. 中国烟草科学, 23(2): 11-14.

任梦娟, 史宏志, 顿松阳, 等. 2018. 基于烟茄嫁接的低烟碱烟草烟叶化学成分变化. 中国烟草学报, 24(6): 42-48.

任梦娟, 史宏志, 杨明坤, 等. 2020. 基于烟茄嫁接的超低烟碱烟叶的感官质量和烟气特性. 中国烟草学报, 26(1): 23-29.

荣仕宾, 秦艳青, 赵园园, 等. 2023a. 调制方式对四川茄衣和茄芯烟叶化学成分及香气品质的影响. 作物杂志, (2): 207-213.

荣仕宾, 赵园园, 秦艳青, 等. 2023b. 留叶数与调制方式互作对四川茄芯烟叶烟草特有亚硝胺含量和香气质量的影响. 西南农业学报, 36(2): 306-313.

史宏志. 2013. 烟草烟碱向降烟碱转化. 北京: 科学出版社.

史宏志. 2020. 优质低害白肋烟生产理论与技术. 北京: 科学出版社.

史宏志. 2022a. 浓香型烤烟上部叶成熟度与可用性研究. 北京: 科学出版社.

史宏志. 2022b. 烟草香味学(第二版). 北京: 中国农业出版社.
史宏志, 刘国顺, 等. 2016. 浓香型特色优质烟叶形成的生态基础. 北京: 科学出版社.
史宏志, 等. 2022. 烟草生物碱与调控. 北京: 中国农业出版社.
史宏志, Bush L P, Krauss M. 2004. 烟碱向降烟碱转化对烟叶麦斯明和 TSNA 含量的影响. 烟草科技, 37(10): 27-30.
史宏志, Bush L P, Wang J, 等. 2001a. 我国不同类型烟叶烟碱向降烟碱转化研究. 中国烟草科学, 22(4): 6-8.
史宏志, 黄元炯, 刘国顺, 等. 2001b. 我国烟草和卷烟生物碱含量和组成比例分析. 中国烟草学报, 7(2): 8-12.
史宏志, Bush L P, 黄元炯, 等. 2002. 我国烟草及其制品中烟草特有亚硝胺含量及与前体物的关系. 中国烟草学报, 8(1): 14-19.
史宏志, 李超, 谢子发, 等. 2008a. 白肋烟达白杂交种及其亲本的烟碱转化率分析. 河南农业大学学报, 42(3): 255-258.
史宏志, 李志, 谢子发, 等. 2008b. 白肋烟留叶数对叶片中性香气成分和生物碱含量的影响. 河南农业大学学报, 42(4): 375-379.
史宏志, 刘国顺. 2008. 白肋烟烟碱转化及烟草特有亚硝胺形成. 中国烟草学报, 14(S1): 41-46.
史宏志, 谢子发, 李超, 等. 2008c. 白肋烟不同品种烟碱转化株比例及转化率株间分布. 西南农业学报, 21(3): 636-641.
史宏志, 赵永利, 谢子发, 等. 2008d. 白肋烟自然群体和纯化群体生物碱的关系. 作物学报, 34(8): 1444-1449.
史宏志, 李超, 杨兴友, 等. 2010. 四川白肋烟亲本改良及低烟碱转化杂交种的增质减害效果. 中国烟草学报, 16(4): 24-29.
史宏志, 李进平, Bush L P, 等. 2005a. 白肋烟杂交种及亲本烟碱转化株的鉴别. 中国烟草学报, 11(4): 28-32.
史宏志, 李进平, Bush L P, 等. 2005b. 烟碱转化率与卷烟感官评吸品质和烟气 TSNA 含量的关系. 中国烟草学报, 11(2): 9-14.
史宏志, 李进平, 范艺宽, 等. 2007a. 我国不同类型烟叶烟碱转化株的比例和转化程度分布. 中国烟草学报, 13(1): 25-30.
史宏志, 李进平, 李宗平, 等. 2007b. 遗传改良降低白肋烟杂交种烟碱转化率研究. 中国农业科学, 40(1): 153-160.
史宏志, 徐发华, 杨兴有, 等. 2012. 不同产地和品种白肋烟烟草特有亚硝胺与前体物关系. 中国烟草学报, 18(5): 9-15.
史宏志, 张建勋. 2004. 烟草生物碱. 北京: 中国农业出版社.
孙榅淑, 王俊, 许东亚, 等. 2016. 白肋烟烟叶含水率与高温贮藏过程中 TSNA 形成的关系. 中国烟草学报, 22(4): 38-43.
孙榅淑, 王俊, 周骏, 等. 2015a. 硝态氮含量对烟叶高温贮藏过程中 TSNA 形成的影响. 中国烟草学报, 21(2): 53-58.
孙榅淑, 王瑞云, 周骏, 等. 2015b. 氧化剂和抗氧化剂处理对高温贮藏白肋烟 TSNAs 形成的影响. 烟草科技, 48(4): 19-22, 31.
孙榅淑, 杨军杰, 周骏, 等. 2015c. 不同氮素形态对烟草硝态氮含量和 TSNA 形成的影响. 中国烟草学报, 21(4): 78-84.

孙雨琦, 张蓝月, 刘德水, 等. 2022. 四川雪茄烟叶在成熟与晾制和发酵过程中烟草特有亚硝胺的积累动态. 烟草科技, 55(5): 25-31.

孙雨琦, 赵园园, 周迪, 等. 2020. 国内外不同产区和类型雪茄烟烟草特有亚硝胺及生物碱含量分析. 中国烟草学报, 26(5): 30-38.

王俊. 2017. 烟叶贮藏过程中 TSNAs 的形成机理及抑制技术研究. 郑州: 河南农业大学博士学位论文.

王俊, 史宏志, 靳彤, 等. 2017a. 烟叶生物碱组成差异对白肋烟高温贮藏前后 TSNAs 形成的影响. 中国烟草学报, 23(6): 69-76.

王俊, 孙楹淑, 周骏, 等. 2016. 贮藏温度和烟叶含水率互作对白肋烟贮藏期间 TSNAs 形成的影响. 烟草科技, 49(9): 8-14.

王俊, 张梦玥, 史宏志, 等. 2017b. 烟草类型及贮藏环境对烟叶氮氧化物形成的影响. 中国烟草学报, 23(5): 101-106.

王瑞云. 2014. 烟草贮藏过程中 TSNA 形成及与温度和硝酸盐含量的关系. 郑州: 河南农业大学硕士学位论文.

王瑞云, 史宏志, 周骏, 等. 2014. 烟草贮藏过程中 TSNAs 含量变化及对高温处理的响应. 中国烟草学报, 20(1): 48-53.

吴疆, 张广东, 杨兴有. 等. 2014. 四川万源晒烟调制方式对烟叶品质的影响. 烟草科技, (11): 80-83.

杨淳婷, 冯雨晴, 李玉静, 等. 2022. 白肋烟与茄子嫁接对烟叶生物碱等化学成分含量和感官质量的影响. 河南农业大学学报, 56(5): 750-758.

杨焕文, 李永忠, 刘彦中, 等. 1998. 烟草特有的 *N*-亚硝胺形成、积累及其影响因素. 烟草科技, 31(4): 31-34.

张晶云, 荣仕宾, 秦艳青, 等. 2023. 采收方式对调制后烟叶叶片和主脉 TSNAs 及前体物含量的影响. 河南农业科学, 52(2): 57-65.

张晶云, 赵园园, 刘德水, 等. 2022. 不同调制方式对烟叶和烟梗 TSNAs 形成和积累的影响. 江西农业学报, 34(12): 20-26.

张蓝月, 周迪, 赵园园, 等. 2023. 四川雪茄系列品种烟碱转化率及品种纯化效果. 西南农业学报, 36(6): 1188-1196.

张梦玥, 刘德水, 王俊, 等. 2021. 烟草贮藏过程中包装方式对 TSNAs 形成的影响. 中国烟草学报, 27(2): 8-19.

张梦玥, 史宏志, 周骏, 等. 2017. 三种类型烟叶五年贮藏过程中 TSNAs 及其前体物含量变化趋势分析. 中国烟草学报, 23(6): 77-87, 93.

郑昕, 史宏志, 杨兴有, 等. 2018a. 不同调制方式对万源晒烟化学成分含量的影响. 烟草科技, 51(7): 17-23.

郑昕, 史宏志, 杨兴有, 等. 2018b. 施氮量与留叶数对晒红烟化学成分和 TSNAs 的影响. 湖南农业大学学报(自然科学版), 44(1): 26-32.

周迪, 孙雨琦, 史宏志, 等. 2020. 16 个雪茄烟品种的烟碱转化率及与发酵后烟叶 TSNAs 含量的关系. 中国烟草学报, 26(4): 18-25.

周骏, 杨春雷, 史宏志, 等. 2017. 降低国产白肋烟、马里兰烟中烟草特有 *N*-亚硝胺的种植与贮藏技术. 北京: 科学技术文献出版社.

周炎, 史宏志, 季辉华, 等. 2022. 中美部分品牌烟草制品 TSNA 及其前体物的含量和关系. 中国烟草学报, 28(2): 42-49.

朱大恒, 李彩霞, 张爱忠, 等. 1999. 烟气有害成分与烟叶化学成分的关系. 烟草科技, 4: 25-27.

Benowitz N L, Henningfield J E. 1994. Establishing a nicotine threshold for addiction: The implications for tobacco regulation. The New England Journal of Medicine, 331: 123-125.

Burton H R, Bush L P, Djordjevic M V. 1989a. Influence of temperature and humidity on the accumulation of tobacco-specific nitrosamines in stored burley tobacco. Journal of Agricultural and Food Chemistry, 37(5): 1372-1377.

Burton H R, Childs G H Jr, Andersen R A, et al. 1989b. Changes in chemical composition of burley tobacco during senescence and curing. 3. Tobacco-specific nitrosamines. Journal of Agricultural and Food Chemistry, 37(2): 426-430.

Burton H R, Dye N K, Bush L P. 1992. Distribution of tobacco constituents in tobacco leaf tissue. 1. Tobacco-specific nitrosamines, nitrate, nitrite, and alkaloids. Journal of Agricultural and Food Chemistry, 40(6): 1050-1055.

Burton H R, Dye N K, Bush L P. 1994. Relationship between tobacco-specific nitrosamines and nitrite from different air-cured tobacco varieties. Journal of Agricultural and Food Chemistry, 42(9): 2007-2010.

Bush L P. 198l. Physiology and biochemistry of tobacco alkaloids. Recent Advances in Tobacco Science, 7: 75-106.

Bush L P, Cui M W, Shi H Z, et al. 2001. Formation of tobacco-specific nitrosamines in air-cured tobacco. Recent Advances in Tobacco Science, 27: 23-46.

Bush L P, Fannin F F, Chelvarajan R L, et al. 1993. Biosynthesis and metabolism of nicotine and related alkaloids//Gorrod J W, Wahren J. Nicotine and Related Alkaloids: Absorption, Distribution, Metabolism and Excretion. London: Chapman & Hall.

Bush L P, Zhan Y, Yang H, et al. 1999. Time of nornicotine formation in burley tobacco. Suzhou: CORESTA.

Cai B, Ji H H, Fannin F F, et al. 2016. Contribution of nicotine and nornicotine toward the production of *N'*-nitrosonornicotine in air-cured tobacco (*Nicotiana tabacum*). Journal of Natural Products, 79(4): 754-759.

Caldwell W C, Greene J M, Plowchalk D R, et al. 1991. The nitrosation of nicotine: A kinetic study. Chemical Research in Toxicology, 4(5): 513-516.

Cui M. 1998. The source and the regulation of nitrogen oxide production for tobacco-specific nitrosamine formation during air-curing tobacco. Lexington: University of Kentucky Ph.D. Dissertation.

Dawson R F. 1945. On the biogenesis of nornicotine and anabasine. Journal of the American Chemical Society, 67: 503-504.

De Roton C, Wahlberg I, Wiernik A, et al. 2004. 白肋烟品种、调制环境、降烟碱转化和 TSNAs 积累. 中国烟草学报, (4): 50.

Di Giacomo M, Paolino M, Silvestro D, et al. 2007. Microbial community structure and dynamics of dark fire-cured tobacco fermentation. Applied and Environmental Microbiology, 73(3): 825-837.

El-Bayoumy K, Latropoulos M, Amin S, et al. 1999. Increased expression of cyclooxygenase in rat lung tumors induced by the tobacco specific nitrosamine 4-(methylnitrosamino)-4-(3-pyridyl)-1-butanone: the impact of a high-fat diet.Cancer Research, 59: 1400-1403.

Fannin F F, Li X L, Burton H R, et al. 2004. Headspace and TSNA changes with cured powdered tobacco in short-time storage. North Carolina: 2004 TSRC Congress.

Fannin F F, Shi H Z, Burton H R, et al. 2000. Nicotine to nornicotine conversion in burley tobacco.

Lisbon: 2000 CORESTA, Portugal. Information Bulletin.

Feng Y Q, Li Y J, Zhao Y Y, et al. 2023a. Physiological, transcriptome and co-expression network analysis of chlorophyll-deficient mutants in flue-cured tobacco. BMC Plant Biology, 23(1): 153.

Feng Y Q, Shi H Z, Zhao Y Y, et al. 2023b. Physiological and molecular analysis on colour mutant lines reveals relationship between chlorophyll and nitrate and TSNA content in flue-cured tobacco. Cancun: 2023 CORESTA Agro-Phyto Joint Meeting.

Feng Y Q, Zhao Y Y, Li Y F, et al. 2022. Physiological and transcriptome analysis reveals the differences in nitrate content between *Lamina* and midrib of flue-cured tobacco. Scientific Reports, 12(1): 2932.

Fischer S, Spiegelhalder B, Eisenbarth J, et al. 1990. Investigations on the origin of tobacco-specific nitrosamines in mainstream smoke of cigarettes. Carcinogenesis, 11(5): 723-730.

Hecht S S, Chen C B, Hirota N, et al. 1978. Tobacco-specific nitrosamines: Formation from nicotine *in vitro* and during tobacco curing and carcinogenicity in strain A mice. Journal of the National Cancer Institute, 60(4): 819-824.

Hecht S S. 1998. Biochemistry, biology, and carcinogenicity of tobacco-specific *N*-nitrosamines. Chemical Research in Toxicology, 11(6): 559-603.

Hecht S S, Hoffmann D. 1988. Tobacco-specific nitrosamines, an important group of carcinogens in tobacco and tobacco smoke. Carcinogenesis, 9(6): 875-884.

Hecht S S, Hoffmann D. 1989. The relevance of tobacco-specific nitrosamines to human cancer. Cancer Surveys, 8(2): 273-294.

Hoffmann D, Adams J D, Brunnemann K D, et al. 1981. Formation, occurrence and carcinogenicity of *N*-nitrosamines in tobacco products. ACS Symposium Series, 174: 247-259.

Hoffmann D, Brunnemann K D, Prokopczyk B, et al. 1994. Tobacco-specific *N*-nitrosamines and *Areca*-derived *N*-nitrosamines: Chemistry, biochemistry, carcinogenicity, and relevance to humans. Journal of Toxicology and Environmental Health, 41(1): 1-52.

Jeffrey R N, Tso T C. 1955. Tobacco constituents, qualitative differences in alkaloid fraction of cured tobaccos. Journal of Agricultural and Food Chemistry, 3(8): 680-682.

Lewis R S, Parker R G, Danehower D A, et al. 2012. Impact of alleles at the Yellow Burley(*Yb*)loci and nitrogen fertilization rate on nitrogen utilization efficiency and tobacco-specific nitrosamine(TSNA)formation in air-cured tobacco. Journal of Agricultural and Food Chemistry, 60(25): 6454-6461.

Li J J, Shi H Z, Qin Y Q, et al. 2021. Effect of fermentation temperature on TSNA contents and aroma quality of cigar filler tobacco and microbial diversity analysis. 2021 CORESTA Virtual Online.

Li J J, Zhao Y Y, Qin Y Q, et al. 2020. Influence of microbiota and metabolites on the quality of tobacco during fermentation. BMC Microbiology, 20(1): 356.

Li J J, Zhao Y Y, Yang H J, et al. 2023. Identification of bacteria associated with tobacco mildew and tobacco-specific nitrosamines during tobacco fermentation. Current Microbiology, 80(7): 218.

Li Y F, Shi H Z, Yang H J, et al, 2017b. Difference between burley tobacco and flue-cured tobacco in nitrate accumulation and chemical regulation of nitrate and TSNA contents. Journal of Chemistry, 2017: 4357456.

Li Y F, Yang H J, Chang D, et al. 2017a. Biochemical, physiological and transcriptomic comparison between burley and flue-cured tobacco seedlings in relation to carbohydrates and nitrate content. Molecules, 22(12): 2126.

Mann T J, Weybrew J A. 1958. Inheritance of alkaloids in hybrids between flue-cured tobacco and related amphidiploids. Tobacco Science, 2: 29-34.

Miller R D, Bush L P. 2002. Alkaloid and tobacco specific nitrosamine content of commercial burley

tobacco varieties. Lexington: 56th Tobacco Science Research Conference, 2002.
Miller R D, Jack A M, Bush L P. 2004. Screening burley tobacco cultivars for nicotine conversion. Kyoto: 2004 CORESTA.
Mirvish S S, Sams J, Hecht S S. 1977. Kinetics of nornicotine and anabasine nitrosation in relation to *N′*-nitrosonornicotine occurrence in tobacco and to tobacco-induced cancer. Journal of the National Cancer Institute, 59(4): 1211-1213.
Nestor T B, Gentry J S, Riddick M G, et al. 2003. Role of oxides of nitrogen in tobacco-specific nitrosamine formation in flue-cured tobacco. Beiträge zur Tabakforschung International/Contributions to Tobacco Research, 20(7): 467-475.
Norman V, Ibrig A M, Larson T M, et al. 1983. The effect of some nitrogenous blend components on NO/NO_x and HCN-levels in mainstream and sidestream smoke. Beiträge zur Tabakforschung International, 12(2): 55-58.
Peele D M, Edwards M E, Gentry J S, et al. 1999. Formation of tobacco specific nitrosamines in flue-cured tobacco. Tobacco Science Research Conference, 53: 88.
Ren M J, Shi H Z, Li H L, et al. 2019. Changes in TSNAs contents and sensory quality of ultra-low nicotine tobacco produced by grafting with eggplant. Victoria Falls: 2019 CORESTA Agro-Phyto Joint Meeting.
Ren M J, Shi H Z, Yang H J, et al. 2018. Chemical changes in ultra-low nicotine tobacco produced by grafting with *Solanum melongena* L. Kunming: CORESTA 2018 Congress.
Ren M J, Zhang M Y, Yang H J, et al. 2020. Reducing the nicotine content of tobacco by grafting with eggplant. BMC Plant Biology, 20(1): 285.
Roberts D L. 1988. Natural tobacco flavor. Recent Advances in Tobacco Science, 14: 49-81.
Saito H, Miyazaki M, Miki J. 2006. Role of nitrogen oxides in tobacco-specific nitrosamine formation in burley tobacco. Paris: CORESTA.
Shi H Z. 2004. Advances in nicotine to nornicotine conversion in tobacco. 烟草科技, 37(11): 17-22.
Shi H Z , Zhou D, Sun Y Q, et al. 2020. Analysis of TSNAs and their relationship with alkaloids in cigar wrapper and filler tobaccos from different regions and varieties. 2020 CORESTA Online.
Shi H Z, Bush L P, Liu C, et al. 2000a. Alkaloid and TSNA content in Chinese tobacco and cigarettes. Proceeding of CORESTA: AP3. Lisbon. Portugal. 2000.
Shi H Z, Fannin F F, Burton H R, et al. 2000b. Factors affecting nicotine to nornicotine conversion in burley tobacco. Nashville: 54th Tobacco Science Research Conference.
Shi H Z, Huang Y J, Bush L P, et al. 2000c. Alkaloid and TSNA contents in Chinese tobacco and cigarettes. Lisbon: 2000b CORESTA.
Shi H Z, Bush L P. 2004. Impact of nicotine content on the conversion level of nicotine to nornicotine in converter tobacco plants. Kyoto: 2004 CORESTA.
Shi H Z, Fannin F F, Burton H R, et al. 2001. Identification of nicotine to nornicotine converters in burley tobacco. Greensboro: 55th Tobacco Science Research Conference.
Shi H Z, Di H H, Xie Z F, et al. 2011. Nicotine to nornicotine conversion in Chinese burley tobacco and genetic improvement for low conversion hybrids. African Journal of Agricultural Research, 6(17): 3980-3987.
Shi H Z, Hempfling W P, Kalengamaliro N. 2002a. Stimulation of nicotine to nornicotine conversion by treatment of tobacco with sodium bicarbonate. New Orleans: 2002 CORESTA.
Shi H Z, Kalengamaliro N E, Hempfling W P, et al. 2002b. Difference in nicotine to nornicotine conversion between lamina and midrib in burley tobacco and its contribution to TSNA formation. Lexington: 56th Tobacco Science Research Conference.
Shi H Z, Kalengamaliro N E, Krauss M R, et al. 2003a. Stimulation of nicotine demethylation by

$NaHCO_3$ treatment using greenhouse-grown burley tobacco. Journal of Agricultural and Food Chemistry, 51(26): 7679-7683.

Shi H Z, Krauss M, Bokelman G, et al. 2003b. TSNA and precursors in tobacco with different degree of conversion. New Orleans: 25th ACC conference.

Shi H Z, Krauss M, Gadani F. 2003c. Ethylene formation in tobacco plants treated with sodium bicarbonate. Bucharest: 2003 CORESTA.

Shi H Z, Li C, Yang X Y, et al. 2010. Improvement on the trait of nicotine to nornicotine conversion for Chinese burley hybrids and effectiveness of quality increase and harm reduction. Edinburgh: 2010 CORESTA.

Shi H Z, Li J P, Li Z P. 2007. Study on decreasing nicotine conversion in Chinese Burley hybrid through genetic improvement. Krakow: 2007 CORESTA.

Shi H Z, Wang J, Zhang M Y, et al. 2017. Effect of Storage Environment on Nitrogen Oxides Formation in Cured Tobacco leaves. Santa Cruz do Sul: 2017 CORESTA Agro-Phyto Joint Meeting.

Shi H Z, Wang J, Zhou J, et al. 2016. Interaction effects of temperature, moisture content and storage environment on tobacco-specific nitrosamine formation during burley tobacco storage. Berlin: CORESTA.

Shi H Z, Wang R Y, Bush L P, et al. 2013. Changes in TSNA contents during tobacco storage and the effect of temperature and nitrate level on TSNA formation. Journal of Agricultural and Food Chemistry, 61(47): 11588-11594.

Shi H Z, Wang R Y, Bush L P, et al. 2012. The relationships between TSNAs and their precursors in burley tobacco from different regions and varieties. Journal of Food, Agriculture & Environment, 10(3&4): 1048-1052.

Shi H Z, Xie Z F, Liu G S, et al. 2008. Nicotine conversion in different burley genotypes and from different producing areas of China. Shanghai: 2008 CORESTA.

Siminszky B, Gavilano L, Bowen S W, et al. 2005. Conversion of nicotine to nornicotine in *Nicotiana tabacum* is mediated by *CYP82E4*, a cytochrome P450 monooxygenase. Proceedings of the National Academy of Sciences of the United States of America, 102(41): 14919-14924.

Solt M L, Dawson R F. 1958. Production, translocation and accumulation of alkaloids in tobacco scions grafted to tomato rootstocks. Plant Physiology, 33(5): 375-381.

Sun W S, Shi H Z, Zhou J, et al. 2014. Effect of nitrate levels in tobacco leaves on TSNA formation during storage. Quebec City: 2014 CORESTA.

Sun W S, Shi H Z, Zhou J, et al. 2015. Effect of moisture content, nitrate and nitrite on TSNA accumulation in burley tobacco after high temperature storage. Izmir: 2015 CORESTA Agro-Phyto Joint Meeting.

Wang J, Shi H Z, Li J J, et al. 2018. Effect of vacuum packaging on the formation of TSNAs in tobacco leaves during storage. CORESTA 2018 Congress, Kunming, China.

Wang J, Yang H J, Shi H Z, et al. 2017a. Nitrate and nitrite promote formation of tobacco-specific nitrosamines *via* nitrogen oxides intermediates during postcured storage under warm temperature. Journal of Chemistry, 2017: 6135215.

Wang J, Yang H J, Shi H Z, et al. 2017b. Interaction of temperature, moisture content and storage environment on tobacco-specific nitrosamine formation during burley tobacco storage. Fresenius Environmental Bulletin, 3(26): 2112-2123.

Wernsman E A, Davis D L, Beeson D, et al. 2000. Genetic instability at a nicotine conversion to nornicotine locus in burley tobacco and its consequences on secondary amine alkaloids and TSNA's. 2000 Lisbon: CORESTA, Portugal. Information Bulletin.

Zhang M Y, Shi H Z, Zho J, et al. 2018. Changes in contents of TSNAs and neutral aromatic compounds of different tobacco types during 6 year long-term storage. Kunming: CORESTA 2018 Congress.

Zhang M Y, Zhao Y Y, Shi H Z. 2023a. Comparative transcriptome analysis of conventionally cultivated tobacco and tobacco grafted to eggplant. Agronomy Journal, 115(4): 1787-1795.

Zhang M Y, Zhao Y Y, Shi H Z. 2023b. Topping and grafting affect the alkaloid content and gene expression patterns of tobacco (*Nicotiana tabacum* L.). Plant Direct, 7(1): e478.

Zhao Y Y, Shi H Z, Rong S B, et al. 2022. Influence of harvesting methods on nitrate content and TSNA formation in lamina and midrib of cigar and flue-cured tobaccos. 2022 CORESTA Virtual Online.